HARTWIG KUHLENBECK

Gehirn und Bewußtsein

ERFAHRUNG UND DENKEN

Schriften zur Förderung der Beziehungen zwischen Philosophie und Einzelwissenschaften

Band 39

Gehirn und Bewußtsein

Von

Hartwig Kuhlenbeck

M. D., Ph. D., Professor der Anatomie und Vorstand
der Anatomischen Abteilung von Woman's Medical
College of Pennsylvania, Philadelphia, Pa.

Aus dem Englischen übersetzt
von J. Gerlach unter Mitarbeit von U. Protzer

DUNCKER & HUMBLOT / BERLIN

Die englische Originalausgabe ist im Verlag S. Karger AG,
Basel - New York, 1957, erschienen.

Gedruckt 1973 bei Bartholdy & Klein, Berlin 65
Printed in Germany

ISBN 3 428 02841 4

Vorwort des Übersetzers

Es unterliegt heute keinem Zweifel, daß das menschliche Bewußtsein mit allen seinen Modifikationen und Leistungen an das lebende menschliche Gehirn gebunden ist und geradezu als Hirnfunktion bezeichnet werden darf. Die Frage nach der Beziehung von Gehirn und Bewußtsein ist nur eine spezielle Fassung des althergebrachten Problems von Leib und Seele, Körper und Geist, noch allgemeiner Materie und Geist. Dieses Problem ist nicht nur ein wesentliches erkenntnistheoretisches in der Philosophie, sondern von großer Wichtigkeit für die Einzelwissenschaften, insbesondere exakten Naturwissenschaften, die Biologie, die Medizin und die Psychologie. Der Arzt und der Psychologe stehen täglich der Frage nach der psychophysischen Beziehung gegenüber. Eine aktuelle Bedeutung hat schließlich das Problem des Verhältnisses von Gehirn und Bewußtsein bei den Bemühungen um die Überprüfung der Todesdefinition anläßlich der Organüberpflanzung, insbesondere der Herztransplantation gewonnen. Die Schwierigkeit seiner Lösung liegt darin, daß das Denken über das Problem mit ihm selbst verknüpft ist und daß das Ergebnis in gewisser Weise sich selbst voraussetzt. Die Beschäftigung mit ihm erfordert eingehende Kenntnis des menschlichen Gehirns und seiner Funktionen auf breiter vergleichend-biologischer Basis, Vertrautheit mit philosophischen und psychologischen Grundbegriffen und schließlich Kenntnisse der klinischen Neurologie und Psychiatrie. Entsprechend diesen Schwierigkeiten herrscht auch heute noch eine Verwirrung der Meinungen, die sich vielfach widersprechen. Dem Neurologen oder Neurophysiologen, der sich mit den Fragen beschäftigt, fehlt meist die philosophische Schulung, dem Philosophen und dem exakten Naturwissenschaftler die notwendige Kenntnis vom Nervensystem. Darunter leiden auch die Verständigung und die gemeinsamen Bemühungen von Vertretern verschiedener Fachgebiete auf den Symposien, die sich in den letzten Jahren oft dem Problem gewidmet haben.

H. Kuhlenbeck, der sich die Beschäftigung mit dem Hirn-Bewußtseinsproblem zu einer Lebensaufgabe gemacht hat, konnte sich die Voraussetzung auf beiden Gebieten durch eingehende philosophische Schulung und durch einen auf umfangreiche eigene Erfahrungen gestützten Überblick über das Nervensystem, seinen Bau und seine Funktionen in langjährigen Bemühungen schaffen.

Dabei wurden Lösungsansätze, die er in seinen Vorlesungen über das Zentralnervensystem der Wirbeltiere schon 1927 veröffentlicht hat, bestätigt, ergänzt und ausgearbeitet. Die 1957 erschienene englische Ausgabe dieses Buches, dem 1961 noch ein weiteres Buch über „Mind and Matter" folgte, ist vergriffen. Die vorliegende deutsche Ausgabe erscheint auf Anregung des Zoologen *B. Rensch.* Der englische Text wurde vom Verfasser überarbeitet, ergänzt und mit zusätzlichen Schrifttumshinweisen bis 1971 versehen. Der Übersetzer, der einst beim Verfasser mit einer Dissertation über das Gehirn des Lungenfisches Protopterus promovierte und seit vielen Jahren mit ihm einschlägige Fragen sowohl im Briefwechsel wie im Gespräch erörterte, hat für seinen Rat bei der Übersetzung, an der sich Frau Dr. *Ute Protzer*, wiederum eine Doktorandin des Übersetzers, beteiligt hat, zu danken.

Würzburg, den 14. 2. 1972 *J. Gerlach*

Vorwort

Die Beziehung von Gehirn und Bewußtsein kann sowohl aus erkenntniskritischer wie auch aus neurologischer Sicht betrachtet werden. In der vorliegenden Abhandlung werde ich versuchen, beide Gesichtspunkte zu erörtern und in eine einheitliche Darstellung zu integrieren.

Der rein neurologische Gegenstand bildet den größeren Teil, etwa zwei Drittel dieser Darstellung, und sein Wert oder Zweck liegt aus praktischen Gründen in seiner Unabhängigkeit von jeder erkenntniskritischen Deutung.

Trotzdem glaube ich, daß eine solche erkenntniskritische Auslegung, die der Neurologe häufig meidet, von beträchtlicher theoretischer Wichtigkeit ist. Viele Autoren weichen der Schwierigkeit dadurch aus, daß sie über die entscheidenden Fragen mit wenigen allgemeinen Ausführungen hinweggleiten, die den Kern des Problems verbergen. Einige Verfasser, die mit dem Stoff vertraut sind, haben die elementare und wesentliche Tatsache klar erkannt, daß der von dem Einzelnen erfahrene wahrgenommene Raum nicht mit dem angenommenen allgemein gültigen physikalischen Raum identisch ist. Diese Erkenntnis sollte natürlich die Unterscheidung von zwei verschiedenen Raumzeitsystemen mit ihren Dimensionen einschließen.

Es ist auch nicht ohne Berechtigung festgestellt worden, daß die Beziehung von Gehirn und Bewußtsein bis zu einem gewissen Grade ein semantisches Problem ist. In dieser Hinsicht muß die unvermeidliche Täuschung, die in den abstrakten Begriffen und einer anscheinenden Wortgenauigkeit liegt, beachtet werden: Fraus latet in generalibus. Während in den theoretischen Systemen der Logik, die auf digitalen Regeln gegründet sind, der Grundsatz der ausgeschlossenen Zwischenwerte als richtig angesehen werden kann, ist dieses Prinzip mit Sicherheit in vielen Bereichen des wissenschaftlichen und praktischen Alltagsdenkens, das nach analogen Regeln arbeitet, nicht gültig: Der Wahrheitswert ist hier nicht digital oder binär, d. h. er entspricht nicht ausschließlich einem der beiden Werte 1 oder 0, sondern er schließt zwischen diesen beiden begrenzenden Werten unzählige andere Zwischenwerte zwischen der Wahrheit, d. h. signifikanter Übereinstimmung, und dem Irrtum, dem Trugschluß oder der Falschheit ein.

Die Kosten der Veröffentlichung dieser Monographie, die meiner Zusammenfassung über das menschliche Zwischenhirn folgt, sind wieder durch Woman's Medical College of Pennsylvania getragen worden, diesmal durch einen Spezialfond aus dem psychiatrisch-neurologischen Sektor des College. Wie schon zuvor, sage ich dem College und dem Dekan, Dr. Marion Fay, für die Gewährung dieser großzügigen Stiftung meinen Dank.

H. K.

Inhaltsverzeichnis

I. Einführende Bemerkungen 11

II. Die materialistische Annäherung 14

Die physikalische Welt 14

Kausalität 17

Das organische Leben 25

Das Nervensystem 34

Grenze des Materialismus: Bewußtsein 36

III. Die idealistische Annäherung 43

Definition 43

Historische Bemerkungen 44

Die modifizierte Cartesianische Annäherung 45

Methodologischer Solipsismus 53

Introspektion 54

Öffentliche Daten 55

Symbolisation; Positivismus 59

Unvollständige Idealisten: Th. Ziehen, E. Mach, Bertrand Russel .. 64

Zusammenfassung und Kritik des Idealismus 72

Transzendentaler Neutralismus 84

IV. Postulierter psychophysischer Parallelismus 94

Definition der Probleme 94

Kritische Bemerkungen über einige wichtige Gegenstände 103

Einförmigkeit der Natur: Maschinen, Tiere und Mensch 123

Parameter 139

Bewertung der elektrischen Phänomene 155

Allgemeine Prinzipien der nervösen Verbindungen; stabile und ultrastabile Systeme, Plastizität 164

Lokalisationsprobleme: Das menschliche Gehirn 180

Probleme der Lokalisation: Die Bewertung von Tierexperimenten, vergleichende und phylogenetische Betrachtungen 237

Probleme der Verschlüsselung 253

Bewußte und unbewußte Cerebration 322

Wesentliche Aspekte des Bewußtseins; modifizierte und krankhafte Bewußtseinszustände 352

V. Schrifttumsverzeichnis 411

VI. Anhang: Synopsis des fundamentalen erkenntniskritischen Argumentes 433

Nachwort des Übersetzers zum Schrifttum 436

I. Einführende Bemerkungen

Einer der ältesten Hinweise auf das Problem der Beziehung zwischen Gehirn und Bewußtsein findet sich in den hippokratischen Schriften. In der bemerkenswerten Abhandlung Περὶ ἱερῆς νούσου — „Über die heilige Krankheit“ — lesen wir in Abschnitt XX: „Διὸ φημὶ τὸν ἐγκέφαλον εἶναι τὸν ἑρμηνεύοντα τὴν σύνεσιν“ usw. „Daher behaupte ich, daß das Gehirn der Verkünder des Bewußtseins ist. Das Zwerchfell (‚αἱ δὲ φρένες‘) hat seinen Namen nur gewohnheitsgemäß und nicht nach Wirklichkeit und Natur und ich weiß keineswegs, welche Kraft das Zwerchfell für die Gedanken und die Intelligenz hat.“ Weitere bedeutsame Feststellungen sind: „Die Menschen sollten wissen, daß vom Gehirn und vom Gehirn allein unsere Vergnügen, Freuden, Lachen und Scherz ebenso wie unsere Sorgen, Schmerzen, Kummer und Tränen ausgehen. Es vermittelt uns insbesondere, daß wir denken, sehen, hören und zwischen dem Häßlichen und dem Schönen, dem Schlechten und dem Guten, dem Angenehmen und dem Unangenehmen unterscheiden. —“ (Sektion XVII); „Daher bin ich der Ansicht, daß das Gehirn das mächtigste Organ des menschlichen Körpers ist. —“ (Sektion XIX).

Die Medizinhistoriker nehmen an, daß die Ansichten, nach denen das Gehirn das Organ des Bewußtseins ist, bis etwa 100 Jahre vor die Zeit des Physikers *Alkmaeon von Kroton* (etwa 500 v. Chr.), der mit den Pythagoräern in Verbindung stand, zurückverfolgt werden können. Er soll erklärt haben: „ἐν τῷ ἐγκεφάλῳ ἐστὶν τὸ ἡγεμονικόν.“ Obgleich diese Ansichten von dem Philosophen *Aristoteles* zurückgewiesen wurden, hatten bereits die frühen griechischen Ärzte die Beziehung zwischen Gehirn und Seele klar erkannt.

Im Laufe der Jahrhunderte und besonders in den letzten 100 Jahren ist über das Problem ein umfangreiches Schrifttum entstanden, da ja die zugehörigen Fragen von besonderer Wichtigkeit für drei verschiedene Gruppen von Wissenschaftlern sind: Für den Philosophen als ein Problem der Erkenntnistheorie, für den Physiker und Mathematiker als ein Problem der Beziehung von Physik und Wahrnehmung oder der „Auslegung der Physik in Ausdrücken dessen, was existiert“ *(Bertrand Russel,* 1927) und für den Neurologen, der das Organ des Bewußtseins studiert. Viele Abhandlungen und Schriften wurden über „Gehirn und Seele", „Gehirn und Geist" und ähnliche Themen veröffentlicht (*Flechsig*, 1896, *Forel*, 1922, *E. Mach* 1922, *Ziehen* 1924; die jüngst abgehaltenen Konferenzen und Symposien mit vielen Teilnehmern 1950, 1952, 1954 und zahlreiche andere).

Das Problem, das ich für den gegenwärtigen Zweck als das der Beziehung zwischen Gehirn und Bewußtsein bezeichnen möchte, führt zu vielen Fallgruben und zu beträchtlicher Meinungsverschiedenheit und Verwirrung. Ein Teil dieser Verwirrung ist dem zweideutigen Gebrauch von Worten mit verschiedenen Bedeutungen und sogar verschiedenem Begriffsumfang ebenso wie einer exzessiven Verfälschung zuzuschreiben, die mit einer ausgesprochenen Schwäche „in secunda Petri" verbunden ist. Ich glaube, daß der Kern des Problems trotz seiner Vielfältigkeit in ziemlich einfachen Ausdrücken formuliert werden kann. In meinen Vorlesungen über das Zentralnervensystem der Wirbeltiere (1927) habe ich kurz auf das Verhältnis des Bewußtseins zum Gehirn Bezug genommen und lediglich meinen grundsätzlichen Standpunkt klargelegt. Kürzlich, in meiner Zusammenfassung über das menschliche Zwischenhirn (1954), habe ich einige knappe Erläuterungen hinzugefügt. Im Hinblick auf diese letzteren Bemerkungen hat ein Rezensent festgestellt, daß meine Diskussion, welche die Probleme der Kybernetik und des Bewußtseins betrifft „am Mangel an Spitzfindigkeit in der Verhaltenswissenschaft, die das neurologische Schrifttum der letzten 50 Jahre so stark kennzeichnet, leidet". Dies war offensichtlich als Kritik gemeint, aber ich fasse es als ein Kompliment auf, da es genau das ausdrückt, was ich beabsichtigte. Ich werde also versuchen, in meinen folgenden Erläuterungen von der erwähnten Spitzfindigkeit oder besser Sophistik Abstand zu nehmen.

Das Bewußtsein soll undefinierbar sein, insoweit es nicht in Ausdrücken definiert werden kann, die sich auf irgend etwas anderes als bewußte Erfahrung oder Gewahrwerden beziehen: Es steht für die vollständige Summe aller solcher Erfahrungen, die in einer geordneten Mannigfaltigkeit verbunden sind, welche ihrerseits das Weltsystem eines fühlenden Wesens ist. In dieser Beziehung ist es die Grundlage aller Definitionen. Obwohl das Bewußtsein im wesentlichen undefinierbar ist, kann es mit dem Ausdruck „Seele" oder „Geist" im weitesten Sinne als synonym betrachtet werden, aber im Hinblick auf seine genauere Bestimmung soll die Bezeichnung „Seele" gegenwärtig vermieden werden. Bewußtsein muß daher als das nicht weiter zurückführbare Grundphänomen, als „Urphänomen" in der Terminologie von *Goethe* (1808) und *Schopenhauer* (1844) angesehen werden. Jedoch wird eine praktische Definition weiter unten versucht werden, nachdem einige wichtige Daten diskutiert wurden.

II. Die materialistische Annäherung

Die physikalische Welt

Das Bewußtsein kommt in diskontinuierlichen Zeitabschnitten vor; trotz seiner Diskontinuität überwiegt eine kontinuierliche Ordnung. Diese Ordnung ist am deutlichsten in den Beziehungen der räumlichen und zeitlichen Erfahrungen, auf die man sich als materielle bezieht und die zu dem Begriff der Materie führen. Darüber hinaus findet man das Bewußtsein in Abhängigkeit oder als Funktion von einem materiellen Komplex, dem Gehirn.

Es erscheint daher möglich, die Existenz einer vierdimensionalen (raumzeitlichen) materiellen oder physikalischen Welt zu fordern, die vom Bewußtsein unabhängig ist: die Annahme einer solchen Welt, auf die man sich auch als „Außenwelt" bezieht, ist unabhängig von einem wahrnehmenden bewußten Wesen und in der Tat die Basis jeder Naturwissenschaft. „Da uns jedoch die Sinneswahrnehmung nur indirekt über diese äußere Welt oder „physikalische Wirklichkeit" informiert, können wir die letztere nur mit spekulativen Mitteln erfassen. Aus dieser Tatsache folgt, daß unsere Ansichten über die physikalische Realität niemals endgültig sein können" (*A. Einstein,* 1934).

Um die Attribute einer physikalischen Welt zu definieren, ist es nötig, von allen Eigenschaften abzusehen, die offensichtlich dem Bewußtsein und der Wahrnehmung innewohnen, d. h. allen jenen, die nicht nur zur Hirnaktivität, sondern zum gesamten Nervensystem einschließlich der Sinnesorgane in Beziehung stehen. Die Unterscheidung zwischen derartigen Eigenschaften, die als sekundäre Qualitäten bekannt sind, und den als der Materie zugehörig angenommenen Attributen, die man als primäre Qualitäten bezeichnet, hat eine lange Geschichte. *Albertus Magnus (Albert von Bollstädt)*, der jetzt als *St. Albert* heilig gesprochen ist, Bischof von Regensburg, 1260—62, berühmt als Doktor Universalis und Lehrer des heiligen *Thomas von Aquin* soll einer der ersten gewesen sein, der eine solche Unterscheidung erkannte, die auch von *Galilei, Descartes* und *Spinoza* benutzt wurde. Die bekanntesten Definitionen der primären und sekundären Qualitäten wurden durch *Robert Boyle* und *John Locke* (1689) gegeben. Der letztere Autor stellte fest, daß die sekundären Qualitäten „Nichts in den Objekten selbst sind, sondern Kräfte, die verschiedene Empfindungen in uns durch ihre primären Eigenschaften erzeugen". Sekundäre Qualitäten erscheinen im menschlichen Bewußtsein in verschiedenen Formen, z. B. als Farben, Töne, Geschmäcke, Gerüche und sind außerordentlich wechselnd und unbeständig. Primäre Qualitäten sind konstant, da sie vom Objekt untrennbar sind und umfassen Festigkeit, Ausdehnung, Gestalt, Bewegung, Ruhe und Zahl. Nach der Ansicht *Newtons* ist weiterhin der Begriff der beweglichen Körper von den Kennzeichen der Ausdehnung, Form und Richtung im Raum entkleidet. Es bleibt für ihn allein der materielle Punkt, der mit Trägheit ausgestattet ist, übrig. In *Newtons* System, wie es in knapper Form von *Einstein* zusammengefaßt wurde (1934), wird die physikalische Wirklichkeit durch die Begriffe „Zeit", „Raum", „materieller Punkt" und „Kraft" (Wechselwirkung der materiellen Punkte) gekennzeichnet. Physikalische Ereignisse sind als Bewegungen materieller Punkte im Raum zu betrachten, die von festen Gesetzen regiert werden. Der materielle Punkt ist unsere einzige Möglichkeit, die Wirklichkeit darzustellen, wenn wir uns mit Veränderungen beschäftigen, die in ihr stattfinden. Dieses atomistische und mechanistische theoretische Schema fordert den materiellen Punkt als den einzigen Vertreter der Wirklichkeit in soweit, als das Wirkliche des Wechsels fähig ist. Alle Ereignisse werden nach *Newtons* Gesetz der Bewegung rein mechanisch als Bewegung materieller Punkte gedeutet.

Die Versuche, die ganze Physik auf dieses Schema der klassischen Mechanik zu gründen, schlugen in der Folgezeit fehl, besonders unter dem Einfluß der *Faraday*schen und *Maxwell*schen Feldtheorie, die ihrerseits zu einem Versuch führte, die Physik vollständig auf dem Begriff der Felder, d. h. ihrer räumlichen Zustände zu entwickeln. In diesem Zusammenhang formulierte *Einstein* die Relativitätstheorie. Die spezielle Relativitätstheorie beinhaltet den vierdimensionalen Raum-Zeit-Begriff von *H. Minkowski* und stellt fest, daß die Naturgesetze im Hinblick auf die *Lorentz*-Transformationen invariant sind, mit anderen Worten, daß ein Naturgesetz seine Form nicht ändert, wenn man mit Hilfe der *Lorentz*-Transformation über x, y, z, t, ein neues Trägheitssystem darin einführt. Sie hat die Rolle gezeigt, die die Universalkonstante c in den Naturgesetzen spielt und hat dargetan, daß es eine enge Beziehung zwischen der Form gibt, in der die Zeit auf der einen Seite und die räumlichen Koordinaten auf der anderen Seite in diese Gesetze eingehen. Eine weitere Folge der speziellen Relativitätstheorie ist die Verbindung zwischen Masse und

Energie in der Formel $E = Mc^2$. Masse ist Energie und Energie hat Masse. Die beiden Erhaltungsgesetze der Masse und der Energie werden auf diese Weise in ein einziges kombiniert, das Erhaltungsgesetz von Masse/Energie. Die allgemeine Relativitätstheorie liefert eine weitere Analyse des Raum-Zeit-Kontinuums. Sie erweitert die Gültigkeit der Theorie von trägen Koordinatensystemen zu Gravitationsfeldern und betrachtet die Äquivalenz von schwerer Masse und träger Masse als ein wesentliches Merkmal. Hierbei wurden die Begriffe der nicht-euklidischen Geometrie in die Beschreibung der physikalischen Welt eingeführt.

Während ein Grund des Versagens der klassischen Mechanik im Zusammenhang mit der endlichen Lichtgeschwindigkeit, d. h. der prinzipiellen Unterschiedlichkeit der Lichtgeschwindigkeit von unendlich bestand, bezogen sich andere Widersprüche zwischen den Folgerungen aus der Mechanik und den experimentellen Tatsachen auf die endliche Größe, d. h. die prinzipielle Unterschiedlichkeit von null bei der *Planck*schen Konstante h. Um dieses Verhalten theoretisch zu erklären, war es nötig, zu fordern, daß die Energie eines mechanischen Systems nur bestimmte, diskrete Werte annehmen kann, deren mathematische Ausdrücke immer von der *Planck*schen Konstante h abhängen. Diese Auffassung erwies sich als wesentlich für die *Rutherford*sche und *Bohr*sche Atomtheorie. Es wurde angenommen, daß nicht nur die Masse, sondern auch die Energie eine unstetige Struktur habe. Es gab daher elementare Quanten von Masse ebenso wie von Energie. Neue Schwierigkeiten entstanden bei der Deutung von Strahlungen. Gewisse Erscheinungen können mit der Wellentheorie besser erklärt werden, andere mit der Quantentheorie. Die Physiker haben es unternommen, eine einheitliche Deutung des Quantencharakters der Systeme und Phänomene herauszufinden, aus der sich die Versuche von *de Broglie* und *Schrödinger, Heisenberg, Born* und *Dirac* ergaben. Die Quantenphysik formuliert statistische Gesetze, die auf eine große Zahl von Ereignissen angewendet werden; Wahrscheinlichkeitsverteilungen sind gegeben. *Heisenberg* hat gezeigt, daß eine strenge Bestimmung der Erscheinungen in kleinen Dimensionen durch die atomistische Struktur unserer experimentellen Apparate unmöglich gemacht wird.

Während die modernen Atomtheorien, die sich auf die Begriffe der positiven und negativen Ladung, Masse und Energie, gründen, versucht haben, ein Bild der materiellen Welt in Ausdrücken möglichst weniger Elementarbestandteile zu entwerfen, ist die Zahl der postulierten negativen, positiven oder neutralen Elementarteilchen ständig gewachsen. Es ist möglich, daß die meisten dieser Teilchen nicht elementar, sondern zusammengesetzte Systeme sind. So bleibt der gegenwärtige Stand dieser Theorien in vieler Beziehung unbefriedigend. Versuche einer einheitlichen Theorie der Elementarteilchen sind erwogen worden; es ist auch möglich, daß der Begriff „Teilchen" insgesamt verlassen und durch den abstrakten Begriff von „Ereignissen" ersetzt werden muß.

Da, wie *Einstein* betonte, unsere Vorstellungen von der physikalischen Realität niemals endgültig sein können, werden möglicherweise künftig neue Theorien oder logische Systeme ausgearbeitet werden, die einige der gegenwärtigen Ideen der Relativität und Quantenmechanik ergänzen oder ersetzen.

Es ist einleuchtend, daß der Begriff der physikalischen Welt, den die moderne Physik gewonnen hat, weit entfernt ist von der physikalischen Welt des *Newton*schen Systems; jedoch sind die Physiker genötigt, zuzugeben, daß es keine allgemeine theoretische Basis der Physik gibt, die als ihr logisches Fundament angesehen werden kann (*Einstein*, 1950). Die Feldtheorie hat in gewissen Bereichen versagt und die Übertragung der Feldtheorie in das Schema der Quantenstatistik ist bisher noch nicht in befriedigender Weise vollzogen worden. Bis zu seinem kürzlichen Tod hat *Einstein* seine Bemühungen fortgesetzt, eine einheitliche Feldtheorie zu formulieren.

Kausalität

Entblößt von allen mathematischen Einzelheiten läßt sich die physikalische Welt als zusammengesetzt aus beweglichen Größen und Größen von Bewegung in einem Raum-Zeit-System begreifen. Einige dieser Größen haben eine Eigenschaft, die als Masse meßbar ist, andere eine Eigenschaft, die als Energie meßbar ist, wobei beide ineinander umgewandelt werden können. Energie und Masse sind höchst abstrakte Quantitäten, deren Art des Verteilungswechsels Gegenstand formulierter Gesetze ist: Masse kann als bewegliche Größe in Ausdrücken von Bewegungsgrößen und Energie als Größe von Bewegung in Ausdrücken beweglicher Größen formuliert werden. Die Größen sind ungleichmäßig im Raum verteilt; kleine Bezirke enthalten sehr viele Größen, die ihrerseits wieder Größen absorbieren oder emittieren. Dazu offenbart diese Verteilung eine Ordnung kennzeichnender Muster, die zu dem Konzept der Felder ebenso wie zu den Konzepten der Teile, Atome und Moleküle führt. Eine große Anzahl komplizierter periodischer Prozesse kann in mathematischen Ausdrücken abgeleitet und formuliert werden. Im allgemeinen können hinsichtlich der Größen quantitative, d. h. numerische Feststellungen getroffen werden, und über die Muster sind qualitative Behauptungen möglich, die nicht immer notwenig spezielle Zahlen einschließen. Über ein bestimmtes Größenniveau hinaus gelten die Gesetze der klassischen Physik und der Chemie, die Ordnung der physikalischen Welt kann hier als streng bestimmt in Übereinstimmung mit dem Kausalitätsgesetz begriffen werden.

Die Kausalität läßt sich definieren als Ausdruck der geordneten Folge von Ereignissen in der physikalischen Welt, so daß in einem System zusammenhängender Zustände alle Veränderungen in einer konstanten streng bestimmten Weise aufeinanderfolgen. Da dies in der Zeit geschieht, die eine Richtung oder Vektoreigenschaft hat, ist es möglich, das Auftreten in einer willkürlichen Weise zu unterteilen durch die Annahme, daß jeder Zustand eine Wirkung darstellt, der ein anderer Zustand als Ursache vorausging. Jede Wirkung ist bei ihrem Auftreten eine Veränderung und schließt als Ursache eine vorherige Veränderung ein, die ihrerseits wieder die Wirkung einer früheren Veränderung ist[1]. Diese Verbindungen können als eine Kausalkette oder Kausallinie bezeichnet werden. Sie schließen räumliche und zeitliche Kontinuität ein. Die Forderung nach räumlicher Kontinuität (Kontiguität) schließt den Begriff der „Wirkung auf Distanz" aus. Es gibt keine logische Grenze dieser Folge nach rückwärts oder vorwärts im Fluß der Zeit. Im Hinblick auf die Vektoreigenschaft ist es leichter, die Wirkung einer Ursache vorauszusagen als die Ursache aus einer Wirkung zu erschließen, da identische oder sehr ähnliche Zustände oder Wirkungen aus verschiedenen Ursachen hervorgehen, während in einem System definierter Variabler *eine* Ursache (definitive Veränderung) nur *eine* bestimmte (einfache oder komplexe) Wirkung hervorruft. In unserer Deutung gegen die Richtung des Zeitflusses sind wir daher der möglichen Verzweigung von Kausallinien gegenübergestellt, wie *J. S. Mill* in seiner Lehre von der Vielfalt der Ursachen betonte. Dies ist nicht der Fall in Richtung des Zeitflusses, wenn alle entscheidenden Veränderungen des Anfangsstadiums bekannt sind. Zusätz-

---

[1] Eine Ursache kann also, folgt man der Terminologie von *Ashby* (1952), als Veränderung einer Variablen oder eines Parameters in einem physikalischen System verstanden werden. Mathematisch wird die Kausalität in Ausdrücken von Differentialgleichungen formuliert, welche die Beziehung zwischen zwei mit einem unendlich kleinen (d. h. zu vernachlässigendem) Zeitintervall aufeinander folgenden physikalischen Zuständen beinhalten. Sie können daher nur durch einen willkürlichen „Schnitt" voneinander getrennt werden. Diese Formulierung ist als der Newton'sche Kausalitätsbegriff bekannt, der Vorhersagbarkeit bedeutet. Daher sehen einige Physiker die Vorhersagbarkeit als den wesentlichen Aspekt der Kausalität an.

liche Schwierigkeiten sind in der Vielfalt der Ereignisse in einem System begründet, aus der sich eine vielfache Kausalität ergibt, die teilhabende und verbundene Wirkungsbedingungen von Veränderungen einbegreift. In der Folge von Ereignissen ergeben sich viele wiederkehrende Zustände. Das Konzept der Kausalität wird zwar so begründet und gestärkt, bezieht sich aber keineswegs nur auf solche Zustände.

Es wird deutlich werden, daß diese Definition, nach der eine Ursache eine Veränderung in einem physikalischen Zustand (*Schopenhauer*, 1847) darstellt, sich ausschließlich auf die dritte der vier klassischen Ursachen bezieht, die von *Aristoteles* und den Scholastikern aufgestellt und als materielle, formale, wirksame und zweckhafte Ursachen aufgezählt werden.

Die Notwendigkeit oder Bestimmung eines physikalischen Ereignisses ist die Beziehung dieses Ereignisses zu seiner Kausalkette. Der „Zufall" ist ein negativer Ausdruck, der Mangel der Kausalverbindung bedeutet. Der Mangel ist entweder wirklich oder nur scheinbar, weil die Kausaldaten unbekannt sind. Ereignisse sind gleichzeitig bestimmt und zufällig: Bestimmt in bezug auf ihre Ursache und zufällig in bezug auf andere, nicht unmittelbar mit ihnen verbundene Ereignisse. Es ist betont worden, daß, wenn zwei Ereignisse räumlich und zeitlich getrennt sind, es keine direkte Kausalverbindung zwischen ihnen geben kann. Dies ist ohne Zweifel teilweise richtig, erscheint aber als fragwürdige Verallgemeinerung, da alle Ereignisse in einem Universum, das ein System oder eine Gruppe vorstellt, als durch allgemeine kausale Vorgänger verbunden angesehen werden können. Wir dürfen daher die Kausalität auch als die geordnete Wechselwirkung räumlich miteinander in Beziehung stehender Ereignisse definieren.

Kausalität ist die Anwendung des Satzes vom zureichenden Grunde auf die Deutung von Ereignissen in der physikalischen Welt. Dieses Prinzip ist in seiner verallgemeinerten Form eine Feststellung universaler geordneter Beziehung; neu formuliert von *Christian Wolff* und in der Folge von *Schopenhauer* (1847) analysiert, wurde es in folgender Weise ausgedrückt: „nihil est sine ratione cur potius sit, quam non sit". Es handelt sich um eine axiomatische Wahrheit, die nicht bewiesen werden kann, da dies zu einem Circulus vitiosus führen würde, zur Suche nach einem Beweis für die Suche nach dem Beweis.

Schopenhauer unterscheidet vier Anwendungen dieses Prinzips: Auf physikalische Ereignisse als Kausalität; auf logische Prozesse als Wissensgrund oder Vernunft; auf formale (begriffliche) Raum-Zeit-Beziehungen als geometrische oder topologische Ordnung; und auf bewußte Handlungen als Motivation. In der lateinischen Formulierung wird diese Klassifikation ausgedrückt als: Principium rationis sufficientis fiendi, cognoscendi, essendi, agendi. Wegen der Abneigung *Schopenhauers* gegen gewisse Aspekte der Mathematik zeigt die dritte dieser Formulierungen vielleicht die größte Schwäche in ihrer Ausarbeitung, aber ohne Zweifel enthält sie viele Gedanken von bedeutendem potentiellen Wert[2]. Die Verdienste dieser Klassifikation liegen in der klaren Unterscheidung zwischen dem verstandesmäßigen logischen Schluß oder einer wertvollen Annahme und der Ursache eines Ereignisses. Sie verhindert solchen Schwindel wie „causa sive ratio" (in bezug auf die ontologische Argumentierung) und zeigt die Fallstricke von Begriffen wie „causa sui" und „erster Ursache" in bezug auf kosmologische Argumentation. Folgt man *Kant*, so ist der Begriff des Priorismus zu erwähnen, wiederum vielleicht mit einiger Schwäche wegen der übertriebenen Betonung. Beim Vergleich von *Schopenhauers* vier Formulierungen mit den vier klassischen Ursachen (ἀρχαί) des *Aristoteles,* wie sie die Scholastiker interpretiert haben, können wir *Schopenhauers* 3. Anwendung auf die Formalursachen beziehen und seine 4. Anwendung auf die Finalursachen. Die materiellen Ursachen nimmt *Schopenhauer* nicht an und entwickelt stattdessen die Bedeutung

[2] Es erscheint möglich, daß das Principium rationis sufficientis essendi ausgearbeitet werden kann, um die Ordnung der Gestaltbeziehungen darzustellen, die von allen Kausalbeziehungen im engeren Sinne (d. h. vom Principium rationis sufficientis fiendi) abgetrennt werden können. Es ist außerordentlich schwierig, diese Ordnung der Gestaltung zu definieren und bisher sind alle Versuche nur teilweise erfolgreich gewesen. Die drei *Ehrenfels*-Kriterien („Ganzcharakter, Unverteilbarkeit, Transponierbarkeit") sind zweifellos von wesentlicher Bedeutung. Das Gestaltkonzept wie es von *Ehrenfels, Köhler, Matthaei, Wertheimer* u. a. formuliert wurde, erscheint bedeutungsvoll, obgleich es vielleicht nur eine etwas unbestimmte erste Annäherung darstellt. Hinsichtlich der mathematischen Entwürfe kann die Topologie eine hilfreiche Annäherung vermitteln, die invariante Gestalteigenschaften betont, die von Unterschieden in der Quantität unabhängig sind. Auch in der projektiven Geometrie gibt es Invarianten unter der Transformation. Darüber hinaus kann man eine Anzahl weit mehr abstrakter Begriffe bilden, die unter das Principium rationis sufficientis cognoscendi eher als unter das essendi fallen, jedoch in einigen Anwendungen sich auf beide erstrecken. Unter diesen Abstraktionen seien der Invarianzbegriff von *Cayley* und *Sylvester* erwähnt und in der Ordnung von Mustern die Quaternionen von *Hamilton,* die nicht dem kommutativen Gesetz gehorchen. Darüber hinaus gibt es auch kürzlich aufgestellte Gruppenbegriffe mit Transformationen und Invarianten; eine Vereinheitlichung vieler invarianter Symbolismen wird auch durch die Tensorrechnung von *Ricci—Curbastro* und *Levi—Civita* gewährleistet.

des Principium rationis sufficientis cognoscendi, das von *Aristoteles* nicht in klarer Weise ausgearbeitet war.

Der Skeptizismus von *David Hume* (1739, 1748), der sich gegen viele Zweideutigkeiten und Widersprüche im Alltagsdenken richtet, hat viel zu den folgenden Fortschritten in der Philosophie beigetragen. Jedoch bin ich mit den Autoren, welche den Wert des Kausalgesetzes aufrechthalten, der Überzeugung, daß *Humes* logisch einwandfreie Analyse dieses Gegenstandes unbefriedigend bleibt. Sie zieht unsere Fähigkeit so wie die Notwendigkeit, eine bedeutsame Beziehung in der Folge von Eindrücken und Gedanken zu erfahren, nicht genügend in Betracht. Obwohl *Hume* die Unbeweisbarkeit des Postulates der Kausalität, die mit dem erwähnten Circulus vitiosus verbunden ist, klar erkannt hat, gesteht er doch die praktische und logische Unerläßlichkeit des Kausalbegriffes zu. Darüber hinaus nimmt der Skeptizismus „entweder den Wert von verbalen oder anderen Symbolen an, in denen die Symbolisation und Diskussion äußerer Ereignisse ebenfalls berechtigt ist, oder er leugnet die Möglichkeit der Symbolisierung gänzlich. In diesem Falle wird er auf völliges Schweigen reduziert und kann überhaupt keine Bedeutung in irgendeiner Weise ausdrücken" (*Craik*, 1943).

Weiterhin gibt es zwei wichtige und anscheinend gegensätzliche Quellen von Zweideutigkeit und Verwirrung in unserer abstrakten Symbolisierung der Erfahrung: Man kann den Objekten und den Ereignissen mit Worten eine Präzision geben, die sie in Wirklichkeit nicht besitzen (Hypostatisierung). Andererseits haben Worte oder Symbole einen ihnen eigentümlichen wechselnden Grad von Unbestimmtheit. So ergibt sich im besten Falle unvermeidlich eine gewisse Unbestimmtheit und viele nicht völlig unvernünftige Argumente bleiben schließlich ohne Überzeugungskraft oder nicht schlüssig. Die strenge mathematische Formulierung schaltet die Unbestimmtheiten aus, was manche rein formale oder quantitative Aspekte der Ereignisse betrifft, nimmt aber einen Verlust an Aktualität oder belangvoller Gültigkeit in Kauf.

In der Quantenphysik sind individuelle Vorkommen nicht durch die Gleichungen bestimmt, die bloße Möglichkeiten zeigen. Wie oft jede Möglichkeit in einer großen Zahl von Fällen realisiert werden wird, kann mit statistischen Regeln vorausgesagt werden. Da die Anfangszustände nicht genau bekannt sind, erscheinen die Ereignisse entsprechend der oben gegebenen Definition von Zufall diesem ausgesetzt. Ein solcher Indeterminismus kann etwas unterschiedlich in Übereinstimmung mit *Heisenbergs* Unbestimmtheitsprinzip ausgedrückt werden, das feststellt, daß es eine theoretische Grenze der Genauigkeit gibt, mit welcher bestimmte aufeinander bezogene Größen gleichzeitig gemessen werden können.

Die Physiker haben daher die kausale Deutung von Ereignissen im Bereich kleiner Dimensionen zurückgewiesen; selbst die Ordnung der makroskopischen Phänomene ist ausschließlich in Ausdrücken statistischer Regelmäßigkeit betrachtet worden.

Bertrand Russel (1948) ist zu der Ansicht geneigt, daß das Fehlen des vollständigen Determinismus in der Quantenphysik nicht auf irgend eine Unvollständigkeit der Theorie zurückgeht, sondern eine eigentümliche Kennzeichnung von Ereignissen in kleinen Dimensionen ist. Mir erscheint dieser Schluß als eine negative Wendung des berühmten ontologischen Argumentes: Da in einem logischen System (Quantenmechanik) der Determinismus ausgeschlossen wird, kann Determinismus überhaupt nicht existieren.

Es ist richtig, daß der statistische Charakter der Quantenphysik sich grundsätzlich von demjenigen der kinetischen Theorie der Materie unterscheidet. In der Quantenphysik werden individuelle Gesetze völlig ausgeschaltet, und die statistischen Gesetze sind unmittelbar gegeben; es ist kein Platz für Gesetze, welche die Veränderungen in der Zeit am Einzelobjekt beherrschen. So ist es auch unmöglich, Lage und Geschwindigkeit eines Elementarkörpers zu beschreiben oder seinen Weg vorauszusagen, wie in der klassischen Physik. Eine solche Frage hat in einer Formulierung dieser Theorie keinen Sinn, die z. B. eine höchst abstrakte Funktion, die Wahrscheinlichkeitswelle, bestimmt. Für ein Elementarteilchen ist die Wahrscheinlichkeitswelle in einem gegebenen Augenblick eine Funktion eines dreidimensionalen Kontinuums. Für 2, 3, 4, 10 oder mehr Teilchen werden die Wahrscheinlichkeitswellen Funktionen in einem Kontinuum von 6, 9, 12, 30 und mehr Dimensionen. Wie *Einstein* und *Infeld* (1938) zusammenfassen, gibt es in der Quantentheorie keinen Raum für Feststellungen von der Art: Dieses Objekt ist so und so und hat die und die Eigenschaft. Stattdessen haben wir Feststellungen der folgenden Art: Es gibt eine so und so beschaffene Wahrscheinlichkeit, daß das individuelle Objekt so und so ist und diese oder jene Eigenschaft hat.

Der Indeterminismus der Quantenphysik kann noch als Indeterminismus infolge des Mangels an Daten angesehen werden; es erscheint gleichgültig, ob die individuellen Daten nicht gesichert werden können wegen physikalischer Schwierigkeiten, wie in der kinetischen Theorie der Materie oder in Zufallsspielregeln oder weil die theoretische Formulierung solche Daten ausschließt. Ursprünglicher Indeterminismus könnte als ein wahres Wunder angesehen werden.

Ich glaube daher mit *Craik*, daß der Ersatz der Unbestimmtheit durch einen wirklichen Indeterminismus nicht gerechtfertigt ist. Weder die Grenze der Beobachtung noch die Begriffe des Wellenpartikels oder der Wahrscheinlichkeitswelle geben stichhaltige Argumente für die Leugnung des Prinzips des zureichenden Grundes in seiner ersten Anwendung (Principium rationis sufficientis fiendi). Was die Ereignisse in den kleinen Dimensionen betrifft, so stellt *Craik* fest: „Die meisten Quantenphysiker betrachten den Indeterminismus als ein Kennzeichen der wirklichen Erscheinungen und ich (vermutlich weil ich nicht imstande bin, den mathematischen Einzelheiten ihrer Theorie zu folgen) tue dies nicht." In Ausdrücken der Anatomie der Mathematik betrachtet, stellt die Quantentheorie ein logisches System dar, das bestimmte Gruppen von Postulaten enthält und dem Principium rationis sufficientis cognoscendi (et essendi) folgt; wenn der Wert dieses Prinzips abgeleugnet wird, dann muß der Wert der Theorie selbstverständlich zunichte gemacht werden. Das Principium rationis sufficientis fiendi, das auf Individualereignisse anwendbar ist, wird in den Prämissen ausgeschlossen. Wie schon gegenüber der Feststellung von *Bertrand Russel* erwähnt und unbeschadet der mathematischen Einzelheiten, widerlegen Theorien, die ohne das Principium rationis sufficientis fiendi (die Kausalität oder den Determinismus) wertvolle Ergebnisse bringen, keineswegs die aktuelle Bedeutung des Determinismus oder die Kausalität als solche. Darüber hinaus hält auch *Einstein* der ganz bestimmt mit den mathematischen Einzelheiten vertraut war, den Kausalitätsbegriff aufrecht und nimmt nicht die Ansicht an, daß „Ereignisse in der Natur einem Zufallsspiel analog sind" (1950). Es kann in diesem Zusammenhang hinzugefügt werden, daß die Ereignisse bei einem Zufallsspiel oder beim Diskuswerfen als streng determiniert angesehen werden können, daß aber, da wir nicht alle Variablen kennen können, die Voraussagen auf die Theorie der Wahrscheinlichkeit begründet werden müssen.

Der radioaktive Zerfall wird oft als typisches Beispiel eines unbestimmten oder spontanen Phänomens angeführt. Es ist unmöglich festzustellen, warum und wann ein einzelnes Atom zerfällt. Jedoch ist der Zerfallsprozeß völlig geordnet und die Halbwertszeit der radioaktiven Substanzen kann genau vorhergesagt werden. Viele Einzelheiten der Kernstruktur, besonders die sog. Bindungskräfte betreffend, sind noch spärlich bekannt. Es gibt viele periodische und zyklische Prozesse, die in roher Weise mit den Rädern in einem Spielapparat vergleichbar sind, bei denen eine bestimmte Kombination in der Radstellung den Haupttreffer erzielt. Während ein Beobachter dieses Ereignis nicht voraussagen könnte, würde es in einer großen Serie solcher Spiele, die unter bestimmten Bedingungen gespielt werden, möglich sein, statistisch die Anzahl solcher Ereignisse in einem gegebenen Zeitabschnitt vorherzusagen.

Statistische Gesetze und Wahrscheinlichkeit können als wechselseitige Formulierung einer den Ereignissen innewohnenden Ordnung, d. h. der Kausalität, angesehen werden. Die ganze Theorie der Wahrscheinlichkeit, wie z. B. im Falle des Zufallspiels, ist auf Kausalgedanken gegründet. *Craik* (1943) stellt fest, daß es bedeutungslos ist, die Kausalität gewaltsam abzuschaffen und dabei zu hoffen, die Begriffe begrenzter Wahrscheinlichkeiten in Verbindung mit den Ereignissen zur ausreichenden Erklärung heranziehen zu können. Er bemerkt darüber hinaus, daß er „keineswegs versucht hat, auf diese Weise zu beweisen, daß es Kausalität gibt, sondern nur zu zeigen, daß jeder Versuch sie überflüssig zu machen, bedeutungslos ist." Dies führt uns zu der Feststellung zurück, daß das Prinzip des zureichenden Grundes nicht bewiesen werden kann, da es selbst die Basis jeden Beweises bildet[3]. Es gibt trotzdem einen praktischen Beweis des Prinzips des zureichenden Grundes einschließlich Kausalität und Determinismus: Auf der Grundlage dieser Prinzipien wird es möglich künftige Ereignisse vorauszusagen und der Wert solcher Voraussagen kann durch ihr Eintreffen bestätigt werden. Umgekehrt kann der Wert von Theorien nach dem Prinzip des zureichenden Grundes daran geprüft werden, ob Voraussagen, die auf solchen Theorien beruhen, sich erfüllen. Was diesen praktischen Aspekt betrifft, muß „die ziemlich hohe Wahrscheinlichkeit gewisser ‚zufälliger' oder ‚irreführender' (d. h. kausal indirekter) Verbindungen (*Craik*, 1943) in Betracht gezogen werden."

---

[3] Insgesamt kann das Principium rationis sufficientis vielleicht in roher Weise durch die Fundamentalformel ausgedrückt werden: „Wenn — — dann". Wenn sich die räumlich-zeitliche Beziehung A ändert, dann ergibt sich die räumlich-zeitliche Bedingung B (fiendi); wenn A, dann B (cognoscendi); wenn die Elemente a, b, c, ... in einer Weise x verbunden sind, dann ergibt sich die transponierbare Gestaltqualität y (essendi, vermutlich nur eine sehr unbestimmte und noch nicht angemessene erste Annäherung an die Definition dieses wichtigen Prinzips); wenn A, dann beabsichtige ich B (agendi). Was nun die dritte Formulierung (essendi) betrifft, so ist es von Interesse, daß *Wm. R. Hamilton* ungefähr 1835 die Algebra als die Wissenschaft von der reinen Zeit definierte: *Schopenhauer*, in seiner Doktordissertation, die er der Philosophischen Fakultät der Universität Jena einreichte (1813), hatte gleicherweise die Arithmetik (und die Algebra) als „Seynsgrund in der Zeit" definiert.

Wir können nun unsere Vorstellungen zusammenfassen: Eine vierdimensionale physikalische Welt, die, wie wir angenommen haben, von allen Eigenschaften des Bewußtseins entblößt ist, stellt eine geordnete Mannigfaltigkeit beweglicher Größen oder Größen von Bewegung dar. Diese Ordnung, die als streng determiniert begriffen wird, kann entweder in Ausdrücken kausaler oder statistischer Gesetze formuliert werden. Gewisse Ereignisse in dieser Mannigfaltigkeit kommen in Gruppenmustern vor, welche die Materie darstellen. Geordnete Beziehungen zwischen solchen Ereignissen werden in den Gesetzen der Physik und der Chemie ausgedrückt.

Das organische Leben

Als nächstes betrachten wir das Phänomen des Lebens, das innerhalb dieser geordneten Mannigfaltigkeit vorkommt. Wiederum versuchen wir zunächst das Bewußtsein auszuschließen (psychische Phänomene, Seele in weiterem Sinne) und wir beschreiben oder definieren Leben als eine Serie von Ereignissen, die mit wechselnden kolloidalen Systemen von Proteinen, Kohlehydraten, Lipoiden und anderen Substanzen in Verbindung steht. Solche Systeme werden als Protoplasma bezeichnet und offenbaren in gewissen Zuständen die Kennzeichen des Lebens, die in abgekürzter Form folgendermaßen aufgezählt werden können:

1. Stoffwechsel (Atmung, Assimilation, Exkretion, Sekretion)
2. Wachstum
3. Reproduktion (Erblichkeit, Übertragung spezifischer Eigenschaften)
4. Reizbarkeit (Reaktion auf Reiz)
5. Reizleitung (Leitung von Impulsen)
6. Kontraktilität (Bewegung).

Die ersten 3, die sowohl im pflanzlichen wie im tierischen Leben vorkommen, können als vegetative Funktionen bezeichnet werden, die letzten 3 im allgemeinen deutlicher bei Tieren als bei Pflanzen als animalische. Es ist schwierig, die Grenze zwischen lebender und nicht lebender Materie zu bestimmen. Die Virusarten stellen vielleicht eine Lebensform nahe dieser nebelhaften Grenzzone dar. Hinsichtlich der phylogenetischen Spekulationen muß trotzdem betont werden, daß die bekannten Virusarten parasitisch sind, d. h. daß sie sich von höheren Lebensformen ernähren. Die Bewegung, die spontan erscheinen mag, kann kausal als Antwort auf äußere oder innere Ereignisse (Reiz usw.) gedeutet werden. Sie gilt als Lebenszeichen besonders seit der Feststellung des *Aristoteles*: „ὁ βίος ἐν τῇ κίνησει ἐστί." Sogar nicht bewegliche Pflanzenzellen zeigen Protoplasmaströmung und Bewegung von Organellen. Zeitrafferfilmaufnahmen demonstrieren eine beträchtliche, oft rhythmische oder pulsierende Bewegung der ganzen Zellen oder Zellbestandteile in Gewebekulturen. Die rasende zitternde Bewegung des Protoplasma während der mitotischen Teilung ist ein spektakuläres Schauspiel. Trotzdem können Bewegungen, seien sie offensichtlich kausal bedingt oder scheinbar spontan, zufällig oder definiert, zyklisch, rhythmisch oder pulsierend, kaum als eine spezifische Manifestation organischen Lebens angesehen werden.

In der vorstehenden Definition und Aufzählung von Lebenskennzeichen wurden nur allgemeine Prozesse betrachtet, die vielfach zyklisch oder reversibel[4] sind. Es wurde besonders der skalare Aspekt betont.

Gestaltung muß als eines der wichtigsten, in mancher Hinsicht vielleicht als das wesentliche Kennzeichen des organischen Lebens in seine Definition eingeschlossen werden. Das Leben kann als der Zustand eines protoplasmatischen Körpers angesehen werden, der seine wesentliche Form durch einen konstanten Wechsel der Materie beibehält. *Schopenhauer* (1851) drückt dies folgendermaßen aus: „Das Leben läßt sich definieren als der Zustand eines Körpers, darin er, unter beständigem Wechsel der Materie, seine ihm wesentliche (substanzielle) Form allezeit behält. — Wollte man einwenden, daß auch ein Wasserstrudel oder Wasserfall seine Form unter stetem Wechsel der Materie behält; so wäre zu antworten, daß bei diesen die Form durchaus nicht wesentlich, sondern allgemeine Naturgesetze befolgend durch und durch zufällig ist, indem sie von äußeren Umständen abhängt, durch deren Veränderung man auch die Form beliebig ändern kann, ohne das Wesentliche anzutasten."

Die organische Form oder Konfiguration ist natürlich in einem Virusteil oder in einer Amöbe weniger ausgesprochen als in den höheren Metaphyten oder Metazoen. Trotzdem offenbart sich auch noch in den primitiven Lebensmanifestationen eine ganz bestimmte biologische Struktur.

---

[4] Von besonderer Wichtigkeit und den allgemeinen Kennzeichen des Stoffwechsels einzuordnen, wie sie oben abgekürzt aufgezählt wurden, sind die Prozesse, die die intrazelluläre Oxydation und die biologische Transformation von Energie betreffen. Hierzu gehören die Oxydations-Reduktions-Potentiale mit verschiedenen Phasen von biochemischer Wasserstoffübertragung einschließlich der komplexen Enzymaktivitäten. Der Krebszyklus, die Cytochrom- und Cytochrom-Oxydase-Systeme und andere sind von spezieller Bedeutung. Jedoch haben die Einzelheiten dieser wichtigen Aspekte der Biologie keine direkte Beziehung zu den hier diskutierten Problemen.

Der Strom von Materie durch die organischen Konfigurationen hat zwei Aspekte. Es gibt einen atomaren oder vielleicht besser gesagt molekularen Wechsel im Stoffwechsel, der, aufgrund kürzlicher Untersuchungen, anscheinend ziemlich schnell und vollständig ist. Schätzungsweise werden in annähernd einem Jahr 98 % der Atome des menschlichen Körpers durch andere ersetzt.

Weiterhin gibt es bei vielen höheren Metazoen von vergleichsweise langer Lebensdauer, besonders bei den Säugetieren und beim Menschen einen Wechsel ganzer geformter Einheiten, d. h. von Zellen. Labile oder unstabile Elemente, zu denen die Blutzellen, das Epithel der Oberhaut und ähnliche Zellen gehören, werden ständig zerstört und während des Lebens des Individuums ersetzt. Stabile Elemente, die viele Drüsenepithelien, Bindegewebe und Neurogliazellen umfassen, zeigen unter normalen Bedingungen keine erheblichen Veränderungen, die mit Zerstörung und Regeneration verknüpft sind, haben aber einen beschränkten Wechsel. Die Dauerelemente, die durch die Nervenzellen, die Herzmuskulatur und möglicherweise noch wenige andere Strukturen vertreten werden, haben wenig oder keine Regenerationsfähigkeit. Ihre Lebensdauer kann der Gesamtlebensspanne des Individuums entsprechen. Jedoch wechselt ihre Substanz durch Stoffwechsel in dieser Zeit viele Male.

Wir haben also einen Strom von Energie und Materie (Masse) durch eine organische Form. Diese Feststellung kann umgekehrt werden und die organische Form kann verstanden werden als „eine andauernde Ordnung, die auf einen Energiestrom eingeprägt ist" (von *Bonin*, 1950). Wir können sogar noch weitergehen und feststellen, daß das Leben eine sich entwickelnde, relativ beständige gestaltliche Ordnung ist, die auf einen Strom von Materie und Energie durch eine protoplasmatische Matrix aufgeprägt ist.

Das morphologische Studium der organischen Formen enthüllt eine bemerkenswerte gegenseitige Abhängigkeit von Struktur und Funktion. Strukturelle Formen sind angepaßt oder vielleicht sogar bestimmt durch funktionelle Forderungen, die von Spezies zu Spezies in Beziehung zu den verschiedenen Lebensweisen wechseln. Andererseits ist ein hochstabiles Grundmuster für große Gruppen von Organismen vorbestimmt trotz beträchtlicher Differenzen in den funktionellen Anforderungen und die funktionellen Bedürfnisse müssen sich an eine gegebene räumliche Ordnung anpassen.

Die Begriffe der Homologie und Analogie gehen aus dem Vergleich verschiedener organischer Formen hervor und eine Unterscheidung zwischen 2 Gruppen von Prinzipien läßt sich durchführen: Eine im Hinblick auf den Wechsel, die andere im Hinblick auf die Dauer.

Das Prinzip der Dauer ist durch fundamentale Merkmale, die durch alle Stadien der Differenzierung aufrecht erhalten werden, ausgedrückt. Formanalytische Studien befassen sich mit den abstrakten Aspekten dieser organischen Konfiguration, die topologische und gestaltliche Eigenschaften hat. In dieser Hinsicht sollten die beiden *Ehrenfels*-Kriterien der Ganzheit und der Transponierbarkeit besonders betont werden. Da in solchen Beziehungen die räumliche Ordnung größere Bedeutung besitzt als die zeitlichen Ereignisse, kann die Zeit für die praktischen Zwecke der Analyse eliminiert werden. Die theoretische Formulierung schließt daher Kausalität aus und das Prinzip des zureichenden Grundes muß in seiner dritten Form angewendet werden als Principium rationis sufficientis essendi, d. h. als eine geometrische und topologische Ordnung. Begriffe wie Grundformteile, Bauplan, Grundbestandteile und Formbestandteile, wurden definiert[5]. *D'Arcy Thompson* (1942) hat eine Methode der Koordinatentransformation ausgearbeitet.

Eine Hierarchie von Ordnungen gilt in verschiedener Hinsicht; in einer sehr vorläufigen und vereinfachten Klassifikation können wir z. B. die innere Konfiguration (Struktur, Textur), die sich vielfältig in einer zufälligen, d. h. nicht bedeutsamen Weise wiederholt von dem wichtigen äußeren Umriß oder der Form unterscheiden. *Gegenbaur* trennte „Bau“ und „Struktur“. Ein Schädelknochen z. B. hat die Struktur von Knochen- (u. a.) Gewebe, d. h. ein Gefüge, einen morphologischen Formwert als eine individuelle Konfiguration, demgegenüber aber einen anderen morphologischen Wert als Komponente einer wesentlichen höheren Formordnung (Bauplan).

Es ist möglich, die Konfiguration oder das Muster in willkürlich formulierter theoretischer Reihe, z. B. als erster, zweiter und höherer (aufsteigender) oder niederer (absteigender) Ordnung zu klassifizieren. Eine weitere Diskussion dieser noch ungenügend geklärten Beziehungen liegt nicht in der Absicht der vorliegenden Darstellung. Geometrische oder topologische Konfiguration von Materie kommt in nicht lebenden Substanzen als Kristallisation vor. Verschiedene Arten von Substanzen haben in dieser Hinsicht ihre natürliche Geometrie. Es gibt auch eine bestimmte, aber bisher ungenügend analysierte Verwandtschaft zwischen Kristallo-

---

[5] *Haeckel,* 1866, 1898; *Gegenbaur,* 1898; *Jacobshagen,* 1925; *Kuhlenbeck,* 1929, 1956.

graphie und dem formanalytischen Studium der Organismen. *Schrödinger* (1946) nimmt an, daß ein Gen oder vielleicht ein ganzer Chromosomenfaden einen aperiodischen Kristall darstellen könnte.

Hinsichtlich der Prinzipien, die mit dem Wechsel, d. h. mit dem aktiven vierdimensionalen Aspekt der physikalischen Welt in Übereinstimmung mit dem Principium rationis sufficientis fiendi zusammenhängen, kann der Morphologe die Organismen mechanisch in Ausdrücken der funktionellen Anatomie oder historisch als ein Produkt der organischen Evolution ansehen. Morphologie als eine Evolutionswissenschaft „nimmt an, daß gewisse Kräfte wie z. B. eine natürliche Selektion, auf die Organismen eingewirkt und über Millionen von Jahren ihre Gestalt gebildet haben"; von *Bonin* (1946), dessen Formulierung hier zitiert wird, hat diese Beziehungen in Ausdrücken von „Typen und Ähnlichkeiten" definiert.

In der Ontogenese sehen wir die organischen Strukturen sich entwickeln und durch Reproduktion vervielfältigen, indem sie ihre Kennzeichen durch einen Mechanismus der Erblichkeit weiterleiten. Während früher und kritischer ontogenetischer Stadien zeigen menschliche und andere Säugerembryonen morphologische Muster, die unmittelbar mit den Mustern vergleichbar sind, die die Anamnier kennzeichnen. Kiemen- und Aortenbogen, das Urogenitalsystem mit seiner sich entfaltenden Vorniere, Mesonephros, Metanephros und die damit in Verbindung stehenden Ausführungsgänge und viele Regionen der Neuraxis ebenso wie andere Systeme zeigen dieses Phänomen. Vom morphologischen Standpunkt erscheint es richtig, von formaler Rekapitulation mutmaßlicher Ahnenstadien zu sprechen; da viele komplizierende Faktoren im Spiele sind, ist Vorsicht und Reserve in der Deutung dieser Formbeziehungen geboten. Trotzdem kann ein befriedigendes morphologisches Verständnis der Organisation des erwachsenen Menschen nur auf einer breiten vergleichenden Basis gewonnen werden, die die niederen Wirbeltiere und die Schlüsselstadien der embryologischen Säugerentwicklung umfaßt.

Unbeschadet einer Reihe von Irrtümern und Übertreibungen erscheint *Haeckels* biogenetisches Grundgesetz, das auf dem vorhergehenden „Gesetz der Reduktion" („Reduktions-Gesetz") beruht, wie es *J. H. Meckel* formulierte, grundsätzlich richtig und sowohl auf die Ontogenese der Wirbeltiere wie auch der Wirbellosen anwendbar.

In dem kürzlich veröffentlichten Buch „Analyse der Entwicklung", an dem zahlreiche Vertreter der experimentellen Embryologie mitwirkten, übt *J. M. Oppenheimer* (1955) eine heftige Kritik am biogenetischen Grundgesetz. Ich brauche nicht zu betonen, daß ich vollständig anderer

Ansicht bin, nicht nur was die Schlußfolgerungen, sondern auch was den allgemeinen Tenor der Übersicht betrifft.

Bei Betrachtung der ontogenetischen Entwicklung ist zwischen quantitativen Wachstumsprozessen (Wachstumsvorgängen) und qualitativen Bildungsprozessen (Gestaltungsvorgängen) zu unterscheiden. Darüber hinaus gibt es eine strukturelle Differenzierung der individuellen Zellen. Ungerichtetes Wachstum würde lediglich zu einer amorphen oder bestenfalls rohkugelig geformten Anhäufung von Zellen führen. Jedoch schreitet die Proliferation, die Migration, die Gruppierung und Differenzierung der Zellen in Übereinstimmung mit einem typischen regionalen Muster voran, das der Ausdruck einer negativen Entropie ist. Da die geordnete Anordnung von Materialeinheiten in einer dreidimensionalen Organisation stattfindet, muß eine physikalische Wirkung als Ursache angenommen werden. *Gurwitsch* (1930) hat den Begriff des biologischen Feldes für die Faktoren eingeführt, die ein solches Muster bestimmen. *Weiss* (1939) betrachtet diesen Begriff als eine Abstraktion, die versucht, eine Gruppe von Phänomenen auszudrücken, die man in lebenden Systemen beobachtet; dieser Autor legt auch dar, daß es, in soweit die Wirksamkeit von Feldern eine räumliche Ordnung hervorbringt, zum Postulat wird, daß auch die Feldfaktoren selbst eine bestimmte Ordnung besitzen. Eine dreidimensionale Organisation und eine Heteropolarität des Feldes muß angenommen werden. Der gradweise Abfall der Feldintensität um das imaginäre Zentrum hat zum Begriff der Feldgradienten geführt. *Child* (1941) betonte die Bedeutung der *physiologischen* Gradienten, die räumliche Muster in lebenden Organismen darstellen und durch eine abgestufte progressive Differenzierung in gewissen Ausdrücken der physiologischen Bedingung gekennzeichnet sind. *Morphologische* Gradienten erscheinen während der embryonalen Entwicklung und entsprechen mutmaßlich den physiologischen Feldgradienten. Die sog. mitogenetische Strahlung der Art, wie *Gurwitsch* (1923) sie angenommen hat, konnte nicht bestätigt werden.

Die experimentelle Embryologie (Entwicklungsmechanik) hat eine Reihe von Kausalfaktoren geprüft und einige Versuche der Deutung geliefert. Unter den äußeren Faktoren, die mit experimentellen Methoden studiert wurden, gibt es mechanische, physikochemische (osmotischer Druck, Ionenaktivität usw.) und Strahleneffekte. Innere Faktoren beziehen sich auf Wechselwirkungen der embryonalen Strukturen; diese Faktoren sind mit Isolation, Explantation, Zerstörung oder Excision, Transplantation, Implantation, Fusionen und anderen Methoden erforscht worden.

Mit solchen Mitteln hat die experimentelle Embryologie Informationen geliefert, die Polarität, Vorlokalisation, Befruchtung, Zellgrenzen, Potenzordnungen, Plastizitätsgrade wie sie in der regulativen Entwicklung und Determination gezeigt werden, betreffen. Die Begriffe des Organisators, der Induktion, der Kompetenz und andere wurden begründet.

Viele Grundprobleme bleiben noch ungeklärt; die Induktoren verschiedener Ordnung können erkannt werden, selbst totes Gewebe ist unter gewissen Bedingungen wirksam. Die Organisatoren rufen nicht nur eine Aktivität in einem Feld hervor, sondern können bis zu einem gewissen Grade auch die entstehenden Feldkräfte kontrollieren. Einige Faktoren liegen anscheinend innerhalb des antwortenden Gewebes und andere im Organisator, aber über diese Fragen kann nur wenig mit einem nur einigermaßen beträchtlichen Grad von Sicherheit ausgesagt werden. Weder die vielversprechenden Feld- und Gradientenbegriffe noch die verschiedenen anderen Theorien haben zu einer flüssigen und verständlichen Theorie der organischen Entwicklung, des Wachstums und der Regeneration geführt. Trotzdem sehen wir, daß einige wenige nützliche Allgemeingedanken beginnen, Gestalt anzunehmen.

Es erscheint wohlbegründet, daß kleine Teile eines Chromosom die sog. Gene, die man mit Schablonen verglichen hat, das Werkzeug sind, die Kennzeichen und die Erbmerkmale eines sich entwickelnden Organismus zu bestimmen, ebenso wie die folgenden weniger bedeutenden des Wachstums und der Regenerationsprozesse im Laufe des individuellen Lebens. Es ist anzunehmen, daß ihre Aktivität einen unmittelbaren Einfluß auf die Feldeigenschaften hat. Ein Gen kann möglicherweise ein polymeres Nukleinsäuremakromolekül darstellen, das durch eine komplizierte permutationelle Anordnung mit einem einzigartigen individuellen Muster ausgestattet ist. Dieses Muster wird gedeutet als ein Miniaturcode, der dem spezifischen Plan der Entwicklung entspricht. Wechselwirkung der Gene mit anderen Faktoren und untereinander bringt vermutlich die Entfaltung der geordneten Entwicklungsereignisse hervor. *Schrödinger* (1946) bezeichnet ein Verhalten der lebenden Substanz in Übereinstimmung mit solchen Prinzipien als „Ordnung, gegründet auf Ordnung". Die Entstehung neuer erblicher Eigenschaften durch Mutationen ist als Ergebnis geringer Veränderungen in der Code-Struktur der Gene aufgefaßt worden.

Die besondere Eigenschaft der Gene soll die Fähigkeit jedes Riesenkettenmoleküls sein, durch seine Glieder chemische Gruppen einzufangen, die in mancher Beziehung diesen Gliedern entsprechen. Die eingefangenen

Gruppen werden entlang den Gliedern des Gens in einem Muster angeordnet, das das Originalgen wiederholt, das sich auf diese Weise am Ende selbst reproduziert. Unter gewissen Bedingungen können neue Anordnungen entstehen, die dann einen anderen biochemischen Effekt hervorrufen. Solche neuen Anordnungen, die wahrscheinlich viel von dem ursprünglichen, überall vorhandenen Muster beibehalten, aber nur in einigen Einzelheiten unterschiedlich sind, stellen die Mutationen dar und das mutierte Gen reproduziert sich selbst in einem neuen Muster. Nach dieser Deutung, die in strenger Form von *H. J. Muller* (1955) zusammengefaßt wurde, haben die Gene die Fähigkeit, sich selbst zu reproduzieren, nicht nur, wie sie ursprünglich waren, sondern auch in neuen Gestaltanordnungen, die aus gelegentlichen Mutationen hervorgehen. Die Gene werden von dem zitierten Autor als die wesentlichen Strukturen betrachtet, die das organische Leben kennzeichnen, so daß bei der Entstehung des Lebens zuerst die Gene entstanden und das übrige Protoplasma (Cytoplasma) sich erst später bildete als die Substanz, die den Genen beigefügt oder durch sie hervorgebracht wurde.

Die Erscheinungen des organischen Lebens sind von unübersehbarer Vielfältigkeit und es ist zuzugeben, daß ihre Deutung in Ausdrücken physikalisch-chemischer Begriffe in mancher Hinsicht unbefriedigend geblieben ist. Viele Ereignisse können nicht völlig erklärt werden. Die Ergebnisse der experimentellen Embryologie zeigen trotzdem mit Klarheit eine Reihe geordneter kausal determinierter Manifestationen.

In der zweiten Hälfte des 19. Jahrhunderts nahmen viele Biologen an, daß die chemischen Gesetze und die Physik in der klassischen Newtonschen Form eine vollständige Erklärung der Lebenserscheinungen geben könnten. Die alte Theorie „tierischer Geister" ebenso wie *Bichats* „Lebenskräfte" und *Magendies* „Lebensprinzip" waren nicht länger in Geltung. Seitdem ist der Vitalismus in verschiedenen Formen wieder aufgelebt. Es wird behauptet, daß Lebensprozesse einen Charakter haben, der sich radikal von den rein physikalisch-chemischen Phänomenen unterscheidet und daß ein qualitativ verschiedenes Konzept eingeführt werden muß, wie z. B. „Élan vital" (*Bergson*) „Entelechie" (*Driesch*) und „Telefinalismus".

Vitalprinzipien können wohl begründet werden, aber es besteht sicher kein Zwang, sie anzunehmen. Die Argumente der Vitalisten sind etwas ähnlich denen der Quantenphysiker, die die Determination oder Kausalität leugnen. Dazu haben die Begriffe der Entelechie und des Telefinalismus wesentliche Schwächen. *Driesch* (1921, 1924) betont ein spezifisches

Prinzip, das für die Ganzheit verantwortlich ist, „eine besondere ganzmachende Kausalität“, die nicht im Raum, sondern „in den Raum“ wirkt und in *Aristoteles*' Terminologie als „Entelechie“ bezeichnet wird. Ein Prinzip dieses Typs gibt es tatsächlich: die Eigenschaften der Konfiguration oder Gestalt entsprechend dem Principium rationis sufficientis essendi, aber es ist keineswegs ein Kennzeichen des Lebens. Die Ordnung, die dem Muster innewohnt, bezieht sich auf die ganze Ausdehnung der physikalischen Welt und kann nicht ein vitalistisches Prinzip darstellen. Wie kürzlich in einem Symposium von *W. Russel-Brain* (1950) in knapper Form festgestellt wurde: „Ein Atom ist ein Muster von Elektronen, ein Molekül ist ein Muster von Atomen. Es gibt Muster von Mustern von Mustern usw. unbegrenzt. Die kompliziertesten Muster, die wir kennen, sind im Gehirn.“

Telefinalismus (Zielursächlichkeit, Zweckmäßigkeit von *G. Wolff*, 1933 u. a.) nimmt einen Zweck an, der mit Notwendigkeit einen bewußt und intelligent gefaßten Plan einschließt. Diese Ansichten stellen nur eine oberflächlich verkleidete moderne Version des wohlbekannten alten teleologischen oder physiko-theologischen Argumentes dar. Per Definition haben wir versucht, die Attribute des Bewußtseins aus der postulierten physikalischen Welt auszuscheiden, und es wäre widersprüchlich, solche Attribute für eine einzelne Ereignisgruppe wieder einzuführen. Die Lebensphänomene erfordern eine Gruppe gewisser Bedingungen, die unerläßlich sind und als eine Conditio sine qua non bezeichnet werden können. Wenn, und nur dann wenn wir eine bewußte Intention annehmen, können die Ereignisse, die aus diesen Bedingungen hervorgehen, als zweckmäßig betrachtet werden[6].

Obwohl das organische Leben durch eine Anzahl spezifischer Erscheinungen gekennzeichnet erscheint, sehe ich keinen Grund, besondere fundamentale Prinzipien für irgendeine Gruppe der Ereignisse in der physikalischen Welt anzunehmen, ob nun diese Ereignisse lebende oder nicht lebende Materie betreffen mögen. Zahlreiche neue physikalische Kräfte oder besser Effekte können aus Mustern oder sogar skalarer Kombination anderer physikalischer Kräfte hervorgehen und zu einer eigenartigen, jedoch streng determinierten Situation führen, in der „die existierende Ordnung die Kraft zu ihrer Selbsterhaltung und zur Schaffung neuer geordneter Ereignisse hervorbringt“ (*Schrödinger*, 1946).

---

[6] Die Bedeutung der Ausdrücke „Zweck“ und „Teleologie“, wie sie von *Rosenblueth, Wiener* und *Bigelow* (1943) definiert werden, werden wir weiter unten auf S. 125—130 diskutieren.

Schopenhauer, ein strenger Determinist, betrachtete sich selbst im Anschluß an *Bichat* u. a. als Vitalisten. Trotz zahlreicher Schwächen, die teilweise dem weniger vorgeschrittenen wissenschaftlichen Wissen seiner Zeit zugeschrieben werden können, erhob er ausgezeichnete Feststellungen über das organische Leben. In einer belustigenden und vielleicht nicht ganz ungerechtfertigten scharfen Streitschrift gegen *Agassiz* macht er die folgende wichtige Bemerkung, die vielleicht als unabhängig von jeder vitalistischen Anschauung betrachtet werden kann: „Auch er steht noch vor derselben Alternative, daß die organische Welt, entweder das Werk des reinsten Zufalls sei, der sie, als ein Naturspiel physikalischer und chemischer Kräfte, zusammengewirbelt hätte; oder aber ein am Lichte der Erkenntnis (dieser functio animalis) nach vorhergegangener Überlegung und Berechnung klug verfertigtes Kunstwerk. Eines ist so falsch wie das andere ..." (Parerg und Paralip II, Zur Philosophie und Wissenschaft der Natur, § 91).

Das Nervensystem

Das tierische organische Leben oberhalb einer bestimmten Organisationsebene wird durch ein Nervensystem gekennzeichnet, das als ein korrelierender und integrierender Kommunikations- und Kontrollmechanismus tätig ist. Es ist dargelegt worden, daß die Aktivitäten dieses Systems in zwei Typen klassifiziert werden können (*Kuhlenbeck*, 1927; *Ashby*, 1952), nämlich in ein determiniertes stereotypes angeborenes Reflexverhalten und in ein gelerntes angepaßtes Verhalten, das durch die individuelle Erfahrung des Organismus modifiziert wird.

Ashby (1952) hat deutlich gezeigt, daß die Fähigkeit des Nervensystems ein adaptives Verhalten hervorzubringen auf einer rein mechanistischen Basis erklärt werden kann. Dieses System enthält viele Variablen, die sich als Schritt-Funktionen und als Teilfunktionen verhalten; es wird weitgehend zufällig zusammengesetzt, so daß seine Einzelheiten nicht individuell sondern statistisch bestimmt werden. *Ashby* weist für die Systeme dieses Typs eine fundamentale Tendenz nach, ihr inneres Verhaltensmuster so anzuordnen, daß sie in bezug auf ihre Umgebung stabil werden. Die Prinzipien der Stabilität und der Ultrastabilität können in mathematischen Ausdrücken formuliert werden; mit einem mechanischen Modell, in dem diese Prinzipien verkörpert sind und das als Homeostat bezeichnet wird, ist *Ashby* imstande, wenigstens in einer rudimentären Weise das vitale Verhalten von einem ultrastabilen Typ nachzuahmen.

Logische Operationen, Symbolisierung und Gedächtnisfunktionen können ebenso in streng mechanistischen Ausdrücken begriffen werden. *Craik* (1943) zeigte, daß das Gehirn es ermöglichen muß, äußere Ereignisse zu modellieren, in dem es einen Symbolismus benutzt, der dem vergleichbar ist, mit dem eine Rechenmaschine das Muster einer gegebenen Information wiedergibt. Die Computer, die Information handhaben und solche Operationen wie Berechnung, Schluß und Selektion durchführen, werden gewöhnlich als mechanische Gehirne bezeichnet. Das binäre System und der statistische Informationsbegriff als negative Entropie haben sich in diesem Zusammenhang als besonders bedeutungsvoll erwiesen. *C. E. Shannon* (1938), der das automatische Relais und Schaltkreisläufe analysierte, zeigte, daß die Algebra, die auf solche Kreisläufe angewendet werden kann, keine andere ist als die Algebra der Logik oder die *Boole*sche Algebra. *McCulloch* und *Pitts* (1943) haben diese Annäherung für die Konstruktion theoretischer Modelle von Nervennetzen benutzt.

Was das Gedächtnis betrifft, müssen wir zwischen dem Kurzzeitgedächtnis unterscheiden, wie es in der Ausführung komplexer Reflexmuster, die Zeitintervalle von einiger Dauer betreffen, erforderlich ist und dem Langzeitgedächtnis zur Speicherung von Erfahrung und zum Lernen. Das erstere kann schnell auf der Basis von selbstrückerregenden Kreisläufen, wie ich im Jahre 1927 nach den früheren Auffassungen von *Cajal* gezeigt habe, erklärt werden. Die Engramme des Langzeitgedächtnisses lassen sich in der Hirnrinde durch räumlich ausgedehnte Gestalten von erregten Synapsen mit spezifisch erniedrigtem Widerstand vorstellen (*Kuhlenbeck* 1927 u. a. Verfasser). Auf diese Weise werden die Engramme eher als Eigenschaften des Netzwerkes als als solche der zellulären Einheiten aufgefaßt, obwohl die einzelnen Neurone eine wichtige biochemische Rolle spielen. Umgekehrt kann ein und dasselbe Neuron durch verschiedene synaptische Verbindungen ein Glied oder Element in einer großen Zahl gänzlich verschiedenartiger Engramme darstellen. So lange das wesentliche Muster einer gegebenen Kombination bestehen bleibt, kann eine beträchtliche Anzahl von Nervenzellen und -fasern, die zu einem solchen Muster Beziehung haben, zerstört werden, ohne den signifikanten Code-Wert zu berühren. So kann eine gegebene Konfiguration auch wenn sie siebartig durchlöchert ist, noch ihre erkennbaren Merkmale behalten.

Die grundsätzliche Ähnlichkeit der strukturellen und funktionellen Prinzipien, die bei allen Formen organischen Lebens auftreten mit denen, die bei künstlichen mechanischen Erfindungen zur Anwendung kommen, wie viele Verfasser, vor allem *E. Kapp* (1877), betonen, erscheint gut begründet. In dieser Hinsicht, und was das Nervensystem betrifft, ist eine einwandfreie Analogie neuronaler Erregungskreise und gewisser elektrischer Schaltkreise in elektronischen Maschinen schlüssig gezeigt worden. *Wiener* (1948) hebt hierbei die wesentliche Einheit einer Gruppe von Problemen hervor, die die Kommunikation, die Kontrolle und die statistische Mechanik sowohl in Maschinen wie in Organismen betrifft. Jedoch stellt *D. M. MacKay* (1954) in einer Schrift „über den Vergleich des Gehirns mit Maschinen" fest, daß die Frage, „wie weit das Gehirn existierenden Mechanismen, wie z. B. einer elektronischen Computermaschine gleicht", von „trivialem Interesse" sei und schließt mit der zwar richtigen, aber nach meiner Ansicht unbedeutenden Bemerkung ab, daß die elektronischen Computer nicht mit dem Gehirn verglichen werden können. Ich glaube, daß weit davon entfernt „trivial" zu sein, die Gleichheit trotz zahlreicher beträchtlicher Unterschiede von tiefer Bedeutung ist, da sie auf die eindrucksvolle Gleichförmigkeit in der Ordnung von Ereignissen hinweist, unabhängig davon, ob diese Ereignisse auf organische oder anorganische Systeme bezogen sind.

Unbeschadet vieler Lücken im Tatsachenwissen und trotz der unvermeidlichen Unsicherheit der Wortgenauigkeit, die die Verallgemeinerung und Analyse der komplexen Probleme stört, erscheint die materialistische Näherung als ein konsistenter, logischer und vielversprechender Versuch, das organische Leben einschließlich des tierischen Verhaltens, das durch ein Nervensystem kontrolliert wird, zu erklären.

Grenze des Materialismus: Bewußtsein

In Übereinstimmung mit *Ashbys* Formulierung kann das Nervensystem und die übrige lebende Materie im allgemeinen als identisch mit der gesamten Materie angesehen werden. Jedes spezifische Lebensprinzip ist entbehrlich, und alle teleologischen Erklärungen lassen sich ausschließen. Man kann durchaus annehmen, daß eine Maschine oder ein Tier sich in einem bestimmten Augenblick in einer bestimmten Weise verhält, weil seine physikalische und chemische Natur zu diesem Augenblick kein anderes Verhalten zuläßt. Es kann ferner angenommen werden, daß das Nervensystem, die lebende Substanz und die Materie der Umgebung alle streng bestimmt sind. Es kann daher, wenn sie bei zwei Gelegenheiten in denselben Zustand gebracht werden, dasselbe Folgeverhalten erwartet werden.

Trotzdem stehen wir der fundamentalen Tatsache gegenüber, daß die Phänomene des Bewußtseins existieren und daß diese Phänomene in einer geordneten Weise mit bestimmten Aktivitäten des Nervensystems verbunden sind. Wenn die materialistische Annäherung zu einer wertvollen und vollständigen Auffassung der Wirklichkeit führt, dann sollte es wenigstens denkbar sein, das Bewußtsein auf der Basis dieses Konzeptes zu erklären oder mit anderen Worten das Bewußtsein aus der Ordnung der physikalischen Welt abzuleiten. Dies jedoch ist nicht möglich, und wenn ein solcher Versuch erzwungen wird, dann fällt das gesamte materialistische Konzept wie ein Kartenhaus zusammen.

Der Materialismus ist jede Hypothese, die innerhalb einer Raum-Zeit-Struktur die Existenz einer objektiven physikalischen Welt unabhängig von jeder bewußten Wahrnehmung voraussetzt. Wenn wir an diesem Postulat festhalten, müssen wir annehmen, daß ein physikalischer oder physikochemischer Prozeß von einem „Objekt" ausgeht, ein Sinnesorgan affiziert, sich in einen anderen physikochemischen Prozeß verwandelt, noch andere solche Prozesse in einem afferenten Nerven bewirkt und schließlich durch eine Reihe synaptischer Verbindungen gewisse Zentren des Gehirns erreicht. Alle derartigen Prozesse verlaufen mit bestimmten Geschwindigkeiten über bestimmte Entfernungen, mit anderen Worten als bewegliche Größen und Größen von Bewegung. Innerhalb der Gehirnzentren läuft eine zusätzliche Reihe ähnlicher Prozesse ab als die Wirkung dieser Kausalkette, teils in Form unmittelbarer Nervenentladungen (nahe verwandt mit kinetischer Energie), teils in Form mnestischer Veränderungen, d. h. vermutlich als andauernde Modifikation synaptischer Muster (nahe verwandt mit potentieller Energie). Alle diese Wirkungen, die sich im Verhalten der Organismen darstellen, folgen dem Gesetz der Erhaltung von Masse und Energie. Gleichzeitig mit einigen dieser Prozesse ereignen sich Bewußtseinsphänomene; wir werden etwas gewahr oder sehen eine rote Blume, riechen einen Duft, fühlen die Sanftheit und die Gestalt eines Blattes. Jedoch kann kein weiterer Wechsel in bestimmter Zeit und entlang einem bestimmten Abstand aus irgendeinem der physikalisch-chemischen Prozesse zum Gefühl „rot" oder zu irgendeiner anderen Modalität des Gewahrwerdens verfolgt werden. Auch können die Gesetze der Gestalt oder Konfiguration nicht zu einer Erklärung von Bewußtsein herbeigerufen werden. Die Eigenschaften der Gestalt machen es nur möglich, wie *Craik* gezeigt hat, das Nervensystem als eine Rechenmaschine zu verstehen, die fähig ist, äußere Ereignisse zu modellieren oder zu parallelisieren und nahezulegen, daß dieser Prozeß des Parallelisierens oder der Symbolisation das Grundmerkmal der Abstraktion, ähnlich dem Gedanken ist, jedoch ausgenommen wie sofort zuzugeben ist, für das Grundphänomen des Bewußtseins. Keine mathematisch oder logisch begreifbare Gestalteigenschaft kann zur Erklärung des Wunders herangezogen werden, daß ein kleindimensionales Raum-Zeit-Modell physikalischer Ereignisse, das von einem Muster von Nervenentladungen bewirkt wird, sich „verwandelt", in Gewahrwerden und als das Phantasiebild eines glänzend-bunten Blumengartens inmitten eines Landschaftspanoramas erscheint, begleitet von einer Vielfältigkeit von Tönen und Sensationen in einem Strom innerer Gefühle[7].

Da es logisch unmöglich ist, Bewußtsein von materiellen oder physikalischen Prozessen abzuleiten, muß der Materialist entweder Bewußtsein leugnen, was lächerlich sein würde, oder einen dualistischen Standpunkt einnehmen, indem er die beiden entgegengesetzten Prinzipien „Materie" und „Geist" fordert. Der Behaviorismus nimmt die sprichwörtliche „Wenn-auch"-Politik des Vogel Strauß auf; während ein dogmatischer Behaviorist vielleicht hartnäckig genug wäre, Bewußtsein zu leugnen, zieht der methodologische Behaviorist vor, es zu ignorieren. Die folgende komische Feststellung dieser Art fand ich in *Ransons* Anatomie des Nervensystems bis zur 8. Auflage 1947: „Die behavioristische Schule der Psychologie hat die alte Idee des Bewußtseins sehr gut untergraben."

Der dualistische Materialist kann entweder ein atomistischer Hylozoist sein oder Materie und Geist in mehr allgemeinen und unbestimmten Ausdrücken wie etwa „Epiphänomenalismus" verstehen oder einen psychophysischen Parallelismus fordern. Alle diese Ansichten sind logisch unannehmbar oder zumindest in hohem Grade unbefriedigend. Jedoch ist für Zwecke einer rein praktischen Annäherung die Fiktion eines psychophysischen Parallelismus, über den weiter unten mehr gesagt werden wird, als die am wenigsten widerspruchsvolle Formulierung anzusehen.

Diese Verlegenheit der materialistischen Annäherung ergibt sich aus dem innewohnenden Trug seiner grundlegenden Voraussetzungen. Wenn man die sog. sekundären Qualitäten abzog, ließ sich eine vierdimensionale physikalische Welt, begründet auf die primären Qualitäten, fordern, und man nahm an, daß diese Welt als von allen Eigenschaften des Bewußtseins, d. h. Geist im weiteren Sinne, entblößt angesehen werden könne. Jedoch sind die primären Qualitäten bloß abstrakte Begriffe der perzeptuellen raum-zeitlichen Beziehungen und umgekehrt stellen perzeptueller Raum

[7] Vgl. auch *Locke* (1689, 1854), Essay, Buch IV, Kapitel III, Section 13.

und perzeptuelle Zeit die Grundlage des Bewußtseins dar, während die sekundären Qualitäten als Modalitäten dieser Matrix betrachtet werden müssen. So gründet sich die postulierte physikalische Welt gerade auf das Wesen von Bewußtsein. Mit anderen Worten, wenn man Bewußtsein ausschließt, schließt man gleichzeitig raum-zeitliche Beziehungen aus. Da, von diesem Standpunkt aus betrachtet, die Begriffe der Physik auf einem irrationalen Hintergrund definiert und ausgearbeitet werden, sind die Fehlschläge beim Versuch, eine logisch unangreifbare allgemeine Basis der Physik zu gewinnen, nicht überraschend. In Verbindung mit der zunehmenden Menge neuer Beobachtungen hat sich die moderne Physik schnell gegen extreme Abstraktheit hin bewegt. Die Teilchen sind „dematerialisiert" und in „Ereignisse" verwandelt worden; Energie und Raum-Zeit nehmen auf der anderen Seite einen mehr „materiellen" Aspekt an. Eigenschaften, die früher als „Kräfte" und „Materie" beschrieben wurden, können als Kennzeichen des Raumes interpretiert werden, der gleichsam den Status von „Stoff" annimmt: Felder sind Eigenschaften des Raumes, die umgekehrt eine „Krümmung" manifestieren oder vielleicht figürlich gesprochen deformiert oder „voll von Hügeln" (*Bertrand Russell*) in der Nachbarschaft von „Materie" werden. Körper folgen geodätischen Linien rund um solche Hügel. Man wird hier an eine Bemerkung erinnert, die *I. B. S. Haldane* zugeschrieben wird, „daß das physikalische Universum nicht nur wunderlicher ist als wir vermuten, sondern wunderlicher als wir vermuten können".

Die materialistische Annäherung würde eine Erklärung von Bewußtsein als einer Modifikation von Materie oder als einer Transformation oder noch besser als einem kausalen Ergebnis von materiellen (physikochemischen) Prozessen erfordern. Wenn wir verstehen könnten, wie Bewußtsein entsteht, könnten wir wenigstens ein Wissen von etwas haben, was nicht Bewußtsein ist, aber Bewußtsein wird. Jedoch alles Wissen und alle Abstraktionen einschließlich Materie sind nur Modalitäten von Bewußtsein. Daher ist es unmöglich, das Problem des Bewußtseins mit rationalem menschlichen Denken zu lösen; dieses Problem muß ebenso aufgegeben werden wie das der Quadratur des Kreises mit Lineal und Zirkel oder das der Konstruktion eines mechanisch arbeitenden Perpetuum mobile. *Schopenhauer* (1818, 1859) faßt das Scheitern des materialistischen Versuches folgendermaßen zusammen: „Wären wir nun dem Materialismus, mit anschaulichen Vorstellungen, bis dahin gefolgt; so würden wir, auf seinem Gipfel mit ihm angelangt, eine plötzliche Anwandlung des unauslöschlichen Lachens der Olympier spüren, indem wir, wie aus einem Traume erwachend, mit einem Male inne würden, daß sein letztes, so mühsam herbeigeführtes Resultat, das Erkennen, schon beim allerersten Ausgangspunkt, der bloßen Materie, als unumgängliche Bedingung vorausgesetzt war, und wir mit ihm zwar die Materie zu denken uns eingebildet, in der That aber nichts Anderes als das die Materie vorstellende Subjekt, das sie sehende Auge, die sie fühlende Hand, den sie erkennenden Verstand, gedacht hätten. So enthüllte sich unerwartet die enorme Petitio principii: Denn plötzlich zeigte sich das letzte Glied als den Anhaltspunkt, an welchem schon das erste hing, die Kette als Kreis; und der Materialist gliche dem Freiherrn von Münchhausen, der, zu Pferde im Wasser schwimmend, mit den Beinen das Pferd, sich selbst aber an seinem nach Vorne übergeschlagenen Zopf in die Höhe zieht."

Vom materialistischen Standpunkt aus gesehen bietet sich das allgemeine Problem der Lokalisation als einer der räselhaftesten Aspekte der Beziehung zwischen Hirn und Bewußtsein dar. Läßt man die müßige Frage nach der speziellen Lokalisation und der Beschränkung auf bestimmte Hirnregionen außer Betracht, so kann festgestellt werden, daß die nervösen Aktivitäten, die für das Entstehen eines Bewußtseinszustandes unerläßlich sind, sich im Gehirn abspielen. Was äußere Ereignisse betrifft, so stellen diese Hirnprozesse, die in einem raum-zeitlichen Muster von Nervenentladungen mit verschiedenen Arten von Modulation und Intensität-Frequenzübertragungen kodiert sind, eine komplexe und hochgradig verzerrte Transposition dar. Optische, taktile, akustische, geschmackliche und Geruchsbewußtseinsmodalitäten jedoch werden außerhalb des Gehirns lokalisiert und zum großen Teil auch außerhalb des Körpers, wobei sie das Phantasiebild der materiellen Welt darstellen, nicht unähnlich der Erscheinung eines Phantomgliedes. Solche Modalitäten können sogar ohne adäquate Sinnesreize entstehen, wie in Halluzinationen, Träumen, nach elektrischer Rindenreizung oder im Falle des grade zitierten Phantomgliedes.

Dieses Problem der Externalisation ist von vielen Verfassern diskutiert worden. In der Formulierung von *Condillac* kann es z. B. folgendermaßen ausgedrückt werden: Wenn man zugibt, daß Sensationen durch Nervenprozesse „verursacht" werden oder ihnen „entsprechen", wie kommt es dann, daß sie als Objekte erscheinen, die unabhängig und außerhalb des Gehirns liegen? Die angenommene Nach-außen-Projektion der inneren „Repräsentation" wurde von *Avenarius* (1888) auch „Introjection" genannt, der die Theorie zurückwies und versuchte, sie durch seine eigene Theorie der „reinen Erfahrung" zu ersetzen, die unbeschadet ihrer künstlichen Ad-hoc-Kategorien, ihrer exzessiven Vielfältigkeit und ihrer Wortakrobatik einige fundamentale Prinzipien der idealistischen Annäherung enthält.

Wenn das materialistische Konzept des physikalischen Raum-Zeitbegriffes aufrechterhalten wird, wäre die Alternative zu einer Externalisation die schwache Annahme einer kleinräumigen nervösen perzeptuellen Raum-Zeit-Matrix, die innerhalb des Gehirns gelegen und nach einer großräumigen physikalischen Raum-Zeit-Skala des Universums modelliert ist. Das Weltsystem eines bewußten Wesens würde so einer verschachtelten Schachtel gleichen, die ein perzeptuelles Raum-Zeit-Modell enthält, das bis zu einem gewissen Grade die Merkmale einer Riesenumgebung und eines ausgedehnten physikalischen Raum-Zeit-Systemes reproduzieren kann. Diese bizarre Annahme enthält riesige topologische Schwierigkeiten und könnte nicht helfen zu erklären, wie Bewußtsein von Nervenprozessen abzuleiten ist. In dieser Beziehung kann die folgende maßgebliche, wenn auch temperamentvolle Bemerkung von *Schopenhauer* (1847, 1851) zitiert werden: „Man muß von allen Göttern verlassen seyn, um zu wähnen, daß die anschauliche Welt da draußen, wie sie den Raum in seinen drei Dimensionen füllt, in unerbittlich strengem Gange der Zeit sich fortbewegt, bei jedem Schritte durch das ausnahmslose Gesetz der Kausalität geregelt wird“ ... „— daß eine solche Welt da draußen wirklich ganz objektiv-real und ohne unser Zuthun vorhanden wäre, dann aber, durch die bloße Sinnesempfindung, in unseren Kopf hineingelangte, woselbst sie nun wie da draußen, noch einmal dastände.“

„Daß der unendliche Raum unabhängig von uns, also absolut objektiv und an sich selbst vorhanden wäre, und ein bloßes Abbild desselben als eines Unendlichen, durch die Augen in unseren Kopf gelangte, ist der absurdeste aller Gedanken, aber in einem gewissen Sinne der fruchtbarste: Weil, wer der Absurdität desselben deutlich innewird, eben damit das bloße Erscheinungsdaseyn dieser Welt unmittelbar erkennt, indem er sie als ein bloßes Gehirnphänomen auffaßt, ...“

Es ist selbstverständlich möglich, einige dieser Schwierigkeiten durch die Annahme zu vermeiden, daß die vier Dimensionen des perzeptuellen Raumes und der perzeptuellen Zeit nicht die vier Dimensionen des physikalischen Raum-Zeit-Systems sind; dementsprechend bedeutet diese Annahme, daß das Bewußtseinsphänomen vier öffentliche und vier private Dimensionen einschließt. Das Problem der Externalisation würde auf diese Art bedeutungslos werden, obwohl es durch ein etwas zweifelhaftes Problem der Raum- und der Zeitkorrelation zwischen zwei wesentlich verschiedenen Raum-Zeit-Systemen ersetzt wird, die keine Dimension gemeinsam haben. Die Möglichkeit dieser Formulierung wird weiter unten in der Diskussion des postulierten psychophysischen Parallelismus erörtert werden.

Wenn wir andererseits annehmen, daß das einzige Raum-Zeit-System perzeptuell ist und daß abseits vom Bewußtsein Raum und Zeit nicht existieren, dann können wir ohne Vorgriff auf die zentrale Rolle des Gehirns feststellen, daß das Bewußtsein nicht im Gehirn lokalisiert ist, daß aber der Körper, der das Gehirn einschließt, und die äußere Welt im Bewußtsein lokalisiert sind (*Kuhlenbeck* 1927). Dieser Standpunkt, der die Existenz einer physikalischen Welt, wie sie die Materialisten fordern, leugnet, wird durch die idealistische Annäherung eingenommen, die im nächsten Abschnitt betrachtet werden soll.

III. Die idealistische Annäherung

Definition

Bertrand Russell (1948) stellt fest, „daß, was immer wir ohne Schlußfolgerung wissen, geistig ist, und daß die physikalische Welt nur in Bezug auf gewisse abstrakte Züge ihrer Raum-Zeit-Struktur bekannt ist — Züge die wegen ihrer Abstraktheit nicht ausreichen, um zu zeigen, ob die physikalische Welt von der Welt des Geistes in ihrem wesentlichen Charakter verschieden ist oder nicht". Ich würde noch weitergehen und diese Feststellung noch deutlicher folgendermaßen formulieren: Schlußfolgerungen sind geistige Prozesse, daher repräsentiert alles, was wir wissen, Zustände von Bewußtsein. Die angenommene physikalische Welt ist nur eine Abstraktion bestimmter geistiger Raum-Zeit-Strukturen, d. h., nur ein blasser Zustand von Bewußtsein, der zu anderen lebhafteren in Beziehung steht. Ein physikalisches Ereignis, das von niemandem erfahren wurde, kann mit einem von niemandem erfahrenen Schmerz verglichen werden. Wahrnehmbarer Raum und wahrnehmbare Zeit sind fundamentale Attribute des Bewußtseins, ja, man kann sie als die Matrix des Bewußtseins bezeichnen, während Raum und Zeit begrifflich, physikalisch und absolut Abstraktionen sind — nicht Formen, sondern Zustände des Bewußtseins. Raum-Zeit-Wahrnehmung ist direkt gegeben, die anderen Raum-Zeit-Konzepte sind nur angenommen oder postuliert. Wenn man *Occams* Razor anwendet (entia praeter necessitatem non sunt multiplicanda) kann ihre Aktualität verneint werden und man kann sie als Fiktionen betrachten. Die Last des Beweises, was ihre Aktualität anbetrifft, bleibt bei dem Materialisten, der sie bestätigt: affirmanti incumbit probatio. Bisher ist noch kein überzeugender logischer Beweis vorgelegt worden.

Der Idealismus, (in seiner erkenntnistheoretischen Bedeutung) kann entsprechend definiert werden als jede Hypothese, die annimmt, daß Bewußtsein das alleinige Prinzip oder das Wesen der Erscheinungswelt ist. Idealismus kann auch definiert werden als jede Hypothese, die annimmt, daß die materielle Welt, in der gleichen Weise wie die Welt des Gedankens und des Gefühls, ausschließlich ein geistiges Phänomen ist. Wegen der Ungewißheit, die mit der verschiedenen Bedeutung des Wortes „Geist" oder „Seele" im weiteren und engerem Sinne verbunden ist, ziehe ich die erste Formulierung vor.

Historische Bemerkungen

In der westlichen Philosophie sind die frühesten Äußerungen eines idealistischen Standpunktes in den vorliegenden Bruchstücken der Eleaten zu finden, die etwa im 6. oder 5. Jahrhundert vor Chr. entstanden, besonders in dem Werk „περὶ φύσεως" des Parmenides[1].

Im religiösen Denken des Ostens erhält der Idealismus Ausdruck in den indischen Upanishaden, die etwa um die gleiche Zeit wie die eleatischen Lehren entstanden oder nur wenig älter sind. In vielen Sûtras des Mahâyâna-Buddhismus, die aus einer etwas späteren Periode stammen, wird eine eindrucksvolle Lehre eines emphatischen Idealismus vorgelegt, besonders in den Folgen der tief symbolischen und grandiosen Prajñâ Pâramitâ Sûtras. Der Kern von Vasubandhus' Mahâyâna-Abhandlung Vidyâmâtra-shâstra wird durch das chinesisch-japanische Wort Yui-Shiki ausgedrückt, welches „nur Bewußtsein" bedeutet. Die späteren indischen Systeme der Vedanta, die auf den Upanishaden basieren, aber seit dem 9. Jahrhundert der christlichen Ära neu formuliert wurden, haben, gestützt auf eine verwickelte Terminologie, einen abstrusen Idealismus herausgearbeitet.

Moderne westliche Systeme des Idealismus sind stark durch *Descartes'* berühmte Schriften „Discours de la Méthode" und „Meditationes de Prima Philosophia" (1641) beeinflußt. *Descartes* wird mit Recht als einer der Väter der modernen Philosophie bezeichnet, weil seine Methode und sein Ausspruch „Dubito, cogito, ergo sum", gegründet auf seine Abhandlungen, eine neue Annäherung eröffnet haben. *Descartes* selbst muß als Dualist betrachtet werden, und die Schwächen seines Systems haben vieler-

---

[1] Der Vers: „τὸ γὰρ αὐτὸ νοεῖν τε καὶ εἶναι", der die einzige noch vorhandene Zeile aus dem Gedicht des *Parmenides,* Teil 5, ist, kann in seinem Sinn als dem „Esse est percipi" und dem „Cogito ergo sum" nahe verwandt gedeutet werden. *St. Augustinus,* dessen Ausarbeitungen über die Zeit und ihren Anfang („Confessiones", XI, Kapitel 13 und folgende, „De Civitate Dei Contra Paganos", XII, Kapitel 16 und folgende) reine Zitate aus Plato's „Timaeus" sind, bringt auch in seinem „Gottesstaat" (XI, Kapitel 26) die folgenden vermutlich aus der damals erreichbaren philosophischen Literatur entnommenen Bemerkungen:

„Quia ergo sum si fallor, quo modo esse me fallor, quando certum me esse si fallor?" „Sicut enim novi esse me, ita novi etiam hoc ipsum, nosse, me".

lei Kritik hervorgerufen. Ein Landsmann späterer Zeit, ich glaube *Voltaire*, soll gesagt haben: „Il commence par tout douter et finit par tout croire." Was das „Denken" betrifft, hat *Schiller* seine Einwände im folgenden Distichon ausgesprochen:

„Denk ich, so bin ich. Wohl! Doch wer wird immer auch denken! Oft schon war ich und hab' wirklich an gar nichts gedacht!"

Was schließlich das „Ich denke, darum bin ich" als Beweis des Selbst, Ego oder Ich betrifft, so ist *Descartes'* Behauptung nur eine petitio principii. Trotzdem ist das Grundprinzip des cartesischen Weges der Annäherung grundlegend für jedes System des Idealismus, obschon die ursprüngliche Formulierung als unbefriedigend bezeichnet werden muß.

Die modifizierte Cartesianische Annäherung

Wenn man sowohl die Beziehung auf das Selbst wie die Betonung des Denkens vermeidet, muß *Descartes'* Satz „Cogito ergo sum" durch die grundlegende Feststellung: „Bewußtsein ist existent, percipitur atque nonnunquam cogitatur" ersetzt werden[2].

Als nächstes kann festgestellt werden, daß dieses Bewußtsein differenziert ist und doch, in seinem Sein, eine vereinigte individuelle Mannigfaltigkeit repräsentiert. Komponenten dieses Komplexes sind optische und taktile Sensationen als Wahrnehmungen organisiert, ferner akustische, geruchliche und geschmackliche Wahrnehmungen. Zusätzlich gibt es vage Gefühle, Emotionen, „innere Bilder", Abstraktionen („Universalien") und Gedanken. Eine der grundlegenden Eigenschaften des Denkens, so wird von verschiedenen Autoren betont, ist die Fähigkeit, Ereignisse vorauszusagen. Diese abgekürzte Aufzählung, die mit Absicht auf die Feinheiten einer speziellen psychologischen Terminologie verzichtet, erscheint für unsere gegenwärtige Absicht ausreichend.

Die Bewußtseins-Mannigfaltigkeit wird durch ihre Raum-Zeit-Struktur zur Einheit integriert. Man könnte auch sagen, daß sie eine vereinigte wahrgenommene Raum-Zeit-Matrix mit vielen gleichzeitigen Modalitäten repräsentiert, welche die gesamte Skala von lebendigen und wohllokalisierten Sensationen bis zu blassen, schlecht lokalisierbaren Abstraktionen und Ideen umfassen[3].

---

[2] Obschon hier das Passiv benutzt wird, sollte der Sinn der eines Deponens und außerdem der eines unpersönlichen Verbums sein: Es wird empfunden und es wird zuweilen gedacht.

Optische, taktile und verwandte Modalitäten menschlichen Bewußtseins sind in der Regel lebhaft, gut lokalisiert, und durch eine räumliche Konfiguration charakterisiert. Akustische und geruchliche Modalitäten können lebhaft sein, sind aber weniger genau lokalisiert und haben keine räumliche Gestalt. Innere geistige Bilder, Gedanken und Gefühle sind schlecht lokalisiert und haben ebenfalls keine räumliche Gestaltung. Mit einigen Ausnahmen, wie z. B. sehr starke Gefühle, zeigen diese zuletzt erwähnten Modalitäten auch einen sehr niedrigen Grad von Lebhaftigkeit. Trotzdem haben sogar Gedanken eine gewisse Lokalisation, die man in eine Raum-Region verlegt, die Beziehung zum Körperinneren aufweist (außerhalb oder dorsal vom Sehraum); sie sind nur sehr vage im Kopf lokalisiert, in der Tat so vage, daß der Eindruck einer Lokalisation im Herz oder im Zwerchfell, wie er von einigen der veralteten volkstümlichen Ansichten angenommen wurde, nicht unvernünftig schien. Ähnlich nebelhaft ist die Lokalisation einiger Arten zugeordneten oder viszeralen Schmerzes — sogar Zahnschmerz scheint manchmal im falschen Zahn oder sogar im falschen Kiefer gelegen zu sein.

R. Semon (1859—1918), einst Professor der Anatomie an der Universität zu Jena, der das Konzept der Mneme einführte und ausarbeitete, und auch den Begriff des Engramms prägte, betont in seiner posthumen Abhandlung „Bewußtseinsvorgang und Gehirnprozeß" (1920) gewisse quantitative Nebenbedeutungen von Bewußtsein, wie z. B. Intensität und Lebendigkeit, was sich sowohl auf die besonderen Modalitäten wie die integrierte Bewußtseinsmannigfaltigkeit als Ganzes bezieht. Bewußtheit kann klar und distinkt sein oder auch dunkel, matt und unklar.

So wie Intensität und Lebendigkeit sich Null nähern, löst sich das Bewußtsein unmerklich auf. *Kretschmer* (1926) hat diese Zone der Dämmerung betont und wir werden uns unten bei der Diskussion des „Unbewußten" der Psychoanalytiker erneut mit ihr befassen. *Slater* (1950) stellt diesbezüglich fest: „Viele Menschen glauben, daß Bewußtsein etwas ist, was entweder da ist oder fehlt. Aber so verhält es sich gerade nicht." Übereinstimmend mit *Kretschmers* Ansicht möchte ich eher betonen, daß,

[3] So wurde Bewußtsein gelegentlich als „erfahrene Integration" oder EI bezeichnet (*Fessard,* 1954). Da diese Definition sich aber nur auf einen Aspekt des Bewußtseins bezieht, glaube ich nicht, daß sie viel weiterhilft. Darüber hinaus kann der Grad der Integration sehr verschieden sein, z. B. unter dem Einfluß hyponoischer und hypobulischer Faktoren, in Träumen und unter pathologischen Bedingungen.

obschon ein Ereignis mehr oder weniger bewußt sein kann, wir immer noch Bewußtsein als ein Phänomen betrachten müssen, das zwischen Manifestation und gänzlicher Unterbrechung und Auslöschung sich bewegt: Bewußtheit, trotz beträchtlicher gradmäßiger Unterschiede, wenn man ein unbestimmtes Dahinschwinden berücksichtigt, ist entweder da oder nicht da.

In der psychologischen Terminologie wurden Bewußtseinsmodalitäten als Qualitäten bezeichnet und Lebendigkeit wurde „Attensität“ genannt. Räumliche Beziehungen wurden als „Extensität“ klassifiziert und zeitliche als „Protensität“. Damit sind die folgenden sog. Dimensionen des Bewußtseins aufgezählt: Qualität, Attensität, Intensität, Extensität und Protensität. Wenn man nun auch diese Formulierung als ein gutes Wortspiel bezeichnen kann, so glaube ich doch nicht, daß es besonders nützlich ist, die Bedeutung des Wortes „Dimension“ zu verfälschen oder auszudehnen; vielmehr sollte dieser Begriff eingeengt werden, um Raum-Zeit- und mathematisch verwandte Konzepte zu charakterisieren.

Die zeitliche Struktur des Bewußtseins besitzt anscheinend einen gewissen Vorrang vor der räumlichen Struktur; alle Modalitäten sind in einen gemeinsamen Fluß der Ereignisse integriert. Dieser zeitliche Fluß verleiht sich selbst in der Folge von sensorischen Ereignissen ebenso Ausdruck wie in der Assoziation abstrakter Ideen und in der Folge komplexer motorischer Muster, die eine Konfiguration vieler verschiedener Bewußtseinsmodalitäten einschließen.

Eine leere wahrzunehmende Raum-Zeit-Struktur existiert nicht, außer als abstrakte Vorstellung; die Bewußtheit einer solchen Raum-Zeit-Struktur hängt immer von einer Bewußtseinsmodalität ab, die notwendigerweise durch eine Raum-Zeit-Beziehung charakterisiert ist. Das Bewußtsein könnte tatsächlich sogar definiert werden als ein eingenommenes oder ausgefülltes wahrzunehmendes Raum-Zeit-Kontinuum.

Auf der anderen Seite sollte es klargestellt sein, daß der Begriff „Bewußtsein“ in sich selbst eine ziemliche vage Verallgemeinerung ist. Leeres Bewußtsein per se ist nicht existent, außer als abstrakte Vorstellung, als ein generalisierter Begriff für die Erscheinungswelt. Bewußtsein bedeutet nur: Irgendetwas (Gedanke, Gefühl, Bild, „Objekt“) innerhalb eines gegebenen besonderen wahrzunehmenden Raum-Zeit-Rahmens. So gesehen kann der Ausspruch „esse est percipi“, auf *George Berkeleys* Abhandlung (1710) fußend, voll aufrecht erhalten werden. Bewußtsein kann so definiert werden, als jedes Muster von Ereignissen in einem perzeptuellen Raum-Zeit-System, und diese Definition ist wesenhaft identisch mit der kürzeren Formulierung: Esse est percipi. Die prägnanteste und wohl auch am meisten vereinfachte Definition des Bewußtseins würde lauten: Bewußtsein ist der Stoff unserer Welt.

Wenn man anerkennt, daß wahrzunehmende Raum-Zeit-Struktur das grundlegende Charakteristikum des Bewußtseins ist, verliert die Kontroverse um *Kants* Konzept einer Priorität ihre Bedeutung: Wahrzunehmende Raum-Zeit-Struktur ist vorhanden, wo immer Bewußtsein ist. Ihre Bestimmtheit, d. h. die Deutlichkeit der Definition zeigt bemerkenswerte Variationen, und solche Variationen können sogar im Sinne der phylogenetischen und ontogenetischen Evolution verstanden werden.

Eine ähnliche Entkleidung der Problematik hat Geltung in bezug auf mathematische Konzepte: Euklidische und nicht euklidische Räume ebenso wie relativistische Raum-Zeit-Struktur sind nützliche und bezeichnende Abstraktionen, zugeordnet bestimmten ordentlichen Beziehungen, die von wahrzunehmender Raum-Zeit-Struktur hergeleitet sind, und die ihrerseits am besten als ein „Euklidoides molluskenähnliches (oder amöboides) Feld“ bezeichnet werden können; das vage Zentrum für die Lokalisation seines Bezugsrahmens liegt innerhalb des Körpers. Dieser „Mollusk“ stellt eine Integration der verschiedenen räumlichen Modalitäten innerhalb ihrer drei räumlichen Dimensionen dar, wie z. B. visuelle, taktile, akustische und gedankliche Räume wie auch andere ähnliche.

Die Definition oder die Beschreibung der perzeptuellen Zeit ist außerordentlich schwierig, und die Versuche einer rationellen Formulierung waren nicht sehr erfolgreich. Zeit stellt eine vektorielle Eigenschaft von Bewußtseinsphänomenen dar, die man einem offensichtlich irreversiblen Fluß vergleichen könnte.

Die Gegenwart hat keine Dauer, die Vergangenheit ist entschwunden, und die Zukunft ist noch nicht erschienen. Wie denn kann man Dauer erfassen? Da leere wahrzunehmende Raum-Zeit-Struktur nicht existent ist, sollte man allerdings bemerken, daß die Dauer ein Attribut erfahrener Ereignisse ist, welche die bewußte Gegenwart der psychologischen Terminologie darstellen. So würde Dauer mit den Gestaltqualitäten des Wahrgenommenen verbunden sein. Es ist möglich, daß *Mach* (1922) diesen Aspekt der Zeit im Sinn hatte, als er „Zeiten“ als Sensationen oder Elemente betrachtete; Zeit und Raum jedoch sollten meiner Meinung nach nicht mit anderen Aspekten des Empfindens gleichgestellt werden, und sie repräsentieren, hierarchisch gesehen, eine Kategorie höherer Ordnung. Viele Autoren haben auch zu Recht betont, daß eine mnestische Komponente in unseren Wahrnehmungen von Dauer und Folge enthalten ist, so daß frühere Ereignisse mit späteren verschmelzen und eine zusammengesetzte Wahrnehmung bilden.

Zeit wird durch rhythmische oder zyklische Prozesse (Ereignisse) gemessen, die öffentliche Daten vertreten, wie z. B. Drehung und Umlauf der Erde. Auf diese Weise erhalten wir, als siderische Zeiteinheiten, Sekunden, Stunden, Tage und Jahre. Eine absolute Zeit, wie die von *Newton* geforderte, sollte in gleichförmiger Weise dahinfließen: „Tempus absolutum, quod aequabiliter fluit."

In der wahrzunehmenden Zeit ist unsere Einschätzung von Dauer keinesfalls uniform, was von der Situation in ihrer Gesamtheit abhängt. Eine Minute kann als sehr lange Zeit erscheinen, und unter anderen Umständen können Stunden und Tage scheinbar sehr schnell vorbeigehen.

Darüber hinaus hat *Schopenhauer* (1850) darauf hingewiesen, daß die Einschätzung der Zeit sich mit dem Alter wandelt. Zeit, im Ganzen gesehen, fließt während der Kindheit und Jugend scheinbar langsamer dahin, und beschleunigt ihren Lauf allmählich: „Man kann demzufolge annehmen, daß, in der unmittelbaren Schätzung unseres Gemüthes die Länge eines Jahres im umgekehrten Verhältnisse des Quotienten desselben in unser Alter steht: Wann z. B. das Jahr $^1/_5$ unseres Alters beträgt, erscheint es uns 10mal so lang, als wenn es nur ein $^1/_{50}$ desselben ausmacht."

In seiner Abhandlung „biologische Zeit" (1937), hat *P. Lecomte du Noüy* diese Ansichten herausgearbeitet, ohne allerdings auf *Schopenhauers* Beiträge zu dem Thema einzugehen. *Lecomte du Noüy* stellt fest (S. 164/65): „Ein Jahr erscheint einem Kind von 5 Jahren länger als einem Mann von 50, weil es nur den 50. Teil des Lebens des älteren Mannes darstellt. Dies weist auf einen Zeitbegriff hin, der auf dem Gedächtnis begründet ist, und auf eine dauernde unterbewußte Konfrontation der Zeit, die dahingeht, mit der Zeit, welche seit der Geburt verstrich."

Lecomte du Noüy nimmt chemische Modifikationen des Organismus mit dem Alter an. In dieser Beziehung demonstrierte er, wie schon *Korschelt* (1924) vorher, einen progressiven Verlust proliferativer und regenerativer Fähigkeit mit dem Alter, und er formulierte ein Konzept der „biologischen Zeit". In verschiedenem Alter schreiten Wundheilung oder Vernarbung verschieden schnell fort: Verschiedene Längen von Zeit werden gebraucht, um die gleiche Menge Arbeit zu leisten, wie sie z. B. durch Heilung von einen Quadratzentimeter einer Wunde ausgedrückt werden könnte. In dieser Beziehung spielt sich alles so ab als ob die siderische Zeit viermal schneller für einen Mann von Fünfzig liefe als für ein Kind von Zehn.

Lecomte du Noüy zeichnete die Kurve auf, die nach dem Prinzip, das *Schopenhauer* (ohne ihn zu nennen) formuliert hat, den empfundenen Zeitwert für ein Jahr jeden Alters darstellt und übertrug sie auf die Kurve, die aus der relativen Geschwindigkeit der Narbenbildung berechnet wurde. Die Abscissen haben denselben Wert (Alter), die Ordinaten sind angepaßt, so daß die verschiedenen Figuren proportioniert bleiben. Die Ähnlichkeit der beiden hyperbolischen Kurven ist auffallend, obwohl sie nicht vollständig zusammenfallen. Es ist möglich, daß biochemische Prozesse eine Rolle spielen, wenn man sich in der materialistischen Nomenklatur ausdrückt. *Lecomte du Noüy* erwähnt Experimente, die *Piéron* vorgenommen hat. Sie zeigen, daß eine Zunahme der Körpertemperatur die Schätzung der wahrgenommenen Zeit verändert. Eine Beschleunigung im Zeitfluß, die einer Verkürzung der Zeitschätzung entspricht, soll mit Temperatursteigerung eintreten[4].

Ein anderer Aspekt der biologischen Zeit bezieht sich auf die durchschnittliche spezifische Länge des Lebens der verschiedenen Organismen. So fand man z. B. bei der Ratte die Stoffwechselgeschwindigkeit 30mal so schnell wie beim Menschen, und die Lebensdauer $^1/_{30}$. 3 Jahre eines Rattenlebens entsprechen so 90 Jahren des menschlichen Lebens. Wenn man in bezug auf diesen typischen Bruchteil Ratten und Menschen entsprechenden Alters vergleicht, findet man sie in gleichen Phasen der Lebensspanne. Solche Übereinstimmungen ergaben sich auch auf neurologischem Gebiet in den Phasen des Wachstums des Hirngewichtes, dem Stillstand der Zellteilung im Kleinhirn, dem Erreichen der endgültigen Dicke der Großhirnrinde und in der Ausbildung der Zellkörper zur vollen Größe an verschiedenen Stellen. Kürzlich habe ich einige Beobachtungen über histologische Altersveränderungen im Rattengehirn und ihre Beziehung zu vergleichbaren Veränderungen im menschlichen Gehirn diskutiert (K., 1954 b).

---

[4] *Hoagland* (1951) erörtert ähnliche Beobachtungen in einem Aufsatz über „Bewußtsein und die Chemie der Zeit". („Probleme des Bewußtseins", Transactions der ersten Tagung der *Josiah Macy Jr.* — Foundation). Verschiedene andere Autoren (z. B. *Haldane*) haben in gleicher Weise chemische Ereignisse als Zeitstandard erwähnt, und es ist wohlbekannt, daß die Geschwindigkeit einer chemischen Reaktion mit Anstieg der Temperatur zunimmt. Nach dem *van 't Hoff*schen Gesetz nimmt die Geschwindigkeit chemischer Reaktionen bei jedem Anstieg der Temperatur um 10° C gewöhnlich auf das Doppelte oder mehr zu.

Das Gewahrwerden der zeitlichen Beziehungen kann die Dauer eines Ereignisses betreffen oder die Zeitordnung (Phasensituation) innerhalb eines Zyklus, oder auch den zyklischen Prozeß als Gesamtmuster. Die Bezeichnungen „Zeitgedächtnis“ für Wahrnehmung der Dauer und „Zeitsinn“ für Wahrnehmung der Beziehungen solcher zyklischen Zeitabläufe sind vorgeschlagen worden (*Stein*, 1951). In der materialistischen Terminologie kann die physikalische Zeit mit ihren Beziehungen durch neurale Mechanismen aufgezeichnet werden. Diese Formulierung setzt kein Bewußtsein voraus.

Zusätzlich zu seiner Raum-Zeit-Struktur zeigt der Bewußtseinskomplex ferner eine gewisse Struktur seiner Inhalte, insofern als viele Modalitäten um einen unbestimmten Mittelpunkt angeordnet sind oder zu ihm in enger Beziehung stehen, das Selbst oder die Ego-Gruppe. Dieser Mittelpunkt kann nicht klar abgegrenzt werden, sondern taucht mit Fluktuationen durch breite Grenzzonen in die periphere Gruppe von Sensationen oder Wahrnehmungen ein, die als äußere Welt bekannt sind.

Die gut lokalisierten, räumlich gestalteten und lebhaften, relativ permanenten und stabilen Wahrnehmungen, die den Körper darstellen, können als der periphere Anteil des Ego-Komplexes, d. h. „mein“ Körper bezeichnet werden. Die nur ungenau lokalisierten, räumlich nicht konfigurierten Bewußtseinsmodalitäten, wie Gedanken, Erinnerungen, Gefühle, die daher als überwiegend zeitliche Modalitäten erscheinen, bilden „meine“ Seele im strengen Sinne und werden daher häufig seelische Prozesse genannt im Gegensatz zu den räumlich-konfigurierten Wahrnehmungen, die als Objekte oder als materiell bezeichnet werden.

Die weitere Analyse enthüllt die für den Ego- oder Selbstkomplex kennzeichnende Unbestimmtheit. Jeder Teil des Körpers kann verloren oder entfernt werden, so lange der Rest als ein integriertes Ganzes am Leben bleibt. Jeder besondere Gedanke, jede Wahrnehmung, jedes Gefühl und jede Erinnerung kann in bezug auf das Ich als unwesentlich betrachtet werden. Die Grenzen des Ego- oder Selbst-Komplexes können auf diese Weise mehr und mehr eingeengt werden, bis schließlich nichts bleibt als ein imaginärer Punkt, der das „Schwerpunktzentrum“ (besser „das Zentrum der Betonung“) oder den Nullpunkt (vergleichbar mit einem Schnittpunkt der Koordinaten des wahrgenommenen Raum-Zeit-Systems) des ganzen Bewußtseinskomplexes darstellt: „ein imaginärer Punkt hinter allem Erlebten“ (*E. Kretschmer*, 1926).

Schopenhauer und einige andere Philosophen unterscheiden im Bewußtsein ein wahrnehmendes Subjekt und ein wahrgenommenes Objekt, aber diese Unterscheidung kann aus überzeugenden Gründen nicht aufrecht erhalten werden. Jede Bewußtseinsmodalität ist ein gegebenes Grundphänomen, das in sich sowohl die Attribute der Objektivität wie auch der Subjektivität vereint. Der Baum, wie ich ihn im Raume in bestimmter Entfernung von meinem Körper sehe, ist, während ich ihn gewahr werde, ebenso viel „Ich" wie mein Körper oder meine Gedanken. Lord *Byron* drückt diese Einsicht in poetischer Form folgendermaßen aus:

„Sind nicht die Berge, Wellen und Himmel ein Teil von mir und meiner Seele, wie ich von ihnen?" (Childe Harold, III, 75).

Daher „fluktuiert" (*E. Kretschmer*) das Selbst zwischen 0 und ∞; es kann als bloße Fiktion oder bestenfalls als eine Abstraktion angesehen werden, die die zentralisierte Struktur einer individuellen Bewußtseinsmannigfaltigkeit symbolisiert.

In der westlichen Philosophie wurde die Nichtexistenz eines substanziellen Selbst von *Hume* (1739) betont. Er begriff das Ego als eine bloße Ansammlung von seelischen Zuständen und formulierte die Bündeltheorie des Selbst als eines Bündels oder einer „Sammlung verschiedener Wahrnehmungen, die aufeinander mit unbegreiflicher Geschwindigkeit folgen und in dauerndem Fluß und in Bewegung sind".

Später hat *E. Mach* in seiner aufreizenden „Analyse der Empfindungen" (9. Auflage, 1922) sich wiederum mit der Ausarbeitung dieses Gegenstandes beschäftigt und das Konzept der Unwirklichkeit des Selbst wirkungsvoll unterstützt: „Das Ich ist unrettbar." Er bezeichnet das Ich einfach als eine „praktische Einheit". Die erste Ausgabe von *Machs* Abhandlung erschien 1886. *Forel* (1922, 1. Auflage 1894) äußert zu diesem Gegenstand eine mit *Mach* übereinstimmende Ansicht. Andere Autoren, z. B. *James* (1890) legten in gleicher Weise dar, daß es keine direkte Kenntnis eines erfahrenden Selbst gäbe.

Im Denken der östlichen Religionen ist die Lehre des Nicht-Selbst, im Sanskrit genannt „Anâtman", einer der drei fundamentalen Grundsätze (Trividyâ) des Buddhismus und sie kennzeichnet diese religiöse Philosophie als eine wesentliche Protestreaktion gegen den Brahmanismus, der das Konzept eines substanziellen Selbst oder Âtman aufstellt. Die Grundsätze des Trividyâ die vermutlich bis zum 6. Jahrhundert v. Chr. zurückgehen, sind: Anâtman, Anitya (Nicht-Dauer: Alle Erscheinungen sind vorübergehend) und Dukha (immanentes Leiden).

Methodologischer Solipsismus

Die Bewußtseinsphänomene ereignen sich als eine individuelle Mannigfaltigkeit, die wir mit den nötigen Qualifizierungen und Einschränkungen als das (ephemere) Selbst bezeichnen können. Da alle Erfahrungen ausschließlich auf das Selbst beschränkt sind, stellt es in dieser Hinsicht ein völlig isoliertes „Insel-Universum" dar. Bezieht man sich auf eine Feststellung von *Eddington*, so läßt sich auch sagen, daß jedes Wissen der Dinge, in einem Raum, in dem wir nicht sind, und der Dinge in einer Zeit, zu der wir nicht sind, nur unsere Folgerung ist, die aus Bewußtseinsmodalitäten einschließlich Erinnerungen und Hier und Jetzt besteht. Wir können dies in kurzer Form folgendermaßen ausdrücken: Unser Wissen von Dingen, die wir nicht sind, ist nur eine Schlußfolgerung, die in den Symbolismus unseres Bewußtseins eingehüllt ist, von Dingen, die wir sind.

Die idealistische Annäherung, wie sie als Beispiel in der cartesianischen Methode gegeben ist, ist daher mit Notwendigkeit solipsistisch, aber nur soweit es ihren Ausgangspunkt betrifft. Die wirkliche Ordnung der Ereignisse, die sich in der Erfahrung, den Analogien und den Deduktionen ausdrückt, führt uns zu der Überzeugung, daß Bewußtseinsphänomene ähnlich denen, die unserer Selbst darstellen, auch andere menschliche Wesen ebenso wie Tiere betreffen, die mit einem Nervensystem ausgestattet sind, das mit unserem verwandt ist. Hinsichtlich der niederen Vertebraten, wie etwa der Fische oder im Falle der Wirbellosen wird diese Annahme mehr und mehr ungewiß in dem Maße, wie wir die morphologische oder phylogenetische Reihe absteigen. Es ist kaum möglich, mit irgendeinem Grade von Berechtigung zu behaupten, daß rudimentäre Bewußtseinsphänomene einer Amöbe, den Pflanzen oder etwa einzelnen Zellen beigelegt oder nicht beigelegt werden dürfen.

Obwohl der methodologische Solipsismus als der einzige vernünftige Ausgangspunkt für eine erkenntniskritische Argumentation angesehen werden kann, besteht keine Notwendigkeit für ausgedehnte Konstruktionen, die diesen solipsistischen Aspekt überbetonen, wie sie z. B. *Driesch* in seiner Ordnungslehre und Metaphysik (1922) ausgearbeitet hat. Der dogmatische Solipsismus andererseits verkörpert das extreme Gegenteil des dogmatischen Behaviorismus; beide brauchen nicht ernstgenommen zu werden.

Nach *Sherrington* (1950) ist „Seele stets eine Schlußfolgerung aus Verhalten". Diese Feststellung erscheint als allgemeine Annahme unhaltbar.

Bewußtsein oder Seele im weiteren Sinne und Seele in engerem Sinne (Gedanken usw.) sind mit Bestimmtheit keine Schlußfolgerung, sondern im Gegenteil die sicherste und tatsächlich die einzige unmittelbare Erfahrung; jedoch beschränkt sich unmittelbare Erfahrung ausschließlich auf das individuelle „Selbst". Nichtsdestoweniger ist Bewußtsein (oder Seele), das anderen lebenden Organismen auf der Grundlage überzeugenden Augenscheins zugeschrieben wird, in der Tat immer eine Schlußfolgerung aus dem Verhalten. *Sherringtons* Feststellung ist daher eine teilweise gültige Annahme. Der Behaviorismus, der das Bewußtsein leugnet und es ausschließlich durch behavioristische Antworten ersetzt, nimmt an, daß, da Seele eine Schlußfolgerung von Verhalten ist und da Psychologie ein Studium der Seele ist, die Psychologie auf ein Studium des Verhaltens zurückgeführt werden kann. Diese Argumentation muß in der Sprache der klassischen Logik als eine „Fallacia de dicto secundum quid ad dictum simpliciter" angesehen werden. Es ist selbstverständlich richtig, daß wir hinsichtlich der seelischen Prozesse bei Tieren, denen eine umfassende Sprache fehlt, im wesentlichen auf die behavioristische Annäherung beschränkt sind. Der Arzt jedoch ist in erster Linie an der menschlichen Psychologie interessiert.

Wiederum nach *Sherrington* (1950) könnte es scheinen, daß, obgleich es Materie gibt, die außerhalb der Seele existiert, wir von keinem Beispiel wissen, in dem Seele außerhalb der Materie existiert; d. h. wenn wir „Seele so bestimmen, wie wir übereingekommen sind".

Wenn wir „Seele" als „Bewußtsein" definieren, so kann man im Gegenteil sagen, daß „Materie" (räumlich konfigurierte Bewußtseinsmodalitäten) niemals ohne Bewußtsein existiert. Es muß klar zugestanden werden, daß solche „Materie" nicht auf andere lebende Organismen bezogen werden kann, denen „Seele" durch Schlußfolgerung aus Verhalten zugeschrieben wird. Darüber hinaus finden viele Reflexaktivitäten lebender Organismen vermutlich ohne Bewußtsein statt, und es ist höchstwahrscheinlich, daß sogar komplexe und scheinbar sehr „zweckvolle" Handlungen in einigen Fällen völlig unbewußt ablaufen. Man sollte bedenken, daß Schlußfolgerungen von Verhalten keineswegs immer als wertvoll angesehen werden dürfen oder mit anderen Worten: a posse ad esse non valet consequentia.

Introspektion

Die idealistische Annäherung ist sowohl solipsistisch wie auch introspektiv. Beträchtliche Unsicherheit liegt hinsichtlich der Bezeichnung „Introspektion“ vor, die man als Beobachtung von seelischen Zuständen und Operationen des Selbst definiert hat. Im weiteren Sinne sind alle Wahrnehmungen einschließlich jener, die zu dem Begriff der Materie führen, seelisch, d. h. Bewußtseinsmodalitäten. Daher ist die gesamte Physik auf eine Schlußfolgerung gegründet, die sich aus Introspektion ableitet. Der naive Materialist beschreibt einen introspektiven Prozeß und leugnet dabei oder vergißt, daß er introspektiv ist.

Im engeren Sinne kann der Ausdruck „Introspektion“ auf die Beobachtung ungenau lokalisierter und räumlich nicht konfigurierter Bewußtseinsmodalitäten wie Gedanken, Gefühle und Empfindungen beschränkt werden, d. h. auf seelische Zustände im strengeren Sinne, obwohl es schwierig ist, eine genauere Grenzlinie zu ziehen. Trotzdem ist es richtig, daß gewisse Bewußtseinsmodalitäten absolut privat sind und von keinem anderen Beobachter bestätigt werden können, während andere Bewußtseinsmodalitäten bis zu einem gewissen Grade und indirekt gleichzeitig oder nachfolgend auch von einer Anzahl anderer Personen geteilt werden können. Dieser besondere Aspekt der Ordnung der Ereignisse drückt sich im Begriff der öffentlichen Daten aus, der weiter unten erörtert werden wird. Objektive Gültigkeit im strengen Sinne gibt es nicht, aber in einem weiteren Sinne kann objektive Gültigkeit als eine subjektive Gültigkeit bestimmt werden, die sich auf öffentliche Daten ausdehnt, d. h. eine Gültigkeit, die gleichzeitig oder in der Folge von einigen Beobachtern bestätigt werden kann. Diese Gültigkeit betrifft besonders, aber nicht ausschließlich die Bewußtseinsmodalitäten, die bestimmte räumliche und zeitliche Konfiguration ebenso wie eine bestimmte Beständigkeit zeigen und auf diese Weise Vergleiche erlauben, die als „Messen“ und „Registrieren“ ausgedrückt werden.

Öffentliche Daten

Alle aktuellen unmittelbaren Erfahrungen sind auf das Selbst beschränkt, d. h. auf irgendeine individuelle Bewußtseinsmannigfaltigkeit. Daher ist Bewußtsein in einem Individuum niemals unmittelbar, sondern immer nur mittelbar auf das Bewußtsein in einem anderen Individuum bezogen, nämlich durch eine Gruppe von Beziehungen oder „Normen“, die als öffentliche Daten bezeichnet worden sind (*Bertrand Russell*, 1948 u. a.).

Nach der Definition *Russells* ist ein öffentliches Datum „ein solches, das ähnliche Sensationen in allen Wahrnehmenden durch eine gewisse Raum-Zeit-Region erzeugt, die beträchtlich größer sein muß als die Region, die vom menschlichen Körper, z. B. in einer halben Sekunde eingenommen wird, oder vielmehr es ist eines, das solche Sensationen erzeugen würde, wenn in geeigneter Weise verteilte Wahrnehmende gegenwärtig wären".

Da diese Definition in die Sprache des Materialismus eingehüllt ist und eine Reifikation von öffentlichen Daten einschließt, ist sie für die gegenwärtige Diskussion ungeeignet, die auf verschiedenen Voraussetzungen beruht, welche *Russells* Formulierung ausschließen.

Ein öffentliches Datum ist von einem idealistischen Standpunkt aus definiert eine Bewußtseinsmodalität, von der ich aus überzeugenden Gründen annehmen kann, daß sie sich in einer transponierten, aber wesentlich ähnlichen Form in einer Anzahl anderer Bewußtseinsmannigfaltigkeiten ereignet, welche dieselbe Zahl anderer fühlender Wesen betreffen, die zu mir durch meine perzeptuellen Raum-Zeit-Koordinaten in Beziehung stehen. Man sollte betonen, daß diese Raum-Zeit-Koordinaten sich auf die anderen fühlenden Wesen nur in soweit beziehen, als diese einen äußeren oder „materiellen" Teil meiner eigenen Bewußtseinsmannigfaltigkeit bilden. Es gibt keine unmittelbare Raum-Zeit-Beziehung zwischen meinem Bewußtseinsfeld und solchen Feldern, die zu anderen fühlenden Wesen gehören. Ich kann keinen räumlichen Vektor ziehen, um gut lokalisierte und gestaltete Wahrnehmungen, d. h. „Materie" in meinem Bewußtsein mit ähnlichen Wahrnehmungen in einem anderen Bewußtseinsfeld zu verbinden. Mit anderen Worten, eine Gruppe öffentlicher Daten, z. B. ein Baum liegt in ganz verschiedenen Räumen in meinem Bewußtseinsfeld und in dem meines Nachbarn, obwohl ich eine Linie von jenem Baum zu seinen Augen und zu seinem Gehirn verfolgen oder einbilden kann. Aber all dies bezieht sich nur auf mein eigenes Bewußtseinsfeld. Wenn ich den Baum als in bezug auf andere Bewußtseinsfelder begreifen will, so verliert er, soweit ich betroffen bin, seinen perzeptuellen räumlichen Charakter und wird eine abstrakte Beziehung, nämlich eine Gruppe öffentlicher Daten. In einer wenig anderen Formulierung können öffentliche Daten auch als eine Gruppe geordneter Beziehungen zwischen gewissen Ereignissen in meinem Bewußtseinsfeld und angenommenen ähnlichen Ereignissen in den Bewußtseinsfeldern anderer vermuteter fühlender Wesen definiert werden.

Das perzeptuelle Raum-Zeit-Feld, das wir erfahren (unser „Selbst") und die Wahrnehmungs-Raum-Zeit-Felder, von denen wir durch Schlußfolgerungen Kenntnis haben (unsere fühlenden Mitwesen), sind beide vierdimensional. Aber diese Dimensionen sind nicht die gleichen in zwei verschiedenen individuellen Feldern, d. h. jedes Individuum stellt sein eigenes perzeptuelles raum-zeitliches Universum dar. Es gibt daher, vergleichbar den abstrakten Dimensionen der Mathematik, unzählige verschiedene (perzeptuelle) Raum- und Zeitdimensionen. Im Hinblick auf die öffentlichen Daten kann ein gewisser „Parallelismus“ zwischen diesen verschiedenen Dimensionen bestehen, so daß zahlreiche Ereignisse gleichzeitig und in ähnlichen räumlichen Beziehungen in einer Anzahl verschiedener individueller Bewußtseinsfelder erscheinen. In einem etwas kühnen Vergleich kann ich das Bewußtseinsfeld meines Nachbarn, d. h. seiner Welt, mit Alices Welt hinter dem Spiegel vergleichen.

Die rein gedankliche Konstruktion einer zwar imaginären, aber für alle praktischen Zwecke unerläßlichen physikalischen Welt ist daher hauptsächlich auf eine Abstraktion, Symbolisation und Analyse von öffentlichen Daten gegründet. Während es richtig ist, daß viele öffentliche Daten nicht nur gut lokalisiert, sondern auch räumlich konfiguriert sind und gemessen werden können und daher zur physikalischen oder „äußeren Welt“ gehören, so stimmt doch die Unterscheidung von öffentlichen und privaten Daten nicht vollständig mit derjenigen zwischen „Seele“ im engeren Sinne und „Materie“ überein. *Ziehen* (1924) hat mit Recht betont, das *Münsterbergs* Kriterien für psychische (im strengeren Sinne) und materielle Prozesse nicht als ganz wertvoll angesehen werden dürfen. *Münsterberg* (1900) behauptete, daß ein gegebenes psychisches Datum nur von einer einzigen Person, ein gegebenes materielles Datum von vielen erfahren werden könne, mit anderen Worten, daß psychische Daten privat und materielle Daten öffentlich seien. *Ziehen* legt dar, daß Sensationen wie Furcht, Begriffe wie Pflicht und Abstraktionen wie etwa π, die alle als psychische Prozesse im strengeren Sinne zu betrachten sind, in einer gegebenen Situation gleichzeitig oder hintereinander in ganz ähnlicher Form durch eine Anzahl von Personen erfahren werden können. Andere mehr oder weniger nur ungenau lokalisierte öffentliche Daten wie Töne oder Gerüche sind hier zu nennen, die nur eine unbestimmte Grenzzone zwischen rein „psychischen“ und „materiellen“ Bewußtseinsphänomenen einnehmen.

In der Terminologie der materialistischen Annäherung sind verschiedene Theorien der Kosmogonie entwickelt worden, von denen einige untereinander in wesentlichen Punkten übereinstimmen und möglicheroder sogar vernünftigerweise wahrscheinlich erscheinen. Die wohlbekannte Theorie von *Kant* und *La Place*, die sich auf die Entstehung des Sonnensystems bezieht und wegen augenscheinlicher Widersprüche verlassen war, ist kürzlich in modifizierter Form durch *von Weizsäcker, Ter-Haar, Kuiper* und andere wiederbelebt worden. Die verbesserten Methoden, die es erlauben, nicht nur das Alter der Gesteine, sondern auch das Alter der Atome abzuschätzen, die das Material des physikalischen Universums bilden, haben zu einer interessanten zeitlichen Anordnung in der weit entfernten Vergangenheit die Möglichkeit gegeben. Die Erforscher der Kosmogonie, wie z. B. *Gamow* (1952) u. a. haben vom Standpunkt der theoretischen Physik aus eine mathematische Hypothese ausgearbeitet, die ein sich ausdehnendes Universum fordert, das ungefähr 3—4000 Millionen Jahre besteht[5].

Dieses Universum soll aus einer hochgradig komprimierten und sehr dichten Masse entstanden sein, in der sogar die Atome und ihre Kerne in Elementarteilchen gespalten waren, und die auf einen Kollaps folgte, der zu einer noch früheren Zeit stattfand. Innerhalb einer gegebenen Zeit bildeten sich die gegenwärtigen Atomtypen und es entstanden in einer Hierarchie von Kondensationen das System der Galaxien und die Planetensysteme. Das organische Leben geht im Sonnensystem und vielleicht in dem bekannten Universum im allgemeinen auf einen Zeitraum von etwa 10^9 oder 3×10^9 Jahren zurück.

Solche Theorien, die trotz unbefriedigender oder unbegründeter Einzelheiten nicht als gänzlich unmöglich betrachtet werden können, stellen das Problem ihrer Formulierung in der Terminologie des idealistischen Standpunktes, da angenommen werden muß, daß Bewußtseinsprozesse während einer langen Periode dieser geforderten Entwicklungsgeschichte völlig fehlten.

In dieser Hinsicht erscheint es angemessen, solche hypothetischen Ereignisse in Ausdrücken potentieller öffentlicher Daten auszudrücken unter der Annahme, daß meine perzeptuellen Kaum-Zeit-Koordinaten so weit rückwärts in den Zeitstrom ausgedehnt werden können. Wenn ich annehme, daß ich in der Rolle eines Beobachters gewesen sein könnte, dann könnte die in meiner gegenwärtigen Bewußtseinsmannigfaltigkeit mani-

---

5 Nach den Schätzungen anderer Autoren vor vielleicht sogar 6×10^9 Jahren. Darüber hinaus lehnen einige Forscher auf diesem Gebiet die Theorie einer explosiven Schöpfung aus einem enorm dichten Urkern ab und nehmen an, daß Materie beständig gebildet und zerstört wird. Das Universum soll sich in einem stetigen Zustand von Ausdehnung ohne Beginn und ohne Ende befinden (*F. Hoyle*, 1955). Vom erkenntniskritischen Standpunkt aus ist es ganz gleichgültig, welche dieser verschiedenen Theorien als die wahrscheinlichste angesehen werden darf.

festierte Ordnung in dem postulierten Rahmen nicht nur mir, sondern ebenso irgend einem hypothetischen ähnlichen fühlenden Wesen, das als Beobachter in Erscheinung tritt und zu meiner Bewußtseinsmannigfaltigkeit in Beziehung steht, als äußeres oder peripheres Objekt erschienen sein[6]. Im Gegensatz dazu kann der Materialist einfach formulieren: Wenn irgendjemand zu jener Zeit dagewesen wäre, würde es vermutlich so ausgesehen haben. Aber diese kürzere Formulierung schließt eine objektive physikalische Raum-Zeit-Welt ein, welche der Idealist leugnet. Wenn jedoch die Fiktion eines solchen physikalischen Raum-Zeitsystemes in Übereinstimmung mit dem postulierten psychophysischen Parallelismus, wie er weiter unten diskutiert werden wird, annehmbar ist, dann läßt sich sagen, daß dieses Raum-Zeit-System ein „öffentliches" ist. Infolgedessen sind unter diesen Voraussetzungen alle öffentlichen Daten auf physikalische Ereignisse beschränkt, die ihrerseits wiederum die R- und die N-Ereignisse nach der Definition auf S. 102 einschließen. Alle Parallelereignisse (P-Ereignisse) sind dagegen privat.

Symbolisation; Positivismus

Während die gut lokalisierten, räumlich konfigurierten Modalitäten des Bewußtseins einschließlich vieler ihrer gegenseitigen Beziehungen ziemlich leicht symbolisiert und mit den Begriffen von Materie und physikalischen Ereignissen identifiziert werden können, bieten die meisten anderen Modalitäten ebenso wie die Gesamtklassifizierung der Bewußtseinsprozesse in dieser Hinsicht beträchtliche Schwierigkeiten. Die Verwirrung, die aus dieser Situation entstanden ist, zeigt sich in den zweideutigen, wahllosen und rätselhaften Terminologien, die sich auf diese Bewußtseinsphänomene beziehen. Ein solcher Aspekt der Absonderlichkeit herrscht auf der ganzen Linie des psychologischen Nachdenkens vor, angefangen von der abstrusen Nomenklatur der Vedânta durch die oft sehr fraglichen Begriffsbildun-

---

[6] In einer etwas unterschiedlichen Formulierung könnte man dies auch folgendermaßen ausdrücken: Wenn ich von meiner perzeptuellen raum-zeitlichen Erfahrung in eine weit entfernte Vergangenheit extrapoliere, dann könnte die Ordnung, die ich erfahre, in Ausdrücken dieser perzeptuellen Zeit und in Ausdrücken des Symbolismus meines Bewußtseins beschrieben werden, als hätte sie einen Aspekt gezeigt, der mit den angeführten Theorien in Übereinstimmung steht. Oder noch in anderen Worten: Im räumlich-zeitlichen Symbolismus unseres Bewußtseins kann die Kosmogonie logisch so begriffen werden, als hätte sie sich in der Weise ereignet, wie sie von den Theorien gefordert wird. Oder wiederum die vergangenen Weltbildungsprozesse sind so wirklich oder so unwirklich, wie die gegenwärtigen atomaren Ereignisse und Strukturen.

gen, die gewissen modernen psychologischen Theorien und Tests zugrunde liegen, bis zu den obskuren Spekulationen der verschiedenen sich gegenseitig bekämpfenden Schulen der Psychoanalyse.

Kant erkannte eine Unterteilung der Bewußtseinsaktivitäten in „Erkennen, Fühlen und Wollen" (Cognition, Affection und Conation) an, die andere Autoren jener Periode begründet hatten; diese nützliche Klassifizierung wurde über lange Zeit in den Standardwerken der Psychologie aufrechterhalten, ist aber in folgenden Richtungen in Zweifel gezogen worden. Die Psychologie hat sich von einer Analyse der bewußten Erfahrung auf das Studium vieler anderer Probleme verlegt, wie z. B. das Verhalten, die Wirkung physiologischer Prozesse auf Bewußtseinsphänomene und das sog. Unbewußte der Psychoanalytiker.

In seiner medizinischen Psychologie (1926) hat *E. Kretschmer* eine ausgezeichnete praktische Einteilung der Bewußtseinsmannigfaltigkeit dargestellt. Wie alle Systematisierungen dieses Typs ist sie mit Notwendigkeit in einiger Hinsicht willkürlich und der unvermeidlichen Ungenauigkeit des verallgemeinerten Denkens unterworfen. Trotzdem kann sie als gegenwärtig vernünftigste Einteilung angesehen werden. Sie läßt sich folgendermaßen zusammenfassen:

1. Seele (Psyche) ist der Name, der dem Bewußtsein gegeben wird.

2. Bewußtsein hat eine Tendenz, sich selbst durch Gruppierung um zwei Pole aufzulösen, nämlich um das „Ich" (Ego, Selbst) und die „äußere Welt". Die Bewußtseinszonen, die dem Ich- und den Außenweltkomplexen entsprechen, haben schlecht definierte Grenzen und überdecken sich mit weiten fluktuierenden Grenzzonen.

3. Die Bewußtseinsphänomene zeigen eine Wechselwirkung von Ich und äußerer Welt; das Ich wird von der äußeren Welt beeinflußt: Abbildungsvorgänge (limning-processes, auch aus dem Deutschen übersetzt mit „portrayal-processes" oder „reproduktive-processes") oder das „Ich" kann auf die äußere Welt einwirken: Ausdrucksvorgänge (expression-processes).

4. Zu diesen Abbildungsvorgängen und Ausdrucksvorgängen muß die Affektivität als eine dritte Kategorie der Bewußtseinsphänomene hinzugefügt werden. Die Affektivität umfaßt alle Modalitäten, die sich im Ich ereignen, als eine emotionale Komponente, entweder aufgepfropft oder gemischt mit einfachen Sinneseindrücken und Wahrnehmungen, abstrakten Begriffen, Reflexionen, Entscheidungen und daraus hervorgehenden motorischen Impulsen. Mit anderen Worten um-

faßt die Affektivität alle Abschätzungen und Motive, die hieraus entstehen. Die Affektivität schließt auf diese Weise einfache Gefühle wie Vergnügen und Schmerz, Neigung und Abneigung, Begeisterung und Gleichgültigkeit und komplexe emotionale Zustände wie Liebe, Zorn, Furcht, Haß, Wunsch und andere ein. Die emotionale Modalität kann positiv, negativ, fast indifferent oder gemischt (ambivalent) sein.

Kretschmers Einteilung in Abbildungsvorgänge, Ausdrucksvorgänge und Affektivität kann, allerdings nur bis zu einem gewissen Grade, als analog zu der alten psychologischen Klassifikation angesehen werden, nach der zwischen Verstand, Wille und Gefühl unterschieden wurde. Der *Kretschmer*schen Einteilung müssen die Begriffe der Intensität und der Lebhaftigkeit hinzugefügt werden (*Semon*, 1920). Alle komplexen Bewußtseinsphänomene wie z. B. die künstlerischen und wissenschaftlichen Tätigkeiten, stellen Muster von Bewußtseinsmodalitäten dar, die Attribute enthalten, die alle diese Unterteilungen betreffen. Hochgradiger Einfluß von Affektivität verändert sowohl die Abbildungs- wie auch die Ausdrucksvorgänge. Daraus ergeben sich die „hyponoischen“ und „hypobulischen“ Mechanismen der *Kretschmer*schen Terminologie[7]. Es erscheint jedoch ungerechtfertigt, das Denken vollständig vom Fühlen zu trennen. Dieser Punkt wurde gut von *Craik* herausgehoben.

Bertrand Russell betont, daß die Mathematik den Vorteil hat, die Beschaffenheit des Denkens ohne Leidenschaft zu lehren. Es trifft zu, daß in dieser wissenschaftlichen Tätigkeit die Affektivität eine weniger auffällige Rolle spielt und daß sie von den Beziehungen zwischen den abstrakten mathematischen Begriffen vollständig entfernt wird. Jedoch wird der schöpferische Mathematiker zu seiner Aktivität durch seinen inneren Drang (Affektivität) getrieben und ist wie *Russell* versichert, von der Schönheit und Exaktheit dieser Wissenschaft beeindruckt, während ein uninteressierter Student, der genötigt ist, sich mit diesem Gegenstand zu beschäftigen, eine negative emotionale Modalität erfahren wird. Umgekehrt stellt *Russell* (1927) fest, daß der Mathematiker oder Physiker „einer Art von intellektuellem Schwindel ausgesetzt ist, wenn er sich mit den ungewissen und vagen Spekulationen weniger wissenschaftlicher Wissenschaften befassen muß“, wie etwa der Physiologie und der Psychologie.

Durch gewisse Abbildungsprozesse können Ereignisse in einer verdünnten, weniger lebhaften Übertragung mittels Erinnerungen und Abstrak-

---

[7] Die hyponoischen Mechanismen entsprechen im wesentlichen dem autistischen oder dereistischen Denken von *Bleuler*.

tionen, besonders solchen von Wortsymbolismen wiedergegeben werden. Diese Prozesse zeigen eine zwingende Neigung zur symbolischen Darstellung oder Wiederholung bedeutsamer Muster der Bewußtseinsmodalitäten und ihrer Beziehungen. Eine sehr bemerkenswerte Entwicklung solcher Abbildungsprozesse manifestiert sich im wissenschaftlichen Denken. Wissenschaft oder Philosophie im allgemeinen besteht aus einer Ganzheit des Wissens, die organisiert oder klassifiziert ist und im wesentlichen den drei Prinzipien folgt, die *Kant* und *Schopenhauer* betont haben: Homogenität (entia praeter necessitatem non esse multiplicanda, *Occams Razor*), Spezifikation (entium varietates non temere esse minuendas) und Kontinuität (datur continuum formarum). Dies hat gleichsam eine Reflexion, eine Abspiegelung oder ein Modell der ganzen phänomenalen Welt in dem Symbolismus abstrakter Begriffe (Ideen, Begriffe) zur Folge. In diesem Zusammenhang kann die Bemerkung von *Francis Bacon* in seiner Abhandlung „De dignitate et augmentis scientiarum“ (1623) zitiert werden: „Ea demum vera est philosophia, quae mundi ipsius voces fidelissime reddit et veluti dictante mundi conscripta est, et nihil alius est quam ejusdam simulacrum et reflectio, neque addit quidquam de proprio, sed tantum iterat et resonat.“

Occams Prinzip und das Prinzip der Spezifikation sind von besonderer Wichtigkeit, weil beide die Anwendung des Prinzipes des zureichenden Grundes auf die Voraussetzung der Wesenheiten darstellen. Beide sind in der Tat nur zusätzliche Formulierungen des Principium rationis sufficientis.

Was die verschiedenen Wissenssysteme betrifft, die abstrakte Modelle der phänomenalen Welt liefern, so können die Ansichten, die *Auguste Comte* geäußert hat und die zur Lehre vom Positivismus führen, in diesem Zusammenhang kurz erwähnt werden. *Comte* nahm drei Stadien des philosophischen Denkens an: Das theologische, in dem der anthropomorphe Wille und die Zwecke angenommen werden, um die Naturereignisse zu erklären; das metaphysische, in dem die theologischen Erklärungen durch entpersönlichte Begriffe ersetzt werden und schließlich das positive, in dem eine einfache Beschreibung die höchste Form des Wissens darstellt. Mit anderen Worten, wenn ein Ereignis erschöpfend mit allen seinen Folgerungen beschrieben ist, kann man es als völlig verstanden annehmen.

Wegen der Zweideutigkeiten, die im Ausdruck „Beschreibung“ liegen, stimme ich dieser Ansicht nicht völlig zu, da ich glaube, daß einfache Beschreibung zu den Prinzipien der Ordnung in Beziehung gesetzt werden muß, wie sie *Kant*, *Schopenhauer* u. a. betont haben; in dieser Hinsicht hat *Max Planck* (1931) die Bedeutung des kausalen Denkens hervorgehoben und den Positivismus zur Analyse der physikalischen Ereignisse für gleichgültig gehalten. Einige weitere Bemerkungen über den Positivismus werden weiter unten in der Diskussion der Ansichten *Machs* vorgetragen werden, der als ein Positivist angesehen werden kann.

In Abhängigkeit vom Ausgangsstandpunkt und der Betonung können zahlreiche positivistische Systeme konstruiert werden. Solche positivistischen Systeme im weiteren Sinne sind die Lehren von *Avenarius*, von *Husserl* und diejenigen der existenzialistischen Autoren, die mit einer gewissen Berechtigung den Inhalt der Denkerfahrung gegenüber den Formalaspekten hervorheben. Alle diese Systeme sind in der Ausdrucksweise *Kretschmers* Abbildungsprozesse; alle zitierten Systeme können bis zu einem gewissen Grade einige Aspekte der phänomenalen Welt reproduzieren, obwohl ich durch ihre Ergebnisse nicht stark beeindruckt bin. Der Positivismus in seiner mehr sophistischen Darstellung kann als ein unvollständiger oder inkonsistenter Idealismus bezeichnet werden und führt bildlich gesprochen, wie ich glaube, in eine Sackgasse. Darüber hinaus aber sind die Argumentationen der Positivisten nicht besonders angepaßt an die Ergebnisse einer Analyse der Beziehungen zwischen Gehirn und Bewußtsein, die das Thema meiner Abhandlung ist.

In dieser Beziehung glaube ich, daß die Begriffe von Materie und von Bewußtsein (Seele) höchst nützlich, praktisch und logisch einwandfrei sind. Daher habe ich beide Annäherungen, eine materialistische und eine idealistische, ausgewählt und absichtlich eine streng positivistische Annäherung ignoriert, obwohl ich mit dem Positivismus und seinen Ansprüchen durchaus vertraut bin.

Alle abstrakten Systeme sind einer wesentlichen Nebelhaftigkeit der Verallgemeinerung und Symbolisation unterworfen, selbst dann, wenn sie gewisse Aspekte von Beziehungen signifikant wiedergeben können. Symbole können als mnestische Schatten von lebhafteren und wesentlicheren Bewußtseinsmodalitäten betrachtet werden. Wenn wir versuchen, über das Reich der Beziehung, das mit unmittelbarer Erfahrung verbunden ist, hinaus vorzudringen, finden wir uns in einer mißlichen Lage, die derjenigen ähnelt, in die die Einwohner von *E. A. Abbotts* zweidimensionalem Flachland im Hinblick auf die Eigenschaften des dreidimensionalen Raumes kamen.

Trotz ihres schattenhaften Aspektes hat der Arbeitswert der abstrakten Symbole mächtige Wirkungen. Dies findet einen guten Ausdruck in der mathematischen Dichtung mit dem Titel „Paradox" von *Clarence R. Wylie*, jr., erschienen im Scientific Monthly (Juli 1948)[8]. Sie wurde als Motto von *R. B. Kershner* und *L. R. Wilcox* für ihren interessanten Text „Die Anatomie der Mathematik" (1950) benutzt:

> "Not truth, nor certainty. These I forswore
> I my novitiate, as young men called
> To holy orders must abjure the world.
> 'If . . ., then', this only I assert;
> And my successes are but pretty chains
> linking twin doubts, for it is vain to ask
> If what I postulate be justified,
> Or what I prove possess the stamp of fact.
>
> Yet bridges stand, and men no longer crawl
> in two dimensions. And such triumphs stem
> In no small measure from the power this game
> Played with the thrice-attenuated shades
> Of things, has over their originals.
> How frail the wand, but how profound the spell!"

Unvollständige Idealisten: Th. Ziehen, E. Mach und Bertrand Russell

Die Behandlung des Raum-Zeit-Problemes ist nach meiner Auffassung das Hauptkriterium jedes ursprünglich idealistischen Gesichtspunktes. Der Idealismus leugnet die Existenz von Raum und Zeit außerhalb des Bewußtseins und behauptet, daß materielle Objekte nur dadurch existieren, daß sie wahrgenommen werden. Die Zeit kann so als ein Aspekt des Bewußtseins definiert werden, in dem Bewußtseinsphänomene als eine Folge von Ereignissen erscheinen. Der Raum ist dementsprechend jener Aspekt von Bewußtsein, in dem die Phänomene gleichzeitige (kompresente) wechselseitige Beziehungen zeigen, die als Lokalisation und vielfach als räumliche Konfiguration gekennzeichnet sind. Die Materie kann als der Kausalaspekt der räumlich konfigurierten Ereignisse in diesem raum-zeitlichen Wahrnehmungssystem definiert werden.

Die Fiktion von physikalischem Raum und physikalischer Zeit wird durch die materialistischen Erkenntnistheorien derart gefordert, daß ge-

---

[8] Abdruck mit freundlicher Genehmigung des Herausgebers des Scientific Monthly Dr. *Graham Dushane.*

ordnete Beziehungen, die unabhängig vom Bewußtsein sind, in der Sprache des Bewußtseins ausgedrückt werden können. Das physikalische Raum-Zeit-System kann aber, was die erkenntniskritische Analyse betrifft, als eine unnötige Hilfskonstruktion betrachtet werden, die gut entbehrlich ist, wenn man das abstrakte Ordnungsprinzip an ihre Stelle setzt. Die Aufhebung des physikalischen Raumes und der physikalischen Zeit in der idealistischen Erkenntniskritik läßt sich mit der Aufhebung des Äthers in der relativistischen Physik vergleichen.

Unter den vielen Verfassern, die sich mit erkenntnistheoretischen Gegenständen beschäftigen, haben *Th. Ziehen, E. Mach* und *Bertrand Russell* in besonders eindringlicher Weise einige wichtige Aspekte der idealistischen Annäherung erklärt, ohne jedoch mit einer ursprünglichen idealistischen Interpretation vollkommen übereinstimmende Schlußfolgerungen zu erreichen. Diese Autoren sind von besonderem Interesse wegen ihrer verschiedenen wissenschaftlichen Ausgangspositionen: Medizin, Physik und Mathematik.

Theodor Ziehen (1862—1950), ein erfolgreicher Psychiater an der Universität Jena und ein maßgeblicher Hirnanatom, Verfasser einer umfassenden, aber unglücklicherweise unvollendeten Anatomie des Zentralnervensystems (1899—1934) in *Bardelebens* Handbuch der Anatomie wechselte in seiner Laufbahn zur Philosophie über und wurde Professor der Philosophie an der Universität Halle. In seinen zahlreichen erkenntnistheoretischen Veröffentlichungen, die in „Grundlagen der Naturphilosophie“ (1922) zusammengefaßt sind, wird die Erscheinungswelt, die als „Gignomene“ bezeichnet wird, als eine seelische Erfahrung begriffen. Wir erfahren nicht die Sonne im Sinne des Physikers, sondern nur einen Komplex von Sensationen, aus denen wir darauf schließen, daß ein Himmelskörper in der Deutung der Astronomen existiert. Diese wohlbekannte und einleuchtende Argumentation, die mit der Formulierung von *Bertrand Russell* übereinstimmt, wie sie oben in der Definition der idealistischen Annäherung zitiert wurde, wird als das fundamentale idealistische Prinzip („idealistisches Grundprinzip“) hervorgehoben.

Ziehen fordert dann eine objektive und eine subjektive Komponente der Sensationen. Die subjektive oder N-Komponente steht in Beziehung zur Funktion der Sinnesorgane und des Nervensystems, die objektive oder R-Komponente (reduzierte Komponente) ist unabhängig von der Aktivität eines Nervensystems. Die Ordnung der N-Komponenten ist diejenige des Bewußtseins und wird als die Ordnung der „Parallelgesetze“ bezeichnet. Die Ordnung der R-Komponenten ist diejenige der Kausalgesetze. *Ziehen* schreibt Raum-Zeit-Eigenschaften nicht nur den N-, sondern auch den R-Komponenten zu.

Es darf gesagt werden, daß *Ziehens* Theorie, für die er den Namen Binomismus prägt, eine modifizierte Abart des psychophysischen Parallelismus darstellt. Da *Ziehen* Kausalprozesse in einem physikalischen Raum-Zeit-System unabhängig vom Bewußtsein annimmt, entsprechen seine R-Komponenten dem Begriff der Materie trotz seiner Einwände gegen die Bezeichnung „Materie" und trotz seiner Behauptungen, daß die Bezeichnung „Materie" keine bestimmte Bedeutung vermittele.

Vom idealistischen Standpunkt aus betrachtet sind *Ziehens* Ansichten materialistisch und können daher als eine unzulässige Extrapolation von Bewußtsein auf eine unabhängige Ordnung zurückgewiesen werden, von der Bewußtsein nur ein Ausdruck ist. Jedoch enthält *Ziehens* Annäherung viele wertvolle Argumente und in nur wenig geänderter Formulierung hilft sie innerhalb des materialistischen Konzeptes zu einer nützlichen Methode physiologischer Psychologie. In Übereinstimmung mit etwas modifizierten Kriterien erscheint die Unterscheidung von N- und R-Komponenten gut zu einer Analyse der Art und Weise geeignet, in der zeitliche und räumliche Beziehungen, d. h. Ereignisse in der physikalischen Welt, in Ausdrücke der neuralen Prozesse kodiert werden.

Ernst Mach (1838—1916), ein österreichischer Physiker von beträchtlichem Verdienst, wurde im letzten Abschnitt seiner akademischen Laufbahn Professor der Philosophie der Wissenschaft in Wien. Sein Name als Physiker ist auch heute weithin bekannt durch die *Mach*sche Zahl (Verhältnis der Luftgeschwindigkeit zur Schallgeschwindigkeit), die für die Probleme des Überschallfluges bedeutsam ist.

In seiner grundlegenden erkenntnistheoretischen Abhandlung „Die Analyse der Empfindungen und das Verhältnis des Physischen zum Psychischen" (posthume 9. Auflage 1922) arbeitet *Mach* die These aus, daß unsere Welt aus Sensationen oder Empfindungen aufgebaut ist, die er als Elemente deutet. Materie wird nicht begriffen als irgend etwas Gegebenes, sondern nur als ein „Gedankensymbol" für einen relativ stabilen Komplex sensorischer Elemente. Er schlägt vor, daß die Gesetze der Physik als funktionelle Beziehungen zwischen Wahrnehmungen, wie warm, hart, Farbempfindungen und anderen formuliert werden; in diese Elemente schließt er auch den Raum und die Zeit in Ausdrücken von Raumwahrnehmungen und Zeitwahrnehmungen ein: „Farben, Töne, Wärme, Drücke, Räume, Zeiten usw. sind in mannigfaltiger Weise miteinander verknüpft und an dieselben sind Stimmungen, Gefühle und Willen gebunden." Er betont jedoch, daß die Welt, obwohl sie in Ausdrücken funktioneller Beziehungen zwischen diesen Elementen gedeutet werden muß, nicht als eine bloße Summe solcher Sensationen angesehen werden darf.

Mach beabsichtigte eine Terminologie zu verwenden, die für eine vereinigte Sprache der Wissenschaft geeignet ist und durch die sparsamsten Formeln gekennzeichnet wird („Ökonomie des Denkens"). Alle metaphysischen Voraussetzungen sollten beseitigt werden, und er betrachtete sowohl den Materialismus wie auch den Idealismus als metaphysische Voraussetzungen, die nicht in Ausdrücken eines genuinen wissenschaftlichen Problems festgestellt werden können. Diese Tendenzen und Meinungen von *Mach* sind in umfangreichen Schriften des sog. Wiener Kreises und verwandter Gruppen weiterentwickelt worden.

Die Unity of Science-Bewegung, die eng mit dem logischen Positivismus verbunden ist, hat *Craik* (1943) in folgender Weise kritisiert: „Es ist augenscheinlich, daß die präzisen Definitionen der symbolischen Logiker und der logischen Positivisten in Wirklichkeit nicht einmal einen wesentlichen Anteil der Sinneserfahrungen erklären können[9]. Wie *Haldane*

---

[9] Daß vereinfachte rein logische Begriffe oft als Modelle für wirkliche Ereignisse unangemessen sind (wirklich im zweiten Sinne der Definition auf S. 84) wird durch das wohlbekannte Küken-Paradox anschaulich gemacht: Was kam zuerst, das Huhn oder das Ei?

Vom Standpunkt der Evolution können wir im physikalischen Raum-Zeit-System eine ununterbrochene Kausalkette von der unbelebten Materie zu dem heutigen Huhn annehmen. Diese Linie kann durch virusähnliche organische Strukturen, protozoenähnliche Strukturen, verschiedene Formen der Metazoen und amphibienähnliche Formen zu den Sauropsiden und schließlich zu den Kennzeichen des Huhnes führen. Ob durch Mikro- oder Makromutationen, in jedem Falle müssen wir eine große Zahl praktisch unendlicher Schritte annehmen. Es würde außerdem wohl willkürlich sein, wenn wir gegen Ende dieses Prozesses einen einzelnen der zyklischen Schritte, z. B. das befruchtete Ei oder das ausgeschlüpfte Individuum, als das erste Hühnerei oder das erste Huhn bezeichnen.

Oder ein anderes Beispiel: Achilles kann die Schildkröte nicht überholen. Dieses ehrwürdige Paradox, das durch *Zeno* von Elea ungefähr um 470 v. Chr. erfunden wurde, löst sich selbst in eine Modifikation des Ausdrucks:

$$(1 + 1/2 + 1/4 + 1/8 + 1/16 \ldots) < 2$$

Der vorgestellte Achilles kann die vorgestellte Schildkröte dann nicht einholen, wenn die erforderliche Zeit durch einen vorgestellten Prozeß schrittweiser Unterteilung, die zu zunehmender Verlangsamung führt, zu einem virtuellen Stop gebracht wird. Genauer gesprochen, eine solche Reihe würde 2 (oder jeden anderen Wert, der zu dem speziellen Fall paßt) als Grenze haben. Die Mathematiker haben eine Anzahl verschiedener Erklärungen und Lösungen

(1938) bemerkt, arbeitet die Logistik nur mit einem Material, das gewisse hochabstrakte Eigenschaften hat, die wesentlich weniger häufig und wesentlich weniger vollständig ihr Beispiel in der realen Welt finden als die Logistiker uns glauben machen wollen."

Trotz der Bemühung *Machs*, die Übereinstimmung gewisser Aspekte seiner Ansichten mit dem idealistischen Konzept zu verkleinern oder gar zu leugnen, wie oben ausgeführt wurde, findet man doch einige bedeutsame Ähnlichkeiten. Diese Übereinstimmung betrifft die Welt als eine Kombination von Wahrnehmungen, die wesentliche Identität der psychischen und der physischen Phänomene, den Begriff der Materie als einer bloßen Abstraktion, das Prinzip der Ordnung („funktionelle Beziehungen" in *Machs* Terminologie) und die Nichtexistenz eines substanziellen Selbst.

Von der idealistischen Annäherung her betrachtet, zeigt die These *Machs* einige Schwächen. In seinem Versuch einer erkenntnistheoretischen Analyse weist *Mach* die solipsistische Annäherung zurück und erkennt nicht die Wichtigkeit individueller Bewußtseinsmannigfaltigkeiten an, obwohl er die grundlegende Bedeutung der Sensationen betont. Hierzu

---

angegeben. Obwohl Achilles und die Schildkröte angeblich in derselben Zahl unterschiedlicher aufeinanderfolgender Augenblicke dieselbe Zahl unterschiedlicher Raumpunkte einnehmen (was immer dieses auch bedeuten soll), kann doch Achilles weiterkommen als die Schildkröte, weil in Übereinstimmung mit *Cantors* Begriff einer unendlichen Klasse ein Ganzes nicht mehr Glieder hat als einer seiner Teile.

Ferner kann der Kern von *Gödels* vielerörtertem Aufsatz „Über formal unentscheidbare Sätze der Principia mathematica und verwandter Systeme" (M. H. Math. Phys. *38*, 173—198 (1931) als eine Demonstration von 2 Sätzen ausgelegt werden:

1. wenn ein logistisches System folgerichtig ist, dann ist es unvollständig und
2. die Folgerichtigkeit eines logischen Systems kann nicht durch irgendeine Überlegung in Übereinstimmung mit den Regeln gerade dieses besonderen Systems begründet werden.

Von vielen Mathematikern wird jetzt anerkannt, daß die Theoreme der Logik und der reinen Mathematik tautologische Systeme darstellen. Obwohl der Begriff der Tautologie nicht vollständig mit dem *Kant*schen Begriff der synthetischen Urteile a priori übereinstimmt, steht er dazu in enger und bedeutsamer Beziehung. Vom neurologischen Standpunkt aus sind die Theoreme der Logik und der reinen Mathematik sowohl synthetisch als auch a priori in sofern, als sie nur funktionelle Ausdrücke einer gegebenen nervösen Struktur darstellen. Zusätzlich kann hier *Bertrand Russells* Feststellung zitiert werden, daß die reine Mathematik ein Gegenstand ist, in dem wir nicht wissen, worüber wir reden, noch wissen, ob das, was wir reden, wahr ist.

kann jedoch gesagt werden, daß das Wort „Sensation“ nur eine Bedeutung ausdrückt, wenn es als Modalität innerhalb eines gegebenen Bewußtseinsfeldes begriffen wird. Solche Modalitäten sind unbeständig, variabel und vorübergehend, sie erscheinen, verschwinden und erscheinen wieder. Weiterhin sind Sensationen oder Wahrnehmungen, die nicht durch irgend jemand wahrgenommen werden, keine Sensationen. Sie können daher auch nicht als Elemente angenommen werden, die eine Welt unabhängig vom Bewußtsein zusammensetzen; auch kann man sie nicht als Integrale reifizieren, die gleichzeitig oder nacheinander in funktionelle Beziehungen eintreten, oder sich aus ihnen zurückziehen, die einer Anzahl verschiedener Bewußtseinsfelder angehören. Eine nicht wahrgenommene Wahrnehmung ist eine Contradictio in adjecto; eine verschwundene Wahrnehmung hat sowohl die Identität wie die Wesenheit verloren und kann als aufgelöst in einen Komplex geordneter Beziehungen verstanden werden. *Mach* begreift „Räume und Zeiten“ als eine Vielheit von Empfindungen oder Elementen („Raumempfindungen“ usw.), die mit anderen Elementen seiner Terminologie vergleichbar sind. Im Gegensatz dazu ist nach der idealistischen Deutung wahrgenommener Raum und wahrgenommene Zeit keine Empfindung, sondern ein grundsätzliches Attribut aller Bewußtseinsphänomene. Es kann also auch als „Hintergrund“ aller Empfindungen ausgedrückt werden.

Eliminiert man das Bewußtsein, so bleiben nur nicht qualifizierbare geordnete Beziehungen übrig; in sofern als diese ähnliche Ereignisse in verschiedenen Bewußtseinsmannigfaltigkeiten betreffen, können derartige Beziehungen als öffentliche Daten bezeichnet werden, die jedoch wenig Ähnlichkeit mit den reifizierten Empfindungen oder Elementen von *Mach* haben.

Übereinstimmend mit den Prinzipien, die in *Kretschmers* Begriff der Abbildungsvorgänge eingeschlossen sind, ist es möglich, in *Machs* Terminologie ein Modell der phänomenalen Welt zu erfinden. Jedoch erscheint das sich ergebende System trotz vieler konstruktiver, wertvoller und gedankenanregender Merkmale als ein ziemlich chaotisches Gebäude von Elementen: in jedem Falle stellt es eine interessante These dar:

> "For let Philosopher and Doctor preach
> Of what they will, and what they will not-each
> Is but one Link in an eternal Chain
> That none can slip, nor breach, nor over-reach."
>
> (*Fitzgerald's* Omar, 1868, LXXVII.)

Man mag der Behauptung *Machs* zustimmen, daß seine Lehre weder Idealismus noch Materialismus sei, trotzdem bleibt dies Ansichtssache; betont man den Begriff der (hypothetischen) Elemente, so lassen sich *Machs* Ansichten als ein Ausdruck des Neutralismus beschreiben. Das System von *Mach* ist jedoch mit vielen Zweideutigkeiten belastet; so sind die sehr verschiedenartigen und sogar widersprüchlichen Meinungen über seine Lehre, die verschiedene Verfasser vorgebracht haben, leicht verständlich. Trotz der wiederholten Proteste von *Mach* können mehrere Merkmale seines Systems ähnlich wie gewisse Aspekte von *Berkeleys* Ansichten gedeutet werden. Andererseits erkennt *Mach*, was seinen Begriff des „Ego" anbetrifft, seine enge Übereinstimmung mit der Anâtman-Lehre (anattâ Pâli) des Buddhismus (1922, S. 291) an. Darüber hinaus besteht auch eine weitere augenscheinliche, wenn auch entfernte Verwandtschaft zwischen den Elementen von *Mach* und den Attributen, die im Buddhismus als khandhas (Pâli) oder skandhas (Sanskrit) bezeichnet werden, vor allem in der Form, wie sie in den positivistischen Lehren des südlichen oder Pâli-Buddhismus (Hinayâna) gedeutet werden.

Bertrand Russell wird mit Recht als ein hervorragend klarer Autor, sowohl was seinen Stil wie auch seine Gedankenführung angeht, betrachtet. In seiner Annäherung an die Probleme der Erkenntnistheorie folgt er insgesamt betrachtet der Argumentation, die *Ziehen* als das fundamentale idealistische Prinzip bezeichnet hat. Trotzdem schließen seine Anschauungen anscheinend die Annahme eines physikalischen Raum-Zeit-Systems ein, das unabhängig vom Bewußtsein ist. Einerseits können seine Ansichten nicht als Idealismus betrachtet werden, andererseits stellen sie auch keinen naiven Materialismus dar. *Russell* neigt zu einer Konstruktion eines neutralen Monismus oder Neutralismus: „Geistige Ereignisse und ihre Qualitäten können ohne Schlußfolgerungen bekannt werden, aber physikalische Ereignisse sind nur hinsichtlich ihrer Raum-Zeit-Struktur bekannt. Die Eigenschaften, die solche Ereignisse zusammensetzen, sind dagegen unbekannt — so vollständig unbekannt, daß wir weder sagen können, sie unterscheiden sich von den Eigenschaften, die wir als zu den geistigen gehörend rechnen, oder sie unterscheiden sich davon nicht." Die traditionelle Trennung von Geist und Materie wird als unhaltbar betrachtet; man kann die beiden nicht dadurch zusammenbringen, daß man das eine dem anderen unterordnet, sondern, daß man jedes von ihnen als eine logische Struktur heraushebt, die aus dem besteht, was ein „neutraler Stoff" genannt werden kann.

Von einem idealistischen Standpunkt aus könnte man darauf erwidern, daß der Geist im weiteren Sinne (d. h. Bewußtsein) erfahren wird; seine Struktur besteht daher nicht aus „neutralem Stoff", sondern aus Sensationen, Wahrnehmungen, Gefühlen, Gedanken usw., während die logische Struktur der Materie eine abstrakte Konstruktion ist, die auf die ordnungsmäßige Beziehung gewisser Ereignisse hinweist, die im Bewußtsein erfahren werden. Daher sollte die Materie, die in Wirklichkeit aus Gedanken über Materie besteht, dem Geist untergeordnet werden.

Ich will noch kurz auf einige zusätzliche hierhergehörige Feststellungen von *Bertrand Russell* eingehen und mich bemühen, zu zeigen, daß diese Feststellungen in einer etwas anderen Formulierung vollständig in das idealistische Konzept passen.

Wir können nach *Russell* die Ansicht annehmen, daß alle unsere Wahrnehmungen kausal mit Antezedentien verbunden sind, die keine Wahrnehmungen sind. Da in unseren Voraussetzungen die Kausalbeziehungen streng als das Principium rationis sufficientis fiendi definiert wurden, ziehe ich es vor, *Russells* Feststellung wie folgt auszudrücken: Wir können die Ansicht annehmen, daß alle unsere Wahrnehmungen mit einem Unbekannten verbunden sind, das keine Wahrnehmung ist. Diese Beziehung kann weder als kausal noch als funktional im mathematischen Sinne betrachtet werden.

Weiter gelten nach *Russell* „die räumlichen Beziehungen der Physik zwischen Elektronen, Protonen, Neutronen usw., die wir nicht bemerken; die räumlichen Beziehungen der Gesichtswahrnehmungen gelten zwischen Dingen, die wir bemerken, und in der letzten Analyse zwischen farbigen Flecken".

Während die zweite Hälfte dieser Feststellung unbestreitbar ist, könnte die erste Hälfte in der folgenden Form umformuliert werden: Unsere Beobachtung gewisser Phänomene enthüllt eine Ordnung, die auf der Basis von Schlußfolgerungen und, falls sie im Symbolismus unseres Bewußtseins ausgesprochen wird, in Ausdrücken der räumlichen Beziehung zwischen Elektronen, Protonen, Neutronen usw. begriffen werden kann.

Russell stellt in der Zusammenfassung einer Diskussion des „Raumes in der Psychologie" fest: „Wenn ich die Erfahrung habe, die man das „Sehen eines Tisches" nennt, so hat der visuelle Tisch primär eine Lage in dem Raum meines augenblicklichen Gesichtsfeldes. Dann hat er mittels erfahrener Beziehungen eine Lage in einem Raum, der alle meine Wahrnehmungserfahrungen umfaßt. Weiterhin ist er mittels physikalischer Gesetze mit einem Platz in dem physikalischen Raum-Zeit-System verbunden, nämlich dem Platz, der von dem physikalischen Tisch eingenommen wird. Schließlich steht er mittels psychophysischer Gesetze mit einem andern Ort im physikalischen Raum-Zeit-System in Beziehung, nämlich dem Ort, der von meinem Gehirn als einem physikalischen Objekt eingenommen wird."

Die beiden ersten Sätze dieser Feststellung sind wiederum unbestreitbar. Von einem streng idealistischen Standpunkt aus könnte der Rest in folgender Weise formuliert werden: Weiterhin bin ich mittels abstrakten Denkens imstande, die fiktionellen Begriffe von physikalischen Gesetzen und eines physikalischen Raum-Zeit-Systems zu konstruieren, in dem ich einen physikalischen Tisch als lokalisiert annehme, der zu meinem visuellen Tisch in Beziehung steht. Schließlich kann ich die Annahme eines psychophysischen Gesetzes einführen, das den postulierten physikalischen Tisch mit einem anderen Ort im physikalischen Raum-Zeit-System in Beziehung bringt, nämlich dem Ort, der durch mein Gehirn als ein angenommenes physikalisches Objekt eingenommen wird.

Zusammenfassung und Kritik des Idealismus

In den vorhergehenden Abschnitten habe ich meine eigene Auslegung der idealistischen Annäherung vorgetragen und einige der Gesichtspunkte betont, die nach meiner Ansicht besonders bedeutungsvoll erscheinen. Ich behaupte aber keineswegs, daß irgendeine dieser Ansichten originell oder neu sei; alle behandelten Argumente oder Gedanken wurden entweder ausdrücklich oder stillschweigend, wenn auch vielleicht in mehr oder weniger verschiedenem Zusammenhang, in unterschiedlichen Formulierungen und manchmal auch mit verschiedenen Schlußfolgerungen in den Schriften von *Descartes*, *Spinoza*, *Locke*, *Hume*, *Berkeley*, *Kant* und *Schopenhauer* ausgesprochen. Was die zahlreichen modernen Autoren betrifft, so habe ich mich besonders auf *Ziehen*, *Mach* und *Bertrand Russell* bezogen. Weiterhin besteht auch eine gewisse Ähnlichkeit zwischen dem Konzept einer individuellen Bewußtseinsmannigfaltigkeit, das ich vertrete, und der etwas zweideutigen Vorstellung von *Leibnitz* von einer Monade, die vermutlich von *Giordano Bruno* entlehnt wurde.

Fassen wir die Schlußfolgerungen, die sich aus der idealistischen Annäherung ergeben, zusammen, so können wir die folgenden Leitsätze formulieren:

1. Die gegebene, erfahrene oder phänomenale Welt besteht ausschließlich aus mehr oder weniger bestimmt lokalisierten Bewußtseinsmodalitäten, die einen zeitlichen Fluß bilden; gewisse Klassen dieser Modalitäten

zeigen zusätzlich eine bestimmte räumliche (geometrische oder topologische) Konfiguration. Zeit und Raum sind als ausschließliche Attribute des Bewußtseins anzunehmen; das perzeptuelle Raum-Zeit-System ist dementsprechend das einzig aktuell existierende Raum-Zeit-System. Alle Bewußtseinsmodalitäten stehen miteinander in einer geordneten Weise in Beziehung und manifestieren eine andauernde Ordnung durch eine kontinuierliche Folge von Bewußtseinsereignissen, wodurch nichts beständig bleibt (πάντα ῥεῖ Heraklitus).

2. Bewußtseinsmodalitäten ereignen sich innerhalb einer integrierten individuellen Bewußtseinsmannigfaltigkeit, welche nicht unmittelbar mit anderen ähnlichen Bewußtseinsmannigfaltigkeiten verbunden ist. Man darf aber vermuten, daß die angenommenen verschiedenen Bewußtseinsmannigfaltigkeiten indirekt durch geordnete Beziehungen oder „Normen" miteinander verbunden sind, die man als „öffentliche Daten" bezeichnen kann. Die Ordnung, die sich als „öffentliche Daten" manifestiert, kann als nicht zum Gebiet von Raum und Zeit gehörig verstanden werden. Jede individuelle Bewußtseinsmannigfaltigkeit ist durch ihre eigene Gruppe von privaten perzeptuellen Raum-Zeit-Dimensionen gekennzeichnet.

3. Innerhalb einer individuellen Bewußtseinsmannigfaltigkeit kann keine feste Grenze zwischen dem Selbst und dem Nicht-Selbst oder zwischen dem Ego und der äußeren Welt aufrechterhalten werden. Das Ego und das Non-Ego sind fluktuierende Begriffe, die willkürlich gewissen Gruppen von Bewußtseinsmodalitäten zugesprochen werden.

4. Weiterhin gibt es keine wesentliche Differenz zwischen Geist (im engeren Sinne) und Materie. Der Ausdruck „Geist" in dieser Bedeutung umfaßt unbestimmt lokalisierte und räumlich nicht konfigurierte Bewußtseinsmodalitäten wie Gefühle, Erinnerungen und Gedanken; der Ausdruck „Materie" deckt gut lokalisierte, meist räumlich konfigurierte Bewußtseinsmodalitäten, die den Körper und die äußere Welt darstellen.

Obgleich die Grenze zwischen dem Geistigen und dem Physikalischen daher als künstlich bezeichnet werden muß, ist es durch die Forderung nach einem (vermutlich fiktionellen) physikalischen Raum-Zeit-System möglich, die Ordnung von Beziehungen zwischen Modalitäten der letzteren Klasse in Ausdrücken physikalischer Gesetze zu formulieren, die den Charakter und die Beständigkeit sog. Objekte der Wahrnehmung determinieren, ohne jede Beziehung auf die Tatsache, daß sie wahrgenommen werden: „In der Aufstellung solcher Gesetze haben die Sätze der Physik nicht irgend welche Sätze der Psychologie oder gar die Existenz von Geist zur Voraussetzung" (*Bertrand Russell*).

5. Modalitäten, die als materiell klassifiziert werden, spielen jedoch anscheinend eine besondere Rolle im Bewußtsein, insofern, als eine verifizierbare Erfahrung zeigt, daß das Vorkommen von Bewußtsein von der Funktion des Gehirns abhängt, das in obigem Sinne ein „materieller“ Komplex ist. Wir müssen trotzdem feststellen, daß das Bewußtsein nicht im Gehirn lokalisiert ist, sondern daß der Körper einschließlich Gehirn und die äußere Welt im Bewußtsein lokalisiert werden. Wir begegnen in dieser Beziehung offensichtlich einem Circulus vitiosus, der folgendermaßen ausgedrückt werden kann: Das Bewußtsein ist ein Gehirnphänomen, aber das Gehirn selbst, wie wir es kennen, ist ein Bewußtseinsphänomen; oder noch kürzer gefaßt: Das Bewußtsein ist ein Gehirnphänomen, aber das Gehirn selbst ist ein Gehirnphänomen. Dieser Circulus vitiosus stellt das „Gehirn Paradox“ dar.

6. In der Terminologie der idealistischen Annäherung kann das Problem der Beziehung von Gehirn und Bewußtsein schließlich folgendermaßen formuliert werden:

Innerhalb einer Bewußtseinsmannigfaltigkeit sind Modalitäten miteinander verbunden und hängen gleichzeitig voneinander ab, oder stellen die Funktion einer gewissen Gruppe einiger solcher Modalitäten (Gehirn) dar; diese letzte Gruppe umgekehrt ist die wesentliche Bedingung für die Manifestation von Bewußtsein, die daher Gestalt-Charakter hat und als eine integrierte Einheit auftaucht. Betrachtet man die räumliche kompresente Struktur der Bewußtseinsmannigfaltigkeit, so wird der statische („strukturalistische“) Aspekt betont; wenn primär die zeitliche Struktur ins Auge gefaßt wird, so wird der aktive („funktionalistische“) Aspekt hervorgehoben. Es ist zu beachten, daß in dieser Formulierung, da ihre abstrakte Ausdrucksweise das Gehirn nicht als ein materielles Objekt definiert, der unter 5. herausgestellte Circulus vitiosus vermieden wird.

Dieser Circulus vitiosus stellt einen Circulus in definiendo dar. Das materielle Gehirn, ein Begriff oder eine potentielle Wahrnehmung, d. h. ein Gehirnphänomen, wird in Ausdrücken seiner selbst definiert. Ein Beispiel solcher Zirkeldefinitionen ist das wohlbekannte Barbier-Paradox, in dem der Barbier von Sevilla folgendermaßen definiert wird: Er rasiert alle jene Männer von Sevilla und nur solche Männer von Sevilla, die sich nicht selbst rasieren. Wenn man dann fragt: „Wer rasiert den Barbier von Sevilla?“, so ergibt sich folgendes: Wenn der Barbier sich selbst rasiert, dann rasiert er sich selbst nicht, und wenn er es nicht tut, so tut er es doch. Man hat dazu erklärt, daß alles, was alle Glieder einer Kollektion einschließt, nicht auch ein Glied dieser Kollektion sein muß. Wir haben weiterhin Klassen, die sich selbst als Teile zugehören und andere, die nicht Glieder ihrer selbst sind. Aber ist die Klasse, die aus solchen Klassen zusammengesetzt ist, die nicht Glieder ihrer selbst sind, ein Glied ihrer selbst oder nicht? So kommen wir wieder zu dem logischen Paradox. *Whitehead* und *Russell* versuchen solche Schwierigkeiten durch ihr Axiom der Reduzierbarkeit zu lösen, das jedoch nicht allgemein anerkannt wird. Definitionen mittels Rekursion, wie sie von *Peano* oder *Frege*, oder auch durch die Gruppentheorie von *Zermelo* entwickelt wurden, sind an ihre Stelle getreten.

Was das Barbier-Paradox betrifft, so wird die anscheinend genaue logische Definition der funktionellen Gestaltung der Situation nicht genügend gerecht, die ein Prinzip der Hierarchie einschließt. So nimmt innerhalb des Bereiches des gestaltartigen Aspektes der Barbier von Sevilla in seiner Funktion als Barbier eine Stellung ein, die sich von der der anderen Männer von Sevilla unterscheidet, so daß alle Folgerungen der Definition nicht auf seine eigene Stellung Anwendung finden können.

In der Formulierung unter 6. wird das Gehirnparadox, wie ich glaube, durch die Definition der Beziehung als einer Funktion, d. h. in diesem Falle als einer gestaltähnlichen Abhängigkeit zwischen Elementen einer Gruppe vermieden. Es sollte nochmals betont werden, daß diese Formulierung die „Existenz von Materie“ weder einschließt noch fordert.

Der idealistische Gesichtspunkt, wie er im gegenwärtigen westlichen Denken zum Ausdruck kommt, ist in den wichtigen Abhandlungen von *George Berkeley* (1710, 1713 u. a.) auf eine feste Grundlage gestellt worden. Seine Argumentation, daß materielle Objekte nur dadurch existieren, daß sie wahrgenommen werden, kann nach meiner Ansicht in vollem Umfange aufrecht erhalten werden. In dieser Beziehung besitzen die Schriften *Berkeleys* eine Bedeutung, die nahezu mit derjenigen der Elemente von *Euklid* verglichen werden kann. Man muß trotzdem zugeben, daß ein zwingender logischer Beweis der Existenz oder Nichtexistenz einer unabhängigen physikalischen Welt nicht erbracht werden kann. Sogar *Berkeley* selbst räumt dies ein: „Wenn es daher für Körper möglich wäre, ohne Bewußtsein zu existieren, so müßte doch die Behauptung, daß es sich so verhielte, eine sehr unsichere Meinung sein.“ (Principles, 1710; XIX); „daß ein nicht wahrgenommenes Substrat existieren kann, ist unwichtig (Principles, LXXVII); „Hyl ... aber so viel scheint ziemlich klar, daß es wenigstens möglich ist, daß solche Dinge wirklich existieren; und so lange diese Annahme nicht absurd ist, bin ich entschlossen, es zu glauben, bis Du mir gute Gründe für das Gegenteil nennst.

Phil. Wie! Sind wir so weit gekommen, daß Du nur an die Existenz materieller Objekte glaubst und daß Dein Glauben nur auf die Möglichkeit seiner Wahrheit gegründet ist? Dann mußt Du mir Gründe dagegen vorbringen: Obwohl andere es für vernünftig halten, sollte der Beweis bei dem liegen, der die Bejahung behauptet." (Erster Dialog von Hylas und Philonous, 1713).

Unter solchen Umständen bleibt es der persönlichen Meinung oder Beurteilung überlassen, zu entscheiden, welche Ansicht vernünftiger erscheint. Da eine Entscheidung oder Wahl zur Zustimmung zu einer der beiden Möglichkeiten definitionsgemäß einen Willensakt einschließt, haben wir hier eine Erläuterung zu dem Spruch: „Der Wille ist dem Intellekt überlegen", wie er durch den britischen Franziskaner und Scholastiker *John Duns Scotus* (1266[?]—1308) aufgestellt wurde, der als Doctor subtilis und Lehrer von *William of Occam* bekannt ist, der seinerseits als Doctor invincibilis berühmt war.

Die Einwände gegen den Idealismus von *Berkeley* erscheinen mir ziemlich schwach und oft unmaßgeblich. *Jeans* (1943) bemerkt z. B.: „*Berkeley* behauptete, daß, da die Wirkungen A auf der Seelenseite der Seele-Körper-Beziehung rein geistige sind, auch ihre Ursachen B auf der körperlichen Seite ebenso rein geistige sein müssen. Kurz gesagt, da A ein Gedanke ist und ein Gedanke nichts anderem gleichen kann als wiederum einem Gedanken, aus diesem Grunde muß auch B ein Gedanke oder natürlich eine Gruppe von Gedanken sein.

Das Argument ist offensichtlich zweischneidig und ebenso wirksam, wenn es umgekehrt wird. Denn, wenn B derselben Natur sein muß wie A, ist es ebenso beweiskräftig zu behaupten, daß A derselben Natur sein muß wie B. Da A (sic) rein materiell ist, würde das Argument jetzt beweisen, daß unsere geistigen Prozesse in ihrer Natur materiell sein müssen, wie die Materialisten behaupten".

Jeans gibt hier die Feststellung *Berkeleys* ungenau wieder. Nach dem letztgenannten Verfasser: „Sind die Ideen, die den Sinnen eingeprägt werden, wirkliche Dinge oder existieren wirklich; dies leugnen wir nicht, aber wir leugnen 1. daß sie ohne die Geister, die sie bemerken, existieren können oder 2. daß es Ähnlichkeiten irgendwelcher Grundtypen gibt, die ohne den Geist existieren: 1. Da das Sein der Wahrnehmung oder des Gedankens grade darin besteht, wahrgenommen zu werden, und 2. ein Gedanke kann nichts anderem gleichen als einem Gedanken" (Principles, XC). Mit anderen Worten, *Berkeley* stellt nur fest, daß eine Perzeption eine Modalität von Bewußtsein ist, die als solche offenbar nicht unabhängig von Bewußtsein existieren kann und daher nicht mit irgendetwas anderem verglichen werden kann, dem die Attribute von Bewußtsein fehlen[10]. Was die Ursachen betrifft, so stellt *Berkeley* fest, daß „die Ursachen unserer Wahrnehmungen nicht unmittelbar wahrgenommene Dinge und daher auch nicht wahrnehmbar sind“ (1. Dialog).

Das angeblich „zweischneidige Argument“, wie es *Jeans* festzustellen meint, erscheint mir eine irreführende und künstliche Formulierung; man kann folgendermaßen antworten: Bewußtsein (A) wird unmittelbar erfahren und ist nach Definition geistig (in weiterem Sinne); die Natur der Materie, eine Schlußfolgerung, wird in Frage gestellt; die Materie ist daher x. Wenn das Argument gültig ist, würde es daher beweisen, daß x, das Unbekannte, dem Bekannten A gleicht. Umgekehrt können wir um des Argumentes willen die Existenz der Materie (B) zugestehen, wie sie von den Materialisten gefordert wird. Selbst unter solchen Voraussetzungen könnte eine Bewußtseinsmodalität nach der Definition der Kausalität nicht Kausalwirkung eines materiellen Prozesses sein. Wenn wir wiederum dieses Wunder zugestehen würden oder wenn wir stattdessen eine quasi-mathematisch-funktionelle Beziehung von Materie und Geist, annehmen, ist es immer noch nicht möglich zu behaupten, daß unsere geistigen Prozesse „in ihrer Natur materiell sind oder sein müssen“ und das Argument erweist sich als wertlos.

Ein anderes Argument von *Jeans* besagt: „Welche Fähigkeiten auch immer eine rote Blume haben mag, um im Bewußtsein eines Menschen die Empfindung „rot“ hervorzurufen, sie hat eine Fähigkeit rotes Licht zu reflektieren, gleichgültig ob irgend jemand sie sieht oder nicht, wie man sehr einfach durch eine Fotografie beweisen kann. Diese Kapazität ist offensichtlich eine primäre Qualität, die auf keinen Fall von dem Körper zu trennen ist, in welchem Zustand er immer sein mag und *Berkeleys*

---

[10] Man kann daher den Idealismus keineswegs mit dem Argument zurückweisen, daß „das, was wir bemerken, existiert und daß es die Eigenschaften hat, die man an ihm bemerkt“ (*Moore,* 1922), da dies genau das ist, was *Berkeley* feststellt. Um noch einen anderen häufig vorgebrachten Einwand zu zitieren: „Das Schlechteste, was davon gesagt werden kann, ist, daß es nicht auch wirklich ist, d. h., daß es nicht existiert, wenn es nicht Gegenstand irgendeines Wahrnehmenden ist, nicht, daß es überhaupt nicht existiert“. Diese Erläuterung wird als ein anderes Argument gegen den Idealismus gedeutet, drückt aber in Wirklichkeit eine fundamentale Feststellung des Idealismus, wenn auch mit dem etwas schwachen Ausdruck „Objekt von jemandes Wahrnehmung“ aus. Es wäre besser zu sagen: „Daß es nicht existiert, wenn es nicht eine Bewußtseinsmodalität in einer Bewußtseinsmannigfaltigkeit ist.“

Argument kann sie nicht berühren." Man wird hier an die Anekdote *Boswells* erinnert, der über die Zurückweisung von *Berkeleys* Ansichten durch Dr. *Johnson* berichtet: „Ich werde niemals die Freude vergessen, mit der *Johnson* antwortete, indem er seinen Fuß kräftig gegen einen großen Stein stieß, so daß er von ihm zurückprallte und dazu ausrief: ‚So weise ich es zurück!'."

Vom idealistischen Standpunkt ließe sich auf *Jeans'* Argument mit der Feststellung antworten, daß es in der Tat eine geordnete Beziehung zwischen unserer Wahrnehmung einer roten Blume und unserer Wahrnehmung ihrer Fotografie, die sogar eine farbige sein könnte, gibt. Diese Beziehung kann in Ausdrücken der Reflexion roten Lichtes formuliert werden; aber die Begriffe „rot" und „Licht" beziehen sich auf Sensationen, die zusammen mit ihren zugehörigen zeitlichen und räumlichen Beziehungen Aktualität nur im Bewußtsein haben. Wir können nicht wissen, was diese Beziehung außerhalb des Bewußtseins vorstellt: Die „objektive wissenschaftliche Rotheit", die *Jeans* fordert, muß als eine selbstwidersprüchliche Hypostatisierung angesehen werden. In seinem ersten Dialog zwischen *Hylas* und *Philonous* hat *Berkeley* nach meiner Ansicht eine umfangreiche Serie ähnlicher Argumente erfolgreich abgewiesen.

Ein weiterer häufig anzutreffender Einwand betrifft das „sprunghafte Leben" der angenommenen materiellen Objekte, die „plötzlich ins Sein hervorschießen, wenn wir nach ihnen blicken". Es wird für unangebracht gehalten, daß die Dinge in jedem Augenblick vernichtet und wieder erschaffen werden. *Berkeley* schreibt in der Tat: „Die Sinnesobjekte existieren nur, wenn sie wahrgenommen werden: Die Bäume sind daher im Garten oder die Stühle im Wohnzimmer nicht länger als irgend jemand da ist, um sie wahrzunehmen. Wenn ich meine Augen schließe, wird die gesamte Einrichtung des Raumes auf nichts zurückgeführt und nur wenn ich sie öffne, wird sie wieder erschaffen." (Principles, XLV). Diese Feststellung erscheint nur deshalb absurd, weil die Vorstellungen eines unabhängigen physikalischen Raum-Zeit-Systems und sog. primärer Qualitäten, d. h. von Materie fest in unsere Denkprozesse eingepflanzt sind. Ein materialistischer Physiologe, der primäre und sekundäre Qualitäten unterscheidet, könnte nichts Bedenkliches in der Annahme finden, daß jedesmal wenn wir unsere Augen öffnen und sehen, wir „die Welt in Farben malen", vorausgesetzt, daß Licht vorhanden ist und daß wir nicht farbenblind sind oder mit anderen Worten daß materielle Objekte plötzlich in Farbe hervorschießen, wenn wir nach ihnen blicken. Wenn wir annehmen, daß es kein anderes Raum-Zeit-System als das perzeptuelle Raum-Zeit-System gibt, so erscheint es nicht länger absurd, daß die materiellen Objekte nur zum Dasein kommen, wenn sie wahrgenommen werden. Auch die Gedanken und Erinnerungen ebenso wie die Gefühle kommen ja zum Dasein und verschwinden wieder; ihr „sprunghaftes Leben" wird gewöhnlich zugegeben. Obwohl die Möbel im Zimmer — ausgenommen der Stuhl, auf dem ich sitze, oder der Tisch, den ich berühre — in Nichts reduziert werden hinsichtlich ihrer Eigenschaft als materielle Objekte, wenn ich meine Augen schließe, so bleiben doch geordnete Beziehungen hinsichtlich dieser verschwundenen Wahrnehmungen bestehen im Hinblick auf meine Bewußtseinsmannigfaltigkeit. In idealistischer Sicht liegen diese Beziehungen jedoch außerhalb des Bereiches des Raum-Zeit-Systems, sie können nicht qualifiziert werden und bleiben daher unbekannt. Umgekehrt, in dem besonderen aber fundamentalen Phänomen des Gewahrwerdens, das als Bewußtsein bezeichnet wird, werden geordnete Beziehungen einer unbekannten oder besser unerforschbaren Natur „physikalisch", d. h. gegenwärtig, lokalisiert und räumlich konfiguriert aufeinander folgen, ebenso wie sie farbig, hart oder weich, warm oder kalt und manchmal laut oder duftend werden.

Berkeley betont auch, daß wir entfernte Gegenstände nicht nur wahrnehmen, wenn wir wach sind, sondern auch in Träumen und daß sie dann denselben Anschein der Entfernung haben. Was diese Feststellung betrifft, so bringt *Craik* (1943) den Einwand, daß *Berkeley* seine Situation so auswählt, daß er das Ergebnis der Wahrheit oder Falschheit einer Wahrnehmung und der Beziehung zur Konsistenz vermeiden kann. Nach *Craik* läßt *Berkeley* „die Tatsache außer acht, daß die Träume einer Person in Wirklichkeit innerlich nicht für lange Zeit konsistent sind und selbst wenn dies eintreten sollte, sind sie nicht konsistent mit denen irgendeiner anderen Person, ausgenommen bei den seltensten Gelegenheiten".

Trotz meiner hohen Achtung für *Craiks* ausgezeichnete Abhandlungen glaube ich, daß in dieser Beziehung sein Argument für das Problem nicht bedeutungsvoll ist. Trotzdem ist es von besonderem Interesse, die Bewußtseinsphänomene in einem lebhaften Traume mit denen im Wachzustand zu vergleichen. Man sollte zunächst darauf hinweisen, daß von einem idealistischen Standpunkt aus die „äußere Welt" in solchen Träumen mit allen ihren Objekten genau aus demselben „Stoff" besteht, der die „physikalische Welt" im Wachzustand bildet, nämlich aus lokalisierten und räumlich konfigurierten Bewußtseinsmodalitäten. Umgekehrt ist der „Stoff der Welt" *(Bertrand Russell)* geistig im weiteren Sinne und bleibt identisch, ob ich träume oder ob ich wach bin. In beiden Beispielen bin ich bewußt in Übereinstimmung mit der Bewußtseinsdefinition, die als Basis dieser Abhandlung angenommen wird, d. h. „ich erfahre Gewahrwerden".

Unzweifelhaft bestehen jedoch wesentliche Unterschiede zwischen der Traumwelt und der Welt des Wachzustandes. Der wichtigste Unterschied der von *Bertrand Russell* betont wurde, betrifft den Umstand, daß „materielle Objekte" in einem Traum „private Daten" sind, während diejenigen im Wachzustand „öffentliche Daten" darstellen.

Weiterhin besteht wie *Craik* u. a. gezeigt haben, ein Mangel von Konsistenz und Kontinuität in der Beziehung von Traumereignissen zu Ereignissen der Wachperioden. „Physikalische Ereignisse" in einem Traum können darüber hinaus Beziehungen zeigen, die mit jenen in der Wacherfahrung nicht in Übereinstimmung zu bringen sind. So erscheint z. B in körperlichen Flugträumen das Gesetz der Schwerkraft verändert oder aufgehoben. Trotzdem stehen die Ereignisse in Träumen wahrscheinlich in geordneter Weise zu anderen Ereignissen im Wachzustand in Beziehung. Man kann sagen, daß Erinnerungen zu Wahrnehmungen aktiviert und sowohl zu neuen als zu alten Mustern kombiniert werden. Höchstwahrscheinlich spielt die Affektivität in diesen Prozessen eine wichtige, wenn auch nicht ausschließliche Rolle, und ist wohl hauptsächlich für die sog. „hyponoischen Mechanismen" von *Kretschmers* Terminologie verantwortlich, die in Traumereignissen sehr stark manifest sind und Prozesse umfassen, die man als imaginale Agglutination, asyntaktische Folge, Kondensation, Substitution und Symbolisation bezeichnet. Gedankenprozesse in Träumen werden gleichfalls verändert und nehmen einen ausgesprochen katathymen Aspekt an.

Trotz bedeutender Übertreibungen und häufiger Absurditäten kann die Deutung, die die Psychoanalytiker geben, als prinzipiell wertvoll angenommen werden, wenigstens für eine gewisse Kategorie von Träumen. Manifestationen der Affektivität, die an einer adäquaten Ausdrucksform gehindert sind, können aus dem Bewußtsein schwinden, aber die geordneten Beziehungen, die die emotionalen Prozesse einschließen, bleiben bestehen und können in Träumen wieder manifest werden, ebenso wie auch im Verhaltensmuster.

Derartige „Beziehungen" bilden die „unbewußten geistigen Aktivitäten" der psychoanalytischen Terminologie. Trotz der semantisch ungeeigneten Bezeichnung erscheint ein solcher Begriff durch die Beobachtung gut gestützt und von bedeutendem praktischen Wert. Man muß hier wiederum, wie *Kretschmer* zeigte, betonen, daß eine unbewußte psychische oder geistige Aktivität eine Contradictio in adjecto (unbewußtes Bewußtsein) ist. Was nicht bewußt ist, d. h. was in keiner Weise unmittelbar erfahren werden kann, darf nicht als psychisch oder geistig bezeichnet werden. In der materialistischen Terminologie darf man es als physikalischen Gehirnprozeß definieren oder in der idealistischen als eine Gruppe unbekannter Beziehungen.

Das Bewußtsein nimmt verschiedene Grade von Deutlichkeit oder Lebhaftigkeit an. *Kretschmer* nimmt hier seine Zuflucht zu einer Anpassung an Ausdrücke im Sehbereich. Er spricht von einem Brennpunkt des Bewußtseins mit ungenau bestimmten konzentrischen Zonen der Umgebung, in denen das Bewußtsein zunehmend weniger bestimmt wird und unmerklich ins Nichts, Unbewußte oder Außerbewußte schwindet. Für die Peripherie des Bewußtseins nimmt er in Modifizierung eines Konzeptes von *Schilder* den Ausdruck Sphäre an, auch als „Sphaira" übersetzt. Sphärische psychische Prozesse nehmen so die Randzonen des Bewußtseins ein und sind außerordentlich unbestimmt und dunkel. Viele der bedeutenden Faktoren im Bereiche der Psychoanalyse jedoch bleiben außerhalb dieser Sphaira im Bereich des Unbewußten.

Je nach dem Standpunkt, den man einnimmt, ist die Traumwelt der Tageswelt ähnlich und unähnlich. Was die Ähnlichkeiten betrifft, so sind sie beide Bewußtseinsphänomene, in denen eine geistige (in engerem Sinne) und eine physikalische Welt in einem perzeptuellen Raum-Zeit-System dargeboten werden; d. h. Traumwelt und Tageswachwelt bestehen beide aus demselben „Stoff". Beide bieten eine innewohnende Ordnung dar, die sich auf „Beziehungen" oder in der materialistischen Sicht auf physikalische (physiologische) Prozesse gründet.

Die ganze phänomenale Welt, die wir erfahren, im Wachen oder im Traum, stellt daher ein streng determiniertes, geordnetes Gaukelbild dar. In dieser Hinsicht und trotz der Mißbilligung durch *Bertrand Russell* können die Ansichten von *Leibnitz* und *Schopenhauer*, wenn auch mit einigen Modifikationen als plausibel betrachtet werden: Man könnte sagen, daß wir im täglichen wachen Leben alle träumen, aber daß die Träume, die wir alle haben, sich auf identische Ordnung gründen, wesentlich gleiche Struktur haben und zum großen Teil „öffentlich" sind:

> "We are such stuff
> As dreams are made of, and our little life
> Is rounded with a sleep."
>
> (Shakespeare, Tempest IV, 1)

Diese Zeilen sind möglicherweise übernommen aus *Pindars* Pythischer Ode (VIII, 95):

„ἐπάμεροι τί δέτις; τί δ᾽ οὔτις; σκιᾶς ὄναρ ἄνθρωπος“

Sophocles *Ajax* enthält ebenfalls einen vergleichbaren Satz, in dem, in einem der Eröffnungsdialoge mit Athena, Odysseus antwortet:

„῾Ορῶ γὰρ ἡμᾶς οὐδὲν ὄντας ἄλλο, πλὴν
Εἴδωλ᾽, ὅσοιπερ ζῶμεν, ἣν κούφην σκίαν“

In *Fitzgeralds* Wiedergabe von *Omar*, dem Zeltmacher, wird dieses Gefühl in dem Vierzeiler ausgedrückt:

"For in and out, above, about, below,
'Tis nothing but a Magic Shadow-show,
Play'd in a Box whose Candle is the Sun,
Round which Phantom Figures come and go."

(XLVI, 1859)

In der Diamant-Sûtra (chinesisch-japanisch: Kongô-kyô, chinesisch: Ching-kang-ching oder kin-kong-king) des Mahâyâna-Buddhismus findet man sehr ähnliche Feststellungen. Diese Schrift ist eine der Schlüsselabhandlungen der Prajñâ Pâramitâ-Reihe[10a]. Der vorhandene Sanskrit-Text der Diamant-Sûtra, Vajra-Cchedika (der Diamantenschneider), erscheint weniger vollständig als die klassische chinesische Übersetzung durch Kumârajîva ungefähr um 400 v. Chr. Die folgenden 3 Sätze seien zitiert:

„Jede Form oder Qualität der Phänomene ist vorübergehend und täuschend. Wenn der Geist begreift, daß die Lebensphänomene nicht wirklich sind, dann kann die Tathâgata klar erkannt werden.“

„So kannst Du von einer unmeßbaren, unzählbaren und unbegrenzten Welt des fühlenden Lebens befreit werden; aber in Wirklichkeit gibt es keine Welt des fühlenden Lebens, aus der Du Befreiung suchst. Und warum? Weil in den Seelen der erleuchteten Schüler solche willkürlichen Begriffe von Erscheinungen wie eine Einheit, ein Wesen, ein lebendes Wesen oder ein Selbst aufgehört haben zu existieren.“

„In welcher Seelenhaltung sollte es anderen fleißig erklärt werden? Nicht in der Annahme der Dauer oder Wirklichkeit der Erscheinungen.

[10a] Prajñâ (Pradschna) Pâramitâ bedeutet die Haupttugend (Pâramitâ) der tiefen Einsicht (Prajñâ, pradschna; deutsch: „Erkenntnis“, „Einsicht“).

Und Warum? Weil die Erscheinungen des Lebens mit einem Traum, einem Phantasma, einer Schaumblase, einem Schatten, dem glitzernden Tau, einem Lichtblitz und einer Wolke verglichen werden können. So sollten wir die Welt betrachten." Diese verschiedenen Zitate bringen selbstverständlich im wesentlichen eine emotionale Haltung gegenüber den Ereignissen zum Ausdruck und können als bloße Behauptungen betrachtet werden. Jedoch glaube ich, daß solche Behauptungen mit einer Analyse der Tatsachen übereinstimmen. Was die wesentlichen Feststellungen der buddhistischen Philosophie betrifft, so kann man sagen, daß diese Ansichten auf einer logischen Analyse gegründet sind, die mit den moderneren Ansichten von *Hume* und den zeitgenössischen Gedanken von *Mach* in voller Übereinstimmung steht.

Der Idealismus kann als eine logische Interpretation der phänomenalen Welt angesehen werden, wie sie für ein fühlendes Wesen wie den Menschen aktuell existiert. Anders als der Materialismus, der sich auf das Konzept eines Substrates stützt, das nur durch eine Schlußfolgerung angenommen wird, ruht der Idealismus auf dem sichersten und in Wirklichkeit einzigen unmittelbaren Wissen, d. h. auf der bewußten Erfahrung: Alle Phänomene stellen Modalitäten des Bewußtseins dar.

Verschiedene Haltungen und Methoden sind erforderlich, um in der Gedankensymbolisierung ein Modell der Erscheinungswelt auf dieser Grundlage zu konstruieren: ein Priorismus, der, wie ich glaube, weniger bedeutsam ist als oft angenommen, Skeptizismus in vernünftigen Grenzen und deskriptive, relative und kausale Theorien. Das Muster, in das schließlich diese verschiedenen Haltungen zusammengemischt werden können, muß mit Notwendigkeit eine Frage individueller Entscheidung sein.

Eine Diskussion der Bedeutung des Idealismus (wieder in seiner erkenntniskritischen Form) zu einer Annäherung an die Probleme der (axiologischen) Werte, besonders der Ethik und Ästhetik bleibt bewußt außerhalb des Zweckes dieser Abhandlung. Sie befaßt sich mit dem Idealismus nur insofern, als diese Ansicht zu dem Problem von Hirn und Bewußtsein Beziehungen hat.

In dieser Hinsicht hat der Idealismus sowohl einen Vorteil wie einen Nachteil. Der Vorteil ist nach meiner Meinung die Einsicht, die diese Annäherung in das Problem des Bewußtseins vermittelt, und die Überzeugung, daß das Bewußtsein nicht als Kausalwirkung materieller Prozesse begriffen werden kann.

Beschäftigen wir uns mit der phänomenalen Welt, so sind wir trotzdem geordneten Ereignissen gegenübergestellt, die wir als materiell bezeichnen und in die wir das Nervensystem und seine Funktionen einschließen. Es kann wenig Zweifel darüber bestehen, daß die (vorübergehende) Existenz eines Bewußtseinszustandes von den Gehirntätigkeiten abhängt. Wenn wir die Struktur und die Funktionen dieses Organes studieren, ist die Terminologie des Idealismus wenig geeignet und die Symbolismen der Physik erscheinen angemessen. Für das Verständnis der Morphologie, der Anatomie, Physiologie und Pathologie des Nervensystems wird die Fiktion oder wenn wir es vorziehen, das Arbeitskonzept einer physikalischen Welt mit einer Raum-Zeit-Struktur, wie sie in mathematischen Ausdrücken begriffen werden kann, und in der physikalische Ereignisse stattfinden, ein notwendiges praktisches Postulat.

Es läßt sich ein Versuch machen, mittels eines postulierten psychophysischen Parallelismus die idealistische und die materialistische Annäherung zu kombinieren. Dies wird im letzten Abschnitt meiner Untersuchung diskutiert werden. Es bleibt jedoch noch eine wesentliche Frage im Hinblick auf den Zweck dieser Arbeit übrig. Wenn man zugibt, daß konfigurierte Ereignisse in einer Raum-Zeit-Struktur, d. h. Materie, nicht unabhängig von Bewußtsein existieren, was dauert dann an, wenn es kein Bewußtsein gibt? Mit anderen Worten, was ist die Natur der Wirklichkeit? Sie kann nicht „geistig" sein, da ja Bewußtsein ein flüchtiges und vorübergehendes Phänomen ist. Realität, wie sie *Bertrand Russell* (1952) definiert hat, hat augenscheinlich wenigstens zwei Bedeutungen: „Ein Ding ist wirklich, wenn es auch zu Zeiten persistiert, zu denen es nicht wahrgenommen wird; oder andererseits: ein Ding ist wirklich, wenn es mit anderen Dingen in einer Weise in Verbindung steht, die wir erfahrungsgemäß erwarten." Die obengenannte Frage betrifft natürlich die erste der beiden Definitionen von Wirklichkeit, die wie vielleicht erwähnenswert ist, schon durch *Schopenhauer* in seiner „Skitze (sic) einer Geschichte vom Idealen und Realen" (1851) gegeben wird.

Transzendentaler Neutralismus

Da Bewußtsein in einer geordneten Kontinuität entsteht, schwindet und wiederentsteht, muß ein unabhängiges x außerhalb von Bewußtsein zugestanden werden, das die Realität entsprechend der im vorigen Abschnitt angenommenen Definition darstellt. Das Denken operiert mit Abstraktionen, die in Worte eingehüllt und der Ordnung von Grammatik und Logik unterworfen sind. *George Boole* zeigte in seinen Abhandlungen über die mathematische Analyse der Logik (1847) und über die Gesetze des Denkens (1854), daß die Mathematik auf die Logik zurückgeführt werden kann. *Bertrand Russell* und *Whitehead, Hilbert, Peano, Frege, Zermelo* u. a. haben diese Ableitung der Mathematik erfolgreich ausgearbeitet. Worte sind Bewußtseinsmodalitäten mnestischer Natur, die andere Bewußtseinsmodalitäten symbolisieren: Sensationen, Muster, Gefühle und Gewahrwerden von Verwandtschaft. Um Bedeutung, d. h. symbolische Äquivalenz zu besitzen, müssen Worte letzten Endes eine Beziehung zu unmittelbarer Erfahrung, d. h. zu Bewußtsein haben. Die Worte sind daher trotz ihrer vielen Unzulänglichkeiten bedeutungsvoll und führen weiter als die hochabstrakten Bezeichnungen der symbolischen Logik, obwohl der große Wert der letzteren Prozedur, besonders in der Analyse der Formalaspekte, der Denkprozesse, kaum geleugnet werden kann. Was immer jenseits von Bewußtsein bestehen mag, muß daher als unausdrückbar, undefinierbar und unwißbar betrachtet werden. Selbst das Wort „besteht" wird bedeutungslos, da Realität jenseits des Bereiches der raum-zeitlichen Beziehungen nicht in irgendeinem zeitlichen Ausdruck wie etwa „Dauer" begriffen werden kann. Viele Philosophen haben trotzdem diese „Realität" als verständlich, d. h. als nur durch den Intellekt erfaßbar, oder als rein konzeptuell betrachtet. Was in diesem Sinne als verständlich übrigbleibt, wenn wir Bewußtsein ausschließen, ist höchstens nur eine Abstraktion von Beziehungen, die als „Gesetze" oder „Normen" (Dharma in der Terminologie des Sanskrit) ausgedrückt werden können. Aus der Prajñâ Pâramitâ Sûtra des Mahâyâna Buddhismus seien die folgenden Zeilen zitiert: „Der Herr Buddha wandte sich an Subhûti und sagte: ‚Was denkst Du, Subhûti, kann die Tathâgata mittels irgendwelcher physikalischer Erscheinungen wahrgenommen werden?' Subhûti antwortet: ‚Keineswegs O Bhagavat! Die Tathâgata kann nicht mit irgendwelchen physikalischen Erscheinungen wahrgenommen werden. Und warum? Weil das, worauf sich die Tathâgata als physikalische Erscheinungen bezieht, in Wirklichkeit nicht physikalische Erscheinungen sind. Physikalische Erscheinungen sind nur eine Sprachfigur.'"

„Der Herr Buddha wandte sich an Subhûti und sagte: ‚Behaupte nicht, daß die Tathâgata bei sich selbst denkt: Ich müßte ein System von Gesetz oder von Lehre verkünden, und hege nicht einen solchen irrtümlichen Gedanken! Und warum? Weil ein Schüler, der so denkt, sich als offensichtlich unfähig zeigen würde, den Sinn meiner Unterweisung zu verstehen. Subhûti, wenn man die Verkündigung eines Systems von Gesetzen oder einer Lehre betrachtet, so gibt es in Wirklichkeit kein System von

Gesetzen oder einer Lehre zu verkünden, ein System von Gesetzen oder Lehre ist in Wahrheit nur eine Sprachfigur.'"

Für den Materialisten ist das Problem einfach; nach altmodischer Ansicht besteht die Wirklichkeit aus Atomen, die als kleine körperliche Einheiten begriffen werden, welche im absoluten Raum und in der absoluten Zeit nach physikalischen und chemischen Gesetzen wirken. Die heutigen Materialisten nehmen stattdessen „Ereignisse" an, die entweder statistisch oder kausal „determiniert" werden innerhalb einer physikalischen Raum-Zeit-Struktur, die Nicht-Euklidisch sein könnte.

Für den Idealisten ist das oben aufgezeigte Problem sehr schwierig und praktisch unlösbar. *Berkeley* formuliert es folgendermaßen: „Wir nehmen eine kontinuierliche Folge von Gedanken wahr, von denen einige von neuem erregt werden, andere verändert oder auch völlig verschwinden. Daher gibt es irgendeine Ursache dieser Gedanken, von der sie abhängen, und die sie hervorbringt und verändert. Daß diese Ursache nicht irgendeine Qualität von Gedanke oder eine Kombination von Gedanken sein kann, ist aus dem vorhergehenden Abschnitt klar. Sie muß daher eine Substanz sein; aber es ist gezeigt worden, daß es keine körperliche oder materielle Substanz gibt: (Daher bleibt nicht anderes übrig, als daß die Ursache der Gedanken eine nicht stoffliche aktive Substanz oder ein Geist ist)." (Principles, XXVI).

„(Jedoch welche Macht ich auch immer über meine eigenen Gedanken haben mag, ich stelle fest, daß die Gedanken, die ich wirklich mit meinen Sinnen wahrnehme, nicht eine gleiche Abhängigkeit von meinem Willen haben.) Wenn ich bei hellem Tageslicht meine Augen öffne, so steht es nicht in meiner Macht zu wählen, ob ich sehen werde oder nicht oder zu bestimmen, welche besonderen Objekte sich meiner Ansicht darbieten werden; und so ist es auch mit dem Hören und den anderen Sinnen, die Gedanken, die auf sie geprägt werden, sind nicht Schöpfungen meines Willens. (Es gibt daher einen anderen Willen oder einen Geist, der sie hervorbringt.)" (Ibid., XXIX.)

Wenn auch der Kern dieser Feststellungen annehmbar ist, so müssen gegen die Terminologie doch einige Einwände erhoben werden.

Da für die Zwecke dieser Abhandlung und im Anschluß an *Schopenhauer* eine engere Definition der Kausalität angenommen wurde, kann man nicht sagen, daß Gedanken, d. h. Bewußtseinsmodalitäten, „kausal" mit einer angenommenen Wirklichkeit verbunden sind, die außerhalb von Bewußtsein existiert. Darüber hinaus müssen die Ausdrücke „Substanz",

„Geist“ und bis zu einem gewissen Grade auch „Willen“ abgelehnt werden, weil sie wegen ihrer verschiedenen Bedeutungen und Nebenbedeutungen zu hochgradiger Unbestimmtheit und Zweideutigkeit führen.

Die wohlbekannte theologische Deutung, die von dem Bischof *Berkeley* vorgetragen wird, ist teilweise in der schlecht definierten Bedeutung dieser Ausdrücke durch eine μετάβασις εἰς ἄλλο γένος begründet und stellt zusätzlich eine wertlose Extrapolation dar, nämlich: Da wahrnehmbare Dinge wirklich existieren, werden sie notwendigerweise von einem unendlichen Geist wahrgenommen (so nach dem zweiten Dialog zwischen *Hylas* und *Philonous*). Es ist festzuhalten, daß „Realität“ hier der zweiten Definition des Ausdruckes „wirklich“ entspricht, wie sie oben gegeben wurde. Das Argument entbehrt der zwingenden Kraft, insoweit der Begriff eines unendlichen Geistes in sich selbst widersprüchlich erscheint. Wir können Geist im weiteren Sinne nur als identisch mit Bewußtsein verstehen und Geist im engeren Sinne als eine Untergruppe (Gedanken usw.) von Bewußtseinsmodalitäten. Auf der Basis dessen, was wir wissen oder erschließen können, ist Geist daher strenggenommen eine sehr beschränkte animalische Funktion, die durch eine perzeptuelle Raum-Zeit-Struktur gekennzeichnet ist und von gewissen vorübergehenden Beziehungen abhängt, die sich im Raum-Zeit-System erhalten und sich als ein organischer Körper mit einem Nervensystem manifestieren. Diese beschränkte animalische Funktion kann kaum als Eigentümlichkeit der geforderten unendlichen Substanz angenommen werden. *Berkeleys* Schlußfolgerung sollte daher besser so formuliert werden: Es wird festgestellt, daß Gedanken (Bewußtseinsmodalitäten) entstehen, in einer konstanten und geordneten Weise aufeinander folgen und daher zu einer unbekannten Ordnung in Beziehung stehen.

Kant analysierte die Funktionen der Vernunft, die nach seiner Ansicht darin bestehen, die Sinnesdaten zueinander in Beziehung zu bringen oder zu synthetisieren. Er bemühte sich zu definieren, mit welchem Rechte und innerhalb welcher Grenzen die Vernunft solche Daten deuten kann. Raum und Zeit werden als Formen der Sinneswahrnehmung aufgezeigt. Unsere Denkprozesse folgen gewissen Prinzipien, die *Kant* als Kategorien bezeichnete und als solche der Quantität, der Qualität, der Relation und der Modalität klassifizierte. Die formalen Prinzipien werden als transzendental betrachtet, d. h. als zur notwendigen Bedingung menschlicher Erfahrung gehörig, wie sie durch die Konstitution der Seele selbst bestimmt wird. Sie übersteigen das, was durch die kontingente Besonderheit der Erfahrung bestimmt wird, aber nicht das ganze menschliche Wissen überhaupt. Innerhalb des Bereiches des theoretischen Wissens können wir nicht die Dinge an sich selbst wissen, sondern nur die Erscheinungen.

Kants Analyse ist von großem und bleibendem grundsätzlichen Wert; trotzdem leidet sie an außerordentlicher Starrheit und Dunkelheit, die oft zur Zweideutigkeit führt. Die Trennung des Formalaspektes der Erfahrung von der aktuellen Erfahrung bleibt bis zu einem gewissen Ausmaß künstlich und ist den Täuschungsmöglichkeiten aller Abstraktionen unterworfen. Eine Priorität der transzendentalen Formalelemente wird, wie ich glaube, von *Kant* und einigen seiner Nachfolger überbewertet; diese ungebührliche Betonung führt zu Scheinproblemen und täuschenden Widersprüchen. Dazu hat das starre Konzept der Zeit als der einzigen Form des „inneren Sinnes" zu der weitverbreiteten dogmatischen Behauptung Veranlassung gegeben, daß das Denken keinen Platz im Raum habe. Dagegen erhalte ich die Behauptung aufrecht, daß sogar der Geist im strengen Sinne im perzeptuellen Raum-Zeit-System lokalisiert ist; ich gebe zu, daß er nur ungenau lokalisiert ist und keine räumliche Konfiguration besitzt. Es gibt natürlich auch zusätzliche Definitionen von Geist, die ich in meiner Diskussion nicht berücksichtige, weil ich diese Begriffe als bedeutungslos ansehe: zum Beispiel Geist als ein wesentliches Selbst oder als das Subjekt, das wahrnimmt[11], in Unterscheidung zum

[11] Man hat behauptet, daß „wenn jemand wahrnimmt, er auch etwas wahrnimmt und daß das, was einer wahrnimmt, nicht dasselbe sein kann wie die Wahrnehmung davon". Diese Argumentation führt zu den Begriffen von Subjekt und Objekt, wie sie *Schopenhauer* u. a. forderten. Man wird jedoch fragen, wer ist der „Jemand" oder wie man es auch ausdrücken könnte, was ist das Subjekt, das Ich oder das Selbst? In einem perzeptuellen Raum-Zeit-System gibt es eine gegebene Wahrnehmung und diese Wahrnehmung ist natürlich mit sich selbst identisch, d. h. die Wahrnehmung ist die Wahrnehmung. Mit anderen Worten, ich bin (oder „jemand ist") ein perzeptuelles Raum-Zeit-System, ein Teil dieses Systems ist die gegebene Wahrnehmung. Noch mit anderen Worten: Wenn ich einen Baum sehe, so ist der gesehene Baum ein Teil von mir oder ich bin jener Baum, solange wie der Baum meine Wahrnehmung ist oder ein Teil meines perzeptuellen Raum-Zeit-Systems ist, gerade so (wie vorübergehend) eine Emotion oder ein Gedanke ein Teil von mir ist, d. h. „mein" Gedanke oder „meine" Emotion. Anstatt zu sagen „esse est percipi", kann die Formulierung auch umgekehrt werden, zu „percipi est esse". Es sollte betont werden, daß percipi eher dasselbe ist wie „eine Wahrnehmung sein", als dasselbe wie „wahrgenommen werden". Dies ist, wie ich glaube, die am besten geeignete Formulierung des gleichwertigen Ausspruchs: „Existenz und Beobachtbarkeit sind koextensiv" und „die Bedeutung einer Annahme ist das Mittel ihrer Verifikation". Wenn wir zu dem letzten gegebenen Phänomen, zum „Urphänomen"

Objekt; darüber hinaus Geist als metaphysische Substanz, die alle individuellen Geister (Bewußtseinsmannigfaltigkeiten) durchdringt und im Gegensatz zu Materie oder materieller Substanz steht. Es gibt schließlich noch eine andere außerordentlich unbestimmte Definition von Geist, die sich auf die Hirnaktivitäten bezieht und die komplizierten Formen des Verhaltens vorbereitet, einleitet und kontrolliert, die „wir nicht in Ausdrücken von Reflexen oder Automatismen" erklären können (*Fessard*, 1954). Diese doppelbödige Definition verwischt die klare Unterscheidung zwischen materiellen Prozessen im physikalischen Raum-Zeit-System und Bewußtseinsprozessen im perzeptuellen Raum-Zeit-System. Die Folgerung dieser Definition wird weiter unten in der Diskussion über die bewußte und die unbewußte Cerebration behandelt werden.

Das perzeptuelle Raum-Zeit-System ist die gegebene Form der Erfahrung und hat keine leere Existenz außerhalb einer aktuellen besonderen Erfahrung. Im Hinblick auf die Erfahrung ist es daher weder a priori noch a posteriori. Der abstrakte Begriff des leeren Raumes und der leeren Zeit ist nur eine mnestische Bewußtseinsmodalität, die sich auf die erfahrenen raum-zeitlichen Beziehungen bezieht und ist in Wirklichkeit a posteriori.

Unsere Gedankenprozesse finden in Übereinstimmung mit einer gewissen Ordnung statt, welche das Prinzip des zureichenden Grundes einschließt und darüber hinaus kann man verstehen, daß alle Bewußtseinsmodalitäten in konstanter und geordneter Weise ablaufen. Ein Kind wird jedoch kaum imstande sein, geometrische oder logische Regeln zu formulieren, obwohl es dies später potentiell tun kann, wenn es die Erfahrung und den nötigen Grad von Reife im Laufe der Zeit erreicht hat. Andererseits wird eine *Wistar*-Ratte vermutlich niemals imstande sein, solche Denkoperationen durchzuführen, obwohl sie gelehrt werden kann, ein Labyrinth zu durchlaufen oder ein Dreieck zu erkennen und eine Pflanze mag vielleicht überhaupt kein Bewußtsein erfahren. In dieser Beziehung scheint die folgende Feststellung von *Sherrington* (1950) angemessen: „Ich bin der Ansicht, daß der größte Teil des Lebens seelenlos ist."

---

des Bewußtseins kommen, dann und nur dann werden der Beobachter und das Beobachtete eins, nämlich die individuelle Bewußtseinsmannigfaltigkeit oder das perzeptuelle Raum-Zeit-System. Natürlich gibt es keine Beobachtung ohne Beobachter, keine Schlußfolgerung ohne einen Schließer und keine Wahrnehmung ohne einen Wahrnehmenden. Jedoch sind Beobachtung, Schlußfolgerung und Wahrnehmung eben nur Modalitäten einer Bewußtseinsmannigfaltigkeit.

Es erscheint daher gerechtfertigt, gewisse wesentliche Voraussetzungen anzunehmen, mittels derer die Möglichkeit spezifischer aktueller Bewußtseinserfahrungen realisierbar ist und die in *Kants* Deutung den Kern seines a-priori-Konzeptes darstellen. In der materialistischen Terminologie können solche Voraussetzungen in Ausdrücken der Nervenstruktur und der nervösen Funktionen verstanden werden; einige Aspekte dieser Strukturen und Funktionen können sogar in Ausdrücken der Kreisalgebra interpretiert werden, ebenso wie diese Algebra auf die elektronischen Computer angewendet wird.

Wenn man *Kants* Ausführungen mit denen von *Berkeley* zusammenfassend vergleicht, so glaube ich, daß die Analyse der Materie von *Berkeley* derjenigen von *Kant* überlegen ist und ich stimme in dieser Beziehung mit *Mach* (1922, S. 299) überein. Jedoch ist *Kants* Lehre weit beweglicher, universeller und umfassender als *Berkeleys* philosophisches System. Während die Deutung der Realität durch den letztgenannten Autor stark durch offensichtlich hyponoische Faktoren beeinflußt und unbefriedigend ist, kann *Kants* Deutung als nüchtern angesehen werden unter der Voraussetzung, daß die Bezeichnung „Ding an sich" nicht als irgend etwas konstruiert worden ist, das Attribute des Bewußtseins (Seele), der Materie oder der Besonderheit hat. Im Hinblick auf einige Bedeutungen und Nebenbedeutungen der Bezeichnung „Ding" erscheint *Kants* Ausdruck für das, was als unabhängige Realität abseits vom Bewußtsein übrig bleibt, nicht besonderns glücklich gewählt.

Schopenhauer hat eine bemerkenswerte Lösung des Problemes der Realität vorgeschlagen, indem er fordert, daß *Kants* „Ding an sich" der Wille sei. In *Schopenhauers* Konzept einer individuellen Seele oder eines Selbst stellt der Körper das unmittelbare Objekt für das wahrnehmende Subjekt dar. Das wahrnehmende Selbst auf der anderen Seite wird als unmittelbar mit der Realität verbunden betrachtet. In den willkürlichen Bewegungen des Körpers haben wir so ein unmittelbares Gewahrwerden oder eine Einsicht in die Natur der Handlung: die Aktivität des Körpers ist ein objektivierter Akt des Willens. Daher wird *Kants* „Ding an sich" als Wille gedeutet, der von *Schopenhauer* als „blind" verstanden wird, d. h. als unbewußt. Der Wille erreicht Bewußtsein nur mittels eines Gehirnphänomens.

Es ist von Interesse festzustellen, daß *R. W. Sperry* (1952), ein Neurobiologe, kürzlich die Bedeutung der motorischen Muster für ein Verständnis der geistigen Prozesse betont hat. Dieser Autor stellt fest, daß „eine Analyse unseres geläufigen Denkens zeigt, daß es dazu neigt, an

Mangel an Einsicht in die geistigen Aktivitäten in ihrer eigentlichen Beziehung oder sogar in irgendeiner Beziehung zur motorischen Reaktion zu leiden. Das Heilmittel dagegen liegt im besseren Einblick in die verwandtschaftliche Beziehung zwischen den sensorisch-associativen Funktionen des Gehirns einerseits und der motorischen Aktivität andererseits". Die von *Sperry* angeregte Annäherung entspricht im wesentlichen der *Schopenhauer*schen, obwohl sie, unterschiedlich formuliert und auf verschiedenen Voraussetzungen begründet, auch zu unterschiedlichen Folgerungen führt. Folgt man *Schopenhauers* Überlegung, so kann man weitergehen und feststellen, daß, wenn wir universelle Prinzipien suchen, wir vermutlich nicht Bewußtsein fordern werden, sondern zwei letzte Abstraktionen, nämlich Ordnung und Aktion finden.

In der hypothetischen physikalischen Welt kann Aktion als „Größen von Bewegung" begriffen werden, die mit der Dimension der Energie verbunden sind ($g \cdot cm^2 \cdot sec^{-2}$) die ihrerseits wieder gleichgesetzt werden kann mit „Materie" oder „Masse" ($E = Mc^2$)[12].

In der Erscheinungswelt des Bewußtseins stellt alles Bewußtseinsaktivität dar. Diese, als Aktion und von allen anderen Qualitäten und Beziehungen entblößt, kann vielleicht am besten als „Wille" im Sinne von *Schopenhauers* Versuch einer Deutung verstanden werden. Wenn man dies einräumt, dann kann Wille oder Aktion mit Energie gleichgesetzt werden, die ihrerseits mit Materie gleichzusetzen ist. *Einsteins* Gleichung $E = Mc^2$ würde daher eine Bestätigung der *Schopenhauer*schen These darstellen.

Jedoch können einige Einwände gegen *Schopenhauers* Lösung aufrechterhalten werden. Die Unterteilung der Bewußtseinsmannigfaltigkeit in ein nicht wahrgenommenes und gleichzeitig wahrnehmendes Subjekt und ein wahrgenommenes Objekt ist von zweifelhaftem Wert und wie ich glaube unhaltbar; jedoch ist hinsichtlich der hier behandelten Probleme diese Frage vielleicht nicht von Bedeutung.

Darüber hinaus aber kann der Begriff des „Willens" abgelehnt werden. Man kann den Willen als einen dynamischen Aspekt der Bewußtseinsaktivitäten betrachten, er wird aber auch als Wunsch, Zweck, Absicht und

---

[12] Diese Gleichung kann natürlich auch als $E = M$ ausgedrückt werden, wenn c als Einheitswert genommen wird. Letztere Formulierung schließt interessante Folgerungen ein, wie z. B. excessiv kleine natürliche Einheiten von Länge und Zeit, von einer Größenordnung, die zu den Kleinstphänomenen im Atombereich gehört (vgl. *Bachem, A.*, Brain Astigmatism, Amer. Scient *40*; 497, 1952).

Wahl oder Entscheidung definiert. Der Wille als ein Faktor oder eine Komponente von mehr oder weniger komplexen Bewußtseinsaktivitäten kann nicht als ein abgetrenntes, individuelles Phänomen erfahren werden. *Bertrand Russell* (1952) betont diesen Punkt und kommt zu der Folgerung, daß als getrenntes Ereignis oder als Möglichkeit der Begriff des Willens eine Täuschung ist, die dieser Autor als einen „metaphysischen Aberglauben" ablehnt. Ich bin nicht geneigt, *Russell* so weit zu folgen und glaube, daß „Wille" als eine wichtige Abstraktion angesehen werden darf, die einen gesicherten Aspekt von Bewußtseinsphänomenen bezeichnet, unabhängig davon, ob *Schopenhauers* Deutung als annehmbar beurteilt wird oder nicht.

Meine eigenen Befürchtungen über diese Deutung betreffen die folgenden Punkte: Selbst wenn man zugibt, daß Wille (Aktion) in seiner elementarsten oder relativ reinsten Form in der willkürlichen motorischen Aktivität erfahren wird — und dies unterliegt dem Zweifel —, so bleibt er noch immer ein Bewußtseinsphänomen mit perzeptuellen Raum-Zeit-Eigenschaften. Wenn Wille als Abstraktion aufgefaßt wird, behält er eine sehr entschiedene zeitliche Komponente. Schließlich, wenn der Wille als Abstraktion von Realität postuliert wird, so berücksichtigt dieser Begriff nicht das letzte Ordnungsprinzip. *Schopenhauers* Deutung bezieht sich, glaube ich, eher auf den zeitlichen Aspekt eines allgemein gültigen Prinzipes geordneter Aktion in der phänomenalen Welt, das vielleicht dem Energiebegriff der Physik entspricht. Um jedoch wiederum *Bertrand Russell* zu zitieren: „Keine unserer Meinungen ist ganz wahr; alle haben wenigstens einen Schatten von Unsicherheit und Irrtum."

Wenn man annimt, daß die Realität transzendental, jedoch einsehbar ist — was keineswegs sicher ist — so will ich nun meinen eigenen Standpunkt zusammenfassen.

Realität kann weder als geistig (im weiteren Sinne) noch als materiell verstanden werden und ist frei oder jenseits von raum-zeitlichen Beziehungen. Der transzendentale Neutralismus kann dann folgendermaßen formuliert werden:

Es gibt eine Ordnung x derart, daß Bewußtseinsmodalitäten, die durch perzeptuelle Raum-Zeit-Beziehungen gekennzeichnet sind, in einer geordneten Weise und innerhalb einer großen Zahl diskreter Bewußtseinsmannigfaltigkeiten manifestiert werden, die Gestalteigenschaften im Hinblick auf die sie zusammensetzenden Modalitäten zeigen. Mit anderen Worten: Ereignisse werden kompresent und successiv mittels des Phänomens lokalisiert, das als Bewußtsein bekannt ist. Jede Bewußtseinsmannigfaltigkeit wird als ein individuelles Raum-Zeit-System durch eine eigene Gruppe privater Raum-Zeit-Dimensionen gekennzeichnet.

Diese Ordnung x schließt eine Norm x' in der Weise ein, daß in einer Bewußtseinsmannigfaltigkeit M gewisse Muster von Modalitäten a, b, c, usw. konfigurierte perzeptuelle Raum-Zeit-Beziehungen haben, die in Ausdrücken der Physik definiert werden können; die Schlußfolgerung erscheint wertvoll, daß diese Beziehungen mit Modalitäten a', b', c' usw., und a'', b'', c'' usw. in einer Reihe anderer, aber ähnlicher Bewußtseinsmannigfaltigkeiten M', M'' usw. mit M und miteinander innerhalb des Bereiches der geforderten Norm in Verbindung stehen.

Man kann auch sagen, daß es in dieser Hinsicht eine Norm x' gibt in der Weise, daß ein transponierbares Muster a, b, c, ... als „öffentliches" Datum innerhalb einer Gruppe verschiedener privater perzeptueller Raum-Zeit-Systeme erscheint, die den Bereich jener Norm betreffen.

Umgekehrt können wir feststellen, daß öffentliche Daten, die die Gruppe a, b, c, ... und viele andere Gruppen umfassen, mit den privaten perzeptuellen Raum-Zeit-Systemen (oder Bewußtseinsmannigfaltigkeiten) M, M', M'', ... usw. in Verbindung stehen.

Der Ausdruck „öffentliches Datum" wie er im vorhergehenden definiert wurde, hat zwei Bedeutungen: 1. als eine indirekte teilhabende Bewußtseinsmodalität, und 2. in mehr abstraktem Sinne als die unbekannten Beziehungen zwischen solchen teilhabenden Modalitäten. Darüber hinaus sollte betont werden, daß öffentliche Daten nicht ausschließlich konfigurierte Bewußtseinsmodalitäten betreffen, die in Ausdrücken der Physik definiert werden, sondern auch andere Modalitäten einschließen können.

Schließlich zeigen alle Bewußtseinsmodalitäten innerhalb eines gegebenen privaten perzeptuellen Raum-Zeit-Systems geordnete Beziehungen im Hinblick auf die räumlich konfigurierten öffentlichen Daten, die als ein korreliertes Nervensystem manifestiert werden. Insofern als diese räumlich konfigurierten Bewußtseinsmodalitäten, die ein Nervensystem darstellen, in Ausdrücken der Physik definierbar sind, können alle Bewußtseinsmodalitäten, welche auch immer, im Hinblick auf ihre Beziehungen zum Nervensystem in Ausdrücken der Physik (Physik im weiteren Sinne, d. h. als physiologische oder physiko-chemische nervöse Ereignisse oder in entsprechenden Ausdrücken der Kreisalgebra) definiert werden.

IV. Postulierter psychophysischer Parallelismus

Definition der Probleme

Ich werde versuchen, das Problem der Beziehung zwischen Gehirn und Bewußtsein sowohl von einem wissenschaftlichen wie praktischen Standpunkt des Arztes aus zu deuten.

Dementsprechend bin ich verpflichtet, das Gehirn in Ausdrücken der Neuroanatomie, Neurophysiologie, Neuropathologie und der klinischen Neurologie zu betrachten, d. h. als ein materielles Objekt mit komplexen, jedoch wiederum materiellen Funktionen. Die Ordnung, die diese Funktionen zeigen, erscheint streng kausal: Man darf annehmen „daß es hochgradig unwahrscheinlich ist, daß wir die regelmäßigen Folgeabläufe, die wir erfahren, auch erfahren würden, wenn nicht mögliche Erscheinungsfolgen kontinuierlich durch vorhergehende eingeschränkt würden, und, daß diese Einschränkungen der Erforschung nur in Ausdrücken von Raum und persistierenden Objekten zugänglich sind". (*Craik*, 1943).

In den Bezeichnungen der Psychophysiologie, der klinischen Neurologie und der Psychiatrie bin ich jedoch auch dem Phänomen des Bewußtseins gegenübergestellt, das mit materiellen Prozessen verbunden ist. Diese Verbindung kann nicht als kausal, d. h. als eine Umformung materieller Prozesse in Bewußtsein oder mit andern Worten als Wechselwirkung begriffen werden; sie kann besser in mathematischer Terminologie mit einer funktionellen Beziehung verglichen werden.

Andererseits kann vom Standpunkt der Erkenntniskritik aus das Bewußtsein als einzige unmittelbare Erfahrung und Wissensgrundlage dargetan werden, wohingegen die Materie mit ihrem implizierten physikalischen Raum-Zeit-System als Fiktion betrachtet werden muß. Jedoch wird die Materie alsbald als persistent begriffen, während das Bewußtsein ein vorübergehendes und fließendes Phänomen ist.

Der allgemeine Menschenverstand im täglichen Leben, der sich um diese erkenntniskritischen Probleme nicht kümmert, nimmt die naive Vorstellung einer objektiven materiellen Welt an. Für wissenschaftliche Zwecke ist die Fiktion einer abstrakten physikalischen Welt mit einer Raum-Zeit-Struktur, die in mathematischen Ausdrücken gefaßt wird, offensichtlich ein notwendiges praktisches Postulat. Sie stellt eine Arbeitshypothese dar, die wertvolle Schlüssel für die Erklärung und Kontrolle der Ereignisse liefert.

Unter dem Titel „Die Natur der Erklärung“ hat *K. J. W. Craik* (1943) eine kleine aber glänzende Abhandlung veröffentlicht, in der er seine These folgendermaßen zusammenfaßt: „Die Annahme der Existenz einer äußeren Welt habe ich als eine symbolische Gedankentheorie aufgezeigt, in der das Nervensystem als eine Rechenmaschine angesehen wird, die in der Lage ist, äußere Ereignisse zu modellieren oder zu parallelisieren und ich habe behauptet, daß dieser Prozeß des Parallelisierens das grundlegende Merkmal des Denkens und der Erklärung ist. Der Besitzer eines Nervensystems ist daher in der Lage, die Ereignisse vorwegzunehmen, anstatt beständige empirische Versuche zu machen.“

Craiks Argumentation verteidigt die Begriffe der Kausalität und der unabhängigen Existenz einer „äußeren Welt“, d. h. den Materialismus. Ich stimme mit dem Verfasser in vielen Punkten einschließlich des Konzeptes der Kausalität überein. Was die „äußere Welt“ betrifft, so räume ich ein, daß sie für gewisse Zwecke ein praktisches Postulat ist und daß wir in der Terminologie der Naturwissenschaft so schließen können, „als ob“ eine solche Welt existierte, etwa in der Art von *Vaihingers* „Philosophie des Als-Ob“. Auch das Prinzip der „Ökonomie des Denkens“ kann angerufen werden, obwohl *Mach* wahrscheinlich diese Anwendung seiner Formel abgelehnt hätte.

Ich bin daher der Überzeugung, daß wir für unsere Zwecke zwei unterschiedliche Realitäten, nämlich Materie und Geist (Geist im weiteren Sinne, d. h. Bewußtsein) annehmen dürfen. Beide sind Realitäten im zweiten Sinne, d. h. „ein Ding ist real, wenn es mit anderen Dingen in einer Weise verbunden ist, die wir erfahrungsgemäß erwarten“.

Wir können nun einige Aspekte des Gehirn-Bewußtsein-Problems von verschiedenen Standpunkten aus formulieren. Als Materialisten können wir fragen:

1. Wie können materielle, d. h. physikalische raum-zeitliche Prozesse Bewußtsein hervorbringen?

2. Da wir annehmen, daß Bewußtsein im Gehirn entsteht, wo sind die spezifischen nervösen Strukturen, in denen das Bewußtsein sich ereignet, mit anderen Worten wo ist der „Ort“ von Bewußtsein?

Ich bin überzeugt, daß in dieser probeweisen Formulierung beide Fragen irreführend sind. Wenn wir der materialistischen Überlegung, die berechtigt ist, folgen, so ist es trotzdem unberechtigt, den Begriff des Bewußtseins wieder in eine Gruppe postulierter materieller Phänomene einzuführen, und wir sind genötigt, die Haltung eines dogmatischen Behavioristen anzunehmen. Wenn wir Materie forderten, haben wir das Bewußtsein aus der Materie durch die Vordertür ausgetrieben und wir können nicht zulassen, daß es sich durch die Hintertür wieder einschleicht. Die Materie ist eine Schlußfolgerung, eine Abstraktion von bewußten Phänomenen, die Bewußtsein durch einen Denkprozeß von imaginärer Subtraktion entfernt. Die sich ergebenden angenommenen materiellen Ereignisse können als zueinander in Beziehung begriffen werden, aber nicht als Bewußtsein hervorrufend. Dies wäre nämlich eine petitio principii. *Die Unmöglichkeit, Bewußtsein aus Materie (oder aus materiellen neurologischen Prozessen) abzuleiten, geht nicht auf den Mangel an einzelnen neurologischen Daten zurück wie einige Autoren zu glauben scheinen, sondern liegt im Wesen der Formulierung des Problems.* In einem vorhergehenden Abschnitt habe ich dieses Problem mit dem der Quadratur des Kreises oder der Konstruktion eines arbeitsfähigen Perpetuum mobile verglichen. Im Hinblick auf den alten Scherz „keine Materie, niemals Bewußtsein" (no matter, never mind) der auf die Zeiten von *Berkeley* und *Hume* zurückgeht, können wir sagen, daß, wenn wir von Materie ausgehen, es kein Bewußtsein gibt und wenn wir von Bewußtsein ausgehen, es keine Materie gibt.

Aus ähnlichen Gründen ist auch die zweite Frage irrtümlich gestellt, wenn man sie wörtlich nimmt; dies kann mit der folgenden Argumentation klargemacht werden. Obgleich das Vorkommen eines Zustandes von Bewußtsein von geordneten Beziehungen abhängt, die, im Bewußtsein als ein Gehirn und seine Aktivitäten manifestiert werden, hat das Gehirn keine Existenz als ein materieller Körper abseits vom Bewußtsein und das Bewußtsein kann daher nicht im Gehirn entstehen. Man sollte daher anstatt zu sagen, daß das Bewußtsein nicht im Gehirn lokalisiert ist, feststellen, daß der Körper einschließlich Gehirn und die ganze äußere Welt im Bewußtsein lokalisiert werden.

Wir können jedoch vom praktisch-wissenschaftlichem Standpunkt einen Beobachter und ein beobachtetes oder nur erschlossenes Gehirn zugeben, das sogar das Gehirn des Beobachters selbst sein könnte. Man könnte dann sagen, daß die nervösen Aktivitäten, die für die Entstehung des Bewußtseinszustandes unerläßlich sind, sich auf das beobachtete oder angenommene Gehirn beziehen und gewisse Regionen dieses Organs betreffen. Diese Annäherung an das Lokalisationsproblem, die vom normalen Menschenverstand diktiert wird und wie ich glaube wissenschaftlich unbestreitbar ist, liefert die Basis einer praktischen Theorie des postulierten psychophysischen Parallelismus. Man soll aber dabei nicht vergessen, daß diese Annahme schon das Bewußtsein des Beobachters einschließt und daß der angenommene physikalische Prozeß teils Beobachtung, teils Schlußfolgerung oder Abstraktion, mit anderen Worten schon ein geistiges Bild ist. Der Parallelismus den es in zahlreichen Versionen[1] gibt, kann so einem streng idealistischen Gesichtspunkt angepaßt werden.

Hans Berger (1873—1941), Professor der Psychiatrie an der Universität Jena und einer meiner früheren Lehrer, der als der Begründer der Elektroencephalographie gut bekannt ist, formulierte eine Reihe von Grundsätzen (1921), die er als einen partiellen Parallelismus bezeichnete. Er stellte fest: „Die psychischen Vorgänge stehen in Abhängigkeitsbeziehungen zu den Vorgängen in der Großhirnrinde."

„Allen psychischen Vorgängen gehen Vorgänge in der Großhirnrinde parallel."

„Keineswegs alle Vorgänge in der Großhirnrinde besitzen psychische Parallelprocesse."

Diese Feststellungen können dahingehend erweitert werden, daß auch Aktivitäten im Zwischenhirn oder noch weitere Lokalisationen eingeschlossen werden sollen, wenn vernünftige Gründe dazu Veranlassung geben. Sie stellen nach meiner Meinung die am besten annehmbare und praktisch brauchbare Arbeitshypothese zusammenfassend dar. Es muß jedoch hinzugefügt werden, daß *Berger* in dieser Hinsicht nicht ganz folgerichtig war. Obwohl er einen partiellen Parallelismus als Arbeitshypothese für seine Darstellung der Psychophysiologie zu Grunde legte,

[1] *Spinoza* kann in seinem posthumen Hauptwerk, die Ethik (1677) als einer der frühen Vorläufer des Parallelismus gedeutet werden. In dem Scholium zur Ethik, Teil II, Propositio VII, wird *Spinozas* Begriff des Parallelismus folgendermaßen ausgedrückt: „et consequenter quod substantia cogitans et substantia extensa una eademque est substantia, quae jam sub hoc, jam sub illo attributo comprehenditur. Sic etiam modus extensionis et idea illius modi una eademque res est: sed duobus modus expressa." Propositio VII formuliert *Spinozas* Ansicht in der kurzen und bedeutungsvollen Sentenz: „Ordo et connexio idearum idem est, ac ordo et connexio rerum." Von einem unterschiedlichen Standpunkt aus gesehen kann man sagen, daß diese Proposition auch die Ansicht von *Craik* ausdrückt. Ein weiterer wichtiger Verteidiger des Parallelismus ist *Wundt* (1908 und viele andere Veröffentlichungen). *Wundts* Ansichten wurden in entscheidender Weise durch *Bergers* Psychophysiologie beeinflußt.

schloß er in seine Vorlesungen über diesen Gegenstand eine andere Ansicht ein, die eine Interaktion oder Wechselwirkung annimmt. Nach dieser letzteren Wendung könnte chemische Energie in eine „spezifische psychische Energie" und umgekehrt überführt werden. *Berger* erkannte diesen künstlichen Aspekt des Parallelismus und nahm zusätzlich an, daß der Parallelismus notwendigerweise ein Ausdruck des Dualismus sei. Da er hinsichtlich dieser letzteren Lehre Befürchtungen hatte, glaubte er, daß Interaktion, kombiniert mit dem Postulat einer „spezifischen psychischen Energie" mit einer monistischen Lehre vereinbar sei, der er zuneigte. Ich betrachte *Bergers* zweite Version der Gehirn-Bewußtseins-Beziehung als unhaltbar.

Der Sinn des Parallelismus soll jetzt im einzelnen geprüft werden. Wenn ich annehme, daß ich mein eigenes gedachtes Gehirn und seine nervösen Aktivitäten in bezug auf meinen Bewußtseinszustand sichtbar machen kann, habe ich in dieser Situation keinen Umgang mit irgendwelchen materiellen Prozessen, wie sie von den Materialisten gefordert werden, sondern nur mit Perzeptionen, Gefühlen und Gedanken, die alle in geordneter Weise miteinander verbunden sind.

Ich könnte dann feststellen, daß innerhalb meines perzeptuellen Raumes eine Gegend existiert, die vermutlich durch mein Gehirn eingenommen und im großen durch die Oberfläche meines Kopfes begrenzt wird. Aufgrund überzeugenden Anscheines glaube ich weiterhin, daß dieses Gehirn eine Struktur von überragender Wichtigkeit für das Vorkommen und die Aufrechterhaltung meines gesamten perzeptuellen Raum-Zeit-Systems ist.

Ich fordere nun, daß, unabhängig von meinem Bewußtsein, und in einem dauernden öffentlichen physikalischen Raum-Zeit-System konfigurierte Ereignisse stattfinden, die wenigstens in gewisser Hinsicht topologisch ähnlich einigen meiner Bewußtseinsmodalitäten in dem perzeptuellen Raum-Zeit-System sind und daß diese Ereignisse durch die Vermittlung physikalischer nervöser Prozesse unabhängige Variable darstellen, von denen mein transitorischer Bewußtseinszustand mit seinen verschiedenen Modalitäten abhängt.

Das Prinzip der Ordnung in beiden Reihen von Ereignissen soll als nächstes betrachtet werden. Die Veränderungen, die sich in der Folge von Modalitäten in meiner Bewußtseinsmannigfaltigkeit zeigen, können als die Kausalität innerhalb meines perzeptuellen Raum-Zeit-Systems definiert werden. Zusätzlich existiert eine gestaltartige Ordnung; für meinen Geist im engeren Sinne, d. h. für eine Untergruppe meiner Bewußtseinsmodalitäten, wird dieses Gestaltprinzip u. a. als die Ordnung von Grammatik und Logik manifestiert.

In einem physikalischen Raum-Zeit-System kann Ordnung als Kausalität im strengen Sinne definiert werden, d. h. als die Ordnung von Ereignissen, die einen bestimmten Raum oder einen bestimmten Abstand in einer bestimmten Zeit betreffen und das Prinzip der Erhaltung von Masse-Energie einschließen. Darüber hinaus zeigt dieses physikalische Raum-Zeit-System auch eine Konfiguration oder gestaltliche Ordnung.

Die Kausalität hat also zwei Aspekte: Kausalität im perzeptuellen Raum-Zeit-System und Kausalität im physikalischen Raum-Zeit-System[2]. Diese Unterscheidung erscheint bedeutsam: Ereignisse können nur kausal miteinander in Beziehung stehen, wenn sie innerhalb desselben Raum-Zeit-Systemes stattfinden. Dementsprechend ist Wechselwirkung nur zwischen gleichzeitigen und aufeinanderfolgenden Ereignissen innerhalb einer gegebenen gemeinsamen raum-zeitlichen Mannigfaltigkeit möglich.

Die angenommenen physikalischen Ereignisse können deshalb keine Wechselwirkung zu meinen geistigen Ereignissen zeigen. Aktion im perzeptuellen Raum-Zeit-System ist mit Veränderungen von Modalitäten verbunden; Aktion im physikalischen Raum-Zeit-System ist mit Energietransformation und Energiebewahrung verbunden. Vom physikalischen Raum-Zeit-System zum perzeptuellen Raum-Zeit-System oder umgekehrt kann keine Energie übertragen werden; dieser Umstand wurde, wenn auch in etwas unterschiedlicher Terminologie, schon von *Berger* (1921) und *Ziehen* (1924) mit genügender Deutlichkeit betont. Es läßt sich dies im Deutschen auch folgendermaßen ausdrücken: es führt kein Weg in einer bestimmten Richtung und von einer bestimmten Länge sowie in einer bestimmten Zeit von dem Nervenvorgang zum Bewußtseinsvorgang. In seiner abweichenden Ansicht dagegen nimmt *Berger* eine Wechselwirkung an. Er stützt sich dabei auf das, was er für einen monistischen Standpunkt hält; andere Autoren, z. B. *Eccles* (1953) vertreten einen dualistischen und animistischen Begriff von Wechselwirkung.

Da nach meiner Ansicht Wechselwirkung streng ausgeschlossen ist, können die beiden fraglichen Ereignisreihen nur in der Art einer Funktion zueinander in Beziehung gebracht werden, und zwar in der Form, daß dann, wenn die unabhängige Veränderliche gegeben ist, die abhängige

---

[2] Diese Unterscheidung entspricht im wesentlichen, jedoch nicht in allen Einzelheiten *Wundts* Begriffen von „geistiger und mechanischer Kausalität".

Veränderliche bestimmt ist, jedoch ohne gegenseitige räumliche Beziehungen. Da die beiden Reihen korrelierter Ereignisse, die in verschiedenen Raum-Zeit-Systemen stattfinden, für sich bleiben, erscheint die Bezeichnung „Parallelismus" gerechtfertigt.

Das hypothetische physikalische Raum-Zeit-System wird als ununterbrochen oder persistent verstanden, das gegebene perzeptuelle Raum-Zeit-System hat eine diskontinuierliche und unterbrochene Existenz. Daher können die physikalischen Ereignisse als die unabhängigen und die im weiteren Sinne geistigen Ereignisse als die abhängigen bezeichnet werden. Alle geistigen Ereignisse, die nicht die Willensphäre (Konation) betreffen, erscheinen passiv wie etwa unsere Wahrnehmungen äußerer Ereignisse. Gerichtetes Denken und willkürliche Bewegung erscheinen aktiv. Speziell im Falle solcher Willkürbeweglichkeit, die auch perzeptuelle Ereignisse einschließt, die leicht als physikalische Ereignisse gedeutet werden, haben wir den Eindruck, als ob die geistigen Ereignisse als die unabhängigen und die physikalischen Ereignisse als die abhängigen Variablen betrachtet werden könnten. Aber dies ist nur eine Illusion, insoweit solche Ereignisse auf die Aktivität eines imaginären „Selbst" bezogen werden, während die anderen Ereignisse als auf dieses „Selbst" einwirkend gedeutet werden.

Wenn ich weiterhin eine andere, wie ich annehme, bewußte Person beobachte, so ist das Gehirn dieser Person ebenfalls in meinem privaten perzeptuellen Raum-Zeit-System lokalisiert. Ich schließe, daß gleichzeitig mit meinen eigenen Perzeptionen sich Bewußtseinsphänomene ereignen, die zu der beobachteten Person oder dem beobachteten Gehirn gehören. Aber diese Ereignisse finden in einem perzeptuellen Raum-Zeit-System statt, das außerhalb meines eigenen liegt und daher ebenfalls als parallel bezeichnet werden kann. Trotzdem stellen mein Körper und mein Gehirn als diejenigen des Beobachters ebenso wie Körper und Gehirn des beobachteten Individuums in materialistischer Sicht Objekte in einem physikalischen Raum-Zeit-System dar, durch welches unsere perzeptuellen Raum-Zeit-Systeme mittels eines doppelten Parallelismus verbunden sind: Das perzeptuelle System des Beobachters, das physikalische System und das perzeptuelle System der beobachteten Person. In einer idealistischen Terminologie sind der Körper des Beobachters und derjenige der beobachteten Person „öffentliche Daten", durch die zwei verschiedene private perzeptuelle Raum-Zeit-Systeme indirekt verbunden sind.

Schließlich kann ich an die Stelle meiner aktuellen Beobachtung den abstrakten Begriff eines öffentlichen physikalischen Systems setzen, in dem das fühlende Wesen, der Besitzer eines Gehirns, eine Lokalisation hat. Wiederum nehme ich an, daß sich parallel zu den neuralen Ereignissen in diesem hypothetischen physikalischen Raum-Zeit-System Bewußtseinsphänomene in dem privaten perzeptuellen Raum-Zeit-System jenes bewußten Wesens ereignen.

Die Hypothese eines psychophysischen Parallelismus ist ohne Zweifel künstlich[3], aber dies ist deshalb unvermeidlich, weil der Begriff der Materie künstlich ist. Wir können jedoch nicht ohne den Begriff der Materie als Arbeitshypothese auskommen, wenn wir nicht eine noch schwerfälligere Terminologie annehmen, wie sie in verschiedenen Versuchen einschließlich desjenigen von *Mach* vorliegt.

Kehren wir zur Formulierung des Gehirn-Bewußtsein-Problems zurück und schließen die erste Frage wegen des irreleitenden Ausdruckes als unbeantwortbar aus, so läßt sich die zweite Frage folgendermaßen ausdrücken:

2. Setzen wir einen Beobachter und ein beobachtetes Nervensystem als gegeben, welche Zentren und welche Neuronenkreise müssen in Tätigkeit treten, damit ein Zustand von Bewußtsein in bezug auf das beobachtete Nervensystem entsteht oder aufrechterhalten wird? Die folgende Frage sollte dieser angefügt werden:

3. Ist es möglich, physiologische, d. h. physikalische Kriterien zu bestimmen, durch welche sich diejenigen neuralen Aktivitäten, die von gei-

---

[3] Da zwei Reihen streng determinierter parallel laufender Ereignisse als unabhängig voneinander ablaufend angenommen werden, die eine im perzeptuellen Raum-Zeit-System, die andere im physikalischen Raum-Zeit-System, erscheint die vorliegende Korrespondenz etwas verwandt mit dem Postulat der prästabilierten Harmonie von *Leibniz*. Dies gilt, obzwar sie eine reziproke quasi-mathematische oder logische funktionelle Beziehung ohne Wechselwirkung manifestiert. Es sollte weiterhin beachtet werden, daß sich der Parallelismus zwischen physikalischen neuralen Ereignissen und Bewußtseinsereignissen von dem Parallelismus unterscheidet, der zwischen verschiedenen Bewußtseinsmannigfaltigkeiten angenommen wird, d. h. zwischen verschiedenen perzeptuellen Raum-Zeit-Systemen. Wenn physikalische Ereignisse als nicht existierend betrachtet und vollständig ausgeschaltet werden, kann dieser letztere Parallelismus folgendermaßen ausgedrückt werden: Parallelereignisse in verschiedenen Bewußtseinsmannigfaltigkeiten werden durch öffentliche Daten verbunden, die in dieser Hinsicht ein abstraktes Konzept darstellen, das sich auf eine unbekannte (und unkennbare) Ordnung bezieht. *Spinozas* Satz: „ordo et connexio idearum idem est, ac ordo et connexio rerum." kann also auch im Sinne einer „prästabilierten Harmonie" ausgelegt werden.

stigen „Parallelprozessen" in der Terminologie von *Berger* begleitet werden, von solchen Aktivitäten unterscheiden, die ohne derartige „Parallelprozesse" stattfinden?

Mit anderen Worten: sind Parallelprozesse gekennzeichnet

a) durch eine bestimmte Lokalisation,
b) durch bestimmte funktionelle Merkmale neutraler Aktivitäten?

Eine vierte Frage betrifft die Probleme der Kodierung und Symbolisierung. Wir können uns hier der Terminologie von *Ziehen* anschließen und alle physikalischen (oder physiologischen) Prozesse, die sich außerhalb des neurosensorischen Systems abspielen, als R-Komponenten (reduzierte Komponenten), dagegen alle physikalischen neurosensorischen Signalprozesse als N-Komponenten bezeichnen. Es kann also gefragt werden:

4. Wie werden äußere Ereignisse (eingeschlossen diejenigen eines inneren Milieus im weitesten Sinne wie etwa Zustände der Eingeweide oder der Muskulatur), d. h. R-Ereignisse in N-Ereignisse transponiert oder modelliert?

Diese letzte Problemgruppe ist im wesentlichen identisch mit den Problemen der Kommunikationstechnik, wie sie auf Computer und ähnliche mechanische oder elektronische „Gehirne" Anwendung finden. Die mathematischen Theorien der Kodierung und der Kreisalgebra sind hierin enthalten. Die Information, die aus verschiedenen Quellen stammt, wird in geeigneter Weise kodiert und liefert einen Input, der fortgeleitet, in verschiedenartiger Weise bearbeitet und schließlich zum Output weitergeführt wird (*Cherry*, 1952). Diese Definition, die sich auf die Operationen einer Computermaschine bezieht, ist auch eine genaue Kennzeichnung nervöser Aktivitäten. Man muß dabei im Auge behalten, daß eine große Anzahl chemischer Faktoren, die dem organischen Leben eigentümlich sind, den Ablauf der Ereignisse im Nervensystem zu einem beträchtlichen Grade beeinflussen und zusätzliche Komplikationen herbeiführen, denen man in der mathematischen Theorie der Kommunikation bei Anwendung auf anorganische Maschinen nicht begegnet.

Eine Lösung aller einschlägigen Probleme sollte eine erschöpfende Darstellung der N-Ereignisse liefern, die sich in einem hypothetischen Falle abspielen, den *Bertrand Russell* (1948) als Beispiel bringt: Was geht im Gehirn zwischen der Ankunft einer optischen Eingabe und dem darauffolgenden motorischen Output vor im Falle eines Mannes, der ein Telegramm mit dem Text liest: „Ihr gesamtes Eigentum ging bei einem Erdbeben verloren" und der dann ausruft: „Mein Himmel! Ich bin ruiniert!"

Es ist wahrscheinlich, daß bei genauem Verständnis der Mechanismen der neuralen Kreisläufe ein mathematisch ausreichend geschulter Beobachter, der alle wesentlichen Daten sammeln könnte, dies berichten könnte, wenn die Gestaltkonfigurationen der Botschaft in das Gesichtsfeld des Lesers kommen und in ihm einen Prozeß in Gang setzen, der mit einer bestimmten Lautäußerung, nämlich den Worten „Mein Himmel! Ich bin ruiniert!“ begleitet von verschiedenen zusätzlichen motorischen, vasomotorischen und sekretorischen Reaktionen endet. Es ist anzunehmen, daß diese Voraussage auch durch einen Beobachter gemacht wird, der kein Deutsch kennt und es ist auch nicht notwendig, daß der Beobachter die Bedeutung des Telegrammes oder des Ausrufes des Beobachteten versteht.

Mit anderen Worten, eine Lösung aller Probleme, welche die (hypothetischen) physikalischen N-Ereignisse des Parallelismus betrifft, könnte alles erklären, ausgenommen das Bewußtsein und die erfahrenen emotionalen Bewertungen, die in diesem Falle das Bewußtsein einschließt.

Kritische Bemerkungen über einige wichtige Gegenstände

Sperry (1952) hat festgestellt, daß „alle letzten Ziele und Werte der Menschheit durch eine gründliche vernunftmäßige Einsicht in die Beziehung von Gehirn und Bewußtsein tief beeinflußt werden könnten“. Zur Stützung dieser Meinung wurde eine angebliche Bemerkung von *W. James* zitiert, in der dieser Autor feststellt, daß auch nur der Schimmer einer Einsicht in die Beziehung von Gehirn und Bewußtsein einen wissenschaftlichen Fortschritt herbeiführen würde, der denjenigen aller solchen Fortschritte in der Vergangenheit in den Schatten stellt.

Obwohl das Gehirn-Bewußtsein-Problem ohne Zweifel von großem Interesse ist, stimme ich mit den eben zitierten Meinungen nicht überein und betrachte die Bemerkung von *James* als Übertreibung. Ich bezweifle, daß irgendeines der letzten Ziele oder Werte der Menschheit wesentlich durch eine Lösung der lösbaren, hierher gehörigen Fragen beeinflußt werden würde.

Gelegentlich ist auch behauptet worden, daß die durchaus gerechtfertigten und vielversprechenden Bemühungen, die Hirnfunktionen in Ausdrücken der Kommunikationslehre auszulegen, einen Versuch darstellen, die Menschheit herabzusetzen („debunk Man“). Es ist richtig, daß einige frühere gewagte Versuche, den Menschen als einen Mechanismus darzustellen, wie z. B. „L'homme machine“ von *La Mettrie* (1748), diesen

Zweck mitverfolgten; es ist ferner möglich, daß einige der zeitgenössischen Untersuchungen eine solche Absicht haben. In dieser Hinsicht stimme ich mit *D. M. MacKay* (1954) überein, der meint, daß die Gegner eines mechanistischen Determinismus sich ebenso irren wie die Herabsetzer („debunkers"). Beide begehen den Irrtum des Reduktionismus (*MacKay*), indem sie Vollständigkeit mit Ausschließlichkeit verwechseln. Der Reduktionismus wie ihn *MacKay* versteht, bedeutet eine Bewertung gewisser Gruppen von Beziehungen unter dem einschränkenden Standpunkt des „Nichts-als". Im Hinblick auf das Konzept des Parallelismus würde dies heißen, daß „nichts-als" der materielle Aspekt betrachtet wird.

Wenn wir das menschliche Verhalten in Ausdrücken neuraler Prozesse behandeln, beschreiben wir die Bedeutung von Ereignissen im physikalischen Raum-Zeit-System, in welchem es (axiologische) Werte nicht gibt. Nehmen wir alle einschlägigen Probleme als gelöst an, so hätten wir ein zwar erschöpfendes, jedoch einseitiges und daher unvollständiges Bild.

Menschliche Bewußtseinsaktivitäten finden aktuell in perzeptuellen Raum-Zeit-Systemen statt, d. h. in individuellen Bewußtseinsmannigfaltigkeiten, in denen Gestaltordnung, die *Schopenhauer* etwas dunkel als *Platonische* Ideen verstanden hat, mit Werten in Beziehung gesetzt wird.

Ein strenger Determinismus kann in beiden Raum-Zeit-Systemen angenommen werden, jedoch nimmt er im perzeptuellen System, d. h. in der Welt des Bewußtseins, eine zusätzliche unterschiedliche Bedeutung hinsichtlich von Willensprozessen an. Determinismus in dieser Beziehung ist nicht mit Fatalismus[4] identisch, der nur eine Haltung gegenüber den Ereignissen darstellt, noch schließt der Determinismus die Verantwortlichkeit aus. Ich stimme mit den Autoren überein, die die alte Lehre des freien Willens zurückweisen und glaube, daß die Argumente zugunsten der Willensunfreiheit oder des Determinismus schlüssig sind. Willkürliche Entscheidungen, so kann man sagen, hängen im phsikalischen Raum-Zeit-System von physiologischen, d. h. letzten Endes von physikalischen kausalen vorhergehenden Prozessen und im perzeptuellen Raum-Zeit-System, d. h. im Bewußtsein von der streng bestimmten Ordnung

---

[4] Kein spezifischer axiologischer Wert kann dem Fatalismus als solchem zugeschrieben werden. Diese Haltung kann mißbilligt werden, wenn sie zu Passivität, Inaktivität oder Faulheit führt. Andererseits ist sie eine sehr empfehlenswerte Haltung, die Seelenfrieden verschafft, wenn alle vorhersehbaren Umstände in Betracht gezogen wurden, alle möglichen und verständigen Handlungen erfolgt sind und wenn der Ausgang von Ereignissen abgewartet werden muß, die jenseits der Kontrolle des Individuums liegen.

der Motive ab. Die Freiheit der Selbstbestimmung besteht in Entscheidungen, die unabhängig von äußerem Zwang, aber in Übereinstimmung mit den Motiven sind, die zum „Selbst" gehören. *Schopenhauers* Preisschrift „Über die Freiheit des menschlichen Willens" bleibt meiner Meinung nach die klassische Abhandlung über diesen Gegenstand[5].

Die heutigen Physiker, wie z. B. *Einstein* (1934) und *Max Planck* (1931) haben ähnliche deterministische Ansichten zum Ausdruck gebracht. In einer kurzen und bündigen Übersicht „Kausalität und die Wissenschaft vom menschlichen Verhalten" hat *A. Grünbaum* (1952) einige der gegenwärtigen Aspekte zu dieser Streitfrage betont. Andere Verfasser dagegen, wie z. B. *Eccles* (1953) sprechen sich für die Annahme eines undeterminierten freien Willens aus. Diese Lehre, die zu dem Prinzip des zureichenden Grundes in Widerspruch steht, besagt in Wirklichkeit, daß unter genau gleichen vorhergehenden Umständen ein gegebenes Ereignis eintreten oder nicht eintreten könnte. Jedoch gibt es nach *Eccles* „keine vernünftigen wissenschaftlichen Gründe, die Freiheit des Willens zu leugnen, die angenommen werden muß, wenn wir als wissenschaftliche Forscher tätig sein sollen" (1953, S. 272).

Die meisten Begriffe von Wahrscheinlichkeit sind um die Ausdrucksweise von *Craik* zu gebrauchen, „eine merkwürdige Mischung psychologischer, mathematischer und empirischer Bedingungen". Die Begründung von Wahrscheinlichkeit beruht auf unvollständiger Kenntnis[6], wie z. B. ausgedrückt im Prinzip des unzureichenden Grundes; Wahrscheinlichkeit umfaßt auch eine Betrachtung numerischer oder qualitativer Werte, die

---

[5] Dieses Problem wird gleichfalls in den Schriften *Spinozas* sehr angemessen behandelt. So heißt es in Propositio XXXII des Teiles 1 der Ethik: „Voluntas non potest vocari causa libera sed tantum necessaria", mit der relevanten Demonstration. Weiter heißt es in der „Ethik", Teil II, Propositio XLVIII: „In mente nulla est absoluta sive libera voluntas, sed mens ad hoc illud volendum determinatur a causa, quae etiam ab alia determinata est et haec iterum ab alia, et sic in infinitum." Darüber hinaus haben wir im Epistola 62 das berühmte Gleichnis des geworfenen Steines: „Concipe jam lapidem, dum moveri pergit, cogitare et scire, se quantum potest, conari, ut moveri pergat. Hic sane lapis, quandoquidem sui tantummodo conatus est conscius et minime indifferens, se liberrimum esse et nulla alia de causa in motu perseverare credet, quam quia vult. Atque haec humana illa libertas est, quam omnes habere jactant, et quae in hoc solo constitit, quod homines sui appetitus sint conscii, et causarum, a quibus determinantur, ignari."

[6] So ist nach *Augustus von Morgan* (1806—1871) die Wahrscheinlichkeit ein Bewußtseinszustand in Hinsicht auf eine Annahme, ein kommendes Ereignis oder irgendein Ding, über das absolutes Wissen nicht existiert.

mit einer wahrscheinlichen Schlußfolgerung verbunden sind und schließt darüber hinaus ein systematisches Studium von Chancen oder relativen Möglichkeiten in der mathematischen Formulierung der Wahrscheinlichkeitstheorien ein. Sie kann als ein operationales Konzept gedeutet werden, als eine Begrenzung von Häufigkeiten oder als eine physikalische Konstante, deren Maße Häufigkeiten sind. Das letztgenannte Konzept ist mit einer axiomatischen Definition der Wahrscheinlichkeit verknüpft.

Manche Anwendungen der Wahrscheinlichkeitskonzepte auf Probleme der Beziehungen zwischen Gehirn und Bewußtsein führen zu Ergebnissen, denen ich nicht zustimmen kann. Ein ziemlich typisches Beispiel ist eine Geschichte, die man gelegentlich in entsprechenden Veröffentlichungen findet, in der scherzhaft eine Situation wie die folgende angenommen wird: drei (oder auch einer oder zwei) blinde Affen schlagen zufällig die einzelnen Tasten einer Schreibmaschine an. Nach einer unendlichen oder außerordentlich langen Zeit würden sie notwendig, aufgrund des Wahrscheinlichkeitsgesetzes, alle großen Werke der Literatur zu Papier bringen[7].

Ohne den lächerlichen Aspekt dieser Situation zu beachten, halte ich die zugrunde liegende Argumentation für irrtümlich. Sie widerspricht dem Prinzip der Entropie, wie es im zweiten Gesetz der Thermodynamik, in Wirklichkeit jedoch von weit größerer Bedeutung auch anderswo manifestiert wird. In mathematischer Formulierung ist es möglich, definierte zahlenmäßige Wahrscheinlichkeiten höchst unwahrscheinlichen Ereignissen zuzuschreiben, aber dies schließt keinesfalls ein, daß solche Ereignisse sich in der „Wirklichkeit“ (nach der 2. Definition) der phänomenalen Welt aktuell ereignen können oder daß sie durch zufällige mechanische Kombination und Permutation eintreten können. Die mathematische

[7] Es sei hinzugefügt, daß diese Geschichte vielleicht aus einer satirischen Erzählung in *Jonathan Swifts* „Gullivers Reisen“ stammt, der sie außerordentlich ähnlich ist. Der Professor für spekulatives Lernen der großen Akademie von Lagado in Laputa erklärt hier dem Gulliver eine Erfindung, durch die alle Worte in ihrer Sprache (im Gegensatz zu den Buchstaben der Affen-Schreiber) zufällig gemischt und wieder gemischt werden könnten: „... wo sie drei oder vier Worte fanden, die zusammen den Teil eines Satzes ausmachen könnten, diktierten sie ihn den Schreibern.“

„... die Maschine war so erfunden, daß die Worte bei jeder Drehung an neue Plätze kamen.“

„Der Professor zeigte mir einige Bände, ... die er schon zusammengestellt hatte, ... die der Welt eine vollständige Zusammenstellung aller Künste und Wissenschaften geben würden.“

hochgradige Unwahrscheinlichkeit gegen eine Anordnung von Buchstaben, die einer Ode von *Horaz* entsprechen, bedeutet, daß eine solche Kombination nur unter den besonderen Bedingungen zustande kommt, die *Horaz* motivierten, diese Ode niederzuschreiben.

Die literarische oder eine ähnliche Aktivität einschließlich der Kodierung in Symbole irgendeiner Art wie das geschriebene oder gedruckte Wort und die bedeutungsvolle Anordnung solcher Worte stellt eine negative Entropie dar. Negative Entropie andererseits erfordert eine organisierende Ordnung. Ohne diese Ordnung schreiten „wirkliche" Ereignisse gegen die größere Entropie fort. Literarische Schöpfungen oder in geringerem Grade sogar jede Gruppe organisierter Information sind abhängig von einer komplexen hierarchischen Konfiguration geordneter Ereignisse, wohingegen die angenommenen Affen-Aktivitäten in der Geschichte, unabhängig von unendlicher oder sehr langer Dauer, zweifellos stets als hoher Grad von Entropie manifestiert würden, d. h. in diesem Falle als sinnlose Tiraden. Sie können vielleicht einige wortähnliche Strukturen und eine hochgradig unwahrscheinliche wiederholte Serie von Kombinationen einschließen, bleiben jedoch ohne auch nur einen einzigen vollständigen bedeutungsvollen Satz.

Da jedoch umgekehrt die Ordnung der negativen Entropie in der Kommunikation selbst dann evident ist, wenn sie künstlich als zufällige oder bedeutungslose Satzfolge verborgen wird, bleibt eine Analyse des Verborgenen möglich. Da die organisierende Ordnung auch in einem elektronischen Computer enthalten sein kann, ist es theoretisch möglich, eine Maschine zu erfinden, die systematisch alle Permutationen mit Wiederholungen einer großen Zahl X aller verschiedenen Buchstaben des Alphabetes rechnet und ausdrückt. Aber dies würde eine organisierende Ordnung erfordern, die nicht allein durch bloßen Zufall erreicht werden kann, der die Entropie vergrößern müßte; das geforderte System (Affengehirn, Maschinenschreiber, unendliche Zeit) könnte die gestellte Aufgabe nicht lösen. Dieses Problem wird nochmals auf S. 340 kurz erwähnt werden.

Ein gegensätzlicher Irrtum entsteht meiner Ansicht nach dann, wenn relativ kleinen Diskrepanzen ungebührliche Bedeutung zugeschrieben wird, die zwischen richtigen Vermutungen und der Häufigkeit aktuell auch richtig durchgeführter Vorhersagen in bezug auf Ereignisse gefordert werden, die für einen Schätzer in der Kategorie des Zufalls bleiben, der nicht im Besitz ausreichender Information ist.

J. B. Rhine (1948 und andere Veröffentlichungen) hat Experimente erfunden, in denen ein Subjekt versucht, die Bilder gemischter Karten zu erraten, die gewöhnlich in Päckchen von 25 Karten mit 5 verschiedenen Bildern geboten werden und eine Aussicht von 1 : 5 bieten, richtig geraten zu werden. In einer anderen Testgruppe versucht der Experimentator, den Würfelfall mit geistiger Konzentration zu beeinflussen, mit anderen Worten er denkt oder besser wünscht, wie das Ergebnis sein soll, d. h. mit einer Methode, die den Würfelspielern nicht ganz unbekannt ist. Diskrepanzen zwischen theoretisch geforderten und beobachteten Häufigkeiten (z. B. Durchschnitten von 7 richtigen Antworten aus 25 möglichen) werden als Beweis für eine extrasensorische Wahrnehmung (ESP) ebenso wie Psychokinese (PK) gedeutet. Die erste läßt sich definieren als Antwort auf ein äußeres Ereignis, das keinem der bekannten Sinne dargeboten wird, die letztere als die Anwendung eines unmittelbaren Einflusses auf einen materiellen Körper ohne Vermittlung irgend eines bekannten physikalischen Agens.

Setzt man voraus, daß die angegebenen Daten zutreffen, so kann ich in beiden Phänomenen, die dem Wesen nach identisch sind, nur ein Auseinanderweichen zwischen dem Ergebnis des Ratens und den theoretisch geforderten Häufigkeiten sehen. Da die Formulierung von Raten von Vermutungen, die als Wünsche verkleidet sind und das Mischen von Karten oder das Werfen des Würfels komplexe Ereignisse sind, können sich von Zeit zu Zeit beträchtliche Abweichungen von einem theoretischen Wahrscheinlichkeitsmodell einstellen, sogar in der Form wiederholter Serien. Durch etwas umstrittene mathematische Interpretationen sind umfangreiche Einwände „gegen eine Erklärung, die man dem Zufall zuschreiben muß“ begründet worden. Selbst wenn man diese Einwände zugestehen würde, so würde dies nur enorme Bedenken gegen die geforderte theoretische Zufallserwartung bedeuten. Solche höchst unwahrscheinliche einzelne oder auch reihenweise Ereignisse (Serien) sind in Zufallsspielen wohlbekannt.

Vom Standpunkt der Gestaltordnung gibt es jedoch einen beträchtlichen Unterschied zwischen dem figürlichen Ordnungswert solcher zufällig angeordneter wiederholter Ereignisse und der Struktur der signifikanten Symbolisierung und Kommunikation, die sich auf der Aufrechterhaltung einer konstanten Ordnung außerhalb des Bereiches der Wahrscheinlichkeitstheorie gründet. Die angenommene Affenleistung in der oben zitierten Geschichte und die Argumentation, die den Eindruck erweckt, ESP ebenso wie PK zu beweisen, sind nach meiner Ansicht irrtümliche, aber entgegengesetzte Interpretationen zweier verschiedener Aspekte der Wahrscheinlichkeit[8]. Die Annahme von Psychokinese scheint besonders trügerisch, da PK sich von ESP nur in der Zeitanordnung des Ratens unterscheidet.

In seinen Waynflet-Vorlesungen „Die neurophysiologische Basis des Bewußtseins, Prinzipien der Neurophysiologie" (1953) hat *I. C. Eccles* eine dualistische Hypothese der Bewußtsein-Gehirn-Beziehungen ausgearbeitet, die eine Wechselwirkung einschließt, welche der Verfasser als „Zwei-Wege-Verkehr" oder „Gehirn-Bewußtsein-Verbindung" bezeichnet. Bewußtsein soll in einem physikalischen Raum-Zeit-System ein „raum-zeitliches" Muster in bezug auf Hirnstrukturen (Cortex) zeigen. Als Folge der Gehirn-Bewußtsein-Verbindung in der Rinde erfahren wir Wahrnehmungen, die auf etwas außerhalb der Rinde projiziert werden,

---

[8] *Weaver* (1955) formuliert die Frage: Wird Wasser in einem Kessel, der auf einen heißen Ofen gestellt wird, heiß und kocht oder gefriert es? Er führt dann aus, daß, obwohl die Wissenschaftler des 19. Jahrhunderts diese Frage als lächerlich angesehen haben würden, die Wissenschaftler von heute, die die physikalischen Theorien kennen, vermutlich sagen würden, daß in der bei weitem überwiegenden Zahl der Fälle das Wasser heiß werden wird und kochen, aber in einem einzigen aus einer sehr großen Zahl von Versuchen könnte man auch erwarten, daß das Wasser eher gefrieren würde als zu kochen. Ich sehe diese Feststellung von *Weaver* als eine komplette Ungereimtheit an, die auf derselben irrtümlichen Deutung der Wahrscheinlichkeit beruht wie sie in der zitierten Affengeschichte vorliegt. *Weavers* Feststellung ist nach meiner Meinung eine unberechtigte Extrapolation von kleindimensionalen zu großdimensionalen Phänomenen, darüber hinaus eine ungerechtfertigte Hypostatisation abstrakter logischer Beziehungen, die eine negative Wendung des Huhnparadoxes darstellt: Was kam zuerst, das Küken oder das Ei? Mit anderen Worten, Wahrscheinlichkeitsbegriffe und statistische Gesetze sind bedeutsam und von entscheidendem Wert innerhalb gewisser Reihen im wesentlichen einförmiger und meist skalarer Ereignisse, werden aber verändert oder sogar gänzlich unanwendbar, wenn unterschiedliche und komplexe Kombinationen geordneter Muster überwiegen. So betrachtet ESP eine Serie einzelner Reize, läßt aber die möglichen Koinzidenzen zwischen den individuellen Mustern des Ratens außer Betracht und auch die Muster, die die verschiedenen Folgen der gemischten Karten oder des Würfelfalles betreffen. An dieser Stelle kann man auch das gleichzeitig belustigende und belehrende psychophysische Scherzexperiment deuten, das eine Dame betrifft, welche Tee kostet, wenn man es in statistischen Ausdrücken deutet. *R. A. Fisher* hat es in seinem Buch „The design of experiments" (Edinburgh und London, 1942) ausgearbeitet. Dieser Autor stellt u. a. mit Recht fest, daß es dem Experimentator überlassen ist, ob er hinsichtlich der Geringfügigkeit der Wahrscheinlichkeit, die er fordert, mehr oder weniger genau ist, bevor er zuläßt, daß seine Beobachtungen ein positives Ergebnis haben.

im Falle der Sehprozesse z. B. auf die „Außenwelt". So entspricht das „raum-zeitliche Muster" von *Eccles'* animistischer Hypothese nicht dem perzeptuellen Raum-Zeit-System (welches etwa „das Raum-Zeit-System der Projektion" sein könnte), sondern stellt einen zusätzlichen physikalischen Aspekt des Bewußtseins dar, der in roher Weise dem Astralleib der Okkultisten entspricht, der nach deren Ansicht aus einer ganz feinen zarten ätherischen Substanz bestehen soll.

Bewußtsein muß nach *Eccles'* Ansicht in einem raum-zeitlichen Muster tätig werden „wenn es eine signifikante Veränderung in einer gemusterten Aktivität der Rinde verursachen soll. Das Problem würde jedoch weniger schrecklich erscheinen, wenn es genügend schnelle und unterschiedliche Rückkopplungen vom Gehirn zum Bewußtsein gäbe, die in jedem Falle für die Wahrnehmung angenommen werden müssen" (*Eccles*, 1953, S. 283).

„Da diese geforderten „Bewußtseinseinflüsse" bisher noch durch kein vorhandenes physikalisches Instrument entdeckt werden konnten, sind sie notwendigerweise bei der Aufstellung der Hypothesen in der Physik vernachlässigt worden, wie schon von *Eddington* (1939) erkannt wurde. Es wird zumindest behauptet, daß die aktive Hirnrinde ein Detektor solcher „Einflüsse" sein könnte, sogar wenn sie nur in einer Intensität existierten, die unter derjenigen liegt, wie sie physikalische Instrumente aufdecken können" (*Eccles*, ibid.).

Nach *Eccles'* Ansicht zeigen die Experimente von *Rhine* ein solches „Zweiwegesystem zwischen Bewußtsein und dem Materie-Energiesystem" auf. ESP und PK sind nach *Eccles'* Ansicht möglicherweise ähnlich den Wirkungen, die dieser Autor für die Gehirn-Bewußtsein-Verbindung gefordert hat, wo die sog. „Psi-Phänomene" „wahrscheinlich in hochentwickelter Form vorkommen". In einem Diagramm (Figur 89, S. 273, 1953), zeigt *Eccles* wie der „Wille", wie ein Weichensteller bei der Eisenbahn, den Fluß der nervösen Aktivitäten in der Hirnrinde mittels PK regelt. Es ist kaum nötig, hinzuzufügen, daß ich *Eccles'* Vorstellungen der Gehirn-Bewußtseins-Beziehung ablehne.

Psi-Phänomene, wie sie von *Rhine, Eccles* u. a. angenommen werden, fallen in den Bereich der Parapsychologie. Dieser Ausdruck wurde für die Erforschung angenommener seelischer Effekte vorgeschlagen, die mit den allgemein erkannten Ordnungsbegriffen in der phänomenalen Welt in Widerspruch stehen. Solche Wirkungen kann man in roher Weise in subjektive oder private und objektive oder öffentliche gliedern. ESP

(Hellsehen), Telepathie, Prophetie, Vorherwissen, Nachherwissen und Psychometrie (auch als außerzeitliche Wahrnehmung, ETP bezeichnet) können in die erste Gruppe eingeordnet werden. PK, das behauptete Werfen von Gegenständen durch Geister in leeren Häusern, Materialisationen, wie die Briefe des Mahatma, der Madame *Blavatsky* oder das Teleplasma und Ectoplasma der Materialisationen, die von Dr. *von Schrenck-Notzing* fotografiert und beschrieben wurden, gehören in die zweite Gruppe. Zwischen diesen beiden Gruppen gibt es öffentliche Erscheinungen, die gleichzeitig von mehreren Personen bemerkt werden, aber die nicht einer objektiven Registrierung, wie z. B. der Fotografie, zugänglich sind und daher in den Bereich der Massensuggestion gehören. Vom Standpunkt formaler Logik muß zugegeben werden, daß diese verschiedenen Phänomene nicht als unmöglich erklärt werden dürfen. Folgt man dem Prinzip des zureichenden Grundes, so würden solche Ereignisse, wenn sie unwiderleglich demonstriert werden, die angenommenen Ansichten über die Struktur unserer Welt beträchtlich verändern und müßten in ein neues System wissenschaftlichen Denkens integriert werden[9]. Der Okkultismus geht noch einen Schritt weiter als die Parapsychologie: Er nimmt nicht nur Psi-Phänomene an, sondern auch die Möglichkeit, solche verborgenen Kräfte zu benutzen und zu kontrollieren. Der Spiritismus und der Spiritualismus können als weniger sophistische Aspekte der Parapsychologie betrachtet werden.

Die erkenntnistheoretische Lehre des Idealismus mit ihrer Grundlage im Prinzip des zureichenden Grundes setzt Ordnung der Ereignisse voraus, obwohl sie den Begriff der Materie und der physikalischen Welt

[9] So schließt *Schopenhauers* philosophisches System, das ein bemerkenswertes konzeptuelles Modell unserer phänomenalen Welt darstellt, die Manifestationen der parapsychologischen Phänomene ein. In einem Brief an *Frauenstädt* (Jan. 1854) und in einem Scherzvers führt *Schopenhauer* seine Ansicht mit folgendem Vierzeiler aus:

„Der Wille, der die Welt gemacht hat und erhält, er kann die Welt regieren:
— die Tische gehen auf Vieren.“

Trotz meiner hohen Achtung für *Schopenhauer* stimme ich mit ihm in dieser Hinsicht und auch in verschiedenen anderen nicht überein. Man soll sich hier vielleicht eine Bemerkung von *Pierre Simon de la Place* in seinem philosophischen „Essay über die Wahrscheinlichkeiten“ (1840) ins Gedächtnis rufen: „De ce qui précède, nous devons généralement conclure que plus un fait est extraordinaire, plus il a besoin d'être appuyé de fortes preuves. Car ceux qui l'attestent, pouvant ou tromper, ou avoir été trompés; ces deux causes sont d'autant plus probables, que la réalité du fait l'est moins en elle-même. C'est ce que l'on verra particulièrement, lorsque nous parlerons de la probabilité des témoignages.“

leugnet. Der praktische Wert der Physik und der Naturwissenschaften wird vollständig bewahrt.

Unter diesen Voraussetzungen ist kein Platz für unglaubliche oder höchst verdächtige Ereignisse. Bevor wohlbegründete Schlußfolgerungen aufgegeben oder modifiziert werden, weil sich widersprüchliche Tatsachen zeigen, ist es nur vernünftig zu fordern, daß die Annahme solcher Ereignisse auf unwiderleglichen Beweis begründet wird, der nach meiner Ansicht von den Vertretern der Parapsychologie bisher nicht erbracht werden konnte. Im besten Falle beschäftigt sich die Parapsychologie mit ehrlichen Täuschungen und seltsamen Zusammentreffen. Unglaubliche Ereignisse, die sich nur auf ein offensichtlich hyponoisches oder hypobulisches Zeugnis stützen, können nicht Ansichten ändern, die auf wohlbegründeten Tatsachen beruhen. Im schlechtesten Falle haben wir einen Wust von gefälschten Feststellungen, Täuschungen und Betrug. Hierfür finden sich Hinweise in der langen Serie von Fälschungen beim Psi-Phänomen, jenseits vernünftigen Denkens. Die Aktivitäten der motorischen Medien *Slade, Eusapia, Palladino* und *Eglinton*, die Taschenspielerei der Madame *Blavatzky* ebenso wie die spektakulären Materialisationen, über die Dr. *von Schrenck-Notzing* getäuscht wurde, sind eindrucksvolle Beispiele und erläutern den alten französischen Spruch: „L'homme est l'animal menteur par excellence." Die Leichtgläubigkeit hervorragender Wissenschaftler einschließlich *Sir Oliver Lodge, Sir William Crookes*[10], *J. K. Friedrich Zöllner* und anderer Opfer der Täuschung sollte für einen gesunden Skeptizismus ein warnendes Zeichen sein.

Die Parapsychologie sollte nicht mit dem Mystizismus verwechselt werden, der eine emotionale Haltung gegen den unleugbar mysteriösen Aspekt unserer phänomenalen Welt ist[11].

---

[10] Es darf demgegenüber heute über jeden vernünftigen Zweifel hinaus als gesichert angesehen werden, daß Sir *William Crookes,* einst Präsident der Royal Society, kein unschuldiger Betrogener war. Er hat gegenüber den betrügerischen Praktiken des Mediums *Florence Cook,* in das er vernarrt war, ein Auge zugedrückt. (Vgl. *Hall, T. H.*: Die Spiritualisten. Die Geschichte von *Florence Cook* und *William Crookes.* Helix Press, Garret Publications, New York, 1963.)

[11] So schließt ein so sachlich denkender Autor wie *Flechsig* seine wohlbekannte Vorlesung über „Gehirn und Seele" (1896) mit der Feststellung: „Um so klarer fühlen wir, daß hinter der Welt der Erscheinungen Mächte walten, gegen welche menschliches Wissen kaum noch auf den Namen eines ‚Gleichnisses' Anspruch machen darf."

In dieser Beziehung kann man behaupten, daß sogar ein mathematischer Ausdruck wie z. B. $e^{i\pi} + 1 = 0$ einen mystischen Wert hat. Jedoch darf diese Haltung nicht das vernünftige wissenschaftliche Denken entstellen. Sie hat in der Wissenschaft keinen Platz, weil die Sphäre axiologischer Werte nahezu gänzlich außerhalb der Wissenschaft liegt.

Bertrand Russell (1918) glaubt, daß „es bei ausreichender Zurückhaltung ein Element der Weisheit gibt, das nicht anders gewonnen werden kann als vom mystischen Wege des Fühlens. Wenn dies wahr ist, so kann der Mystizismus als eine Haltung gegenüber dem Leben und nicht als ein Glaube über die Welt empfohlen werden".

„So begriffen ist jeder Prozeß in *einem* vollständigen Ganzen: Vergangenheit, Gegenwart und Zukunft bestehen in gewissem Sinne zusammen und die Gegenwart hat nicht jene bevorzugte Wirklichkeit, die wir ihr für unsere gewöhnlichen Weise des Weltverständnisses zuschreiben. Wenn diese Deutung angenommen wird, so drückt der Mystizismus eine Gefühlsregung und nicht eine Tatsache aus; er erklärt nicht irgend etwas und kann daher durch die Wissenschaft weder bestätigt noch widerlegt werden." Oder mit den Worten von *Goethe*, „alles Vergängliche ist nur ein Gleichnis" (Faust, II, 5, Chorus mysticus). *Schiller* drückte ähnliche Ansichten in dem folgenden Distichon aus: —
„Das ist eben das wahre Geheimnis, das allen vor Augen liegt, euch ewig umgibt, aber von keinem gesehen."

Darüber hinaus glaubt *Bertrand Russell*, daß sogar die vorsichtigen und geduldigen Untersuchungen mittels des vernünftigen wissenschaftlichen Denkens, das „geradezu die Antithese der schnellen Gewißheit der Mystik scheint, gerade durch den Geist von Achtung gepflegt und genährt werden, in dem der Mystizismus lebt und wirkt."

Um noch eine andere Feststellung von *Russell* zu zitieren: Der Mensch ist nur ein schwaches Stäubchen, umgeben von unergründlichen Tiefen des Schweigens und des Mysteriums. Vernunft und Denken des Menschen, einzig Licht und Führung, sehen in ein feindliches drohendes Unbekanntes und bleiben unerschrocken in stolzem Mißtrauen gegen die unwiderstehlichen Kräfte, die für einen Augenblick das ungewisse menschliche Wissen zulassen. Das Denken durchdringt, wenn auch nur schwach, die Vergangenheit wie die Zukunft; übersetzt in Handeln befähigt der Gedanke, die Ereignisse zu gestalten und in geringem Maße zu kontrollieren. Der folgende Vierzeiler von *Fitzgeralds* Zeltmacher kann hier mit leichter Abwandlung zitiert werden:

"A moment guess'd—then back behind the Fold
Immerst of Darkness round the Drama roll'd
Which, for the Pastime of Eternity
It does itself contrive, enact, behold."

Im Jahre 1950 wurde ein interessantes Symposium über die physikalische Basis des Bewußtseins veröffentlicht, das eine Sammlung von Rundfunkvorträgen des BBC enthält und von *P. Laslett* herausgegeben wurde. In dieser Reihe, die durch *Sherrington* eingeleitet wurde, geben Verfasser wie *E. D. Adrian, W. E. Le Gros Clark, S. Zuckerman, E. T. O. Slater, W. Russell Brain,* und *W. Penfield* in knapper Form die Kernpunkte ihrer Ansichten wieder. Dazu wird noch der philosophische Aspekt des Problems von *Viscount Samuel*, Professor *A. J. Ayer* und Prof. *G. Ryle* diskutiert. Im Zusammenhang mit meinen „Bemerkungen" erscheint es mir angebracht, einige Erläuterungen zu den Feststellungen der letztgenannten drei Autoren zu geben.

Viscount Samuel nimmt einen wesentlichen Dualismus in der Natur an und glaubt, daß die neurobiologischen Diskussionen des Symposiums einen Treffpunkt zwischen Bewußtsein und Materie geschaffen haben, an den Stellen, wo das Bewußtsein die Sinnesdaten, die das Gehirn anbietet, annimmt und verwertet. Diese Deutung ist im wesentlichen mit der Ansicht von *Eccles* identisch.

Beim Postulieren des Bewußtseins erwähnt *Viscount Samuel* Ereignisse, über die man sich nicht durch noch so feinsinnige Ableitungen von physikalischen oder chemischen Prozessen Rechenschaft geben kann und zitiert in dieser Hinsicht einen Schachspieler, der seinen nächsten Zug überlegt. „Der Physiologe kann den neurophysiologischen Mechanismus enthüllen, der die Hand und die Zunge bewegt, aber nicht den Prozeß, der über die Tätigkeit des Spielers entschieden hat." Dieser Behauptung muß man widersprechen, da *Shannon* (1950) gezeigt hat, daß es im Prinzip möglich ist, eine Maschine zu konstruieren, die ebenso gut wie ein menschlicher Spieler Schach spielen kann.

Beim Postulieren der Materie bemüht sich *Viscount Samuel*, die idealistische Ansicht zurückzuweisen: Die Idealisten ziehen die Tatsache nicht in Rechnung, „daß die Sterne und Planeten und diese Erde für Aeonen existierten, bevor der Mensch existierte", und daß das Universum seine Aktivitäten unabhängig von menschlicher Wahrnehmung und Beobachtung sowie Messung in Raum und Zeit vollbrachte. „Daher kann das materielle Universum nicht ein Produkt des menschlichen Denkens sein." Ich glaube, daß dieses Argument, das ich in der Diskussion der „öffentlichen Daten" betrachtet habe, wertlos ist[12].

Ayer, der als Positivist gekennzeichnet werden kann, lehnt das Konzept der Wechselwirkung ab und ich stimme in diesem Punkt mit ihm völlig überein. Er stellt fest, „daß wir einen verwirrten und wahrhaft uneinsehbaren Bericht von elektrischen Impulsen gewinnen, der in Gefühle verwandelt oder von geistigen Prozessen von Störungen von Nervenzellen durchschossen ist. Das Bild, das wir erhalten, ist das von Botschaften, die durch das Gehirn reisen und eine mystische Ganzheit bilden, die man Bewußtsein nennt, die Befehle von ihm empfangen und dann weiterreisen". Ich stimme *Ayer* jedoch nicht zu, wenn er fortfährt: „Da aber das Bewußtsein keine Lage im Raum hat, — durch Definition ist es kein Ding, das eine Lage im Raum haben kann — ist es wörtlich gesprochen nicht sinnvoll, von physikalischen Signalen zu sprechen, die es erreichen."

Bewußtsein, sowohl im weiteren wie im engeren Sinne, hat in Wirklichkeit sehr entschieden eine Lage im Raum, aber selbstverständlich nicht in dem postulierten physikalischen Raum. Da das perzeptuelle Raum-Zeit-System des Bewußtseins nicht das physikalische Raum-Zeit-System ist, behält die Argumentation von *Ayer* gegen die Wechselwirkung ihren Wert, und es ist sicherlich nicht sinnvoll, von physikalischen Signalen zu sprechen, die das Bewußtsein erreichen.

Bewußtsein im engeren Sinne (Gedanken, Gefühle usw.), ist zwar nicht räumlich konfiguriert, und nur unbestimmt lokalisiert, trotzdem aber lokalisiert. Wir lokalisieren, wie mit Recht betont worden ist, unsere Gedanken nicht in unsere Füße (*Flechsig*, 1896; *Forel*, 1922) oder außerhalb unseres Körpers. Die Gedanken werden gewöhnlich in den Kopf lokalisiert, aber begleitende Gefühle können auch weiter kaudal, z. B. in die Brust, lokalisiert werden. Die Neurologen sind gut vertraut mit solchen Problemen unbestimmter oder bezogener Lokalisation. Die menschlichen

---

[12] Vgl. S. 58. Die idealistische Argumentation kann hier kurz folgendermaßen wiederholt werden:

Wenn wir von unserem gegenwärtigen perzeptuellen Raum-Zeit-System in die weit entfernte Vergangenheit extrapolieren, dann erscheint im Symbolismus unseres perzeptuellen Raum-Zeit-Systems, d. h. unseres Bewußtseins, das folgende Postulat wertvoll: Es ist, als ob die Sterne und die Planeten und diese Erde für Äonen vor fühlenden Wesen existierten, und es ist, als ob das Universum seine Aktivitäten unabhängig von Wahrnehmung und Messung von Raum und Zeit durch bewußte Beobachter ausführte.

Geruchswahrnehmungen, die zu Bewußtsein in weiterem Sinne gehören, sind in gleicher Weise nicht räumlich konfiguriert und nur sehr unbestimmt lokalisiert, mit Betonung jedoch in der Nasenhöhle. Die optischen und die taktilen Wahrnehmungen sind räumlich konfigurierte und gut lokalisierte Modalitäten des Bewußtseins. Die Wände und die Möbel des Zimmers, in dem ich an meinem Tisch sitze, sind daher Komponenten meines Bewußtseins, die in meinem privaten perzeptuellen Raum lokalisiert sind. Als „öffentliche Daten" stellen dieselben „Objekte" unter den gegebenen Umständen auch topologisch ähnliche Komponenten anderer Bewußtseinsmannigfaltigkeiten dar, die zu anderen Wahrnehmenden gehören, aber sie haben dann eine Lage in verschiedenen perzeptuellen Raum-Zeit-Systemen, getrennt von meinem eigenen und voneinander.

Es ist, wie ich glaube, gerechtfertigt, mit *Ayer* festzustellen, „daß Bewußtsein und Körper nicht als zwei verschiedene Einheiten verstanden werden dürfen, zwischen denen wir eine Art von doppelläufiger Brücke herstellen oder herausfinden müssen, sondern es ist so, daß wenn wir über Bewußtseinssysteme und über Körper sprechen, wir unsere Erfahrungen auf verschiedenen Wegen klassifizieren und auslegen".

Als Ärzte haben wir trotzdem unsere Erfahrungen in Ausdrücken der Materie ebenso wie in Ausdrücken von Bewußtsein zu klassifizieren, und wir haben diese beiden verschiedenen Aspekte zu korrelieren. Dies läßt sich, wie ich behaupte, in der am wenigsten unbefriedigenden Weise durch eine postulierte (fiktionelle) Theorie des psychophysischen Parallelismus durchführen.

Schließlich stimme ich *Ayer nicht* zu, wenn er feststellt, daß „die Entdeckung von Kausalverbindungen zwischen dem, was wir willkürlich entweder als geistige oder physikalische Ereignisse beschreiben, nicht irgend etwas einschließt, durch das wir in Verwirrung gebracht werden sollten". Kausalverbindungen, wie sie in meiner Darstellung definiert sind, schließen eine Wechselwirkung ein. Aber dies ist nur ein weniger wichtiger Punkt der Terminologie: Wenn *Ayers* Feststellung sich auf die Entdeckung nicht kausaler, abstrakter logischer oder mathematischer funktioneller Beziehungen zwischen dem bezieht, was wir einerseits als geistige, andererseits als physikalische Ereignisse zu beschreiben belieben, dann würde ich mich beeilen, ihm bereitwillig zuzustimmen, da dies den Kern des Parallelismus zum Ausdruck bringt.

Ryle, der dritte Teilnehmer an dem erwähnten „Symposium der Philosophen", erzählt zwei etwas verworrene Gleichnisse, in denen das Tertium comparationis mehr oder weniger verschleiert wird. Ich nehme an, daß er es für unberechtigt hält, unsere Erfahrungen in Ausdrücken von Materie und Geist zu klassifizieren. Er faßt diesen Standpunkt durch die Feststellung zusammen:

„Im gewöhnlichen Leben (außer, wenn wir des gesunden Wissens mangeln), brauchen wir selten das Hauptwort ‚Geist' oder überhaupt das Adjektiv ‚geistig'. Was wir machen, ist von Leuten zu sprechen, von Leuten, die rechnen, die schwören, hoffen, sich entschließen, schmecken, bluffen, sich ärgern usw. Auch sprechen wir im gewöhnlichen Leben nicht von ‚Materie' oder von Dingen, die ‚materiell' sind. Was wir machen, ist von Stahl, Granit und Wasser zu sprechen; von Holz, Moos und Korn; von Fleisch, Knochen und Sehne. Die zusammenfassenden Titel (Regenschirm-Titel) ‚Geist' und ‚Materie' bringen grade die Unterschiede zum Verschwinden, die uns interessieren müßten. Die Theoretiker sollten diese Worte fallen lassen."

Nach *Ryle* sind „Geist" und „Materie" Echos von der Rednerbühne der Philosophie her und erschweren die Lösung aller Probleme, die in den Ausdrücken von ihnen gestellt sind.

Es ist richtig, daß in einer gegebenen Bewußtseinsmannigfaltigkeit der Ärger und die Wahrnehmung einer Stahlbrücke beide Bewußtseinsmodalitäten sind. Die erstgenannte ist nur ungenau lokalisiert und räumlich nicht konfiguriert, die letztgenannte ist gut lokalisiert und gut räumlich konfiguriert. Die erstere wird mit Recht als Gefühl klassifiziert, das zu Bewußtsein im strengen Sinne gehört, die letztere als ein Gegenstand, der zum Bewußtsein im weiteren Sinne gehört. Im gewöhnlichen Leben sprechen wir über Gefühle und Objekte.

Unsere Erfahrung führt uns zu der Schlußfolgerung, daß Prozesse, die sich an einem Objekt, unserem Gehirn, abspielen, eine conditio sine qua non für das Auftreten von Bewußtsein bilden. Weiterhin können wichtige geordnete Beziehungen zwischen Objekten nur geklärt werden, wenn man physikalische Prozesse in einem physikalischen Raum-Zeit-System, d. h. Materie, fordert. Materie und Geist (Bewußtsein) von denen die erstere gegeben, der zweite postuliert ist, sind weit davon entfernt, nur umfassende Bezeichnungen (Regenschirm-Titel) zu sein, sondern sie sind unerläßliche Konzepte für eine Erklärung der Wirklichkeit im zweiten Sinne (d. h. ein Ding ist wirklich, wenn es mit anderen Dingen in einer Weise verbunden ist, die wir nach unserer Erfahrung erwarten). Die abstruse geistige Akrobatik, mit der versucht wird, auf die praktisch höchst nützlichen Konzepte von Geist und Materie zu verzichten, ist wesentlich komplexer und wesentlich weniger dienlich als das zugegeben künstliche Postulat des Parallelismus.

Es kann angenommen werden, daß die unbekannte Realität des transzendentalen Neutralismus eine Realität im ersten Sinne ist (d. h ein Ding ist wirklich, wenn es auch zu Zeiten persistiert, zu denen es nicht wahrgenommen wird). Diese Realität hat jenseits der Raum-Zeit-Kennzeichen keinerlei ausdrückbare Besonderheit; sie kann daher nicht in Beziehung zu Einzelereignissen im Bewußtsein gebracht werden. Fordert man (fiktionelle) Ereignisse in einem (fiktionellen) physikalischen Raum-Zeit-System, d. h. Materie, so wird es möglich, funktionelle Beziehungen ohne Wechselwirkung anzunehmen zwischen einer Reihe geordneter Ereignisse in einer fiktionellen persistierenden Realität (im zweiten Sinne) und der Reihe geordneter Ereignisse in einem diskontinuierlichen Bewußtsein.

Auf dem Symposion über Hirnmechanismen und Bewußtsein (1954), das vom Rat für internationale Organisationen der ärztlichen Wissenschaften organisiert wurde, diskutiert *D. O. Hepp* das Problem des Bewußtseins und der Introspektion. Dieser Autor betont, daß der einzige Hinweis für Bewußtsein „der nachweisbar unzuverlässige Augenschein der Introspektion“ ist. Ich stimme dieser Feststellung zu und räume auch ein, „daß die introspektive Evidenz, wenn sie sorglos gehandhabt wird, ein gefährliches Werkzeug ist“. Trotzdem, obwohl die Introspektion leider häufig unzuverlässig ist, ist die phänomenale Welt, die wir erfahren, eine solipsistische Welt des Bewußtseins und alle Daten in dieser Welt sind ausschließlich introspektiv. So gründet sich das Wissen des einzelnen Arztes über Nervenzellen und Nerventätigkeit auf blaue oder andersgefärbte Flecke in seinem Gesichtsfeld, wenn er durch ein Mikroskop blickt, auf weißliche Stränge, wenn er schneidet, auf gallertige oder gehärtete Massen, wenn er fühlt und sieht, auf flimmernde helle Linien durch den Schirm eines Kathodenstrahloszillographen, auf verschiedene andere ähnliche Wahrnehmungen, die Beobachtungen darstellen, und weiterhin auf schwarze Markierungen, die auf Papier gedruckt sind, auf denen Introspektionen von andern verzeichnet wurden, auf artikulierte Laute der Sprache und schließlich aber nicht zum geringsten auf Schlußfolgerungen. All das stellt Beobachtungen dar, die auf das Selbst oder seine geistigen Zustände oder Operationen gerichtet sind, da alle erwähnten Perzeptionen und zusätzlich Schlußfolgerungen geistige Zustände und Operationen sind. Obwohl der Ausdruck „Introspektion“ häufig auf die Beobachtung privater Daten oder auf Bewußtsein im engeren Sinne (die beiden überschneiden sich weitgehend, aber sind nicht völlig identisch) beschränkt ist, sind die öffentlichen Daten oder Wahrnehmungen von Objekten ebenfalls geistig (im weiteren Sinne), d. h. räumlich konfigurierte Bewußtseinsmodalitäten. Introspektion sollte daher als die Beobachtung oder Registrierung von Bewußtseinsmodalitäten definiert werden; erfahrene „äußere" Objekte sind geistig.

Wenn Theorie, wie *Hepp* feststellt, auf der Grundlage beobachtbaren Verhaltens ruht, wer beobachtet? Muß es nicht ein wahrnehmender, d. h. ein bewußter Beobachter sein? Man könnte versucht sein, mit dem Zeltmacher von Naishápur zu fragen: —

"All this of Pot and Potter-Tell me then,
Who is the Potter, pray, and who the Pot?"

Die nahezu vollständige Verwirrung, die in dem Denken derjenigen entsteht, die mit dem Gehirn-Bewußtseinsproblem ringen, indem sie die entscheidenden Konzepte vermischen, tritt beispielhaft eindrucksvoll in den folgenden Feststellungen von *Hepp* zum Vorschein: „Dementsprechend komme ich zu dem Vorschlag, die Existenz von irgend etwas, das man Bewußtsein nennt, nur als eine verehrungswerte Hypothese anzusehen: Nicht als Datum, nicht direkt beobachtbar, sondern eine Schlußfolgerung aus anderen Tatsachen. Ich behaupte, daß Ihre Überzeugung, daß Sie gewahr sind Ihres Gewahrwerdens (und gewahr Ihres Gewahrwerdens Ihres Gewahrwerdens?) eine Täuschung ist, die nicht zur Grundlage der Analyse der Hirnfunktion gemacht werden muß. Gleichzeitig gebe ich zu, daß Sie gewahr (oder bewußt) Ihrer Umgebung sind — ich gebe tatsächlich zu, daß auch ich es bin — ebenso wie ich zugebe, daß sich die Erde um ihre Achse dreht oder daß irgend etwas existiert, das als Atom bekannt ist. Die Hypothese, daß es irgend etwas gibt, das wir Bewußtsein nennen, ist eine gute (was dieses Etwas ist, ist eine andere Sache)."

Hepp bringt dann die Meinung zum Ausdruck, — der ich zustimme — daß jeder Versuch zu erklären, wie Nervenimpulse in eine geistige Erfahrung übersetzt werden können, ein unmöglicher Versuch ist. Die phänomenale Welt (von Farbe, Ton usw.) ist der Ausgangspunkt des Denkens, die letzte „Realität". Er fährt dann fort zu sagen „als ausgereifte theoretisierende Individuen können wir in Gedanken andere Ausgangspunkte wählen (z. B. ein Universum von Elektronen, permeablen Membranen und Nervenimpulsen) und sehen wie weit wir damit kommen; versuchen wir aber zwei Ausgangspunkte zu haben, geraten wir in Schwierigkeiten. Die Erklärung ist ein Prozeß, eine Gruppe von Gedanken auf eine andere zurückzuführen; es ist ersichtlich, daß eine solche Serie von Reduktionen einen Endpunkt haben muß. Wir können nicht A auf B zurückführen und zur selben Zeit B auf A: Wir können das Wort ‚Erfahrung' nicht zur letzten Realität machen und dann versuchen, es als eine Gruppe von Nervenimpulsen zu erklären, einfach weil dies logischer Unsinn ist.

Es ist vernünftig, die Existenz einer inneren Welt als primär anzunehmen und die physikalische Welt in Ausdrücken von ihr zu erklären (*Berkeleys* Vorgehen); oder wissenschaftlich produktiver, die Arbeitshypothese anzunehmen, daß alles Verhalten durch physiologische Prozesse bestimmt ist; jedenfalls aber nicht beide Annahmen gleichzeitig".

Da eine Klärung dieser bedeutsamen Argumente in einer Diskussion des Parallelismus höchst wichtig ist, erscheinen einige Kommentare und Ausarbeitungen zu *Hepps* Feststellungen ratsam.

Die Existenz eines Bewußtseins, das zu einem Beobachter gehört, ist für den Beobachter nicht irgendein Datum, sondern das fundamentalste Datum und ist streng eingeschlossen in den Konzepten „beobachtbar" und „Beobachter". Wie kann es dann eine Schlußfolgerung sein? Schlußfolgerung ist ein geistiger (bewußter) Prozeß, durch den, ausgehend von einer Annahme, die als wahr angenommen wurde, eine andere Annahme formuliert wird. Der Wert der letzteren wird vom Wert der ersteren abhängig gemacht. Die strenge Implikation schließt Gewißheit ein, Schlußfolgerung schließt Wahrscheinlichkeit ein und bezieht sich auf Tatsachen, die nicht unmittelbar beobachtet werden können. Das Vorkommen von Bewußtsein, das zu einem beobachteten menschlichen Wesen oder einem Tier gehört, ist natürlich für den Beobachter eine Schlußfolgerung. Wenn jedoch sein eigenes Bewußtsein für den Beobachter eine „Schlußfolgerung von anderen Tatsachen" wäre, was wären dann diese Tatsachen? Wenn sie überhaupt wißbar sind, könnten sie nur Bewußtseinsmodalitäten vorstellen. Weiter, wer zieht die Schlußfolgerung? Haben wir vielleicht Schlußfolgerungen anzunehmen oder zu hypostatisieren ohne einen Schließer? Eine solche Schlußfolgerung wäre dem berühmten Grinsen der Cheshire-Katze vergleichbar: „Gut, ich habe schon oft eine Katze ohne Grinsen gesehen", dachte Alice, „aber ein Grinsen ohne Katze! Das ist das merkwürdigste Ding, das ich in meinen ganzen Leben sah!"

Die Behauptung, daß die Existenz von Bewußtsein eine „Hypothese" sei, muß daher als widersinnig betrachtet werden. Darüber hinaus unterläßt *Hepp* hier die nötige Unterscheidung zwischen dem erfahrenen solipsistischen Bewußtsein des Beobachters und dem erschlossenen Bewußtsein, das sich auf eine beobachtete Person oder ein Tier bezieht. Außerdem bringt er augenscheinlich die Begriffe Zusammenhang und Folgerung durcheinander.

Wir prüfen nunmehr die Bedeutung der Tirade „Sie werden gewahr Ihres Gewahrwerdens (und gewahr Ihres Gewahrwerdens Ihres Gewahrwerdens?)“. Gewahrwerden kann in weiterem Sinne für Bewußtsein gesetzt werden; im engeren Sinne bezieht es sich auf eine Bewußtseinsmodalität oder das wirkliche Vorkommen einer spezifischen Bewußtseinsmodalität. Seines Bewußtseins gewahr werden bedeutet lediglich, daß die gesamte gegenwärtige Situation, d. h. das Vorkommen von Wahrnehmungen, Gefühlen und Gedanken, semantisch durch die Symbole „Ich bin gewahr“ oder „ich bin bewußt“ ausgedrückt wird. Das ist nicht Bewußtsein, das auf Bewußtsein aufgesetzt wird, sondern nur eine im Wort symbolisierte Bewußtseinsmodalität, die sich auf diese Gesamtsituation bezieht und in der gegebenen Bewußtseinsmannigfaltigkeit eingeschlossen ist. Die hinzugefügten Wiederholungen sind bedeutungslos und gehören zu einer Redundanz (oder Tautologie) des folgenden Typs: Ich sehe ein Buch, daher weiß ich, daß ich ein Buch sehe und weiß daß ich weiß, daß ich ein Buch sehe, usw. ad libidum quantum satis. In einer vereinfachten logischen Bezeichnung (sie könnte durch Einführung von Gruppen komplexer gemacht werden) läßt sie sich folgendermaßen schreiben: A = Gesamtsituation a = Wortsymbol, daher $a \subset A; a = a = a = a \ldots$

Ich räume ein, daß die Analyse des Bewußtseins oder Geistes kein geeigneter Ausgangspunkt für eine Analyse der Hirnfunktion ist und daß wir einen anderen Ausgangspunkt wählen können, ja praktisch zu wählen gezwungen sind, nämlich das Konzept einer physikalischen Welt. Wenn wir so verfahren, können wir trotzdem unseren primären Ausgangspunkt, nämlich die fundamentale Tatsache des Bewußtseins, nicht aufgeben, da diese Tatsache uns aufgenötigt wird. Das Bewußtsein ausschalten kann verglichen werden mit dem Absägen des Astes, auf dem wir sitzen. Wir sind daher auf zwei Ausgangspunkte angewiesen, einer ist ein Hilfspunkt, der andere fundamental. Obwohl dies in der Tat einige Schwierigkeiten mit sich bringt, so wollen wir doch dem Kernproblem grade ins Auge sehen, ohne die Ausflucht des exklusiven Behaviorismus.

Berkeleys Vorgehen besteht nicht, wie *Hepp* konstruieren will, in der Annahme der Existenz einer „inneren Welt als primär und Erklärung der physikalischen Welt in ihren Ausdrücken“. In *Berkeleys* Konzept sind beide, Objekte und Gedanken (usw.), d. h. sowohl die äußere wie die innere Welt, primär und identisch und stellen Bewußtseinsmodalitäten (Ideen in *Berkeleys* Terminologie) dar. Eine physikalische Welt in der Definition des Materialisten wird von *Berkeley* nicht erklärt, sondern geleugnet. In dieser Hinsicht stimme ich mit *Berkeley* überein, aber ich lehne seine Ansichten ab, indem ich die fiktionelle Hypothese einer physikalischen Welt als ein notwendiges praktisches Postulat betrachte. Schließlich stimme ich mit *Hepp* überein, wenn dieser Autor feststellt, daß es Unsinn ist, Bewußtsein als eine „Gruppe von Nervenimpulsen" zu erklären, wenn sich diese Feststellung auf eine kausale Erklärung bezieht. *Hepps* Definition von „Erklärung" jedoch ist nicht ganz befriedigend. „Erklärung" ist keineswegs ausschließlich „ein Prozeß der Reduktion", sondern bedeutet u. a. eine einsehbare Verbindung und geordnete Manifestation von Elementen einer Tatsache. Wir haben daher nach den verschiedenen Aspekten des Principium rationis sufficientis kausale Erklärungen, logische Erklärungen, geometrische Erklärungen und Erklärungen der Motivation („psychologische Erklärungen"). Die Theorie des psychophysischen Parallelismus liefert eine verständliche Verbindung zwischen den beiden Reihen — den Tatsachen des Bewußtseins und den angenommenen physikalischen oder physiologischen Tatsachen — in der Natur einer logischen Erklärung.

Was *Hepps* Vorschlag betrifft, das Bewußtsein sei eine Illusion, so ließe sich antworten, daß Bewußtsein von einem relativ wertvollen Standpunkt der Mystik aus in der Tat als Illusion angesehen werden darf, als eine Phantasmagorie oder ein Traum. Aber dann, unter solchen Voraussetzungen, wird auch das beobachtbare oder sog. objektive Verhalten eine Illusion innerhalb einer Illusion oder ein Traum innerhalb eines Traumes.

Was *Hepp* unter „Begründung des beobachtbaren Verhaltens" versteht, ist natürlich die Beobachtung öffentlicher Daten durch verschiedene bewußte Beobachter, so daß diese Daten von den unterschiedlichen, zu gleicher Zeit oder nacheinander tätigen Beobachtern verglichen und ausgearbeitet werden können. Letzten Endes müssen jedoch auch diese Aktivitäten unter dem Konzept der Introspektion zusammengefaßt werden.

In der Darlegung seiner Ansichten betont *Hepp*, daß der Physiologe, der das Verhalten analysiert, ohne etwas von moderner Psychologie zu wissen, von der Psychologie und Philosophie spätestens von 1890 beherrscht wird; dies umgekehrt ist größtenteils die Physiologie von 1850 von *Helmholtz* und *Johannes Müller* mit ihren sehr beschränkten Kenntnissen vom Nervensystem. „Wir dürfen weder als Tatsache nehmen noch zulassen, eine Theorie, die von den rohen Hypothesen der Denker des 18. Jahrhunderts, wenn sie auch glänzende Denker waren, beherrscht wird."

Wenn auch offensichtlich ein Körnchen Wahrheit in dieser Bemerkung liegt, so haben doch viele Aspekte der modernen Psychologie und besonders die einseitige Betonung des Behaviorismus auf einen Weg geführt, den ich für eine Sackgasse halte. Ohne irgendeinen der wirklichen und beträchtlichen Fortschritte der Naturwissenschaften aufzugeben, erscheint es sehr heilsam, zu den wesentlichen Ansichten brillanter Geister der Vergangenheit zurückzugehen, da viele dieser Ansichten ihren Wert behalten haben und die Grundlage für eine bessere Annäherung an die Probleme liefern. *Schopenhauer* äußert in seiner Zeit, die eine Herabsetzung der Denker der Vergangenheit mißbilligte: „Sie nennt ... jene ... Vergangenheit die ‚Zopfzeit'. Aber an jenen Zöpfen saßen Köpfe; jetzt hingegen scheint mit dem Stengel auch die Frucht verschwunden zu seyn." Man kann nicht nur von den Denkern des 18. Jahrhunderts noch viel lernen, sondern auch von früheren hervorragenden Geistern wie z. B. *Giordano Bruno* und vielen anderen großen Denkern der Scholastik mit ihren Argumenten über Realismus und Nominalismus ebenso wie von anderen Philosophen lange vergangener Zeiten. Um es ganz offen zu sagen, die Ansichten von *Hepp*, die sich auf einen hohen Grad vorgeschrittener „Sophistikation in der Verhaltenswissenschaft" (um einen meiner Kritiker zu zitieren) gründen, sind meiner Meinung nach bei weitem roher als „die rohen Hypothesen" von *Helmholtz* und *Johannes Müller*.

Einförmigkeit der Natur: Maschinen, Tiere und Mensch

Der Vergleich lebender Organismen mit Maschinen ist alt und von vielen Schriftstellern ausgearbeitet. *Cartesius* und *La Mettrie* verdienen besondere Erwähnung. In einem Band mit dem Titel: „Grundlinien einer Philosophie der Technik" (1877) verglich *E. Kapp* menschliche Organsysteme mit mechanischen Werkzeugen, Instrumenten, Maschinen und Organisationen, wie Eisenbahnsystemen und einem Staatswesen. Das Nervensystem wurde in Parallele gesetzt mit dem elektromagnetischen Telegraphen, ein Vergleich, der in jener Zeit weithin im Brauch war und auch von *R. Virchow* betont wurde. Rechnende Maschinen werden heute gewöhnlich als mechanische oder elektronische Gehirne bezeichnet. *Edmund C. Berkeley* hat eine interessante elementare Einführung in die Arbeitsprinzipien solcher Mechanismen in seinem Buch „Riesengehirne oder Maschinen, die denken" (1949) vorgelegt; in einer kürzeren Abhandlung „Die Konstruktion lebender Roboter" (1952) setzt dieser Verfasser vom Standpunkt des Ingenieurs aus seine Ansichten über die Natur und die wesentlichen Eigenschaften des Lebens in Vergleich mit der Natur von Robotern auseinander. *W. Sluckin* (1954) hat eine Synopsis veröffentlicht, in der ähnliche Probleme unter dem Titel „Geister und Maschinen" erörtert werden. Es gibt auch noch andere Mitteilungen über verschiedene Aspekte dieses Gegenstandes.

Wir müssen uns jedoch zunächst selbst fragen: Was ist eine Maschine? Per Definition ist es eine materielle Konstruktion, die dazu erfunden ist, entweder „Kräfte" oder Bewegung zu transportieren oder zu modifizieren oder Arbeit zu produzieren. Solche Konstruktionen verkörpern „mechanische Prinzipien", die Materie in Bewegung oder Kausaleffekte von Materie in einem (relativen) Ruhezustand umfassen[13].

Oberflächlich betrachtet schließt diese Definition notwendig alle lebenden Organismen ein; sie würde aber auch notgedrungen solche materiellen Anordnungen wie etwa einen Gletscher umfassen, in dem Moränen-Geröll vermahlen wird oder auch Flüsse und Wasserfälle und zusätzlich materielle Muster, wie Atome, Moleküle oder Sonnensysteme.

Die Bedeutungen der Ausdrücke „Konstruktion" und „erfunden" fordern jedoch nähere Aufmerksamkeit. Im engeren Sinne bedeutet Konstruktion so viel wie „Artefakt", d. h. die Arbeit oder Tätigkeit eines lebenden Organismus, Mensch oder Tier und „erfunden zu" schließt einen Zweck ein, d. h. einen bewußt ins Auge gefaßten Plan oder ein Handlungsende. Engen wir die Definition ein, so läßt sich sagen, daß eine

---

[13] In seiner Abhandlung „De Architectura" (X, I) gab *Vitruvius* (er lebte etwa 30 v. Chr. Geburt als Zeitgenosse von Julius Cäsar und Octavianus) eine interessante Definition von „Maschine": Machina est continens e materia conjunctio maximas ad onerum motus habens virtutes!" Man hat dies übersetzt: „Eine Maschine ist ein kontinuierliches materielles System, das besonders für die Fortbewegung von Gewichten geeignet ist." *Vitruvius* nimmt in gewisser Weise das Konzept von *Kapp* der „Organprojektion" voraus, das weiter unten diskutiert werden wird, indem er hinzufügt: „omnis autem est machinatio rerum natura procreata ac praeceptrice et magistra mundi versatione instituta". „Cum ergo majores haec ita esse animadvertissent, e rerum natura sumpserunt exempla et ea imitantes inducti rebus divinis commodas vitae perfecerunt explicationes". *Vitruvius* unterschied „Maschinen" von „Organen" (Instrumenten) nur auf der Grundlage von Größe und verwickeltem Aufbau. Maschinen mußten von mehreren bedient werden, Instrumente von einem einzelnen Arbeiter.

Maschine ein zweckvolles Artefakt ist, das geplant wird, um Kräfte zu übertragen oder zu verändern oder Arbeit zu produzieren.

Das Konzept des Zweckes ist hier von überragender Bedeutung und fordert weitere Beleuchtung. Ich glaube, daß die Ausdrücke Zweck, „Zweckhaftigkeit", „Teleologie" und „teleologisch" ebenso wie Ziel und Absicht (und in diesem Zusammenhang axiologischer Wert) ausschließlich für bewußte Handlungen und Phänomene vorbehalten werden sollten. Diese Beschränkung sollte auch für die Bezeichnung „Ende" gelten, aber da dieses Wort so viele andere unerläßliche Bedeutungen und Nebenbedeutungen hat, würde es nicht durchführbar sein, so zu verfahren. Wird jedoch die Bezeichnung „Ende" als synonym mit Ziel, d. h. als ins Auge gefaßtes Ende einer Handlung gebraucht, so ist offenbar, daß bewußte Aktivität hier inbegriffen ist. Insofern Zweck einen Akt der Willensäußerung bestimmt, sei es einen Gedankengang oder eine motorische Willküraktivität, wird er ein Motiv.

Da Zweck für die animalische Funktion des Bewußtseins wesentlich ist, ist es unzulässig, „Zweck" der geforderten verständlichen Realität zuzuschreiben, die als die Ordnung des transzendentalen Neutralismus begriffen wird. Zweck oder Zweckhaftigkeit können wir auch nicht den Ereignissen der postulierten physikalischen Welt beilegen, welche die physiologischen Phänomene des organischen Lebens einschließt. Mit anderen Worten, es ist nicht zulässig, vom Bewußtsein her in beiden Richtungen zu extrapolieren.

Als Biologen dürfen wir gewiß Organe als Maschinen erklären, z. B. das Auge in Ausdrücken einer Kamera obscura oder eines fotografischen Apparates, d. h. mit einem Ende oder einem Zweck; wir dürfen auch vermutlich unbewußtes Verhalten, das sich z. B. in zusammengesetzten Reflexen äußert, als zweckhaft beschreiben. Es sollte aber klar sein, daß wir dies nur in einem figürlichen Sinne tun und dabei eine Terminologie zu größerer Klarheit oder Betonung und durch Extrapolation benutzen, die sich auf die Phänomene des Bewußtseins bezieht. Wir können somit mit gebotener Zurückhaltung Tatsachen in Ausdrücken „dessen was wir sind" beschreiben und teleologische Erklärungen mit der einschränkenden Qualifikation des „Als ob" verwenden.

Die einzigen anderen zweckvollen Aktivitäten in dieser Erscheinungswelt sind neben den zweckmäßigen bewußten Handlungen, eingeschlossen die motivierte Aktion, diejenigen von Maschinen, deren Tätigkeit natürlich den Zweck des Erfinders, Erbauers und Benutzers offenbart.

Es ist ein wenig paradox, daß die mechanistische Ansicht, die der Teleologie entgegengesetzt ist, sich auf Mechanismen bezieht, die in Wirklichkeit und wesentlich zweckhaft sind und nur in Ausdrücken von Zweck verstanden werden können.

Es ist mir natürlich klar, daß dies nicht die beabsichtigte Bedeutung der mechanistischen Ansicht ist, die sich nicht auf Mechanismen als solche bezieht, sondern eher auf die Prinzipien, nach denen Mechanismen arbeiten; mechanische Prinzipien können so verstanden werden, daß alle Phänomene, mit denen sie sich befassen, das Ergebnis physikalischer Ereignisse sind und lassen sich in Ausdrücken physikalischer und physiologischer Gesetze erklären.

Man sagt mitunter, daß die Teleologie die Vergangenheit und die Gegenwart in Ausdrücken der Zukunft erklärt und daß sie sich so vom Mechanismus unterscheidet, der die Gegenwart und die Zukunft kausal in Ausdrücken der Vergangenheit verständlich macht. Diese Deutung der Teleologie muß jedoch als eine Täuschung angesehen werden, da es nicht die Zukunft ist, die als Motiv oder Kausalfaktor handelt, sondern die gegenwärtige oder vergangene Vorwegnahme, ein Konzept oder eine Extrapolation, die die Zukunft betreffen; eine solche Vorwegnahme oder Extrapolation kann sogar völlig irrig sein. Nach dem Principium rationis sufficientis fiendi (durch Ursachen) oder agendi (durch Motive) wird die Gegenwart durch vergangene Ereignisse und die Zukunft durch gegenwärtige Ereignisse bestimmt.

In der physikalischen Welt haben wir es mit anorganischer Wirkung, Verhalten lebender Organismen, funktioneller Bedeutung und Anpassung zu tun. Ich stimme vollständig mit *Ashby* (1952) in der Forderung überein, daß die lebende Materie als identisch mit jeder anderen Materie angenommen werden muß und daß man sich nicht auf spezifische Lebensprinzipien berufen darf. In diesem Bereich kann und sollte sogar jede teleologische Erklärung ausgeschaltet werden.

In einer Veröffentlichung mit dem Titel „Verhalten, Zweck und Teleologie" (1943) haben *Rosenblueth, Wiener* und *Bigelow* ihre Ansicht über diese Probleme vorgebracht. Teils stimmte ich ihnen zu, teils lehne ich sie ab. Hinsichtlich gewisser Aspekte ihrer These betrifft die Ablehnung nur Fragen der Terminologie.

Nach diesen Autoren ist die Annahme, daß alle Maschinen zweckvoll sind, unhaltbar. Um ihre Ansicht zu stützen, wird das Roulette genannt, das „ausdrücklich für die Zwecklosigkeit erfunden ist". Ich bestreite diese

Feststellung, die in sich selbst widersprüchlich ist, da „erfunden" auch einen Zweck einschließt. Das Roulette ist eine Maschine, die nicht nur mit einem, sondern mit mehreren Zwecken konstruiert ist. Erstens zu dem Zweck zufällige Ergebnisse (Chancen) oder Entropie zu liefern. Zweitens entweder mit dem Zweck des Vergnügens als ein Spiel oder des Geldverdienens wie z. B. im Spielkasino. Weiterhin wird eine Glocke erwähnt, die „zwar erfunden ist mit einem Zweck, aber in der Ausführung, obwohl geordnet, nicht zweckhaft ist — d. h. es gibt keine spezifische Zweckbedingung, nach der die Bewegung der Glocke strebt". Wieder bin ich anderer Meinung: Die Bewegung der Hände ist ein Ereignis, ein Zustand, von „in vernünftigen Grenzen" einförmiger Bewegung — motio quae aequabiliter fluit — mit der eine Information über zeitliche Beziehungen zu erlangen beabsichtigt ist. Dieser Zustand von Bewegung kann als Ende oder Ziel verstanden werden.

Das dritte Beispiel der Verfasser betrifft ein Gewehr; obwohl es „zu einem bestimmten Zwecke gebraucht wird, ist das Erreichen eines Zieles bei der Herstellung des Gewehres nicht wesentlich; zufälliges Schießen kann freiwillig zwecklos gemacht werden". Wieder haben wir eine in sich selbst widersprüchliche Annahme, nämlich „freiwillig zwecklos". Das Gewehr wird mit einem ganz bestimmten Zweck gebaut, nämlich ein Geschoß abzufeuern. Wenn es ein nicht feuerndes Spielzeuggewehr ist, wird es hergestellt, um Vergnügen zu liefern. Wenn ein wirkliches Gewehr zufällig abgefeuert wird, kann der Zweck sein, es auszuprobieren oder Geräusch zu erzeugen oder in anderer Weise durch diese Maßnahme befriedigt zu sein.

Obgleich bewegliche Teile wie Räder, Hebel und andere und die Fähigkeit Arbeit hervorzubringen, häufig in Maschinen auffallen, so können Bewegung und Arbeit auch unauffällig sein. Wegen der Unbestimmtheit, die jeder semantischen Symbolisierung innewohnt, kann zwischen Maschinen und anderen Artefakten keine scharfe Grenze gezogen werden. Ein Teleskop oder ein fotografischer Apparat sind Maschinen, aber ein Stuhl, ein Tisch oder ein Staudamm können ebenfalls Kräfte übertragen oder modifizieren.

Wenn die Informationsübertragung oder der emotionale und künstlerische Wert anderen Merkmalen gegenüber überwiegen, wie in einer Zeitung, einem Buch, einem Gemälde oder einer Statue ist die Bezeichnung „Maschine" auf solche Artefakte nicht mehr anwendbar.

Rosenblüth, *Wiener* und *Bigelow* geben in ihrem Essay eine Klassifikation der physikalischen Aktion, die als Verhalten begriffen wird, die zweifellos nützlich und auch genügend umfangreich ist, um alle äußerlich feststellbaren Modifikationen eines Gegenstandes, sei er lebend oder nicht lebend, zu umfassen.

Verhalten nennen diese Autoren jeden Wechsel einer Wesenheit im Hinblick auf ihre Umgebung. Das Verhalten wird weiter klassifiziert als nichtaktiv (passiv) und aktiv. Im passiven Typ ist das Objekt keine Quelle von Energie und die gesamte Energie im Output kann auf den unmittelbaren Input zurückverfolgt werden. Im aktiven Typ ist das Objekt die Quelle der Auslaßenergie, die in einer gegebenen Reaktion enthalten ist. Das Objekt kann Energie speichern, die durch einen zeitlich lange vorhergehenden oder relativ unmittelbaren Einlauf zur Verfügung gestellt wird, jedoch stößt der Eingang nicht unmittelbar den Ausgang an. Meiner Meinung nach liegen in diesen Definitionen einige Schwächen, und ich bin nicht davon überzeugt, daß eine scharfe und wertvolle Unterscheidung zwischen aktivem und passivem Verhalten auf dieser Grundlage gemacht werden kann. Die Verfasser klassifizieren zum Beispiel den Gleitflug eines Vogels als passives Verhalten, da „das Objekt Energie kontrollieren kann, die während der Reaktion außerhalb von ihm selbst bleibt“. Das Schweben ist ein ausgesprochen aktives Verhalten, da es komplizierte Kontrollreaktionen an den Oberflächen voraussetzt, die ganz sicher durch einen Output bewegt werden, dessen unmittelbare Energiequelle der Vogel selbst ist.

Weiterhin wird aktives Verhalten von diesen Verfassern in nicht zweckvolles (zufälliges) und „zweckvolles“ unterteilt. „Zweckvolles“ Verhalten ist entweder Rückkopplung („teleologisches“ Verhalten) und Nichtrückkopplung („nicht teleologisches“ Verhalten). Rückkopplungsverhalten kann nicht-extrapolativ („nicht-prädiktiv“) oder extrapolativ („prädiktiv“) sein. Extrapolatives Verhalten kann verschiedene Ordnungen von Extrapolation zeigen, die von der Anzahl verschiedener Ereignisse abhängen, aus denen die zeitlich-räumlichen Koordinaten extrapoliert werden. Es gibt daher Extrapolationen erster, zweiter und höherer Ordnung („Ordnungen von Prädiktion“).

Trotz einiger Mißgriffe, die eine gültige Unterscheidung zwischen „aktivem“ und „passivem“ Verhalten betreffen, stimme ich im wesentlichen der Klassifikation, die die genannten Verfasser geben, zu, bin aber hinsichtlich der folgenden Aspekte ihrer Terminologie anderer Ansicht.

Die phänomenale Welt ist ausschließlich eine Welt des Bewußtseins, und wir benutzen für gewisse Ereignisse in dieser Welt die Ausdrücke „Zweck“, „zweckvoll“, „prädiktiv“ und „teleologisch“. Wir können auch unsere Erfahrungen in Ausdrücken postulierter (fiktiver) „materieller“ Ereignisse im physikalischen Raum-Zeit-System deuten, d. h. in Ausdrücken der Physik, der Chemie, der Physiologie und der Verhaltenslehre. Wenn wir dies tun, müssen wir bis zu den Grenzen des Möglichen alle Konzepte ausschließen, die sich ausdrücklich auf bewußte Aktivitäten beziehen. Dies ist offensichtlich unmöglich, aber wir müssen wenigstens diese postulierte physikalische Welt auf Konzepte des physikalischen Raum-Zeit-Systems, d. h. kausal oder „statistisch“ determinierte Ereignisse und Muster beschränken. Es erscheint ungeeignet, in der Tat „animistisch“, Ausdrücke wie „Zweck“ oder „Teleologie“ wieder einzuführen und ich bleibe dabei, daß Teleologie Bewußtsein, Willen oder beabsichtigten Zweck einschließt[14]. Wir können nur feststellen, daß solche oder andere Ereignisse in solchen oder anderen Kombinationen oder Mustern gewisse bestimmbare Ergebnisse in Übereinstimmung mit einer bestimmbaren Ordnung haben. Daher glaube ich, daß es von diesem Standpunkt aus unberechtigt ist, eine gerichtete Handlung, die durch Rückkopplung kontrolliert wird, als teleologisch zu definieren. Es erscheint auch falsch, gerichtete Aktivität als zweckvoll zu bezeichnen und nicht bewußte extrapolative Aktivität als prädiktiv (vorhersagend). Weiterhin widerspreche ich der Feststellung der genannten Autoren, daß Kausalität einen ausschließlich einfachen Weg einer irreversiblen funktionellen Beziehung einschließt: In der Rückkopplung, sei sie negativ oder positiv, ist der Output ein Effekt, der rückwärts gegen das sich verhaltende Objekt gerichtet ist und so eine Ursache wird, die den folgenden Output modifiziert. Dieses kausale Muster fällt unter die Bezeichnung „Wechselwirkung“ der deutschen Autoren. Rückkopplung kommt nicht nur in künstlichen Mechanismen und in Organismen vor, sondern auch in anorganischen Naturprozessen. So sind z. B. bestimmte Typen der Geyseraktivitäten durch eine Reihe unterbrochener Wallungen gekennzeichnet, die zunehmend größere Oszillationen darstellen, welche mit Rückkopplungswirkungen verbunden sind und in einer schließlichen Eruption kulminieren. Dies hat umgekehrt eine negative Rückkopplungsaktion als Folge, an die sich eine Wiederaufnahme der Oszillationen anschließt. Von einem Standpunkt des Animismus aus ist es unzweifelhaft berechtigt, einen

[14] Mit anderen Worten, finale Ursachen. *Spinoza* stellt in der Ethik Teil I Propositio XXXVI fest: „Nihil existit, ex cuius natura aliquis effectus non sequatur.“ In der folgenden Demonstratio fügt er dann die Bemerkung an, daß: „naturam finem nullum sibi praefixum habere, et omnes causas finales nihil nisi humana esse figmenta.“

Geyser in Ausdrücken von Zweck und Teleologie zu beschreiben, aber ich würde ein solches Konzept nicht als überzeugend, wertvoll oder besonders hilfreich ansehen. Die zitierten Verfasser vertreten sicher keinen Animismus; jedoch verfälschen sie meiner Meinung nach die Bedeutung wichtiger Worte.

Verhalten kann als zufällig oder gerichtet klassifiziert werden, d. h. es zeigt vereinigte vektorielle Kennzeichen in einem Feld oder einem Muster. Gerichtetes Verhalten kann vom Rückkopplungstyp oder nicht vom Rückkopplungstyp sein. Rückkopplungsverhalten kann extrapolativ oder nicht extrapolativ auftreten. Schließlich kann das extrapolative Verhalten auch nach den verschiedenen Ordnungen der Extrapolation unterteilt werden. Bis zu diesem Grade ist die Klassifikation von *Rosenblueth, Wiener* und *Bigelow* annehmbar, während ihre Bezeichnungen „zweckvoll", „teleologisch" und bis zu einem gewissen Grade auch „prädiktiv" eine μετάβασις εἰς ἄλλο γένος vorstellen.

Vom Standpunkt des Parallelismus aus glaube ich, daß Zweck und Teleologie keineswegs unvereinbar oder entgegengesetzt zu einem mechanistischen Determinismus sind. Wir haben jedoch in Übereinstimmung mit dem psychophysischen Parallelismus zwei verschiedene, aber miteinander in Beziehung stehende Reihen von Ereignissen zu unterscheiden, zwischen denen es keine Wechselwirkung gibt und die nicht miteinander vermischt werden dürfen. Zweck und Teleologie gehören zur Ordnung des perzeptuellen Raum-Zeit-Systems, d. h. zur Ordnung des Bewußtseins; mechanistischer Determinismus gehört zur Ordnung des postulierten physikalischen Raum-Zeit-Systems.

Man darf sagen, daß zweckvolle, teleologische und prädiktive bewußte Aktivitäten Parallelereignisse vorstellen, die mit angenommenen physikalischen neuralen Ereignissen eines extrapolativen Rückkopplungstyps korreliert sind. Bis dahin können diese bewußten Aktivitäten in mechanischen Ausdrücken erklärt werden. Sie können auf diese Weise auch als streng bestimmt gelten.

Ereignisse in der postulierten physikalischen Welt, die auftreten, „als ob" sie zweckvoll oder teleologisch wären, können als bloße Kombinationen kausaler Ordnung (principium rationis sufficientis fiendi) mit Ordnung von Mustern (principium rationis sufficientis essendi) begriffen werden. In den meisten Fällen kann das Konzept der funktionellen Bedeutung an die Stelle der Konzepte des Zweckes oder der Teleologie treten.

Verschiedene andere Klassifikationen von Verhalten sind denkbar und auch vorgeschlagen worden; *Holms* (1922) unterscheidet z. B. nichtadaptives und adaptives Verhalten. Der letztgenannte Verhaltenstyp wird wieder unterteilt in selbsterhaltendes und arterhaltendes Verhalten. Selbsterhaltendes Verhalten kann sustentativ, protektiv oder ameliorativ sein. *Ashby* (1952) betont stabiles und ultrastabiles Verhalten ebenso wie Verhalten von multistabilen Systemen und seriale Adaptation.

Beim Vergleich von Tieren mit Maschinen treten vor allem zwei Unterschiede hervor. Tiere sind lebende organische Strukturwesenheiten und Maschinen sind nicht lebende Strukturwesenheiten. Tiere entwickeln sich ontogenetisch und wie man annimmt auch phylogenetisch im Laufe natürlicher Ereignisse, d. h. gemäß einer Ordnung, für die meiner Meinung nach die Ausdrücke zweckmäßig und teleologisch nicht von Wert sind. Auf der anderen Seite sind Maschinen zweckvolle Artefakte, die von bewußten lebenden Wesen geplant und konstruiert werden.

Es gibt noch einen dritten Unterschied: Viele oder vielleicht die meisten Tiere, so weit sie ein Nervensystem besitzen, sind wahrscheinlich bei Bewußtsein, während Maschinen als bewußtlos betrachtet werden können. Ich räume ein, daß dies eine Schlußfolgerung ist, die dem Widerspruch offensteht, ich halte sie aber für wertvoll. Ich weiß, daß ich bewußt bin und ich bin davon überzeugt, daß andere menschliche Wesen und höhere Tiere bewußt sind. Ich nehme an, daß Bewußtsein auch bei niederen Formen organischen Lebens mit einem Nervensystem vorkommt und ich kann mir anorganische Materie, Maschinen oder Roboter nicht als bewußt denken. Ich räume jedoch ein, daß der Hylozoismus oder der Animismus durch formale Logik nicht streng zu widerlegen sind, und daß in der Nebelhaftigkeit und Unsicherheit dieser phänomenalen Welt die ausgesprochenen Meinungen auf einer vergleichenden und unterscheidenden Beurteilung beruhen müssen.

Eine Definition des organischen Lebens wurde im ersten Abschnitt gegeben, der sich mit der materialistischen Annäherung beschäftigte. Sie muß hier nicht wiederholt werden. Auf Grundlage der erreichbaren Daten erscheint das Leben als ein Phänomen, das zu bestimmten Zuständen von Kolloiden, besonders Proteinen, in Beziehung steht. Da anscheinend gleichförmige physikalische und chemische Ordnung im ganzen bekannten Universum vorherrscht, ist es wahrscheinlich, daß ähnliche Lebensphänomene auf anderen Sternsystemen vorkommen. Solche Annahmen müssen aber reine Mutmaßungen bleiben. Eine beträchtliche Variation der chemischen Zusammensetzung des Substrates des organischen Lebens und der gestaltlichen Muster, die damit verbunden sind, liegt wahrscheinlich vor.

Der Ausdruck „Natur“ erfordert im Hinblick auf die Konzepte „Einförmigkeit der Natur“ und „natürliche Ereignisse“ eine Klärung: Natur bedeutet hier die allgemeine kosmische Ordnung aller Phänomene in einem Raum-Zeit-System ohne jeden Einschluß von Bewußtsein, Zweck und Teleologie. Von vielen zusätzlichen und teils sehr unbestimmten Bedeutungen von „Natur“ sind zwei Nebenbedeutungen in unserer Diskussion von gewissem Interesse, nämlich Natur als das, was durch menschliche Aktivität unbeeinflußt ist und Natur als das, was sich auf Verhalten bezieht, das nicht vom Intellekt kontrolliert wird.

Kapp (1877) stellte beim Vergleich menschlicher Organsysteme mit Maschinen das Konzept der „Organprojektion“ auf, nach dem alle mechanischen Erfindungen, die von Menschen hergestellt werden, als unbewußte Reproduktionen funktioneller Besonderheiten zu deuten sind, die in organischen Strukturen vorkommen. *Rosenblueth, Wiener* und *Bigelow* (1943) mißbilligen die These, daß die Erfinder von Maschinen nur versuchen, die Leistungen von lebenden Organismen zu wiederholen, ohne sich dabei speziell auf *Kapp* zu beziehen. Nach diesen letztgenannten Verfassern ist eine solche Ansicht unkritisch; sie bemerken dazu jedoch: „daß das Verhalten einiger Maschinen im Großen gesehen Ähnlichkeit mit Reaktionen von Organismen hat, ist nicht überraschend“. In einer späteren Veröffentlichung greift *Wiener* (1948) die Bezeichnung „Kybernetik“ wieder auf und beschäftigt sich mit der wesentlichen Einheit einer Gruppe von Problemen, die die Kommunikation, Kontrolle und die statistischen Mechanismen sowohl in Maschinen wie in Organismen betreffen.

Ohne Zweifel enthält die Behauptung von *Kapp*, daß die mechanischen Erfindungen, die der Mensch konstruiert hat, unbewußte Reproduktionen von Erfindungen sind, die organischen Strukturen innewohnen, eine Wahrheit; man darf diese Feststellung jedoch nicht so auslegen, als enthielte sie eine spezifische „Organprojektion“. Organe sind der Übertragung oder Modifikation von „Kräften“, von Bewegung oder der Lieferung von Arbeit angepaßt. Wegen der Ordnung und Gleichförmigkeit der Natur, die die Prinzipien der Konfiguration enthält, ist das überall vorkommende Grundmuster, gleichgültig ob eine Aktivität durch ein Organ oder durch ein Artefakt vollzogen wird, identisch, aber viele Einzelheiten hängen vom Typ des materiellen Substrates ab, das in die Operation eingeht. Es gibt daher eine gegenseitige Beziehung von Substrat und funktionellem Muster[15]. Nicht nur die statischen Gestaltmuster, sondern auch die funktionellen Muster sind transponierbar. Darüber hinaus können funktionelle Muster durch Modelle symbolisiert werden, die charakteristische Merkmale solcher Muster reproduzieren. So kann z. B. die längs einer Nervenfaser fortgeleitete Störung durch das Modell eines Oxyd-bedeckten Eisendrahtes wiedergegeben werden, der in eine schwache Lösung von Salpetersäure getaucht wird. An diesem gut bekannten Modell von *Lillie* lassen sich Reizung, das Alles oder Nichts-Prinzip, absolute und relative Refraktärperiode ebenso wie die Chronaxie demonstrieren.

Vergleicht man lebende Organismen mit Maschinen, so ist, z. B. durch *Rosenblueth*, *Wiener* und *Bigelow* betont worden, daß die Maschinen aus harten Teilen, (totem) Holz, Metall oder anderem Material bestehen und was die elektronischen Teile betrifft, aus Drähten, Dielektricum und Röhren. Im Gegensatz dazu sind die Organismen aus Proteinen und anderen Kolloiden aufgebaut, die jedoch einige Hartsubstanzen wie Holz, Chitin, Horn, Knorpel oder Knochen umfassen. Zusätzlich zu ihrer mechanischen Bedeutung haben die Organe spezifische Konstruktionsforderungen, um die Lebensprozesse ihres Substrates aufrecht zu erhalten; Bei den höheren Vielzellern wird die Blutversorgung von besonderer Wichtigkeit.

Es ist wahrscheinlich, daß das Rad, das fast keine Rolle bei lebenden Organismen spielt, nur schlecht an solche Forderungen angepaßt ist. So bemerkt einer der zitierten Autoren: „Kein lebender Organismus ist bekannt, der auf Rädern rollt."

---

[15] Hinsichtlich der funktionellen Strukturen bei den verschiedenen Formen des organischen Lebens hat *Zawarzin* (1925) ein Prinzip des Parallelismus formuliert, nach dem ähnliche Funktionen auch durch ähnliche Strukturen verwirklicht werden müssen, wogegen die Anzahl der möglichen Strukturanordnungen für eine gewisse gegebene Funktion beschränkt ist. Jede Funktion (z. B. Registrierung von und Reaktionen auf optische Reize) hat in der ganzen Tierwelt nur ein fundamentales Muster struktureller Anordnung. In verschiedenen Tierformen wird dieses Muster in verschiedenen Differenzierungsstadien offenbar (verschiedene Augenmuster, die alle gewisse strukturelle Merkmale gemeinsam haben). Konvergenz von Funktionen bedingt weiterhin eine Konvergenz der Struktur, die ganz unabhängig von irgendeiner phylogenetischen Beziehung sein kann (Augen von Kephalopoden und Wirbeltieren). Im Zentralnervensystem der Wirbellosen und der Wirbeltiere hat *Zawarzin* eine Anzahl von Ähnlichkeiten aufgezeigt, die auf dem Prinzip des strukturellen Parallelismus beruhen. Vom morphologischen Standpunkt aus stellt dieses Prinzip eine funktionelle Formulierung des morphologischen Analogie-Konzeptes dar.

Jedoch, Volvox globator zeigt sich als ein fast vollkommen rollender Ball und abortive räderähnliche Strukturen sind auch bei den Rotiferen offenbar, die das Prinzip eines veränderten Wasserrades verkörpern. Bei vielen Säugern sind die roten Blutkörper fast vollständige Scheiben; beim Menschen stellt das Radiusköpfchen, wie es in der Incisura radialis der Elle sich dreht, ein wirkliches kleines Rad mit einer dicken Achse dar, aber es vollzieht keine vollständige und kontinuierliche Drehung. Viele Blumen zeigen statische, nicht funktionelle Radmuster.

Offensichtlich entwickelte die Natur, lange bevor der Homo faber solche Konstruktionen ersann, als organische Strukturen eine eindrucksvolle Zahl von Anordnungen, die figürlich gesprochen durchaus als „Mechanismen" bezeichnet werden dürfen. Unter anderem gehören hierher die optischen Systeme mit Linsen und anpassungsfähigen optischen Spaltöffnungen, Pumpen, Einlaß- und Auslaßventile, Röhren und Rohrleitungen, Kabel, Hebel, Bälle und Kugelgelenke, Scheren, Haken, Zangen und Flügel. Dazu kann man noch organische Leitungen, Ausleger, Strukturen mit Rahmen von Trajektorien und Trägern, spannungsliefernde elektrische Batterien (Torpedo marmorata, Malapterurus electricus, Gymnotus electricus), Gleichrichterklappen (Synapsen), Rückkopplungskontrollsysteme, analog und digital rechnende Mechanismen und Fallschirme (in Form einiger Blütensamen) hinzufügen.

Manche dieser Strukturen wurden ohne Zweifel vom Menschen bewußt nachgeahmt, wie z. B. die Flügel von *Dädalus* und *Ikarus* bis zu *Otto Lilienthal* und *Orville* und *Wilbur Wright*. Andere Erfindungen wurden wahrscheinlich unabhängig entwickelt und wiederholten, wenn sie mit endgültigen organischen Strukturen übereinstimmen, diese unbewußt, wie *Kapp* annimmt; einige der geheimnisvollen Aspekte in der These dieses Autors können als unbedeutend außer Betracht gelassen werden.

Vergleicht man den Menschen mit Tieren, so glaube ich, daß der ohne Zweifel beträchtliche Unterschied ein Gradunterschied und nicht ein Unterschied im Wesen oder in der Essenz ist.

Es darf angenommen werden, daß viele, wenn nicht die meisten Tiere zeitweise bewußt sind, obwohl das Vorkommen völlig unbewußter niederer Tierformen eine entschiedene Möglichkeit bleibt. Gebraucht man die althergebrachte, aber immer noch wertvolle psychologische Terminologie, so dürfen dem tierischen Leben Verstand, Wille und Gefühl zugeschrieben werden, zumindest als Möglichkeit. Was den Menschen in dieser Kategorie betrifft, so ist der Unterschied sowohl vom Standpunkt der Psychologie wie auch der Verhaltenslehre zwischen dem Menschen und einem Rhesusaffen oder sogar einem Hund geringer als zwischen diesen beiden letztgenannten Tierformen und den hydrozoischen Polypen, Turbellarien oder dem Regenwurm.

Schopenhauer unterschied zwei Hauptfähigkeiten der Erkenntnis, den Verstand und die Vernunft. Im Gegensatz zu *Kant* definierte er den Verstand als eine Hirnfunktion, durch die alle Wahrnehmungen in Übereinstimmung mit dem Prinzip der Kausalität organisiert und integriert werden. Vernunft auf der anderen Seite bestimmte er als die Möglichkeit abstrakter Konzepte, Begriffe oder Universalien, die in Übereinstimmung mit den Prinzipien der Logik aufeinander bezogen werden und dem Principium rationis sufficientis cognoscendi folgen. Diese Abstraktionen werden durch Worte symbolisiert und ausgedrückt, so daß eine artikulierte Sprache entsteht.

Schopenhauer stellt fest: „Für das Vermögen der Begriffe habe ich die Vernunft erklärt. Diese ganz eigene Klasse allgemeiner, nicht anschaulicher, nur durch Worte symbolisierter und fixierter Vorstellungen ist es, die den Menschen vom Thiere unterscheidet und ihm die Herrschaft auf Erden giebt." ... „So ist dagegen im Menschen durch die Gabe der Vernunft die Besonnenheit aufgegangen. Diese läßt ihn, rückwärts blickend, sein Leben und den Lauf der Welt leicht in Ganzen übersehen, macht ihn unabhängig von der Gegenwart, läßt ihn überlegt, planmäßig und mit Bedacht zu Werke gehen, zum Bösen wie zum Guten. Aber was er thut, thut er mit vollkommenem Selbstbewußtseyn: Er weiß genau, wie sein Wille sich entscheidet, was er jedesmal erwählt und welche andere Wahl, der Sache nach, möglich war, und aus diesem selbstbewußten Wollen lernt er sich selbst kennen und spiegelt sich an seinen Tathen."

Die hochentwickelte Fähigkeit der Symbolisierung und Abstraktion, die sich im Sprachgebrauch zeigt, ist daher das kennzeichnende menschliche Merkmal, dem der Mensch seine Überlegenheit über die lebenden Organismen auf diesem Planeten verdankt.

In der Urteilskraft ergibt sich nach *Schopenhauer* eine kombinierte Wirkung von Verstand und Vernunft, die in einer angemessenen und bedeutungsvollen Deutung der Anschauung besteht. Diese kombinierte Fähigkeit hat anscheinend enge Beziehungen zur Intelligenz, aber ist vielleicht nicht völlig identisch mit diesem letzten Attribut, das eine Gruppe schlecht definierter Fähigkeiten bezeichnet. Ein ähnlicher und unscharfer Ausdruck ist „Intellekt", der eine erkennende Fähigkeit auf konzeptuellen und hochabstrakten Ebenen bedeuten soll.

Tiere haben zwar Verstand, aber sind offenbar unfähig zur Vernunft durch abstrakte Begriffe und sogar die Affen sind vielleicht, wie z. B. *Zuckerman* (1950) behauptet, zu einfachen Zahlenabstraktionen unfähig. Trotzdem haben viele Tiere ohne Zweifel ein Gedächtnis für Ereignisse, Situationen und Gestaltung. Diese Fähigkeit steht in Beziehung zu einfachen bedingten Antworten, über die sie aber weit hinausgeht und schließt eine perzeptuelle Symbolisation ein. Sie würde *Schopenhauers* Konzept des Verstandes entsprechen, das notwendigerweise einen Elementarprozeß von Abstraktionen enthalten muß[16]. Tiere können sogar gewisse perzeptuelle Abstraktionen ebenso wie Gefühlssituationen durch Töne, Zeichen oder andere Verhaltensaktivitäten symbolisieren. Eine weitere phylogenetische Entwicklung solcher Fähigkeiten darf als Ausgangspunkt der Verstandesprozesse angesehen werden. Einige höhere Tiere werden mit Recht als intelligent angesehen. Jedoch bleibt das Konzept der Intelligenz ganz besonders unbestimmt.

In einer bemerkenswerten Studienreihe konnte *K. von Frisch* die symbolischen Tänze der Bienen darstellen und deuten; die Tanzbewegungen dieser Insekten bringen Information über Entfernung und Richtung von Futterplätzen[17]. Es ist nicht unwahrscheinlich, daß ein solcher Verhaltenskomplex Bewußtsein, d. h. irgendeinen Typ geistiger Prozesse einschließt.

Komplexe nervöse Tätigkeit kann natürlich auch unbewußt sein und ein Muster bedingter ebenso wie auch unbedingter Reflexe darstellen. Solche Aktivität kann angepaßt sein und dadurch so erscheinen „als ob" sie zweckmäßig sei. Man hat den Ausdruck „Instinkt" mit verschiedenen Bedeutungen in der Diskussion der tierischen und menschlichen Aktivitäten benutzt. Instinkt ist als ein angeborenes Verhalten definiert worden. Er könnte vielleicht auch als eine Gestaltung ungelernter oder un-

---

[16] So haben nach O. *Koehler* (1941 u. a. Veröffentlichungen) Vögel die Fähigkeit, „unbenannte Anzahlen" zu lernen, sie sind imstande, Gruppen von Einheiten, die zu gleicher Zeit dargeboten werden, zu vergleichen und solche Zahlen, die hintereinander dargeboten werden, ins Gedächtnis zurückzurufen.

[17] Obwohl *Wenner, Wells* und *Johnson* (1969) kürzlich über Beobachtungen berichtet haben, mit denen einzelne Aspekte der Schlußfolgerungen von *Frisch* widerlegt werden sollen, erscheint ihre Argumentation nicht überzeugend. Sie kann nicht als ernsthafter Einwand gegen das Konzept der „Bienensprache" jenes Autors betrachtet werden. Man könnte höchstens zugeben, daß zusätzlich zum „Bienentanz" andere Faktoren wie etwa der Geruch eine gelegentliche unabhängige alternative Rolle bei der Suche nach Nahrung spielen.

bedingter gerichteter Aktivitäten definiert werden, die nicht durch bewußten Verstand und durch Vernunft kontrolliert werden, sondern wahrscheinlich nur von einem unbestimmt bewußten Wunsch oder einem Drang, d. h. von Affektivität begleitet werden. Er könnte so als ein Typ primitiv bewußten Verhaltens zu betrachten sein und die Komponente der Affektivität würde den „Drang" oder „Trieb" bilden, der von vielen Autoren betont wird. Der Instinkt, ob bewußt oder unbewußt, wird häufig als eine adaptative Neigung angesehen. Nimmt man an, er sei ein bewußtes Phänomen, so würde er eine elementare oder Grenzform von Zweckhaftigkeit vorstellen. Da jedoch vom Standpunkt des Beobachters aus Bewußtsein bei Tieren eine Schlußfolgerung aus dem Verhalten bleibt, erscheinen die Schwierigkeiten einer Analyse, die auf Ausdrücken wie Instinkt und Zweck begründet wird, ungeheuer groß, wenn Tiere und ihr Verhalten betrachtet werden, die völlig verschieden vom Menschen und menschlichen Verhalten sind. Einige Aspekte des Verhaltens der Zugvögel, die wahrscheinlich mit Aktivitäten verbunden sind, die locker unter dem Ausdruck „Instinkt" zusammengefaßt werden, erscheinen besonders rätselhaft und in Ausdrücken neurosensorischer Funktionen noch nicht zu deuten.

Die arktische Seeschwalbe Sterna paradisea durchquert regelmäßig eine Entfernung von ungefähr 20 000 Meilen von den arktischen zu den antarktischen Regionen zwischen Brutplatz und Winteraufenthalt. Andere Vögel wandern regelmäßig von den Hawaiischen Inseln nach Alaska und fliegen dabei über 2000 Meilen über den Ozean. Der Heiminstinkt von Brieftauben, der über Entfernungen bis zu 100 Meilen und mehr wirksam ist, gibt ein anderes Beispiel einer solchen bemerkenswerten Richtungsorientierung. Kürzliche Teste haben anscheinend eine bessere Süd-Nord-Orientierung der Heimkehr erkennen lassen und haben nahegelegt, daß man Richtungsunterschiede in der Orientierungsfähigkeit annehmen muß. Es ist sehr wahrscheinlich, daß gewöhnliche Landmarken nicht der einzige oder sogar der primäre Faktor sein können, von dem die Fähigkeit der Vögel zur Orientierung abhängt.

Eine noch mehr bemerkenswerte Wanderung ist die der europäischen und amerikanischen Aale zur Sargasso-See im mittleren Atlantik und die allmähliche Rückkehr der larvalen Formen zu den europäischen bzw. amerikanischen Flüssen. Die Wanderung der Lachse und anderer Fische ist gleichfalls von speziellem Interesse, jedoch weniger auffallend.

Einige Tiere sind mit Gedächtnisfunktionen begabt, die rhythmische oder zyklische Ereignisse betreffen, d. h. mit einem „Zeitsinn". Ihr Verhalten kann durch zeitliche Beziehungen bestimmt werden. Das Nervensystem registriert solche zeitlichen Muster hinsichtlich der Dauer von Zeitintervallen („Zeitgedächtnis") oder hinsichtlich der Zeitabschätzung (Phasensituation) innerhalb eines Zyklus („Zeitsinn"); *Stein* (1951) hat kürzlich diese Unterscheidung betont.

Man muß auch annehmen, daß die neurosensorischen Mechanismen der wandernden Tiere in einer noch unerklärten Weise auf räumliche Feldmuster noch unbekannter Natur antworten. Es ist jedoch wahrscheinlich, daß solche Muster bekannte physikalische „Kräfte" oder Effekte in verschiedenen Kombinationen enthalten, einschließlich vielleicht einer Reaktion auf den Coriolis-Effekt, obwohl der letztgenannte ziemlich schwach und in einem zufälligen „Grundgeräusch" durch andere Einflüsse übertönt sein kann. Einzelne Beobachtungen zeigen anscheinend an, daß der Weg der Sonne und bei Nacht das Sternmuster eine wichtige Rolle in der Richtungsorientierung verschiedener Tiere spielt. Parapsychologie und Psi-Phänomene brauchen nicht herangezogen zu werden und es ist besser, solchen Problemen ohne Rückgriff auf ein Asyl des Nichtwissens zu begegnen, das jenseits des gut ausgearbeiteten Musters der gesicherten neurologischen Theorien liegt.

Obwohl der Mensch das erfolgreichste animal fabrum ist, so ist er doch nicht das einzige. Wir haben eine Reihe von Grenzfällen von Artefakten, die durch zahlreiche Tierformen konstruiert werden. Die Arthropoden bauen Spinnennetze, Taucherglocken, die mit Luft gefüllt werden (Argyroneta aquatica), hexagonale Wachszellen[18], Kokons; viele Tiere bauen Nester und der Biber konstruiert Dämme. Die eben erwähnte Konstruktion von Spinnennetzen, einem ziemlich interessanten Artefakt, gehört zu komplexen Verhaltensweisen der Arthropoden, die von zahlreichen Autoren studiert worden sind. Eine kürzlich erschienene Monographie über diesen Gegenstand enthält einen ausführlichen Bericht über Abweichungen im Netzbau von Spinnen, die dem Einfluß verschiedener Drogen unterworfen wurden, z. B. Mescalin, Psylocybin, LSD 25, Chlorpromazin, Atropin, Scopolamin, D-Amphetamin, Bar-

[18] Ungefähr im Jahre 300 v. Chr. zeigte *Pappus*, ein berühmter Mathematiker der zweiten alexandrinischen Schule, daß diese hexagonalen Zellen die kleinstmögliche umschließende Oberfläche enthalten, d. h., daß sie den geringsten Wachsaufwand für Behälter erfordern, die eine gegebene Honigmenge aufnehmen sollen. Diese Beziehung ist mit dem Prinzip des geringsten Aufwandes in der Natur in Verbindung gebracht worden, das seinerseits wieder indirekt mit *Occams-Razor* in Beziehung gesetzt werden kann.

biturate u. a. (*Witt, Reed* und *Peakall*, 1968). Mit dem Zentralnervensystem der Spinnen habe ich mich kurz im Band 2 der Serie „Das Zentralnervensystem der Wirbeltiere" (*Kuhlenbeck* 1967) beschäftigt. Dort ist eine einführende Übersicht über allgemeine Daten zum Nervensystem der Wirbellosen und zum Ursprung der Vertebraten gegeben.

Zusammenfassend sind Tiere keine Maschinen, aber ihr Nervensystem wie der ganze Organismus, dem es angehört, operiert nach allgemeinen Prinzipien, die mit denen identisch sind, welche von Maschinen manifestiert werden. Der Mensch unterscheidet sich von anderen Tieren in einer bedeutsamen, vermutlich allerdings nicht wesentlichen Weise und wird daher mit Recht besonders betrachtet. Der spezielle Status des Menschen ist verbunden mit der Evolution des menschlichen Gehirns, das morphologisch und funktionell dem Primatengehirn ähnlich ist und im allgemeinen auch dem Vertebratengehirn. Wegen des hochentwickelten Mechanismus der Symbolisation können die privaten Daten der menschlichen Introspektion dauernd registriert und öffentlich gemacht werden; individuell und kollektiv erworbene Erfahrungen und Fähigkeiten können weitergegeben werden.

Parameter

Ashby (1952) hat einen vielversprechenden Versuch gemacht, zu zeigen, welche Eigenschaften das Nervensystem haben muß, um sich zu gleicher Zeit mechanistisch und adaptativ zu verhalten. Er definiert eine Variable als meßbare Quantität, die in jedem Augenblick einen bestimmten zahlenmäßigen Wert hat. Ein System ist dann jede willkürlich ausgewählte Gruppe von Variablen. Der Zustand eines Systems in einem gegebenen Augenblick ist die Gruppe von numerischen Werten, die seine Variablen in diesem Augenblick haben und eine Verhaltenslinie ist durch eine Folge von Zuständen und die Zeiträume zwischen ihnen bestimmt. Das Feld eines Systems ist der Phasenraum, der alle Verhaltenslinien enthält, die sich dann ergeben, wenn das System von allen möglichen Anfangszuständen freigesetzt wird.

Ashby betont die Eigenschaft stabiler Systeme: Werden sie von einem Ruhezustand entfernt und freigegeben, so wird die folgende Bewegung in der Weise der anfänglichen Dislokation angepaßt, daß das System in den Ruhezustand zurückgebracht wird. Die Rückkopplung hat einen entscheidenden Effekt auf die Stabilität oder Instabilität von Systemen. Jede Form von Verhalten ist adaptativ, wenn sie ihre wesentlichen

Variablen innerhalb physiologischer Grenzen aufrecht erhält. Diese Eigenschaft ist für das Überleben unerläßlich.

Weiter betont *Ashby* die Bedeutung von Schrittfunktionen, die er als Funktionen mit endlichen konstanten Zwischenräumen, unterbrochen durch plötzliche Sprünge, definiert. Jede Variable, die nur in einem „Alles oder Nichts"-Grade reagiert, zeigt diese Verhaltensform, wenn jeder Grad über ein endliches Intervall aufrechterhalten wird. Auf diese Weise können alle Zustände mit einer Schrittfunktion bei einem bestimmten Wert in zwei Klassen geteilt werden, nämlich die, deren Vorkommen zu einer Änderung im Werte der Schrittfunktion führt und jene, welche keine solche Änderung bedingen. Die erstgenannten Zustände werden auch als kritische Zustände bezeichnet. So lange die Schrittfunktion sich nicht ändert, haben die Hauptwerte eines willkürlichen Systems ein bestimmtes Feld. Dieses Feld ändert sich mit einem Wechsel der Schrittfunktion plötzlich. Die Zahl der verschiedenen Felder, die von den Hauptvariablen gezeigt werden, ist gleich der Zahl der Wertkombinationen, die die Schrittfunktion liefert.

Ich betrachte *Ashbys* Annäherung als von beträchtlichem Verdienst für eine Analyse der nervösen Aktivitäten, glaube aber, daß sie nicht ausschließlich ist, wenn sie sich auch als erschöpfend erweist. *Ashby* stellt fest, daß mancher zögern wird, das Studium der numerisch bestimmbaren quantitativen Variablen als adäquat für eine Beschreibung aller bedeutenden biologischen Ereignisse anzunehmen; er behauptet jedoch, daß diese Annäherung ausreichend ist und daß die verschiedenen Komplexe biologischer Erfahrung auf diese Standardform zurückgeführt werden können. Ich stimme *Ashby* zu, daß dies möglich ist, aber ich stimme ihm nicht zu in seinem Anspruch, daß es „ausreichend" ist. *Ashbys* Annäherung läßt die ganze Reihe qualitativer Ordnung außer Betracht, die nicht nur die organischen, sondern auch die anorganischen Ereignisse betrifft und durch topologische, gestalthafte Form- oder Muster-Eigenschaften gekennzeichnet ist. Trotzdem setzt diese Vernachlässigung oder besser Eliminierung keineswegs den wesentlichen Wert von *Ashbys* Annäherung herab.

Beim Studium von Systemen teilt *Ashby* alle möglichen Variablen in zwei Klassen: Diejenigen innerhalb des (willkürlich umschriebenen) Systems und diejenigen außerhalb davon. Diese beiden Typen von Variablen unterscheiden sich nicht in ihrer physikalischen Natur, sondern stehen in verschiedenen Beziehungen zum System. Ist ein System gegeben, so wird eine Variable, die in ihm nicht enthalten ist, von *Ashby* als Parameter beschrieben. Für ein gegebenes System können die wirksamen Parameter unzählige sein, aber gewisse Parameter können als besonders bedeutsam angesehen werden.

Allgemein läßt sich sagen, daß, so lange ein wichtiger Parameter konstant ist, das betreffende System einen Zustandswechsel zeigt, wenn sich die Variablen ändern; eine Veränderung des Parameterwertes dagegen ändert auch die Verhaltenslinie. Daher ändert ein Wechsel im Werte eines wirksamen Parameters das Feld. *Ashby* nennt u. a. das folgende Beispiel: Wenn sich in einem Hund ein bedingter Reflex unter dem Einfluß von Curare entwickelt, so kann er nicht ausgelöst werden, wenn das Tier nicht unter dem Einfluß der Droge steht. Wird jedoch der Hund wieder unter den Einfluß von Curare gebracht, so erscheint der bedingte Reflex erneut. Es gibt daher zwei charakteristische Linien des Verhaltens; eine Linie zeigt sich, wenn der Parameter „Konzentration von Curare in den Geweben" einen hohen Wert hat und die andere, wenn der Parameter einen niederen Wert zeigt.

Weil ein Wechsel im Parameterwert auch das Feld ändert und weil die Stabilität des Systems von seinem Feld abhängt, betont *Ashby* die Tatsache, daß eine Veränderung des Parameterwertes auch eine Veränderung in der Stabilität verursacht.

Das Nervensystem kann als der Kontroll- und Kommunikationsmechanismus eines Organismus angesehen werden, der die Funktionen einer Rechenmaschine ausübt und die Prinzipien des Servomechanismus verkörpert, die auf negativer und positiver Rückkopplung beruhen. Anatomisch besteht der nervöse Apparat einschließlich der neurosensorischen und der neuromotorischen Aktivitäten, ebenso wie der sekretorischen Aktivitäten unter neuraler Kontrolle, aus einem Netzwerk von Verbindungen, durch welche Muster von Nervenimpulsen sich ausbreiten und kreisen. Einige dieser Aktivitäten sind mit Parallelprozessen verbunden. Die Eigenschaften der Muster von Nervenimpulsen hängen von den strukturellen und funktionellen Eigenschaften der morphologischen Elemente ab, die das Netzwerk bilden. Diese letzteren Eigenschaften können als Parameter behandelt werden. In einem etwas weniger strengen Sinne als nach *Ashbys* Formulierung können wir einen Parameter als eine unabhängige Variable definieren, durch deren Funktionen andere Variable ausgedrückt werden können, mit anderen Worten als „Zustandsbedingung".

Die gegenwärtig allgemein angenommene Deutung der Nervenfunktionen gründet sich auf die Neuronentheorie, welche die leitenden Strukturen des Netzwerkes als mehr oder weniger unabhängige zelluläre Einheiten betrachtet, die miteinander verbunden sind. *Sharpey-Schafer* (1878), der das nervöse Netzwerk der Zoelenteraten studierte, war einer der ersten, die solche Ansichten ausdrückten. Eine eindeutige Begründung der Neuronentheorie mit den meisten ihrer wichtigen biologischen Folgerungen und besonderer Anwendung auf die Säuger und den Menschen wurde zum ersten Mal durch *Forel* (1887) und *His* (1886) gegeben; diesen beiden Autoren sollte die unabhängige und gleichzeitige Formulierung dieses Konzeptes von zellulären und funktionellen Einheiten zugeschrieben werden, für die *Waldeyer* im Jahre 1891 den Ausdruck „Neuron" schuf. *Forel*, dessen Veröffentlichung vielleicht als die inhaltsreichste betrachtet werden kann, gründete seine Ansichten auf pathologischen und funktionellen Augenschein. *His*, dessen Arbeit etwa 2 Monate vor der von *Forel* erschien, kam zu seinen Schlüssen auf der Grundlage embryologischer und histologischer Studien. *Fridtjof Nansen*, der berühmte Forscher, der gleichzeitig Biologe und Schüler *Golgis* war, brachte ähnliche Ansichten in einer Mitteilung zum Ausdruck, die 1887 veröffentlicht wurde. Seit 1888 trugen die wichtigen Studien von *Ramon y Cajal* in bedeutsamer Weise zur weiteren Ausarbeitung des Neuronenkonzeptes bei.

Die älteren Ansichten über die impulsleitende Funktion des Neurons waren in *Cajals* und *van Gehuchtens* Theorie der dynamischen Polarisation enthalten, die eine cellulipetale Leitung in den Dendriten und eine cellulifugale Leitung in dem Neuriten behauptete. Diese inadäquate Annahme wurde später abgelöst durch *Sherringtons* grundlegendes Konzept der Synaps (1906) als einer verbindenden Struktur, die den Nervenimpuls nur in einer Richtung leitet. Neben der Irreversibilität zeigt die Synaps noch eine Anzahl anderer wichtiger Kennzeichen, wie die Latenzperiode (synaptische Verzögerung, Widerstand), Summation und besondere Empfindlichkeit gegen Drogenwirkung; die Hemmung ist offenbar eine andere wichtige Wirkung, die durch die Synaps vermittelt wird. So können trotz der Einbahnleitung durch die Neuronenketten Dendriten und Neuriten orthodrome, antidrome oder amphidrome Leitung zeigen. Die morphologischen Merkmale der Synapsen sind verschiedenartig: Endringe, Polster, Knoten (boutons terminaux, boutons de passage), freie Endigungen, Endplexus und einfache Anlagerung sind beschrieben worden. Die motorischen Endplatten stellen eine Form neuromuskulärer Synaps dar. Man kann axodendritische, axosomatische und axoaxonische Synapsen unterscheiden. Es ist wahrscheinlich, daß bei einigen Wirbellosen und vielleicht in geringerem Grade auch im Nervensystem der Wirbeltiere direkte Verbindungen von Nervenzellfortsätzen entweder durch protoplasmatische Fusion oder durch Apposition hergestellt werden und ein asynaptisches oder protosynaptisches, unpolarisiertes Netzwerk mit 2-Wege-Leitung bilden (amphidromische Leitung). In der phylogenetischen Entwicklung gehen solche asynaptischen Netzwerke wahrscheinlich dem Auftreten eines synaptischen Systems voraus.

Das Nervensystem besteht aus Kommunikationsleitungen, die aus zellulären Einheiten, die die verbindenden Strukturen bilden, zusammengesetzt sind und miteinander durch synaptische und vielleicht teilweise auch asynaptische Verbindungen verknüpft werden. Es ist vergleichbar unbedeutend, ob eine strenge Kontiguität oder protoplasmatische Kontinuität bei diesen Verbindungen vorliegt, sogar in Hinblick auf die Synapsen, wo wenigstens strukturelle und funktionelle Trennung besteht. Der heftige Streit zwischen Anhängern der Kontakttheorie und der Fusionstheorie der neuralen Elemente, der in den Jahren nach der Formulierung der Neuronentheorie mit endlosen Argumenten geführt wurde, kann als weitgehend illusorisch angesehen werden. Im Gegensatz zu oft ausgedrückten Ansichten betrifft die Hauptfrage des Wertes jener Theorie nicht die protoplasmatische Kontinuität oder Diskontinuität zwischen neuronalen Elementen. Die Analyse dieser Probleme, die ich im Jahre 1927 in meinen Vorlesungen über das Zentralnervensystem der Wirbeltiere gab, gilt in ihren wesentlichen Punkten noch für den heutigen Stand der Neuronentheorie.

Unbeschadet der zahlreichen Beobachtungen und erschlossenen Tatsachen aus der Neuronentheorie sind einige ernsthafte Angriffe gegen dieses Konzept hauptsächlich durch *Nissl* (1903), *Held* (1909) und *Bauer* (1952) vorgebracht worden. Es wird ein diffuses Netzwerk (z. B. *Nissls* „nervöses Grau") mit unbekannten strukturellen und funktionellen Eigenschaften angenommen, in dem die integrativen Funktionen stattfinden. *Held* behauptete mit seinem Konzept des „Neurencytiums" die vielzellige Natur der strukturellen Einheit, die von den Anhängern der Neuronentheorie gefordert wurde. Diese Auseinandersetzungen sind zweifellos von Wert, da sie zu einer kritischen Neubewertung aller Daten beitragen und dazu dienen, Licht auf den theoretischen Aspekt des Neuronenkonzeptes zu werfen, der zeitweise zu außerordentlich starren Ansichten geführt hat. Trotzdem glaube ich, daß im Ganzen gesehen die Neuronentheorie bisher alle Angriffe erfolgreich überstanden hat und als eine geeignete Basis für die Deutung von Struktur und Funktion des Nervensystems angesehen werden darf.

Lange bevor die strukturellen Verbindungen, wie sie in der Neuronentheorie zum Ausdruck kommen, verstanden wurden, begann durch das Werk von *Du Bois-Reymond* (1848), *Hermann, Pflüger, Hering* u. a. eine Klärung der Bedeutung der elektrischen Phänomene in Beziehung zu nervösen, muskulären und anderen organischen Aktivitäten. Diese Beziehung war schon durch frühere Experimente von *Galvani* und *Volta* im späten 18. Jahrhundert und im beginnenden 19. Jahrhundert gezeigt worden. *Helmholtz* (1850) gelang es zum ersten Mal, die Leitgeschwindigkeit der Impulse in Nervenfasern genau zu messen. Die folgenden elektrophysiologischen Studien von *Adrian, Berger, Gasser* sowie von vielen anderen fügten zahlreiche Einzelheiten hinzu, führten neue Begriffe ein, formulierten vielfache Theorien und gaben schließlich ein hochkomplexes Bild der elektrischen Phänomene, die die Weiterleitung von Impulsen durch das nervöse Netzwerk begleiten. Die Beobachtungen von *Tarchanoff* und *Veraguth* demonstrierten „psychogalvanische" Phänomene, die mit Aktionspotentialen oder Veränderungen der Polarisation von Schweißdrüsen und anderen Strukturen der Haut in Beziehung stehen, wenn der affektive Tonus von Individuen bei ausgedachten Tests erhöht wurde.

Langleys grundlegendes Werk über das autonome Nervensystem, das auf der hemmenden Wirkung des Nikotins auf die sympatischen Ganglien gegründet war, bestätigte das Konzept der synaptischen Verbindungen und führte zur Unterscheidung von praeganglionären und postganglionären Fasern. *Elliot* (1905) demonstrierte, daß die Wirkungen von Adrenalin ähnlich denjenigen der Reizung sympathischer Nerven sind; *Loewi* (1921) zeigte, daß die Vagusreizung eine chemische Substanz freisetzt, die später als Azetylcholin identifiziert wurde und begründete die Theorie der chemischen Übertragung von Nervenimpulsen. Es kann heute als wohlbegründet gelten, daß alle peripheren efferenten Nervenimpulse, d. h. der gesamte Auslaß oder Output des Zentralnervensystems einschließlich seiner Beziehung zu den peripheren Ganglien durch die Vermittlung chemischer Substanzen wirksam sind. Adrenergische und cholinergische Fasern werden unterschieden; die efferenten Fasern, die die quergestreifte Muskulatur innervieren, gehören zur cholinergischen Kategorie. Der wesentliche adrenergische Überträger, der zu der Gruppe der Katecholamine gehört, ist das Noradrenalin, wie *U. S. v. Euler* etwa 1946 zeigte. Im Bereiche des Zentralnervensystems ist das Prinzip der synaptischen Übertragung weniger geklärt. Nach den verschiedenen Theorien der elektrischen Übertragung wurden direkte Reizung durch Wirbelströme von den präsynaptischen Fasern oder katelektrotonische

Potentiale, die an der Membran der postsynaptischen Zelle entstehen, angenommen. Es ist jedoch nicht unwahrscheinlich, daß auch im Zentralnervensystem chemische Transmittersubstanzen sowohl reizfördernd wie reizhemmend den Mechanismus der synaptischen Übertragung liefern. (*Loewi*, 1945; *Dale*, 1937; *Feldberg*, 1950; *Eccles*, 1953 u. a.). Es ist nicht sicher, ob das Azetylcholin als der hauptsächliche Synapsentransmitter im Zentralnervensystem angesehen werden darf oder nicht, aber es ist wahrscheinlich, daß diese Substanz als Überträger mindestens in vielen Regionen des Zentralnervensystems wirksam ist. Eine mobilisierende elektroencephalographische Reaktion kann durch die Injektion von Azetylcholin in die Carotis des Kaninchens hervorgerufen werden (*Rinaldi* u. *Himwich*, 1954). Obwohl das Noradrenalin in der Hauptsache als eine periphere Transmittersubstanz identifiziert wurde, gibt es Hinweise für das Vorkommen wenigstens einiger adrenergischer Synapsen im Zentralnervensystem der Wirbeltiere (in der medio-lateralen Zellsäule des Rückenmarks in praeganglionären sympathischen Nervenzellen; *Carlson* u. a. [1964]). Die Aminosäuren Phenylalanin, Thyrosin ebenso wie Dihydroxyphenylalanin (Dopa) sind Substanzen, die bei der enzymatischen Synthese von Norepinephrin und Epinephrin eine Rolle spielen.

Die Gammaaminobuttersäure (GaBa) und das 5-Hydroxytryptamin (Serotonin) stellen vielleicht ebenfalls zentrale Überträgersubstanzen dar. Einige Autoren schlagen sogar eine Klassifikation der Neuronen aufgrund der in ihnen angenommenen Überträgersubstanzen vor (z. B. cholinergische, adrenergische und tryptaminergische Neurone). Die Studien von *Umrath* (1951), *Umrath* und *Hellauer* (1948) und *Florey* (1951) zeigen die Existenz chemischer Vermittler („Erregungssubstanzen") an, die bei der Reizung peripherer sensibler Nervenendigungen ebenso wie bei der Übertragung afferenter Impulse innerhalb des Zentralnervensystems wirksam sind.

Die neurosekretorischen Phänomene, die *Scharrer* (1933), *Hanström* (1952), *Bargmann* (1955) u. a. studiert haben, können als hochspezialisierte Entwicklung allgemein vorkommender neurohumoraler Aktivitäten in allen neuronalen Elementen gelten.

Wenn wir nunmehr auf die strukturellen und funktionellen Apparate im Nervensystem zurückkommen, so werden wir die neuralen Leitungsnetze in Ausdrücken der Neuronentheorie und ihrer neurophysiologischen Folgerungen besonders betrachten.

In Ausdrücken der Kommunikationstheorie haben wir Inputs, die das Nervensystem erreichen; der letztgenannte Apparat kann mit einer „Blackbox" in der Kommunikationstheorie verglichen werden[19]. Korrelierende, integrierende und kontrollierende Prozesse finden in dieser Blackbox statt und führen zum Output. Zusätzlich zu negativer und positiver Rückkopplungstätigkeit, die entsteht und innerhalb der Blackbox zurückbleibt, tritt der Output umgekehrt wieder als Rückkopplung von der Peripherie her ein, und es entstehen so Kreisprozesse.

Begreift man das Nervensystem als ein Netzwerk von Kommunikationsleitungen, so besteht es aus Neuronenketten, die durch Synapsen zusammengeschlossen sind. Mögliche asynaptische Verbindungen können, als für das Ziel unserer Diskussion nicht besonders wichtig, außer Betracht bleiben. Vom Standpunkt der Kommunikationstheorie kann man sagen, daß die Neuronen Relais darstellen. Die Nervenzellen und ihre Fortsätze, besonders die Neuriten, die oft ziemlich lange Fasern darstellen, übertragen Signale.

Die Signale, die durch diese Fasern geleitet werden, sind ihrer Natur nach eine biochemische Störung, die mit einem Zustand des Ungleichgewichts verglichen werden kann und die von einer Welle negativen Potentials in einer laufenden Aktion begleitet wird. Diese Störung, die von *Forel* (1922) als „Neurokym" bezeichnet wurde, jagt entlang den Fasern mit einer Geschwindigkeit von zwischen weniger als ein Drittel und ein Dreihundertstel der normalen Schallgeschwindigkeit. Die Geschwindigkeit der Impulsleitung in Nervenfasern steht offenbar mit dem Faserdurchmesser und dem Grad der Myelinisierung in Verbindung. Wir haben in dieser Hinsicht die verschiedenen Kategorien der A-, B- und C-Fasern und innerhalb der A-Gruppe von α-, β-, γ- und anderen Fasern (*Gasser*, 1935). Der Impuls kann ohne Dekrement übertragen werden; jedoch nehmen andere Autoren für markhaltige Fasern mit *Ranvier*schen Knoten, die in modifizierter Form auch im Zentralnervensystem vorkommen, eine sprunghafte Übertragung in schrittweiser Art von Knoten zu Knoten an.

Zahlreiche Daten über die biochemischen und besonders die Ionenprozesse, die sich entlang der Membran, welche die Fasern umschließt, abspielen, liegen vor. Trotzdem müssen die verschiedenen Theorien, die die

---

19 „Black box" bedeutet in der Technik ein System mit Eingang und Ausgang, das ein bestimmtes oder wenigstens statistisch definierbares Verhalten zeigt. Das besagte System jedoch ist entweder unspezifiziert oder der Inspektion unzugänglich, so daß seine innere Arbeitsanordnung unbekannt bleibt.

Entstehung und Weiterleitung von Impulsen erklären, als ins einzelne gehende unvollkommene Arbeitshypothesen angesehen werden, keineswegs als endgültig.

Nach der künstlichen Reizung einer Nervenfaser wird die erfolgte Störung in beiden Richtungen von der Reizstelle fortgeleitet. Der Signalfluß in einer einzigen Richtung durch ein System von Relais hängt daher von den Eigenschaften der synaptischen Verbindungen ab, die als Gleichrichter wirken.

Unmittelbar nach der Störung antwortet die Nervenfaser nicht auf Reize; es gibt eine absolute Refraktärperiode, die von einer relativen Refraktärperiode gefolgt wird, bis der Zustand des Ungleichgewichts wieder hergestellt ist. Die Reizbarkeit einer Nervenfaser hat eine bestimmte Schwelle, welche die Stärke, Dauer und die Wechselperiodik in der Intensität des Reizes betrifft. Diese Schwelle kann u. a. auch in Ausdrücken der Chronaxie formuliert werden. Die Antwort einer Faser auf einen Reiz gehorcht dem „Alles oder Nichts" Prinzip. Es gibt jedoch eine Beziehung zwischen der Reizstärke und der Frequenz der Nervenentladung. Nervenimpulse folgen einander in der Form von diskreten Einzelerregungen oder von Salven, so lange die Wirkung des Reizes andauert. Stärkere Reize ergeben höhere Frequenzen. Die Frequenzen sind durch die Dauer der absoluten Refraktärperiode beschränkt, die nur eine msec oder 0,5 msec Länge hat. Frequenzen nachfolgender Impulse bleiben gewöhnlich unter dem Maximum innerhalb der Häufigkeit von 10—100/sec und überschreiten selten 500/sec.

Eine einzelne Erregung einer fortgeleiteten Störung oder ein Stromstoß des Neurokyms stellt daher das nervöse Signal dar, auf dem die Kommunikation der Information innerhalb des Nervensystems beruht. Man nimmt allgemein an, daß alle Nervenimpulse hinsichtlich der Natur des Impulses gleichartig sind, obwohl verschiedene Fasern verschiedene Leitungsgeschwindigkeiten haben und obwohl eine und dieselbe Faser Signalsalven von verschiedenen Frequenzen und verschiedener Dauer überträgt. Das Neuron wird demgemäß als ein Relais gedeutet, das auf „on and off"-Basis arbeitet, d. h. im wesentlichen mit zwei Zuständen von Aktivität: Entladung und Ruhe. Die nervöse Antwort vom Ja- oder Nein-Typ kann daher durch die beiden binären Digits 0 und 1 ausgedrückt werden. Dieser Mechanismus kann und ist auch wiederholt mit dem Funktionieren eines digitalen Computers verglichen worden, dessen Wirksamkeit auf einem System von Schaltern und elektronischen Röhren beruht. Die Einheit des binären Digits hat man als das Element definiert, das eine Wahl zwischen 2 gleichwahrscheinlichen Alternativen entscheidet. In der Kommunikationstheorie wird der Logarithmus mit der Basis 2 als ein „Bit“ bezeichnet.

Es gibt aber eine Anzahl komplizierender Variabler, die mit der Tätigkeit des Nervensystems verbunden sind. In den lebenden Organismen werden viele Aktivitäten durch humorale biochemische Prozesse vermittelt und kontrolliert, einschließlich der inneren Sekretion. Wir haben hier Veränderungen der physikalischen Quantitäten, wie z. B. der H-Ionenkonzentration im Blut oder im Gewebe oder wechselnde Konzentrationen anderer aktiver Substanzen. Zusätzlich zur Alles- oder Nichts-, d. h. zur Auslöseaktion, antworten einige organische Prozesse unmittelbar auf kontinuierliche Veränderungen der physikalischen Quantitäten. Diese Korrespondenz zwischen Ereignissen, die auf physikalische Quantitäten und funktionierende Mechanismen bezogen sind, d. h. das Prinzip der Operation mit aktuellen Größen im Gegensatz zur diskreten digitalen Operation mit Platzwerten ist das Kennzeichen von Analog-Maschinen. In seiner Abhandlung über die allgemeine Physiologie unterschied *Verworn* (1922) holobolische Systeme, die dem Alles-oder-Nichts-Gesetz folgen, von heterobolischen Systemen, die proportional der Reizstärke reagieren.

Trotz beträchtlicher Fortschritte in der Neurophysiologie, die sich in besserem Verständnis der Mechanismen der Übertragung von Nervenimpulsen auswirken, können zahlreiche wichtige Fragen auch heute noch nicht in befriedigender Weise beantwortet werden. Es ist nicht möglich, festzustellen, ob alle analogen Operationen des Organismus durch das Nervensystem vollständig in digitale Operationen umgesetzt werden oder ob dieses letztere System *gleichzeitig* nach digitalen und analogen Prinzipien arbeitet. Die Biochemie der Synapse bringt schwierige Probleme mit sich; kann ein und dasselbe Neuron oder eine Nervenfaser, eine Kollaterale oder eine Synapse je nach den vorliegenden Bedingungen fördernd oder hemmend in Aktion treten? Oder müssen wir die Existenz morphologisch oder biochemisch verschiedener fördernder und hemmender synaptischer Verbindungen annehmen[20]?

---

[20] *Eccles* (Bericht über den 1. Internationalen Kongreß der Neurobiologen in Groningen 1955) hat einige bestimmte, aber ziemlich hypothetische Ansichten über diesen Gegenstand vorgebracht: Da nach seiner Ansicht sogar die einfachsten zentralen Hemmwege durch eine kurze interneuronale Axonverbindung arbeiten, nimmt er an, daß dieses Neuron interpoliert ist, damit das primär afferente Neuron, das eine exzitatorische Überträgersubstanz liefert, von einem Neuron gefolgt wird, das darauf spezialisiert ist, den inhibitorischen Trans-

Gibt es zusätzlich zu den cholinergischen und adrenergischen Fasern weitere biochemisch gekennzeichnete Nervenfasern oder Synapsen? Weiterhin könnte Serotonin (5 Hydroxy-Tryptamin) je nach dem Typ der Synapse die Rolle eines cerebralen neurohumoralen Hemmers für den einen Typ und die einer stimulierenden Substanz für einen anderen Typ spielen.

T. B. Robertson (1912, 1913, 1914) veröffentlichte eine interessante Reihe von Arbeiten über die chemische Dynamik des Zentralnervensystems. Er kam zu dem Schluß, daß chemische Prozesse, die zu der Aktivität des Zentralnervensystems in Beziehung stehen, von autokatalytischem Typ sind, d. h. von einer solchen Natur, daß eines der entstehenden chemischen Produkte den Prozeß katalysiert. Weiterhin nimmt er an, daß das Schwinden einer Erinnerungsspur durch das Verschwinden einer Substanz bewirkt wird, die in einem kolloidalen Medium festgelegt war. Es wird vermutet, daß die Substanz, die die Gedächtnisspur bildet, durch zirkulierende Flüssigkeiten des Nervenparenchyms ausgewaschen wird. Der Prozeß des Vergessens wird nicht für unterbrochen, sondern für kontinuierlich gehalten. Selbstverständlich ist es außerordentlich schwierig, brauchbare zahlenmäßige Daten über Prozesse eines solchen Typs zu erhalten. Trotzdem erscheint es möglich, daß die sich ergebenden Kurven eng verbunden sind mit der Abbaukurve, in der die Rate der Abnahme proportional der Größe dessen bleibt, was abnimmt, die durch den Abnehme-Faktor e^{-at} ausgedrückt wird.

Engramme können vielleicht als chemische Veränderungen oder Niederschläge einer Substanz an zahlreichen Synapsen entlang den Wegen der Entladung durch ein komplexes und ausgedehntes Kreissystem spezifischer Gewebemuster angesehen werden. In Anlehnung an einige Gedankengänge von *Robertson, C. J. Herrick* und die Studien über bedingte Reflexe habe ich eine versuchsweise Deutung der Engraphie, d. h. der Gedächtnismechanismen in meinen „Vorlesungen von 1927“ vorgelegt. Ich halte diese Ansichten noch für wertvoll und durch seitdem erzielte Fortschritte bestätigt. *Katz* und *Halstead* (1950) haben die Eiweißorganisation hinsichtlich der Gedächtnisspuren untersucht und nehmen an, daß jede Gedächtnisspur durch die chemische Zusammensetzung und die

mitter zu produzieren. Er behauptet, daß „diese Interneuronen zweckmäßigerweise als inhibitorische Zellen bezeichnet werden sollten“. Weiterhin schlägt er als „nützliches vorläufiges Postulat“ die Annahme vor, „daß alle inhibitorischen Zellen Neurone mit kurzen Axonen sind, die in der grauen Substanz liegen, während alle Überträgerwege einschließlich der peripheren afferenten und efferenten von Axonen der fördernden Zellen gebildet werden“.

geometrische Konfiguration der proteinwiederholenden Einheit ihres Gitters unterscheidbar ist, d. h. sie vermuten einen hohen Grad chemischer Spezifität.

Zahlreiche chemische Faktoren bilden wirksame Parameter für das Nervensystem. Die Bedeutung von Sauerstoff- und Glukosezufuhr ist gut bekannt und die Konzentration dieser Substanzen hat Schrittfunktionen bei besonderen Werten einschließlich kritischer Stadien. Die Anwesenheit und Konzentration von Alkohol im Blutstrom beeinflußt die nervösen Aktivitäten, wie leicht durch die Beobachtung anderer oder durch Selbstbeobachtung bemerkt werden kann, d. h. durch Introspektion im engeren Sinne. Mit zunehmender Konzentration haben wir eine Schrittfunktion: Es kommt zur Ohnmacht. Halluzinogene wie das Diäthylamid-Tartrat der Lysergsäure (LSD) oder Meskalin (Trimethoxy-Phenyl-Äthylamin, das im Pejotl-Kaktus gefunden wird), sind von besonderem Interesse. Solche Drogen führen einen Typ neuralen Verhaltens herbei, der Modellpsychosen gleicht.

Genmutationen können zu einer Stoffwechselstörung führen, die durch die Anhäufung einer Zwischensubstanz gekennzeichnet ist, die normalerweise in andere Verbindungen umgewandelt wird. Eine solche Mutation scheint die Ursache der Phenylketonurie zu sein, in der abnorm große Mengen von Phenylpyruvinsäure im Urin ausgeschieden werden, als Ergebnis einer Blockade im Abbaustoffwechsel von Phenylalanin und Tyrosin. Diese Unfähigkeit, die Phenylpyruvinsäure in ihr Parahydroxy-Analog zu oxydieren ist mit einem hochgradigen geistigen Schwachsinn verbunden, der als „Phenylpyruvin-Idiotie“ bekannt ist. Eine Beziehung zwischen den entscheidenden Stoffwechselvorgängen und dem normalen Funktionieren des zentralen Nervensystems kann angenommen werden, obwohl man in sie noch keine Einsicht hat (*Beadle*, 1945, 1951 u. a).

Andere Störungen von Stoffwechselprozessen, die durch Gene kontrolliert werden, betreffen die Lipoidosen des sich entwickelnden Gehirns, wie z. B. die akute infantile Form der *Gaucher*schen Krankheit, die *Niemann-Pick*-Krankheit, die familiäre amaurotische Idiotie vom Typ *Tay-Sachs* und die *Pfaundler-Hurler*sche Krankheit (den Gargoylismus). Bei gewissen Psychosen wie bei der Dementia paralytica ebenso wie bei der arteriosklerotischen und bei der senilen Demenz ist ein anatomischer Schaden des neuralen Netzwerkes mit großen und weit verbreiteten Zerstörungszonen auffallend. Beträchtliche Gebiete der Hirnrinde erscheinen wie nach Mottenfraß. Wahrscheinlich werden solche Psychosen durch Strukturschaden in den nervösen Kreisen bewirkt. Bei anderen

Psychosen einschließlich der verschiedenen Typen der Schizophrenie, oder des manisch-depressiven Irreseins blieben die Versuche, kennzeichnende und unbestreitbare anatomische Veränderungen nachzuweisen, ergebnislos. Wahrscheinlich werden derartige Psychosen durch biochemische Störungen hervorgerufen. Chemische Faktoren sind letzten Endes wahrscheinlich auch verantwortlich für psychogene geistige Störungen und psychosomatische Krankheiten. Es gibt einige Anhaltspunkte dafür, daß bei manchen Typen von Psychosen wie z. B. bei der Schizophrenie das Serotonin nicht richtig funktioniert. Die Lysergsäure, eine Droge, die chemisch mit dem Serotonin verwandt ist, soll die Aktivität des Serotonins beeinflussen. Trotz beträchtlicher Fortschritte in der Pharmakologie und Biochemie des Nervensystems können viele der kürzlich erlangten Daten wegen ihrer Komplexität und Unvollständigkeit nicht mit genügender Sicherheit gedeutet werden und bleiben strittig. Bedeutsam ist jedoch, daß Serotonin, Lysergsäure, Adrenalin, Adrenochrom, Amphetamin und Meskalin (Figur 1) eine nahe verwandte chemische Struktur zeigen (*Marrazzi* und *Hart*, 1955).

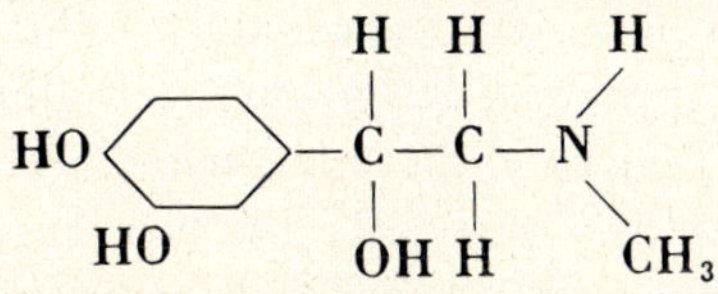

(dihydroxy-phenyl-ethanol methyl amine)

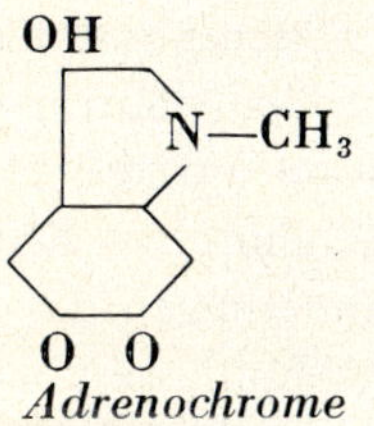

Adrenochrome

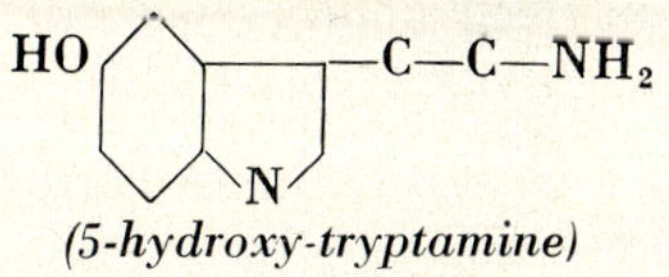

(5-hydroxy-tryptamine)

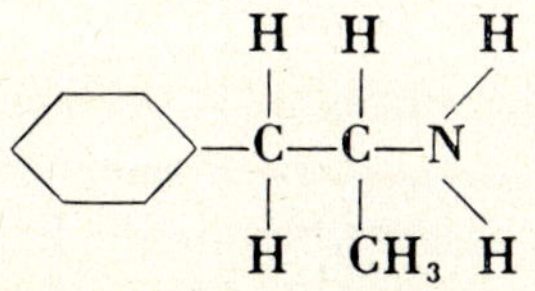

(phenyl-isopropyl amine)

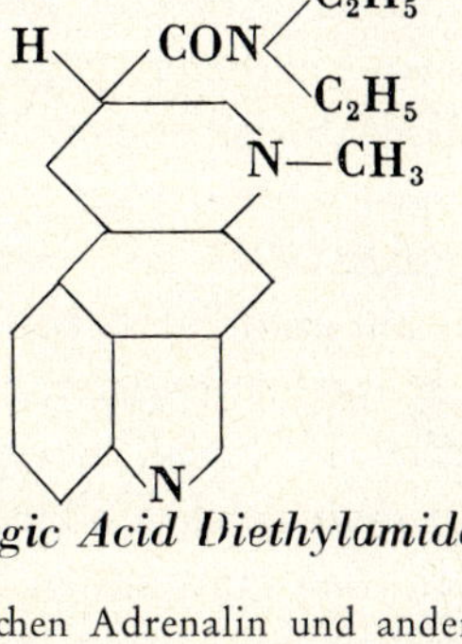

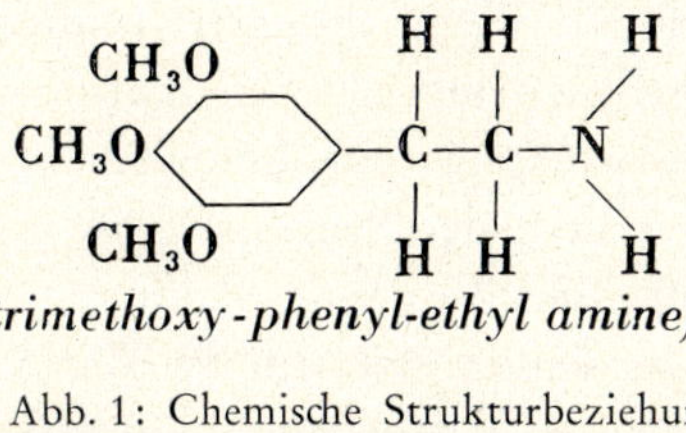

(trimethoxy-phenyl-ethyl amine) *Lysergic Acid Diethylamide (LSD 25)*

Abb. 1: Chemische Strukturbeziehungen zwischen Adrenalin und anderen Substanzen von neurohumoraler Bedeutung (modifiziert nach *Marazzi* und *Hart*, 1955).

Tranquilizer wie Reserpin (ein Rauwolfia-Alkaloid), Chlorpromazin, Meprobamat (Miltown), Benzodiazepin-Verbindungen, weiterhin Antidepressiva, wie z. B. Monoaminooxydase (MAO) — Hemmer haben sichere Wirkungen auf die Tätigkeit des Nervensystems und sind in dieser Hinsicht bis zu einem gewissen Grade gegensätzlich wirkende Mittel zu den Halluzinogenen. Pipradol (Piperidyl-Benzhydrol-Hydrochlorid), das anscheinend die reticuläre Formation im Rattenhirnstamm reizt, scheint in gleicher Weise die Wirkungen der Lysergsäure und des Meskalins beim Menschen zu blockieren (*Fabing*, 1955). Man hat behauptet, daß Reserpin Serotonin freisetzt und daß die Wirkungsweise von Chlorpromazin mit derjenigen von Nor-Adrenalin gekoppelt ist. Viele andere biochemische Parameter, die entweder zu Arzneimittelwirkung oder zu physiologischen Prozessen in Beziehung stehen, könnten noch aufgezählt werden. An dieser Stelle erscheint es berechtigt, an *Schopenhauers* Bemerkung in seiner Abhandlung „Zur Philosophie und Wissenschaft der Natur" (1851) zu erinnern: „daß jede Muskelaktion, ja jeder Gedanke im Gehirn, von einer chemischen Stoffumsetzung begleitet seyn müsse".

In der Herzphysiologie unterschied *T. W. Engelmann* (1896) einen bathmotropen, inotropen, dromotropen und chronotropen Einfluß der Innervation auf die Herztätigkeit. Es ist nicht unwahrscheinlich, daß Einflüsse ähnlicher Kategorien auf die Aktivität des Nervensystems durch Änderungen des Wertes zahlreicher Parameter ausgeübt werden. Derartige Einflüsse könnten nach dem heterobolischen Prinzip wirksam sein, während andere möglicherweise auch als Schrittfunktionen der Alles-oder-Nichts-Regel folgen.

Trotz der beträchtlichen Fortschritte in der Physiologie der nervösen Impulsübertragung bleiben viele nur spärlich aufgeklärte Probleme übrig. In einer Übersicht über die Bedeutung der Faserverbindungen habe ich kürzlich zu einigen dieser Fragen Stellung genommen (*Kuhlenbeck*, 1954). In dieser Hinsicht ist es von Bedeutung, sich das besondere Phänomen der homologen Antwort ins Gedächtnis zu rufen, das *Weiss* bei Larven von Amphibien (1924 und viele folgende Veröffentlichungen) studierte. Wenn man annimmt, daß bei einer gegebenen motorischen Aktion ein gegebener Muskel antwortet, dann antwortet ein morphologisch identischer Muskel in einem überpflanzten Glied, der seine nervöse Versorgung von dem gleichen allgemeinen nervösen Bezirk des Rückenmarks erhält, unter allen Umständen, unabhängig davon, wie sich die Wirkung der Kontraktion hinsichtlich der Bewegung des Körpers als Ganzes auswirkt. Ein fremder transplantierter Muskel, z. B. ein M. gastrocnemius, der experimentell mit dem Nerven eines Antagonisten verbunden wird, zieht sich immer gleichzeitig mit dem eigenen M. gastrocnemius zusammen, der an dem normalen Glied derselben Seite vorhanden ist (Prinzip der „myotypischen Funktion“, *Weiss*, 1955). In einem vollständig transplantierten überzähligen Glied funktioniert jeder einzelne Muskel synchron mit genau dem gleichartigen Muskel des nahe benachbarten normalen Gliedes. Die Tatsache, daß jeder Muskel in Übereinstimmung mit seinem Original und mit seinem eigentümlichen morphologischen Muster oder „Bauplan-Grundbestandteil“-Wert (sein „Name“, *Weiss*) tätig wird und nicht in Übereinstimmung mit seiner Lage oder den Auswirkungen, muß bedeuten, daß das Nervensystem in seinen letzten Beziehungen zu den Muskeln, die individuellen Muskeln nach ihrem morphologischen Wert erreicht („die individuellen Muskeln gleichsam mit ihren Namen anruft“, *Weiss*, 1937). Diese Beobachtungen vermitteln den Eindruck, daß die neuromuskulären Systeme auf Aktionsmuster „abgestimmt sind“, die in den nervösen Zentren arbeiten und *Weiss* verwendete ursprünglich den Ausdruck „Resonanzprinzip“. Als eine Erklärung dafür wurde eine physiologische „Resonanz“ vorgeschlagen, die zwischen den spinalen Zentren einerseits und den effektorischen Neuronen auf der anderen Seite wirksam wird, nachdem diese letzteren in spezifischer Weise von ihren Muskeln beeinflußt worden sind, so daß sie selektive Empfänger adäquater zentraler Impulse werden. Ein solches Konzept würde weitreichende Schlußfolgerungen für die Standardtheorie der Physiologie des Zentralnervensystems einschließen. Demgegenüber erscheint es möglich, daß ein solcher spezifischer Effekt bis zu einem embryologischen induktiven Einfluß auf die Entwicklung der zentralen Verbindungen der motorischen Neuronen verfolgt werden könnte. Eine solche Erklärung, die sich auf eine selektive Neurotisierung gründet, ist leichter mit den gegenwärtigen Konzepten von der zentralnervösen Aktivität in Einklang zu bringen; sie wurde von *Weiss* (1937) und *Sperry* (1941) befürwortet. Rattenexperimente (*Sperry*, 1941) konnten funktionelle Anpassungen, die den Ergebnissen bei den larvalen Amphibien vergleichbar sind, nicht hervorrufen, sie stimmen mit den vielen anderen Beobachtungen überein, die zeigen, daß die Säugergewebe im allgemeinen weniger labil sind und eine weniger ausgedehnte regenerative Fähigkeit zeigen als die der Amphibien.

Trotzdem zeigt das Phänomen, das *Weiss* bei den larvalen Amphibien studierte, klar eine Spezifität nicht nur im Nervenwachstum, sondern auch in der Begründung einer funktionellen Ordnung im Zentralnervensystem. Jeder einzelne Muskel besitzt anscheinend ein spezifisches biochemisches Differential, das auf die motorischen Nervenfasern übertragen wird, die es innervieren. Es gibt daher eine Induktion der Spezifität durch ein Neuron allein durch die Endorganverbindung seiner Axonspitze und man muß eine Reaktion annehmen, die an dieser Spitze beginnt und über die ganze Ausdehnung der Faser fortschreitet (*Sperry*, 1950; *Weiss*, 1950). *Weiss* bezeichnet diesen retrograden Einfluß als Modulation und glaubt, daß diese Erscheinung auch in den pränatalen Stadien aller Säugetiere einschließlich des Menschen vorkommt. Demgegenüber ist die Modulation bisher experimentell nur bei den Amphibien im Larvenstadium nachgewiesen worden. Nach der Metamorphose verlieren die Neuronen die Plastizität ihrer Entwicklungsphase (vielleicht besser „Labilität") und gewinnen die vorher erlangte Spezifität zurück (*Weiss*, 1955). Nach *Weiss* u. a. gilt für die sensorischen Neuronen dieselbe qualitative Modulation durch ihre respektiven Endorgane wie für die Motoneuronen.

Das Zentralnervensystem seinerseits soll in seiner Koordination entsprechende, wenn auch etwas unterschiedliche und nicht notwendig stets retrograde Gruppen von Spezifitäten besitzen. Experimente von *Stone* (1930, 1953 u. a. Veröffentlichungen) und *Sperry* (1944, 1945), konnten zeigen, daß die Fasern des Nervus opticus der Amphibien eine Spezifität entfalten, die die funktionelle Beziehung zwischen Peripherie und Zentrum bestimmt. Man kann Amphibienaugen überpflanzen oder auch nur herausschneiden, umdrehen und wieder einpflanzen. Die Axonen des N. opticus stellen die spezifische Assoziation in den Hirnzentren nach den Ursprungsorten im retinalen Feld wieder her, trotz Inversion, trotz ungeordnetem Auswachsen der einzelnen Fasern über die Nervenlücke und trotz der hochgradigen Fehlanpassung des resultierenden funktionellen Aspektes für den Organismus. Dies wird nochmals weiter unten in der Diskussion von stabilen und ultrastabilen Mechanismen besprochen werden. Andere Beispiele von Spezifität werden von *Sperry* und *Weiss* genannt.

Weiss (1950) betont die Tatsache, daß diese Phänomene im wesentlichen unberührt vom Kern der vorherrschenden neurologischen Theorie geblieben sind. Die geläufigen Konzepte gehen von der Annahme aus, daß alle Neuronen von wesentlich gleichem Charakter sind und daß die einzigen Parameter, die für die zentralnervöse Tätigkeit bedeutsam sind, quantitative Variationen in der Übertragung oder Entladung eines Impulses und in seinen Fortleitungsbedingungen, sowie Variationen der geometrischen Konfiguration des Netzwerkes darstellen. Diese offenbare

Gleichförmigkeit hat zum Vergleich des Gehirns mit elektronischen digitalen Rechenmaschinen geführt.

Es ist nicht unwahrscheinlich, daß das Konzept einer gewissen Einförmigkeit, für das die Elektronengehirne ein Arbeitsmodell liefern, mit dem Konzept der Spezifität in Einklang gebracht werden kann. Es kann sein, daß die neuronale Spezifikation einen noch unbekannten Einfluß auf Wachstumsprozesse hat, um spezifische Verbindungen hervorzurufen, oder daß beide Einflußtypen im Spiel sind (*Sperry*, 1950).

Man sollte weiterhin beachten, daß die Säugetiere und der Mensch einen hohen Grad funktioneller Wiederanpassung und Plastizität zeigen, der zur Restitution der Funktionen führt. Er ist verbunden mit einem sehr niedrigen Grade von regenerativer Fähigkeit, die sogar im Zentralnervensystem völlig zu fehlen scheint, obwohl die Ergebnisse kürzlicher experimenteller Arbeiten von *Windle* und Mitarbeitern in dem Sinne gedeutet worden sind, daß sie regenerative Prozesse als Grenzfälle funktioneller Bedeutung zeigen. Amphibien und vielleicht die meisten Anamnier andererseits zeigen einen Mangel an funktioneller Plastizität, kombiniert mit hoher regenerativer Kapazität und Labilität.

Bewertung der elektrischen Phänomene

Die durch die Nervenfasern fortgeleitete Störung und die Übertragung dieses Impulses durch Synapsen und Zellkörper sind von Änderungen im elektrischen Potential begleitet. Diese elektrischen Änderungen wurden für die Erforschung der nervösen Leitung von höchster Bedeutung; wesentliche Fortschritte im Verständnis der Nervenfunktionen gründen sich auf das Studium von Aktionsströmen, Spikes und Potentialen[21].

Das Elektroencephalogramm des normalen Erwachsenen, wie es ursprünglich *Berger* (1929) registrieren konnte, war die erste Demonstration von Hirnpotentialen beim Menschen. Diese Potentiale sind von sehr geringer elektromotorischer Kraft, wenn sie durch die Kopfweichteile registriert werden. Man mißt sie in Mikrovolt (10^{-6} Volt); demgegenüber wird das Elektrokardiogramm in Millivolt (10^{-3} Volt) gemessen.

Im normalen menschlichen Electroencephalogramm wird eine Serie mehr oder weniger rhythmischer Oszillationen von Potentialen von un-

[21] Eine kürzlich von *Brock, Coomes* und *Eccles* (1951) angepaßte Technik hat es möglich gemacht, mit Hilfe von Mikroelektroden intrazelluläre Potentiale einzelner Zellen abzuleiten, z. B. von einzelnen motorischen Neuronen im Rückenmark.

gefähr 50 Mikrovolt und von verschiedenen Frequenzen registriert. Diese Potentiale können manchmal niedriger, manchmal höher, bis zu 300 Mikrovolt, liegen. Frequenz, Spannung (Amplitude), Dauer eines gegebenen Musters und die Verteilung über die Oberfläche der Schädelweichteile, d. h. über die Oberfläche der Großhirnhemisphären, werden beachtet. Bei bewußten aber entspannten Subjekten bei geschlossenen Augen und unter Vermeidung von Sinnesreizungen ist der Alpharhythmus oder der Berger-Rhythmus mit einer Frequenz von ungefähr 10 Oszillationen pro Sek. (8—12) vorherrschend. Dieser Rhythmus ist am meisten ausgesprochen über der Occipito-Parietal-Region und nimmt nach frontal zu ab, obwohl gelegentlich einige Herde von Alpha-Aktivität zeitweise sehr bestimmt auch in Frontalgebieten des Gehirns erscheinen. Zusätzlich gibt es noch eine schnellere Aktivität von etwas niederer Amplitude, die um ungefähr 20 Wechsel pro Sekunde schwankt und in der Stirnregion vorwiegt. Sie ist als Betarhythmus bezeichnet worden.

Bei unterschiedlichen Bedingungen lassen sich noch andere verschiedene Rhythmen beobachten; diese Rhythmen können schneller oder langsamer von kleinerer oder größerer Amplitude sein. Zusätzlich können noch einzelne Spikes, Spindeln oder Wellen ohne regelmäßige Perioden auftreten. So hat man weitere Rhythmen wie γ, δ und andere zusätzlich bezeichnet und es gibt verschiedene Systeme der Auslegung und Klassifikation.

Die Frequenzen der registrierten Rhythmen stellen gewöhnlich eine Überlagerung verschiedener Perioden dar, die in Übereinstimmung mit *Fouriers* Theorem analysiert werden können. Man hat automatische Analysenmethoden entwickelt, um die verborgenen Komponenten in den Kurven anzuzeigen; diese Analyzer berechnen und registrieren die *Fourier*-Transformationen einer Anzahl solcher Komponenten, während das Elektroencephalogramm geschrieben wird.

Penfield und *Jasper* (1954) haben gezeigt, daß die elektrische Aktivität, die man von der Hirnoberfläche registriert, ein Komplex von Potentialen der Nervenzellen und Nervenfasern ist. Die Oszillationen von langsamem Rhythmus dürften keineswegs nur die summierten Zacken von Axonen sein, sondern auch Oszillationen von Membranpotentialen von Zellkörpern und Dendriten, die sog. Zell- oder „Soma-Potentiale“. Man meint, daß diese Potentiale Oszillationswellen in der Erregbarkeit des Zellkörpers und der Dendriten wiederspiegeln, die dann, wenn eine bestimmte Schwelle erreicht ist, einen Nervenimpuls entstehen lassen, der entlang des Axon fortschreitet und danach durch einen Ausbruch von

Axonspikes begleitet wird. Man nimmt an, daß im Gegensatz zu dem fortgeleiteten Impuls die Soma-Potentiale nicht dem Alles-oder-Nichts-Gesetz gehorchen. Mit anderen Worten, wenn sich diese Annahme bestätigt, stellen die letztgenannten Potentiale vielleicht heterobolische anstatt von holobolischen Mechanismen vor.

Verworn (1922) hatte schon früher behauptet, daß Nervenzellen holobolische Systeme darstellen und (markhaltige) Nervenfasern heterobolische Systeme. 1927 diskutierte ich kurz die Bedeutung dieser Prinzipien im Hinblick auf die Bewertung von selbst-rückerregenden Kreisen.

Die cortikalen Potentiale sind von größerer Dauer als die Spikes von einzelnen Axonen, manchmal im Verhältnis von 100 msec. zu 1 msec., gleichgültig ob man sie als summierte Axon-Spikes oder als einen Komplex von Axon-Spikes und Soma-Potentialen deutet.

Man betrachtet den normalen Alpharhythmus als verbunden mit dem entspannten Zustand ohne Aufmerksamkeit. Er verschwindet gewöhnlich, wenn die Augen geöffnet werden, wenn die Aufmerksamkeit durch einen Reiz erregt wird oder wenn eine geistige Tätigkeit einsetzt. Wie *Adrian* annimmt, ist es vielleicht nicht der optische Reiz, der die Rinde erreicht, sondern die erregte Aufmerksamkeit auf die Formwahrnehmung, die das Verschwinden der Alphawellen bedingt. Auch bei offenen Augen kann der Alpharhythmus wiedererscheinen, wenn die Aufmerksamkeit vom Sehfeld verlagert wird oder wenn das Sehfeld eine verschleierte diffuse Beleuchtung zeigt. Umgekehrt kann der Rhythmus unterdrückt werden, wenn die Augen in einem vollig dunklen Raum geöffnet werden und das Subjekt „versucht zu sehen". Auch wenn das Subjekt schläfrig wird, beginnt der Rhythmus wieder zu erscheinen, sogar mit offenen Augen bei Tageslicht. Schläft die Versuchsperson dann ein, so beherrscht zunächst der α-Rhythmus das Gehirn und wird dann durch gelegentliche langsame Wellen und „Spindel-Bursts" (Schlafspindeln) nach dem Schlafbeginn ersetzt[22].

Der Einfluß der Sehreize auf den α-Rhythmus hat *Adrian* (1947 und andere Veröffentlichungen) veranlaßt, die Wirkung von Flimmerlicht auf die elektroencephalographische Kurve zu studieren. Er zeigte, daß

---

[22] Das EEG beim Übergang vom Wach- zum Schlafzustand wird auch häufig als eine Manifestation des Wechsels vom desynchronisierten zum synchronisierten Zustand beschrieben; die Wellenzüge von wachsender und abnehmender Amplitude, die man Spindeln nennt, sind ebenfalls als Manifestation eines synchronisierten Zustandes ausgelegt worden.

man eine Antwort im EEG erhalten kann, die ziemlich eng, obwohl innerhalb eines bestimmten und variablen Bereiches, mit der Flimmerfrequenz zusammenhängt.

Der β-Rhythmus wird im EEG vieler Normalpersonen wegen seiner niedrigeren Amplitude nicht offenbar. Er soll durch Spontanpotentiale aus der zentralen (sensori-motorischen) und der intermediären frontalen (prämotorischen) Region entstehen. Ist dieser Rhythmus manifest, so soll er verschwinden, wenn die Aufmerksamkeit auf die Einleitung von Willkürbewegungen gerichtet wird.

Die elektrischen Phänomene, die im EEG registriert werden, können nicht mit Bestimmtheit in Ausdrücken der beteiligten neuronalen Erregungsmechanismen gedeutet werden. Der Bergerhythmus mag mit synchronisierten corticalen, ebenso wie mit subcorticalen, z. B. thalamischen Aktivitäten verknüpft sein. Ein Scanner-Mechanismus und Rückerregungskreise zwischen Cortex und subcorticalem Grau sind angenommen worden. Die cortico-diencephalen Rückkopplungsmechanismen, die in Ausdrücken direkter und indirekter corticaler Modulatoren verstanden wurden und die Beobachtungen von *Dempsey* und *Morison* ebenso wie von *Jasper* und seinen Mitarbeitern, die in meiner Übersicht über das Zwischenhirn (1954) diskutiert wurden, vertragen sich mit der Annahme, daß einige der elektroencephalographischen Rhythmen von kombiniertem corticalen und subcorticalen Ursprung sind. Die Ergebnisse der Experimente, in denen die corticale Aktivität durch diencephale Reizung synchronisiert wurde, entsprechen in mancher Beziehung den Beobachtungen *Adrians* über die Flickereffekte.

Die Tierexperimente haben zahlreiche Daten geliefert; man hat spontane Wellenaktivität und Projektionsaktivität sowie eine natürliche α-Aktivität im Gegensatz zu einem α-Rhythmus unterschieden. Bisher jedoch ist noch keine endgültige Klärung dieser Phänomene herbeigeführt worden.

Die Beobachtungen von *Spiegel* (1937) und anderen legen die Vermutung nahe, daß rhythmische Entladungen innerhalb der Alphareihe spontan entweder im Cortex oder in anderen grauen Gebieten stattfinden. Spontane rhythmische Aktivität einzelner Herzmuskelzellen kann in Gewebekulturen leicht demonstriert werden. Ähnliche Aktivitäten, die als Entladungen erscheinen, könnten auch in einzelnen Nervenzellen entstehen, vielleicht durch zyklische metabolische Prozesse verursacht.

Im Herzen, das eine funktionelle Einheit darstellt, wird die rhythmische Aktivität einzelner Muskelzellen, die zu einem Netzwerk verbunden sind, durch einen spezialisierten synchronisierenden Mechanismus reguliert. In den Vorhöfen beginnt die Erregungswelle, die dicht von der Kontraktionswelle gefolgt wird, im Vorhofsinusknoten am Eintritt der oberen Hohlvene und breitet sich nach allen Richtungen aus. Wenn der Impuls den Atrioventrikularknoten erreicht, so wird er über das *His*sche Atrioventrikularbündel zur Kammermuskulatur weitergeleitet.

Es ist schwieriger zu verstehen, wie eine Gruppe von *Nerven*zellen synchronisiert werden kann, um sich vereint rhythmisch zu entladen und verschiedene Theorien über den geforderten Schrittmacher-Mechanismus wurden in Vorschlag gebracht. Verbindungen zwischen Nervenfasern könnten die Impulsfolge koordinieren, obwohl in einigen Beispielen solche Faserverbindungen nicht nachgewiesen werden können und die Synchronisation auch zwischen durchtrennten nervösen Strukturen, die miteinander in Kontakt gebracht wurden, demonstriert werden konnte. Daher hat man auch einen chemischen Einfluß oder den Einfluß elektrischer Felder angenommen. Mehrere derartige Faktoren könnten sich kombinieren und einen endgültigen Feldeffekt zur Folge haben.

Für eine Bewertung derartiger Phänomene ist es bedeutsam, daß das EEG von Kindern und Heranwachsenden beträchtlich von dem des Erwachsenen abweicht. Neugeborene bieten nur langsame rhythmische Aktivität in der Zentralregion. Langsame Rhythmen von der Parieto-occipital-Gegend, die als Vorläufer des α-Rhythmus gedeutet werden, erscheinen im Alter von 3—4 Monaten. Der dominierende Rhythmus beim Kind wurde niedriger und weniger stabil als beim Erwachsenen gefunden und wird mit dem Alter schneller. Die Kennzeichen des Erwachsenen-EEG nimmt man gewöhnlich bei ungefähr 19 Jahren an, obwohl sich das EEG-Muster vom 8., 10. oder 13. Jahre ab zur bemerkbaren Ähnlichkeit mit dem Erwachsenenmuster entwickelt. Beziehungen zwischen dem EEG von Kindern und ihrer Skelettreife oder ihrem sog. Intelligenzquotienten konnte man nicht demonstrieren. Es ist höchst zweifelhaft, ob die häufigen Variationen und „Abnormalitäten" im kindlichen EEG irgendeine Bedeutung in bezug auf Verhaltensstörungen haben.

Bei normalen erwachsenen Personen zeigen sich erhebliche individuelle Unterschiede des EEG. Solche Unterschiede sind nicht mit der allgemeinen Intelligenz, persönlichen Merkmalen oder Fähigkeiten in Verbindung zu bringen. Ein genetischer Faktor ist vielleicht vorhanden, da eineiige

Zwillinge auch ähnliche Hirnstrommuster darbieten. Dies wird jedoch von einigen Autoren in Frage gestellt.

Trotz aller Variationen gibt es ein ziemlich konstantes EEG-Muster unter Standardbedingungen der Ruhe und Entspannung. Wenn unter solchen Bedingungen das EEG von der Norm abweicht, dann darf es als abnorm oder pathologisch angesehen werden. Man unterscheidet nichtfokale, bilateral-synchrone und fokale Abnormitäten. Willkürliche Hyperpnoe, die sich in Hyperventilation auswirkt, läßt das Kohlendioxyd aus dem Blut austreten und führt zu milder Alkalose. Diese wiederum vergrößert die Reizbarkeit des Zentralnervensystems und unterbricht den normalen Rhythmus des EEG. Ein solches Verfahren ist also auch geeignet, um latente EEG-Abnormalitäten offenbar zu machen und wird als eine diagnostische Standardpraxis benutzt.

Die Analyse des EEG hat einen ganz besonderen klinischen Wert zur Diagnose und Klassifikation der Epilepsieformen und verwandter Krampfstörungen gewonnen, besonders der Klärung verdächtiger Fälle. Abnorme Erregungsmuster, wie langsame Wellen, Spikes, Spikes- und Waves-Komplexe und andere spielen in dieser Beziehung eine wichtige Rolle.

In Fällen von Hirngeschwulst und anderen intrakraniellen Läsionen registriert man irreguläre langsame Wellen. Umschriebene Bezirke herabgesetzter elektrischer Aktivität finden sich in Fällen von Blutungen, Hämatomen oder Abszessen. Bei einer Anzahl anderer Krankheiten, darunter wären die Schizophrenie, das manisch-depressive Irresein und die „Psychoneurosen“ zu erwähnen, ergibt das EEG keine signifikanten Daten.

Bei Deutung der elektroencephalographischen Befunde ist äußerste Vorsicht geboten. Abgesehen von den schwierigen Problemen, die in dem normalen Muster der elektrischen Potentiale, die das Gehirn liefert, liegen, können auch zahlreiche Artefakte auftreten, wie schnelle Vibrationen, die durch elektrische Potentiale im Zusammenhang mit der Muskelaktivität entstehen (Kieferschluß, Innervation der Gesichtsmuskeln, Augenzwinkern, Bewegungen der Augäpfel) und Schwitzen. Sogar das Elektrocardiogramm kann gelegentlich in die EEG-Züge eindringen. Der geübte Beobachter kann in den meisten Fällen die typischen Artefakte leicht entdecken, aber Grenzbefunde können manchmal mögliche Irrtumsquellen sein.

Zahlreiche Studien haben die verschiedenen Umstände untersucht, die das EEG beeinflussen. Dazu hat man Arzneimittelwirkungen, Anoxie,

Hypoglykämie und andere Faktoren betrachtet. Die zur Verfügung stehenden Daten zeigen, daß die Variablen, die den Stoffwechsel der Nervenzelle beeinflussen, auch die begleitende elektrische Aktivität verändern. Einige Drogen führen zu höheren Frequenzen. Bei der Barbiturat-Narkose wird die Frequenz anfangs gesteigert. Wenn das Subjekt das Bewußtsein verliert, so wird das Strombild durch langsame Wellen mit hoher Amplitude beherrscht und bekommt Ähnlichkeit mit dem EEG von Patienten im Koma oder während einer Ohnmacht. Bei tieferer Narkose wird ein Stadium beobachtet, in dem lange Perioden mit bleibender Gleichspannung zwischen Strecken unregelmäßiger Wellen eingestreut sind (*Brazier*, 1953).

Obwohl die Neurophysiologen wohl wissen, daß der Nervenimpuls kein elektrischer Strom im allgemein angenommen Sinne ist, so läßt sich doch eine Neigung beobachten, die Wichtigkeit der begleitenden elektrischen Aktivität zu übertreiben. So gründet sich die Ansicht, daß „es nur eine einzige Art von Nervenimpuls gibt und daß diese eine Universale für das Nervensystem ist“, hauptsächlich auf die Tatsache, daß die Potentialschwankungen ein einförmiges einzelnes Phänomen darstellen. Diese Ansicht mag wertvoll sein oder nicht; einige dazugehörige Probleme wurden im vorhergehenden Abschnitt diskutiert. Weiterhin schließt die wesentliche Einförmigkeit in dieser sehr allgemeinen Formulierung nicht notwendig eine gewisse Differenzierung innerhalb der gegebenen funktionellen Kategorie aus.

Was den Nervenimpuls betrifft, so dürfen die begleitenden elektrischen Phänomene einschließlich der Aktionsströme und des EEG durchaus als eine Art von Epiphänomen angesehen werden. Trotzdem halten sogar hochkompetente und nüchterne Neurologen häufig die elektrischen Phänomene für ausschlaggebend. *Sherrington* (1950) stellt z. B. fest: „Es ist ein weiter Weg von einer elektrischen Reaktion im Gehirn zum plötzlichen Blick auf die Welt um mich mit all ihren Entfernungen, Farben und ihrem Hell-Dunkel.“ *Penfield* (1950) ist noch etwas anspruchsvoller: „Die Dinge können gesehen, gehört, gefühlt oder gerochen werden, nur wenn elektrische Ströme entlang den geeigneten nervösen Faserzügen zum Gehirn verlaufen.“

Russel-Brain (1950) spricht von „elektrischen Strömen“, die sich in besonderen Regionen des Gehirns bewegen und von verschiedenen Tonwirkungen, die verschiedene Typen elektrischer Störungen im Gehirn des Hörers hervorrufen. Alle Reize „erreichen die Gehirne als elektrische Muster und es scheint eine Grundfunktion des Gehirns zu sein, diese

Muster zu analysieren, um Ähnlichkeit unter den Unterschieden zu entdecken". Weiter „die Funktion dieses elektrischen Musters ist, andere Muster zu erregen — nämlich die, die unseren Gedanken, Gefühlen und vielleicht Erinnerungsbildern zugrunde liegen". Andere Autoren haben auch Theorien vorgeschlagen in der Art, daß etwa die Gedächtnismuster den Spannungsgradienten in elektrischen Rindenfeldern entsprechen könnten. Dann wieder meint man, daß einige Teile des Gehirns spezielle Funktionen haben, indem sie meßbare elektrische Impulse in Bewußtsein verwandeln.

Natürlich kann chemische Valenz mit unzähligen anderen physikalischen Ereignissen als elektrisches Phänomen betrachtet werden, da ja grade die Struktur der Materie elektrisch geladene oder neutrale „Partikel" aufweist. Im engeren Sinne jedoch erfordert der Ausdruck „elektrische Phänomene" einen eingeschränkten Gebrauch, der sich auf umschriebene Manifestationen elektrischer Ströme, statischer Elektrizität oder gewisser Bereiche elektromagnetischer Strahlungen bezieht. Es wird trotz der großen Bedeutung des Elektrokardiogramms das Herz gewöhnlich nicht als ein elektrisches Organ bezeichnet, noch werden gestreifte Willkürmuskeln oder Drüsen, die beträchtliche elektrische Aktivität erkennen lassen, in Ausdrücken von Elektrizität verstanden.

Wo wirkliche organische Spannungsbatterien, die starke Entladungen liefern, sich entwickelt haben, werden solche Strukturen durch modifizierte Muskeln oder Drüsen zur Verfügung gestellt. Bei Gymnotus electricus, Mormyrus, Raja und Torpedo ist das elektrische Organ muskulären Ursprungs; bei Malapterurus electricus wird es vermutlich aus modifizierten Hautdrüsenelementen gebildet. Die elektrische Entladung stellt das Aktionspotential dieser spezialisierten nicht-nervösen Strukturen dar, das durch die Nerven, die die elektrischen Organe innervieren, lediglich ausgelöst wird.

Noch mehr begeisterte Autoren (*Crile*, 1936; *Gesell* u. a., 1954) sind in der Bewertung der elektrischen Erscheinungen noch weiter gegangen und haben spezifische und ausgearbeitete bioelektrische Hypothesen aufgestellt. *Gesell* u. Mitarb. stellen fest, daß „das Nervensystem seine mannigfaltigen Funktionen vermutlich nur mit dem Mittel elektrischer Energie durchführen kann. Die elektrische Energie, die so in Kraft gesetzt wird, denkt man sich im wesentlichen auf zwei Wegen entstanden — durch einen besonderen Stoffwechsel der Nervenzellen und aus synaptischer Negativität von Impulsen, die auf die Neuronen einwirkt. Diese sog. zentrogenen und reflexogenen Quellen der Energie verbinden ihre

Wirkungen, um neurozelluläre Ströme zu erzeugen. Der zentrogene neurozelluläre Strom liefert eine relativ gleichförmige Grundlage, auf die schnelle Fluktuationen reflexogenen Ursprungs ihre regulativen Wirkungen aufpflanzen". Skeptische Neurologen werden durch solche Feststellungen unbeeindruckt bleiben.

In der „Encyclopädie der Verirrungen, ein psychiatrisches Handbuch" (1953), hrsg. von *E. Podolsky* und *A. Adler* in Zusammenarbeit mit zahlreichen gut bekannten Psychiatern wird das vermeintliche Vorkommen geistiger Telepathie auf der Basis elektrischer Phänomene erklärt. Es wird angenommen, daß das Gehirn eine Art Radiokurzwelle aussendet, die „in der letzten Analyse eine Gedankenwelle ist". Unter außergewöhnlich günstigen Bedingungen sollen solche Wellen auch von anderen menschlichen Gehirnen registriert werden und die Gedanken erzeugen[23].

Aktionsströme des Gehirns, wie sie durch das EEG registriert werden, könnten vielleicht schwache elektromagnetische Störungen verursachen, aber dies ist in höherem Grade in den Aktionspotentialen der Muskulatur und der Drüsen anzunehmen. Individuelle Muster jedoch würden in ein diffuses „Grundgeräusch" vermischt werden. Selbst wenn man annimmt, daß ein nervöses Entladungsmuster, das einer gegebenen geistigen Tätigkeit entspricht, von einem bestimmten elektrischen Potentialmuster begleitet wird, so würde dieses Muster von Frequenzen nicht per se einen spezifischen von den topologischen und biochemischen Variablen des Netzwerkes unabhängigen Codewert darstellen. Mit anderen Worten, es ist höchst unwahrscheinlich, daß ein Gedanke nur in Frequenzen kodiert werden könnte. Weiter müßten solche Frequenzen innerhalb eines sehr engen Bereiches bleiben, der mit phantastisch langen Wellenlängen korreliert sein müßte und nicht den ultrahohen Frequenzen der Kurzwellen entsprechen könnte. Hochfrequente Ströme, wie sie in der Prozedur der Teslatisation oder Arsonvalisation bekannt sind, haben keine Wirkung

---

[23] Dabei wird auf eine höchst ungewöhnliche Beobachtung, die *Reynolds* (1939) veröffentlicht hat, Bezug genommen. Eine Person hörte nach dem Zähneputzen mit einer sandig-körnigen Masse ganz bestimmt ohne irgendeinen Radioapparat oder einen ähnlichen Apparat das Programm der benachbarten Radiostation. Wenn die Tatsachen richtig sind, so erscheint der Schluß, daß das Programm direkt vom Gehirn empfangen wurde, falsch. Es ist eher wahrscheinlich, daß die Zähne als eine Art Kristalldetektor funktionierten und daß die Potentialschwankungen, die sich im Hörfrequenzbereich ergaben, das Cortische Organ reizten.

auf nervöse Aktivitäten[24], weil ihre Frequenzen weitaus die Antwortfrequenzen nervöser Elemente übersteigen. Die Textur und die synaptische Struktur von Nervenkreisen und ihre Einbettung in flüssiges Gewebe oder eine kolloidale, amorphe Grundsubstanz würden wahrscheinlich eine genügende elektrische Isolierung der individuellen Netzwerkmuster ausschließen, wie tatsächlich die Registrierung des EEG zeigt; es ist daher schwierig einzusehen, wie individuelle nervöse Kreise adäquat hinsichtlich Induktivität und Kapazität mit irgendeiner Resonanz in Einklang mit, sei es niedriger oder hoher, Oszillationsfrequenz gebracht werden könnten. Der Impuls, der durch das Nervenzellennetz läuft, ist kein elektrischer Strom und stellt nicht per se elektromagnetische Schwingungen dar, er verläuft auch, verglichen mit diesen elektrischen Phänomenen mit einer außerordentlich geringen Geschwindigkeit, die erheblich unter der des Schalles liegt. Daher bin ich davon überzeugt, daß derartige Theorien, welche die Parapsychologie mit der Elektrophysiologie zu verbinden versuchen, keine solide faktische Grundlage haben und höchst unwahrscheinlich sind.

Allgemeine Prinzipien der nervösen Verbindungen; stabile und ultrastabile Systeme, Plastizität

Die Anzahl der zellulären Elemente im ausgewachsenen menschlichen Körper wird auf ungefähr 32×10^{12} geschätzt. Von dieser Zahl sind etwa 25×10^{12} Blutzellen und zwischen 6 oder 8×10^{12} Gewebszellen. Die Nervenzellen des ausgewachsenen menschlichen Gehirns mögen etwa 12×10^9 betragen und die der Hirnrinde ungefähr 9 oder 10×10^9.

Die Blutzellen und viele Gewebszellen gehören zu der Klasse der labilen Elemente mit kurzer Lebensdauer und einem beträchtlichen Wechsel, andere Zellen sind stabile Elemente und die Nervenzellen gehören zur Klasse der Dauerelemente. Allgemein gesprochen kann zahlenmäßige Zellkonstanz im Menschenkörper nicht vorliegen, obwohl solche Konstanz für einige Strukturen des menschlichen Körpers, die aus den Dauerzellen gebildet werden, als wahrscheinlich gezeigt wurde, wie für die Augenlinse, die aus 2250 Lamellen besteht, deren jede wieder aus 1000 Fasern aufgebaut ist. Es ist jedoch von Interesse, daß bei einigen Wirbellosen der ganze individuelle Organismus aus einer konstanten

[24] Natürlich mit Ausnahme der Erwärmungseffekte, wie sie alle Gewebe ganz allgemein betreffen und von verschiedenen Parametern abhängen (Diathermie, Elektrokoagulation).

Zellzahl zusammengesetzt ist. So soll das Rädertierchen Hydatina senta stets aus 959 Zellen zusammengesetzt sein. Bei anderen Tieren zeigen verschiedene Organe eine konstante Zahl von Elementen. Weitere Beispiele von Zellkonstanz werden von spezialisierten Zelltypen in gewissen Organen geliefert. Bei Branchiostoma (Amphioxus) findet man 26 Riesenzellen im Rückenmark. Der zyklostome Entosphenus japonicus hat 24 große Zellen (*Müllers* Zellen) im Hirnstamm, wie von meinem Mitarbeiter *T. Saito* studiert wurde. Andere Fische und einige Amphibien haben eine paarige Riesennervenzelle (*Mauthner*-Zelle) in der vestibulären Region der Oblongata. Wahrscheinlich besteht das Nervensystem der Wirbeltiere aus einer Zellzahl, die für jede Art ungefähr konstant ist mit beträchtlichen Variationen innerhalb gewisser Grenzwerte.

Der Nematodenwurm Ascaris liefert in seinem Nervensystem ein interessantes Beispiel numerischer Zellkonstanz. Anzahl, relative Größe, Gestalt und Lage der Nervenzellen ebenso wie der Fasern sind konstant. Im Schlundganglion, das die zentralnervöse Hauptstruktur darstellt, befinden sich 162 Nervenzellen, von denen 90 efferent, 50 afferent und die restlichen Schaltneurone sind (*R. Goldschmidt*, 1908, 1909).

Ashby (1952) betont, daß die Gene beim Menschen[25], bei weitem in zu geringer Zahl vorhanden sind, um etwa jede neuronale Verbindung zu bewirken. Diese Feststellung ist sicher auch auf die Stellung und die Beziehungen der individuellen menschlichen Gewebszellen im allgemeinen anzuwenden.

Nach *Ashby* kann die Wirkung der Genmuster auf die Einzelheiten der Nervenstruktur und -funktion daher nicht direkt, sondern muß indirekt sein: Die Gene fixieren permanent gewisse Funktionsregeln, aber sie haben keine Einwirkung auf diese Funktionsregeln in ihrer speziellen Anwendung auf besondere Situationen. Die Funktionsregeln müssen nur in relativ kleiner Anzahl vorhanden sein, und es muß gezeigt werden, daß diese wenigen Funktionsregeln, wenn sie auf eine fast unendliche Zahl von Umständen und auf eine große Zahl von Neuronen angewendet werden, „imstande sind, die Ereignisse unter allen diesen Umständen zu leiten. Die Funktionsregeln müssen festgelegt sein, ihre Anwendung beweglich“ (*Ashby*, 1952). Diese Prinzipien gelten sowohl für die Mor-

[25] Der genannte Autor nahm damals als Zahl der menschlichen Gene etwa 50 000 oder weniger an. Inzwischen jedoch schätzt man die Zahl der menschlichen Gene auf einige Millionen. Trotzdem macht diese gegenüber *Ashbys* Schätzung von 1952 um einen Faktor von 10^2 höhere Zahl von Genen die Schlußfolgerung dieses Autors in keiner Weise wertlos.

phogenese wie auch für die Funktion. Man kann sich vorstellen, daß die nervösen Strukturen sich unter dem Einfluß embryonaler Felder entwickeln, die von Funktionsregeln geleitet werden und nervöse Muster entstehen lassen. Wegen der vielen beteiligten Variablen können solche Strukturen nicht in genauen und beständigen Einzelheiten angeordnet sein und es kommen beträchtliche Variationen vor. Ähnliche Variationen sind in allen anderen anatomischen Strukturen auffallend und verdienen besondere Betonung.

Einige Verfasser sprechen von einer „Fehlanordnung in den Einzelheiten“ und man hat mit Recht festgestellt, daß das Nervensystem eine großartige Architektur verbunden mit einer schlampigen Ausführung zeigt. Auch dieses Prinzip der „prächtigen Architektur und saloppen Ausführung“ kann auf viele andere organische Strukturen und Funktionen angewendet werden.

Das Konzept der embryonalen oder allgemeiner gesprochen morphogenetischen Felder postuliert ein präexistentes System physikalischer Kräfte mit einer relativ stabilen Raumorganisation. Geformte Partikel, möglicherweise Moleküle organischer Substanzen müssen sich dem Feldmuster anpassen, wenn sie von der lebenden Substanz assimiliert oder in diese integriert werden (*Le Gros-Clark*, 1947). Dieser Verfasser vermutet, daß in verschiedenen Wachstumsprozessen, die augenscheinlich selektive Faszikulation oder offensichtliche stereotrope Manifestationen einschließen, ein gerichtetes Wachstum durch die Ultrastruktur der Matrix bestimmt werden kann, in der das Wachstum stattfindet. Viele Beobachtungen legen ein unsichtbares Muster des Substrates nahe, vielleicht ein Spannungsmuster, das zu einem Komplex von Spannungskräften in Beziehung steht. Es können jedoch noch zahlreiche zusätzliche physikalische Faktoren im Spiele sein, die durch die bisherigen Methoden der Analyse nicht erfaßt wurden.

Für die ontogenetische Entwicklung eines festgelegten oder stereotypen Verhaltens ist wiederholt auf die Tatsache hingewiesen worden, daß das Erscheinen motorischer Reaktionen der sensiblen Kontrolle vorausgeht (*Coghill*, 1929; *C. J. Herrick*, 1948; *Weiss*, 1955). In dieser Beziehung ist es nicht möglich, die Eigenschaften des Output des Nervensystems unmittelbar vom Muster des sensiblen Input abzuleiten, obwohl die Beziehung von Input und Output für andere Aspekte der neurophysiologischen und behavioristischen Analyse bedeutsam erscheint. *Weiss* (1955) bekräftigt, daß das Zentralnervensystem in der Ontogenese ein endgültiges Repertoire von Verhaltensleistungen entwickelt, die ursprünglich präfunktional sind und bereit sind, in Erscheinung zu treten, so bald ein geeigneter Effektorapparat verfügbar wird.

Zwei offensichtlich gegensätzliche Ansichten über die korrelierte Entwicklung der nervösen Strukturen und des Verhaltens sind vorgebracht worden. *Coghill* (1929) u. a. glauben, daß die wesentlichen Leitungsbahnen ebenso wie die primären nervösen Mechanismen aus einem präneuralen dynamischen Muster entstehen. Das resultierende nervöse Gesamtmuster entsteht nach dieser Ansicht als vollständig integrierte Einheit. Dieses völlig integrierte Muster erstreckt sich durch den ganzen Organismus und die lokalen Reflexe entwickeln sich als eine „Qualität auf einem Untergrund", d. h. als spezielle Merkmale innerhalb eines nur diffusen, aber überwiegenden Integrationsmechanismus des ganzen Organismus. Mit anderen Worten, es wird eine graduelle Individuation angenommen, die aus einem Hintergrund von Massenreaktionen entsteht.

Nach *Windle* (1950) u. a. sind jedoch gewisse Typen von Aktivität von Anfang an in bestimmten Bezirken lokalisiert und eine Individuation von Massenwirkung her kann für solche Leistungen nicht angenommen werden (*Weiss*, 1955).

Die widersprechenden Ansichten können in Übereinstimmung gebracht werden, wenn die Verschiedenheit der untersuchten Spezies und die verschiedenen Techniken gehörig beachtet werden (*Weiss*, 1955). Es ist nicht unwahrscheinlich, daß beide Prinzipien gelten und daß jedes für einen gewissen Aspekt der Verhaltensentwicklung von Wert ist.

Wenn auf der Grundlage vergleichend-anatomischer Studien die morphologischen Befunde in topologischen Reihen angeordnet werden, dann wird eine auffallende verwandtschaftliche Beziehung vieler grauer Kerngebiete zu ihren afferenten Fasersystemen offenbar. Derartige topologische Reihen können bis zu einem gewissen Grade eine weitgehende Ähnlichkeit mit angenommenen phylogenetischen Reihen haben. Im Hirnstamm steht die Lage der efferenten Kerne der verschiedenen Ordnungen der Wirbeltiere in bestimmter Beziehung zur Lokalisation der Faserzüge, die die hauptsächlichen afferenten Impulse zu diesen Kernen führen (*Kappers*, 1908, 1920 und weitere Arbeiten). Die Entwicklung der Hirnrinde und gewisse Anordnungen im Riechkolben der Amphibien zeigen ähnliche Beziehungen, wie ich in einigen meiner ersten Studien aufgezeigt habe. Viele andere Beispiele derartiger Beziehungen könnten noch erwähnt werden.

Ariens Kappers entwickelte die Theorie der Neurobiotaxis, nachdem er derartige Befunde erhoben und ebenso wie frühere und unbestimmtere

Konzepte des Neurotropismus, wie sie von *Cajal* u. a. vorgeschlagen wurden, gedeutet hatte. Er glaubte, daß die Neuroblasten auf elektrische Felder antworten könnten, die durch auswachsende oder aktive Faserzüge geschaffen würden. Der Zellkörper und die Dendriten sollten einen stimulopetalen Tropismus entwickeln und der Neurit ein stimulofugales Auswachsen zeigen. *Bok* fügte das Konzept der stimulogenen Fibrillation hinzu. Funktionell aktive Faserzüge würden nach dieser Theorie Nervenzellen anziehen und die Wanderung ganzer Neuroblastengruppen auf sie zu richten. Ein solcher Einfluß sollte sowohl der Erklärung phylogenetischer wie auch ontogenetischer Veränderungen in der Lage der grauen Kerngebiete dienen. Als ich meine ersten Untersuchungen durchführte, war ich nach meinen morphologischen Befunden durch diese Theorie günstig beeindruckt, die ich mit einiger Zurückhaltung, wie ich sie in meinen „Vorlesungen" (1927) ausgesprochen habe, annahm.

Das Konzept der Neurobiotaxis wurde jedoch durch die experimentelle Prüfung nicht genug überzeugend gestützt, und ich stimme in dieser Beziehung mit der kürzlichen kritischen Wertung, die *Hamburger* (1952) gab, überein. Darüber hinaus sind die theoretischen Schwierigkeiten, die die Annahme der Hypothese erfordert, sehr groß. Wirkliche Zellbewegungen finden während der Ontogenese statt. Es ist unwahrscheinlich, daß solche Verschiebungen im ausgewachsenen Nervensystem hervorgerufen werden, in dem andererseits die Faserzüge in voller Tätigkeit sind. Wenn unter labilen Bedingungen in der Phylogenese Wanderungen stattgefunden haben sollten, so müßte man eine Vererbung erworbener Eigenschaften annehmen.

Ich stimme mit den unausweichlichen Schlüssen aus den bekannten Tatsachen der Genetik überein und bin der Ansicht, daß es keinen Hinweis auf den Wert des Lamarckismus oder verwandter Ansichten gibt. Jedoch wird der allgemeine Biologe, der das ganze Feld organischen Lebens übersieht, durch den Augenschein beeindruckt, daß die Wirkungen von ständigem Gebrauch und Nichtgebrauch eines Teiles nach einer langen Zeit oder unter gewissen Umständen erblich werden können. Die Theorie der Mutation-Selektion erscheint nicht ganz überzeugend und die meist angenommenen Ansichten mögen noch nicht endgültig sein.

Was die Theorie der Neurobiotaxis in ihrer ursprünglichen Auslegung betrifft, so kann wenig Zweifel bestehen, daß man sie als eine kausale Erklärung für die Entwicklung der strukturellen Beziehungen im Zentralnervensystem aufgeben muß. Trotzdem gibt die Theorie der Neurobiotaxis vom formanalytischen Standpunkt die Formulierung sehr bestimmter morphologischer Tatsachen. Sie behält daher als solche ihre

Verdienste, obwohl der Name vielleicht als Fehlgriff betrachtet werden kann. Sie sollte als ein Ausdruck der Ordnung gewisser räumlicher Beziehungen in topologischen und möglicherweise auch phylogenetischen Reihen angesehen werden, wobei ihre funktionelle und morphogenetische Bedeutung unbekannt bleibt.

Mit Ausnahme einiger weniger wichtiger Prozesse, die weiter unten diskutiert werden, kommt der größere Teil der proliferativen und formativen Tätigkeiten im menschlichen Zentralnervensystem in den letzten Wochen des intrauterinen Lebens zum Abschluß. Daher ist die architektonische Differenzierung des Gehirns und des Rückenmarks bei der Geburt im wesentlichen vollendet. Die Zellanordnung in den verschiedenen grauen Kerngebieten ist etwas dichter als beim Erwachsenen, da das Neuropil und die Grundsubstanz noch nicht ihren größten Umfang erreicht haben. Die meisten einzelnen Neurone wachsen noch weiter, bis die endgültige Größe erreicht ist. Die Bemarkung ist noch nicht vollendet. Das subependymale Zellager ist breiter als beim Erwachsenen und es gibt noch umschriebene Ansammlungen tiefgefärbter undifferenzierter neuroektodermaler Zellen, die oft entlang den Gefäßen angeordnet sind. Diese Befunde, die von *Schwarz, Goolker* und *Globus* (1932) hervorgehoben wurden, zeigen an, daß die Reifung des zentralen Nervensystems noch einige Jahre während des postnatalen Lebens fortschreitet. Die transitorische oberflächliche Körnerschicht der Kleinhirnrinde, die während des 3. Monats der intrauterinen Entwicklung erscheint, ist noch bei der Geburt vorhanden und verschwindet gewöhnlich innerhalb der nächsten 20 Monate. Ich habe kürzlich ihre Bedeutung in bezug auf gewisse Geschwülste untersucht (*Kuhlenbeck*, 1950). Andere Veränderungen, die sich noch bis zur Reife abspielen, betreffen die weitere Entwicklung der Markscheiden, wie sie in den Studien von *Flechsig* (1920, 1927) behandelt wird.

Es ist von Wichtigkeit zu bedenken, daß das Netzwerk der neuronalen Verbindungen durch Dauerelemente gebildet wird. Mit Ausnahme von Neuronen, die durch lokalen Tod (*Kuhlenbeck*, 1947) im Laufe des Lebens zugrunde gehen, besteht das Verbindungsnetzwerk im Gehirn im hohen Alter aus genau denselben Elementen, die schon bei der Geburt vorhanden waren. Diese Beziehung ist besonders wichtig zum Verständnis des Mechanismus eines Langzeitgedächtnisses.

In seiner Analyse des relativ einfachen Nervensystems von Ascaris, das oben schon als eindrucksvolles Beispiel numerischer Zellkonstanz erwähnt wurde, kam *R. Goldschmidt* zu dem interessanten Schluß, daß in diesem Nervensystem Jedes mit Jedem verbunden ist. Letzten Endes kann man diesen Schluß auch auf das komplexere Vertebraten- und das menschliche Nervensystem anwenden. Trotzdem finden lokalisierte und beschränkte Aktivitäten statt, vermutlich dank der Schwelle des synaptischen Widerstandes und seiner Schwankungen als ein Ergebnis der verwickelten Entladungsmuster und der biochemischen Prozesse, die kollektiv als zentrale excitatorische und inhibitorische Zustände bezeichnet werden.

Es ist durch histologische und physiologische Studien wohlbegründet, daß das neuronale Netzwerk nicht nur in Ausdrücken von Ketten, sondern auch von Kreisen verstanden werden muß. Die frühen histologischen Untersuchungen von *Cajal* und *Kölliker*, die Studien von *Breuer* und *Hering* und *Sherringtons* Werk, das zu dem Konzept der propriozeptiven Funktionen führte, könnten hier ebenso erwähnt werden wie *Herrick* und *Coghills* Demonstration spezialisierter Rückkopplungsmechanismen bei Larven von Amphibien (1915) und die Ergebnisse vieler anderer Autoren. Das Überwiegen von Kreisen und der Wert der Feststellung, daß Jedes mit Jedem verbunden ist, hat auch die Formulierung eines behaupteten „Gesetzes der Reziprozität der Verbindungen" veranlaßt. Dieses vorgenannte Gesetz besagt, daß wenn ein Zellkomplex A Fasern zu einem Zellkomplex B sendet, dann auch B Fasern zu A gelangen läßt, entweder direkt oder durch Schaltneuronen. Ich betrachte dieses sog. „Gesetz" als ungerechtfertigte Übertreibung und Beschränkung der oben erwähnten Prinzipien, obwohl eine direkte Reziprozität sicher an vielen Beispielen besonders bei den cortico-thalamischen Verbindungen und bei den Verbindungen der Hirnstammgebiete nachgewiesen werden kann. Dagegen ist es sogar zweifelhaft, ob direkt reziproke Verbindungen zwischen dem Corpus geniculatum laterale und der Sehrinde existieren. Die frontopontinen Fasern sind vermutlich nicht direkt reziprok, ebenso wenig die cortico-spinalen, spino-thalamischen, spino-cerebellaren und verschiedene andere. Wenn dieses „Gesetz" so modifiziert wird, daß man feststellt, „entweder direkt oder mittels einer oder verschiedener Zwischenverbindungen, dann wird es nur ein redundanter Ausdruck für die einfacherer Formulierung ‚Jedes ist mit Jedem verbunden'".

Seit den frühen Tagen der Neuronentheorie war vermutet worden, daß ein Auswachsen von Kollateralen ebenso wie ein zusätzliches Faserwachstum über das Maß solcher Vorgänge während der ontogenetischen Entwicklung und des Körperwachstums hinaus auch nach der Geburt, im Jugendalter und sogar beim Erwachsenen stattfinden könne. Man nahm die Bildung neuer synaptischer Verbindungen auf diesem Wege an; *Cajal* und andere haben Theorien des Lernens und der Entstehung bedingter Reflexe darauf gegründet. Einige Autoren postulierten dazu noch, daß die Neuronen und ihre synaptischen Telodendren amöboide Bewegungen zeigen, um damit die Unterbrechung der Leitungsimpulse an den Synapsen zu erklären; eine Schlaftheorie wurde nach diesem Konzept ausgearbeitet (*Duval*, 1895). Neuere Beobachtungen in Gewebekulturen mit der Hilfe von Zeitraffer-Kinemikrofotografie haben gezeigt, daß ein Auswachsen solcher Fasern und amöboide Bewegungen tatsächlich vorkommen. Es erscheint jedoch zweifelhaft, ob das Vorkommen derartiger Phänomene die zitierten Theorien rechtfertigt. Wachstum findet nach Verletzungen statt als abortive zentrale Regeneration und als potentiell wirksame periphere Regeneration, außerdem unter den Bedingungen der Gewebekultur. Geringfügige amöboide Bewegungen können im normalen Nervensystem durchaus vorkommen, ohne jedoch die offenbar substanziell soliden synaptischen Verbindungen zu unterbrechen. Es gibt keinen Grund zu der Annahme, daß die motorischen Endplatten, welche die neuromuskulären Synapsen repräsentieren, sich während der Muskelruhe vom Muskel zurückziehen, obwohl sie dies vielleicht unter abnormen Bedingungen tun können. *Carey* und seine Mitarbeiter (1945) haben tatsächlich nach mechanischem Trauma motorische Endplatten beobachtet, die sich in ballartige Strukturen zusammenzogen.

Die mechanische Trennung von der Synapse würde ungeheure und offenbar ganz unnötige Schwierigkeiten in die geläufigen neurophysiologischen Konzepte bringen. Ein neues Auswachsen von Fasern bei normalen Erwachsenen ist auf der Grundlage der verfügbaren Beobachtungen nicht sehr wahrscheinlich. Wahrscheinlich ist, daß die neurophysiologischen Prozesse einschließlich der Entstehung bedingter Reflexe und der Grundlage des Lernens in einem neuronalen Netzwerk stattfinden, das in allen seinen wichtigen Merkmalen bereits bei der Geburt vollständig, mit allen oder wenigstens den meisten seiner synaptischen Verbindungen vorhanden ist[26]. Diese synaptischen Verbindungen können als im wesent-

[26] In der menschlichen Rinde umfaßt der postnatale Entwicklungsprozeß offenbar ein gewisses Wachstum von Dendriten und axonalen Verzweigungen während einer Reihe von Monaten. Dies ist besonders von *Conel* (1939, 1941, 1947) gezeigt worden, der eine Anzahl bedeutender Beobachtungen registrierte. So weit solche Schlüsse aus den Studien von *Golgi*-Präparationen gezogen werden, muß man jedoch bedenken, daß wegen der Besonderheiten dieser Technik ein Vergleich verschiedener Golgi-Präparationen keine ganz zuverlässigen Ergebnisse liefern kann. Trotzdem kann postnatal ein gewisses Maß von Wachstum und Differenzierung der Rinde angenommen werden.

lichen permanent angesehen werden. Die Veränderungen, die dem verbesserten Ablauf stereotyper angeborener Reflexe oder einem gelernten adaptierten Verhalten entsprechen, können mit zunehmender Markscheidenbildung innerhalb der ersten Lebensjahre und mit funktionellen, mutmaßlich biochemischen Veränderungen an schon vorher entwickelten und bestehenden Synapsen in Verbindung gebracht werden.

Der gestaltliche Aspekt des Netzwerkes, das durch bestimmte Funktionsregeln in der Terminologie von *Ashby* festgelegt wird, würde jedoch innerhalb einer signifikanten Musterorganisation einen hohen Grad von Zufälligkeit behalten.

Es muß betont werden, daß dieser Zufallsaspekt des Netzwerkes hochgradig starre Konzepte in der Deutung anatomisch definierter Faserzüge ausschließt, die beträchtliche Variationen innerhalb der Gehirne einer und derselben Art darbieten, ganz besonders im menschlichen Gehirn. Es sollte unterstrichen werden, daß die meisten Feststellungen über Faserzüge, unbeschadet der Methoden, mit denen sie studiert wurden, mit dem angemessenen Grad von Vorsicht ausgewertet werden müssen. Weiter muß bedacht werden, daß die meisten zentralen Faserverbindungen nicht nur aus Bündeln zusammengesetzt sind, die Fasern verschiedenen Ursprungs und verschiedener Endigung enthalten, sondern auch Fasern in der Gegenrichtung einschließen (d. h. aufsteigende und absteigende). Verschiedene, aber aneinander angrenzende Faserverbindungen zeigen im Hinblick auf ihre Faserbündel wechselnde und oft beträchtliche Grade gegenseitiger Überlappung. Die anatomische Verschiedenheit innerhalb der Verbindungen sollte natürlich klar von dem Konzept wahrscheinlicher funktioneller Unspezifität oder vielfacher Bedeutung von Faserzügen (successiv, aber vermutlich nicht simultan) unterschieden werden, die weiter unten bei der Diskussion des Prinzips der alternativen Leitungswege erwähnt wird. Trotzdem zeigen einige Fasersysteme, die einen gemeinsamen und regional gekennzeichneten Ursprung haben, auch eine bestimmte topographische Verteilung an ihrer Endstätte („Punkt zu Punkt"). Diese wohlbegründete Tatsache kann jedoch nicht extreme Konzepte architektonischer oder funktioneller Kleingliederung stützen.

Die Unterbrechung spezifischen Inputs, z. B. des Tractus opticus oder der dorsalen Wurzelkomponenten und die Unterbrechung des spezifischen Outputs wie durch die Ventralwurzelkomponenten oder ähnliche gemeinsame Endstrecken in der Terminologie *Sherringtons* führen Störungen eines Typs herbei, der sich von den Wirkungen unterscheidet, welche auf die Unterbrechung intermediärer Verbindungswege oder die Zerstörung integrierender Zentren folgen. Es ist eine geläufige und manchmal erschreckende Beobachtung, wenn man feststellen muß, daß je nach den Umständen sogar relativ umfangreiche Zerstörungen, die solche Faserzüge und graue Kerngebiete betreffen, nur wenig funktionelle Störungen verursachen oder sogar von völliger funktioneller Restitution gefolgt sind, während die betroffenen Strukturen irreparabel zugrunde gegangen sind. Gewisse zentrale Faserverbindungen können unspezifisch sein und den „Buslinien" oder den „Programm-Stammlinien" der Rechenmaschinen entsprechen. Es ist möglich, Mechanismen zu planen, die automatisch von ausgefallenen Kreisverbindungen auf gut funktionierende umschalten (*E. C. Berkeley*, 1949). In einer allgemeinen Zweck-Relais-Rechenmaschine verbinden sog. Positionsrahmen ein Problem in einer gegebenen Problemstellung mit jedem Computer, der untätig geworden ist und daher zur Verfügung steht. Diese Maschinen schalten auch automatisch auf andere Problemstellungen um. In ähnlichen Maschinen können Registerreihen oder sog. „Panels" doppelte oder dreifache Aufgaben übernehmen je nach den Bedingungen, z. B. für Speicherung oder für ein Routineproblem. Diese Merkmale können geeignete Modelle für ein Verständnis der verschiedenen Phasen der nervösen Aktivität liefern, das auf fundamentalen Prinzipien begründet ist, welche mit denen identisch sind, die bei der Konstruktion und Arbeitsweise der sog. mechanischen oder elektronischen Gehirne zur Anwendung kommen. Es ist noch nicht möglich, eine systematische Klassifikation aller größeren Faserzüge in Ausdrücken der Kommunikationstheorie zusammenzufassen, wie „spezifischer Input", „Relais", unspezifische „Bus- und Programmstammlinien", „Auslösekontrolle", „Verzögerungslinien", „Flip-Flop-Elemente" und andere, aber ein solcher Gesichtspunkt sollte zur allgemeinen Würdigung der nervösen Verbindungen hilfreich sein können. Da derartige Betrachtungen nicht nur für eine Bewertung der Faserzüge, sondern auch für die allgemeinen Prinzipien, die die neuronalen Verbindungen beherrschen, wichtig sind, habe ich diese Bemerkungen, die ich schon in meiner Zusammenfassung über das Zwischenhirn (1954) vortrug, hier noch einmal betont.

Ein Muster nervöser Impulse, das einer gegebenen Aktivität entspricht, kann in einem Gestaltcharakter begriffen werden und scheint, wie sich aus vielen Beispielen zeigen läßt, mit Eigenschaften ausgestattet, die es zur Vervollständigung dieser Leistung durch Ausbreitung über eine Zahl verschiedener Leitungsbahnen befähigt. Wir haben mit anderen Worten einen Typ gerichteten extrapolativen Verhaltens, der trotz beträchtlicher

Störung wesentlicher Variabler in seiner Wirkung nicht modifiziert wird. Ein solches Verhalten verschiedener Grade von Komplexität und in verschiedenen Kategorien dynamischer Muster kann auch in der Terminologie von *Ashby* als stabil, ultrastabil oder multistabil bezeichnet werden. Weiter ist ein solches Verhalten adaptiv und „als ob" es ein Ziel suche. *Ashby* bezieht sich mit Recht auf das Gleichnis: „Das Pendel sucht den Mittelpunkt." Trotzdem vermeide ich, wie ich oben begründet habe, die Ausdrücke „zweckvoll, teleologisch und vorhersagend" von *Rosenblueth*, *Wiener* und *Bigelow*.

Ashby (1952) formuliert die folgende Definition von Stabilität: „Ist ein absolutes System und in seinem Feld eine bestimmte Region gegeben, so ist eine Verhaltenslinie von einem Punkt innerhalb der Region stabil, wenn sie die Region niemals verläßt." Das Feld des stabilen Systems ist daher einzeln und permanent, aber in einem ultrastabilen System „zeigt der Phasenraum der Hauptvariablen eine Succession vorübergehender Felder, die durch ein Schlußfeld beendet wird, das immer stabil ist". Ein *multistabiles* System besteht nach *Ashby* „aus vielen ultrastabilen Systemen, die von Hauptvariabler zu Hauptvariabler verbunden sind, wobei alle Hauptvariablen Teilfunktionen sind". Organismen können auf ihre Umgebung durch verschiedene unabhängige Reaktionen reagieren, in denen jedes ultrastabile System seine eigenen Schrittfunktionen ändern und seine eigenen Endfelder finden kann. Diese Anordnung wird von *Ashby* als ein Ganzes definiert, das aus wiederholten ultrastabilen Systemen besteht.

Weiter hat *Ashby* gezeigt, daß ein großes System mit viel weniger genauer Spezifikation stabil gemacht werden kann, wenn es ultrastabil gemacht wird. „Wenn ein verbundenes Ereignis unmöglich ist, falls die Komponenten gleichzeitig eintreten müssen, wird es rasch möglich gemacht, wenn sie einander folgen oder unabhängig von einander sich ereignen können."

Ashby zitiert ein interessantes Beispiel, das die Unterscheidung zwischen stabilem und ultrastabilem Verhalten zeigt. Er nimmt auf die Seitenstabilität eines Flugzeuges Bezug, die durch einen automatischen Mechanismus kontrolliert wird. Was diese Verhaltenslinie betrifft, so muß das Gerät mit den Querrudern in einer solchen Weise verbunden sein, daß, falls der rechte Flügel sich senkt, der Output des Mechanismus das rechte Querruder senken und das linke heben muß, um auf diese Weise das Flugzeug nach links zu rollen. Bei richtigen Verbindungen ist das System stabil und selbstkorrigierend; obwohl bei bewegter Luft die

Flügel um die Längsachse des Flugzeuges schwanken können, werden sie immer in die ebene Position zurückkehren. Ein ultrastabiles System, wie *Ashbys* Homöostat würde denselben Typ des Verhaltens zeigen und sich insoweit nicht unterscheiden. Wenn jedoch in dem stabilen System der automatischen Kontrolle die Querruder umgekehrt verbunden würden, so würde sich dieses System nach einer kleinen Störung so verhalten, daß es das Rollen zunehmen läßt und würde in dieser mangelhaften Funktion bis zum Ende verbleiben. Im Gegensatz dazu würde das ultrastabile System, wie es sich im Homöostaten als Beispiel zeigt, „in seiner fehlerhaften Aktion nur so lange verharren, bis die zunehmende Abweichung zu einem Wechsel der Ausgangsschrittfunktion führt. Beim Auftreten des ersten geeigneten neuen Wertes würde der Homöostat zur Stabilisierung tätig werden anstatt zum Umsturz". Er würde daher die Flügel trotz der fehlerhaften Verbindungen zur Horizontallage zurückbringen.

Es ist von besonderem Interesse, daß das Problem der Querruderkontrolle, das *Ashby* als Beispiel bringt, in enger Parallele zu Experimenten von *Sperry* (1942) und *Stone* (1947, 1953) steht, die sich mit der Entfernung, dem Umwenden oder Austauschen und Wiedereinpflanzen von Augen bei ausgewachsenen geschwänzten Amphibien beschäftigten. Die regenerierenden Sehnervenfasern stellen ohne weiteres geeignete Verbindungen mit dem Tectum opticum her, entsprechend ihren respektiven Ursprungsorten in den Retinaquadranten, wie sie vor der Operation bestimmt waren. Durch Drehung des Auges um 180 Grad können die ausgewechselten funktionellen Quadranten der Netzhaut gegensätzlich mit den optischen Zentren des Mittelhirns verbunden werden, wie in *Ashbys* Beispiel. Alle Netzhautquadranten sind dann gedreht. Es ist auch möglich, die Wirkungen der Drehung an zwei Positionen der Retina (nasal und temporal) zu studieren, während die beiden anderen (dorsal und ventral) normal orientiert bleiben, wenn man einfach das rechte und das linke Auge vertauscht.

Tiere mit normal orientierten Augen schnappen oder verfolgen einen Köder, der sich irgendeinem der vier Quadranten im Gesichtsfeld nähert. Durch Kopf- und Körperbewegungen folgt das Tier vertikalen schwarzen und weißen Streifen auf einer Trommel, wenn die Streifen temporo-nasal durch das Gesichtsfeld jedes Auges rotieren. Diese kompensatorischen Bewegungen werden nicht hervorgerufen, wenn die Streifen sich naso-temporal durch das Gesichtsfeld jedes Auges bewegen. Die Methode liefert einen perfekten Test für ein linkes Auge (bei Drehung im Zeigersinn) und für ein rechtes Auge (bei Drehung im Gegenzeigersinn). Die Sehumkehr, entsprechend der gedrehten Position der regenerierten Netzhaut, wird in allen Fällen klar zum Ausdruck gebracht und durch gut gekennzeichnete umgekehrte motorische Reaktionen, irrtümliche Raumlokalisation sowie andere Abnormitäten der visomotorischen Koordination, die direkt mit der Drehung des Netzhautfeldes verbunden ist, angezeigt. Die umgekehrten Reaktionen, die der systematischen Restauration der andauernden ursprünglichen funktionellen Werte der Netzhautquadranten entsprechen, bestehen unbegrenzt weiter ohne Modifikation durch Erfahrung trotz ihres in hohem Maße mangelhaft adaptierten Charakters. Die visomotorischen Antworten auf einen sich bewegenden Köder werden umgekehrt, sie führen vom Köder weg. Kopf- und Körperbewegungen als Antwort auf die Streifenbewegung einer Trommel zeigen ebenfalls eine Umkehr der Normalreaktionen.

Es konnte damit gezeigt werden, daß die funktionelle Organisation der Netzhaut des Salamanderauges in einem frühen Stadium des Augenbechers in der Entwicklung bestimmt wird, bevor die künftige Netzhaut sich differenziert hat. Durchschneidet man den Sehnerv, so degeneriert die zeitweise der Blutzufuhr beraubte nervöse Netzhaut bei diesen erwachsenen geschwänzten Amphibien, wird aber in der Folge von den überlebenden Pigmentepithelien der Netzhaut regeneriert (*Stone*, 1947) und es folgt allmählich die Wiederherstellung der nervösen Verbindungen ebenso wie der Funktion. Nur die Amphibien bieten anscheinend einen so hohen Grad von Regenerationsfähigkeit.

Die Studien von *Stone* und *Sperry* zeigen klar, daß im Nervensystem von reifen Urodelen und im Hinblick auf die diskutierten Funktionen das Prinzip der Stabilität in Übereinstimmung mit der Definition von *Ashby* gilt[27].

---

[27] Nach *Keating* u. a. (wie in einem Bericht von *Ingle* und *Schneider* [Hirnmechanismen und Sehen: Subcorticale Systeme. Science *168*, 1493—94 (1970)] zitiert) wird das Muster der tektotektalen Verbindungen bei dem afrikanischen Frosch Xenopus anscheinend durch visuelle Erfahrung ungefähr um die Zeit der Metamorphose determiniert, obwohl die retino-tektalen Verbindungen bereits in der frühen Entwicklung festgelegt sind. Das tektotektale System entwickelt eine umgekehrte topographische Ordnung, wenn die Kaulquappenlarve mit einem Auge aufgezogen wird, das chirurgisch um 180 Grad gedreht wurde. So gibt es in frühen Entwicklungsstadien hier eine Plastizität. Man hat vermutet, daß in derartigen Fällen voneinander entfernt gelegene Gruppen von Neuronen, die zur selben Zeit durch denselben Sehreiz (auf dem Wege über das entgegengesetzte Auge) aktiviert werden, selektiv synaptische Verbindungen entstehen lassen oder beibehalten können.

Andererseits kann Ultrastabilität im Zentralnervensystem im Gegensatz zu Stabilität in gleicher Weise durch experimentelle Ergebnisse ebenso wie auch durch klinische Beobachtungen nachgewiesen werden. *Ashby* zitiert die Arbeit von *Marina* (1915), der die Ansätze der inneren und äußeren graden Augenmuskeln beim Affen ablöste und in gekreuzter Position unter Umkehr ihrer Wirkungen wieder anheftete. Nach Wundheilung zeigten die Augäpfel jedoch immer noch normale konjugierte Bewegungen unter Erhaltung des binocularen Sehens. Hierhergehörige Studien von *Sperry* (1947) werden ebenfalls zitiert. Bei diesen Experimenten wurden die durchtrennten Nerven der Beuger und Strecker am Arm des Spinnenaffen in vertauschter Position wieder vereinigt. Nach der Regeneration der Nerven waren die Bewegungen dieses Armes zuerst grob unkoordiniert, aber die Normalfunktion stellte sich später wieder ein. Ähnliche Experimente, die *Sperry* bei der Ratte ausführte, zeigten bei diesem Tier ein Versagen der funktionellen Adaptation.

Was jedoch andere Funktionen und Aspekte betrifft, so manifestiert das Zentralnervensystem der Ratte klare Beispiele von Ultrastabilität. *Ashby* zitiert hier die Trainingsexperimente von *Mowrer* (1940), bei denen die Ratten es lernten, ein Pedal niederzutreten, um elektrische Schocks zu unterbrechen.

Adaptation und Lernen, die eng mit dem Verhalten ultrastabiler und multistabiler Systeme verbunden sind, stehen weiterhin in Beziehung zu Gedächtnisfunktionen, die ihrerseits und zusammen mit Adaptation unter das Konzept der Plastizität fallen.

Der höchste Grad von Plastizität, der sich in der Engraphie und verwandten mnestischen und symbolischen Funktionen zeigt, wird offensichtlich durch die menschliche Hirnrinde manifestiert. Die Bildung permanenter Engramme ist anscheinend eines der hochspezialisierten und adaptiven Attribute dieser nervösen Struktur. Wahrscheinlich würde es zu katastrophalen Ergebnissen führen, wenn niedere Zentren wie der Hirnstamm und das Rückenmark in einem ähnlichen Ausmaß plastisch und daher beständigen aufgepfropften Modifikationen ihrer wesentlichen und Vitalmechanismen unterworfen sein müßten.

Trotzdem meint man, daß sowohl die Rinde wie die subcorticalen grauen Kerngebiete aus Neuronen mit grundsätzlich ähnlichen Eigenschaften bestehen. Hinsichtlich der Plastizität unterscheiden sich die corticalen und die nicht-corticalen Neurone nur dem Grad nach, und es mögen in dieser Hinsicht auch beträchtliche Differenzen zwischen den Rindenzellen vorliegen.

Auch in der relativ einfachen Reflextätigkeit des Rückenmarkes gibt es den Hinweis auf plastische Veränderungen an den Synapsen, wo ihr Reizeffekt durch Gewöhnung erhöht und durch Nichtgebrauch herabgesetzt wird (*Franzisket*, 1951; *Eccles*, 1953). Es wird dies als eine allgemeine Eigenschaft der Synapsen angesehen, die sich in einer vermehrten Wirksamkeit der Synapsen durch eine gemusterte Struktur auswirkt. Eine solche Aktivität könnte dann dazu neigen, ein mehr wahrscheinliches Aktivitätsmuster für nachfolgende afferente Inputs zu werden, die dem Erstimpuls gleichen. Man hat diese Tendenz meist als in Beziehung zu Gedächtnisfunktionen gedeutet. *Franzisket* (1951) gelang es, Frösche mit isoliertem Rückenmark für mehr als 1 Jahr am Leben zu erhalten. Bei solchen Tieren konnte er nicht nur plastische Erleichterung von Reflexen nachweisen, sondern auch durch Kombination von Reflexmustern, einen Elementartyp bedingter Rückenmarkreflexe.

Es ist möglich, daß diese Plastizität einer niederen Ordnung vielleicht enger mit gewissen Phänomenen der Bahnung in Verbindung steht, die nicht rückleitenden oder verzögerten Kreisen zuzuschreiben ist, sondern grundsätzlich der außerordentlichen Plastizität der Rinde ähnlich sein kann. Die Hypertrophie oder Atrophie, die einem Gebrauch oder Nichtgebrauch folgt, könnte als ein etwa analoges Phänomen hier angeführt werden. Ich glaube jedoch, daß die synaptischen Modifikationen, die sich auf die Engramme beziehen, und auf die ich schon in anderen Abschnitten dieses Buches zu sprechen gekommen bin, von einem mehr spezifischen Typ sind.

Als ich die Plastizität des Zentralnervensystems und der Gedächtnismechanismen in meinen „Vorlesungen“ von 1927 besprach, nahm ich an, daß ein Engramm eine Verbindung von Neuronenmustern vorstellt, die durch eine permanente Modifikation von Synapsen verursacht wird und sich über eine größere Region ausbreitet. Die Entladung eines solchen Neuronenmusters könnte durch einen fraktionierten Input ausgelöst werden: „Die Synaps bleibt...“, dauernd im Sinne einer leichteren Durchlässigkeit verändert und nach vielfachen Wiederholungen ist die Verbindung... so „ausgeschliffen“, daß ein von A kommender Impuls schon allein ausreicht, um das System... in Tätigkeit zu setzen. Der bedingte Reflex wäre so im Sinne des Hauptsatzes der Engraphie zustande gekommen, welcher nach *Semon* wie folgt lautet: „Alle gleichzeitigen Erregungen innerhalb eines Organismus bilden einen zusammenhängenden simultanen Erregungskomplex, der als solcher engraphisch wirkt, ...“

Dabei ist jedenfalls anzunehmen, daß die Neurone des Zentralnervensystems in sehr verschiedenem Grade imstande sind, Spuren abgelaufener Erregungszustände zurückzubehalten, d. h. Engramme zu bilden. Im geringsten Grade scheint diese Fähigkeit den Neuronen der primären Zentren zuzukommen, im höheren Grade denjenigen der übergeordneten Korrelationszentren, im höchsten Grade wohl den Neuronen der Großhirnrinde ... (1927, S. 336).

„Es ist ... wahrscheinlich, daß die Ekphorie eines einzigen Engrammes den gleichzeitigen Erregungszustand eines ganzen Systems miteinander verbundener Neurone darstellt, wobei diese Neurone sich auf verschiedene und auseinanderliegende Rindengebiete verteilen können" (1927, S. 324).

„Bei den höheren Denkfunktionen sind allem Anschein nach stets in komplizierter Weise kombinierte Neuronengruppen tätig, die sich auf die Randgebiete (Sekundärgebiete ...) mehrerer auseinanderliegender Sinnessphären verteilen und deren Fortsätze sich netzartig über weite Abschnitte der Großhirnrinde sowie des Hemisphärenmarkes erstrekken" (1927, S. 337).

„Die durchaus hypothetische Natur aller auf den bisherigen Forschungsergebnissen beruhenden Auffassungen über das Wesen der Engraphie sei zum Schluß noch einmal besonders betont. Immerhin hat es aber den Anschein, als ob auch bei diesen Vorgängen, wie bei dem gesamten funktionellen Verhalten des Neurons, die Synaps eine sehr wichtige, um nicht zu sagen, die wichtigste Rolle spielt.

Will man überhaupt von einer Lokalisation der Engramme sprechen, so könnte man vielleicht sagen, daß jede Erinnerungsspur im wesentlichen in der bleibenden chemischen (dynamischen) Veränderung mehrerer, wahrscheinlich äußerst zahlreicher synaptischer Verbindungen besteht" (1927, S. 337).

Andere Autoren haben in der Folge analoge Ansichten ausgedrückt. *Eccles* (1953) bringt eine sehr ähnliche Hypothese des Gedächtnismechanismus. Seine Figur 76 (S. 222) erläutert ein Neuronenmuster, das sehr eng dem Muster meiner Figur 237 (S. 335, 1927) gleicht, das auf ein Diagramm von *C. J. Herrick* zurückgeht, dem ich die gebührende Anerkennung gab.

Die theoretischen Konzepte von *Semon* (1904, 1909, 1920), die von *Forel* (1922), unterstützt und noch besonders hervorgehoben wurden, stellen eine wichtige und hilfreiche semantische Konstruktion dar. Jedoch kann, wie ich schon in meinem Buch 1927 betonte, diese theoretische

Analyse in ihrer neurologischen Formulierung nicht auf die Kodierung der erblichen Charaktere angewendet werden, insbesondere, da jeder erreichbare Augenschein den Ansichten widerspricht, die eine erbliche Übertragung erworbener Eigenschaften fordern. Trotzdem hat die Annahme einer Code-Schrift oder von Schablonen, wie sie die Gene zeigen, eine gewisse Analogie zum Konzept der Engramme.

Semons Formulierung des Prinzips der Engraphie hat darüber hinaus große Ähnlichkeit mit den heutigen Definitionen der bedingten Reflexe, obwohl in dieser Beziehung nicht nur die Gleichzeitigkeit, sondern auch das Voreinanderhergehen in der überlappenden Folge von Reizen betont wurde. Mit der Wiederholung solcher Reizkombinationen ist nach dieser Annahme das plastisch wandelbare nervöse Netzwerk imstande, dem vorangehenden Reiz die Fähigkeit zu verleihen, die gleiche Antwort hervorzubringen, wie der zweite Reiz.

Die Unterscheidung zwischen einem vorhergehenden und einem folgenden Signal und die Registrierung der Ordnungsfolge ist ein Routineproblem der Kommunikationstechnik. Diese Operation wird durch Kreiselemente bewirkt, die als „flip-flop“ bezeichnet werden. Solche Mechanismen bestehen gewöhnlich aus einer Schaltung mit zwei Eingängen und zwei Ausgängen; die Einheit zeigt an ihren beiden Ausgängen die Reihenfolge an, in der die Eingänge einen Impuls empfangen.

Im Lichte von *Ashbys* Prinzipien der Funktionsregeln und der Ultrastabilität betrachtet ist es nicht überraschend, daß gut definierte Faserzüge für bedingte Reflexaktivitäten, die sog. „Assoziationsgebiete“ mit „motorischen Gebieten“ verbinden, nicht demonstriert werden konnten.

Die Plastizität gewisser Typen der Bahnung und der Phänomene des Kurzzeitgedächtnisses kann in plausibler Weise als eine Eigenschaft selbstrückerregender Regelkreise erklärt werden, die ich 1927 als Mechanismen einer Erregungsverlängerung aufzeigte.

Lokalisationsprobleme: Das menschliche Gehirn

Vom Standpunkt des postulierten psychophysischen Parallelismus aus, wie wir ihn oben (97 f.) definierten und diskutierten, stellte sich das Problem der Lokalisation wie folgt dar: nimmt man einen Beobachter und ein beobachtetes Nervensystem an, welche Grisea und welche Erregungskreise müssen dann aktiviert werden, damit ein zu dem Nervensystem gehöriger Bewußtseinszustand entsteht oder erhalten wird? Mit anderen Worten: welche neuralen Strukturen spielen in den geistigen Parallelprozessen der Terminologie *Bergers* eine Rolle? Diese Formulierung wird unvermeidlich, wenn man zugibt, daß das Bewußtsein als eine Hirnfunktion betrachtet werden muß. Es ist jedoch augenscheinlich, daß das Problem trotz seiner völlig logischen Formulierung nicht in einer ausreichend befriedigenden Art zu lösen ist, obwohl von einem rein theoretischen Standpunkt aus einige einigermaßen vernünftige allgemeine Antworten gegeben werden können.

Die Aktivitäten der grauen Substanz und der Verbindungen im lebenden Zentralnervensystem sind der Beobachtung nur in sehr unvollständigem Maße zugänglich (z. B. durch eingepflanzte Elektroden usw.). Zu den technischen Problemen treten ethische hinzu, welche die Anwendung möglicher technischer Verfahren bei der Erforschung des lebenden menschlichen Gehirns betreffen. Weiterhin werden noch zwei besondere Schwierigkeiten offenbar: Erstens gibt es erhebliche Einschränkungen für jeden Versuch eines Beobachters, mit Instrumenten die wesentlichen nervösen Prozesse seines eigenen Nervensystems zu beobachten und diese Ereignisse mit seinen eigenen Bewußtseinszuständen zu vergleichen. Zweitens, wenn das beobachtete Nervensystem nicht das des Beobachters ist, so bleibt jeder Bewußtseinszustand, der zu den beobachteten Vorgängen im Nervensystem Beziehung hat, dem Beobachter vollständig unbeobachtbar, da er ja ein fremdes privates perzeptuelles Raum-Zeit-System darstellt, das physikalisch mit seinem eigenen in keiner Wechselwirkung stehen kann (vgl. S. 99). Der Beobachter kann Bewußtsein bei dem Beobachteten höchstens auf der Grundlage von Schlußfolgerungen aus dem Verhalten (beim Menschen besonders dem verbalen Verhalten) annehmen, aber diese Schlüsse bleiben absolut unbeweisbar durch aktuelle Beobachtung (weder vom direkten noch vom indirekten sensorischen Typ, nämlich durch Ablesen von Instrumenten).

Bevor wir den neurologischen Aspekt der Bewußtseinslokalisation betrachten, erscheint es weiterhin wichtig, nochmals auf die schon vorher besprochenen grundlegenden Konzepte von Raum-Zeit-(Lokalisation) und Bewußtsein im allgemeinen hinzuweisen.

Was das erste Konzept angeht, so kann man, je nach Voraussetzung, mit gleicher Berechtigung darauf bestehen, daß Geist (sensu latiori, i. e. Bewußtsein) nicht lokalisierbar ist („keinen Sitz haben kann“) wie, daß er lokalisiert sein kann. Geist (Bewußtsein) ist charakterisiert durch perzeptuelle Raum-Zeit-Struktur, und diese ist privat. Wenn ich als der Beobachter in der ersten Person spreche, so kann ich feststellen, daß Bewußtsein nicht lokalisierbar ist in meinem Gehirn (welches ich annehme), das wiederum in meinem Kopf enthalten ist (den ich sehen und fühlen kann), weil mein Kopf (und mein Gehirn) selbst eine Wahrnehmung ist, d. h. eine Manifestation von Bewußtsein, lokalisiert in meiner Bewußtseins-Mannigfaltigkeit. Ähnlich ist, wenn ich eine andere Person betrachte, auf deren Bewußtsein ich von ihrem Verhalten schließe, das Bewußtsein dieser Person charakterisiert durch ihr eigenes privates perzeptuelles Raum-Zeit-System und kann damit nicht in meinem privaten Raum-Zeit-System lokalisiert werden. Es kann nicht lokalisiert werden in dem doch wahrscheinlich bewußten Gehirn, das ich bei einem Patienten unter Lokalanästhesie während einer Operation sehe, denn auch dieses Gehirn ist eine zusammengesetzte Bewußtseinsmodalität meines eigenen Geistes. Nochmals: Wenn ich eine öffentliche physikalische Raum-Zeit-Struktur annehme, in der mein Gehirn und das des Patienten ihren Ort haben, kann Bewußtsein (Geist, s. l.) nicht darin lokalisiert werden, denn physikalische Raum-Zeit-Struktur beinhaltet nicht die Eigenschaften des Bewußtseins. Es ist an dieser Stelle gleichgültig, ob man die physikalische Raum-Zeit-Struktur für real (im ersten Sinne) hält, wie das die materialistische Betrachtungsweise tut, oder für eine Fiktion, wie die idealistische. Auf diese Weise kann Geist keinen Ort (oder Sitz) haben. Mit anderen Worten, Bewußtsein ist weder in irgendeinem wahrgenommenen Gehirn eines gegebenen wahrnehmbaren Raums lokalisiert noch in irgendeinem angenommenen Gehirn eines postulierten physikalischen Raums.

Dennoch stellt Geist (s. l.) oder Bewußtsein ein Raum-Zeit-System dar. All seine Erscheinungsformen sind entweder vage oder bestimmt lokalisiert und teilweise räumlich konfiguriert. Damit schließt Geist eine Mannigfaltigkeit der Orte ein. Darüber hinaus hängt das Erscheinen von Bewußtsein offensichtlich von neuralen Prozessen im Gehirn ab. Neurale Prozesse können bis zu einem gewissen Grade lokalisiert werden[28]. Folglich hat Geist einen Ort (oder Sitz). Dieser Ort bezieht sich auf neurale physikalische Parallelprozesse, wie sie oben in der Diskussion des

[28] Es wurde festgestellt, daß Integration eine dynamische Abstraktion ist und nicht im Raum lokalisiert werden kann. Diese Erklärung schwächt durchaus nicht die Position begründeter Lokalisationskonzepte. In wahrzunehmenden Raum-Zeit-Systemen lokalisieren sich die integrierten Modalitäten. Im physikalischen Raum-Zeit-System sind räumlich definierte Geflechte in integrierte neurale Aktivitäten einbezogen und solche neuralen Geschehnisse können lokalisiert werden. Ebenso kann Bewegung als eine dynamische Abstraktion aufgefaßt werden, als „nicht lokalisierbar im Raum"; dennoch kann die (integrierte) Kontraktion einzelner Muskeln, z. B. des Bizeps und seiner Synergisten und Antagonisten, lokalisiert werden und eine lokalisierbare Gelenkbewegung zur Folge haben.

Parallelismus definiert wurden. Da eine Korrelation von Erscheinungsformen in *verschiedenen* Raum-Zeit-Systemen besteht (Wahrnehmungssystem des Beobachters, des Beobachteten, postuliertes physikalisches System), ist der Terminus „parallel" genau genommen nicht korrekt. Die Erscheinungsformen sind weder räumlich „parallel" noch zeitlich „simultan", obschon man sie sich als zeitlich zueinander bezogen oder „als ob" — simultan vorstellen kann. *Einstein* hat gezeigt, daß sogar in einem allgemeinen und allgemeingültigen Raum-Zeit-System das Konzept der Simultaneität zu größten Schwierigkeiten führt. Wir können nicht den Zeitpunkt „eines Geschehens festlegen, dessen Entfernung von der Uhr nicht zu vernachlässigen ist; denn es gibt keine ‚Sofortsignale', die wir dazu benutzen könnten, die Zeit eines Geschehens mit der der Uhr zu vergleichen" (*Einstein*, 1945). Trotzdem können wir, um unangemessene Pedanterie zu vermeiden, den Begriff „parallel" in einem weiteren Sinne oder letztlich als sprachliches Bild akzeptieren.

Was das zweite Konzept von Geist (s. l.) oder Bewußtsein angeht, so müssen wir uns ins Gedächtnis zurückrufen, daß Bewußtsein per se eine Verallgemeinerung bedeutet, die sich auf eine integrierte Mannigfaltigkeit von Modalitäten bezieht. In diesem Sinne hat das Wort „Geist" seinen Platz und seine Bedeutung für bestimmte Aspekte der Diskussion. Benutzt man es falsch, so bekommt es eine sehr vage und irreführende Bedeutung. In der neurologischen Analyse gibt es eine Vielfalt von parallelen Prozessen, die der Vielfalt der integrierten Modalitäten entspricht. Es gibt die Bewußtseinsmodalitäten der visuellen Formen, der verschiedenen Körpergefühle, der Töne, Geschmacks- und Geruchssensationen, ferner die symbolhaften Modalitäten von Wiedererkennen, Gedächtnis und Gedanken, von Gefühl und Schmerz. Darüber hinaus kann man motorische Aktivitäten, vielleicht sogar die Aktion als solche, als eigene Modalität betrachten. Mit anderen Worten: es gibt ein optisches und ein akustisches Bewußtsein, ein Bewußtsein der Körpergefühle (welches weiter unterteilt werden kann), ein Bewußtsein der Gedanken, eins der Emotionen und so weiter, und jedes ist integriert in eine umfassende perzeptuelle Raum-Zeit-Mannigfaltigkeit. Jede dieser Modalitäten hat ihre besonderen perzeptuellen räumlich-zeitlichen Kennzeichen. So können wir von visuellen, taktilen und anderen Räumen sprechen. *Bertrand Russell* (1948) hat diese zweifellos angemessene Unterscheidung etwas überbetont. Er weist darauf hin, daß es räumliche Beziehungen zwischen zwei Anteilen desselben Gesichtsfeldes oder zwischen zwei Nadelstichen auf verschiedenen Stellen der Hand gibt. Räumliche Beziehungen dieser

Art, so sagt man, liegen innerhalb des Erfühlbaren und sind „nicht erlernt durch Erfahrung". Aber zwischen der taktilen Sensation des Nadelstiches und der visuellen Sensation, die Nadel dort zu sehen, gibt es keine direkte zu erfühlende räumliche Beziehung, sondern nur eine Korrelation, die durch Erfahrung erlernt wurde. Nur Erfahrung befähigt uns, „den gesehenen und den durch Berührung erfühlten Kontaktpunkt zu identifizieren". Nach *Russell* ist es damit deshalb bequem, aber psychologisch nicht ganz genau, wenn man sagt, daß diese Punkte sich am gleichen Orte befinden. Genau wäre es zu sagen, daß sie auf zwei verschiedene Räume (visuellen und taktilen) bezogen sind. Im physikalischen Raum ist nur ein Ort beteiligt, aber dieser liegt außerhalb unserer unmittelbaren Erfahrung „und ist weder visuell noch taktil".

Trotzdem glaube ich, daß in einer individuellen Bewußtseinsmannigfaltigkeit ein einzelnes integriertes Raum-Zeit-System manifestiert wird, wobei man die verschiedenen Modalitäten außer acht lassen kann. *Schilders* Körperschema oder Haltungsmodell des Körpers vertritt einen Aspekt dieser Integration in ein gemeinsames perzeptuelles Raum-Zeit-System. Trotz zweier Sehfelder haben wir nur einen visuellen Raum. Sind die beiden Sehfelder im Falle einer heteronymen binasalen Hemianopsie getrennt, so verbleibt dennoch nur ein visueller Raum. Wenn das horoptische Sehen gestört ist, — zum Beispiel durch Druck auf einen Bulbus oder auch durch akuten paralytischen Strabismus — und so Doppelsehen entsteht, so erscheint das Objekt zweifach in einem visuellen Raum. Bei einer bekannten Sinnestäuschung („Aristotelische Illusion")[29] die durch Kreuzen des Zeige- und Mittelfingers ausgelöst werden kann, ist es möglich, ein kleines Objekt, zum Beispiel einen Bleistift, wie doppelt zu fühlen, wenn auch in einem identischen taktilen Raum. Die sogenannte „Japanische Illusion" und ebenso die Symptome von Allocheirie, Anosognosie und Autotopagnosie, auf die ich in meinem zusammenfassenden Bericht über das Zwischenhirn 1954 einging, sind vergleichbare Phänomene.

Auf ähnliche Weise wird ein Objekt, welches im visuellen und taktilen Raum *simultan* innerhalb einer identischen Bewußtseins-Mannigfaltigkeit, die ein Feld oder System repräsentiert, wahrgenommen wird, innerhalb eines identischen perzeptuellen Raumes *zweifach* wahrgenommen. Die Tatsache, daß räumliche Beziehungen durch Erfahrung erlernt und durch verschiedene Einflüsse gestört werden können, nimmt

[29] Aristoteles: Parva naturalia περὶ ἐνυπνίων (über Träume) II, 20.

dem Konzept eines vereinten Raum-Zeit-Systems, das in verschiedenen Modalitäten differenziert wird, nichts von seiner Überzeugungskraft. Die einfache Tatsache, daß die Lokalisation verschiedener Modalitäten miteinander in Beziehung gebracht werden kann, unterstützt diese Annahme. Nochmals: wenn wir durch eine Glasplatte bei bestimmten Beleuchtungsbedingungen sehen, werden sich die Reflektionen des eigenen Körpers und der Objekte hinter ihm mit den Objekten überlagern, die wir durch die Glasplatte sehen können — und doch findet dieses Phänomen in ein und demselben visuellen Raum statt. Darüber hinaus konnte bei den experimentellen Rindenreizungen *Penfields* (vgl. S. 207) gleichzeitiges Gewahrwerden früherer und gegenwärtiger Umgebungen und Umstände in der Bewußtseins-Mannigfaltigkeit des Patienten manifestiert werden. Trotzdem wäre es nicht gerechtfertigt, dieses Phänomen als „doppeltes Bewußtsein“ in einem allgemeinen Sinne zu bezeichnen. Jede individuelle Bewußtseinsmannigfaltigkeit, wie hier nur wiederholt werden soll, repräsentiert eine eigene Einheit mit „Ganzcharakter“, die aber eine Anzahl verschiedener Modalitäten und eine Vielfalt von Ereignissen einschließt.

Das Konzept der Bewußtseins-Modalitäten ist klar ausgedrückt in den positivistischen Lehren des Hinayâna (Pâli) — Buddhismus, wie zum Beispiel in den folgenden Passagen aus dem Majjhima Nikâya: „Habe ich nicht auf verschiedenen Wegen erklärt, daß Bewußtsein aus Bedingungen sich erhebt: Daß ohne Bedingungen kein Bewußtsein entsteht?“

„... Bewußtsein entsteht in Abhängigkeit von einer Bedingung und es ist nur dieser entsprechend bestimmt.

So entsteht Bewußtsein, abhängig von Auge und Gegenstand, und es ist bestimmt als Augen-Bewußtsein. Auf eben solche Weise geschieht es mit dem Ohr-, Nasen- und Zungen-Bewußtsein, und ebenso auch mit dem Gedanken-Bewußtsein, welches entsteht nach Formung durch Geist und Idee.“ — Man sollte hier anmerken, daß „Geist“ an dieser Stelle sensu strictiori verstanden wird.

In einem anderen Absatz des Samyutta Nikâya werden die verschiedenen Formen des Bewußtseins auf ein Phänomen reduziert, welches aus zwei Bedingungen entsteht: „Welche zwei Bedingungen? Durch Auge und Form entsteht das Augen-Bewußtsein. Auge ist fließend, veränderlich, anders-werdend; Formen sind fließend, veränderlich, anders-werdend. So ist diese zweifache Verbindung beweglich und vergänglich, fließend, veränderlich, anders-werdend, und Augen-Bewußtsein ist von ähnlicher Natur.

Was auch immer die Bedingungen und welcher Natur auch immer die Beziehungen des Entstehens von Augen-Bewußtsein sein mögen; eben jene Bedingungen und jene Beziehung sind fließend, veränderlich, anderswerdend. So ist Geschehen aufgrund einer fließenden Beziehung Augen-Bewußtsein. Wie dann könnte es andauernd sein?“

Wir wollen noch detailliertere und spitzfindigere psychologische Terminologien des Bewußtseins übergehen und für den erklärten praktischen Zweck einer neurologischen Analyse visuelles, taktiles (im weiteren Sinne), auditives, olfaktorisches und geschmackliches Bewußtsein annehmen, ebenso symbolisierendes (das „Gedanken-Bewußtsein“ im weiteren Sinne), und emotionales Bewußtsein, und vielleicht auch noch Handlungs- und Schmerz-Bewußtsein. Dies muß im Sinne einer offentsichtlichen Vereinfachung betrachtet werden, die aber, so glaube ich, bedeutsam und hilfreich ist.

Wenn wir mit dem allgemeinen Konzept des Bewußtseins beginnen, welches die Totalität der geistigen Parallelprozesse einschließt, so kann man sagen, daß klinische wie auch experimentelle und anatomische Erscheinungen, und ebenso zahllose Schlußfolgerungen auf eine corticale Lokalisation wenigstens vieler der korrelierten neuralen Parallelprozesse hindeuten.

Die älteren Ergebnisse sind von *Flechsig* (1896), *Verworn* (1919), *Berger* (1921) und zahlreichen anderen zusammengestellt worden. *Franz Joseph Gall*, der seine Theorien am Anfang des 19. Jahrhunderts aufstellte, war einer der ersten Autoren, die bewußte Aktivitäten in die Hirnrinde hinein lokalisierten. Trotz der offensichtlichen Absurditäten seiner phrenologischen Lehre betrachten *Flechsig* und *Berger* seinen Beitrag zur Gehirn-Physiologie als bedeutend. *Flourens* soll gesagt haben: „Je n'oublierai jamais l'impression que j'éprouvai la première fois que je vis *Gall* disséquer un cerveau. Il me semblait que je n'avais pas encore vu cet organe.“ (Ich werde niemals den Eindruck vergessen, den ich verspürte, als ich das erste Mal *Gall* ein Gehirn sezieren sah. Es schien mir, als hätte ich dieses Organ nicht zuvor gesehen.“)

Allerdings hatte *Thomas Willis* schon etwa 150 Jahre vor *Gall* einige geheimnisvolle Bemerkungen gemacht, die so gedeutet worden sind, daß sie die Rinde mit dem Sensorium commune in Beziehung gebracht hätten.

Etwas später als durch *Willis*, aber früher als durch *Gall* wurde die Bedeutung der Hirnrinde auf ähnliche Weise durch *Swedenborg* betont, allerdings in einer ziemlich occulten und orakelhaften Weise. Wenn man das Wissen der Zeit bedenkt, muß *Swedenborg* (und in diesem Sinne ist er *Gall* vergleichbar), als Hirnanatom von unleugbarer Kompetenz betrachtet werden. Einige seiner Schriften über das Gehirn wurden von einem seiner Anhänger vor ungefähr 70 Jahren (*R. L. Tafel*, 1882) mit nicht vorurteilsfreien günstigen Kommentaren herausgegeben. Ein Schatz faszinierender, wenn auch oft phantastischer und abstruser historischer Gehirnlehren ist in diesen Bänden zu finden.

Auf der Grundlage seiner myelogenetischen Methode hat *Flechsig* eine gut belegte Theorie der Lokalisationen entworfen, in der er corticale Projektions- und Assoziationszentren unterschied. Wenn er auch annahm daß die meisten bewußten Aktivitäten in Beziehung zur Hirnrinde stehen, so hat er doch betont, daß bestimmte elementare Komponenten des Bewußtseins, wie „Gefühle“ in den subcorticalen grauen Kernen lokalisiert sein könnten. *Flechsig* hat klar die sensorische Afferenzen empfangenden Rindengebiete demonstriert und ebenso jene, die Efferenzen durch die Pyramidenbahn aussenden. Er hat diese Regionen als Projektionsfelder bezeichnet. Die übrigbleibenden Gebiete wurden als Assoziationszentren betrachtet. Heute haben wir ein gut begründetes Wissen darüber, daß die meisten — und wir nehmen an, alle — Assoziationsfelder mit subcorticalen Verbindungen ausgestattet sind; trotzdem erscheint *Flechsigs* allgemeines Konzept noch immer wertvoll. Zusätzlich zu den sensorischen Afferenzen und den wichtigsten motorischen Efferenzen muß man viele Erregungskreise und Rückkopplungsmechanismen annehmen.

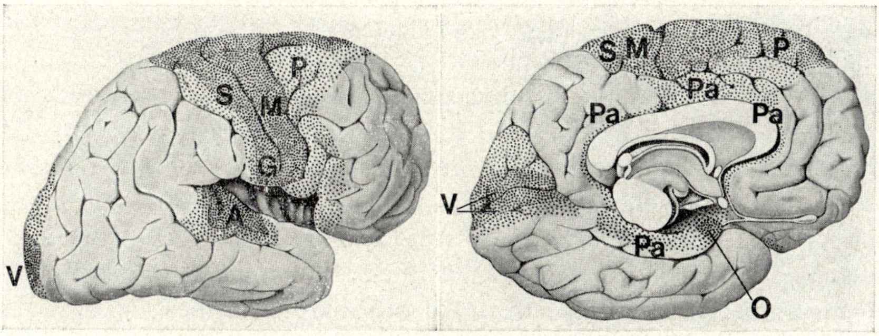

Abb. 2: Projektionszentren des menschlichen Gehirns nach *Flechsig*, 1896 (dieses frühe Konzept erscheint *Flechsigs* späteren Karten von 1920 überlegen). A: Hörrinde. G: Ungefähre Lokalisation des Geschmackszentrums (gegenwärtige Deutung). M: Motorische Rinde. O: Geruchszentrum (gegenwärtige Deutung). P: Prämotorische Rinde (gegenwärtige Deutung). Pa: Parahippokampale Rinde (gegenwärtige Deutung). S: Sensorische Rinde. V: Sehrinde.

Flechsigs Ansichten stimmen in allen grundsätzlichen Aspekten mit den Ergebnissen der Reizversuche überein, die etwa 1870 von *Fritsch* und *Hitzig* bei Hunden zuerst ausgeführt wurden, und die inzwischen durch viele zeitgenössische Neurochirurgen am menschlichen Gehirn nachvollzogen worden sind[30]. Darüber hinaus ist die kombinierte Würdigung klinischer und pathologischer Ergebnisse leicht mit einem weiter gefaßten Lokalisationskonzept in Einklang zu bringen.

Auch cyto- und myeloarchitektonische Gliederungen der Hirnrinde, sieht man sie richtig an, um etwa unangemessene Zergliederungen zu vermeiden, stimmen relativ genau mit der von *Flechsig* allgemein angenommenen Unterteilung überein. Auch dieser Autor betont zweifellos die Unterteilung der Rinde in seine myelogenetischen Felder zu sehr. Es ist äußerst unwahrscheinlich, daß man diese Felder klar abgrenzen kann und daß sie so zahlreich sind, wie *Flechsig* auf seiner detaillierten Gehirnkarte angibt. Die Myelinisierung ist, wie andere ontogenetische Prozesse, bemerkenswerten individuellen Variationen unterworfen, wobei ein deutliches allgemeines Muster bestehen bleibt. Es ist wahrscheinlich, daß viele der mit Zahlen versehenen kleinen Felder von *Flechsigs* Zwischen- und Endregionen wie auch die bruchstückhaften Feldchen der verschiedenen stark unterteilten cyto- und myeloarchitektonischen Gehirnatlanten keine besondere Eigenbedeutung haben.

Die Wirkungen von Narkose oder Anästhesie sind ebenfalls als in Übereinstimmung mit einer hauptsächlich corticalen Bewußtseinslokalisation gedeutet worden. Allgemein gesprochen zeigen die meisten Anästhetica ein Wirkungsmuster, welches dadurch charakterisiert ist, daß eine unregelmäßige absteigende Paralyse des Nervensystems entsteht. Nach den Vorstadien, die das Excitationsstadium einschließen, tritt Bewußtseinsverlust ein; es wurde daraufhin angenommen, daß Anästhetica zunächst eine depressorische Wirkung auf die Hirnrinde haben, danach auf die Basalganglien, und daß dann in unregelmäßiger Reihenfolge Mittelhirn, Kleinhirn, Rückenmark und schließlich die im Zusammenhang mit vasomotorischen und respiratorischen Automatismen stehenden Strukturen der Medulla oblongata betroffen würden. Vorhandensein oder Fehlen der verschiedenen Reflexe, die mit den Strukturen in der angegebenen Reihenfolge in Zusammenhang stehen, kann man während einer Operationsnarkose sorgfältig feststellen.

---

[30] *Fedor Krause* (1908, 1911 und viele andere Veröffentlichungen) muß als einer der bedeutendsten Pioniere dieses Fachgebietes angesehen werden.

Neue Experimente haben allerdings gezeigt, daß eine Anfangswirkung auf die Rinde nicht angenommen werden kann, und daß das schematische Konzept der besprochenen Reihenfolge nicht aufrechtzuerhalten ist; zahlreiche komplizierte Variable sind hier beteiligt, so daß die Rindenlokalisation von Bewußtsein, obschon sie nicht unwahrscheinlich ist, durch die Erscheinungen bei einer Narkose nicht schlüssig bewiesen werden kann.

Was das Konzept der konkreten Bewußtseinsmodalitäten angeht, so wollen wir jetzt das visuelle Bewußtsein zuerst betrachten. Afferenzen von der Netzhaut erreichen durch das Fasersystem der optischen Verbindungen, umgeschaltet im Corpus geniculatum laterale, pars dorsalis, die Area striata, d. h. den Coniocortex der Regio calcarina, mit einer verwickelten Punkt-zu-Punkt-Beziehung (Bild 3). Die unteren Quadranten der Netzhaut werden auf die untere Lippe der Fissura calcarina projiziert, die oberen Quadranten auf die obere Lippe. Die peripheren Netzhautgebiete werden auf den rostralen Anteil der Calcarinagegend projiziert, nahe der Vereinigung der Fissura calcarina mit der Fissura parieto-occipitalis. Die Macula projiziert sich auf ein ausgedehntes Gebiet in der Gegend des Occipitalpols der Hemisphäre und kann sogar bemerkenswert weit auf die posterolaterale Oberfläche übergreifen, fast bis zum Sulcus lunatus, falls diese variable Struktur vorhanden ist.

Teilweise Läsion der Area striata (Area 17 *Brodmanns*) ruft teilweise Ausfälle des Gesichtsfeldes hervor. Totale einseitige Zerstörung der Area striata hat gekreuzte homonyme Hemianopsie zur Folge. Völlige doppelseitige Zerstörung der gesamten Area striata ist von Rindenblindheit gefolgt. Bei doppelseitiger Thrombose der Arteria cerebri posterior entsteht eine fast komplette Rindenblindheit, aber der Fixierungspunkt der Macula ist gewöhnlich ausgespart. Diese Tatsache kann man damit in Zusammenhang bringen, daß die corticale Repräsentation des Fixierungspunktes am meisten lateral liegt, auf der lateralen Seite des Occipitalpols. Diese Region wird im allgemeinen von Zweigen der mittleren Hirnarterie versorgt.

Rindenblindheit durch totale beidseitige Zerstörung der Area striata kann mit einer bestimmten Manifestation der Anosognosie verbunden sein, die als *Anton*sches Syndrom (1899) bekannt ist. Obschon völlig blind, ist der Patient unfähig zu erkennen, daß er nicht sehen kann. Ein Gefühl der Dunkelheit fehlt, und der ganze Zustand kann mit der Nicht-Existenz eines Gesichtsfeldes hinter dem Kopf eines Gesunden verglichen werden. Das klinische Bild ist gekennzeichnet durch geistige Verwirrt-

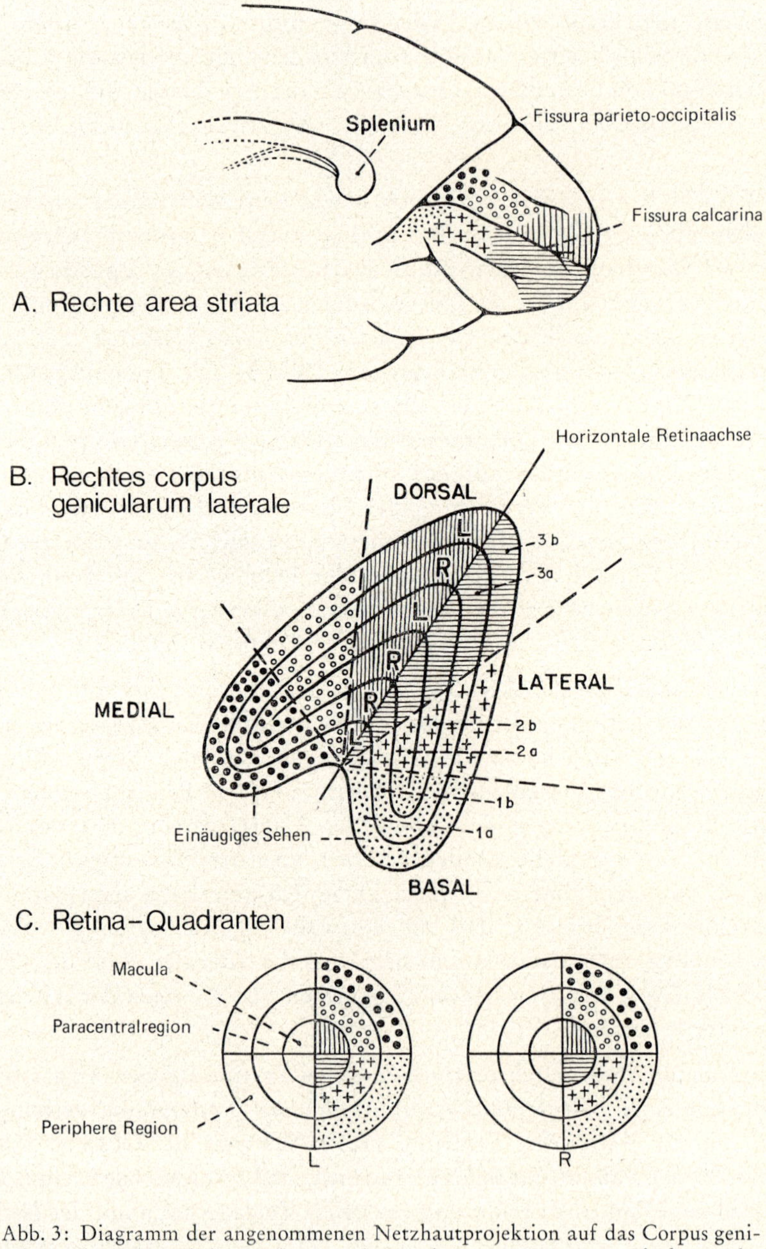

Abb. 3: Diagramm der angenommenen Netzhautprojektion auf das Corpus geniculatum laterale und die Rinde. Geändert nach *Brouwer*, *Le Gros Clark*, *Mettler* u. a., aus *Kuhlenbeck*, 1954.

heit, die manchmal mit ausgeprägter Konfabulationsneigung kombiniert sein kann.

Eine Zerstörung der Area striata schließt also räumlich konfigurierte optische Formen und Farben, d. h. visuelle Wahrnehmungen aus. Man könnte auch sagen, daß diese Zerstörung „zu einer Eliminierung des Sehraums und seiner Dimensionen“ führt (*Klüver*, 1942). Wie dem auch sei: wenn die Occipitallappen nicht völlig zerstört sind und die angrenzende para- und peristriäre Rinde erhalten bleibt, bleiben auch einige mnestische Komponenten des visuellen Bewußtseins bestehen, obwohl diese Bewußtseinsmodalität erheblich beeinträchtigt wird.

Das gelegentliche Auftreten visueller Halluzinationen in Fällen von Rindenblindheit läßt die Frage aufkommen, ob räumlich konfigurierte optische Bewußtseinsmodalitäten, in ihrer Lebhaftigkeit vergleichbar denen normaler Wahrnehmungen, als Parallelphänomene in Beziehung zu einer neuralen Aktivität gesetzt werden können, die im extra-striären occipitalen Cortex stattfände. *Lhermitte* allerdings (1924), der einen entsprechenden Fall untersuchte und auf dieses Problem einging, war der Meinung, daß in solchen Fällen die Area striata nicht total zerstört ist und daß die Rindenblindheit nur scheinbar vollständig ist. Nach diesem Autor „les processus destructifs de toute l’aire striée ... ne sont jamais accompagnés par l’exteriorisation hallucinatoire d’images visuelles“.

Die Modalitäten tatsächlicher visueller Wahrnehmungen können daher als Parallelphänomene aufgefaßt werden, die in Beziehung zur neuralen Aktivität in der Area striata stehen. Natürlich ist es möglich, daß diese Aktivität nicht ausschließlich cortical ist und cortico-thalamische Verbindungen einbezieht. Direkte Fasern von der Area calcarina zum Corpus geniculatum sind zweifelhaft, aber andere Verbindungen der Calcarina zum Thalamus, entweder direkt von der Area 17 oder über benachbarte Rindengebiete zum Pulvinar und der praetectalen Region und von dort zurück zum Corpus geniculatum laterale können angenommen werden. Ob die Aktivierung solcher Verbindungen für das Erscheinen der Parallelphänomene von wesentlicher Bedeutung ist oder nicht, bleibt eine offene Frage. Die Forderung, daß dann Impulse von der Calcarina-Rinde durch sogenannte zentrencephale „Erregungskreise zentraler Integration“ (*Penfield* und *Jasper*, 1954) hindurchgehen müßten, bleibt nicht überzeugend. *Riddochs* (1935) Beobachtung von Läsionen, die Verbindungen zwischen Area 17 einer Seite und Thalamus zerstörten, kann man dahingehend deuten, daß solche Erregungskreise notwendig sind, weniger um Objekte zu sehen als die Aufmerksamkeit auf die visuellen Formen zu lenken.

Man hat elektrische Reizungen der posterolateralen Anteile der Calcarina-Rinde durchgeführt, und dabei Empfindungen von farbigem Licht und Sternen ausgelöst, meist in Bewegung, oft flackernd.

Ähnliche Resultate ergaben sich bei Reizungen der angrenzenden nicht striären occipitalen Rinde. Man darf dabei allerdings nicht vergessen, daß eine solche elektrische Reizung, vergleicht man sie mit gewöhnlicher neuraler Impulsleitung, einen im biologischen Sinne höchst groben Eingriff bedeutet. Er mag einem wahllosen ungezielten Schlagen gegen einen Präzisionsmechanismus verglichen werden.

Taktiles Bewußtsein im weiteren Sinne wollen wir als nächstes betrachten. Proprioceptive und exteroceptive, vielleicht auch enteroceptive Reize wie Druck, Berührung und Temperatur werden durch das allgemeine Lemniscus-System (Lemniscus medialis, Tractus spinothalamicus ventralis et lateralis, lemniscus trigemini) geleitet und erreichen die entsprechenden gegenseitigen Thalamuskerne (Nucleus ventralis posterolateralis und N. ventralis posteromedialis). Von hier aus werden die Afferenzen umgeschaltet zu dem Koniocortex der Postzentralwindung. Afferenzen, die dem Schmerz entsprechen und gleichfalls über den Tractus spinothalamicus lateralis und den Lemniscus trigemini im weiteren Sinne geleitet werden, sollen weiter unten getrennt besprochen werden.

In der postcentralen Windung — und eventuell in gewissem Grade auf den Motor-Cortex der praecentralen Windung übergreifend — werden die Afferenzen wiederum in genau lokalisierbarer Weise „Punkt für Punkt“ in charakteristischer Folge verteilt. Pharynx, Zunge, Gesicht und Auge, in aufsteigender Reihenfolge, finden ihre Repräsentationen im basalen Teil der Postzentralwindung; basodorsal folgen Daumen, andere Finger, Hand, Unterarm, Schulter, Stamm, Hüfte, Bein, Fuß, Damm und Genitalien. Von der Bein-Region dehnen sich die Repräsentationsfelder auf die mediale Oberfläche der Hemisphäre aus, gegenüber der Fissura longitudinalis cerebri, fast bis zum Sulcus cinguli.

In der Calcarina-Rinde wird eine übertragene und verzerrte Projektion der Retina deutlich, und zwar unter besonderer Bevorzugung der Macula. Eine in ähnlicher Weise übertragene und verzerrte Projektion der Körpertopographie finden wir in der postcentralen Rinde. *Penfield* und seine Mitarbeiter haben eine große Anzahl entsprechender Beobachtungen zusammengetragen und viele Einzelheiten zu den bereits bekannten

Daten hinzugefügt. Die genialen Zeichnungen der „Homunculi" dieser Autoren demonstrieren in vereinfachter Weise jene Verzerrungen, die durch örtliche Betonung des unteren Gesichtsteils, von Daumen, Fingern und Füssen, sowie andererseits durch die viel weniger ausgedehnte Repräsentation von Stamm und proximalen Anteilen der Extremitäten gekennzeichnet werden.

Basal von dieser sensorischen Region fanden *Penfield* und *Rasmussen* (1950) eine zweite Zone für Hand und Fuß, die man als sekundäre sensorische oder vielleicht besser sensorimotorische Region (unterer sensorimotorischer Streifen) gedeutet hat. Dieses Gebiet scheint an der Oberkante der *Sylvi*schen Furche lokalisiert zu sein. Innerhalb dieser Fissur ist das genaue Verteilungsmuster der Lokalisation nicht leicht zu bestimmen. Der Geschmack hat anscheinend eine Repräsentationszone dort, wo die obere *Sylvi*sche Kante an die Insel grenzt. Auf der Insel selbst wird die sensorimotorische Vertretung des gastrointestinalen Trakts vermutet (*Penfield* und *Jasper* 1954, *Penfield* und *Faulk*, 1955).

Man kann folgern, daß die postcentrale Windung eine wichtige Rolle für Körpergefühle und Berührungsempfinden spielt. Nach Abtragung der Rinde dieser Region scheinen alle entsprechenden sensorischen Modalitäten auf der Gegenseite betroffen zu sein. Proprioceptive Empfindung geht anscheinend permanent verloren, während Schmerzempfindung und sogar Oberflächensensibilität, besonders des Gesichts, nach kurzer Zeit zurückkehren. Man hat dieses Phänomen auf der Basis möglicher bilateraler Verteilung der exteroceptiven Afferenzen auf Thalamus und Rinde zu erklären versucht. *Penfield* und *Jasper* (1954) kommen zu dem Schluß, daß Entfernung des postcentralen Gyrus die Wahrnehmung von Gefühlen in den peripheren Partien der Extremitäten sowie zu einem geringeren Teil auch in den mehr proximalen Anteilen dauerhaft unterbindet.

Nach elektrischer Reizung werden die ausgelösten Empfindungen von den Patienten als Taubheit, oder Kitzelgefühl (Prickeln) selten jedoch als „Kälte" oder als geringer „Schmerz", und gelegentlich als Gefühl von Bewegung beschrieben, wobei von Beobachtern keine reale Bewegung wahrgenommen werden konnte.

Die Parallelphänomene des Berührungsbewußtseins im weiteren Sinne stehen so anscheinend in Beziehung zu nervösen Aktivitäten im Gyrus postcentralis. Wiederum ist es nicht möglich, die Notwendigkeit einer Beteiligung schwingender cortico-diencephaler Erregungskreise auszuschließen.

Was das *Hör-Bewußtsein* angeht, so ist zunächst wohlbekannt, daß akustische Afferenzen nach Umschaltung im Corpus geniculatum mediale pars dorsalis die Gegend der *Heschl*schen Querwindungen im Schläfenlappen erreichen, die innerhalb der *Sylvi*schen Furche verborgen sind, wie zuerst unzweideutig durch *Flechsig* demonstriert wurde.

Obschon manche Einzelheiten noch nicht geklärt sind, kann man im menschlichen auditorischen Konjokortex eine topographische Verteilung annehmen, die der einer Punkt-zu-Punkt-Projektion entspricht und sich auf verschiedene Tonhöhen bezieht (*Pfeifer*, 1921). Auf der Basis vergleichender physiologischer Tatsachen kann man die Anwesenheit eines kleineren zusätzlichen auditiven Areals mit umgekehrter Verteilung des Einstroms wohl unterstellen.

Der auditorische Koniocortex empfängt Afferenzen von beiden Schnecken. Einseitige Zerstörung der *Heschl*schen Windungen bewirkt keine Rindentaubheit, sondern nur einen leichten Verlust des Hörvermögens mit Schwierigkeiten bei der Lokalisation von Tönen. Doppelseitige Zerstörung zieht Rindentaubheit nach sich, das heißt den Verlust auditorischer Wahrnehmung. Da solche doppelseitigen Läsionen antimerische (oder symmetrische) Strukturen betreffen müssen, sind diese Fälle selten. Trotzdem sind in der neurologischen Literatur einige beschrieben worden, und *Flechsig* selbst (1896, Seite 75) hat sich mit einem solchen Fall beschäftigt. Elektrische Reizungen bei wachen, nicht bewußtseinsgestörten Patienten können Töne entweder hervorrufen oder unterdrücken. Auf diese Weise künstlich erzeugte Töne, wie auch ähnlich hervorgerufene optische Phänomene, sind von ganz elementarer Natur und werden als Summen, Pochen, Pfeifen, Zirpen usw. beschrieben. Sie können auf die homo- oder auf die kontralaterale Seite bezogen werden (*Penfield* 1954).

Die Modalitäten des auditorischen Bewußtseins könnten so als Parallelprozesse gedeutet werden, die in Beziehung zu den neuralen Aktivitäten des auditiven Koniocortex stehen. Auch hier kann man die Möglichkeit nicht ausschließen, daß diese corticalen Aktivitäten corticodiencephale Erregungskreise durchlaufen müssen, um von parallelen geistigen Prozessen begleitet zu werden.

Vestibuläre Impulse können innerhalb des aufsteigenden cochlearen Systems geleitet werden, und die Ergebnisse von *Spiegel* (1934) weisen darauf hin, daß ein corticales vestibuläres Zentrum in naher Beziehung zum cochlearen Zentrum existiert. Die Ergebnisse elektrischer Reizung am Temporallappen, über die *Penfield* und *Rasmussen* (1950) berichteten, kann man im Sinne dieser Ansicht auslegen. Es gibt aber kein spezifisches geistiges Parallelphänomen in Beziehung zu vestibulären neuralen Prozessen, außer eventuell den Gefühlen des Schwindels und der Schwäche.

Olfaktorische Bewußtseinsmodalitäten sind wahrscheinlich Parallelprozesse, die zu neutralen Aktivitäten im Bereich von Teilen des Riechhirns in Beziehung stehen; brauchbare funktionelle Daten sind aber nur wenige vorhanden, obschon eine umfangreiche Literatur mit vielen neueren Beiträgen zu diesem Thema vorliegt. Der olfaktorische Einstrom erreicht das Telencephalon auf direktem Wege durch die Fila olfactoria, die mit besonderen Synapsen (Glomeruli olfactorii) im Bulbus olfactorius enden. Die im Bulbus aufsteigenden olfaktorischen Fasern erreichen die Substantia perforata anterior (Tuberculum olfactorium) und schließlich auf dem Wege der Stria olfactoria lateralis den begleitenden rudimentären präpiriformen Cortex, wobei sie wahrscheinlich von zwischengeschalteten Fasern begleitet oder ersetzt werden.

Die Stria olfactoria lateralis schließlich zieht zum corticalen Nucleus amygdalae (Gyrus semilunaris von *Retzius*; area ventrolateralis posterior, K. 1927) und zur Rinde des Lobus piriformis, die sich am rostralsten Ende des Gyrus hippocampi befindet, zwischen der basal gelegenen Fissura rhinalis und dem dorsal befindlichen Nucleus amygdalae und Uncus hippocampi. Diese ganze Region, die den corticalen Nucleus amygdalae ebenso einschließt wie den Lobus piriformis und den Uncus hippocampi, wird manchmal als „Uncus" oder „Regio uncinata" bezeichnet. Das ist streng genommen eine irreführende Terminologie, weil der wirkliche Uncus eine viel kleinere Struktur verkörpert, nämlich das hakenförmig gebogene rostale Ende der eigentlichen Hippocampusformation (Fig. 4).

Ferner existiert eine bis jetzt recht wenig bekannte Stria olfactoria medialis, die von dem rudimentären praecommissuralen Hippocampus begleitet wird (gyrus geniculatus nach *v. Economo*) und ins Indusium griseum übergeht. Der corticale Nucleus amygdalae, der sich durch das *Broca*sche diagonale Band als Gyrus subcallosus fortsetzt, ist ebenso mit dem Indusium griseum verbunden. Darüber hinaus erhalten Teile der Basalganglien, so wie der Nucleus accumbens septi, der Fundus striati (basale Teile des Kopfes des Nucleus caudatus) und des Septum pellucidum wahrscheinlich ebenfalls direkte olfaktorische Afferenzen.

Im menschlichen Gehirn haben die eigentliche Hippocampusformation (cornu ammonis und fascia dentata) wie auch die parahippocompale Rinde der Area parolfactoria (*Broca*), der Gyrus cinguli und der Gyrus

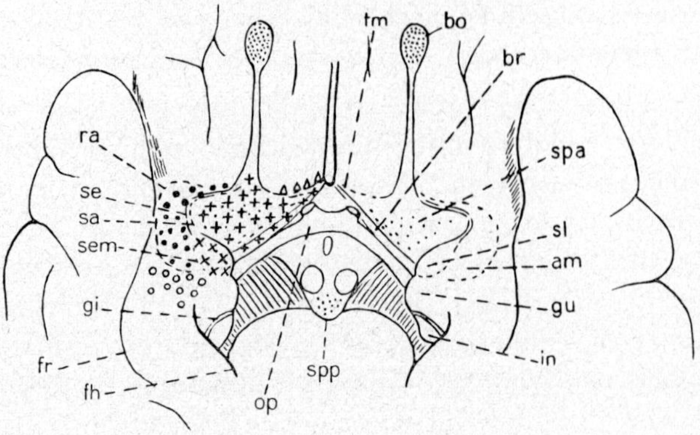

Abb. 4: Diagramm des menschlichen Riechhirns, modifiziert nach *Retzius*, und nach *Kuhlenbeck*, 1927. am: Gyrus ambiens. bo: Bulbus olfactorius. br: *Broca's* diagonales Band (medialer Teil der Area ventralis anterior, K.). fh: fissura hippocampi. fr: fissura rhinica. gi: *Giacomini*'sches Band (Ende der Fascia dentata). gu: gyrus uncinatus (Ende des Ammonshorns). in: gyrus intralimbicus (Ende des Ammonshorns; in, gi, gu stellen den wirklichen uncus dar). op: Chiasma opticum. sa: Sulcus rhinalis arcuatus. se: Sulcus endorhinalis. sem: Sulcus semiannularis. sl: Gyrus (semi-) lunaris. spa: substantia perforata anterior. spp: substantia perforata posterior. tm: tractus olfactorius medialis. Schwarze Punkte: cortex anterior lobi piriformis. Kreise: cortex posterior lobi piriformis. Dreiecke: präcomissuraler Hippocampus. Kreuze: tuberculum olfactorium und diagonales Band (area ventralis anterior). X: nucleus amygdalae corticalis (area ventrolateralis posterior).

hippocampi (Gyrus fornicatus) wahrscheinlich keine direkte Beziehung zu den olfaktorischen Funktionen.

Elektrische Reizungen des Bulbus olfactorius oder des „Uncus" (Lobus piriformis) lösen Geruchssensationen eines unangenehmen Typs aus, die mit brennendem Gummi oder Dünger verglichen werden (*Jasper* und *Penfield* 1954). Im ganzen gesehen ist es nicht unwahrscheinlich, daß olfaktorisches Bewußtsein mit Parallelprozessen in Zusammenhang zu bringen ist, die die Rinde des Lobus piriformis am rostralen Ende des Gyrus hippocampi einbeziehen.

Die Beobachtungen verschiedener Autoren, wie jene von *Penfield*, scheinen darauf hinzuweisen, daß *Geschmacksbewußtsein* im basalen Ende der postcentralen Windung „lokalisiert" sein könnte, nahe der Insel, wie wir schon oben bei der Diskussion dieser Strukturen erwähnt haben. In meiner Zusammenfassung über das Diencephalon habe ich 1954 den möglichen Verlauf der Geschmacksbahnen kurz beschrieben. Die früher weithin angenommene Vorstellung einer verbundenen corticalen Lokalisation von Geschmacks- und Geruchszentren kann nicht aufrechterhalten werden. Aber wegen der engen physiologischen Beziehungen zwischen Geschmacks- und Geruchssinn kann die Beteiligung des Geschmackssinns, wie sie sich in Geschmackshalluzinationen oder Parageusie äußert, (*Brain*, 1951) und wie sie bei Schädigung der sogenannten Regio uncinata beschrieben worden ist, durchaus sekundär aus der Störung olfaktorischer oder olfaktorisch-gustatorischer Kreise resultieren.

Die *motorische* Rinde im Gyrus praecentralis, gekennzeichnet durch die agranuläre gigantopyramidale Rinde, mag kurz nach der Übersicht der anderen Projektionsfelder erwähnt werden. Die Effekte elektrischer Reizung und die Folge der Antworten sind ebenso allgemein bekannt, wie die topographische Verteilung, die in *Penfields* motorischem Homunculus ihre graphische Darstellung gefunden hat. (Fig. 5). Wichtig erscheint, daß Reizung des Gyrus praecentralis Bewegungen auslöst, die der Patient nicht verhindern kann, d. h., daß bewußte Patienten nicht bemerken, die Handlung gewollt zu haben (*Penfield* 1954). Manchmal wird durch Reizung eine Bewegung beendet oder überhaupt verhindert. Manchmal jedoch haben Patienten, wenn man *Penfield* folgt, nach Reizung der zweiten sensomotorischen Area den Wunsch festgestellt, sich zu bewegen. Es ist unwahrscheinlich, daß die Intention, eine freiwillige Bewegung auszuführen, an neurale Prozesse gebunden ist, die sich auf die praecentrale Region beschränken, da doch diese nur als der Ur-

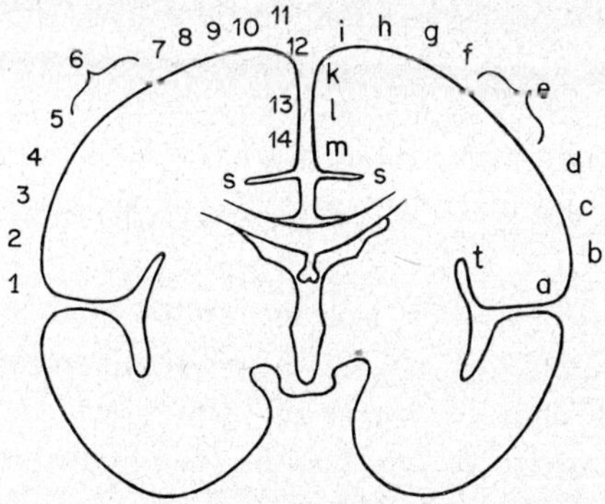

Abb. 5: Diagramm der hauptsächlichen sensorimotorischen Folge beim Menschen. Auf der Grundlage der Beobachtungen von *Fedor Krause* (1908, 1911), *Penfield* u. a. Links die motorische Folge (gyrus praezentralis), rechts die sensorische Folge (gyrus postzentralis). a: Kehle. b: Zunge. c: Lippen und Zähne. d: Gesicht. e: Finger. f: Vorderarm. g: Arm und Schulter. h: Nacken. i: Rumpf. k: Hüfte und Bein. l: Fuß. m: Genitalien. s: Sulcus cinguli. t: Geschmack. 1: Zunge, Schlucken. 2: Kiefer und Kauen. 3: Stimmgebung. 4: Lippen. 5: Gesicht. 6: Finger. 7: Handgelenk. 8: Ellenbogen. 9: Schulter. 10: Rumpf. 11: Hüfte. 12: Knie. 13: Knöchel. 14: Zehen (zwischen Zehen und Sulcus cinguli: After und Damm?). Die zweiten und ergänzenden Felder, die im Text diskutiert werden, sind weggelassen.

sprungsort von Efferenzen betrachtet werden kann. *Penfield* betont mit Recht, daß der durch die Elektrode applizierte Reiz nicht den Gebrauch des Gyrus praecentralis bei willkürlichen Handlungen nachahmt, sondern nur seine peripheren Verbindungen demonstriert.

Penfield und seine Mitarbeiter haben außerdem eine sogenannte ergänzende motorische Region herausgearbeitet, die innerhalb der Fissura longitudinalis cerebri liegt, rostral vom oberen Ende der praecentralen motorischen Region. Die Aufgaben dieses Feldes erscheinen als von denen des *Rolandi*schen Streifens in mancher Hinsicht verschieden. Die Ergebnisse der erwähnten Autoren sprechen dafür, daß es *dann* eine Art Kontrolle über die periphere Muskulatur ausübt, wenn die Area gigantopyramidalis nicht funktionsfähig ist. Die ausgelösten Bewegungen fanden meist auf der Gegenseite statt. Es ist möglich, daß dieses Feld zur Kategorie der Assoziationszentren gehört, die wir im folgenden betrachten wollen.

Die Gebiete des Neopalliums, die nicht von den Projektionsfeldern eingenommen werden, die sensorische Afferenzen empfangen oder, wie im Falle des Gyrus praecentralis, „höhere motorische neuronale" Efferenzen aussenden, umfassen die Assoziationszentren, die wahrscheinlich in Beziehung zum *symbolisierenden Bewußtsein* (Gedankenbewußtsein im weitesten Sinne), zu bestimmten Phasen des *Aktionsbewußtseins,* und vielleicht auch einigen besonderen Aspekten des *emotionalen Bewußtseins* stehen. Es ist wahrscheinlich, daß viele der corticalen neuralen Prozesse, die normalerweise diese Bewußtseinsphänomene einschließen, sich auch ohne geistige Parallelprozesse, d. h. unbewußt abspielen können.

Wenn man mit dem Einlauf beginnt, könnte man annehmen, daß die neuralen Erregungsbahnen dieser Assoziationszentren wohldefinierte Muster aufnehmen, ohne Rücksicht auf ihre verschiedenen Transpositionen. Wir könnten diese Aktivität, ohne jede Nebenbedeutung von Gewahrwerden (Bewußtsein) als Musterunterscheidung bezeichnen. Ferner können manche dieser Muster — durch die sog. Engraphie — dauerhaft dem plastischen neuralen Geflecht eingeprägt werden. Durch Ekphorie, d. h. ausgelöst durch Zwischenbeziehungen partieller Muster, oder, mit anderen Worten, ausgelöst durch fraktionierte Prozesse, können Engramme die Basis für das mnestische Wiedererkennen von Mustern sein. Eine hierarchische Ordnung der Musterwiedererkennung schließt das Unterscheiden und Wiedererkennen sehr komplexer und abstrakter Beziehungen ein, wie z. B. die semantische Symbolisierung durch den

Gebrauch von Worten und die Formulierung einer Sprache. Wortsymbole sind meist akustischer Art, und selbst wenn sie geschrieben, d. h. in ihrer optischen Form vorhanden sind, bleibt das akustische Muster in vielen Fällen vorherrschend. Im ideographischen Schreiben, auf der anderen Seite, hat die optische Komponente der Symbolisierung den Vorrang. So wird selbst ein hochgebildeter Chinese oder Japaner nicht fähig sein, einen sehr komplizierten und konzentrierten literarischen chinesischen oder sino-japanischen Text zu verstehen, sofern dieser nur gesprochen wird, also ohne die geschriebenen Worte zu sehen. Auf der anderen Seite ist es durchaus möglich, solch einen chinesischen Text zu verstehen, ohne irgend etwas über seine korrekte Aussprache zu wissen, oder wenn man so will, ohne spezifische Kenntnisse der chinesischen Sprache. Die chinesischen Begriffszeichen haben so einen auszeichnenden Vorteil: Man braucht nämlich nicht Chinesisch zu können, um sich darin auszudrücken; sondern Jeder liest sie in seiner eigenen Sprache ab, gerade so, wie unsere Zahlzeichen, welche überhaupt für unsere Zahlenbegriffe das sind, was die chinesischen Schriftzeichen für alle Begriffe" (*Schopenhauer*, 1851, „Über Sprache und Worte").

Höhere Klassen von Symbolen sind Worte und Zahlen; die Regeln, nach denen solche Symbole kombiniert werden, sind die der Grammatik, Logik und Mathematik. Die letzterwähnte Wissenschaft kann tatsächlich als ein Zweig der Logik betrachtet werden. Symbole, also Worte, Zahlen und andere Zeichen, werden oft mit Recht einer Währung verglichen, zum Beispiel mit Banknoten, die eine reale Goldmünze vertreten.

Die Rinde erhält codierte afferente Signale, die zu extraneuralen physikalischen Ereignissen in Beziehung stehen und modelliert, d. h. symbolisiert und abstrahiert diese physikalischen Prozesse durch Kombinationen aktivierter neuraler Geflechte. Die physikalischen neuralen Prozesse, die mit den Parallelprozessen des Gedankenbewußtseins im weiteren Sinne in Zusammenhang stehen, sind sehr wahrscheinlich, wie *Craik* (1943) bemerkte, von der gleichen Natur wie die Kreismechanismen der Computer und ähnlicher Apparaturen, die auf der *Boole*schen Algebra und dem Calculus aufbauen.

Drei grundlegende Prozesse sind von *Craik* zusammengefaßt worden, die mit nur geringen Änderungen folgendermaßen benannt werden können:

1. Übersetzung sensorischer Afferenzmuster in einfache mnestische (primitive Symbolisierung, ohne Worte) oder höhere mnestische Muster, oder in beides. Die höheren Muster sind Symbole wie Zahlen und Worte.

2. Übergang zu anderen Symbolen durch einen Prozeß, der Assoziation, Deduktion, Folgerung, Urteilen o. ä. entspricht.

3. Rückübersetzung dieser Symbole in motorische Prozesse, Sprechen, Schreiben, die Ausführung richtig strukturierter Bewegungen, innerhalb des Prozesses verschiedener anderer Handlungen. Diese neuralen Prozesse werden grundsätzlich, aber nicht ausschließlich durch den Ausgang des corticalen efferenten Projektionszentrums von *Flechsig* (Gyrus praecentralis) geschleust.

Die Prozesse, die wir unter 2. und 3. erwähnt haben, überlappen sich mit Abbildungs- und Ausdrucksvorgängen, aber sie können mit diesen Konzepten *Kretschmers* nicht einfach identifiziert werden.

Die Korrespondenz zwischen einem Symbolmuster, zu dem es durch den Vorgang 2. kam, und äußeren Ereignissen, wie zum Beispiel das Bemerken, daß eine solche Ereignisse betreffende Voraussage erfüllt ist, setzt, so glaube ich, eigentlich nur eine Kombination der Prozesse 1. und 2. voraus. *Craik* hat diesen Prozeß des Erkennens unter Punkt 3. getrennt aufgeführt.

Alle drei fundamentalen Arten von Prozessen stehen in enger Beziehung zueinander, und sind in ein gemeinsames Aktivitätsmuster integriert, das man nicht durch willkürliche Grenzen trennen kann, das aber im Grad variabel ist. So kann man zum Beispiel laut denken, oder ein schlecht trainierter oder ungeschickter Leser kann während er einen Text studiert, leise seine Lippen bewegen. In solchen Fällen herrscht ein beträchtlicher Überlauf in die motorische Peripherie. In diesem Sinne scheint die Signifikanz einer sensorimotorischen oder „operationalen Anpassung", die *Sperry* betont hat (1952), gestützt zu werden, obschon ich vielen der Schlüsse, die dieser Autor zieht, nicht zu folgen vermag.

Da die neuralen Prozesse, die den verschiedenen unter der oben angegebenen Klassifikation besprochenen Aktivitäten entsprechen, wahrscheinlich räumlich ausgedehnte Erregungskreise beanspruchen, wird jeder Versuch einer definitiven Lokalisation ein etwas künstliches Schema zur Folge haben, und das Konzept der Zentren kann nicht in einem engen oder starren Sinne aufrechterhalten werden. Was diese corticalen Aktivitäten betrifft, so stimme ich mit *Nielsens* Bemerkung überein, daß man Zentren dann als nichtexistent annehmen müsse, wenn unter „Zentrum" eine abgegrenzte Rindenregion mit unabhängiger funktioneller Kapazität verstanden wird (1955). Wenn man aber ein Zentrum als eine anatomisch abgrenzbare Zone definiert, die für eine bestimmte Funktion wesentlich ist, dann existieren mit Sicherheit einige solcher Zentren.

In ähnlicher Weise habe ich 1927 verschiedene höhere Rindenzentren als Regionen gedeutet, die für die Ekphorie bestimmter Engrammtypen unbedingt notwendig sind, nicht aber als Regionen, in denen man sich solche Engramme lokalisiert vorstellen sollte. Es ist sehr wahrscheinlich, daß irgendein gegebenes Neuron oder eine Gruppe von Neuronen in irgendeinem solchen Zentrum in eine Vielfalt strukturell verschiedener Erregungskreise, die verschiedenen funktionellen Prozessen entsprechen, einbezogen sind.

Darüber hinaus hat *Craik* betont, daß Modelle des Gehirns nach dem Muster des Erregungskreisaustausches viel überzeugender wären, wenn sie nicht irgendwelche starr definierten bestimmten Verbindungen postulieren würden. Eine solche Konstanz der Verbindungen ist nämlich sehr unwahrscheinlich, denkt man an die unzähligen individuellen Variationen.

Ashbys Konzept sich wiederholender ultrastabiler Systeme, kombiniert mit einem hohen Grad struktureller Zufälligkeit, scheint besonders nützlich, wenn man die corticalen Funktionen, die wir betrachten, bewerten will. Das Konzept verträgt sich sowohl mit der Annahme eines gewissen Grades von Entsprechung und multipler Repräsentation, wie auch mit der Massenaktion. *Flourens* hat angenommen, daß die cerebralen Hemisphären als ganzes aktiv seien, und daß nach Entfernung eines großen Anteils ihrer gleichwertigen Substanz das Zurückbleibende weiterhin die Kapazität habe, die meisten Funktionen zu übernehmen. Die allgemeine Reduktion der funktionellen Kapazität nahm man als in etwa proportional dem Ausmaß der Zerstörung an. In den letzten Jahren ist *Lashley* zu ähnlichen, wenn auch etwas weniger radikalen Schlußfolgerungen gekommen, die auf seinen experimentellen Studien über die Hirnrinde der Ratte gegründet sind.

Was die Hirnrinde des Menschen betrifft, so haben die Ergebnisse klinisch-pathologischer Beobachtungen, die wir unten kurz betrachten wollen, zu einem Kompromiß zwischen den beiden entgegengesetzten und extremen Ansichten der völligen Äquivalenz auf der einen und der starren, bis ins minutiöse Detail festgelegten Lokalisation auf der anderen Seite, geführt.

Bevor wir dieses Lokalisationsschema diskutieren erscheint eine kurze Bemerkung über die bilaterale Symmetrie und über die Dominanz der einen Großhirnhälfte wichtig. Es wird allgemein angenommen, daß bei Rechtshändern die linke Hemisphäre dominant sei, und umgekehrt. Diese

Annahme wird unterstützt durch klinisch-pathologische Studien an Fällen mit einseitigen Läsionen. In einigen Fällen hat man aber auch die dominante Hemisphäre homolateral zur führenden Hand gefunden. *Nielsen* (1955) berichtet, daß dieser Fall von ipsilateraler „Hirnigkeit" und „Händigkeit" auf etwa 5 % der Fälle geschätzt wird. Dieser Autor bevorzugt die Begriffe „Hemisphera major und minor": die H. major leistet die tatsächliche Arbeit, aber bei Zerstörung in einem frühen Lebensabschnitt kann die andere rasch die gesamte Funktion übernehmen. *Nielsen* nimmt an, daß Engramme bilateral gebildet werden, und daß der hauptsächliche Unterschied zwischen beiden Hemisphären einer des Trainings ist.

Nach *Penfield* (1954) „scheint es deutlich, daß ein Temporallappen sozusagen die Kopie (Durchschlag) des anderen ist".

Nach Zerstörung eines Areals der Major-Seite hängt die durch Übung des entsprechenden Minorfeldes stattfindende Erholung von einer Anzahl Variabler ab, unter anderem von Alter, allgemeiner Gesundheit und Kraft, Konstitution des Patienten, seinen Bemühungen bei der Wiederherstellung und gewissen örtlichen funktionellen Kennzeichen des besonderen betroffenen Gebietes (*Nielsen*, 1955). Eine solche klinische Beobachtung unterstützt wiederum das wohlbegründete Konzept der relativen Lokalisation.

Die bilaterale Repräsentation einiger Formen sensorischer Afferenzen sowie der motorischen Efferenzen soll erwähnt werden. Obwohl normalerweise die meisten Impulse über die spinothalamischen und die sekundären aufsteigenden Trigeminus-Trakte die Bahnen zum *kontralateralen* Thalamus und zur Rinde benutzen, können solche afferenten Impulse auch, je nach den Umständen einen homolateralen Weg nehmen. Im System des Lemniscus lateralis scheint eine bilaterale Signalübertragung von Signalen aus beiden Schnecken die Regel zu sein. Trotz der überwiegenden kontralateralen Beziehungen sind auch bilaterale efferente Bahnen wohlbekannt. Solche Verbindungen sind zum Beispiel ganz offensichtlich in den bilateralen corticobulbären Efferenzen vorhanden, die jene Abschnitte beider Facialiskerne erreichen, welche die obere Gesichtsmuskulatur (der Stirngegend) innervieren. Dennoch sind die Probleme der doppelseitigen Vertretung wohl weniger wichtig für dieses Thema, und sie brauchen deshalb hier nicht näher ausgeführt zu werden. Man könnte schließlich fragen, weshalb die Rechtshändigkeit mit einem Anteil von 90 % dominiert. Auf diese Frage gibt es aber noch keine befriedigende Antwort.

Das Corpus callosum ist das ausgedehnte neopallische Komissurensystem, das die beiden Hemisphären verbindet. Obschon Balkenmangel oft in Kombination mit geistigen Defekten gefunden wurde, sind solche Fälle gelegentlich bei Personen mit normalem geistigen Verhalten beschrieben. Darüber hinaus hat die neurochirurgische Erfahrung der letzten Jahre gezeigt, daß das Corpus callosum teilweise oder sogar völlig ohne signifikante Ausfallserscheinungen durchtrennt werden kann. Weiter wird anscheinend die „Einheit" („Oneness") der bewußten Erfahrung nicht berührt. Hier haben wir ein offensichtliches Beispiel ultrastabiler Systeme. Man muß annehmen, daß die für eine funktionelle Korrelation beider Hemisphären notwendige neurale Leitung auf ein Minimum reduziert und über die verbleibenden Kommissurensysteme (commissura anterior et posterior, habenulae, supraoptica, supramammillaris und, falls vorhanden, die massa intermedia) geschleust werden kann. Nimmt man zudem eine korrelierte Aktivierung der corticodiencephalischen N-Ereignisse durch die reticuläre Formation des Hirnstamms an, dann würden diese Ereignisse trotz der Durchtrennung aller Vorderhirnkommissuren noch die funktionelle und räumliche Einheit, die durch ein bilateral verbundenes Aktionsmuster begründet ist, bewahren. Solche vereinigten N-Ereignisse auf der cortico-thalamischen Ebene können vermutlich die Einheit der korrespondierenden P-Ereignisse, d. h. die Einheit des perzeptuellen Raum-Zeit-Systems mit umfassen. Genaue Untersuchungen an Patienten mit durchschnittenem Balken wiesen jedoch anscheinend darauf hin, daß sich einige Verschiedenheiten in den „Informationsprozessen" aus einer unabhängigen Aktivität der getrennten Hemisphären ergeben. Es gibt jedoch kaum eine Berechtigung für die groben übertreibenden Feststellungen, daß in derartigen Fällen jede Hemisphäre „ein unabhängiges Bewußtsein" manifestiert und daß die „Chirurgie diese Menschen mit zwei getrennten Seelen hinterlassen hätte".

Es ist schwierig festzustellen, ob eine Spezialisierung der Hemisphären auch bei anderen Tieren, z. B. bei den Säugern wie bei den Primaten gilt. Bei den Primaten hat man Spaltungsexperimente vorgenommen. Durchtrennt man das optische Chiasma, so wird es möglich, den optischen Erregungszufluß von einem Auge auf eine, d. h. die gleichseitige Hemisphäre zu beschränken. Die Übertragung gelernter Unterscheidungsmusteraufgaben zwischen beiden Augen bei Schimpansen wurde hierbei als in Abhängigkeit von den Endhirnkommissuren gefunden, nämlich dem Splenium des Balkens und der vorderen Kommissur, wobei der Balken von größerer Wichtigkeit ist (*Black* und *Myers*, 1964). Nach einigen Berichten kann ein Affe „mit einem gespaltenen Gehirn“ mit einseitigem optischen Zufluß mit einem Auge gelehrt werden, daß ein bestimmtes Signal die Möglichkeit bedeutet, Futter zu erlangen und darauf dressiert werden mit dem anderen Auge dieselbe Bedeutung eines ganz anderen Signales zu erkennen. Danach beantwortet das Tier diese Signale ganz in Übereinstimmung mit den Erregungen von dem Auge, das unbedeckt gelassen wurde. Nach einseitiger präfrontaler Lobotomie bei einem Affen mit beschränktem, nur einseitigem Zufluß von Seherregungen, zeigte das Tier, das in einen Käfig mit einer Schlange gebracht wurde, große Furcht, wenn das eine Auge unbedeckt war, beachtete aber die Schlange überhaupt nicht, wenn das andere Auge benutzt wurde.

Was die Lokalisation der symbolisierenden Bewußtseinsprozesse angeht, oder falls man sie nicht durch geistige Parallelprozesse charakterisiert denkt, der unbewußten symbolisierenden Cerebration, so können vielleicht folgende Schlüsse gezogen werden:

Wenn die praemotorische Rinde (Regio frontalis agranularis) geschädigt wird, folgt daraus eine Behinderung in der Geschicklichkeit als Muster niedergelegter motorischer Aktivitäten. Wiederum gibt es viele Variable, u. a. den Abstand der Läsion von der Area gigantopyramidalis der Praecentralwindung. Neben Spastizität und dem Verlust der Fähigkeit, feinere Bewegungen auszuführen, kommen auch verschiedene Grade von Störungen bei der Ausführung und Formung motorischer Muster vor, wie zum Beispiel Dysarthrie und Apraxie. Agraphie kann durch eine Läsion im hinteren Abschnitt der mittleren Stirnwindung der dominanten Hemisphäre hervorgerufen werden. Sprachapraxie oder, wie man dieses Phänomen oft nennt, motorische Aphasie — wird herbeigeführt durch einen Schaden im rückwärtigen Teil der unteren Stirnwindung der dominanten Hemisphäre (*Brocas* Windung). Sprachstörungen, im Sinne der Dysarthrie kann man durch Läsionen im unteren Teil der dominanten praecentralen Windung oder in seiner unmittelbaren Nähe hervorrufen. Von solchen Sprachstörungen des rein apraktischen oder dysarthrischen Typus wird die innere Sprache nicht betroffen. Beobachtungen von *Penfield* und *Jasper* (1954) zeigen anscheinend, daß der hintere Abschnitt des supplementären motorischen Areals ebenfalls Beziehungen zu den Sprachfunktionen aufweist. Diese Region wurde von den beiden genannten Autoren als „Sprachfeld 4“, die *Broca*windung als „Sprachfeld 1“ bezeichnet. Obwohl man annehmen muß, daß der Balken zur Ausführung geschickter Bewegungen oder für symbolisierende Bewußtseinsleistungen nicht erforderlich ist, gibt es wohlbeschriebene Fälle von Apraxie, die ganz offensichtlich durch Läsionen eben jener commissuralen Struktur hervorgerufen wurden.

Eine Schädigung der occipito-parieto-temporalen Region der dominanten Hemisphäre beeinflußt in wechselndem Maße das Erkennen und die Formulierung sensorischer Muster. So kann optische Agnosie nach Läsionen der extracalcarinen Rinde, akustische nach solchen des *Wernicke*-Feldes entstehen, das in der oberen Schläfenwindung nahe bei *Heschls* queren Temporalgyri gelegen ist. Ist eine solche Agnosie komplett, so werden die Begriffe Seelentaubheit und Seelenblindheit benutzt. Für den Patienten haben wahrgenommene Umrisse oder Töne ihren Sinn verloren. Läsionen des Lobulus parietalis superior können Agnosien taktiler Muster (Astereognosie) hervorrufen.

Wie dem auch sei, eine Schädigung der occipito-parieto-temporalen Region kann in bestimmten Fällen nur bestimmte Arten der symbolhaften Mustererkennung und -formulierung betreffen. Eine solche funktionelle Einbuße kann als Worttaubheit oder Wortblindheit (Alexie) erscheinen, der Patient hat hierbei seine vorherige Fähigkeit, gesprochene Sprache und geschriebenes Wort zu zu verstehen, verloren. Worte oder Buchstaben werden immer noch von anderen akustischen oder optischen Wahrnehmungen unterschieden, aber sie sind ihrer (symbolhaften) Bedeutung verlustig gegangen.

Bei ausgedehnten Zerstörungen beobachtet man schwere Beeinträchtigungen von Denken und Ausdrucksfähigkeit. Wiederum kann auch hauptsächlich das Namensgedächtnis gestört sein, entweder durch Ekphoriedefekte (amnestische Aphasie), oder durch fehlerhafte Ekphorie (Paraphasie). Andere Störungen betreffen hauptsächlich die Formulierung korrekter Wort- und Satzfolgen.

Neurale Aktivität im Gyrus angularis der dominanten Hemisphäre ist anscheinend ein wichtiges funktionelles Glied für die Erkennung von höheren symbolischen visuellen Mustern, wie zum Beipiel geschriebenen Worten. So kann Alexie auch durch Schädigung dieser Region hervorgerufen werden.

Penfield und *Jasper* schließen den Gyrus angularis in ihr parietales Sprachfeld (Sprachfeld 2) ein, während sie das *Wernicke*-Feld in ihr Temporalgebiet (Sprachfeld 3) einordnen. Bei diesen Autoren findet sich auch der wichtige Satz, daß parietale und temporale Sprachfelder getrennt sein oder auch eine kontinuierliche Region darstellen können.

Darüber hinaus kann Apraxie auch noch durch Läsionen im Gebiet der parietalen Assoziationsfelder hervorgerufen werden, da komplexe motorische Muster wahrscheinlich von der Fassung auslösender mnestischer sensorischer Muster abhängen. Auf diese Weise kann ein bestimmter Typ der Agraphie durch Zerstörungen im dominanten Gyrus angularis hervorgerufen werden.

Die Amusie als Resultat einer Hirnschädigung kann vom apraktischen Typ sein (expressive A.) oder in Beziehung zum Phänomen der Agnosie stehen (rezeptive A.). Verschiedene Assoziationsfelder der dominanten Hemisphäre können beim Entstehen dieses seltenen Symptoms beteiligt sein.

Beim *Gerstmann*-Syndrom (1927) ist der Patient nicht fähig, verschiedene einzelne Finger zu erkennen und herauszusuchen, wenn er beide Hände betrachtet. Diese Fingeragnosie ist kombiniert mit Seitenverwechselungen, Agraphie und manchmal Akalkulie (also einem Defekt beim Gebrauch numerischer oder mathematischer Symbole). Das Syndrom tritt nach meist linksseitigen parieto-occipitalen Läsionen in der Nähe und gewöhnlich oberhalb des Gyrus angularis auf. Autotopagnosie kann ebenfalls durch Läsionen im Parietalgebiet entstehen.

Die verschiedenen Klassifikationen der aphasischen und verwandten Störungen sind zu einem gewissen Grade einander entgegengesetzt und nicht voll befriedigend. Die Terminologie ist oft unangemessen und sogar verwirrend. Mehrere Faktoren tragen zu dieser unbefriedigenden Situation bei. Die symbolisierenden Aktivitäten, ob als bewußte (parallele) Phänomene oder als neurale Mechanismen (unbewußte Cerebration), sind außerordentlich komplex, und schwierig in klaren Worten zu analysieren. Aphasie, Apraxie, Agnosie können in gemischten oder kombinierten Typen auftreten. Wiederum können verschieden lokalisierte Störungen ein fast identisches Symptom hervorrufen, wie etwa Agraphie bei frontalen oder bei parietalen Zerstörungen. Paraphasie, zum Beispiel, kann eine apraktische Störung sein, die man grob mit einem falschen Gang im praemotorischen Assoziationsgebiet vergleichen kann, sie kann in anderen Fällen aber auch das Ergebnis mnestischer Störungen sein, die hauptsächlich auf die occipito-parieto-temporale Region bezogen werden müssen.

Die verbale Analyse der klinischen Symptomatik führt zu einer Nomenklatur, die wahrscheinlich nicht genügt, um die tatsächlichen Vorgänge der neuralen Kreismechanismen bei der symbolhaften Cerebration zu beschreiben. Auch hier betonen manche Autoren die Lokalisation, während andere das Problem in Form einer verwickelten und oft übertriebenen künstlichen Analyse der funktionellen Komponenten darstellen.

Aphasische Patienten sind oft stark verwirrt, und leicht definierbare Störungsmuster werden so nicht erkennbar. Verschiedene Neurologen unbestrittener Kompetenz haben nicht selten verschiedene Meinungen über die Deutung der aktuellen klinischen Situation.

Symbolhaftes Bewußtsein und emotionelles Bewußtsein sind nützliche Konzepte, aber dennoch willkürliche Unterteilungen: bei den Sprachstörungen sind beide Modalitäten eng kombiniert, und je nachdem kann die eine oder die andere betont sein. Folgt man *Hughlings Jackson*, so kann man einen Unterschied machen zwischen erklärender Sprache, in der die Kommunikation über beschreibende oder abstrakte Bedeutungen im Vordergrund steht, und emotioneller Sprache, wo Ausdruck von Gefühlen dominiert, und der erklärende Wert sekundär wird oder fast auf den Nullpunkt sinkt.

Hinsichtlich der organisierten Gedächtnismuster hat *Penfield* (*Penfield* 1952, *Penfield* und *Jasper* 1954) eine große Anzahl von Beobachtungen mitgeteilt, aus denen hervorgeht, daß lebendige Erinnerungen, die oft ganze Situationen beinhalten, durch elektrische Rindenreizungen der oberen und seitlichen Oberfläche des Schläfenlappens beider Seiten ausgelöst werden können. Die „Gedächtnisfelder", wie sie von *Penfield* und *Jasper* dargestellt werden, erstrecken sich ziemlich weit nach dorsal oben in den Scheitellappen hinein und umfassen auch den „inferioren periinsulären" und den „inferioren *Sylvii*"schen Streifen. Die Erinnerungen haben oft den Charakter tatsächlicher visueller oder akustischer Halluzinationen, oder beider, und bringen gewisse Erfahrungen der näheren oder ferneren Vergangenheit zurück. Diese Ereignisse umfassen häufig auch emotionelle Komponenten, ebenso wie die Gedanken, die in Beziehung zum Originalerlebnis stehen. Die lebendigen Erinnerungen oder Halluzinationen hörten auf, sobald die Elektrode entfernt wurde. Erneute Reizung eines bestimmten Bezirkes rief manchmal eine ähnliche Erinnerung oder einen Traum, manchmal ganz andere hervor. Erinnerungsdefekte wurden mitunter beobachtet, wenn einseitig der „Hinterabschnitt des Hippocampus entfernt worden war". Die Autoren nehmen an, daß dieses seltene Ereignis entweder auf einem „Nachbarschaftseffekt" oder auf einer schon vorher bestehenden Läsion der Gegenseite beruhte, von deren Existenz man nichts wußte. Auf diese Weise könnte ein unerwartetes doppelseitiges Defizit nach der Operation entstehen.

Penfield konnte diese Gedächtnisphänomene nach elektrischer Reizung „nur in Fällen von Patienten, mit vorhergehenden epileptischen Entladungen in der Schläfenregion“, beobachten. Er bietet die Deutung an, daß „die Epilepsie die Rinde für Reizungen empfänglicher macht“. Obschon die Region, die von den Autoren als „Gedächtnisregion“ bezeichnet wird, ziemlich groß erscheint, kann man aus den gerade besprochenen Beobachtungen nicht notwendigerweise schließen, daß die Lokalisierung oder die „Wiedergabe“ der geweckten Engramme auf diese Region beschränkt ist. Man kann sicher annehmen, daß neurale Prozesse in diesem „Gedächtnisareal“ die Engramme aktivieren, und darüber hinaus kann man schließen, daß die mit den Engrammen korrelierten Erregungskreise wenigstens teilweise innerhalb dieser Region lokalisiert sind. *Penfield* wertet sein eigenes Konzept der Lokalisation durch die Bemerkung, daß offensichtlich „nur ein Teil der neurologischen Mechanismen, die beim Behalten und Erinnern von Gedächtnisinhalten mitwirken, auf diese Weise lokalisierbar ist“.

Vergleicht man die halluzinatorische Natur der von *Penfield* entdeckten und beschriebenen Gedächtnisphänomene nach Reizung mit den optischen Halluzinationen in Fällen von corticaler Blindheit, wie *Lhermitte* und andere sie beschrieben haben, so ergibt sich eine wichtige Frage: Schließen die optischen oder akustischen Halluzinationen, die durch Reizung des temporalen (temporoparietalen) „Gedächtnisfeldes“ hervorgerufen werden, notwendigerweise die Auslösung nervöser Aktivitäten der akustischen und optischen sensorischen Rinde ein? Ein simultan geschriebenes EEG könnte eine Antwort geben (oder auch nicht), die man dann einigermaßen einleuchtend deuten könnte.

Zahlreiche Autoren haben betont, daß Gedächtnis eine komplexe Funktion ist. Es umfaßt die Symbolisierung von Mustern einer Situation oder eines Ereignisses, eine dauerhafte oder wenigstens andauernde Speicherung, ferner die Reproduktion des Musters durch Reaktivierung und Identifikation. All diese Prozesse können von physikalischen Mechanismen, entsprechend den Prinzipien der Kommunikationstechnik und der Kreisalgebra oder des Calculus dargestellt werden. Ein Roboter, zum Beispiel ein mechanischer Schachspieler, der zu solchen Leistungen fähig ist, kann entworfen und konstruiert werden. Wenn diese Prozesse mit parallelen geistigen Phänomenen gekoppelt sind, mit anderen Worten, wenn sie bewußt ablaufen, haben wir Lernen, Behalten, Erinnern und Erkennen vor uns.

So kann man einen Aspekt der neuralen Kreismechanismen herausstellen, der den symbolhaften (oder Code-)Wert des Erkennens besitzt. Im Lauf normal funktionierender Prozesse wird Erkennen immer auf eine adäquate Ereignisreihe bezogen sein, daß heißt, auf eine Gruppe früher erfahrener Ereignisse. Nichtsdestoweniger werden die Kreisprozesse, so wie bei der Paraphasie, nicht immer richtig funktionieren, und auf ähnliche Weise können bei den Gedächtnisaktivitäten Störungen auftreten, wie zum Beipsiel die üblichen Gedächtnisirrtümer und andere. Werden Identifikations- oder Wiedererkennungs-Aktivitäten fälschlich ausgelöst[31], so resultiert das wohlbekannte Phänomen, das man als „déjà-vu" oder „déjà entendu" bezeichnet hat. Auch können, wie schon oben bei den symbolisierenden Aktivitäten allgemein betont, Gedächtnisaktivitäten nur willkürlich von emotionellen Aktivitäten getrennt werden. Oder, mit den Worten *Craiks*, wir können nicht „Denken vollständig von Fühlen trennen". So ist es wohl mehr als ein Zufall, daß die Freisetzung von Gedächtnisinhalten und offensichtlich auch einige (funktionelle und topologische) Aspekte der Speicherung im Temporallappen lokalisiert sind, der topographisch in enger Beziehung zu einem der Erregungskreise emotioneller Mechanismen zu stehen scheint.

Die Auswertung der gesamten Raum-Zeit-Beziehungen, unter Benutzung von *Schilders* Körperschema als Bezugsrahmen, oder mit anderen Worten die Integration der verschiedenen Modalitäten in ein einheitliches Raum-Zeit-System, ist wahrscheinlich ebenso eine komplexe Aktivität von Erregungskreisen, die, wohl auf dem Wege über das Diencephalon, die verschiedenen corticalen Projektionsfelder mit den corticalen Associationsfeldern verbinden. *Spiegel, Wycis, Orchinik* und *Freed* (1955, 1956) haben vorübergehende Störungen der zeitlichen Orientierung in den ersten Stadien nach dorsomedialer Thalamotomie beobachtet. Solche Störungen sind auch bekannt nach Läsionen, die eine mehr diffuse Beeinträchtigung der Hirnfunktionen nach sich ziehen, wie zum Beispiel Läsionen parietooccipitaler Regionen oder sogar größerer Teile des Hirnstammes. Seit *Spiegel* und seine Mitarbeiter ziemlich elementare Störungen zeitlicher Orientierung beobachtet haben, vermeiden sie den Ausdruck Agnosie, den sie vorzugsweise für komplexere Arten von Dysfunktionen reserviert haben wollen, und wählten die Bezeichnung „Chro-

---

[31] Vielleicht spielt bei einigen dieser Erscheinungen eine verborgene Korrespondenz der engraphischen Komponenten (Teilengramme, Invarianten), die sich auf voneinander unabhängige Situationen bezieht, eine Rolle; sie bringt zufällige „Homophonien" nach *Semons* und *Forels* Terminologie zustande.

notaraxis" (= Zeitverwirrung), um so deutlich zu machen, daß die zeitliche Desorientiertheit das im Vordergrund stehende Symptom ist[32].

Die Patienten waren desorientiert in bezug auf Datum, Jahreszeit und Tageszeit, darüber hinaus in bezug auf ihr Alter oder das ihrer Kinder. Sie machten grobfalsche Angaben über die Zeit, die nach der Operation verstrichen war, oder über die Dauer des Krankenhausaufenthaltes. Manche Patienten neigten dabei dazu, die Zeit ihrer Erfahrungen zu unter-, manche, sie zu überschätzen.

Auch Dissoziationsphänomene sind beobachtet worden, wie sie schon von einigen Autoren bei Scopolaminvergiftungen beschrieben wurden: Eine Patientin wußte zwei Monate nach Thalamotomie sehr wohl, daß sie in ihrer jetzigen Wohnung schon seit fünf Jahren lebte, hatte aber das Gefühl, dort erst einige Wochen zu wohnen. Ein anderer Patient beschrieb postoperativ das seltsame Gefühl, daß „der Tag schon innerhalb von Stunden beendet sei". Die Störungen betreffen also sowohl „Zeitgedächtnis" wie auch „Zeitsinn" in dem auf S. 51 beschriebenen Sinne. Die Autoren stellen fest, daß andere Gedächtnisstörungen, die meist mit zeitlicher Desorientiertheit einhergehen, eine wichtige Komponente dieses Zustandes sein können, betonen aber, daß solche Gedächtnisstörungen allein nicht ausreichend erscheinen, um das Syndrom der Chronotaraxis zu erklären.

Unterbrechung der den praefrontalen Cortex mit dem Nucleus medialis thalami verbindenden Leitungsbahnen spielt offensichtlich eine entscheidende Rolle bei der Entstehung von Zeitstörungen, aber *Spiegel* und seine Mitarbeiter nehmen an, daß auch andere Bahnen an den zugrundeliegenden Mechanismen teilhaben. So erschien zum Beispiel eine vorübergehende zeitliche Desorientiertheit nach Läsion des Nucleus medialis thalami nach einigen Monaten wieder, nach einer zweiten Operation mit einer mehr rostral gelegenen Läsion, die die vorderen Kerne mitbetraf.

---

[32] Eine enge Beziehung zwischen Raum- und Zeit-Bewußtheit wird von vielen mit dieser Materie beschäftigten Autoren angenommen. Da Bewußtsein ein perzeptuelles Raum-Zeit-System repräsentiert, ist diese Annahme wohl auch gerechtfertigt. Eine enge Beziehung zwischen Raum und Zeit besteht ja auch im postulierten physikalischen Raum-Zeit-System. Trotzdem kann in beiden Systemen die Zeitbeziehung unabhängig von der Raumbeziehung veränderlich sein. *Spiegel* und Mitarbeiter haben gezeigt und betont, daß unter pathologischen Bedingungen der Raum- und Zeitsinn sehr unabhängig voneinander sein können, „so daß die räumliche Orientiertheit nur wenig oder gar nicht betroffen sein kann, wenn Störungen der zeitlichen Orientiertheit vorliegen".

Gewisse Aspekte der *Korsakoff*-Psychose (oder besser, des *Korsakoff*-Syndroms) scheinen der Chronotaraxis *Spiegels* verwandt zu sein. Beim *Korsakoff*-Syndrom besteht allerdings eine mehr definierte Störung von Aufmerksamkeit und Gedächtnis, die zu Desorientiertheit auf räumlichem und zeitlichem Gebiet führt. Gedächtnislücken werden darüber hinaus durch Konfabulation ausgefüllt. Dieses Syndrom tritt nicht nur bei chronischem Alkoholismus mit Polyneuritis auf, sondern bei einer Vielzahl anderer pathologischer Prozesse des zentralen Nervensystems, wie zum Beispiel Arteriosklerose oder Hirntumoren. *Spiegel* und Mitarbeiter weisen darauf hin, daß in manchen Fällen ein *Korsakoff*-Syndrom bei Läsionen in der Mamillarregion typische Züge der Chronotaraxis zeigen kann. Auf der anderen Seite rufen selbst schwere Läsionen der Mamillarregion nicht notwendigerweise ein *Korsakoff*-Syndrom hervor. *Spiegel, Wycis, Orchinik* und *Freed* kommen zu dem Schluß, daß es nicht möglich erscheint, die dem Phänomen der zeitlichen Orientiertheit unterliegenden Mechanismen zu einzelnen Zwischenhirnkernen oder ihren Rindenverbindungen in Beziehung zu bringen. Man kann annehmen, daß bei den Mechanismen der zeitlichen Orientierung viele Erregungskreise eine Rolle spielen, so daß eine Läsion eines einzelnen thalamischen Kerns oder Kreises nur vorübergehende Störungen hervorruft. Die Autoren stellten übrigens keine Chronotaraxis fest nach Läsionen anderer subcorticaler Gebiete, wie zum Beispiel des Pallidums oder des Mittelhirns in der Gegend des aufsteigenden spinothalamischen Systems.

Das emotionale Bewußtsein stellt ein hochkomplexes Muster von Gefühlen oder Empfindungen dar, die mit anderen Bewußtseinsmodalitäten verquickt oder von ihnen überlagert sind, zum Beispiel von Ausdrucksprozessen. Verbale Analysen und Klassifizierungen solcher Aktivitäten und ihrer Komponenten sind meist nicht befriedigend und adäquat. Vom neurologischen Standpunkt aus scheinen die corticalen, die wechselseitigen cortico-thalamischen, die cortico-hypothalamischen, die thalamischen, die hypothalamischen und die wechselseitigen thalamo-hypothalamischen Kreismechanismen beteiligt. Was den cerebralen Cortex angeht, so kann man wohl hauptsächlich zwei Rückkopplungssysteme corticaler Modulation annehmen, die in Beziehung zur Affektivität stehen, nämlich den frontalen („präfrontalen“) und den hippocampalen Kreis.

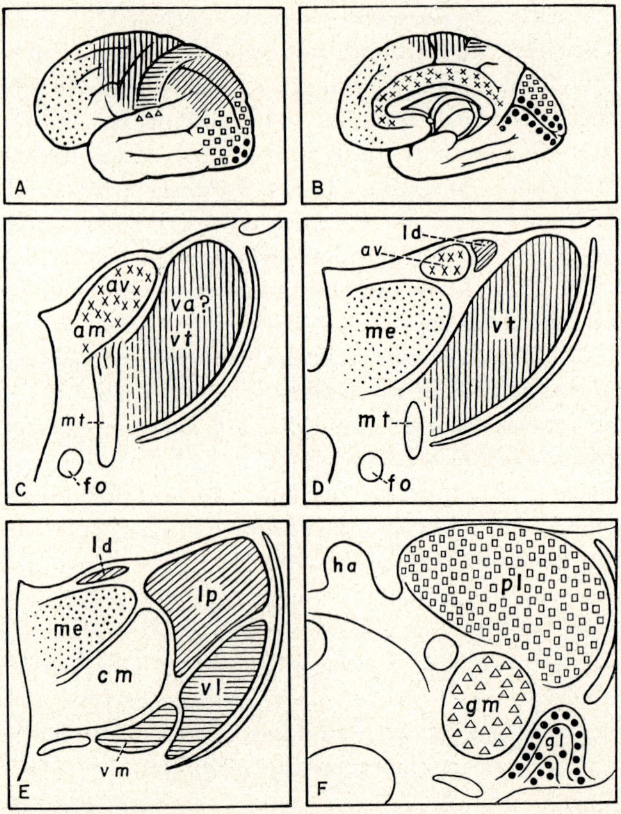

Abb. 6: Diagramm der vermuteten corticalen Projektion der menschlichen Thalamuskerne. Modifiziert nach Diagrammen von *Lo Gros Clark* u. a (aus *Kuhlenbeck*, 1954). am, av: nucleus anterior. cm: nucleus des Zentrum medianum. fo: fornix (pars texta). gl: corpus geniculatum laterale. gm: corpus geniculatum mediale. ha: nuclei habenulae. ld: nucleus lateralis dorsalis. lp: nucleus lateralis posterior. me: nucleus medialis (dorsomedialis) thalami. mt: fasciculus mammillothalamicus. pl: pulvinar. va: nucleus ventralis anterior. vl: nucleus ventralis postero-lateralis. vm: nucleus ventralis postero-medialis. vt: nucleus ventralis lateralis.

Der rostrale Teil des Frontallappens ist durch die frontale granuläre Rinde charakterisiert und wird oft als „präfrontale Region" bezeichnet. Die frontale Radiatio thalamica enthält wichtige wechselseitige Verbindungen zwischen dieser Region und dem Nucleus medialis (dorsomedialis) thalami. Eine ziemlich genaue Punkt-zu-Punkt-Zuordnung scheint in dieser wechselseitigen Projektion vorzuliegen (*Meyer, Beck* und *McLardy*, 1947, *McLardy* 1950 und andere). Die am meisten basal, d. h. orbital gelegene Region der Regio frontalis granularis soll darüber hinaus zahlreiche Faserverbindungen mit den hypothalamischen Kernen aufweisen.

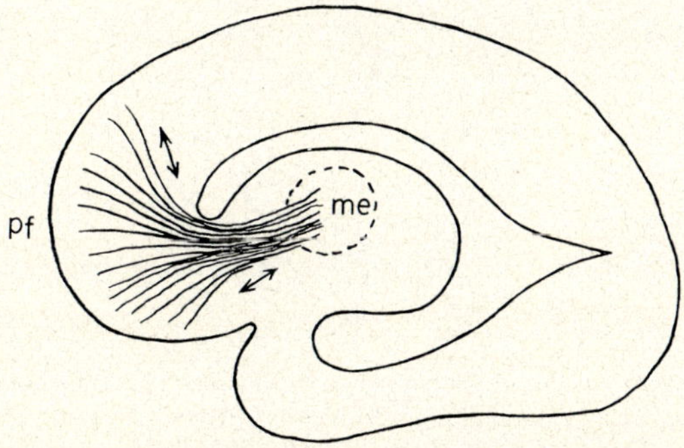

Abb. 7: Diagramm des angenommenen frontalen emotionalen Neuronenkreises. me: nucleus medialis (dorso-medialis) thalami. pf: lobus praefrontalis.

Die funktionelle Bedeutung dieser frontalen Assoziationszentren rostral der prämotorischen Rinde ist noch nicht exakt definiert. Nach *McLardy* kann man die Funktion der Präfrontallappen als einheitlich betrachten. Die Monographie *Feuchtwangers* (1923), in der etwa 200 Fälle von Frontallappenläsionen während des 1. Weltkrieges analysiert wurden, ist immer noch einer der besten Beiträge zu diesem Thema. Darüber hinaus gibt es zahlreiche neuere Veröffentlichungen, die auf dem Studium von Fällen mit Lobotomie oder ähnlichen Operationen beruhen.

Die Bewußtseinsphänomene, die durch Schädigung des Frontallappens vorzugsweise betroffen werden, sind offenbar die von Affektivität und Antrieb. *Penfield* und *Evans* (1935) sind zu dem Schluß gekommen, daß die augenfälligste Veränderung nach maximaler Amputation des rechten oder linken Frontallappens sich „im Bereich jener Prozesse abspielt, die Voraussetzung für geplante Initiative sind".

Andere haben die höchst unbestimmte Bezeichnung „biologische Intelligenz" benutzt, die durch die gesamte Rinde repräsentiert wird, jedoch einen Gradienten mit maximaler Ausprägung in der präfrontalen Rinde zeigen soll (*Halstead*, 1948). Persönlichkeitsdefekte nach Lobotomie sind von den Verwandten der Patienten mit Worten beschrieben worden, wie: „ihre Seele ist irgendwie verloren gegangen", „seine Seele scheint zerstört zu sein", oder „ich lebe jetzt mit einer anderen Person" (*Rylander*, 1948).

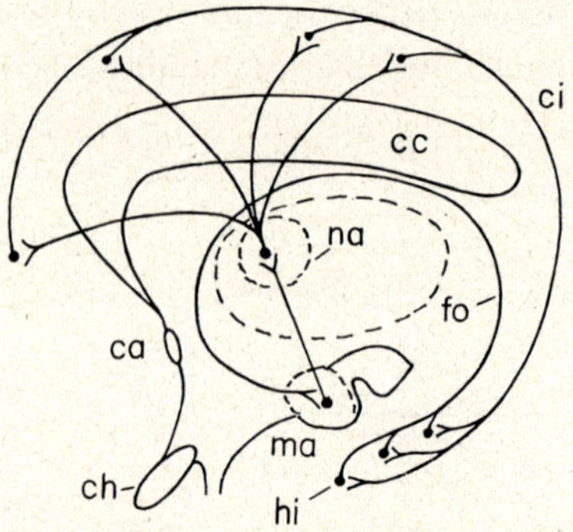

Abb. 8: Diagramm des angenommenen hippocampalen emotionalen Neuronenkreises. ca: commissura anterior. cc: corpus callosum. ch: chiasma opticum. ci: Fasersystem des cingulums (anschließend an die parahippocampale Rinde). fo: Fornix-System. hi: Hippocampusformation. ma: Mammillarkörper und -kerne. na: nucleus anterior (nuclei anteriores) thalami.

Nach Schädigungen der präfrontalen Region sind auch einige Gedächtnis- und Konzentrationsstörungen beschrieben worden. Eine Umkehrung des Charakters kann sich manifestieren, vorher zarte Individuen können plötzlich zu Wutausbrüchen neigen, während cholerische, rasch erregbare und eigensinnige Personen indifferent und fügsam werden können. Eine Abnahme der Urteilsfähigkeit ist oft sehr ausgeprägt. Moria, eine übertriebene Neigung zu albernen oder taktlosen Witzen („Witzelsucht") ist gelegentlich ein Symptom eines Schadens des präfrontalen Gebietes, besonders bei Tumoren; man kann sie aber nicht als verläßliches lokalisatorisches Symptom betrachten. Individuen, die sonst ziemlich normal erscheinen, können diese Gewohnheit in ganz augenfälliger Weise aufweisen. Der Eingriff der frontalen Lobotomie, von *Moniz* (1936) eingeführt, beruht auf der Vorstellung, daß eine Unterbrechung der präfrontalen Verbindungen emotionale Ansprechbarkeit und besonders Angstzustände reduziert. Diese Wirkung wurde durch die Ergebnisse von Experimenten bei anthropoiden Affen nahegelegt.

Der weitverbreitete Gebrauch der Lobotomie und ähnlicher Operationen wie „Topektomie" oder „Gyrektomie" bei der Behandlung menschlicher Psychosen ist mit Sicherheit eine umstrittene Angelegenheit, bedenkt man die möglichen schweren Persönlichkeitsveränderungen und -versandungen. Im besten Falle wird der Patient von einigen Symptomen befreit und man kann ihn leichter führen. Im schlimmsten Falle wird er auf den Status einer „Pflanze" reduziert. Es ist unmöglich, mit irgendeinem Sicherheitsgrad den Effekt der Lobotomie auf einen bestimmten Patienten vorauszusagen, und ebensowenig kann man behaupten, daß die Funktionen der präfrontalen Lappen genügend bekannt sind.

Rylander (1948) zeigt die Gefahr auf, daß etwas von „der Seele des Patienten weggenommen werden kann, das wertvoller ist als das therapeutische Ergebnis der Operation". Trotzdem mag in ausgewählten Fällen die Operation gerechtfertigt sein und ihre guten Seiten haben.

In manchen Fällen hat die frontale Lobotomie einen ganz bemerkenswerten Effekt auf das emotionale Bewußtsein, insbesondere auf Angstzustände gezeigt. *Rylander* (l. c.) überliefert den Fall eines weiblichen Mitglieds der Heilsarmee, das jahrelang wegen einer Zwangspsychose religiösen Inhalts hospitalisiert war. Pausenlos klagte sich die Patientin selbst ihrer Sünden wider den Heiligen Geist an. Schließlich entschloß man sich zur Lobotomie. Selbst im Operationssaal klagte sie noch darüber, eine Sünde zu begehen. Nach Beendigung der Operation wurde sie ganz still. Nach Abnahme des Verbands fragte sie *Rylander*: „Wie geht es Ihnen jetzt? Wie steht es mit dem Heiligen Geist?" Worauf sie lächelnd antwortete: „Oh, den Heiligen Geist! Den gibt es nicht."

Spiegel, *Wycis*, *Marks* und *Lee* (1947) haben einen Apparat für stereotaktische Operationen am menschlichen Gehirn entwickelt, der die Erzeugung scharf umschriebener Läsionen durch Elektrolyse ermöglicht. Diese Methode wurde weiter verbessert durch neue Entwürfe des Stereoencephalotoms (*Spiegel* und *Wycis*, 1952, 1956). Die Technik der Stereoencephalotomie, die diese Autoren ausgearbeitet haben, schließt nicht nur die Thalamotomie ein. Sie kann auch zur Unterbrechung schmerzleitender Bahnen, in der Behandlung von Erkrankungen der Basalganglien, von subcorticalen Tumoren und anderen Erkrankungen eingesetzt werden. Nachdem die Methode von *Spiegel* und *Wycis* eingeführt war, haben verschiedene andere Neurologen verschiedene Abarten dieses Gerätes entworfen.

Spiegel und *Wycis* haben in einer großen Serie von Thalamotomien sorgfältig überwachte Läsionen des Nucleus medialis vorgenommen. Dieses Vorgehen zerstört das Zentrum des frontalen corticalen Rückkopplungssystems ohne die drastische Schädigung der Rinde und des vermuteten corticalen Assoziationssystems zu bewirken, wie sie durch andere Methoden der „Psychochirurgie" hervorgerufen wird. Die erzielten Resultate scheinen vielversprechend, und im Vergleich mit den Ergebnissen der Lobotomie schneiden sie besser ab. Man kann zusätzliche Läsionen im Nucleus anterior setzen, in oder oberhalb der lateralen hypothalamischen Region, oder in beiden. Nach Läsion im Nucleus medialis thalami haben *Spiegel* und Mitarbeiter (1949, 1950) vorübergehende Somnolenz, vorübergehende Orientierungsstörung, besonders der zeitlichen, und vorübergehende Störungen des Alt- und Neugedächtnisses beobachtet. Es wurden keine deutlichen Änderungen der Schmerzschwelle und keinerlei Störungen der sogenannten Psychoreflexe registriert. Vorübergehende Störungen in der vegetativen Innervation waren hingegen festzustellen.

Was den hippocampalen Erregungskreis angeht, so hat *Papez* (1937) angenommen, daß der Hypothalamus, die vorderen Thalamuskerne, der Gyrus cinguli, der Hippocampus und deren Verbindungen untereinander einen Mechanismus bilden, der Träger der zentralen Emotionen ist und teil an der Bildung emotionalen Ausdrucks hat.

Obschon phylogenetische Betrachtungen eine mögliche — und bei niederen Vertebraten sehr wahrscheinliche — Riechfunktion der Hippocampusformation nahelegen, gilt dies wohl nicht für höhere Säugetiere und Vögel. Der Hippocampus der Säugetiere mag, entgegen anderen Meinungen, durchaus noch Fasern von der angrenzenden Rinde des Lobus piriformis im rostralen Ende des Gyrus hippocampi erhalten, aber zweifellos kann er nicht als ein ausschließliches Riechzentrum betrachtet werden (*Brodal*, 1947). Die Hippocampusformation ist darüber hinaus auch in den Gehirnen hochgradig mikrosmatischer Säugetiere und ebenso in Fällen von Arhinencephalie gut entwickelt (*K.* und *Globus*, 1936).

Papez (1937) nimmt an, daß „der zentrale Gefühlsprozeß corticalen Ursprungs" in der Hippocampusformation aufgebaut werden könnte, daß er dann auf das Corpus mamillare übertragen und schließlich durch den Nucleus anterior thalami zur Rinde des Gyrus cinguli geleitet würde: „Die Rinde des Gyrus cinguli kann als die rezeptive Region für die Erfahrung von Emotion als Ergebnis von Impulsen aus dem hypothalamischen Gebiet angesehen werden, ebenso wie wir uns die Area striata als die rezeptive Rinde für optische Reize von der Retina her vorstellen. Ausstrahlung des emotionalen Prozesses vom Gyrus cinguli in andere Regionen der Hirnrinde würden dann den an anderen Stellen stattfindenden psychischen Prozessen die emotionale Färbung geben. Dieser Erregungskreis würde erklären wie Emotion auf zwei Wegen entstehen kann: Als ein Ergebnis psychischer Aktivität einerseits und als Folge hypothalamischer Aktivität andererseits." Dennoch könnte es besser sein zu sagen: Emotion, ein psychischer bewußter Parallelprozeß, kann auf zwei Wegen erzeugt werden: Einmal als ein Korrelat autochthoner corticaler nervöser Aktivität, zum anderen als ein Korrelat corticaler neuraler Erregungsprozesse, die durch hypothalamische Aktivitäten ausgelöst werden. *Papez* hat in seine Theorie der Emotionen kein spezifisches Konzept eines geschlossenen Kreis- oder Rückkopplungsmechanismus eingebaut.

Trotzdem scheint die Rinde des Gyrus cinguli ziemlich eng mit der Hippocampusformation verbunden zu sein, und zwar durch Fasern des Cingulums, der Stria longitudinalis lateralis und der dichten Lamina tangentialis. Bei der Besprechung der hypothalamischen Funktionen haben wir deshalb die Beziehung innerhalb der Grisea des *Papez*-Schemas als ein geschlossenes Rückkopplungssystem gedeutet (*K.* and *Haymaker*, 1949, *K.*, 1951, 1954). Eine ähnliche Deutung der in Rede stehenden Mechanismen wurde auch unabhängig und fast gleichzeitig von *v. Bonin* (1950) gegeben, indem „das Konzept der schwingenden Kreise eingeführt wurde, welches ja noch nicht entwickelt war, als *Papez* schrieb". (Seite 124, l. c) Mit dieser letzten Bemerkung kann ich nicht ganz übereinstimmen: Es ist zwar richtig, daß das Konzept der schwingenden Kreise und der Begriff „Rückkopplungssystem" in der neurologischen Literatur nicht viel benutzt wurden, als *Papez* schrieb. Die Konzepte waren aber ins neurologische Denken mindestens seit 1868 eingeführt, was ich auch bereits in meiner kurzen Abhandlung über dieses Thema darstellte (*K.* 1954). Auf der anderen Seite stimme ich völlig mit *Bonins* Feststellung überein (l. c.), daß „die wesentlichen ‚Korrelate' der Emotion eher neuronale Ereignisse in Kreisen" sind als ein bestimmter Zustand irgendeiner Zellgruppe. Vom Standpunkt des Parallelismus aus würde ich das so formulieren: Emotion ist eine Bewußtseinsmodalität im privaten perzeptuellen Raum-Zeit-System, und sie stellt ein Parallelphänomen dar, das zu bestimmten neuralen Erregungskreisaktivitäten in dem postulierten öffentlichen Raum-Zeit-System in Beziehung steht.

Aus rein beschreibenden Gründen kann man das modulierende hippocampale Rückkopplungssystem sich so vorstellen, daß es mit dem Ammonshorn beginnt und sich durch dessen efferenten Faserzug, den Fornix, entlädt. Der Marmillarkörper erhält die Masse der Fornixfasern und darüber hinaus aufsteigende Impulse durch den Mamillarstiel. Außerdem erreichen auf- und absteigende Impulse den Mamillarkörper direkt oder indirekt durch das mediale Vorderhirnbündel, durch hypothalamische und andere Fasersysteme. Der wichtigste Entladungsweg des Mamillarkörpers läuft über die Tractus mamillothalamicus und mamillotegmentalis, die eigentlich als ein einheitliches, dann sich teilendes Bündel

(Fasciculus mamillaris princeps) ihren Ursprung haben. Der Tractus mamillothalamicus entlädt zu den vorderen Thalamuskernen. Diese Kerne wiederum haben ihre Projektion vermutlich im Bereich des gesamten Gyrus cinguli. Von dieser Windung aus, charakterisiert durch die parahippocampale Rinde, werden Impulse zurück zur Hippocampusformation geleitet (fascia dentata, Ammonshorn), womit das Rückkopplungssystem geschlossen wäre. Die Aktivität innerhalb dieser Schleife strahlt durch Kollateralverbindungen in zahlreiche andere Abschnitte grauer Substanz aus und sie wird auch durch viele neurale Entladungen beeinflußt, die in Richtung eben dieses Kreismechanismus konvergieren.

Die Beobachtungen von *Klüver* und *Bucy* (1937, 1939) haben ausgeprägte Verhaltensänderungen nach doppelseitiger Entfernung der Temporallappen erschlossen, wenn (bei Macacus rhesus) gleichzeitig die Hippocampusformation und der größte Teil des Nucleus amygdalae mit entfernt wurden.

Die erwähnten Autoren beobachteten 1. optische Agnosie, möglicherweise auch taktile und akustische, 2. „orale Tendenzen", d. h. eine stark ausgeprägte Neigung, jedes Objekt mit dem Mund zu erfassen und es zu beriechen, 3. eine starke, bis zum Zwang sich steigernde Neigung, auf jeden visuellen Reiz zu reagieren („Hypermetamorphosis"), 4. Veränderungen der Emotionen, gekennzeichnet durch Fehlen oder doch wenigstens deutliche Verminderung von Reaktionen wie Ärger und Furcht, 5. eine erhöhte sexuelle Aktivität, und 6. Veränderungen der Eßgewohnheiten (Heißhunger, oder sonst nur früchtefressende Tiere fraßen jetzt alles). Die Beobachtungen von *Klüver* und *Bucy* unterstützen so die von *Papez* vorgeschlagene Theorie.

Es ist auf eine enge Beziehung zwischen Gefühlsverhalten und ähnlichen Verhaltensformen und der Funktion der rhinencephalen Strukturen geschlossen worden. In manchen Fällen jedoch ist graue Substanz beteiligt, welche nicht ausschließlich den olfaktorischen Mechanismen zugeordnet werden kann, mag sie auch auf morphologischem und phylogenetischem Gebiet mit dem Rhinencephalon eine deutliche Verwandtschaft aufweisen. Bei den Anthropoiden ebenso wie beim Menschen können einige dieser Strukturen, sogar ganz oder fast ganz von olfaktorischen Einflüssen frei sein. *Kleist* (1934), besonders *Spiegel, Miller* und *Oppenheimer* (1940), *McLean* (1950) und andere haben die rhinencephalen Einflüsse auf das Verhalten betont. *Klüver* (1952) stellt diese Daten zur Diskussion und bemerkt, daß seine Studien in Zusammenarbeit mit *Bucy* „teilweise diese verschiedenen Theorien unterstützt haben".

Einseitige chirurgische Entfernung des Temporallappens mit der Hippocampusformation beim Menschen, die im Zuge der Behandlung der Temporallappenepilepsie durchgeführt worden ist, scheint keine augenfälligen Veränderungen des emotionalen Verhaltens hervorzurufen. In Fällen von beidseitiger Entfernung der Strukturen sind einige Ergebnisse erzielt worden, die den von *Klüver* und *Bucy* beschriebenen ähnlich sehen. Ein Fall wurde veröffentlicht, der jenes Syndrom fast exakt wiedergab (*Terzian* und *Dalle Ore*, 1955).

Glees und *Griffith* (1952) haben das Gehirn eines Patienten untersucht, der unter Gedächtnisverlust und anschließender Demenz gelitten hatte. Eine initiale Agitiertheit wurde von einer „vegetativen Art zu leben" abgelöst, gekennzeichnet durch Mangel an Antrieb. Schließlich trat eine Serie von Grand-Mal-Anfällen auf. Man fand, daß die Hippocampusformation schwere Schäden erlitten hatte und daß die Fornixfasern auf 25 % der normalen Zahl reduziert waren. Darüber hinaus waren Gyrus hippocampi und Gyrus fusiformis völlig zerstört. Die Autoren kommen zu dem vorläufigen Schluß, daß die Hippocampusformation des erwachsenen Menschen „für das Neugedächtnis und den Ablauf der normalen geistigen Aktivität unentbehrlich ist".

Wenn man klinische und pathologische Befunde dieser und ähnlicher Art auswertet, muß man im Gedächtnis behalten, daß durch Läsion verschiedener Kombinationen grauer Substanz, fast identische Symptome hervorgerufen werden können und daß auf der anderen Seite verschiedene Symptome durch Läsionen gleicher Strukturen entstehen können, abhängig von einer Vielzahl verschiedener Parameter[33]. So haben *Spiegel*, *Miller* und *Oppenheimer* (1940) bei Katzen und Hunden Wutreaktionen beobachtet, wenn Frontallappen und Tubercula olfaktoria oder auch diese allein, geschädigt wurden. Durch plötzliche Läsion des Hippocampus-Fornix-Systems wurden rudimentäre (oder, bei einigen

---

[33] *Nathan* und *Smith* (1950) beschreiben das Gehirn eines geistig normalen Mannes („er nahm alles leicht", „war nie böse", „hatte keine Launen", „grollte nie") mit doppelseitigen schweren Veränderungen des Gyrus fornicatus und des Hippocampus. Der Hippocampus war schmal und man konnte keinen Fornix abgrenzen. Die Riechfunktion war normal. Obschon ich, wenn ich mir das Bildmaterial der Autoren ansehe, etwas im Zweifel über zusätzliche Details der anatomischen Deutung der Autoren bin, würde dieser interessante Fall mit den Konzepten der multiplen Kreise, der Stabilität und Ultrastabilität übereinstimmen. Nach den Abbildungen besteht allerdings kein Zweifel an dem tatsächlichen Vorhandensein einer hippocampalen und parahippocampalen Rinde, wenngleich beide topologisch verzerrt erscheinen.

Tieren, auch ganz ausgeprägte) Wutreaktionen ausgelöst, besonders in den Fällen, in denen die Fornixläsionen bis hinauf zur septalen Region gingen. Regelrechte Wutausbrüche wurden registriert nach bilateraler Läsion der Mandelkerne. Läsionen des Lobus piriformis auf beiden Seiten führten, solange sie oberflächlich blieben, nur zu leichten und vorübergehenden Wutreaktionen.

Die sogenannte Area septi wird anatomisch von den meisten Autoren schlecht definiert. Sie schließt rostrale parahippocampale, hippocampale und mediale rhinencephale Komponenten ebenso ein wie Teile der Basalganglien. Sie hat unter anderem viele hypothalamische Verbindungen, und man hat früher angenommen, daß sie ein Teil des Riechhirns sei. Neurale Aktivitäten dieser Region scheinen einen ebensolchen Einfluß auf vegetative Prozesse wie auf die Affektivität zu haben. Der Mandelkern kann ebenfalls ganz oder teilweise mit visceralen und circulatorischen Aktivitäten wie auch mit der Affektivität zu tun haben. Empfindungen wie Furcht, Angst und Schrecken wurden durch elektrische Reizung bei menschlichen Patienten ausgelöst (*Chapman, Schroeder, Geyer, Brazier, Fager, Poppen, Solomon* und *Yakovlev*, 1954). Eines der Fasersysteme des Mandelkern-Komplexes ist das System der Stria terminalis, das die Verbindung zum Hypothalamus, zu anderen Teilen des Diencephalon und zu den Basalganglien herstellt.

Weitere Daten über den hippocampalen Kreis kann man von Experimenten erwarten, die von *J. Lilliy* am US-National Institute of Mental-Health vorgenommen wurden. Auf einem kürzlichen Kongreß wurden diese Experimente als immer noch unveröffentlicht bezeichnet, und bis jetzt liegen mir nur Presseberichte über sie vor[34].

Permanente Elektroden wurden bei Ratten oder Affen in die Region des Fornix eingelegt. Ein kleines Pedal wurde im Rattenkäfig befestigt, welches das Tier drücken konnte, woraufhin ein elektrischer Kreis geschlossen wurde. Die Stimulierung rief offensichtlich so lustvolle Empfindungen hervor, daß die Ratte laufend das Pedal drückt, ohne auch nur zum Zwecke der Nahrungsaufnahme aufzuhören. Wenn ein Affe mit ebensolchen Elektroden plötzlich aus dem Schlaf geweckt wird und zu-

---

[34] Angaben über Experimente dieser Art von verschiedenen Autoren findet man in folgenden Veröffentlichungen: *Olds, J.*: Selbstreizung des Gehirns, Science *127*, 315—24, 1958. *Ramey, E. R.* und *O'Doherty, D. S.*, Hrsg.: Elektrische Studien des unbetäubten Gehirns. Hoeber, New York, 1960. *Sheer, D. E.*, Hrsg.: Elektrische Reizung des Gehirns. Texas University-Press, Austin, 1961.

nächst wütend ist, ändert er sofort seine Haltung sobald der Stromkreis geschlossen wird: Das Tier wird plötzlich freundlich und zugewandt.

Zusammengefaßt können wir bei der Affektivität im weiteren Sinne unterscheiden: 1. Emotion (Affektivität im engeren Sinne), als eine private Bewußtseinsmodalität. 2. Konzeptuelle nervöse Mechanismen der Emotion und 3. öffentliche Ausdrücke der Emotion („emotionales Verhalten"). Affektivität ist darüber hinaus dem dynamischen Aspekt der „psychischen" oder bewußten Aktivitäten eng verwandt. *Kretschmer* (1922) beschreibt sie als die bewegende Kraft, den „Dampf" der die „psychische Maschine" antreibt. In dieser Beziehung ist Affektivität ebenso bis zu einem gewissen Grade dem Aktionsprinzip verwandt, das *Schopenhauer* als „Wille" bezeichnet hat.

Die Theorie der Emotionen von *James—Lange* besagt, daß die Wahrnehmung einer Situation efferente Aktivität auslöst, und daß die Bewußtheit dieser physiologischen Antwort die Emotion ist. Vom Standpunkt des Parallelismus aus ist diese Theorie etwas unbestimmt und zu verallgemeinernd, aber sie beruht ohne Zweifel auf wichtigen Tatsachen. Je nach Voraussetzung kann man sie zurückweisen oder, jedenfalls teilweise, annehmen. Die Theorie ist zweideutig insofern, als sie parallele geistige Phänomene und parallele physikalische neurologische Phänomene vermengt. Man kann sie sowohl im Sinne der dualistischen Wechselwirkung (Animismus) oder im Sinne des Parallelismus deuten, der Wechselwirkung ausschließt, oder auch im Sinne des strengen Behaviorismus.

In Übereinstimmung mit den Postulaten des Parallelismus würden höhere oder zentrale, wahrscheinlich hauptsächlich corticale neurale Correlate der Affektivität von parallelen geistigen Phänomenen im Sinne der Emotion begleitet sein (im perceptuellen Raum-Zeit-System), und zwar mit einem Minimum an peripherer Antwort, d. h. ohne oder fast ohne wahrnehmbares emotionales Verhalten. In diesem Falle wäre die *James-Lange*-Theorie ungültig oder nur gültig bis zu einem zu vernachlässigenden Grade.

Auf der anderen Seite können, während neurale Mechanismen der höheren Symbolisierung „emotionale" Aktivitäten auslösen, die mit parallelen bewußten Phänomenen der Emotion korreliert sind, die physiologischen neuralen Aktivitäten zur gleichen Zeit in das periphere Nervensystem überfließen, und motorische und vegetative Reaktionen von großer Intensität erzeugen.

Solche physiologischen Erscheinungen des emotionellen Verhaltens können wiederum, durch positive Rückkopplung, die zentralen neuralen Prozesse verstärken[35]. Auf diese Weise würden die parallelen Bewußtseinsprozesse der Emotion ebenfalls intensiviert, jedoch ohne „Wechselwirkung". Es ist auch möglich, daß die zentralen neuralen Aktivitäten in manchen Fällen mit den parallelen geistigen Phänomenen der Emotion nur dann korreliert werden, wenn dieser positive Rückkopplungsmechanismus sie verstärkt; dies wiederum entspräche voll dem Kern der *James-Lange*-Theorie.

Auch humorale oder pharmakologische Reaktionen (*Lange* betont besonders die letzteren), können die zentralen Mechanismen auslösen, die mit den parallelen geistigen Phänomenen korreliert sind. Solche Auslöseprozesse können sowohl peripher wie zentral entstehen. Ich glaube daher mit *Kretschmer* (1926), daß die *James-Lange*-Theorie innerhalb vernünftiger Grenzen einen relativen, wenn auch nicht absoluten Wert hat. Ferner sollte man beachten, daß diese Theorie einen Rückkopplungseffekt voraussetzt, der sich genau mit dem Konzept der corticalen Rückkopplungskreise vereinbaren läßt. Trotzdem bekommt die Theorie einen leicht lächerlichen Aspekt, wenn man sie zum Extrem führt, wie zum Beispiel mit dem Satz: „Wir weinen nicht, weil wir uns traurig fühlen, sondern wir fühlen uns traurig, weil wir weinen."

Im Gegensatz zu manchen zeitgenössischen Tendenzen im psychologischen Denken betrachte ich Emotion als einen Bewußtseinszustand. Emotionales Verhalten ohne parallele geistige (Bewußtseinsphänomene) ist daher nicht Emotion im strengen Sinne. Scheinwut bei Versuchstieren zum Beispiel, ist ein emotionales Verhalten, daß wohl nicht mit Emotion im strengeren Sinne korreliert ist, obschon diese Annahme eine Unterstellung bleiben muß. Auf der anderen Seite wird der Arzt, der sich mit seelisch Kranken beschäftigt, annehmen, daß er es mit wahren Emotionen zu tun hat, die er im Sinne seiner eigenen geistigen Phänomene (im engeren Sinne) verstehen kann.

Schmerz ist eine Bewußtseinsmodalität, die von größter Bedeutung für den Arzt ist. Schmerz, der nicht erfahren wird, also nicht bewußt ist,

---

[35] „Emotionen betreffen nicht nur Hirn- und Nervenprozesse, sondern auch periphere Phänomene, unter anderem alle Arten der Muskeln" (*Jacobsen*, 1929). „Das subjektive Erlebnis einer Emotion" kann, wie *Jacobsen* glaubt, bis zu einem gewissen Grade „von intensiven proprioceptiven Impulsen hergeleitet sein", obschon wahrscheinlich nicht ausschließlich und vielleicht nicht einmal notwendigerweise.

bedeutet eine Contradictio in adjecto. Dennoch kann, genau wie beim neuralen Mechanismus der Emotionen, eine neurale Aktivität, die normalerweise mit Schmerz verbunden ist, ohne aktuelles Schmerzerlebnis auftreten, d. h. also ohne entsprechende geistige Parallelprozesse. Eine solche neurale Aktivität wird sich vermutlich trotzdem in einigen physikalischen Gegebenheiten, die den Codewert für die parallelen geistigen Prozesse liefern, von jenen Aktivitäten unterscheiden, die vom Parallelphänomen des Schmerzes begleitet werden. Mit anderen Worten: Bei den Schmerzphänomenen würden dic fraglichen neuralen Aktivitäten unvollständige oder nur Teilprozesse vertreten. Man sollte sich ferner daran erinnern, daß *Sherrington* Schmerz als „psychische Begleiterscheinung eines gebieterischen Schutzreflexes" definiert hat.

Schmerz zeigt sowohl zur Affektivität, wie auch zur Empfindung gewisse Beziehungen. Es ist schwierig, ihn nur in eine dieser Modalitäten einzuordnen, weshalb wir ihn hier aus rein praktischen Gründen als eine unabhängige, oder fast unabhängige Modalität erörtern wollen. Klinisch kann man Schmerz als akut oder chronisch, andauernd oder mit Unterbrechungen, deutlich oder dumpf bezeichnen. Man kann ihn beschreiben als stechend, schneidend, spießend, durchdringend, blitzartig, einschießend, bohrend, beißend, zerreißend, nagend, pochend; schließlich als Spannungs- oder Druckschmerz, Schmerz kann quälend oder einfach ärgerlich sein, als Wundheit oder Empfindlichkeit beschrieben werden. Er kann außerdem lokalisiert oder generalisiert sein oder ausstrahlend, gut begrenzt oder schlecht begrenzt. In Beziehung zur Affektivität gibt es Angstzustände mit wohldefinierten organischen Sensationen, wie z. B. die Herzangst, oder Angst mit sehr unbestimmten, mehr allgemeinen Körpergefühlen im Hintergrund. Körperliches Leiden vermischt sich oft auf nicht wahrnehmbare Weise mit den verschiedenen Stadien seelischen Leidens (sensu strictiori). Beide sind selbstverständlich, sensu latiori, „seelisch". Unangenehme Gefühle gehen über in schmerzhafte. Schmerzhafte können wiederum ambivalent empfunden werden, mit gewissen, als angenehm empfundenen Obertönen, entweder in der höheren emotionalen Sphäre (d. h. „seelisch" sensu strictiori), oder als Körpergefühl. Eine große Intensität verschiedener sensibler und sensorischer Qualitäten kann als schmerzhaft empfunden werden, aber auf verschiedene Weise: Brennende Hitze oder Kälte, schmerzhafter Druck, blendende Lichtintensität, durchdringende Töne, ein überwältigend unangenehmer Geruch. (Schmerz geht hier über in das Empfinden des Unangenehmen.) Die Empfindungen des Juckens und Kitzelns stehen vermutlich gleichfalls in Beziehung zum Schmerz.

Ich glaube nicht, daß unser derzeitiges Wissen über die neurologischen Grundlagen der Schmerzphänomene zu einer brauchbaren Systematik ausreicht. Daher betrachte ich auch die Versuche einiger Psychologen, Diagramme der Beziehungen zwischen verschiedenen Schmerztypen zu entwerfen (z. B. durch eine Pyramide, wie die Farbenpyramide, die Geschmacksprismen, den Geruchstetraeder) als nicht schlüssig.

Die Bewußtseinsmodalität „Schmerz" ist anscheinend wenigstens zu einem gewissen Grade von der Funktion des Thalamus abhängig. Die sensorische Rinde des Gyrus postcentralis sowie die angrenzende parietale Rinde sind wahrscheinlich ebenso beteiligt, und auch die präfrontale Rinde einschließlich der orbitalen mag eine Rolle spielen. Befreiung von tiefsitzendem therapieresistentem Schmerz wurde in vielen Fällen nach frontaler Lobotomie beobachtet. Eine vorsichtige Deutung der vorliegenden Daten läßt den Schluß zu, daß Rinde und Zwischenhirn (Thalamus und Hypothalamus) mit der Schmerzempfindung etwas zu tun haben. Eine überwiegende Rolle der Hirnrinde kann nicht ganz ausgeschlossen werden. Neben den corticalen und diencephalen Mechanismen, die als „levels of pain integration" (= Ebenen der Schmerzintegration) bezeichnet werden, hat man eine dritte „Ebene" im Mittelhirndach angenommen. Diese Struktur hat zweifellos eine wichtigere Bedeutung bei den unterhalb der Säugetiere stehenden Formen, und auch noch bei niederen Säugern. Im menschlichen Gehirn dagegen kann man die Rolle des Tectum mesencephali im Sinne eines signifikanten Mechanismus der Schmerzintegration anzweifeln. Trotzdem können das Tectum und die angrenzenden Teile des periventrikulären Graus einen Einfluß auf diencephale neurale Aktivität ausüben, die in Beziehung zur Schmerzempfindung steht und zwar entweder direkt oder indirekt durch Vermittlung der praetectalen Region.

Wahrscheinlich existieren verschiedene Bahnen für Impulse im Zusammenhang mit der Schmerzempfindung:

1. Das spinothalamische und -bulbäre System zum hinteren ventralen thalamischen Kernkomplex.

2. Spinotectale und -bulbäre Fasern zum Mittelhirndach, von wo aus die Impulse zum Thalamus und Hypothalamus über die praetectalen Grisea verteilt werden können.

3. Ein Relaissystem von Schaltneuronen durch die Formatio reticularis zum Thalamus und Hypothalamus, evtl. ebenfalls über Vermittlung der praetectalen grauen Kerngebiete. Ob ein zusätzlicher Weg durch das

zentrale Höhlengrau führt oder ob die zentrale graue Substanz in der Gegend des Aquädukts hauptsächlich als Teil des praetectalen Leitungssystems beteiligt ist, bleibt eine strittige Frage. Daß hypothalamische Aktivität eine größere Rolle bei der Schmerzempfindung spielen mag als man bisher annahm, erscheint nach *Spiegels* Beobachtungen wahrscheinlich (*Spiegel* und *Kletzkin*, 1952).

Das Phänomen des zentralen Schmerzes, hervorgerufen durch Läsionen im Thalamus, welches man gemeinhin als ein Symptom im Rahmen des *Déjérine*-Syndroms bezeichnet, bleibt dunkel. Die Theorie der Befreiung des Thalamus von corticaler Hemmung wird nicht länger bevorzugt. Störung des normalen Erregungsmusters durch teilweise Unterbrechung von Schmerzimpulsen, wie sie von verschiedenen Autoren angenommen wird, erscheint einleuchtender.

Ein zentraler Schmerz kann äußerst stark und völlig resistent gegenüber Schmerzmitteln sein. Darüber hinaus kann er mit einer Anhebung der Schwelle für sensorische Reize auf der betroffenen Seite verbunden sein. Reize verschiedenster Art können so sehr unerfreuliche Empfindungen hervorrufen, seltener auch hocherfreuliche (Hyperpathie, Dysästhesie, Hyperreaktion). Der Schmerz kann durch Bewegungen der Glieder der betroffenen Seite ausgelöst oder verstärkt werden. Er kann auch spontan auftreten, anfallsartig oder kontinuierlich sein, von bohrender oder brennender Art. *F. H. Lewey* (1950) stellte Schädigungen im Bereich des Nucl. semilunaris (n. ventralis posteromedialis) des Thalamus bei Fällen von Trigeminusneuralgie fest und nahm an, daß bei dieser Erkrankung eine Art des thalamischen Schmerzes vorläge. Es ist nicht unwahrscheinlich, daß dieser Aspekt in verschiedenen Fällen von Trigeminusneuralgie seine Bedeutung hat, aber selbst nach persönlicher Diskussion aller wesentlichen Befunde mit dem verstorbenen Dr. *Lewey* war ich nicht davon überzeugt, daß man alle Fälle dieser Neuralgie (unter Einschluß einiger der 10 von Dr. *Lewey* untersuchten) auf thalamische Läsionen zurückführen darf.

W. R. Brain (1951) lenkt die Aufmerksamkeit auf die Tatsache, daß unangenehme Hyperreaktionen auf schmerzhafte Reize in Kombination mit einer angehobenen Schwelle für solche Reize auch während der Regeneration eines peripheren sensiblen Nerven auftreten, ebenso auch als Folge eines Schadens am Tr. spinothalamicus in Rückenmark und Hirnstamm. *Brain* glaubt, daß diese Phänomene die Folge einer Reduktion der Zahl von schmerzleitenden Fasern, oder aber einer „defekten Isolierung" der übrigbleibenden Fasern sein könnten. So ist es möglich, daß eingeschränkte Leitung und nachbarschaftliche Ausbreitung des Reizes diffuse und übertrieben schmerzhafte Sensationen hervorrufen. *Le Gros Clark* (1949) gibt einer ähnlichen Meinung Ausdruck, indem er annimmt, daß diese Phänomene hauptsächlich die Folge einer Störung im normalen Muster der thalamocorticalen Verbindungen sind und in diesem Sinne den abnormalen sensorischen Phänomenen entsprechen, die wir dann beobachten können, wenn das periphere Muster der Hautinnervation gestört ist. Ich selbst habe einen Fall einer allergischen Handdermatose beobachtet, bei dem sich eine Hyperreaktion ähnlich der bei den thalamischen Läsionen darstellte: Heißes Wasser, über die Hand gegossen, rief eine intensiv erfreuliche Sensation hervor, die exakt auf die von der Dermatose befallene Region beschränkt blieb. Bei Steigerung der Temperatur überschnitt sich diese erfreuliche Sensation schließlich mit der steigenden Schmerzempfindung, bis bei noch höherer Temperatur die Schmerzkomponente unerträglich wurde und die Hand weggezogen wurde. Verschiedene Formen der Überreaktionen können so mit zentralen oder peripheren Störungen gekoppelt sein. In letzterem Falle können wir eine abnormale Kodierung der Einlauf-Signale der peripheren sensorischen Endigungen annehmen.

Spiegel betont, daß die relativ häufige Kombination des *Déjérine*-Syndroms mit vegetativen Störungen darauf hindeutet, daß die abnormale Reaktion auf sensorische und emotionale Reize ebenso wie das Auftreten vegetativer Symptome bei Patienten mit Thalamusläsionen durch Änderungen im Funktionszustand des Hypothalamus hervorgerufen werden könnten. Beobachtungen haben in einigen Fällen gezeigt, daß nach thalamischen Läsionen (*Spiegel* und *Kletzkin*, 1952) ein eindeutiger Anstieg hypothalamischer „evoked potentials" nach Reizung peripherer Nerven auftrat. *Spiegels* Betonung der thalamo-hypothalamischen Beziehungen scheint ein vielversprechender Schlüssel zur Erklärung dieser noch recht wenig begriffenen Sinnesphänomene zu sein.

Darüber hinaus haben *Spiegel* und *Szekely* dargetan (1955), daß Verlust oder Verringerung der spontanen elektrischen Entladungen der sensorischen Rinde oft nur vorübergehend war, wenn bei ihren Versuchen mit Katzen der gleichseitige ventrale hintere Thalamuskern geschädigt oder zerstört wurde. Manchmal trat anschließend eine Tendenz zu periodischen elektrischen Entladungsstößen, oder auch eine kontinuierliche Entladung mit erhöhter Amplitude auf, die mitunter spontane Schwankungen zeigte. Die Entwicklung einer Überempfindlichkeit des betroffenen Rindengebietes gegenüber Giften wie Mecholyl oder Metrazol konnte gezeigt werden. Mecholyl war imstande, eine schon vorhandene Asymmetrie der spontanen Entladungen zu betonen, eine latente auszulösen. Die Tendenz zu plötzlichen Entladungen wurde auf ähnliche Weise beeinflußt. Reizung sensorischer Nerven ist auch bei der ihrer Verbindungen mit dem ventralen posterioren Thalamuskern beraubten sensorischen Rinde noch imstande, „evoked potentials“ hervorzubringen („Sekundärantwort nach *Forbes*“). Nach doppelseitiger peripherer Reizung mit Einzelschocks haben die Autoren beobachtet, daß die Sekundärantwort in der der thalamischen Läsion entsprechenden sensorischen Area deutlicher war als in der gegenseitigen „antimerischen Rindenzone“. Dieser Unterschied wurde unter Mecholyl noch deutlicher. Obwohl beim Menschen Unterschneidung der sensorischen Rinde den Spontanschmerz und die Hyperpathie des Thalamussyndroms nicht aufhebt, kann man die Ergebnisse *Spiegels* und *Szekelys* zu dem allgemeinen Mechanismus bei der Pathogenese des *Déjérine-Roussy*-Syndroms in Beziehung setzen. Darüber hinaus scheinen die von *Spiegel* und *Szekely* beobachteten Phänomene einen der Faktoren darzustellen, die für die Entwicklung von Schmerz und Hyperpathie bei solchen cerebralen Läsionen verantwortlich sind, bei denen die Schädigung sich auf die weiße Substanz unterhalb der sensorischen Rinde bezieht („Isolationsphänomen“).

Phantomgefühl und Phantomschmerz, bereits im 16. Jahrhundert von *Ambroise Paré* beschrieben, können nach ganzer oder teilweiser Amputation einer Extremität auftreten[36]. Der Ausdruck „Phantomglied“ wurde von *Weir Mitchell* 1871 eingeführt. In vielen Fällen sind Phantomgefühle und -schmerzen peripherer organischer Herkunft, hervorgerufen durch Nervenimpulse, die im durchtrennten Nervenstumpf entstehen, besonders bei Amputationsneuromen. Durch Erreichen der zentralen Grisea deren Funktion mit Bewußtsein verknüpft ist, lösen diese Impulse wahrscheinlich neurale Entladungen aus, die von geistigen Parallelprozessen begleitet werden. Im perzeptuellen Raum des Bewußtseins sind Empfindungen oder Schmerz außerhalb des Körpers lokalisiert, in jene Region, die durch den fehlenden Teil eingenommen würde.

In einigen Fällen von Phantomglied ist der Schmerz aber anscheinend zentralen Ursprungs. Wahrscheinlich entsteht er hier aus Störungen corticothalamischer Mechanismen, die mit Schmerzempfindung im Zusammenhang stehen. In anderen Fällen kann die Schmerz- oder Phan-

---

[36] „Über Amputationen“, S. 154 (Apologie und Abhandlung von *Ambroise Paré*, Hrsg. *G. Keynes*, Chicago, 1952).

tomsensation mit einer kombinierten Aktivierung emotionaler und mnestischer Mechanismen in Verbindung gebracht werden. Hier würde man sie als eine „psychogene“ Störung im Gegensatz zu „organischem Schmerz“ ansehen. Obschon sie dann bis zu einem gewissen Grade einen Schmerztyp darstellen würde, der auf geistige Phänomene im engeren Sinne bezogen ist, wäre sie immer noch in Beziehung zu setzen zu einer Störung ursächlich bestimmbarer physikalischer neuraler Mechanismen, und in diesem Sinne ebenso „organisch“ wie eine Störung im Bereich des peripheren Nerven-Stumpfes. Trotzdem bleibt die Bezeichnung „organisch“ im engeren Sinne für Störungen des sensorischen afferenten Systems vorbehalten, gleich ob auf der peripheren oder der corticothalamischen Ebene. In solchen Fällen organischer peripherer oder centraler Phantomschmerzen hat man dauerhafte Schmerzerleichterung durch subpiale Resektion der entsprechenden Area im Gyrus postcentralis erzielt (*Th. T. Stone*, 1950 und andere). Diese Ergebnisse unterstützen die Ansicht, daß neurale Aktivitäten in Beziehung zur Schmerzempfindung zu einem signifikanten Grad in der sensorischen Rinde des Gyrus postcentralis lokalisiert sind, und zwar zusammen mit anderen Aktivitäten, die in Beziehung zum taktilen Bewußtsein stehen.

Angeborene Unempfindlichkeit gegenüber Schmerz ist selten und von besonderem theoretischen Interesse. In der Literatur, die ich durchsah, sind nicht mehr als etwa 20 Fälle beschrieben. In manchen Fällen mag dieser Mangel mit geistiger Retardierung kombiniert sein, aber sicher nicht in allen. In einem Fall (*Kunkle* und *Chapman*, 1943) wurden gelegentlich plötzliche Ohnmachtsanfälle beschrieben, die man nicht als epileptischer Natur deuten konnte. Das EEG war normal, sogar nach Hyperventilation. In einem anderen Fall (*Farquahar* und *Sutten*, 1952) war der Mangel möglicherweise nicht angeboren, sondern nach einer Krankheit im Alter von einem Jahr aufgetreten, die man etwas vage als „Meningitis“ bezeichnet hatte. Die Autoren, die das Mädchen im Alter von 7 Jahren zuerst sahen, konnten keine exakteren Angaben zu der Krankheit erhalten.

In einigen Fällen waren Intelligenz und Verhaltensmuster völlig normal. Was die taktilen sensorischen Qualitäten im weiteren Sinne angeht, konnte man normale Empfindungen bei leiser Berührung „stumpf“ und „spitz“, Druck, Vibration und gemischte Empfindung beobachten. Bedenkt man die nahe Nachbarschaft der spinalen Leitungsbahnen für Schmerz und Temperatur, so ist es interessant, daß in diesen Fällen die

Heiß- und Kalt-Empfindungen entweder als nicht signifikant gestört, oder als völlig normal beschrieben wurde (*Westlake*, 1952).

In einem Fall, den *Dearborn* anführt (1932), hatte ein Mann von 54 Jahren bis auf gelegentliche „Kopfschmerzen“ niemals in seinem Leben Schmerz empfunden. Es ist wahrscheinlich, daß diese „Kopfschmerzen“ mehr als unangenehmes Gefühl denn als wirklicher Schmerz betrachtet werden müssen. Der Patient hatte viele Verletzungen erlitten, u. a. einen Schlag ins Gesicht mit einer Spitzhacke, eine Schußverletzung eines Fingers, einen Nasenbeinbruch, mehrere Wunden im Kniebereich und eine Verbrennung der Hand. Er trat in öffentlicher Schau als „menschliches Nadelkissen“ auf: Er gestattete den Zuhörern eine große Anzahl von Nadeln gleichzeitig in seine Haut zu stechen. Einmal wurde sogar ein Nagel durch seine Hand getrieben. Andere Berichte, von *Westlake* zusammengefaßt (1952), betonen die Häufigkeit, mit der bei solchen Personen zahlreiche schmerzlose Frakturen, Dislokationen, Wunden, Verbrennungen, gefolgt von deformierenden Narben, Keloiden oder schmerzlose Osteomyelitis auftreten können. In ihrem Bericht über einen Fall angeborener totaler Schmerzunempfindlichkeit haben *Boyd* und *Nie* (1949) die Meinung vertreten, daß „der Patient adäquate Rezeption der Schmerzreize besitzt, sie aber nicht zu einem sinnvollen emotional gefärbten Konzept zusammensetzen kann, welches nötig wäre, um das Unangenehme und die mögliche Gefahr zu erkennen“. Vielleicht wäre es besser zu sagen, daß in solchen Fällen der Patient adäquate Rezeption peripherer Reize besitzt, inklusive derer, die normalerweise als Schmerz empfunden werden, daß er aber nicht fähig ist, Schmerz als solchen zu erfahren. Trotzdem ist es möglich, daß in manchen dieser Fälle der Schmerz tatsächlich gefühlt wird, der aber von solch geringer Lebhaftigkeit ist, daß nur eine ein wenig unangenehme Empfindung erfahren wird.

Erworbene Schmerzindifferenz, die man auch als Schmerzasymbolie bezeichnet hat (*Schilder* und *Stengel*, 1931), wird zu Läsionen des linken Parietallappens in Beziehung gesetzt und wurde als ein Mangel an Fähigkeit gedeutet, eine volle Schmerzperzeption in Kombination mit der normalerweise korrespondierenden emotionalen Reaktion aufzubauen. Dieser Befund kann mit Aphasie gekoppelt auftreten (*Rubins* und *Friedmann*, 1948). Bei hysterischer Analgesie unterdrückt eine gestörte Aktivität symbolisch-mnestisch-emotionaler Kreise wahrscheinlich das richtige Kodieren der sensorischen Schmerzafferenzen. In den meisten Fällen von congenitaler Schmerzunempfindlichkeit kann man Hysterie mit ziemlicher Sicherheit ausschließen. Da die periphere Sensibilität, inklusive des Hornhautreflexes, der in einigen Fällen geprüft wurde, im übrigen normal war, erscheint ein zentraler Defekt, lokalisiert auf der Ebene sensorischer Integration, d. h. auf der postcentralen corticothalamischen Ebene und vielleicht auch der angrenzenden parietalen Assoziationsrinde wahrscheinlich. Man muß sich hier daran erinnern, daß Schmerz auf verschiedenen Ebenen ausgelöscht werden kann:

1. Durch Blockierung der peripheren Afferenzen, wie etwa bei der Lokalanästhesie.

2. Etwas zentraler durch Chordotomie, Tractotomie und stereotaktische Elektrolyse des Tractus spinothalamicus lateralis.

3. Durch mechanische Eingriffe in den zentralen Code-Mechanismus wie bei der Thalamotomie einschließlich der Hypothalamotomie, oder durch Excision der postcentralen Rinde mit ihren angrenzenden parietalen Teilen. Bis zu einem gewissen Grade auch durch frontale Lobotomie, die wohl wichtige emotionale Mechanismen einbezieht.

4. Durch zentrale pharmakologische Einwirkung, d. h. durch chemische Substanzen, die auf zentrale synaptische Aktivitäten einwirken.

5. Bei Schmerzasymbolie, wahrscheinlich durch Schädigung der höheren symbolisch-mnestisch-emotionalen Kreismechanismen nach Läsionen der parieto-occipitalen Assoziationsfelder.

6. Schließlich kann bei Hysterie, Hypnose und unter ähnlichen Bedingungen die veränderte Aktivität der gleichen höheren symbolischen Kreismechanismen, die durch eine Reaktion auf Situationsmuster ausgelöst werden und vielleicht in subcorticale integrierende Grisea übertreten, ebenso eine „psychogene“ Analgesie zur Folge haben.

Nur wenig können wir über die Lokalisation neuraler Phänomene sagen, die mit dem Sexualbewußtsein korreliert sind. Die Ergebnisse elektrischer Reizversuche scheinen eine grundsätzlich kontralaterale Repräsentation der äußeren Genitalien im Gyrus postcentralis anzuzeigen, direkt angrenzend ans Repräsentationsfeld der Zehen. Die betreffende Region liegt in der Fissura longitudinalis cerebri über dem Sulcus cinguli und gegenüber der Falx. *Penfield* und *Rasmussen* (1950) berichten, daß elektrische Reizungen oder auch Irritation dieser Region durch kleine Gliome Sensationen in den äußeren Genitalien auslösen können. Diese Sensationen trügen allerdings keinen erotischen Charakter.

Sexuelle Erregung ist zweifellos ein sehr komplexes Phänomen, das wir noch nicht ausreichend in signifikante Bestandteile zerlegen können.

Lokalisierte erotische Sensationen stellen vielleicht eine Qualität des taktilen Bewußtseins im weiteren Sinne dar. Die neuralen Afferenzen werden durch sensible Endigungen in der Haut übertragen, die sich offensichtlich von denen, die man an anderen Stellen des Körpers findet, nicht deutlich unterscheiden. Es ist möglich, daß ein spezifisches Muster sensorischer Afferenzen, die in verschiedenen ziemlich unspezifischen Endigungen ihren Ursprung haben, in die neuralen Prozesse integriert wird, die mit den geistigen Parallelphänomenen der erotischen Sensation korreliert sind. Die neuralen Afferenzen, die die Sensation des Orgasmus auslösen, werden als ein Phänomen betrachtet, das in Beziehung zur glatten Muskulatur steht — bei Männern wie auch bei Frauen —, d. h. also einen Typus der visceralen proprioceptiven Sensationen darstellt. Die Erektion ist ein Ergebnis vasomotorischer (dilatatorischer) Efferenzen, die als Reflex oder als Effekt zentraler neuraler Aktivitäten entstehen können. Erektion ist darüber hinaus verbunden mit neuralen Rückkopplungsmechanismen.

Die Mechanismen der Emotion, wie sie in frontalen und hippocampalen Kreisen dargestellt werden, haben zahlreiche Verbindungen zu den neuralen Mechanismen, die in direkter Beziehung zu den Genitalorganen stehen, und man kann so annehmen, daß sie eine wichtige Rolle spielen. Emotionale Mechanismen sind wiederum verbunden mit den Mechanismen der Symbolisierung und anderen. Darüber hinaus hängt dieses ganze komplexe Muster noch in einem hohen Grade von hormonalen Faktoren ab, die eine unmittelbare zentrale Wirkung auf neurale Aktivitäten, aber auch eine periphere Wirkung haben können. Andere biochemische Faktoren, unter anderem fördernde und hemmende pharmakologische Effekte sind ebenfalls wichtige Parameter. Sexuelle Erregung kann ausgelöst werden durch eine Vielzahl verschiedener Bedingungen, die wiederum in verschiedenen zentralen (corticalen, diencephalen oder in beiden) oder peripheren Mechanismen entstehen können. Es ist daher ziemlich wahrscheinlich, wie auch *Penfield* und *Jasper* (1954) meinen, daß es keine spezifischen Rindenmechanismen für sexuelle Erregung gibt. Darüber hinaus müßte man sexuelle Erregung als Verhaltensmuster von der sexuellen Erregung als Bewußtseinslage unterscheiden. Im zweiten Falle bedeutet sie eine Konfiguration verschiedenster Qualitäten, die zu verschiedenen Bewußtseinsmodalitäten in Beziehung stehen.

Es ist nicht ausgeschlossen, daß physikalische neurale Ereignisse — in Korrelation zu geistigen Parallelprozessen — Aktivitäten der zentralen grauen Substanz in der Wand des 3. Ventrikels und des rostralen Eingangs zum Aquädukt einschließen. Ein Druck auf dieses Gebiet während einer Operation oder bei Tierversuchen kann vorübergehenden Stupor auslösen. Die kritische Region dehnt sich wahrscheinlich bis in die periventrikulären prätectalen Gebiete an der Grenze von Mittelhirn und Zwischenhirn aus. Auf der anderen Seite gibt es anscheinend keine spezifische Rindenregion, die für das Vorhandensein eines Zustandes von Bewußtheit verantwortlich ist[37].

Camus (1922), *Küppers, Hascovec, Vercellini* u. a. haben einen zentralen Mechanismus für die Regulation der bewußten Handlungen angenommen, der in dem zentralen Grau des Diencephalons lokalisiert sein soll, ebenso auch in dem der mesencephalo-diencephalen Grenzgebiete. Auch *Penfield* und *Jasper* (1947) haben diese Meinung vertreten. Sie kamen zu dem Schluß, daß die diencephalomesencephalen Zentren auf beiden Seiten funktionell verbunden sind und einen Mechanismus darstellen, der „für die Existenz von Bewußtheit unerläßlich ist“. Diese Region grauer Substanz, deren Funktion enger mit dem Phänomen Bewußtheit in Zusammenhang gebracht wurde als jede andere Hirnregion, haben *Penfield* und *Jasper* als „die höchste Ebene“ bezeichnet. Die Autoren haben ferner angenommen, daß hier die afferenten Systeme beider Seiten ihr letztes Ziel, die efferenten ihren eigentlichen Ursprung finden. Beobachtungen von *Jasper* und Mitarbeitern über die funktionelle Wichtigkeit der thalamischen Mittellinien- wie der intralaminären Kerne werden zur Unterstützung des Konzeptes von der „höchsten Ebene“ angeführt.

Penfield und *Jasper* haben zugegeben, daß höhere Funktionen wie Sprache oder abstraktes Denken nicht ohne die entsprechenden corticalen Gebiete möglich sind. Sie glauben aber, daß diese komplexen Funktionen eben nicht in der Rinde selbst in den zusammenhängenden Strom von bewußtem Denken und Handeln integriert werden: „Die Rinde wird anscheinend von einem mehr zentral gelegenen subcorticalen Gebiete oder ganglionären System gewissermaßen benutzt.“

---

[37] Diese Feststellung muß cum grano salis betrachtet werden: Bewußtsein im Allgemeinen gesehen ist ein komplexes Phänomen mit verschiedenen Modalitäten, dessen parallele neurale Korrelate sich weit über den ganzen Cortex ausdehnen. So scheint beim Menschen die occipitale Rinde (besonders die Calcarina-Rinde) unerläßlich für das Vorkommen von optischem Bewußtsein, die temporale für das des akustischen zu sein, und so weiter. Wenn die gesamte Rinde des Menschen zerstört würde, aber ohne den subcorticalen Strukturen Schaden zuzufügen (eine ganz hypothetische Situation), dann ist es mehr als wahrscheinlich, daß das Bewußtsein vollkommen ausgelöscht würde.

In aufeinanderfolgenden Veröffentlichungen hat *Penfield* (1952, 1954) den Ausdruck „centrencephales System" für sein Konzept geprägt. Er bezieht sich jetzt auf „Teile des oberen Hirnstammes, die symmetrische Verbindung mit beiden Hemisphären aufweisen", als eingebaut in dieses System.

Die folgenden grauen Kerngebiete sollen zu den zentrencephalen Strukturen gehören: Die intralaminären Thalamuskerne, das Centrum medianum, der Nucleus reticularis thalami, die „basale diencephale Region (einschließlich des Praetectum, Subthalamus und hinterer Hypothalamus)", und die formatio reticularis von Mittelhirn und Pons, besonders das sogenannte „aufsteigende reticuläre Aktivierungssystem" von *Magoun,* welches weiter unten in anderem Zusammenhang zu besprechen sein wird.

Man mag *Penfield* und *Jasper* zugeben, daß neuronale Aktivität der diencephalo-mesencephalen und sogar der rhombencephalen Zentren für die corticale Funktion im Zusammenhang mit Bewußtheit unerläßlich ist, aber diese Funktion ist ebenso abhängig von adäquater Blutversorgung. *Buscaino* (1951), der die große Bedeutung corticaler neuronaler Aktivität in bezug auf das Bewußtsein unterstrichen hat, bemerkt sehr richtig: „E'noto que un sogetto cui si comprimano per un tempo sufficiente le carotidi al collo perde, poco dopo, la coscienzia. Nessuno, però, oserà affermare que ‚il centro' della coscienzia stia a livello della zona carotidea compressa. Per gli stessi motivi un ‚centro' sottocorticale della coscienzia . . ., un sistema, cioé, sottocorticale di engrammi essenziali per la coscienzia, con cellule e vie nervose ad hoc, non esiste."

Es ist wahrscheinlich, wie auch schon *Penfield* und *Jasper* annehmen, daß *afferente* Systeme in viele der sogenannten zentrencephalen grauen Kerngebiete entladen, welche dann in andere, *efferente* Systeme Erregungen leiten.

Dennoch erscheinen Argumente, die zugunsten der Begriffe von der „höchsten Ebene" sowie der „Ebene letztlicher funktioneller Integration" sprechen und der Rinde eine quasi-sekundäre Rolle für das Entstehen der Bewußtseinsphänomene zuweisen, nicht überzeugend. In einer Diskussionsbemerkung hat *Penfield* allerdings 1954 betont, „daß er nicht daran glaubt, daß das „centrencephale System" jemals ganz selbständig arbeite". Er fügt hinzu, daß „seine Funktion immer mit corticaler Aktivität verbunden sein muß, gewöhnlich in beiden Hemisphären".

Um die höchste Ebene oder die Ebene letztlicher Integration für die außerordentlich komplexen neuralen Parallelprozesse des Bewußtseins darstellen zu können, erscheint ein ausgedehntes Netzwerk zahlloser Verbindungen mit einer Vielzahl von Bahnen und neuronalen Elementen erforderlich. Die intralaminären Kerne des Thalamus scheinen keine wichtigen corticalen Verbindungen zu haben. Der Nucleus reticularis ist wahrscheinlich mehr eine „Durchgangsregion", die topographisch zu den verschiedenen thalamocorticalen und corticothalamischen Systemen in Beziehung steht. Das Centrum medianum scheint gar keine corticalen Signalverbindungen zu haben. Es ist eigentlich nur mit anderen thalamischen Kernen sowie mit dem Striatum und besonders dem Pallidum verbunden. Der hintere Hypothalamus, eine kleine Region, trägt eine große Fülle vegetativer Funktionen. Der Nucleus reticularis tegmenti hat eine große Anzahl motorischer, sensorischer und vegetativer Aktivitäten, hauptsächlich reflektorischer oder automatischer Art, zu bewältigen. Nur wenige graue Kerngebiete bleiben übrig, die man nach heutigem Wissen den von *Penfield* und *Jasper* beschriebenen Funktionen zuordnen könnte. Diese Gebiete, wie z. B. die Mittellinienkerne des Thalamus, die periventrikulären praetectalen Kerne (einschließlich einiger Kerne der Commissura posterior) und vielleicht auch ein geringer Teil des periventrikulären hypothalamischen Graus, sind sehr klein und besitzen, wie *Lashley* (1952) in einer Diskussion über *Penfields* Arbeit zeigte, relativ wenig Zellen und nur schwach entwickelte Schaltsysteme. Es ist schwer vorstellbar, wie ausgerechnet eine so kleine Anzahl von Elementen die Komplexität der Funktionen der „höchsten Ebene" vermitteln oder auch nur überleiten sollte. Wenn ein solches System als ein sogenanntes „dynamisches Zentrum" wirkt, wird es wohl all seine Möglichkeiten erschöpft haben. Obschon *Penfield* (l. c.) diesen Einwand nicht anerkennt, glaube ich, daß er zwingend ist. Selbst wenn es bewiesen wäre, daß Aktivitäten solcher Zentren unerläßlich für das Bewußtsein sind und daß, nach *Penfields* Vorstellungen, diese Zentren nicht aus sich selbst heraus arbeiten, muß der Begriff „höchste Ebene der Integration" als bedeutungslos betrachtet werden, und die Bezeichnung „centrencephales System" ist bestenfalls ziemlich irreführend, wenn man sie nicht genauestens auf die zentrale Lokalisation ihrer Grisea bezieht.

Wählt man ein etwas grobes Beispiel, welches in anderer Beziehung nicht stimmt, so kann man das Konzept des höchsten Zentrums von *Penfield* und *Jasper* vergleichen mit der Forderung, daß in einem sehr komplexen elektronischen Apparat mit vielen verwickelten Funktionen, der feinste Leitungskreis die höchste zentrale funktionell integrierende Einheit darstellt — da ja, falls dieser Kreis unterbrochen wird, der Apparat tot wäre.

Bedenkt man alle biologischen Daten, so scheint sich eine recht bestimmte Beziehung zwischen Hirngröße und Verhaltenskomplexität, Adaptations- und Lernfähigkeit zu ergeben. Um Funktionen von höchster Kompliziertheit bewältigen zu können, muß eine große Anzahl von Relais oder ähnlichen Elementen sowie von Kreisverbindungen zur Verfügung stehen. Die Beziehung zwischen Hirngröße und Lernfähigkeit gilt für alle Formen tierischen Lebens und ist erst kürzlich in einer Publikation von *Rensch* gut zusammengestellt worden (1956).

Selbst wenn wir so grobe Daten wie das Hirngewicht des Menschen als Grundlage annehmen, so ergibt sich eine definitive statistische Beziehung zwischen Hirngewicht und Intelligenz. Allerdings kann im Einzelfall ein Mensch mit einem Hirngewicht von etwa 1017 g (*Anatole France*) hochbegabt sein, während ein anderer mit einem Hirngewicht von 1800 g oder mehr schlicht dumm oder gar geistig defekt sein kann. Es gibt eine bestimmte Zone der fließenden Grenzwerte, die von verschiedenen Variablen abhängt und etwa bei 1000 g und darunter beginnt. Es ist nahezu sicher, daß ein erwachsener Mensch mit einem Hirngewicht unter 800—780 g geistig defekt sein wird (*Hechst*, 1932) und in vielen Fällen wird auch bei einem Gewicht von 900 g ein geistiger Defekt vorliegen. Trotzdem müssen zahllose andere Faktoren beteiligt sein, denn es ist nicht wahrscheinlich, daß Elefanten oder Wale mit einem Hirngewicht von 5000 oder sogar 7000 g, wobei ein ausgedehntes Neopallium inbegriffen ist, „intelligenter" sind als der Mensch. Bei der Geburt wiegt das menschliche Gehirn etwa 300 g, mit 6 Monaten 600 g, mit einem Jahr 800 und mit 2 Jahren etwa 1000 g. Das durchschnittliche Hirngewicht des Erwachsenen wird in einem Alter zwischen 10 und 15 Jahren erreicht.

Um die Diskussion um die Lokalisation von Funktionen im menschlichen Gehirn abzuschließen, muß man sich daran erinnern, wie *Kretschmer* (1926) und verschiedene andere Autoren zu Recht betont haben, daß viele unserer Konzepte sich auf negativen Augenschein gründen, d. h. auf die Beobachtung veränderter oder geschädigter Funktionen nach Läsionen umschriebener Hirngebiete. Übertragungen auf den positiven Aspekt, also die normale Funktion, sind nicht immer zulässig, besonders da die tatsächlichen Arbeitsprinzipien der neuralen Mechanismen nur in ganz allgemeiner und grundlegender Weise bekannt sind. Manche Reizversuche und elektrophysiologische Daten können so ausgelegt werden, als ob sie zu einem gewissen Grade positiven Augenschein hätten. Aber auch hier ist dieser Augenschein letztlich schwer herauszuarbeiten, schon wegen der unvermeidlichen Grobheit, die unseren Methoden innewohnt, und wegen der immer noch sehr begrenzten Einsicht in die beteiligten Prinzipien der nervösen Funktion[38].

Zusammenfassend kann man sagen, daß Bewußtsein bis zu einem gewissen Grade lokalisiert sein kann, nämlich in bezug auf die physikalischen neuralen Parallelphänomene, die mit eben diesem Bewußtsein korreliert sind. Die physikalischen und „öffentlichen" Parallelprozesse müssen in vielen Fällen — und je nach der betroffenen Bewußtseinsmodalität — verschiedene Regionen der Hirnrinde beteiligen. Zusätzlich scheinen diese corticalen Aktivitäten thalamo-corticale Rückkopplung vorauszusetzen. Die geistigen Parallelprozesse, oder mit anderen Worten Bewußtseins-Modalitäten im perzeptuellen Raum-Zeit-System, sind wahrscheinlich in eine Beziehung zu parallelen neuralen Kreisprozessen innerhalb des postulierten physikalischen Raum-Zeit-Systems zu setzen, welche man in der Endhirnrinde wie auch im Zwischenhirn lokalisieren muß. Diese Beziehung ist sicher nicht kausal, wohl aber nach Art mathematischer Funktionen zu deuten. Ob bestimmte spezifische „dynamogene" oder „aktivierende" graue Kerne, wie z. B. ein „zentrencephales System" eine ausschlaggebende Rolle spielen, bleibt nach meiner Meinung eine offene Frage.

Es ist ziemlich klar, daß Rinde und Zwischenhirn kein völlig vom Rest des zentralen Nervensystems abgetrenntes Eigenleben führen können. Ebenso kann dieses nicht getrennt vom Rest des Körpers arbeiten, außer unter höchst künstlichen experimentellen Bedingungen, wie zum Beispiel, wenn man das überlebende Rückenmark eines Frosches für eine begrenzte Zeit noch in seiner Aktivität erhält. Bei Säugetieren würde das natürlich schwieriger sein. Bis zu einem gewissen Grade ist etwas Vergleichbares in *Bremers* Experiment mit einem „cerveau isolé" erreicht worden (1935), welches in anderem Zusammenhang weiter unten besprochen werden soll (S. 334).

Dennoch scheint es möglich, daß zum Beispiel in einem lebhaften Traum cortico-thalamische Kreismechanismen allein als adäquate neurale

---

[38] *W. Russell Brain* hat in seinem Bericht über das Symposion über Gehirnmechanismen und Bewußtsein (1954) in der Zeitschrift Brain 78, S. 669—670, 1955, richtig bemerkt: „Man sollte jetzt in weiteren Kreisen anerkennen, daß man eine Funktion nicht in einen Hirnteil ‚lokalisieren' soll, nur weil Schädigung dieses Teils die Funktion stört oder weil elektrische Reizung dort Aktivitäten hervorruft."

Parallelmechanismen betrachtet werden können, die wiederum in Beziehung zu geistigen Parallelphänomenen stehen, welche im perzeptuellen Raum-Zeit-System eine ganze innere und äußere Welt von Farben, Formen, vielen anderen Wahrnehmungen, Empfindungen und Gedanken darstellen. Diese Bewußtseins-Modalitäten sind der Stoff unserer Welt, ob wir wach sind oder träumen. Im Wachzustand erscheinen die Bewußtseinsmodalitäten als Parallelphänomene, die in Beziehung zu neuralen Phänomenen gesetzt sind, welche direkt durch Einlauf von der Außenwelt verursacht werden. Solche Bewußtseinsmodalitäten können sogar viel lebhafter sein und einem anderen Muster folgen als jene in lebhaften Träumen. Darüber hinaus sind solche Modalitäten zu einem großen Teil öffentliche Daten. In einem Traum, ob er besonders lebhaft oder nur schemenhaft auftritt, sind die parallelen neuralen Aktivitäten in Beziehung zu den geistigen Parallelphänomenen nicht direkt durch Einlauf von der Außenwelt hervorgerufen, sondern wahrscheinlich durch eine innere Aktivierung symbolisch-mnestisch-emotionaler nervöser Kreise.

So kann man Folgendes als wahrscheinlich annehmen: Wo immer Bewußtsein auftritt, ob im Traum- oder Wachzustand, stellt dieses Bewußtsein ein Parallelphänomen dar, das mit physikalischen neuralen Ereignissen korreliert ist, d. h. mit Aktivitäten corticodiencephaler Erregungskreise. Je nach der Modalität der beteiligten geistigen Phänomene, d. h. also je nachdem, ob visuelles, taktiles, auditorisches, Gedanken- oder Emotionsbewußtsein beteiligt ist, scheinen sich gewisse zusätzliche Lokalisationsprinzipien zu ergeben, so wie es oben besprochen worden ist. Eine versuchsweise Antwort auf die zweite Frage in unserer Formulierung des Gehirn-Bewußtsein-Problems kann daher gegeben werden. Diese zweite Frage wurde am Anfang dieses Abschnitts nochmals zitiert und muß hier nicht wiederholt werden.

Probleme der Lokalisation: Die Bewertung von Tierexperimenten Vergleichende und phylogenetische Betrachtungen

Da ein Beobachter auf die Bewußtheit eines beobachteten Lebewesens nur von dessen Verhalten aus schließen kann, haben solche Analogieschlüsse mehr Gültigkeit oder Wahrscheinlichkeit, wenn sie sich auf den Menschen, als wenn sie sich auf Tiere beziehen. Dennoch haben sich aus Tierexperimenten zahlreiche interessante Daten ergeben. Wegen der Vielzahl der Variablen ist die Auslegung der Ergebnisse oft Gegenstand von Kontroversen, auch wenn man nur vom physiologischen Aspekt oder von dem der Verhaltensforschung ausgeht. Das Nervensystem der Wirbellosen unterscheidet sich in vielen wichtigen morphologischen Merkmalen von dem der Vertebraten und des Menschen, und wir werden es somit, was die zur Diskussion stehenden Probleme angeht, außer acht lassen. In meinen Vorlesungen 1927 habe ich eine kurze Zusammenfassung der wichtigsten Daten über das Nervensystem der Wirbellosen gegeben. Eine recht ausführliche Zusammenstellung findet man bei *B. Hanström* (1928).

Bei Fischen, wie Selachiern und Teleosteern sind zahlreiche Abtragungsversuche durchgeführt worden. Unter den älteren Beobachtungen sind die von *J. Steiner* (1885—1900) besonders systematisch. In etwas neuerer Zeit haben *Noble* und *Borne* (1941) wesentliche Daten hinzugefügt. Ganz allgemein kann man sagen, daß nach Abtrennung des Telencephalons und Diencephalons ohne Schädigung von Chiasma opticum und Tractus opticus das Verhalten nicht grob beeinflußt wird, falls optimale operative und postoperative Bedingungen eingehalten werden. Die Tiere haben ihren Riechsinn verloren, bewegen sich aber normal und reagieren normal auf Sehreize.

Nach *Noble* und *Borne* (1941) verlieren einige Knochenfische nach Vorderhirnzerstörung komplexe Sexual- und Kampfverhaltensmuster, während bei anderen nach der Operation nur das Kampfverhalten verändert erscheint.

Bei den Amphibien, wie z. B. beim Frosch, wird das Verhalten durch Abtrennung von Telencephalon und Teilen des Diencephalons ebenfalls nicht erheblich beeinflußt, obschon einige hemmende ebenso wie auch stimulierende Einflüsse verloren zu gehen scheinen. Auf solche Weise decerebrierte Frösche mit intakten optischen Afferenzen und intaktem Mittelhirn zeigen eine Art „Stupor“ sowie einen Mangel an „Spontaneität“, aber dieser Operationseffekt ist in vielen Fällen nicht sehr deutlich oder auch anhaltend. Decerebrierte Frösche können weiter Fliegen fangen. *Burnett* (1912), auch diskutiert von *Herrick* (1926), fand, daß unter natürlichen Bedingungen normale Frösche mehr Fliegen fangen als decerebrierte. Schließt man aber die Fliegen in einem Glas zusammen mit einem decerebrierten und einem normalen Frosch ein, so fängt der decerebrierte mehr. Man kann annehmen, daß der normale Frosch durch die unbekannte Situation in seinem Verhalten gestört ist, während der decerebrierte die Hemmungen verloren hat, die durch solche umweltbedingten Muster hervorgerufen werden können. Nach *Herricks* Deutung ist die ablenkende Einmischung telencephaler Aktivität bei dem decerebrierten Frosch verlorengegangen.

Die Ergebnisse der Abtrennung des Endhirns bei Reptilien, z. B. Eidechsen und Schildkröten, sind im Ganzen denen beim Frosch ähnlich, aber der „Spontaneitäts-"Verlust wird deutlicher. Solche Tiere scheinen nicht mehr nach dem Futter zu suchen. Besonders *Steiner* wies darauf hin, daß decerebrierte Eidechsen jede Furchtreaktion verloren haben. Trotzdem sind diese Tiere nach Reizung fähig, sich normal fortzubewegen. Sie können mit uneingeschränkter Geschicklichkeit klettern und scheinen normale Sehfunktion zu haben.

Decerebrierte Vögel verharren in einem Stadium von Stupor mit gelegentlichen Perioden von Unruhe, von denen man glaubt, daß sie durch viscerale Aktivitäten ausgelöst werden (*Rogers*, 1916). Die Vögel müssen gefüttert werden, weil sie nicht von selbst Nahrung aufnehmen. Nach Reizung können sie aber fliegen. Sie scheinen auch keine groben visuellen Ausfälle zu haben, obschon die normale Verhaltensantwort auf Sehreize hin verloren gegangen ist. Schädigung diencephaler, wahrscheinlich hypothalamischer Zentren, führt außerdem zum Verlust der Temperaturregulation.

Abtragung des Telencephalon oder der Hirnrinde bei Säugetieren wurde von zahlreichen Autoren durchgeführt. Von diesen Arbeiten seien die von *Goltz* (1892) und *Rothmann* (1923) bei Hunden sowie die von *Dusser de Barenne* (1919) bei Katzen erwähnt. Eine der am meisten systematischen Versuchsserien ist von *Lashley* bei der Ratte durchgeführt worden (1929). Weniger ausgedehnte Experimente gab es bei Primaten. Wir sind im vorhergehenden Abschnitt über die Lokalisation im menschlichen Gehirn kurz darauf eingegangen. Bildlich gesprochen hat die Natur gelegentlich solche Experimente beim Menschen durchgeführt. *Edinger* und *Fischer* (1913) fanden bei der Autopsie eines etwa 4 Jahre alten Kindes ein fast völliges Fehlen differenzierter cerebraler Hemisphären. Zu Lebzeiten war dieses Kind in einem konstanten schlafähnlichen Stupor verharrt und hatte nie ein Verhalten gezeigt, welches auf bewußte Aktivitäten hätte schließen lassen. Ich selbst habe einen in etwa ähnlichen, aber nicht ganz so extremen Fall untersucht, der sich noch unter Beobachtung befindet. In diesem Falle war das Telencephalon des Kindes, obschon vorhanden, zu einem schlaffen Sack reduziert, wie durch

Pneumencephalographie demonstriert werden konnte[39]. Die Fehlbildung konnte man versuchsweise mit Hilfe dieser Methode der „Anatomie am Lebenden" als Cyclencephalie diagnostizieren. *Gamper* hat 1926 eine ungewöhnliche vollständige anatomisch-klinische Analyse eines äußerst schweren Falles von Arhinencephalie mit Encephalocele beim Menschen gegeben. Diese Fehlbildung war viel ausgeprägter als die bei einem in etwa ähnlichen Falle, dessen anatomische Merkmale ich Gelegenheit hatte, zusammen mit *Globus* zu studieren. (*K.* und *Globus*, 1936). *Gampers* Kind lebte etwa 3 Monate. Telencephalon und Diencephalon waren nicht regelrecht differenziert. Ein primitives Velum transversum zeigte die Grenze zwischen dem Diencephalon und einem im Großen und Ganzen membranösen Telencephalon impar an. Mit Ausnahme eines möglicherweise zu identifizierenden rudimentären subthalamischen Kerns und eines noch mehr rudimentären Mamillarkörpers wurden in den prosencephalen Abkömmlingen nur amorphe, zufällig verstreute Zellmassen gefunden. Der Tractus opticus war auf der cerebralen Ebene atrophisch und erreichte weder das Tectum opticum, noch wies er irgendwelche anderen funktionellen Verbindungen auf. Das Kind war somit blind. Es

[39] Solche Fälle sind häufiger als Allgemein- und Kinderärzte im allgemeinen annehmen. Vor einigen Jahren haben *Hamby* und Mitarbeiter (1950) sieben Fälle beschrieben. Nach den genannten Autoren „ergibt sich die scheinbare Seltenheit wahrscheinlich aus der Tatsache, daß bei den retardierten Kindern nur in seltenen Fällen eine Autopsie durchgeführt wird". Die klinische Diagnose „Hydranencephalie" erscheint nicht sehr treffend, nachdem sie das Hauptgewicht auf eine mehr zufällige Erscheinung legt. Anatomisch betrachtet, ist dieser Befund von Pathologen und Neurologen, die mit den Prinzipien der Hirnentwicklung nicht genügend vertraut waren, manchmal fehlgedeutet worden. Die Behauptung, daß „die Anomalie primär in einem Nichtvorhandensein der cerebralen Hemisphären bei intakten Meningen und intaktem Schädel bestehe, wobei die so entstandene Höhle mit Liquor cerebrospinalis ausgefüllt würde" (loc. cit.) ist nicht ganz korrekt. In den meisten beschriebenen Fällen, auch in den beiden, deren Gehirne ich untersuchte, bei denen allerdings die klinischen Angaben nur lückenhaft waren, war ein topologisch vollständiges Endhirn mit unpaarem Ventrikel vorhanden, aber es war auf einem unvollständigen Differenzierungsstadium stehengeblieben. Diese Fehlbildungen müssen in *Ostertags* (1956) Gruppe der „Verbildungen bei univentrikulärem Telencephalon" gerechnet werden, die eng verwandt mit Cyclopie und Arhinencephalie sind, aber sich nicht notwendigerweise als solche manifestieren müssen. Verschiedene Formen der Porencephalie sowie auch die schizencephalen Störungen der Terminologie *Yakovlevs* können klinisch fast gleiche Bilder hervorrufen, so daß der allgemeine Begriff „Hydranencephalie" eine gewisse (aber beschränkte) Rechtfertigung erfährt. Zusätzliche Anmerkungen sind in einer Arbeit von *Kuhlenbeck*, *Maher*, *Ross* und *Eastwood* zu finden (1957).

ist von besonderem Interesse, daß sowohl in *Gampers* als auch in unserem Falle das Prosencephalon mit einem Telencephalon impar Bedingungen zeigte oder nachahmte, die man vom formanalytischen Standpunkt aus als identisch mit denen bezeichnen kann, die normalerweise bei niederen Vertebraten, also Fischen und Amphibien, vorliegen (Anamniern). Vom Standpunkt des Neuropathologen aus hat *Ostertag* (1956) eine sorgfältige Erörterung dieser und ähnlicher Fehlbildungen beim Menschen veröffentlicht.

Gamper beurteilt das Kind, das er untersuchte, mit Recht als ein „menschliches Mittelhirnwesen". Das Kind zeigte abwechselnd schlafähnliche und aktive Perioden von unregelmäßiger Dauer. Eine fast normale Tonusverteilung mit Betonung der Beuger und eine Anzahl von Reflexen waren vorhanden. *Gamper* kommt zu dem Schluß, daß ein menschliches Mittelhirnwesen weniger funktionelle Fähigkeiten hat als ein Mittelhirnhund, eine Mittelhirnkatze oder ein Mittelhirnkaninchen, dennoch aber fähig ist, noch ziemlich weit gespannte Funktionen zu erfüllen. Keine von *Gampers* Beobachtungen kann dahingchend ausgelegt werden, daß sie einen Hinweis auf bewußte Prozesse böte, aber aufgrund der kurzen Lebensdauer und des damit verbundenen jungen Alters erscheint dieser Fall von *Gamper* weniger passend als der von *Edinger* und *Fischer*, jedenfalls was Schlüsse in bezug auf die Problematik des bewußten und unbewußten Verhaltens angeht.

Lashleys Untersuchungen an der Ratte haben eine bemerkenswerte Reihe von Tatsachen ergeben, die auf verschiedene Weise gedeutet werden können. Die Hirnrinde der Ratte weist eine Anzahl schlecht definierter Projektionsfelder mit charakteristischen subcorticalen (besonders thalamo-corticalen) Verbindungen und offensichtlich nur begrenzter spezifisch-funktioneller Bedeutung auf. Gewisse Sehfunktionen sind definitiv zu einem bestimmten Feld der occipitalen Rinde in Beziehung gesetzt. Trotzdem ist der gesamte Cortex, wenigstens in großem Maße gleichwertig beim Lernen. *Lashley* zeigt, daß kein einzelner Hirnteil für das Erlernen verschiedener Trainingsgewohnheiten als notwendig bezeichnet werden kann. Wenn eine Ratte mit intakter Rinde gelernt hat, eine visuelle Unterscheidung durchzuführen, so erlischt diese Fähigkeit völlig, sobald man die occipitale Rinde entfernt. Die Entfernung keines anderen Rindenteiles zeigt diese Wirkung, die Fähigkeit kann allerdings nach der Entfernung der occipitalen Rinde durch erneutes Training neu erlernt werden. Es erscheint zwar möglich, daß die occipitale Rinde der Ratte für bestimmte Aspekte des Mustersehens notwendig ist. Eine Ratte ohne Occipitalrinde kann aber Lichtintensität normal unterscheiden, kann Hindernissen ausweichen, und es scheint auch, als ob sie Futter optisch erkennen könne.

Wenn blinde Ratten im Labyrinth trainiert worden sind, zerstört Entfernung der occipitalen Rinde die trainierte Verhaltensweise. Auch das Wiedererlernen ist deutlich erschwert, obschon doch beim ursprünglichen Lernen die Ratten keine visuellen Reize hatten benutzen können. Die occipitale (visuelle) Rinde der Ratte ist somit offenbar von ausschlaggebender Bedeutung für die Integration räumlicher Beziehungen, selbst wenn das Tier blind ist.

Trotz mancher nicht zu leugnender Lokalisationsprinzipien ergibt sich bei der Hirnrinde der Ratte ganz zweifellos eine bemerkenswerte Äquipotentialität. Dieses Phänomen ist nicht ganz identisch mit den Prinzipien von Stabilität und Ultrastabilität, wie *Ashby* sie formuliert hat, aber sicher in nahe Beziehung zu diesen zu setzen. Äquipotentialität in dieser Bedeutung kann definiert werden als die Fähigkeit einer bestimmten corticalen Region oder Region grauer Substanz, eine Anzahl verschiedener Funktionen auszuüben, ähnlich oder gleich denen anderer Regionen. Äquipotentialität in diesem Sinne meint Unspezifität oder jedenfalls beschränkte Spezifität bei gleichzeitig vorhandener Vielfalt der Funktionen. Darüber hinaus wird die topographische Verteilung verschiedener Funktionen abhängig sein von den funktionellen Ansprüchen, so daß jede Region, die im Augenblick untätig ist, entweder ganz oder mit einem Teil ihrer Elemente für die Ausführung einer bestimmten Aktivität zur Verfügung steht. Ähnlich wird, wenn ein bestimmtes Areal zerstört wird, irgendein anderes in der Lage sein, seine Funktionen vikariierend zu übernehmen.

In der Diskussion der allgemeinen Grundlagen wurde gezeigt, daß die Prinzipien der Äquipotentialität in bestimmten Computern verwirklicht sind. Die sogenannten „bus-lines" solcher Mechanismen stellen unspezifische Übertragungslinien dar. Computer können ebenso automatisch von ausgefallenen auf gut funktionierende Kreise umschalten. Positionsrahmen verbinden ein Problem in einer gegebenen Problemposition mit irgendeinem Computer einer Computergruppe, der untätig ist und daher zur Verfügung steht. Solche Maschinen schalten auch automatisch von einer Problemlage zur anderen. Reihen von Registern, sogenannte „panels", können die zwei- oder dreifache Tätigkeit ausüben, je nach den Bedingungen, zum Beispiel kann entweder ein Problem oder ein Programm gespeichert werden.

Äquipotentialität wird sicher auch zu einem gewissen Grade durch die menschliche Hirnrinde und andere Strukturen des menschlichen Gehirns dargestellt. Ich glaube aber nicht, daß man das menschliche Gehirn so enggefaßt mit Begriffen aus der Funktionswelt des Rattengehirns deuten kann, wie viele der von *Lashley* herausgearbeiteten Ansichten zu unterstellen scheinen. In dieser Hinsicht stimme ich voll mit den Wertungen und kritischen Kommentaren von *C. J. Herrick* (1926) überein.

Nimmt man die occipitale visuelle Rinde als Beispiel, so wird das Sehen nach ihrer Entfernung bei einem Hund viel stärker beeinträchtigt sein als bei einer Ratte, obschon der Hund immer noch Unterschiede in der Lichtintensität wahrnehmen kann. Bei Affen wird die Sehfähigkeit durch Entfernung beider Occipitallappen aufgehoben (*Klüver*, 1942). Es scheint so sehr wahrscheinlich, wie dieser Autor auch annimmt, daß Primaten sich von Nicht-Primaten in der Weise, in welcher visuelle Funktionen durch Zerstörung der Sehrinde beeinträchtigt werden, beträchtlich unterscheiden.

Komplette oder fast vollständige Entfernung des Telencephalons bei Hunden hat überraschende Veränderungen im Verhalten zur Folge. Diese Zerstörung löscht viele bedeutsame Integrationen höherer sensorischer Daten aus. Der Hund kann nicht mehr Freund und Feind unterscheiden, weiß nicht, welche Situation vertraut und welche nicht vertraut ist. Gewisse leichte Berührungsreize dagegen rufen Ausbrüche hervor, die als „Scheinwut" gedeutet wurden. Trotzdem erscheint eine Anzahl recht komplexer Funktionen nach einer Erholungszeit wieder, in voller Übereinstimmung mit den Prinzipien von *Ashby* und anderen. Der Hund sucht Futter und vermeidet Hindernisse (*Rothmann*, 1923). Man könnte die gleiche Frage stellen wie in der Kontroverse zwischen *Goltz*, *Munk*, *Ziehen* und anderen, die von *Lhermitte* neu formuliert wurde: „Doit-on considérer le chien décérébré comme un pur automate ou comme un être chez lequel persistent encore des résidus de sensations et une ébauche de conscience?"

Ich glaube aber, daß diese Frage nicht mit einiger Sicherheit beantwortet werden kann.

Die Ergebnisse der Tierversuche deuten darauf hin, daß bei den Anamniern das Mittelhirndach ein führendes Integrationszentrum ist, vielleicht vergleichbar dem Konzept der „höchsten Ebene". Der gesamte sensorische Einlauf durch die Lemnisci erreicht jene suprasegmentale Struktur, die auch den optischen sowie indirekt-olfaktorischen Einlauf durch Vermittlung der diencephalen Grisea erhält. Wie *Ströer* (1939) zeigte — und wie es durch *Sperrys* (1942) und *Stones* (1947) Experimente bestätigt wurde — kommt es zu einer topologischen Projektion der Retinaquadranten auf das Tectum opticum. Bei vielen Anamniern weist das Tectum opticum einen verwickelten schichtweisen Rindenaufbau seiner cellulären Elemente auf. Diese Cytoarchitektur erscheint einheitlich, d. h. ohne erhebliche Verschiedenheit der einzelnen Areale.

Die integrierten Impulse werden dann in den Nucleus reticularis tegmenti entladen. Dieser Kern ist der Formatio reticularis bei Säugetieren und Mensch homolog. Im Gehirn der Anamnier stellt dieses Griseum, welches sich durch die ganze Länge des Deuterencephalons ausdehnt, das höchste motorische Zentrum dar, welches von *Steiner* als das „allgemeine Bewegungszentrum" oder „Hirnzentrum" bestimmt wurde. *Steiner* hat es bei den Anamniern als das einzig wahre locomotorische Zentrum des Körpers bezeichnet, welches alle komplizierten Bewegungen nach Empfang von Erregungen aus vielfachen Quellen ausführt. Solche Quellen sind das Mittelhirndach, das Vorderhirn (über die basalen Vorderhirnbündel) und das Kleinhirn.

Die motorischen Efferenzen des Nucleus reticularis tegmenti werden durch den Fasciculus longitudinalis medialis und die bulbospinalen Tractus entladen. Der Fasc. longitudinalis medialis kann bei diesen niederen Wirbeltieren als die wichtigste zentrale motorische Bahn betrachtet werden.

Es muß unsicher bleiben, ob Anamnier Bewußtsein erfahren oder nicht, aber man kann annehmen, daß dies der Fall ist, wenigstens in rudimentärer Weise. Wenn man dies voraussetzt, so muß man ferner annehmen, daß bei den Anamniern die neuralen Aktivitäten in Zusammenhang mit parallelen Bewußtseinsphänomenen hauptsächlich im Mittelhirndach lokalisiert sind, vielleicht mit einer gewissen Beteiligung anderer mesencephaler und telodiencephaler Grisea.

Bei Sauropsiden hat das Mittelhirndach noch viel von seiner funktionellen Bedeutung beibehalten. Es weist hier einen hochdifferenzierten Schichtenbau der Zellagen auf, allerdings — wie bei den Anamniern — ohne deutliche regionäre Unterteilungen. Zu einem größeren Teil als bei Anamniern jedoch leiten viele diencephale, insbesondere thalamische graue Strukturen den Einlauf in das telencephale Grau weiter, mit dem sie auch wechselseitig verknüpft sind. Funktionell und strukturell gesehen gibt es bei Reptilien gar keinen Neocortex, wohl aber kann man morphologisch eine wohldefinierte — wenngleich sehr rudimentäre —

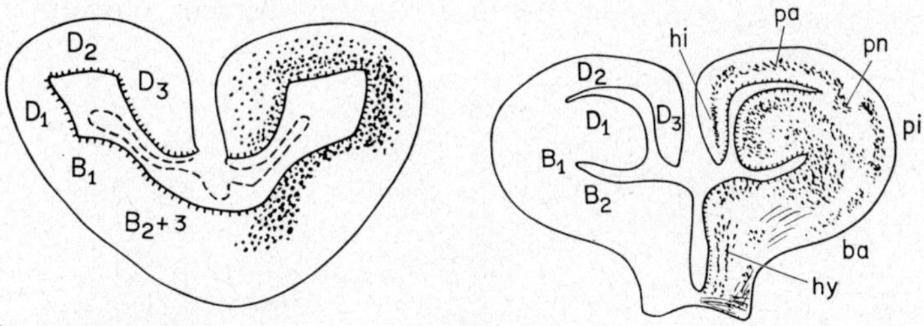

Abb. 9: Telencephale morphologische Elemente und ihre Derivate bei repräsentativen Wirbeltieren

A—E: verändert nach *Kuhlenbeck* 1927 und 1929; F, G: aus einer unveröffentlichten Studie über die Rindenarchitektur.

B 1—4: fundamentale telencephale basale Längszonen. D 1—3: fundamentale telencephale palliale Längszonen. ba: basale Rinde. ec: Ectostriatum von *Edinger*. ep: Epistriatum von *Edinger*. hi: Hippocampusrinde oder -formation. hs: supracommissuraler Hippocampus. hy: Hypothalamus. ne: Neocortex. nh: Homologon (topologisches Äquivalent) des Neocortex (bei Vögeln). pa: parahippocampale Rinde. pi: Rinde des lobus piriformis. pn: primordium neopallii (bei Reptilien). s: Sulcus cinguli.

Abb. 9 A: Diagrammatischer Querschnitt durch das Telencephalon impar eines urodelen Amphibiums (Triton).

D 1: area lateralis pallii. D 2: area dorsalis pallii. D 3: area medialis pallii (primordium hippocampi).

Abb. 9 B: Diagrammatischer Querschnitt durch das Endhirn einer Schildkröte (Testudo) in der Ebene des Foramen interventriculare. Die unbezeichnete Zellmasse dorsal vom Hypothalamus ist die eminentia thalami ventralis.

homologe Struktur erkennen und sie als ein Derivat der Pallium-Zone D2 (Fig. 9B) ableiten. Während Impulse im Zusammenhang mit Sehvorgängen das telencephale Grau bei Reptilien sicher erreichen, gibt es keine direkte Verbindung optischer Projektion zum Telencephalon in einem Sinne, der funktionell oder anatomisch dem geniculo-calcarinen System vergleichbar wäre.

Hinsichtlich der Vögel kann man feststellen, daß bei diesen Sauropsiden ein Analogon des Neocortex durchaus existiert. Es wird durch die bemerkenswert vergrößerten und hochdifferenzierten basalen Kerne dargestellt (Abb. 9C). Funktionell gesehen kann man besonders die Derivate der Zone D1 und vielleicht auch die von B1 und B2 als ein Äquivalent des Neocortex betrachten. Es ist imstande, viele — oder gar alle — Aktivitäten auszuüben, die man dem undifferenzierten Neocortex der niederen Säuger wie kleiner Insektivoren oder Nagetiere — wie der Maus — und kleiner Fledermäuse zuschreibt. Morphologisch gesehen ist eine dem Neocortex homologe Struktur ebenfalls vorhanden, aber sie weist keine Rindenstruktur auf und bleibt ein ziemlich kleiner Teil des sogenannten

Hyperstriatum accessorium, das den Nucleus diffusus dorsalis meiner Terminologie bildet.

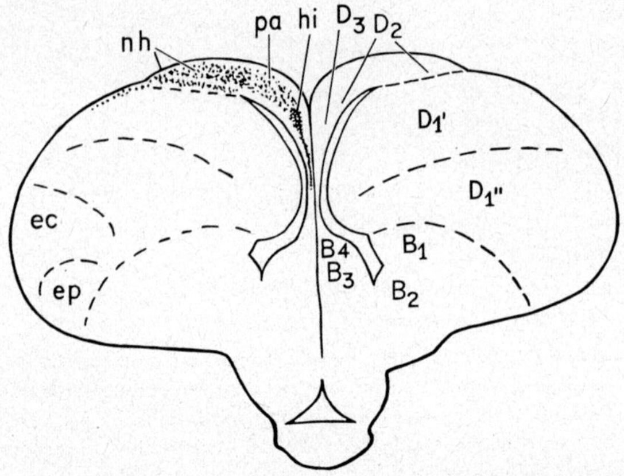

Abb. 9 C: Diagrammatischer Querschnitt durch das Endhirn eines Vogels (Taube). Der diencephale recessus praeopticus und der rostrale Teil des Hemisphärenstieles sind basal zu sehen.

Es handelt sich um jenen Teil des fundamentalen telencephalen Elements D2 (area dorsalis pallii der Amphibien), von dem sich bei Säugetieren der Neocortex herleitet. Eine echte Rinde ist ebenfalls vorhanden, welche hauptsächlich ein Homologon der parahippocampalen Rinde und der Hippocampusformation darstellt. Ihre Verbindungen mit Zwischen- und Mittelhirn durch den Tractus cortico-septo-mesencephalicus sind vorwiegend absteigend.

Optische Impulse scheinen das Vogel-Telencephalon zu erreichen, besonders die caudale — aber nicht corticale — Region, die das sog. Epistriatum (Nuc. epibasalis caudalis) enthält und vielleicht auch caudolaterale Teile des N. epibasalis centralis nahe dem caudalen Pol der Hemisphäre. Diese Impulse werden wahrscheinlich über aufsteigende Anteile des Tractus occipito-mesencephalicus geleitet. Aufgrund meiner eigenen Studien glaube ich nicht, daß es bei Vögeln irgendeine direkte Verbindung optischer Projektion zum Telencephalon gibt, die sich grundsätzlich mit einem geniculo-calcarinen System vergleichen ließe. Wesentliche Funktionen der Area striata der Primaten werden bei Vögeln wie bei Reptilien wahrscheinlich durch die „Rinde“ des Tectum opticum mesencephali ausgeübt.

Noch einmal: Wenn die nicht beantwortbare aber drängende Frage nach den Parallelphänomenen des Bewußtseins auftaucht, so kann man geneigt sein anzunehmen, daß Vögel und Reptilien Formen und Muster

„mit" dem Mittelhirndach „sehen" oder, mit anderen Worten, daß neurale Erregungen, die mit psychischen Parallelphänomenen korreliert sind, sich in dieser Struktur abspielen. Erkennen und emotionale Haltungen, die gerade bei Vögeln sehr ausgeprägt sind, könnten von Aktivitäten der weit ausgedehnten Basalganglien abhängig sein, die hierbei wahrscheinlich in einem ziemlich hohen Maße äquipotentiell sein könnten.

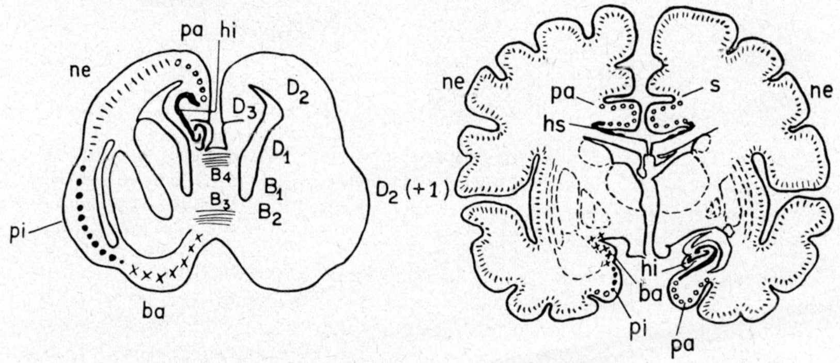

Abb. 9 D: Diagrammatischer Querschnitt durch das Endhirn eines Beuteltieres (Didelphys) in der Ebene der vorderen Kommissur und der commissura hippocampi.

Abb. 9 E: Diagrammatischer Querschnitt durch das menschliche Endhirn. Links in der Ebene des nucleus amygdalae, rechts in der Ebene des Hippocampus.

Sogar bei den primitivsten Säugern kann man einen eindeutigen Neocortex erkennen. Bei solchen niederen Säugern stellt diese Rinde, die sich von einem Streifen des grundlegenden pallialen Form-Elements D 2 ableitet, eine von fünf rostro-caudalen corticalen Längszonen dar: 1. basale Rinde, 2. Rinde des Lobus piriformis, 3. Neocortex, 4. Parahippocampale Rinde, 5. Hippocampale Rinde (Abb. 9D, F, G). Ein ziemlich steiler Gradient besteht zwischen Neocortex und Cortex piriformis, ein niedriger dagegen zwischen Neocortex und parahippocampalem Cortex, der wiederum einen steileren Gradienten gegenüber der hippocampalen Rinde aufweist.

Der Neocortex dieser Formen ist als ein Kontinuum betrachtet worden. Innerhalb dieses Kontinuums kann man niedere mediolaterale sowie auch rostro-occipitale Gradienten erkennen. Die architektonischen Züge sind aber nicht charakteristisch genug, um bestimmte Areale innerhalb des Kontinuums des Neocortex abzugrenzen. Alle Karten, die den Versuch unternehmen, eine wohldefinierte und komplexe Unterteilung des Neocortex bei diesen niederen Säugetieren aufzuzeigen, stellen meiner Mei-

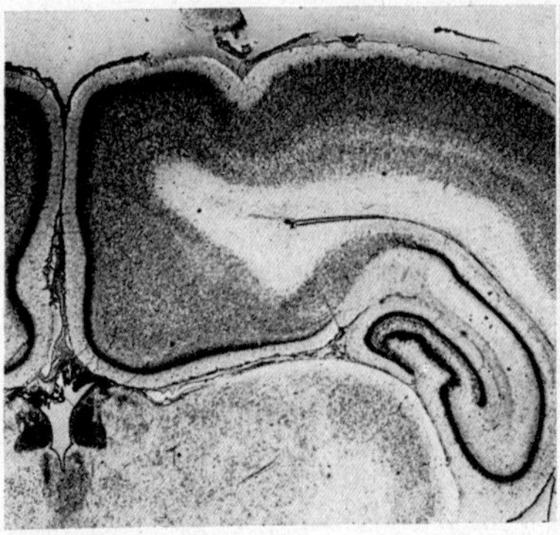

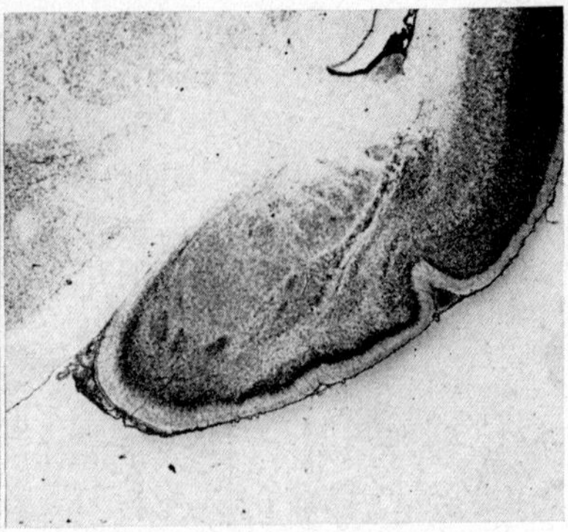

Abb. 9 F: Gradienten zwischen der Hippocampusrinde (unten rechts), der parahippocampalen Rinde (links) und dem Neocortex (rechts) bei einem niederen (erwachsenen) Säugetier (Kaninchen, Querschnitt, *Nissl*-Färbung, Mikrofotographie bei geringer Vergrößerung).

Abb 9 G: Gradienten zwischen der basalen Rinde (unten links), der Rinde des lobus piriformis (unten in der Mitte) und dem Neocortex (rechts) bei einem niederen Säugetier (Kaninchen, der gleiche Schnitt wie in Abb. 9 F. Die basale Rinde ist hier der corticale nucleus amygdalae oder die Area ventrolateralis posterior *(Kuhlenbeck)*, oben mit einigen Teilen des nucleus amygdalae und dem caudalen Ende des Putamen. Lateral vom nucleus amygdalae und benachbart der Rinde ist das Claustrum erkennbar. In der Wand des Seitenventrikels erscheint der Schwanz des nucleus caudatus).

nung nach daher nur eine Ausgeburt der Phantasie dar. Das Konzept des strukturellen Kontinuums steht in keinerlei Widerspruch zu dem der Äquipotentialität. Auf der Grundlage thalamocorticaler Verbindungen können bei niederen Säugern verschiedene ungefähre Unterteile des Neocortex unterschieden werden, aber man kann diese Gebiete nicht genau auf der Grundlage der Architektonik abgrenzen. Der occipitale Neocortex mit seinen Afferenzen vom dorsalen Teil des Corp. genic. laterale ist damit eine allgemeine Rinde, die zwar visuelle Afferenzen erhält, aber durchaus imstande ist, eine Vielfalt anderer Aktivitäten auszuüben. Obschon er als „Sehrinde“ bezeichnet wird und eine solche auch wohl sein könnte, kann man nicht sagen, daß er der Area striata oder der Sehrinde der Primaten funktionell entspricht. Alle verfügbaren Daten weisen darauf hin, daß einige wichtige Funktionen, die bei Primaten der Koniokortex der Area striata übernimmt, bei primitiven Säugetieren immer noch vom Mittelhirndach und möglicherweise von anderen subcorticalen Bezirken grauer Substanz ausgeführt werden.

Bei Primaten und anderen höheren Säugern werden die architektonischen Kennzeichen des Neocortex immer mehr ausgeprägt. Verschiedene

Regionen, wie z. B. die frontale granuläre, die praecentrale agranuläre und die gigantopyramidale Rinde, der Koniocortex bes. die Area striata, und einige andere werden mehr oder weniger rasch erkennbar. Gleichzeitig mit dieser strukturellen Diffrenzierung kommt es zu einer gewissen funktionellen Spezialisierung, die wiederum mit einem kleineren oder größeren Verlust an Äquipotentialität einhergeht. Dieses letztgenannte funktionelle Kennzeichen bleibt dennoch durch einen großen Teil des Rindenkontinuums erhalten. *Ashby* hat 1952 gezeigt, daß ein solcher Typ der Lokalisation in einem multistabilen System verwirklicht wird. In einem großen System dieser Art wird die Gesamtreaktion von einzelnen Schrittfunktionen abhängig sein und von Aktivierungen, die beide zahlreich und weit verstreut sind. Entfernung fast jeden Teiles kann störend wirken, obschon innerhalb gewisser Grenzen kein Teil identifiziert werden kann, dessen Entfernung eine bestimmte Funktion völlig unterdrückt. Dies kommt, wie *Ashby* bemerkt, den Befunden von *Lashley* und anderen sehr nahe. Diese Deutung der cerebralen Mechanismen ist auch wiederum gut in Einklang mit dem Konzept der Engramme aus meinen Vorlesungen 1927 zu bringen. Die Gedächtnisspuren sollen danach einzeln lokalisiert sein in Form zahlreicher Spuren, die in anscheinend zufälliger Verteilung weit über die Hirnrinde verstreut sind. Diese Spuren würden, anatomisch gesehen, als Komponenten eines gegebenen Netzwerkmusters, und, funktionell gesehen, durch die Aktivierung solcher Netzwerke in eine Einheit zusammengefaßt.

Beim Versuch, den evolutionären Wandel zu erfassen, der zu der angenommenen phylogenetischen Entwicklung gehört, werden einige hervorstechende und grundlegende Merkmale deutlich.

Als erstes gibt es eine Tendenz zur fortschreitenden Telencephalisation, durch welche die Integration vieler grundlegender Funktionen vom Mittelhirn auf das Endhirn übergeht. Im Sauropsiden-Stadium kommt es zu einer Dichotomie: Die Führungsrolle wird bei Säugetieren vom pallialen Neocortex übernommen, bei Vögeln von dem Komplex der Basalganglien. Man kann diese Strukturen damit als Analogon — aber nicht als Homologon — des Neocortex betrachten. Vom biologischen Standpunkt aus gesehen ist es ebenso von Interesse, daß diese Dichotomie auch andere Systeme und Funktionen betrifft. So gibt es einen bleibenden linken vierten Aortenbogen bei Säugetieren, einen bleibenden rechten bei Vögeln. Was den Eiweisstoffwechsel angeht, so ist das hauptsächliche Stickstoffendprodukt bei Säugetieren der Harnstoff, bei Vögeln die Harnsäure.

Rensch hat 1956 mit Recht bemerkt, daß sehr verschiedene neurale Strukturen in Zusammenhang mit den Fähigkeiten des Lernens, Behaltens und Abstrahierens gebracht werden können, wie z. B. das Mittelhirn bei den Anamniern, die Basalganglien bei den Vögeln, die Großhirnrinde bei den Säugetieren, und, bei einigen Wirbellosen, besonders Arthropoden, die Corpora pedunculata. All diese Strukturen haben die große Zahl von neuralen Erregungskreisen und entsprechenden Relais-Elementen (Neuronen und Synapsen) gemeinsam.

Zum zweiten stellt die Telencephalisation bei Wirbeltieren wahrscheinlich einen Einbruch verschiedener nicht olfaktorischer Systeme in das ursprünglich rein olfaktorische Telencephalon dar. In einer Übersicht über diese evolutionäre Tendenz hat *C. J. Herrick* (1921) diesen Prozeß als „dramatische Geschichte" bezeichnet:

Wenn wir annehmen, daß die primitivsten Wirbeltiere einige Ähnlichkeit mit den heutigen Cyclostomen hatten, dann wurde ihr gesamtes Endhirn und ein großer Teil des Zwischenhirns völlig beherrscht vom olfaktorischen System. Einige relativ kleine nicht-olfaktorische Komponenten drangen, aufsteigend vom Mittelhirn, in dieses Gebiet ein. Im Zuge der Entwicklung haben dann die nicht-olfaktorischen Systeme immer mehr an Bedeutung gewonnen. Im Amphibienstadium ist zwar ein bemerkenswerter Teil des Thalamus hauptsächlich den nicht-olfaktorischen Beziehungen gewidmet, aber kein Teil der Großhirnhemisphäre ist ganz frei von olfaktorischen Verbindungen. Bei den Reptilien gibt es bereits eine starke Zunahme der aufsteigenden nicht-olfaktorischen Systeme, die in einem Teil des Komplexes der Basalganglien sogar schon vorherrschen können. Diese Tendenz führt weiter zum Vogeltyp des Endhirns. Bei den Reptilien gibt es darüber hinaus eine wohldefinierte Hirnrinde, in der wesentlich die olfaktorischen Verbindungen vorherrschen, aber mit einer Region der dorsalen Rinde (primordium neopallii, „general cortex"), auf die nicht-olfaktorische Systeme grundlegend übergegriffen haben (*Elliot Smith*, 1910, 1919). Diese Tendenz führt weiter zum Telencephalon der Säugetiere. Bei ihnen stehen im Neocortex die nicht-olfaktorischen Systeme ohne Beimischung olfaktorischer Komponenten völlig im Vordergrund und greifen wahrscheinlich langsam auf die parahippocampale Rinde und die Hippocampusformation über. Beim Menschen (Abb. 4, 9E) sind die olfaktorischen Zentren durch die darübergewachsenen nicht-olfaktorischen Systeme „in ziemlich obskure Winkel der Hemisphäre zusammengedrängt" (*C. J. Herrick*, 1921). Die enge Beziehung zwischen gewissen Typen des emotionalen Verhaltens und einigen rhinencephalen Strukturen[40], wie sie bei der Diskussion der Lokalisation im Menschenhirn besprochen wurden, wird leicht verständlich, bedenkt man das zunehmende Übergreifen der nicht-olfaktorischen Funktionen[41] auf olfaktorische Strukturen.

Zusammenfassend kann man mit *Herrick* sagen, daß immer komplexere Beziehungen zwischen telencephalen olfaktorischen und mesencephalen nicht-olfaktorischen Zentren von einem nach vorn (rostralwärts) tendierenden Wachstum optischer, akustischer, taktiler und anderer Faserzüge von mehr caudalen Zentren in das olfaktorische Gebiet des Endhirns begleitet wurden. Dieser Prozeß schließt zu einem ausschlaggebenden Teil auch das Zwischenhirn ein als einen Knotenpunkt, der zwischen dem Telencephalon und den caudalen Partien des Zentralnervensystems vermittelt.

In der Phylogenese scheint das zunehmende Wachstum des Gehirns von Bedeutung zu sein. *Rensch* (1956) betont, daß, wenn man zum Beispiel das visuelle Verhalten betrachtet, größere Arten von Wirbeltieren zahlreichere und offensichtlich auch kompliziertere visuelle Aufgaben erlernen und sie über einen längeren Zeitraum behalten können als vergleichbare Arten geringerer Größe. Die Lernfähigkeit ist bis zu einem gewissen Grade der Masse des Nervengewebes durchaus proportional. Die angenommene Rolle der anwachsenden Hirngröße würde auch gut in Einklang mit *Copes* Regel des im Laufe der Phylogenese successiven Anwachsens der Körpergröße zu bringen sein, obschon die beiden Tendenzen nicht im ganzen identisch sein müssen und durch verschiedene Gruppen von Variablen beeinflußbar sein können.

Gewisse morphologische Einheiten wie Organe, fundamentale Musterelemente (Bauplangrundbestandteile) oder Formelemente (Formbestandteile) können, relativ gesehen, ein größeres Wachstum als der ganze Organismus aufweisen (positive Allometrie), hinter diesem zurückbleiben (negative Allometrie) oder dem allgemeinen Wachstum entsprechen (Isometrie).

Rensch glaubt, daß neue Hirnregionen phylogenetisch zunächst als eine positiv allometrische Entwicklung progressiver Anteile entstanden

---

[40] Diese Beziehung wurde an Vorderhirnläsionen und Wutreaktionen bei Katzen und Hunden in klarer Weise in einer Studie von *Spiegel*, *Miller* und *Oppenheimer* (1940) gezeigt.

[41] Eine Anzahl dieser sich ausbreitenden nicht olfaktorischen funktionellen Komponenten ist wahrscheinlich eng mit der Affektivität verbunden, die sich sowohl auf viszerale wie auch auf somatische Antworten bezieht.

sein könnten. Später sollen diese Teile dann „immer weiter mit Verhaltensfunktionen beladen“ worden sein. Manche Beobachtungen sprechen für seine Ansichten.

In dieser Hinsicht sind die Studien von *Nolte* (1953) von besonderem Interesse. Ihre Ergebnisse weisen darauf hin, daß die positive Allometrie der Area dorsalis pallii bei Amphibien, einer Region, die offensichtlich nicht mit bedeutenden Funktionen betraut ist, dahingehend ausgelegt werden könne, daß sie die Basis einer verbesserten funktionellen Entwicklung der Rinde darstelle (Abb. 9A). Obschon diese Studie sich nur mit gegenwärtigen Formen beschäftigt, ist es nicht unwahrscheinlich, daß eine ähnliche Allometrie, verbunden mit anderen Faktoren, eine wichtige Rolle bei der Evolution des Neopalliums gespielt hat. Vom rein formanalytischen Gesichtspunkt aus stellt das Neopallium eine Differenzierung des Grundbestandteiles D2, besonders D2 al (*K.*, 1922) dar. Die Area dorsalis pallii (*K.*, 1921) ist identisch mit einem undifferenzierten Element D2. Es ist bemerkenswert, daß die Schlüsse aufgrund dieser formanalytischen Studien, die sich mit abstrakten Prinzipien organischen Aufbaues beschäftigen, oder, mit anderen Worten, mit „idealistischer Morphologie“, in ihrem grundlegenden Gehalt mit Ergebnissen übereinstimmen, die auf ganz andere Weise durch *Rensch* und *Nolte* gewonnen wurden.

Rensch (1956) schließt die Frage an, warum solche progressiven Entwicklungen sich mehr oder weniger im Sinne einer Addition zu Endstadien und nicht als „Archallaxis“ (*Sewertzoff*, 1931) darstellen, also als eine Wandlung, die bereits in frühen Stadien beginnt. *Rensch* glaubt, daß nach dem Entstehen eines harmonisch funktionierenden Strukturtyps in der Phylogenese es leichter war, daß Varianten überlebten, bei denen eine Weiterentwicklung auf die letzten Stadien aufgesetzt wurde, weil alle früheren Veränderungen die Neigung in sich getragen hätten, auf die bereits etablierte Harmonie störend oder zerstörend einzuwirken.

Aufgrund der bisher vorliegenden Daten kann die Frage nicht befriedigend beantwortet werden, ob, wie bei Insekten, Reptilien und Vögeln oder anderen im wesentlichen stabilisierten Tierformen auch das Säugerhirn an einem endgültigen, d. h. biologisch stabilen Entwicklungsstadium, das beim Menschen seinen Höhepunkt erreicht hat, angekommen ist. Man kann also auch nicht vorhersagen, ob noch eine weitere progressive Hirnentwicklung stattfinden wird.

In geschichtlicher Zeit scheint es zu keinen signifikanten Veränderungen gekommen zu sein. Der Fortschritt in der Wissenschaft und auf anderen Gebieten scheint nicht ein Ergebnis immer besser werdender menschlicher Gehirne zu sein, sondern ist wohl eher zurückzuführen auf die langsame Ansammlung und Auswertung überlieferter Erfahrung und Information, die fortschreitend angehäuft und vergrößert wird. Diese spezifisch menschliche Funktion wurde als ein neuer biologischer Prozeß der Übermittlung von *Spatz* betont (1955): „Diese neue Art der Weitergabe... besteht in der Übermittlung von im individuellen Leben erworbenen Erfahrungen und Fähigkeiten auf kommende Generationen, wobei Bildnerei, Sprache und Schrift eine führende Rolle spielen."

Probleme der Verschlüsselung

Wenn wir die Terminologie von *Ziehen* annehmen, und modifizieren, können wir willkürlich alle Ereignisse in der postulierten materiellen Welt, d. h. innerhalb des als Fiktion angenommenen öffentlichen physikalischen Raum-Zeit-Systems in R-Ereignisse und N-Ereignisse klassifizieren.

Alle Ereignisse *außerhalb* der Sinnesrezeptoren und der neuromuskulären und neuroglandulären Synapsen sind R-Ereignisse. Die N-Ereignisse sind alle jene Ereignisse *innerhalb* des Nervensystems in weiterem Sinne, d. h. vom peripheren sensorischen Eingang zum peripheren Ausgang, die die wesentliche Bedeutung von Signalen, d. h. von verschlüsselter Kommunikation besitzen.

Da das Nervensystem ein Teil der physikalischen Welt ist, kommen R-Ereignisse, die nicht zu Signal- oder Kommunikationsfunktionen in Beziehung stehen, gleichfalls innerhalb seines raum-zeitlichen Bereiches vor. Die Organe des Nervensystems sind z. B. den Wirkungen der Schwerkraft, der Beschleunigung und Verzögerung unterworfen und sind als lebende Gewebe der Sitz der verschiedenen allgemeinen physiologischen Prozesse. Insofern diese Ereignisse nicht unmittelbar zu Kommunikations- und Verschlüsselungsfunktionen in Beziehung stehen, müssen selbst solche physiologischen Aktivitäten als R-Ereignisse betrachtet werden. Die Unterscheidung ist offensichtlich unscharf und willkürlich insofern, als viele physiologische Prozesse, die nicht unmittelbar zur Signalübertragung, d. h. zu N-Ereignissen in Beziehung stehen, doch wichtige Parameter darstellen, die je nach den Umständen die N-Ereignisse erheblich beeinträchtigen.

Es kann auch festgestellt werden, daß eine funktionelle Form gewisser extraneuraler R-Ereignisse gewissen physiologischen neuralen R-Ereignissen aufgeprägt ist: Die Übertragung, die Versorgung mit Mustern und die weiteren Vorgänge jener Funktionsform stellen die N-Ereignisse dar. Mit anderen Worten kann man auch sagen, daß manche neurale R-Ereignisse die Bedeutung von N-Ereignissen annehmen.

Obwohl extraneurale R-Ereignisse und N-Ereignisse kausal miteinander in Verbindung stehen, ist zu beachten, daß es keinen direkten Übergang von Energie von den extraneuralen R-Ereignissen zum Gehirn mittels N-Ereignissen gibt, abgesehen vom Auslöse-Effekt auf den Rezeptor. Die Energie des Lichtes, das auf die Retina einwirkt, der Schallwellen, die die Basilarmembran zum Schwingen bringen, des mechanischen Druckes, der auf die Haut ausgeübt wird, wird nicht übertragen, sondern sie wird zerstreut. Daraus ergibt sich ein Zuwachs der Entropie in Übereinstimmung mit dem zweiten Gesetz der Thermodynamik. Die Energie, die mit den N-Ereignissen in Verbindung steht, wird von den physiologischen neuralen R-Ereignissen geliefert. Dies kann man mit dem Abschuß eines Gewehres vergleichen, bei dem die Muskelenergie, die nötig ist, um den Abzugshahn zu ziehen, in keiner Weise in die Energie, die das Geschoß treibt, transformiert wird oder zu ihr in Beziehung steht.

Es erscheint über jeden vernünftigen Zweifel gesichert, daß die Funktionseinheit des Nervensystems, was die N-Ereignisse betrifft, d. h. die Übertragung der Signale, dem Konzept des Neurons entspricht. Die meisten Neurone sind miteinander durch Synapsen verbunden. Die Neuronen und Synapsen stellen in Ausdrücken der Kommunikationstheorie Relais oder Schaltelemente dar. Eine Menge von Erregungskreisen wird durch Neuronenketten gebildet.

Man kann annehmen, daß die nervösen Leitungsbahnen bei der Übertragung von Signalen im wesentlichen auf dem Digitalprinzip arbeiten. Jedoch ist diese Annahme auf der Grundlage des heute zur Verfügung stehenden Wissens eine vorläufige und sogar etwas zweifelhafte Hypothese. Das Nervensystem kann möglicherweise durchaus gleichzeitig nach digitalen und nach analogen Prinzipien arbeiten. *Weiss* (1955) führt aus, daß die Antwortbeziehungen im Nervensystem „wie man heute weiß, von qualitativen Spezifitäten großer Feinheit gelenkt werden, die weit unterhalb morphologischer Sichtbarkeit liegen und nicht etwa einfach durch geometrische Beziehungen von in anderer Hinsicht äquivalenten Einheiten". Diese Erläuterung kann im Hinblick auf die ontogenetischen Prozesse wertvoll sein, die die R-Ereignisse darstellen und ebenso auch im Hinblick auf die nervöse Impulsübertragung, d. h. die N-Ereignisse innerhalb des vollständig entwickelten Systems.

Das Nervensystem als Ganzes kann als ein Kontroll- und Kommunikationsmechanismus gedeutet werden, der aus vielen stabilen und ultrastabilen Systemen mit mannigfaltigen positiven und negativen Rückkopplungsschleifen besteht. Verstärker und Servomechanismen im strengeren Sinne sind ebenfalls eingeschlossen. Die neuromuskulären Mechanismen z. B. entsprechen der technischen Definition eines Rückkopplungsverstärkers oder eines geschlossenen Kreisservomechanismus (*Kuhlenbeck*, 1954). Die nervösen Verbindungen können mit Sicherheit als Leitungswege betrachtet werden, durch die Signale übertragen werden.

Es ist offensichtlich, daß die mathematischen Prinzipien der Kommunikations- und Kontrolltheorie, die oft als die angeblich neue Wissenschaft der Kybernetik angeführt werden, auf die Funktionen des Nervensystems Anwendung finden, so weit es die N-Ereignisse betrifft. Ich bin nicht der Ansicht, daß die verschiedenen Einwände gegen diese allgemeine Beurteilung von Wert sind und ich lehne die Kritik ab, nach der eine Interpretation des Nervensystems in Ausdrücken der Kommunikationstheorie sich auf an den Haaren herbeigezogene physikalische Analogien stützt. Es ist ein Argument ad hominem, die Tatsache zu zitieren, daß sich *Cartesius* irrte, als er das Nervensystem als ein System von Pfeifen, Schleusen, Klappen und Flüssigkeitsbehältern darstellte (*Sluckin*, 1954). In dieser Beziehung hat man in der strukturellen und funktionellen Analyse des Nervensystems beträchtliche Fortschritte erzielt. Während *Descartes*' Annahme eine reine Vermutung war, muß darauf bestanden werden, daß das Konzept der Neuronen, der Synapsen und der neuralen Erregungsbahnen sicher mehr als bloße Vermutung ist.

Andererseits muß zugegeben werden, daß nicht genügend gesicherte Daten zur Verfügung stehen, die die Entstehung, Weiterleitung und andere Kennzeichen des Nervenimpulses betreffen, um eine ins Einzelne gehende Theorie der Arbeitsweise des Nervensystems in mathematischen Ausdrücken zu liefern.

Bei der Formulierung des Gehirn-Bewußtsein-Problems war die vierte Frage, die die Verschlüsselung betraf, folgendermaßen ausgedrückt worden: Wie werden R-Ereignisse durch N-Ereignisse übertragen oder modelliert? Diese Frage kann gegenwärtig nicht in befriedigender und genügend vollständiger Weise beantwortet werden, selbst wenn die Neurologen ausreichend mit dem mathematischen Aspekt vertraut wären oder wenn die Mathematiker kompetente Neurologen werden könnten.

Unter diesen Umständen werden willkürliche Vereinfachungen unvermeidlich. Trotzdem können einige nützliche allgemeine Feststellungen getroffen werden, wenn man versucht, auf die vierte Frage eine Antwort zu geben.

Theoretisch, d. h. im Prinzip, erscheint diese außerordentlich schwierige und komplexe Frage nicht unlösbar. Könnte man sie vollständig lösen, so würde der hypothetische Fall, der von *Bertrand Russell* konstruiert und auf S. 102 bei der Definition der psychophysischen Probleme zitiert wurde, analysiert und in mathematischen Ausdrücken der Kommunikationstheorie ausgearbeitet werden.

Craik (1943) stellt fest, daß das fundamentale Merkmal der nervösen Maschine ihre Kraft ist, äußere Ereignisse zu parallelisieren oder zu modellieren. Darüber hinaus betont er die grundlegende Rolle des gleichen Prozesses bei den Rechenmaschinen. In der Terminologie meiner vorliegenden Untersuchung sind diese modellierenden Prozesse die N-Ereignisse. Es sollte weiterhin beachtet werden, daß der Ausdruck „parallelisiert" wie *Craik* ihn braucht, eine Bedeutung hat, die von derjenigen im psychophysischen Parallelismus vollständig verschieden ist. In der Argumentation von *Craik* bedeutet parallel das gleiche wie verschlüsselt oder modelliert.

Unter Modell versteht *Craik* jedes physikalische oder chemische System, das eine ähnliche Bezugsstruktur wie diejenige des Prozesses hat, den es imitiert oder verschlüsselt. Eine Bezugsstruktur wie sie *Craik* versteht, ist ein physikalisches Arbeitsmodell, das in derselben Weise arbeitet wie der Prozeß, den es modelliert, „in den Aspekten, die in einem gegebenen Augenblick betrachtet werden". Es ist sehr wichtig, sich darüber klar zu sein, wie *Craik* mit Recht betont, daß das Modell keineswegs dem modellierten Ereignis oder Gegenstand bildmäßig gleichen muß. *Craiks* Konzept der Bezugsstruktur sollte durch die Feststellung erweitert werden, daß der Modell- oder Verschlüsselungsprozeß in einer Transposition wesentliche Konfigurations- oder Gestalteigenschaften eines gegebenen Ereignisses reproduziert. Eine solche Annahme erfordert unzweifelhaft eine feste Beziehung zwischen den signifikanten Eigenschaften der äußeren Ereignisse und den Eigenschaften des Gehirns oder mit anderen Worten, zwischen den Eigenschaften der R-Ereignisse und der N-Ereignisse. Die Gestalt- oder Verschlüsselungsmöglichkeiten der aktivierten Neuronenkreise erfüllen diese Forderung.

Es ist unnötig, eine Eins-zu-Eins-Korrespondenz zwischen R- und N-Ereignissen zu fordern und wahrscheinlich sogar ganz irrtümlich, sie anzunehmen. Die vermutliche und wahrscheinlich tatsächliche Korrespondenz ist eine Korrespondenz zwischen Gestalteigenschaften, d. h. signifikanten Aspekten von Gestaltmustern der R- und der N-Ereignisse.

In einem vereinfachten Schema können die R-Ereignisse in mechanische, chemische und Strahlenereignisse eingeteilt werden. Hinsichtlich der N-Ereignisse gibt es mechanische, chemische und Strahlenrezeptoren. Diese Klassifikation überdeckt das nützliche alte Schema der fünf Sinne, des Sehens, Fühlens, Hörens, Riechens und Schmeckens und auch die mehr sophistischen weiteren Unterteilungen, die man in der Physiologie, in der Neurologie und der Psychologie gebraucht, macht sie aber nicht überflüssig.

Mechanische Rezeptoren sind Tango-Rezeptoren für leichte Berührung, Druck und Vibration, Schmerz, Spannung und Kontraktion (Muskel- und Sehnenspindeln, sensible Endigungen in der Lunge, arterielle und venöse Pressorezeptoren), Schallwellen (*Cortis* Organ), Beschleunigung und Verzögerung und Schwerkraftwirkungen (Vestibularrezeptoren). Chemorezeptoren sind Geschmackszellen, Riechzellen und andere, wie die Rezeptoren im Bereich der Carotiden und der Aorta. Einige Schmerzrezeptoren können möglicherweise auch Chemorezeptoren sein, in Übereinstimmung mit gewissen Hypothesen über den Mechanismus verzögerter Schmerzempfindungen. Die Rezeptoren für Strahlungen sind die Fotorezeptoren der Netzhaut und die Rezeptoren für Temperaturdifferenzen negativer (Kälterezeptoren) und positiver (Wärme- oder Hitzerezeptoren) Art. Die Temperaturrezeptoren stehen in enger Beziehung zu den Berührungsrezeptoren, da die Hitze nicht nur durch Strahlung, sondern auch durch Konvektion und Konduktion verbreitet wird. Solche Rezeptoren müssen daher imstande sein, auf lokale Temperaturwirkungen, die durch Leitung in den Geweben hervorgerufen werden, zu reagieren. Ihre Klassifikation als Strahlungsrezeptoren ist deshalb vielleicht fraglich, weil der Auslöseeffekt durch Änderungen in der chemischen Reaktionsgeschwindigkeit des Protoplasmas bewirkt wird, die zu der Wärmeleitung in Beziehung steht.

Die Rezeptoren, von denen einige sich ausgesprochen wie Neuronen verhalten (Stäbchen und Zapfen, Riechzellen), andere nicht, (Geschmackszellen, Meissnersche und Pacinische Körper usw.) sind an ein spezifisches R-Ereignis angepaßt und lassen auf Reizung ein N-Ereignis entstehen, d. h. einen Nervenimpuls, der seinerseits ein Signal vorstellt. Man nimmt an, daß solche Signale, also die grundlegenden funktionellen Einheiten der N-Ereignisse, durchgehend gleicher Natur und von digitalem Typ sind. Wie ich schon wiederholt erwähnt habe, kann diese Annahme wertvoll sein oder nicht. Wegen ihrer Anpassung an gewisse Typen von R-Ereignissen können die Rezeptoren auch als Analysatoren solcher Ereignisse verstanden werden. *Le Gros Clark* (1947) gebrauchte auch die Bezeichnung „periphere Analysatoren".

Weiter oben wurde ausgeführt, daß die neuromuskulären Synapsen als Servo-Mechanismen gedeutet werden können und da sie den Teil einer Rückkopplungsschleife bilden, als Rückkopplungsverstärker oder geschlossene Kreisservomechanismen (*Kuhlenbeck* 1954). Die Rezeptoren haben ebenfalls Eigenschaften, die mit Servomechanismen verwandt sind, da der Energieimpuls, den sie übertragen, nicht die Energie des R-Ereignisses, sondern eine ausgelöste Entladung ist, deren Energie durch biochemische Prozesse des lebenden Protoplasmas des Rezeptors geliefert wird. Die Rezeptoren prägen daher auf ihr Ausgangssignal (N-Ereignis) $y(t)$ dieselbe wesentliche funktionale Form, wie sie das Eingangssignal (R-Ereignis) $x(t)$ hatte, „dieser Vorgang ist der gleichen Beschränkung unterworfen, daß nämlich die Energie, die mit $y(t)$ verbunden ist, aus einer lokalen Quelle herstammt", (dem lebenden Rezeptor) „und daß sie nicht unmittelbar von dem Einlaßsignal geliefert wird" (*Mac Coll*, 1945); die Definition dieses Autors, die hier in jeder Hinsicht anwendbar ist, wurde nicht im Hinblick auf nervöse Funktionen formuliert, sondern betrifft die fundamentale Theorie der Servomechanismen als eines technischen Problemes.

Die Rezeptoren haben gewisse Schwellenwerte, über denen die Auslösung eines Signalimpulses eintritt. Da diese Schwelle in vielen Fällen nicht nur relativ spezifisch für eine gewisse Kategorie von R-Ereignissen ist, sondern auch außerordentlich niedrig, hat man behauptet, daß die Rezeptoren zu der Klasse der impulserzeugenden Verstärker gehören (*Platt*, 1956). Strenggenommen dürfen wir die Sinnesendigungen nur dann als Verstärker deuten, wenn die Energie, die mit dem Signalimpuls (einem N-Ereignis) verbunden ist, größer ist als die Energie des R-Ereignisses, das auf diesen Rezeptor einwirkt. Dies könnte durch Messungen und Berechnungen festgestellt werden, und hinsichtlich der Schwellenwerte liegen schon viele wichtige zahlenmäßige Daten vor; was die wirklichen Energiewerte, die bei der nervösen und synaptischen Transmission im Spiele sind, betrifft, so kann man deshalb keine wertvollen Feststellungen treffen, weil wir die biochemischen und die anderen physiologischen Aspekte dieser Prozesse noch ungenügend verstehen. Trotzdem sind die Energietransformationen, die mit ihnen verbunden sind, offenbar von sehr niedrigem Zahlenwert, in scharfem Gegensatz zu ihrem sehr hohen Verschlüsselungs- oder Informationswert.

Auf der Grundlage von bloßen Schätzungen kann eingeräumt werden, daß die Photo-Rezeptoren, vielleicht auch gewisse Chemorezeptoren und möglicherweise noch wenige andere als wirkliche Verstärker funktionieren könnten. Im Falle vieler Druckrezeptoren, der Schallrezeptoren und der vestibulären Sinnesorgane ist es wahrscheinlicher, besonders, wenn die R-Ereignisse wesentlich über dem Schwellenwert liegen, daß die Energie in Verbindung mit den N-Ereignissen sogar beträchtlich niedriger ist als die Energie, die auf die Sinnesendigung einwirkt. In diesen Fällen senkt der Rezeptor, weit davon entfernt, ein Verstärker zu sein, in seinem Auslaßsignal (das natürlich das Eingangssignal für das Nervensystem ist) die Energie des R-Ereignisses.

Der periphere afferente Nervenimpuls, ein N-Ereignis, stellt ein Eingangssignal dar, das entweder eine Informationseinheit oder, falls komplex, ein Informationsmuster ist. Um mittels der zentralen Aktivitäten in geeigneter Weise fortgeleitet zu werden, muß diese Information auf dem Leitungswege ihren Schlüsselwert bis zu den relevanten Mechanismen behalten, die die Information zurückgeben oder analysieren.

Dieses Prinzip des spezifischen Schlüsselwertes wird in der wohlbekannten Lehre der spezifischen Nervenenergien, wie sie 1838 von *Johannes Müller* und vorher von *Charles Bell* formuliert war, ausgedrückt; es wurde weiterhin durch *Helmholtz* ausgearbeitet. Nach dieser Ansicht werden verschiedene Reize, die verschiedenen Typen der Wahrnehmung, wie Sehen, Berührung, Hören usw. entsprechen, durch spezifische Typen von Nervenfasern vermittelt; diese Spezifität schließt auch ein spezielles Endorgan und die Leitung des Impulses zu einer besonderen Region des Zentralnervensystems ein. Mit anderen Worten vermittelt jede afferente Faser nur einen Sinnesprozeß oder eine Sinnesqualität. Innerhalb gewisser Grenzen erregen verschiedene inadäquate Reize, die auf einen gegebenen Rezeptor einwirken, dieselbe Empfindungsmodalität; die Durchschneidung des Sehnerven oder die mechanische Reizung der Netzhaut durch einen Schlag auf das Auge usw. ruft einen Lichtblitz hervor.

Andererseits kann ein und derselbe Reiz, wie z. B. ein mechanischer oder elektrischer, der auf verschiedene Rezeptoren oder ihre Auslaßkanäle wirkt, verschiedene Sensationen hervorrufen, nämlich die Sensation, die jeweils für die Modalität des betreffenden Rezeptors typisch ist. Jedoch haben die Rezeptoren für inadäquate Reize, d. h. für solche, denen sie nicht in spezieller Weise angepaßt sind, eine viel höhere Schwelle.

Auch in den zentralen Bereichen gilt eine ähnliche Erscheinung: Elektrische Reizung der Sehrinde ruft Lichtempfindung hervor, elektrische Reizung der Hörrinde Hörempfindungen usw. Man hat in etwas pointierter Weise, festgestellt, daß, wenn es möglich wäre, die peripheren Gebiete des Hörnerven mit den zentralen Anteilen des Sehnerven zu verbinden und umgekehrt, wir das Licht hören und einen Gesichtseindruck des Donners haben könnten.

In einem gegebenen spinalen oder branchialen Nerven können viele verschiedenartige funktionelle Komponenten gemischt sein. Erreicht der Einlauf das Zentralnervensystem, so findet eine topographische Wiederordnung nach der funktionellen Bedeutung statt. Die Lehre der funktionellen Nervenkomponenten, wie sie von *Gaskell, Herrick, Johnston* u. a. ausgearbeitet wurde, steht in enger Beziehung zur Lehre der spezifischen Nervenenergien. Sie hat zu einer nützlichen anatomischen Analyse der Längszonen im Deuterencephalon und im Rückenmark geführt. Allgemein gesprochen müssen alle afferenten Fasern von peripheren Rezeptoren einer Art von Aussonderung und Wiederholung im Zentralnervensystem unterliegen (*Le Gros Clark*, 1947).

Die Bezeichnung „spezifische Energie“ scheint jedoch nicht besonders gut gewählt. Stattdessen ließe sich besser sagen, daß verschiedene Typen von Reizen, d. h. von R-Ereignissen von spezifischen Rezeptoren in Signale (N-Ereignisse) übertragen werden, die vom Rezeptor bis zu einem zentralen Verarbeitungs- oder Verwertungsmechanismus einen spezifischen Schlüsselwert behalten. Diese Lehre schließt eine ganze Gruppe von Spezifitäten ein: Nämlich, daß ein Rezeptor an einen bestimmten Reiztyp angepaßt ist, ferner das Prinzip der topologischen Bedeutung des Übertragungsweges und das Prinzip des Verarbeitungs- oder Verwertungszentrums.

Ontogenetisch entstehen diese Spezifitäten durch Wachstum und Differenzierung, offenbar als Antwort auf Feldeffekte oder Funktionsregeln, die vermutlich biochemische Faktoren einschließen. In dem vollständig entwickelten normal funktionierenden Nervensystem hängt die Spezifität des Schlüsselwertes wahrscheinlich vom besonderen Typ des Rezeptors ab, der gereizt wird, ferner von den topologischen Verbindungen der übertragenden Fasern und den topologischen Eigenschaften der neuronalen Elemente, die die verwertenden Zentren im Gehirn bilden. Man kann sagen, daß die Signale, die von spezifischen Analysatoren stammen, abgesondert und zu spezifischen Mechanismen des Gehirns geleitet werden, die mit spezifischen Typen sensorischer Erfahrung zusammenhängen (*Le Gros Clark*, 1947). Jeder spezifische Mechanismus seinerseits hat bis zu einem gewissen Ausmaß einen bestimmten Ort im Gehirn.

Wenn alle Signale aus diskreten Impulsen bestehen und im wesentlichen hinsichtlich ihrer Struktur gleich sind, dann könnten, abgesehen von der spezifischen Adaptation der Rezeptoren, alle Spezifitäten auf eine räumliche Anordnung des Netzwerkes zurückgeführt werden. Unterschiede im Verhältnis der Leitung, der Frequenz und des Sequenzmusters würden für die gegebenen Verschlüsselungsmöglichkeiten innerhalb eines gegebenen räumlichen Systems verantwortlich zu machen sein. Unterschiede in der Größe oder Amplitude der Signalimpulse könnten gleicherweise für die leitenden Fasern eines Systems gelten und ein angenommenes einfaches digitales Muster komplizieren. Auch könnten biochemische Differenzen von Bedeutung sein, besonders was die synaptische Übertragung betrifft.

Das ganze Bild ist daher keineswegs genügend geklärt. *Adrian* (1947) behauptet trotzdem, daß die Nervenfasern ihre Leistung nach einem einfachen und einförmigen Plan verrichten; er nimmt an, daß die Aktivität des Gehirns von Augenblick zu Augenblick in Ausdrücken rasch fluktuierender räumlich-zeitlicher Reiz-Muster, die überall aus wesentlich identischen Elementen zusammengesetzt sind, definiert werden könnte.

Dennoch könnten einige Typen von Rezeptoren relativ und abgestuft unspezifisch sein und verschiedene Formen von R-Ereignissen, die auf eine Gruppe solcher Rezeptoren wirken, könnten verschiedene komplexe Antwortmuster erzeugen. Während die Signalimpulse der Natur nach identisch sein könnten, würde das gesamte Muster, das gleichzeitig über eine Anzahl verschiedener Konduktoren geleitet wird, für den Reiztyp charakteristisch sein. Diese Möglichkeit könnte in der Verschlüsselung gewisser Reize aus der Gruppe der taktilen und vor allem der Schmerzsensationen verwirklicht werden und wird weiter unten nochmals kurz diskutiert.

Im Hinblick auf die Frage, ob das Zentralnervensystem bei der Verarbeitung nervöser Signale in Übereinstimmung mit dem *Analog*- oder dem *Digital*prinzip arbeitet, sei der wesentliche Unterschied dieser beiden Prozeduren hier kurz zusammengefaßt:

Das Analogsystem arbeitet mit physikalischen Quantitäten oder Größen, die als solche übertragen werden. Das Digitalsystem arbeitet mit

Permutationen einzelner unterschiedener Signale oder Marken, die Muster alternativer Aktionen darstellen, in vielfach wiederholten Folgen organisiert sind und durch logische Regeln gesteuert werden. Die Signale manifestieren mindestens 2 verschiedene Zustände (z. B. Ein—Aus), ihr Wert hängt ab von der „Ordnung“ oder „logischen“ Bedeutung des Musters.

Obwohl eine nervöse Entladung in Übereinstimmung mit dem „Alles-oder-Nichts-Gesetz“ als ein digitales Signal mit zwei Werten (Ein—Aus oder Null—Eins) eingeschätzt werden darf, kann sie sich auch auf ein Analogsystem beziehen. So kann bei der Übertragung einer kontinuierlichen Reihe von Reizintensitäten in eine Reihe nervöser Impulsfrequenzen die letztere trotz der diskreten Sprünge analoge Signale liefern, so z. B., daß die durchschnittliche Dichte der Impulsfolge in der Zeit sich in Zahlen darstellt („Pulsdichtesystem“ *v. Neumann*, 1958). Ein nervöser Impuls oder ein „Spike-Potential“ schließt daher nicht mit Notwendigkeit im strengen Sinne ein digitales System ein, sondern ist auch mit einem analogen oder mit einem gemischten System vereinbar, das nach beiden Prinzipien arbeitet.

Zusätzlich zu den allgemeinen Prinzipien, die in *Müllers* Lehre der „spezifischen Nervenenergien“ niedergelegt sind, sind auch hinsichtlich der Codierung der R-Ereignisse die Beziehungen von Bedeutung, die von *Weber* vor über 100 Jahren und etwas später systematisch von *Fechner* im sog. *Weber—Fechner*schen Gesetz studiert wurden.

Dieses Gesetz stellt fest, daß beim Intensitätswechsel des physikalischen Ereignisses (R-Ereignisses), das auf einen Rezeptor als Reiz wirkt, die geringste noch bewußt wahrnehmbare Differenz (oder grade noch bemerkbare Differenz) zwischen einer Reihe solcher Reize einem gewissen konstanten Bruchteil eines vorhergehenden Reizes entspricht. Mit anderen Worten, wenn die physikalische Intensität in einem konstanten Verhältnis ab- oder zunimmt, nehmen die Größen der Empfindung in gleichen Zuwachsraten ab oder zu. Wenn wir z. B. annehmen, daß ein solches physikalisches Ereignis der Druck eines Gewichtes von 10 g sei, dann kann ein Subjekt mit geschlossenen Augen eine Gewichtszunahme von 0,8 g feststellen. Wenn das ursprüngliche Gewicht 100 g ist, dann ist ein Gewicht von 7,4 g nötig, bevor das Subjekt eine Gewichtsdifferenz bemerkt. Man kann daher feststellen, daß, um eine Reihe von Grenzzunahmen bei der Empfindung hervorzurufen, die Reizstärke in einer geometrischen Reihe wachsen muß. Diese Beziehung gilt nicht nur für die Druckempfindung, sondern auch für andere Sinne, obgleich in wechselndem Grad und mit entsprechenden Modifikationen. Außerdem soll betont werden, daß das Gesetz nur innerhalb einer bestimmten Spanne mäßiger Intensitäten anwendbar ist, d. h. innerhalb limitierender Grenzwerte; es stellt nur eine erste Annäherung dar. Das *Weber—Fechner*sche Gesetz entspricht etwa der Mittelregion einer Verteilungskurve, die entstehen könnte aus der Addition von mehr und mehr aktiven Rezeptoren bei zunehmender Intensiät des Reizes (*Hoagland*, 1930). In mathematischer Formulierung haben wir, wenn S die Intensität des Originalreizes ist, die Formel:

$$\frac{\Delta S}{S} = C \, .$$

Dies kann auch ausgedrückt werden als:

$$S_1 + \Delta S_1 = S_2$$

In dem korrelierten Parallelphänomen der bewußten Wahrnehmung gilt, wenn P die Intensitäten der Perzeption bezeichnet:

$$P_1 + \Delta P_1 = P_2$$

In der Annahme, daß alle Grenzsetzungen der Intensität gleich eingeschätzt werden können, die keineswegs sicher ist, können wir Δ P als einen allgemeinen Ausdruck ansehen.

Obwohl, wie auch im Falle der *James—Lange*-Theorie, physikalische und psychische Ereignisse nicht genügend gegeneinander abgegrenzt werden, können wir versuchsweise formulieren:

$$\Delta P = \frac{\Delta S}{S}$$

Diese Formulierung übergeht oder vernachlässigt die N-Ereignisse, die in gleicher Weise physikalisch sind und stellt eine direkte funktionelle Beziehung (die natürlich keineswegs eine Wechselwirkung bedeutet) zwischen R-Ereignissen und Bewußtseinsphänomenen dar. Wenn wir wiederum annehmen, daß diese Beziehung ebenfalls für kleine Werte gilt, erhalten wir:

$$dP = \frac{dS}{S} \, .$$

Integrieren wir die Differentialformel, so haben wir:

$$\int dP = \int \frac{dS}{S}$$

das gibt

$$P = log_e S + C.$$

Da der Schwellenwert angenähert und fast erreicht wird, wenn $P = O$ wird und S beinahe den Grenzwert Sl erreicht, so folgt:

$$O = log_e \, Sl + C$$

Dies ergibt:

$$C = log_e \, Sl$$

Es folgt, daß:

$$P = log_e \, S - log_e \, Sl$$

oder

$$P = \log_e \frac{S}{S\,l}$$

Wenn S als ein Maß für die Intensität des Reizes genommen wird und wenn man annimmt, daß der Grenzeffekt der Einheitswert ist, so erhalten wir:

$$P = log_e \, S$$

Mit anderen Worten, eine lineare Zunahme der Intensität der Perzeption entspricht einer logarithmischen Zunahme der Intensität des Reizes.

Hans Berger (1921), dessen mathematischer Formulierung[42] ich im Prinzip gefolgt bin, betont drei mögliche Deutungen der *Weber—Fechner*schen Regeln, nämlich eine psychologische, eine psychophysiologische und eine physiologische. Die psychologische oder geistige Deutung gründet sich auf einen streng idealistischen Standpunkt und hat wenig Bedeutung in bezug auf das Gehirn-Bewußtsein-Problem. Unter diesem Gesichtspunkt drückt die Regel nur eine Beziehung zwischen verschiedenen Bewußtseinsphänomenen aus, von denen einige „öffentliche" sind, die mit Messungen ausgedrückt werden können, andere dagegen privater Natur.

Die psychophysiologische Deutung würde besagen, daß, während die parallelen materiellen Ereignisse eine logarithmische Intensitätszunahme manifestieren, die parallelen Bewußtseinsereignisse einen linearen Zuwachs zeigen. Dies war die Deutung von *Fechner*, der meinte, daß diese Formel von transzendenter Bedeutung für ein mögliches Verständnis der Beziehung zwischen „Materie" und „Geist" sei. Trotz der Unvergleich-

---

[42] Andere Formulierungen die sich aus den Beziehungen ergeben, die das Weber—Fechnersche Gesetz $\frac{\Delta S}{S} = C$ ausdrückt, sind z. B.

$$P = C \log S \text{ oder } \Delta P = C \frac{\Delta S}{S}$$

usw. (vgl. auch weiter unten).

barkeit, die weiter unten dargetan wird, erkenne ich mit *Berger* und vielen anderen Autoren diese geforderte überragende Bedeutung nicht an, selbst wenn das Gesetz unberechtigterweise als unmittelbar auf den psychophysischen Parallelismus anwendbar gedeutet wird.

Nach *Berger*, mit dem ich in dieser Beziehung übereinstimme, erscheint die physiologische Deutung bei weitem vorzuziehen. In dieser Wendung ist die Intensität des physikalischen zentralen nervösen Prozesses, d. h. des zentralen N-Ereignisses, das wir als N_C bezeichnen können, proportional dem Logarithmus des Reizes. *Berger* vergleicht diese Beziehung mit einer Energiezerstreuung im Prozeß der Übertragung von der Peripherie zum Zentrum, der einem Prozeß der inneren Reibung vergleichbar ist. Dieser Vergleich jedoch kennzeichnet den physiologischen Prozeß nicht adäquat: Weil wir ein System von Servomechanismen haben, wird die Energie des Reizes nicht unmittelbar zum Zentrum weitergeleitet. Nur eine funktionelle Form des R-Ereignisses wird in einer Übersetzung nach dem Zentrum hin signalisiert. *Wiener* (1948) stellte fest, daß in einer mathematischen Formulierung die Begriffe der Förderung wesentlich mehr multiplikativer als additiver Natur sind. Er betrachtet die Synaps als einen Koinzidenz-Registrierapparat. Er nimmt an, daß das Neuron nur entladen wird, wenn die Anzahl der ankommenden Impulse innerhalb einer kleinen Summationszeit eine gewisse Schwelle überschreitet. Wenn diese Schwelle niedrig genug in bezug auf die Gesamtzahl der aktivierten Synapsen ist, so soll der synaptische Mechanismus Wahrscheinlichkeiten vervielfältigen. Dieser Mechanismus kann ein ungefähr lineares Glied nur in einem logarithmischen System sein. Daher steht nach *Wiener* die angenäherte Logarithmizität des synaptischen Mechanismus in Beziehung zur ungefähren Logarithmizität des *Weber—Fechner*schen Gesetzes. Die mathematische Deutung von *Wiener* stimmt gut mit dem allgemeinen Prinzip von *Bergers* Deutung überein. Ebenso ist auch die Deutung von *Hoagland* (1930), die oben kurz zitiert wurde, völlig in Übereinstimmung mit der physiologischen Interpretation des *Weber—Fechner*schen Gesetzes und gilt quantitativ für viele Daten, die unter dieser verallgemeinerten Regel zusammengefaßt werden. Innerhalb einer gewissen Grenze, die der mittleren Region einer Integral-Verteilungskurve entspricht, können die Schwellen der Rezeptoren zum Logarithmus des Reizes in Beziehung gebracht werden; dieser Bereich wird auch durch eine Reihe solcher Verteilungskurven eingenommen, die einigen Gruppen von Rezeptoren entsprechen. Darüber hinaus stellt *Hoagland* auch fest, daß das Konzept des *Weber—Fechner*schen Gesetzes mit dem Alles-oderNichts-Prinzip der nervösen Funktion in Einklang steht. Wir haben es hier mit wachsender Reizintensität einer Addition von mehr und mehr Rezeptoren zu tun in dem Maße, wie ihre Reizschwellen erreicht werden. Obwohl sich *Hoaglands* Deutung primär auf periphere Prozesse in der Rezeptorebene bezieht, ist sie nicht unvereinbar mit *Bergers* Betonung der zentralen Prozesse und *Wieners* mathematischem Konzept der synaptischen Mechanismen.

Eine unterschiedliche Deutung des *Weber*schen Gesetzes $\frac{\Delta S}{S} = C$ wurde von *Stevens* (1958, 1960, 1961) ausgearbeitet und geht auf frühere Vorschläge von *Plateau* und *Brentano* zurück, die Zeitgenossen von *Fechner* waren. *Fechner* (1862) nahm an, daß der „subjektive" (bemerkte, bewußte) Wechsel, der mit einem Inkrement des physikalischen Reizes verbunden war, konstant blieb und daß das C im *Weber*schen Gesetz dem grade noch bemerkbaren Unterschied entsprach (jnd), der eine „Grundgefühlseinheit" ΔP darstellt. *Plateau* jedoch behauptete, daß nicht die „subjektiven" Differenzen, sondern die „subjektiven" Ratios konstant blieben. Wenn dementsprechend die Formulierung

$$\frac{\Delta P}{P} = \frac{K \Delta S}{S}$$

gebraucht wird, entsteht ein Ausdruck der allgemeinen Form

$$P = kS^n \text{ oder } P = k(S - S_0)^n$$

wenn k, n und S_0 Konstante sind. Dies ist als *Stevens*-Exponential- oder „Kraftgesetz" bekannt. Während *Stevens* sich dafür aussprach, daß das *Fechner*sche Gesetz „zurückgewiesen" werden solle, so weisen Ausarbeitungen von *Green* (1962) und *McKay* (1963) darauf hin, daß *Fechners* „logarithmisches Gesetz" und *Stevens* „Kraftgesetz" sich nicht gegenseitig ausschließen. Nach *Green* gilt das zuletzt genannte Gesetz für die Gefühlsgröße *vor* einer Anpassung an den Testreiz, während *Fechners* Gesetz die Gefühlsgröße *nach* der Anpassung beschreibt.

Das von *McKay* ausgearbeitete Modell schließt Beziehungen nach dem Kraftgesetz zwischen der wahrgenommenen Intensität und der Reizstärke ein, obwohl die Rezeptoren möglicherweise *logarithmische* Antwortcharakteristiken haben.

An dieser Stelle sollte hinzugefügt werden, daß der Ausdruck „Psychophysik", der strenggenommen eine meßbare Beziehung zwischen geistigen (bewußten) Erscheinungen und physikalischen Erscheinungen bedeutet, eine Fehlbezeichnung ist: Die beiden Arten von Erscheinungen sind inkommensurabel. Registriert der Beobachter seine eigenen Sensationen, dann haben wir eine Beziehung zwischen a) der erfahrenen Intensität der Sensation und b) der Reizintensität, wie sie durch das Ablesen von Instrumenten festgestellt wird. Beide (a) und (b) bleiben bewußte Erfahrungen in ein und demselben privaten perzeptuellen Raum-Zeit-System. Registriert der Beobachter die Antworten einer anderen Person, dann haben wir eine Beziehung zwischen dem gemessenen Reiz und der sich ergebenden verbalen oder verhaltensmäßigen Informationsausgabe des Beobachteten, die eine codierte Registrierung des Reizes durch das Zentralnervensystem des Beobachteten anzeigt. Obwohl diese beobachtbaren Ereignisse sich im privaten perzeptuellen Raum-Zeit-System des Beobachters ereignen, sind sie nur Deutungen, die physikalische R-Ereignisse und physikalische (physiologische) N-Ereignisse in einem postulierten öffentlichen Raum-Zeit-System darstellen, das mit den „Perzeptionen" korreliert ist, die in der Bewußtseinsmannigfaltigkeit des Beobachteten vorgehen. Die aktuellen „Perzeptionen" des Beobachteten bleiben *ex hypothesi,* ebenso wie empirisch absolut unbeobachtbar. Die sich ergebende Situation könnte darüber hinaus mit Leichtigkeit durch das Verhalten eines künstlichen Mechanismus modelliert werden, der anstelle des beobachteten Organismus mit einem Zentralnervensystem tritt und einen identischen Antworttyp liefert ohne Annahme von Parallelereignissen, d. h. von Bewußtsein im Hinblick auf den Mechanismus (das kybernetische Modell) zu erfordern.

Ein anderer Aspekt der Probleme des Codierens betrifft die ziemlich künstlichen Auseinandersetzungen über das Prinzip des Isomorphismus, die nach meiner Meinung ein „Scheinproblem" darstellen. Einige Kritiken des Isomorphismus können mit einem Kampf gegen Windmühlenflügel verglichen werden oder mit dem Einrennen offener Türen. Man behauptet z. B., daß unser allgemeines Wissen um die Physiologie und Struktur des Gehirns ganz unzureichend ist, um „irgendeine Möglichkeit auszumachen, daß cerebrale Prozesse, auch im entferntesten, die Muster der subjektiven Erfahrung kopieren" (*Sperry*, 1952). Diese gerade zitierte Behauptung ist wegen ihrer unbestimmten und unangemessenen Formulierung bedeutungslos; sie kann mit gleichem Recht als wahr oder als falsch angesehen werden. Sie ist gewiß wahr in *Craiks* einschränkendem Sinne insofern, als das nervöse Muster (N-Ereignis) nicht dem R-Ereignis oder in dieser Hinsicht bildlich der „subjektiven Erfahrung" gleicht. Sie ist höchstwahrscheinlich falsch, weil alle erreichbaren Daten mit Sicherheit den Schluß rechtfertigen, daß Muster von R-Ereignissen durch Muster von N-Ereignissen kopiert oder modelliert werden, die wie bei einer Kodierung eine Übertragung eines Musters in eine Gruppe von Symbolen darstellen.

Betrachten wir die elementaren 5 Sinne, so ist ziemlich offensichtlich, daß ein Muster nervöser Impulse den physikalischen Phänomenen der sichtbaren Strahlung, des Druckes, der chemischen Wirkungen (Geruch, Geschmack) in keiner Weise gleicht, noch etwa subjektiven Erfahrungen wie Licht, Dunkelheit, Farbe, Schmerz u. a. Die einzigen physikalischen Ereignisse, die theoretisch bis zu einem gewissen Grade kopiert werden könnten, sind die Frequenzen des Schalles; aber wir werden sehen, daß selbst hier die Kodierung durch N-Ereignisse keineswegs eine bildliche Wiederholung einschließt[43].

Trotzdem kann ein in einem mäßigen Grad verzerrter, jedoch topologisch bedeutungsvoller Isomorphismus in beschränktem Umfange und bis zu dem Punkt, wo das Signal die primären, die Informationen verarbeitenden Rindenareale, nämlich die Projektionszentren, erreicht, ohne Zweifel aufrecht erhalten werden. Dieser beschränkte Rückgriff auf den Isomorphismus betrifft die Kodierung der visuellen und taktilen Ereignisse. Es ist von Interesse, daß die korrespondierenden geistigen Parallelereignisse, nämlich die visuellen und taktilen Wahrnehmungen, wenigstens beim Menschen die einzigen Bewußtseinsmodalitäten sind, die sicher und in hohem Maße räumlich gestaltet sind. Alle anderen Bewußtseinsmodalitäten sind lokalisiert, einige deutlich, andere sehr unbestimmt, aber sie alle lassen eine räumliche (topologische) Konfiguration vermissen. Die motorische Koordination, d. h. die operationelle Anpassung, kann sicher von einer bestimmten Bedeutung sowohl bei der nervösen Kodierung wie auch bei der Wahrnehmung räumlicher Beziehungen sein. Jedoch steht diese motorische Koordination wiederum zu taktilen Ereignissen (im weiteren Sinne, nämlich propriozeptiven und exterozeptiven Rezeptoren) durch einen Rückkopplungsmechanismus in Beziehung und wir stehen so aufs neue den topologischen Eigenschaften von taktilen N-Ereignissen gegenüber. Überdies bin ich der Meinung, daß *Sperry* ein in mäßigem Grade wertvolles Prinzip überzogen und darüber hinaus einige andere interessante Zusammenhänge der operationellen Anpassung vernachlässigt hat, die *Schopenhauers* Ansichten entsprechen,

---

[43] Eine übertrieben naive Form des Isomorphismus könnte die nervösen Ereignisse mit einem Prozeß vergleichen, der einer telefonischen Übertragung ähnelt: Äußere Ereignisse (Schallwellen) werden in elektrische Impulse codiert und beim Empfänger wiederum in ein identisches Muster von Schallwellen übertragen. Einige animistische (dualistisch-materialistische) Konzepte der Beziehung von Gehirn und Bewußtsein begünstigen die Schlußfolgerungen, die durch einen solchen Vergleich nahegelegt werden.

die ich weiter oben bei der Diskussion der erkenntnis-theoretischen Bedeutung des „Willens“ diskutiert habe.

Sowohl *Sperry* wie auch *Russell Brain* (1951) haben behauptet, daß die geordnete Punkt-zu-Punkt-Projektion auf die sensorische Rinde nicht einmal eine rohe Ähnlichkeit zwischen dem „Hirnmuster“ und dem der korrespondierenden äußeren räumlichen Konfiguration verbürgen kann. Nach *Russell Brain* könnten wir vielleicht erwarten, herauszufinden, „daß irgend etwas kreisförmiges im Bereiche der Ereignisse in der Hirnrinde vorhanden ist“ ... „wenn wir einen Kreis wahrnehmen“. Er leugnet diese Möglichkeit mit der Bemerkung: „nichts dieser Art ist wahr“. Der Verfasser fährt dann fort in der Beschreibung der wohlbekannten Projektion, die zur Teilung eines Kreises in zwei Hälften führt (vorausgesetzt natürlich, daß der Mittelpunkt des Kreises ungefähr der Fovea centralis der Netzhaut entspricht). Keine von den beiden Hälften ist halbkreisförmig, sondern sie haben ungefähr die Gestalt eines verzerrten U, das um 90° gedreht ist und dessen geschlossenes Ende rostral, dessen offenes dorsal liegt. Da schließlich die beiden Hälften des Kreises in Rindengebieten repräsentiert werden, die parallel zu einander liegen, wird die Rindenstörung dreidimensional. *Sperry* (1952) wiederholt praktisch das gleiche Argument, benutzt aber die Figur eines Dreiecks als Beispiel. Beide Verfasser legen viel Wert auf die Tatsache, daß die beiden getrennten Hälften in verschiedenen Hirnhälften liegen und daß verbindende Faserzüge (im Balken) entweder nicht existieren oder funktionell bedeutungslos sind. Das N-Ereignis, das einem zweidimensionalen Kreis entspricht, wird auf diese Weise halbiert, vervielfältigt, umgekehrt, verzerrt und dreidimensional. Die räumliche Verzerrung fluktuiert darüber hinaus mit jeder Verschiebung der Wahrnehmung. Der Isomorphismus kann nicht von Wert sein, da der angenommene Kreis, der in der Hirnrinde repräsentiert werden soll, „überhaupt niemals existierte“ (*Brain*, 1951). Oder, wie *Sperry* (1952) behauptet, läßt die topographische Projektion der Retina jede bedeutende Formähnlichkeit zwischen der Figur, der „perzeptuellen Erfahrung“ (besser würde es heißen, zwischen der räumlichen Konfiguration des R-Ereignisses) und der Figur der Hirn-Erregungen (N-Ereignisse der Terminologie, die ich in dieser Untersuchung angenommen habe), vermissen.

Behält man die allgemeinen Prinzipien des Kodierens, wie sie besonders deutlich durch *Craik* zum Ausdruck gebracht wurden, im Auge, so würde es in Wirklichkeit vielleicht bedeutungslos sein, wenigstens so weit es die allgemeine Anwendung von *Craiks* Ansichten betrifft, ob eine bildliche Ähnlichkeit existiert oder nicht existiert. Demgegenüber können wir aber fragen: Ist es wirklich wahr, daß im Falle der kodierten visuellen R-Ereignisse keinerlei räumliche Ähnlichkeit irgendeiner Art zwischen R- und N-Ereignissen gilt? Ich bin der Ansicht, daß *Sperrys* und *Brains* Bewertungen trügerisch sind und daß in den visuellen und taktilen Projektionszentren die räumliche Konfiguration nicht geometrisch, jedoch topologisch ähnlich derjenigen des Musters des R-Ereignisses einen bedeutenden Kode-Wert behält. Obwohl grob verzerrt, halbiert und gefaltet, behält doch das doppelte U-Muster von *Brains* Beispiel irgendwelche topologischen Konfigurationseigenschaften eines Kreises. Ähnliche Beziehungen bleiben auch in der krummen und verbogenen räumlichen Verteilung für die taktilen Projektionszentren bestehen, wie sie z. B. in den Homunculus-Figuren von *Penfield* dargestellt werden. Daher erhalte ich meine Ansicht aufrecht, daß für visuelle und taktile N-Ereignisse in der corticalen Projektionsebene, d. h. während diese Ereignisse durch die Körnerschicht der Rinde fluktuieren, ein gewisser Grad von topologischem Isomorphismus bei ihrer Kodierung einbegriffen ist. Es ist weiter von besonderem Interesse, daß diesen beiden Gruppen von N-Ereignissen die parallelen Bewußtseinsereignisse der Sehwahrnehmung und der taktilen Wahrnehmung (im weiteren Sinne) entsprechen, die für alle praktischen Zwecke die einzigen Modalitäten sind, die durch eine ganz bestimmte räumliche Konfiguration im menschlichen perzeptuellen Raumzeitsystem gekennzeichnet sind. Andererseits ist es keineswegs unmöglich, daß, wenn man Bewußtsein bei Insekten annimmt, die olfaktorischen Wahrnehmungen dieser Arthropoden bis zum gewissen Grade räumlich konfiguriert sind in Analogie zu unseren visuellen oder taktilen Wahrnehmungen. Die Hörwahrnehmungen bei den Fledermäusen könnten ebenfalls zu dieser Kategorie gehören.

Da die visuellen und taktilen N-Ereignisse durch die Mechanismen der Symbolisierung, z. B. als Begriffe, Universalien, Erinnerungen usw. zurückübersetzt werden, muß man in der Tat annehmen, daß alle topologischen Eigenschaften vollständig verlorengehen und durch andere Kodierungswerte ersetzt werden. Ohne Zweifel wäre es eine grobe Täuschung, sich vorzustellen, daß die Engramme, die das Konzept eines Kreises oder eines Dreiecks darstellen, in ihrer topographischen Verteilung in der Rinde irgendeine räumliche Ähnlichkeit, sogar entfernte topologische Ähnlichkeit, mit den geometrischen Figuren eines Kreises oder Dreiecks bewahren.

Für die N-Ereignisse sind einige zusätzliche Konzepte, abgeleitet aus der mathematischen Kommunikationstheorie, bedeutungsvoll. Das Werk von *Shannon* (1948) u. a. hat zu einer Formulierung der Kommunikationstheorie als einem Zweig der statistischen Mechanik geführt. Die Information in einer Botschaft wird in statistischen Ausdrücken quantitativ beschrieben. Die Information, die von einem Symbol getragen wird, nimmt ab in dem Maße, wie die Wahrscheinlichkeit des Vorkommens wächst. Der mathematische Ausdruck für die Information wird ähnlich dem für die Entropie eines Systems. Einzelstücke von Informationen, die man als „bits" bezeichnet, können mathematisch als der Logarithmus auf der Basis 2 von einer gegebenen Unwahrscheinlichkeit bezeichnet werden.

Übertragene Signale, wie z. B. durch kodierte Symbole, sind von endlicher Dauer und besetzen ein bestimmtes Frequenzband: „Je länger das Zeitelement Δt, um so enger ist das Frequenzband Δf oder wie wir auch sagen können, um so gewisser ist seine Frequenz" (*Cherry*, 1952). Die Unbestimmtheit der Signalzeit und der Frequenz kann auch in der Form ausgedrückt werden:

$$\Delta t \cdot \Delta f \cong 1$$

(*Gabor*, 1946), in Analogie zur Unbestimmtheitsrelation der Wellenmechanik. Ein Grundsignal von begrenzter Dauer und Bandbreitenfrequenz wird als eine Einheit der strukturellen Information betrachtet und als ein „Logon" (*Gabor*) bezeichnet. Ein Logon ist, anders ausgedrückt, das kürzeste noch registrierbare Grundsignal („Signal-Element"), das durch einen gegebenen Informationskanal übermittelt werden kann. Es stellt für diesen Kanal die Einheit dar, aus der jede Botschaft, die der Kanal zu übertragen fähig ist, konstruierbar ist (*Cherry*, 1952).

Geräusch (noise) bezieht sich auf jede Störung oder Interferenz abseits von dem signifikanten Signal oder der Botschaft, wie z. B. beim Hintergrundgeräusch oder Thermalgeräusch (Background noise). Der Geräuschfaktor ist bis zu einem gewissen Grade in jedem Typ von Kommunikationsgliedern gegenwärtig. Geräusch, auch als zufälliges, „weißes" oder „*Gauss*sches", Geräusch bezeichnet, wird daher als der „endgültige Begrenzer der Kommunikation" betrachtet (*Cherry*, 1952). *Shannon* hat für die maximale Kapazität eines Kommunikationskanales einen mathematischen Ausdruck angegeben, d. h. für die größtmögliche Quantität von Information, die in einer Zeit t über eine Bandbreite b in

Gegenwart des *Gauss*schen Geräusches übertragen werden kann, wenn P die Stärke des Signales und N die Stärke des Geräusches ist:

$$Bt \log\left(1 + \frac{P}{N}\right)$$

Die Einführung der Redundanz in das übertragene Signalmuster wirkt der Wirkung des Geräusches entgegen. In der Terminologie meiner Untersuchung wird das *Gauss*sche Geräusch durch solche zufälligen R-Ereignisse im Nervensystem dargestellt, die mit der geordneten Folge der N-Ereignisse interferieren. Der Ausdruck „zufällig“ bezieht sich hier auf die Zufälligkeit der R-Ereignisse im Hinblick auf die N-Ereignisse. Ich glaube, daß eine künftige und fortgeschrittene Analyse der nervösen Funktionen, in Zusammenhang mit weiteren Fortschritten in der neurologischen Forschung, auch alle grundsätzlichen Konzepte der Kommunikationstheorie enthalten und assimilieren muß.

Obwohl ein brauchbares Gesamtkonzept der spezifischen N-Ereignisse innerhalb der verschiedenen Systeme zum gegenwärtigen Zeitpunkt nicht formuliert werden kann, so lassen sich trotzdem einige wenige hierher gehörige Daten angeben.

Man findet im visuellen System des Menschen zwei unterschiedliche Rezeptoren, nämlich die Stäbchen und die Zapfen. Die Stäbchen haben eine niedrige Schwelle für Intensitätswechsel der sichtbaren Strahlung, und die Zapfen sollen durch höhere Intensitätsgrade gereizt werden; die Signale, die von den Zapfen ausgesandt werden, setzt man zur Farbunterscheidung in Beziehung. Die Rezeptoren stellen das erste Neuron dar, die Bipolarzellen das zweite und die Ganglienzellen, aus denen der Fasciculus opticus entspringt, das dritte Neuron. Zusätzliche Typen zwischengeschalteter Neuronen findet man in der Retina, die komplexe synaptische Anordnungen zeigt. Für viele Zapfen, besonders diejenigen der Fovea centralis, gilt eine Eins-zu-Eins-Beziehung zwischen Rezeptoren und optischer Nervenfaser. Andererseits hat eine Anzahl von Stäbchen (indirekt) Verbindungen mit einem einzelnen dritten Neuron. Für die menschliche Retina haben zahlenmäßige Schätzungen der wichtigen Elemente die folgende Größenordnung ergeben: Stäbchen $1{,}2 \times 10^8$; Zapfen 6×10^6; Opticus Nervenfasern (und vermutlich auch Ganglienzellen der Netzhaut) 10^6.

Der Fasciculus opticus scheint Fasern von mindestens zwei verschiedenen Größenordnungen zu führen, mit entsprechenden Unterschieden in der Leitungsgeschwindigkeit. Nur eine Gruppe von Fasern mit schneller Leitung projiziert zum Corpus geniculatum laterale pars dorsalis, während die Fasern mit der langsamen Leitgeschwindigkeit das Mittelhirndach und möglicherweise auch einige praetektale graue Kerngebiete erreichen. Jedoch beziehen sich diese Angaben auf experimentelle Studien an Tieren (*Bishop* und *O'Leary*, 1936 u. a.); für das menschliche visuelle System können in dieser Hinsicht noch keine endgültigen Angaben gemacht werden. Bei den Primaten, den Menschen eingeschlossen, zeigt das Corpus geniculatum laterale (dorsale) 6 Lagen. Weitere Anzeichen für eine laminäre Differenzierung, die 8 Schichten für das maculare Segment beim erwachsenen Menschen ergeben, werden von *Harmann* (1949) behauptet, aber es erscheint zweifelhaft, ob diese letztgenannte individuell variable und ziemlich unbestimmte zusätzliche Schichtdifferenzierung von funktioneller Bedeutung ist.

Die verwickelte Punkt-zu-Punkt-Projektion der Retina, die von zahlreichen Untersuchern aufgeklärt und mit einigen Einzelheiten in meiner zusammenfassenden Darstellung über das menschliche Zwischenhirn (1954) diskutiert worden ist, kann hier außer Betracht bleiben. Was jedoch die Endungen der Fasern des Tractus opticus im dorsalen Teil des Corpus geniculatum laterale betrifft, so sollte man sich an die Befunde von *Le Gros Clark* (1941) und von *Glees* und *Le Gros Clark* (1941) erinnern. Nach den Beobachtungen dieser Autoren müssen zwei verschiedene Möglichkeiten in Betracht gezogen werden:

1. Jede einzelne Netzhautfaser teilt sich beim Erreichen des Corpus geniculatum laterale (wenigstens im Zentralgebiet dieser Struktur) in drei Endäste, von denen jeder zu einer der drei Schichten zieht, die mit dem ensprechenden Netzhautgebiet in Beziehung stehen.

2. In der alternativen Annahme, daß die leitende Einheit in jedem optischen Faszikel im Hinblick auf das Geniculatum laterale aus 3 Fasern bestehen würde, die von 3 benachbarten Ganglienzellen der Retina ihren Ursprung nehmen. Eine dieser 3 Fasern (im Falle des kontralateralen Auges) würde in der Schicht 1 a enden, die zweite in der Schicht 2 b und die dritte in der Schicht 3 b. Die letztgenannte Anordnung könnte nach Ansicht von *Le Gros Clark* eine anatomische Basis für die Theorien des Farbsehens ergeben. Einige zusätzliche Komplikationen sind insofern bedeutungsvoll (*Le Gros Clark*, 1947), als alle 3 Fasern (a-, b-, c-Fasern) nicht über alle Gebiete gleichmäßig verteilt sind. Im Zentralgebiet der Netzhaut mit Ausnahme des Fixationspunktes der Macula sind alle Fasern gut vertreten; im Gebiet des Fixationspunktes sind meist b- und c-Fasern vorhanden, und in der peripheren Region meist a-Fasern.

In jedem einzelnen Lager oder in jeder Schicht des Dorsalabschnittes des Corpus geniculatum laterale endet jede optische Hauptfaser gewöhnlich in einem Büschel von 5—6 Zweigen in Beziehung zu diskreten Gruppen von 5—6 Zellen des Geniculatum und keine Geniculatum-Zelle scheint mit mehr als einem Endknopf verbunden zu sein. Synaptische Beziehungen zu cortico-geniculaten Fasern, zu anderen afferenten Fasern oder zu benachbarten Zellen wurden von *Glees* und *Le Gros Clark* (1941) nicht gefunden. Die Zellen der Schichten im dorsalen Teil des Corpus geniculatum laterale stellen daher das Beispiel einer einzelnen Relais-Station dar.

Andere bedeutungsvolle Probleme für die weitere funktionelle Analyse betreffen das Verhältnis der Sehnervenfasern zu den Zellen des Corpus geniculatum laterale, Schätzungen der Gesamtzellzahlen, der Verteilung der Zellgröße und weitere hierhergehörige Fragen. Die gegenwärtig verfügbaren Daten erscheinen nicht für endgültige Schlußfolgerungen geeignet.

Die N-Ereignisse, die durch dieses System in die Körnerschicht der Sehrinde fließen, müssen aus Signalen bestehen, die die R-Ereignisse kodieren und dabei die Lichtintensität, die Wellenlänge (Frequenz, d. h. Farbe), und die räumlichen Beziehungen mit Bezug auf die Retina einschließen (die ihrerseits von den dioptrischen Mechanismen des Auges abhängen). Alle diese R-Ereignisse werden repräsentiert von Symbolen, die aus Frequenzmustern bestehen, von der räumlich-zeitlichen Anordnung solcher Muster und vermutlich von dem Kode-Wert spezifischer Kanäle (Fasersysteme). Ob zusätzliche Symbole, wie die spezifischen biochemischen Eigenschaften der Transmittersubstanzen ebenfalls hierhergehören, bleibt eine müßige Frage. Auf Rezeptorebene jedoch steht eine solche biochemische Reaktion ganz sicher in Beziehung zum Output der Stäbchen, nämlich durch das Rhodopsin, das eine wichtige Rolle für die Übertragung eines spezifischen Aspektes von R-Ereignissen (Lichtintensität) in N-Ereignisse spielt.

Hinsichtlich der Befunde von *Le Gros Clark* und *Glees* könnte man die Frage stellen, ob die a-Fasern wesentlich zu den Signalen der Stäbchen und die b- und c-Fasern zu den Signalen der Zapfen in Beziehung stehen. Jedoch müssen alle solche Deutungsversuche noch ziemlich unbestimmte Spekulationen bleiben.

Ein schwieriges Problem von besonderem Interesse betrifft die Transformation eines Signalmusters für eine bestimmte Konfiguration in ein anderes Signalmuster, das die Gestalteigenschaften des ersten Signales kodiert und die unwesentlichen Merkmale außer Betracht läßt. Um ein konkretes Beispiel zu bringen und sich auf *Brains* Erläuterungen des nervösen Musters zu beziehen, das einem Kreis entspricht, wie oben zitiert wurde, kann man fragen, wie die Symbolisierung eines Kreises durch N-Ereignisse entworfen werden kann. Mit anderen Worten von *Wiener* (1948): „Wie erkennen wir einen Kreis, gleichgültig, ob er groß oder klein ist, nah oder weit, oder ob er in verzerrten Perspektiven erscheint?"

Wiener schließt, daß in dem Sehprozeß die Umrisse betont sind, während die anderen Aspekte bagatellisiert werden. Entlang den Grenzen von zwei kontrastierenden Regionen bringen die Fluktuationen abwechselnde Reize hervor. Solche verzerrten, jedoch topologisch bedeutsamen Umrisse, wie z. B. die eines Kreises, können als oszillierend und sich verschiebend angenommen werden, und zwar mit wechselnder Größe durch die aktivierte Körnerschicht der Sehrinde. *Craik* (1943) nahm einen rhythmischen Prüfmechanismus, sehr ähnlich dem eines elektronischen Scanners, als mögliche Erklärung für gewisse Aspekte der Unterscheidung von Sehmustern an. Diese Vermutung wurde in der Folge auch von einigen anderen Autoren benutzt. *Wiener* betonte die Bedeutung eines derartigen Prozesses des Gruppenprüfmechanismus, wodurch ein Netz von Raumpositionen in einer eindimensionalen Folge überquert wird. Dieses Netz von Positionen ist so verteilt, daß es in irgendeiner bedeutsamen Weise jeder Position in der Region nahekommt. Es läßt sich eine Gruppe von Parametern erhalten, die verwendet werden kann, um die geeignete Transformation hervorzurufen.

Die Gruppenprüfmechanismen können benutzt werden, um von Gruppentransformationen zu abstrahieren. *Wieners* Formulierung (1948) nimmt einen geeigneten gleichfömigen Scanning-Prozeß an; wenn wir dann irgendeine Menge vor uns haben, die von einer Gruppe S von Elementen abhängt, die durch die Gruppe transformiert werden, und wenn diese Gruppe von Elementen durch alle Transformationen der Gruppe transformiert wird, so kann die Quantität, die von S abhängt, als $Q\ (S)$ bezeichnet werden. Die Übertragung der Gruppe S durch die Transformation T der Gruppe kann durch TS ausgedrückt werden. Dann wird $Q\ (TS)$ der Wert der Quantität, die $Q\ (S)$ ersetzt, wenn S durch TS ersetzt wird. Wenn hierzu das Mittel oder das Integral in bezug auf das Gruppenmaß für die Gruppe von Transformationen T gebildet wird, so erhält man eine Menge, für die *Wiener* den Ausdruck

$$\int SQ\,(TS)\,dT$$

vorschlägt, wobei sich die Integration über das Gruppenmaß erstreckt. Für alle Gruppen *S*, die miteinander unter der Transformation der Gruppe austauschbar sind, d. h. für alle Gruppen *S*, die in irgendeinem Sinne dieselbe Form oder Gestalt haben, ist die Quantität identisch. Es ist nicht unwahrscheinlich, daß eine mathematische Annäherung, wie sie *Wiener* vorgeschlagen hat, in Verbindung mit den Prinzipien, die *Shannon* u. a. ausgearbeitet haben, zu einem besseren Verständnis der komplexen nervösen Kreisaktivitäten führt, die mit der Abstraktion und Symbolisierung in Beziehung stehen.

Kürzliche ausführliche Untersuchungen des visuellen Systems durch *Hubel* und *Wiesel*, wie auch durch verschiedene andere Autoren, teilweise in einem Bericht zusammengefaßt, der von *Handler* (1970) herausgegeben wurde, haben die Bedeutung der Netzhaut als einer verwickelten grauen Substanz mit beträchtlichen Fähigkeiten für eine Anfangsbearbeitung optischer Signale betont. Dies ist natürlich auch kennzeichnend für den Lobus opticus der Wirbellosen, wie z. B. der Insekten und besonders der Kephalopoden (vgl. *Kuhlenbeck*: The Central Nervous System of Vertebrates, Bd. II: Invertebraten und Ursprung der Wirbeltiere, S. 233—236, 267—277 und folgende).

Die sogenannten *rezeptiven Felder*, die den einzelnen Elementen der Ganglienzellschicht in der Wirbeltiernetzhaut zugeordnet sind, sollen von kreisförmiger Gestalt, ähnlich wie eine Schießscheibe sein und ein „Ein"- oder „Aus"-Zentrum mit einer ringfömigen antagonistischen „Umgebungsregion" enthalten. Der Bereich eines rezeptiven Feldes im Sinne des „An"-Zentrums hat daher eine hemmende „Umgebungsregion" und der Bereich eines rezeptiven Feldes im Sinne des „Aus"-Zentrums ist von einer erregenden Nachbarschaft umgeben. Der wirksamste Erregungsreiz ist demnach ein kreisförmiger Fleck, der die ganze zentrale „An"-Region des Feldes überdeckt. Wenn der Reiz stärker wird und sich auf die ringförmige „Umgebungsregion" ausbreitet, wird die Reizwirksamkeit wegen des grade erwähnten Antagonismus herabgesetzt. Aus diesen Eigenschaften des rezeptiven Feldes kann man schließen, daß eine solche Ganglienzelle der Retina primär nicht die Lichtintensität signalisiert, die eine gegebene Gruppe retinaler Rezeptoren reizt, sondern eher den *Kontrast* zwischen der Lichtintensität im Zentrum des rezeptiven Feldes im Vergleich zu derjenigen der ringförmigen „Umgebungsregion".

Auf der nächsten synaptischen Ebene innerhalb des Corpus geniculatum laterale nimmt man ein ähnliches rezeptives Feld an, wie bei den retinalen Ganglienzellen. Auf der ersten corticalen synaptischen Ebene dagegen in der Area striata (Feld 17) unterliegt die Konfiguration des rezeptiven Feldes einem bedeutungsvollen Wandel. Schmale Lichtflecke, die die retinalen Ganglienzellen und die Nervenzellen des Geniculatum laterale wirksam reizen, sollen hier praktisch unwirksam sein. Um die corticalen Zellen „anzutreiben", muß der Reiz lineare Eigenschaften haben, wie sie z. B. durch Stäbe, Linien oder Rechtecke offenbar werden.

Aufgrund von Studien mit Mikroelektroden für sog. „Einzeleinheitsanalyse" (Single-unit-Analysis) hat man einige Arten corticaler rezeptiver Felder beschrieben, die als „einfach" und „komplex" klassifiziert worden sind. Corticale Zellen mit „einfachen" rezeptiven Feldern gleichen anscheinend insofern den Zellen des Geniculatum, als diese Felder in Ausdrücken diskreter excitatorischer und inhibitorischer Zonen beschrieben werden können. Diese rezeptiven Felder erscheinen jedoch rechteckig und nicht kreisförmig. Weiter ist der wirksame Reiz nicht ein Lichtfleck, sondern ein Stab oder eine Linie mit einer besonderen Neigung, wie etwa mit vertikaler, horizontaler oder schräger Orientierungsachse. Die rechtwinkelige Reizzone soll von einer rechtwinkeligen Hemmungszone eingerahmt sein. Man nimmt an, daß eine Rindenzelle mit einem „einfachen Felde" ihren Eingangsreiz von einer Gruppe von Geniculatumzellen erhält, die korrespondierende Eigenschaften und Beziehungen zur retinalen Topographie haben.

Diese Rindenzellen sind hinsichtlich ihrer Antwort anscheinend wesentlich mehr selektiv als die Ganglienzellen der Netzhaut oder die Zellen des Geniculatum. Die Wirksamkeit eines Reizes, der die Antwort einer gegebenen Rindenzelle hervorruft, hängt von dem *Reizort* auf der *Retina*, der *richtigen Form* und der *richtigen Orientierungsachse* ab. Nimmt man an, daß alle Nachbarschaften der Netzhaut in allen Orientierungen und für verschiedene Reizarten in der Area striata abgebildet werden, so ist offensichtlich eine sehr große Zahl von Rindenzellen erforderlich.

Da die Zellen des Geniculatum mit wenigen Ausnahmen nur auf Reizung *eines* Auges zu antworten scheinen, während die Rindenzellen im allgemeinen auf beide Augen reagieren, beweist die angenommene erste corticale synaptische Ebene offenbar die binoculare Fusion, die für das Sehen der höheren Vertebraten mit Halbkreuzung der Sehnerven kennzeichnend ist, wie es z. B. beim Menschen und den anderen Säugetieren vorkommt.

Auf dieser corticalen Ebene jedoch spielt anscheinend die *Informationsspeicherung*, d. h. die „Engraphie" durch „bedingende" oder „mnestische"

Prozesse eine Rolle. So wurden Katzen von Geburt an aufgezogen mit einem Auge, das nur horizontale Linien und einem Auge, das nur vertikale sah. Die elongierten rezeptiven Zellfelder in der Sehrinde fand man horizontal oder vertikal orientiert und man fand keine schrägen Felder. Einheiten mit horizontalen Feldern wurden nur von dem Auge, das den horizontalen Linien ausgesetzt war, aktiviert, Einheiten mit vertikalen nur von dem Auge, das vertikalen Linien ausgesetzt war (*Hirsch* und *Spinelli*, 1970). Man darf daher annehmen, daß eine frühzeitige visuelle Konditionierung (d. h. „Erfahrung" in einem nicht-geistigen Sinne) die Verteilung der horizontal und vertikal orientierten rezeptiven Felder in der Sehrinde der Säugetiere beeinflußt.

In den sog. *komplexen rezeptiven* Feldern ist der wirksame Reiz wiederum linear und fordert eine besondere Orientierung, aber seine genaue Lage im rezeptiven Feld ist nicht wesentlich. Dieses Verhalten legt nahe, daß Zellen mit komplexen rezeptiven Feldern einen Reizzufluß von *einer Gruppe* von „einfachen rezeptiven Feld"zellen empfangen.

Es ist gut bekannt, daß ganz allgemein die Hirnrinde der Säugetiere und des Menschen, besonders der Neocortex, eine strukturelle Anordnung in vertikale Säulen, umgeben von radiären afferenten, efferenten oder „assoziierenden" Fasern zeigt. Weitere Hinweise auf diese Säulen, die schon in meiner ersten englischen Ausgabe dieses Buches von 1957 als die wahrscheinlichen strukturellen und „funktionellen" Einheiten der Hirnrinde, die man mit den „Panelen" oder „Banken" der Computer vergleichen kann, betrachtet wurden, findet man weiter unten auf S. 318. Die späteren Befunde bei Studien über das Sehsystem unterstützen anscheinend dieses Konzept. Innerhalb jeder Säule der Sehrinde findet man sowohl „einfache" wie „komplexe" Zellen, und die Eigenschaften der „einfachen" Zellen können die Eigenschaften der „komplexen" Zellen erklären, wenn man annimmt, daß eine komplexe Zelle in der Säule ihren gesamten Datenzufluß von den „einfachen" Zellen in ihrer eigenen Säule erhält. Die Säulenanordnungen, in denen die elementaren Einheiten einer nervösen Organisation in der Rinde zum Ausdruck kommen, die ein Aggregat in geeigneter Weise verbundener Neuronen darstellt, sorgen in diesem besonderen Falle für den Zufluß, der für die in ihnen enthaltenen Elemente erforderlich ist, mit einem rezeptiven Feld höherer Ordnung.

Die Neuronen der Area striata (17) entladen zur Area parastriata (18) und peristriata (19), wo die visuellen Signale einer weiteren Bearbeitung unterliegen, so daß einige Zellen *„hyperkomplexe"* rezeptive Feldeigenschaften haben und nur auf einen hochspezifischen Reiz, z. B. einen Winkel antworten. Die Säulen dieser Gebiete enthalten sowohl „komplexe“ wie „hyperkomplexe“ Zellen, und man darf wiederum annehmen, daß eine „hyperkomplexe“ Zelle ihren Zustrom von den „komplexen“ Zellen in ihrer eigenen Säule empfängt.

Demgemäß kann eine „hyperkomplexe“ Zelle vielleicht eine „Kurve“, nämlich den Richtungswechsel einer Linie registrieren. So werden möglicherweise Linien durch Mechanismen analysiert, die die Veränderungen in der Kontur registrieren (oder „messen“) in derselben Weise, wie die Lichtintensität von Zellkonfigurationen analysiert wird, die den Kontrast registrieren (oder messen). Richtungswechsel oder Beleuchtungskontrast werden so die „Invarianten“, die Gruppen von Ereignissen kennzeichnen, die innerhalb ihrer diesbezüglichen Invarianzkategorie natürlich zahlreiche registrierbare und meßbare Unterschiede zeigen können.

Die Ergebnisse aus Studien dieser Art haben zu verständlichen Schlüssen geführt, die die Anordnungen des nervösen Netzwerks betreffen, mittels welchen die Rinde *„die Hauptsachen aus sensorischen Reizen abstrahiert“*. Darin stellt sich natürlich nur ein Sonderfall eines allgemeineren funktionellen Aspektes kommunizierender Netzwerke dar, der die *Abstraktion* von Invarianten betrifft. Augenscheinlich kann diese Funktion durch eine Vielfalt strukturell verschiedener Anordnungen oder Systeme gewährleistet werden, die trotzdem eine identische mathematische und logische Ordnung verkörpern.

Bei der Suche nach einer angemessenen invarianten Wiedergabe eines Sehobjektes haben *Pollen, Lee* und *Taylor* (1971) kürzlich Hinweise darauf gefunden, daß die striäre Rinde die topographische Anordnung eines „Sehraumes“ im Corpus geniculatum laterale auf der komplexen Zellebene mittels des intermediären einfachen Zellfunktionsstadiums der „Band-Integration“ (Strip-Integration) in eine *Fourier*-Transformation oder Frequenz-Anordnung transformiert. Jedes dieser drei Stadien der Informationsverarbeitung enthält wesentlich den gleichen Betrag an Information und manifestiert auf diese Weise „ein Prinzip der Informationskonservierung“. Jedoch wechselt die Informations*form*. Im Transformierungsbereich können invariante Wiedergaben von Sehobjekten als fundamentales Material zur Mustererkennung und Gedächtnisspeicherung abgeleitet werden. Die erwähnten Verfasser glauben, daß ihre experimentellen und theoretischen Ergebnisse grundlegend für ein Verständnis der funktionellen Organisation der Sehrinde sind. Darüber hinaus ist es gut möglich, daß vergleichbare Transformationen der Informationsform von weiterreichender Bedeutung für die Verarbeitung nervöser Signale in anderen Rindenregionen ebenso wie für die Informationsübertragung im Nervensystem im allgemeinen sind.

Die Daten, die man mit der Methode der Mikroelektroden-Untersuchung gewinnen kann, die nur die Aktivitäten einer einzelnen Einheit registrieren, sind notwendigerweise beschränkt auf isolierte Verhaltensmanifestationen einer sehr kleinen Zahl von Elementen innerhalb einer umfangreichen Zellpopulation, die durch komplexe Verbindungen gekennzeichnet ist und der Inspektion ebenso wie einer genauen Analyse verschlossen ist. Die Theorien, die sich auf diese Daten gründen, sind vermutlich noch ungeeignet für eine angemessene Formulierung des statistischen Aspektes der nervösen Aktivitäten, die durch ein sehr großes System von „Black-boxes" ausgeführt werden, wie sie das Gehirn der höheren Wirbeltiere bilden.

Weitere Deutungen der Daten, die durch derartige Untersuchungen geliefert werden, betreffen die Bedeutung der örtlichen corticalen Unterabteilungen. Man hat angenommen, daß die Area striata, parastriata und peristriata eine oder weitere besondere Transformationen der einlaufenden optischen Signale durchführen. Man meint, daß diese Transformationen in jedem dieser Gebiete durch spezifische Säuleneinheiten vollzogen werden, in welche die Signale zuerst in vertikaler Richtung „mit ein wenig lateraler Ausstreuung der Information" hineingeleitet werden.

Die in den vorstehenden Bemerkungen kurz diskutierten visuellen Mechanismen betreffen wesentlich die *räumliche Konfiguration* und die *Bewegung*. Weitere und bisher noch weniger gut verständliche Aspekte der nervösen Signalübertragung beziehen sich auf das *Farbsehen*, d. h. auf die Kodierung der Information in bezug auf die Wellenlänge bzw. Frequenz. Die Antworten auf die Wellenlänge werden durch die Zapfen der Netzhaut mit einer Spitzenempfindlichkeit bei spezifischen Spektralgebieten vermittelt und scheinen mittels der retinalen Ganglienzellen weitergeleitet zu werden zu den rezeptiven Feldern im Corpus geniculatum laterale und der Rinde, deren Elemente auf solche Signale antworten und anscheinend die sog. „Opponent Farbzellen" enthalten, d. h. Zellen, die mit „An"- oder „Aus"-Zentrum antworten, natürlich nicht auf farbiges Licht als solches, sondern auf einen „farbkodierten" nervösen Zufluß. Wahrscheinlich stellen in den Rindenebenen die „Farbzellen" dieses Typs einen wachsend selektiven oder „unterscheidenden" Antworttyp in bezug auf die „Farbeigenschaften" des Lichtes dar.

Schließlich muß man daran festhalten, daß, obwohl die allgemein angenommenen Ansichten über die räumlich geordnete Retinaprojektion auf die Area striata in den Gehirnen der höheren Säuger durch experimentelle und klinische Befunde gut begründet erscheinen, es viele Hinweise für die Wichtigkeit selbst bei den Primaten und dem Menschen von „parallelen“ Leitungsbahnen zwischen Auge und Gehirn gibt, die sich auf subcorticale optische Verbindungen beziehen, und bei den niederen Wirbeltierformen die wichtigere Rolle spielen. Solche Verbindungen enthalten u. a. den optischen Zufluß zum Tectum des Mittelhirns und zur Praetectalregion mit zahlreichen nur wenig bekannten Verbindungen.

Einige dieser Kreisverbindungen vermitteln vielleicht in der Tat verschiedene Typen visueller Diskrimination und visomotorischer Antworten. Neben der Ausarbeitung der optischen Kodierungsprozesse der Area striata könnte der *extrastriäre visuelle Cortex*, der wahrscheinlich den Zufluß von den temporalen und nasalen Netzhauthälften beider Augen verarbeitet, vielleicht mit dem befaßt sein, was man *„ein zweites optisches System“* genannt hat. Es darf daran erinnert werden, daß die Area striata vorgeblich nur Zuflüsse von den homolateralen temporalen und den kontralateralen nasalen Netzhauthälften empfängt. Die augenscheinlich bilaterale Maculavertretung stellt ein noch immer unvollkommen verstandenes Problem dar. Ein noch ungenügend definierbares zweites Sehgebiet, das vielleicht die Sehfelder als ein Spiegelbild der Projektion der Haupt-Area striata ordnet, schließt sich anscheinend der „primären Sehrinde“ an.

Was die N-Ereignisse betrifft, die mit der Kodierung von Berührungsreizen in weiterem Sinne verbunden sind, eingeschlossen auch diejenigen, die die Temperaturunterscheidung betreffen, und die Reize, die mit den parallelen Bewußtseinsphänomenen des Schmerzes verbunden sind, so ist es wahrscheinlich, daß die physiologischen Theorien zu viel Wert auf den Typ des Rezeptors oder Endorganes gelegt haben (*Livingston*, 1943). Rezeptoren verschiedener struktureller Typen sind ohne Zweifel wesentlich an bestimmte Formen von R-Ereignissen angepaßt und sind daher bis zu einem gewissen Ausmaß spezifisch. Jedoch spielen viele zusätzliche komplizierende Faktoren eine Rolle. Gruppen von Rezeptoren können mit verschiedenen afferenten Nervenfasern verbunden sein, die aus verschiedenen Richtungen kommen. Nehmen wir z. B. die sensiblen Fasern, die um die Haarfollikel enden, so innerviert ein einziger sich verzweigender afferenter Nerv mehrere Haarfollikel und einer und derselbe Haarfollikel enthält Nervenendigungen, die zu verschiedenen Nervenfasern in Beziehung stehen, d. h. auch zu verschiedenen primären sensiblen Neuronen. Weiter werden einige der differenzierteren Rezeptororgane, z. B. die *Meißner*schen Körperchen, durch accessorische, marklose oder nur feinbemarkte Fasern versorgt, die als Schmerzfasern gedeutet werden. Der zentrale Teil der menschlichen Hornhaut enthält offensichtlich nur freie Nervenendigungen die ausschließlich zur Schmerzsensibilität in Beziehung stehen sollen. Jedoch hat *Livingston* (1943) klar gezeigt, daß solche freien Nervenendigungen auch mit Signalen zu tun haben, die Berührungs- und Kontaktsensationen vermitteln; die Ansicht, daß feine Fasern mit freien Endigungen ausschließlich Schmerzsensationen ermöglichen, muß als unhaltbar betrachtet werden. Darüber hinaus werden zweifelsohne nervöse Signale, die mit parallelen seelischen Phänomenen von Schmerzempfindung verbunden sind, über gut markhaltige schnell leitende Fasern des A-Typs ebenso wie über schwach bemarkte Fasern des C-Typs mit langsamer Leitung vermittelt. Das Signalmuster muß daher durch gleichzeitige und aufeinanderfolgende Impulse übertragen werden, die durch eine Kombination von Kanälen[44] geleitet werden. Auch Signale, die mit Temperaturunterschieden in Beziehung stehen, könnten über verschiedene Fasertypen ihren Weg nehmen.

Alle R-Ereignisse, die durch Tango-Rezeptoren registriert und kodiert werden, betreffen wahrscheinlich eine Anzahl verschiedener Endigungen und Fasern. Die Signale stellen so ein komplexes Muster dar, das bei seiner Übertragung zu den höheren Zentren weiterhin modifiziert wird. Vom Gesichtspunkt einer Kommunikationstheorie aus sind diese Prozesse weit komplizierter als viele der geläufigen physiologischen Theorien annehmen. Es ist nötig, viele Daten und Begriffe neu auszuwerten, wie z. B. das Phänomen der Nocifensoren oder das der epikritischen und

---

[44] Unter gewissen Bedingungen folgt als Antwort auf einen einzelnen Reiz eine doppelte Schmerzempfindung. Es ist noch zweifelhaft, ob dieses Phänomen des „Sekundärschmerzes" peripher ist, vielleicht verursacht durch verzögerte biochemische Veränderungen im Gewebe oder ob es zu einer Impulsleitung über verschiedene Fasern (z. B. A- und C-Fasern) mit verschiedener Leitgeschwindigkeit in Beziehung steht, schließlich ob es durch zentrale Prozesse, die eine Verzögerung bedingen, bewirkt wird. Diese Möglichkeiten schließen sich offenbar gegenseitig nicht aus. Zusätzlich hat man noch behauptet, daß in einigen Fällen verschiedene Rezeptoren nacheinander durch einen Reiz erregt werden. *Sinclair* (1955) betrachtet die Frage des „Sekundärschmerzes" als noch ungelöst. Hinsichtlich der Hautsensationen im weitesten Sinne glaube ich allgemein nicht, daß die Konzepte von „Spezifität" und von „Muster" sich gegenseitig ausschließen. Eine Diskussion der wichtigen Probleme über die Hautsensationen wird in der erwähnten Arbeit von *D. C. Sinclair* geboten.

protopathischen Sensibilität, die auf zwar wertvollen, aber noch unvollständig gedeuteten Beobachtungen begründet sind.

Livingston hat mit Recht betont, daß die Empfindung eine Wahrnehmung ist, d. h. in der Terminologie meiner Untersuchung ein seelisches Parallelphänomen. Schmerz z. B. ist eine Bewußtseinsmodalität und hat keine Existenz ohne Bewußtsein. Es ist wahrscheinlich, daß jeder Reiz, wenn er zu intensiv wird, mit einer Schmerzsensation verbunden wird. Es gibt, wie *Livingston* feststellt, eine unberechtigte Tendenz, die Empfindung (das *seelische* Parallelphänomen) mit dem Mechanismus zu vermischen, der ihm zugrundeliegt (*nervöses* Parallelphänomen, Gruppe von N-Ereignissen). Die Empfindungen, die als Berührung und Schmerz beschrieben werden, können als seelische Parallelphänomene verstanden werden, die zu nervösen Aktivitäten, Signalen oder N-Ereignissen in Beziehung stehen, die aus der gleichzeitigen Reizung verschiedener Nervenendigungen und der Aktivierung einer Zahl verschiedener Nervenfasern verschiedener Größen und wechselnder Verteilung abzuleiten sind.

Ein Muskelschmerz, wie er in vorübergehenden Krämpfen erfahren wird, kann trotz seiner meist kurzen Dauer quälend sein. Die Muskelkontraktionen bei der Tetanie sind gewöhnlich schmerzlos, aber heftige tetanische Spasmen können von beträchtlichem Schmerz begleitet sein. Die Krampfanfälle bei der Tetanusinfektion sind meist durch heftigen Schmerz gekennzeichnet

Eine Beziehung zwischen Muskelschmerz und Ischämie kommt offenbar in gewissen Fällen vor und *Lewis* nimmt an, daß der Schmerz im ischämischen Muskel durch einen Gewebsmetaboliten hervorgerufen wird, den er als Faktor P bezeichnet. Es ist unsicher, ob alle Krampfschmerzen im Skelettmuskel der Ischämie zugeschrieben werden können, und man kann die Fasertypen, die beim Muskelschmerz gereizt werden, nicht endgültig feststellen. Es ist nicht unmöglich, daß die Reizung der propriozeptiven Endigungen in den Muskelspindeln als eine der verschiedenen Komponenten der peripheren nervösen Aktivitäten beim Muskelschmerz angesehen werden darf. In ähnlicher Weise wird heftiger, oft langdauernder Schmerz als Ursache der Kontraktion glatter Muskeln, z. B. von Ureter, Nierenbecken oder Magenmuskulatur angenommen. Andererseits wird auch das Gefühl des Orgasmus der Zusammenziehung glatter Muskulatur zugeschrieben. Alle diese Beobachtungen und Annahmen deuten auf verschiedene Kode-Werte verschiedener Muster von N-Ereignissen, die nicht notwendig auf einen Typ von Nervenendigungen oder Nervenfasern beschränkt sind. Solche Ereignisse, die mit dem Schmerz in Zusammenhang stehen, können in manchen Fällen wirklich einer Reduktion[45] in den normalen Mustern des peripheren Eingangs entsprechen, wie vielleicht auch in zentraler Überreaktion (*Weddell, Sinclair* und *Feindel*, 1948 u. a. Autoren).

Bei der Kodierung der räumlichen Konfiguration der R-Ereignisse spielen die kinaesthetischen und verwandte Rezeptoren, wie *Berger* (1921) betont hat, d. h. die propriozeptiven Reize, zweifellos eine wichtige Rolle. Diese Bedeutung der kinaesthetischen Reize gilt nicht nur für die taktile Sensibilität, z. B. wenn Gestalt und Größe eines Gegenstandes mit der Hilfe verschiedener Hand- und Fingerbewegungen gefühlt wird (Stereognosis) sondern schließt auch die visuelle Sensibilität ein, die mit Bewegungen der Augenmuskeln, des Kopfes und des ganzen Körpers verbunden ist. Die nervöse propriozeptive stereognostische oder kinaesthetische Komponente wird in ein Gesamtmuster integriert, das seinerseits zu der räumlichen Konfiguration innerhalb des perzeptuellen Raumes des Parallelphänomens des Bewußtseins in Beziehung steht. Die motorische Koordination der operationellen Anpassung, wie sie von *Sperry* (1952) betont wird, kann hierbei als bedeutsamer Faktor angesehen werden.

Die erfahrenen Qualitäten, die die bewußten, d. h. parallelen Ereignisse kennzeichnen, welche zur Modalität von Berührungsreizen in weiterem Sinne in Beziehung stehen, schließen daher nicht nur die Konstistenz (z. B. Härte, Weichheit, Rauhigkeit), Gestalt, Kontinuität, Diskontinuität, Position, Bewegung (einschließlich Vibration), Temperatur und Schmerz ein. Diese P-Ereignisse faßt man auch unter der Bezeichnung „somaesthetisch" zusammen. Man sollte bedenken, daß ein solcher Körpersinn eine sich überschneidende Varietät von exteroceptiven, enteroceptiven und proprioceptiven Ereignissen enthält, wie sie in *Sherringtons* Klassifikation unterschieden wurden. Die Rezeptorstrukturen dieses Körpersinnes liefern „rezeptive Felder" und antworten weiterhin direkt oder indirekt je nach der Besonderheit auf mechanische, chemische, „elektrische" und Wärmereize (z. B. strahlende Hitze oder Temperaturgradienten, die als „kalt" erfahren werden). Aus diesem Gesichtspunkt und etwas willkürlich kann gleichfalls der Geschmack aufgezählt werden als eine besondere Modalität unter „Somaesthesis" in einem weiteren Sinne, während die erfahrenen Modalitäten, die die coch-

[45] Die Rolle der Reduktion durch teilweise Deafferentierung wurde hinsichtlich der zentralen (corticalen) Aktivitäten schon auf S. 226 diskutiert mit besonderer Beziehung auf die Studien von *Spiegel* und *Szekely* (1955).

learen, die optischen und die olfaktorischen Systeme betreffen hiervon vollständig ausgeschlossen sind. Das proprioceptive vestibuläre System bleibt dann in einer etwas zweifalhaften Kategorie, kann aber als eng verwandt zur Modalität der Somaesthesis im engeren Sinne angesehen werden. Weiter muß hinsichtlich der Proprioception der Zufluß von Muskelspindelerregungen von der Art des Zuflusses („Tiefensensibilität"), wie sie die Sehnenenden, die Gelenkkapseln und andere Körperstrukturen liefern, unterschieden werden. Diese beiden Typen von proprioceptivem Einfluß unterliegen wenigstens teilweise einer besonderen Bearbeitung mittels verschiedener zentraler Kanäle. Obwohl eine entschiedene „Spezifität", d. h. eine Anpassung der Rezeptorstrukturen an gewisse Typen und Arten von Reizen anzunehmen ist, einschließlich für einige „Endorgane" einer bestimmten „Empfindlichkeit" auf gewebsschädigende Reize, so ist diese „Spezifität" keineswegs „exklusiv" oder „absolut". Allgemein gesprochen und ohne Berücksichtigung spezieller Fälle wie der Geschmacksknospen kann man histologisch unterscheidbare Typen von Körpersinnesrezeptoren nicht in ganz befriedigender Weise in Korrespondenz zu verschiedenen somaesthetischen Modalitäten bezeichnen (vgl. auch oben S. 281). Was einige der zentralen Kanäle betrifft, so stellt anscheinend der Tractus spinothalamicus lateralis einen Kanal dar, der wesentlich schon teilweise verarbeitete Signale weiterleitet, die sich auf Schmerz- und Temperaturerfahrung beziehen, während der ventrale spinothalamische Trakt und die Komponenten des bulbothalamischen Lemniscus medialis, die von den Hinterstrangkernen ausgehen, wesentliche Kanäle für Signale sein könnten, die sich auf die Erfahrung räumlicher Konfiguration und besonderer (z. B. besserer Unterscheidung ermöglichenden) Qualitäten der Somaesthesie im strengen Sinne beziehen.

Im Hörsystem scheint die basilare Spiralmembran mit ihrem Hörstreifen in ihren verschiedenen Gebieten unterschiedlich zu antworten. Töne hoher Frequenz verursachen überwiegend Schwingungen der basalen Windung und die Spitzenwindung antwortet meistens auf Töne niederer Frequenz. Eine progressive Gradation soll zwischen beiden Teilen vorkommen, und die funktionelle Gebietsdifferenzierung erscheint nur auf Ebenen niederer Intensität relativ scharf. Alle diese Phänomene stellen R-Ereignisse dar. Die Intensität der R-Ereignisse kann als Druck ausgedrückt werden, z. B. in Dyn pro qcm. Oder sie kann auch in Erg pro Sekunde oder Mikrowatt, die den Bezirk eines Quadratzentimeters passieren, festgestellt werden. Von größerer Bedeutung sind Unterschiede in der Intensität des R-Ereignisses, die in Ausdrücken des gewöhnlichen Logarithmus im Verhältnis der beiden Intensitäten formuliert werden. Zu Ehren von *Graham Bell* wird diese Einheit als bel bezeichnet. Sie bezieht sich auf die Intensitätsebene der R-Ereignisse. Wenn z. B. die Schallintensität um das 10fache gesteigert wird, d. h. von 10^{-5} auf 10^{-4} Mikrowatt pro qcm, so steigt die Intensitätsebene um 1 bel. Im physiologischen Bereich ist das bel eine exzessiv große Einheit und ein zehntel bel oder das dezibel wird als geläufige Einheit benutzt. Da bels oder dezibels relative Werte darstellen, ist die Standard- oder Bezugsintensität willkürlich. Die Zahl von dezibel, die einem gegebenen Verhältnis akustischer Energien E_2 und E_1 entspricht, kann ausgedrückt werden als:

$$N\,(db) = 10 \times \log \frac{E_2}{E_1}$$

Diese physikalischen Konzepte wurden hier in Erinnerung gerufen, weil es wichtig ist, daran festzuhalten, daß die Schallintensität, ein Kennzeichen von R-Ereignissen, sich von ihrer Kodierung in N-Ereignisse unterscheidet und auch wiederum von der Lautstärke unterscheidet, die eine Wahrnehmung ist, d. h. ein Parallelphänomen des Bewußtseins, das zu einer besonderen Gruppe (der cortico-thalamischen) solcher N-Ereignisse in Beziehung steht. Tatsächlich ist gerade das Wort „Schall“ trügerisch: Im weiteren Sinne bezieht es sich auf physikalische oder R-Ereignisse, im engeren und eigentlichen Sinne bezieht es sich auf eine Wahrnehmung, d. h. eine Bewußtseinsmodalität. Was die bewußte Wahrnehmung betrifft, so hängt der geringste noch wahrnehmbare Unterschied in der Intensität nicht nur von der ursprünglichen Intensitätsebene, sondern auch von der Tonhöhe ab. In der durchschnittlichen oder normalen Intensitätsreihe sind Differenzen von 1 decibel gerade wahrnehmbar, und das *Weber—Fechner*sche Gesetz läßt sich (ungefähr) nur innerhalb dieses mittleren Bereiches anwenden.

Die Haarzellen in Verbindung mit den peripheren Fasern der Bipolarnervenzellen im Ganglion spirale wirken als Rezeptoren und kodieren die R-Ereignisse in N-Ereignisse. Diese Rezeptoraktivität scheint eine Alles-oder-Nichts-Antwort zu manifestieren, ebenso wie Refraktärperioden und sie scheint Intensitätsunterschiede von R-Ereignissen in Frequenzkennzeichen von N-Ereignissen zu übertragen, während Frequenzdifferenzen von R-Ereignissen im wesentlichen durch die räumliche Verteilung der N-Ereignisse kodiert werden. Was die Frequenzen betrifft, so wird eine augenscheinliche und teilweise Synchronisierung manifestiert, die kurz erörtert werden soll.

Für praktische Zwecke liegt der Frequenzbereich der R-Ereignisse, der von menschlichen Hörnerven registriert wird, zwischen 16 und 20 000 Schwingungen pro Sekunde; bei den Fledermäusen reicht dieser Bereich aufwärts bis etwa 98 000. Im menschlichen Hörsystem erhält der Bereich zwischen 1000 und 3000 Schwingungen pro Sekunde eine überwiegende funktionelle Wichtigkeit. Auf der Grundlage der gegenwärtig erreichbaren Daten kann man nicht mit genügender Sicherheit feststellen, ob die graduelle Reduktion des Ausgangsbereiches mit dem Alter hauptsächlich die mehr peripheren oder die mehr zentralen Bereiche der N-Ereignisse betrifft.

Läßt man den piezo-elektrischen Effekt des *Wever-Bray*-Phänomens außer Betracht, so liegen die Aktionspotentiale des Hörnerven mit den Schallfrequenzen bis etwa 3000/c. p. s. synchron. So haben wir wenigstens im Prinzip und auf dieser peripheren Ebene die offensichtliche Manifestation eines gewissen Isomorphismus der R- und N-Ereignisse. Diese Synchronisierung übersteigt die Fähigkeit einzelner Fasern des Hörnerven zu synchronisieren. Trotzdem wird ein totaler Synchronisierungseffekt über die Fähigkeit der Einzelfaser hinaus möglich, da die Refraktärperioden verschiedener Fasern nicht zum gleichen Zeitpunkt beginnen oder enden und da einige Fasern auf jeden 2., 3. oder 4. Reiz antworten können. Die Synchronisierung nimmt entlang den aszendierenden Hörbahnen ab, mit einem Maximum von vielleicht 1000/c.p.s. im Colliculus inferior und ungefähr 20/c.p.s. in der Hörrinde. Wie in der Diskussion des Isomorphismus dargelegt, wird es so offenbar, daß die Kodierung der Schallfrequenzen bei Annäherung und Erreichung der corticalen Ebene keine bildliche Wiedergabe von R-Ereignissen durch N-Ereignisse einschließt. Um einen signifikanten Kode-Wert, d. h. eine distinkte Kennzeichnung für die Eigenschaften des Eingangs zu bewahren, müssen die Frequenzen von R-Ereignissen in eine differente Beziehungsstruktur übertragen werden. Es ist wahrscheinlich, daß das Zeitmuster (die Frequenz) in ein wesentlich räumliches Muster von Nervenentladungen übertragen wird, das vielleicht gewisse zeitliche Fluktuationen niederer Frequenz einschließt. Mit anderen Worten und im Gegensatz zum optischen und taktilen System, gilt der Isomorphismus nicht im Hörsystems, wenigstens nicht auf höheren Ebenen, am allerwenigsten auf der Ebene der Hörrinde.

Einige der anatomischen Einzelheiten der Leitungsbahnen von der Cochlea bis zur Rinde einschließlich der wichtigen Unterscheidung zwischen ventralen und dorsalen Cochleariskernen, die auf dem Werk von *F. H. Lewey* und *Kobrak* begründet sind, wurden in meiner zusammenfassenden Darstellung über das Zwischenhirn diskutiert (1954) und brauchen in diesem Zusammenhang nicht wiederholt zu werden. Es genügt, sich daran zu erinnern, daß für gewisse Aspekte der Übertragung eine Punkt-zu-Punkt-Projektion überwiegt. Die aufsteigende Cochlearisbahn mit ausgesprochen bilateralen Beziehungen zeigt viele verwickelte und ungenügend verstandene komplexe Verhältnisse. Diese Bahn schließt eine Minimalzahl von 3 Synapsen zwischen der Schnecke und der Hörrinde ein, aber wahrscheinlich und in Abhängigkeit von einer Vielzahl wichtiger anderer Faktoren eine beträchtlich größere und variable fluktuierende Anzahl.

Was die corticalen Hörmechanismen betrifft, so haben *Pitts* und *McCulloch* (1947) eine Erklärung für die Erkennung von Tönen unabhängig von ihrer Höhe gegeben; ein Prüfprozeß, etwa analog zu dem, der im Hinblick auf die Sehrinde diskutiert wurde, wird angenommen. Die ankommenden kodierten akustischen Impulse sollen demnach in inadäquater Form die synaptische Schwelle in einer gegebenen corticalen Ebene passieren, ausgenommen in dem Augenblick, in dem diese Ebene durch einen Simultanimpuls von dem Prüfmechanismus freigegeben wird. Dieser Schwungmechanismus gibt seinerseits eine Anzahl von Neuronenlagern frei. Jeder kodierte Akkord, der in Form von Impulsen eine räumlich geordnete Gruppe von Neuronen in der Hörrinde erreicht, wird durch den periodischen Schwung registriert. Die Impulse steigen dann entlang von Säulen zur Tiefe der Rinde ab. Die Ebene im oberen Teil der Säule, die durch den Schwung gefördert wird, bewegt sich wiederholt auf und ab, während die Entladungen, die zu den tieferen Lagen ausgesandt werden, sich einförmig rückwärts und vorwärts bewegen und so die Tonintervalle bewahren. Ein Ton würde auf diese Weise unabhängig von seiner Höhe registriert werden. *Pitts* und *McCulloch* fordern spezifische Afferenzen für die Eingangssignale und unspezifische Afferenzen für den Scanningmechanismus. Wie ich in meiner Zusammenfassung über das Zwischenhirn (1954) diskutiert habe, bin ich nicht davon überzeugt, daß spezifische und unspezifische Afferenzen wesentliche und unterschiedliche Faserkategorien darstellen, wie sie von einigen Theorien gefordert werden. Das Konzept der Prüfmechanismen-Prozesse erscheint zwar nützlich, aber schließt nicht notwendig unspezifische Afferenzen ein, da die Scanning-Nervenkreise sehr wohl innerhalb der Rinde selbst entstehen könnten.

Ein Mechanismus, der von *Pitts* und *MacCulloch* angenommen wird, klassifiziert die Information nach wichtigen allgemeinen Kennzeichen. So ist beim Hören die Registrierung der Klangfarbe und der Töne unabhängig von der Höhe einbegriffen, während es sich beim Sehen um die Äquivalenz der topologischen charakteristischen Muster handelt. Äquivalente Muster nehmen einen gewöhnlichen Gestaltcharakter an und bestimmen eine Gruppe von Transformationen, die untereinander äquivalent sind und die Invarianz der Figur erhalten. Ein Versuch der mathematischen Formulierung in bezug auf eine Gruppentransformation wie ihn *Wiener* (1948) unternahm, wurde oben zitiert. *Pitts* und *McCulloch* haben sich bemüht, die corticalen Strukturen in Ausdrücken nervöser Netzwerke zu deuten, die (zeitliche oder räumliche) Muster registrieren, so daß sie den gleichen Output für jeden Input herstellen, der zu einem gegebenen übertragbaren Muster in Beziehung steht.

In der Diskussion der nervösen Mechanismen des Hörens betont *Galambos* (1954) zwei Prinzipien, die zusätzlich im Hinblick auf die nervösen Prozesse allgemeine Bedeutung haben. Das erste Prinzip betrifft den Mangel an streng spezifischen Einzelheiten der Strukturanordnung. Die Ansichten des Verfassers stimmen hier eng mit den Konzepten überein, die von *Craik* und *Ashby* formuliert wurden. Das zweite Prinzip ist das der Ungleichheit. Anstatt eine einzelne Transformierung des peripheren Reizes zu den höheren Zentren darzustellen, findet auf der Hörbahn eine Anzahl von Transformationen statt. Die Rinde kann diese verschiedenen Kode-Muster, die ein Reizmuster vorstellen, registrieren, und die wichtigsten auswählen. Oder sie kann alle übertragenen Muster in „ein Bild der Außenwelt" integrieren, d. h. in ein Kode-Modell von R-Ereignissen durch N-Ereignisse. Schädigung durch Trauma oder Krankheit wird in der Regel den „Organismus nicht völlig des adäquaten Kontaktes mit seiner Umgebung" berauben. Mit den angelegten Parallelkanälen und wechselnden Bahnen für die Analyse der einlaufenden Signale ist das Nervensystem wie alle wirksamen Kommunikationssysteme mit Redundanz ausgestattet und arbeitet nach statistischen Prinzipien. Diese allgemeinen Ansichten stimmen wieder mit den Meinungen von *Craik*, *Ashby* u. a überein, ebenso wie mit denen, die ich in meiner Zusammenfassung über das Zwischenhirn niedergelegt habe.

Beim Menschen sind die Hörwahrnehmungen im ganzen nur geringfügig lokalisiert. Jedoch bis zu einem gewissen Grade wird über die Externalisation hinaus ein Gewahrwerden von Richtung und Entfernung möglich. Es ist wahrscheinlich, daß Unterschiede zwischen N-Ereignissen in den rechten und linken Gehörzentren eine Rolle bei dieser Lokalisation spielen, obwohl die Signalübertragung von jeder Schnecke bilateral in der zentralen Hörbahn erfolgt. In soweit als sogar dann die Töne keine Gestalt haben, kann man sagen, daß sie auch keine Gestaltkonfiguration haben. Die Fledermäuse kontrollieren ihren Flug durch Echoschall, (auf dem Radarprinzip), indem sie hochfrequente Töne aussenden, die für das menschliche Ohr Ultraschall sind. Geht man davon aus, daß korrespondierende N-Ereignisse im Gehirn der Fledermäuse mit parallelen Ereignissen des Bewußtseins verbunden sind, so könnte möglich sein, daß die Hörwahrnehmungen dieser Tiere nicht nur gut lokalisiert, sondern auch räumlich konfiguriert sind, d. h. Gestaltwahrnehmungen einschließen.

Was die nervösen Mechanismen des Geruchs betrifft, so nimmt man an, daß die adäquaten Reize (R-Ereignisse) durch Moleküle verdampfter und gleichzeitig löslicher Substanzen[46] dargestellt werden, die auf die peripheren Endigungen der Riechzellen einwirken. Durch ihre marklosen zentralen Fasern, die die Fila olfaktoria bilden, geben die Riechzellen Signale (N-Ereignisse) an den Bulbus olfaktorius. In den komplexen Synapsen, die von den Glomeruli olfaktorii geliefert werden, werden die Impulse zu den Mitralzellen übertragen (Abb. 10). Die Mitralzellen entladen durch den Tractus olfaktorius in andere graue Gebiete des Riechhirns und die Büschelzellen sollen durch denselben Tract und mittels eines Teiles der vorderen Kommissur zum gegenseitigen Bulbus olfaktorius entladen. In jedem Glomerulus bilden viele afferente Fasern, nämlich Neuriten von zahlreichen olfaktorischen Zellen, terminale Stränge. Die Beziehungen der Mitralzellen zu den Glomeruli zeigen zwei unterschiedliche Anordnungen: eine Mitralzelle kann Dendriten in zwei oder mehrere Glomeruli senden und ein Glomerulus kann Dendriten von einer Anzahl von Mitralzellen erhalten; beide Typen von Verbindungen sind vermutlich bei allen Wirbeltieren vorhanden, aber bei den mikrosmatischen Tieren überwiegt die erste Anordnung, bei den makrosmatischen die zweite (*van Gehuchten*, 1906). Darüber hinaus zeigen einige der Körnerzellen zahlreiche geschlossene Nervenkreise, die vielleicht sowohl

---

[46] Einige Verfasser betonen, daß die Substanzen lipoidlöslich sein sollten. Es ist jedoch von Interesse, daß das olfaktorische System der Fische und der Amphibien im Larvenstadium, die im Wasser leben und atmen, eine nervöse Struktur zeigt, die im wesentlichen mit der der Luft atmenden Wirbeltiere identisch ist, die auf dem Lande leben. In dieser Hinsicht findet keine bedeutende metamorphotische Wandlung zwischen der Kaulquappe und dem Froschstadium statt.

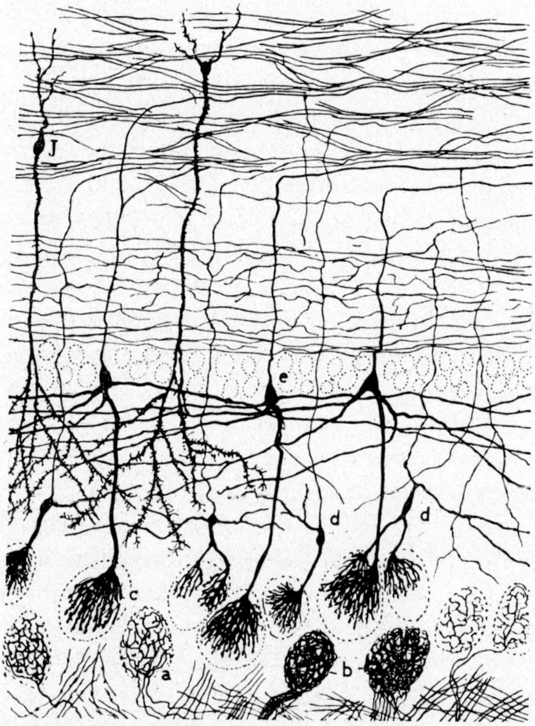

Abb. 10: Histologische Struktur des Bulbus olfactorius eines Säugers (Katze), wie sie in der Golgi Technik erscheint (nach *Cajal*). a, b: glomeruli, welche die Endverzweigungen der Riechfäden zeigen (olfactorische Zellen). c: glomeruli, welche die terminalen Verzweigungen der Mitralzelldendriten zeigen. d: Büschelzelle. e: Mitralzelle. j: Körnerzelle.

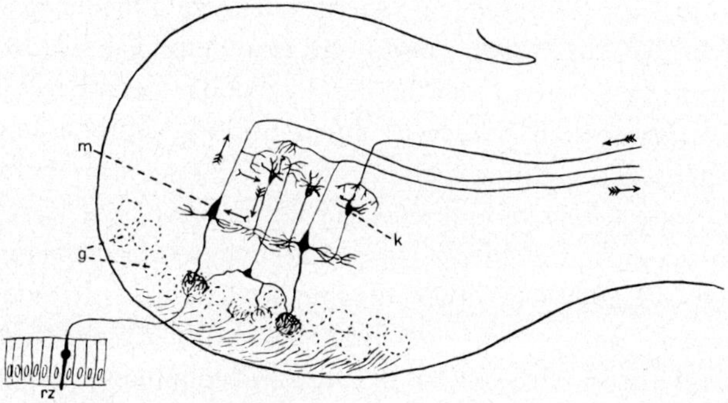

Abb. 11: Diagramm der selbstrückerregenden Neuronenkreise im Bulbus olfactorius (nach *Kuhlenbeck* 1927). g: glomeruli. k: Körnerzelle. m: Mitralzelle. rz: Riechzelle.

selbstrückerregend und unter gewissen Bedingungen selbsthemmend (wie z. B. im Phänomen der Adaptation, das im olfaktorischen System am meisten ausgesprochen ist) wirksam sein könnten. Die geschlossenen Nervenkreise erschienen in den Golgi-Präparationen, die *Cajal* studierte, aber nicht erkannte, da er die meist rückläufigen Fortsätze der Körnerzellen als Dendriten deutete. Nach der Ansicht von *Herrick* (1924) wie nach meiner eigenen stellen solche Fortsätze wenigstens in den meisten Fällen Neuriten dar.

Herrick nahm ein kreisförmiges Entladungsmuster an und ich selbst definierte und betonte kurzgeschlossene Erregungskreise, die auf das gleiche einzelne Neuron rückentladen, d. h. echte selbstrückerregende Neuronenkreise (1927). Ich vermute jetzt, daß solche Neuronenkreise (Abb. 11) in Abhängigkeit von verschiedenen Umständen auch selbsthemmend werden können und eine Rolle für zeitsteuernde und andere Prozesse der zyklischen zeitlichen Anpassungen spielen könnten. Die olfaktorischen Rezeptoren haben eine außerordentlich niedrige Schwelle für gewisse adäquate Reize; so soll für manche Substanzen eine molare Konzentration in der Größenordnung von 10^{-13} ausreichend sein. Bisher gibt es keine zuverlässigen Daten über die Wirkungsweise der chemischen Substanzen auf die Rezeptoren und verschiedene einander stark widersprechende Hypothesen sind vorgeschlagen worden. Man hat verlangt, daß die olfaktorischen Rezeptoren in adäquater Weise nur auf eine einzige besondere Art von Reiz ansprechen und so einzelne fundamentale Typen von olfaktorischen Reizen auswählen. Dies würde wiederum eine unbestimmte, aber vermutlich ziemlich große Zahl funktionell verschiedener Riechzellen erfordern. Es gibt demgegenüber keine Daten über signifikante histologische Differenzen zwischen den verschiedenen olfaktorischen Zellen. *Le Gros Clark* (1947) hat trotzdem in Betracht gezogen, daß offensichtliche Unterschiede in der Länge der peripheren Fortsätze (der sog. olfaktorischen Stäbchen) einen Schlüssel für eine derartige theoretisch geforderte Unterscheidung und Klassifikation liefern könnten. Andererseits könnten biochemische Differenzen, die durch histologische Analysen nicht aufgedeckt werden können, ein bedeutsamer Faktor sein. Auch ist es keineswegs sicher, ob eine beschränkte, kleine oder große Anzahl primärer Rezeptorentypen anzunehmen ist. *Le Gros Clark* nahm zunächst eine diffuse Projektion der Riechschleimhaut auf den Riechkolben an, kam aber später zu dem Schluß, daß es mit Wahrscheinlichkeit einen gewissen Grad einer regionalen Projektion des Riechepithels auf den Bulbus olfaktorius beim Kaninchen gibt (1950).

Elektrophysiologische Studien von *Adrian* (1950, 1953) haben zahlreiche Daten geliefert, die schwer zu deuten sind. Soviel sich sagen läßt, wird anscheinend ein abgestuftes räumliches und zeitliches Signalmuster im Riechkolben manifestiert: Verschiedene Gerüche erregen möglicherweise unterschiedliche Bezirke dieser Struktur. Was die zeitliche Differenzierung betrifft, so erfolgen die Antworten auf einige Riechsubstanzen mit kürzerer Latenz und zeigen eine spezifische Kurve bei den Registrierungen. Weiterhin ist es wahrscheinlich, daß bei der Antwort von individuellen Mitralzellen eine selektive Sensibilität manifestiert wird. Die Geruchsunterscheidung hängt anscheinend von der Kombination einer Reihe von Faktoren ab, die über die verschiedenen Eigenschaften des reizenden Stoffes eine Information geben (*Adrian*, 1953).

Bei der Untersuchung der elektrischen Aktivität des Riechkolbens des Kaninchens stellte *Adrian* (1950) Potentialschwankungen von zweierlei Art fest: Induzierte Wellen durch starke Riechreize und Eigenwellen, die nach dieser Deutung die Daueraktivität der Zellen des Bulbus darstellen. Tiefe Narkose unterdrückte diese letztgenannte Aktivität, während die olfaktorischen Signale ohne Pause weitergeleitet wurden. Bei mäßiger Narkosetiefe wird die Eigenaktivität kontinuierlich und ruft eine konstante unregelmäßige Impulsentladung im Tractus olfaktorius hervor. Es wird angenommen, daß diese Entladungsform die „Übertragung von Signalen aus dem Geruchsorgan" verhindert. Wenn die Narkose noch oberflächlicher wird, gewinnen die olfaktorischen Signale die Kontrolle in gewissem Maße wieder. Diese Signale sollen den schnellen Eigenrhythmus des Bulbus desorganisieren und die Dauerentladungen von Impulsen zugunsten der olfaktorischen Entladung bei jeder Inspiration unterdrücken. Schließlich jedoch baut sich die Eigenaktivität wieder auf und die Dauerentladung kehrt zurück. Man glaubt, daß hierdurch die Übertragung der olfaktorischen Signale zum Verlöschen gebracht wird.

Da *Adrian* kein Anzeichen von Versagen der Rezeptoren bei wiederholter Reizung bei jedem Atemzug entdeckte, nimmt er an, daß die Abschwächung und das schließliche Schwinden von Geruchsempfindung beim Menschen (olfaktorische Adaptation) diesem Wiedererscheinen der Eigenaktivität nach ihrer anfänglichen Desorganisation zuzuschreiben ist. Im Prinzip und ohne die Deutung noch ungeklärter Einzelheiten könnte diese Ansicht gut mit den postulierten Kreiserregungs- (*Herrick*, 1924) oder selbstrückerregenden (*Kuhlenbeck*, 1927) vielleicht auch hemmenden Entladungsmustern im Riechkolben übereinstimmen.

Adrian (l. c.) fügt die Bemerkung hinzu, daß die Entwicklung und die Wirkungen der Eigenaktivität des Bulbus olfaktorius an Vorgänge erinnern, die in der Rinde während der verschiedenen Stadien der Narkose stattfinden. Er vergleicht im besonderen das Schwinden der Geruchswahrnehmung nach wiederholten Reizen mit unserer Unfähigkeit, auf ein uninteressantes Geräusch eine ständige Aufmerksamkeit zu richten. Es gibt hier nach meiner Ansicht jedoch einen beträchtlichen Unterschied: Wir können, wenn wir unsere Aufmerksamkeit lenken, uninteressierende Töne jederzeit wahrnehmen, jedoch bei einer angepaßten Geruchsbedingung können wir nicht willkürlich den Geruch wahrnehmen, an den sich das olfaktorische System adaptiert hat. Es ließe sich vielleicht annehmen, daß die olfaktorische Adaptation wenigstens teilweise ein peripherer Prozeß auf der Rezeptorebene ist. Jedoch begünstigen *Adrians* Beobachtungen, die oben zitiert wurden, diese Ansicht nicht.

Sem-Jacobsen, Bickford, Dodge und *Petersen* (1953) haben während der Probefreilegung des Stirnhirns eines psychotischen Patienten durch Tiefenelektroencephalographie Antworten vom Bulbus olfaktorius (vielleicht einschließlich der Fila olfaktoria und des Tractus) des Menschen aufgezeichnet. Sie erhielten bestimmte Reizantworten nach Inhalation von Riechstoffen. Wegen der Apathie und der geringen Mitarbeit des Patienten konnten sie nur eine geringe subjektive Information hinsichtlich der Wahrnehmungen gewinnen. Die Verfasser berichten, daß „die Frequenzmessungen in Verbindung mit verschiedenen Gerüchen eine beträchtliche Streuung während der Versuche mit irgendeiner besonderen Substanz zeigten und eine bemerkenswerte Überschneidung, wenn die ganze Gruppe betrachtet wurde. Es ist daher unwahrscheinlich, daß die Frequenz der Reizantwort ein wesentlicher Faktor bei der Unterscheidung von Gerüchen ist, wenn nicht das Gehirn ein extrem empfindliches Frequenzanalysesystem besitzt".

Hinsichtlich der Registrierung der Geruchsintensität deuten die Verfasser ihre Befunde in der Weise, daß eine bestimmte und möglicherweise fast lineare Beziehung zwischen Reizintensität und Antwort vorliegt. Danach könnte angenommen werden, daß die Signale, die die Geruchsintensität kodieren, eher die Form einer Amplitudenmodulation als die einer Frequenzmodulation annehmen, wie sie bei den meisten nervösen Kommunikationssystemen überwiegt. Zwar ist dieser Augenschein gegenwärtig noch nicht ausreichend schlüssig, jedoch trotzdem ziemlich bedeutsam. Er könnte die Anwesenheit holobolischer wie auch heterobolischer Systeme anzeigen, d. h. Systeme, die nicht dem Alles-oder-Nichts-

Gesetz folgen und würde in Übereinstimmung mit einigen Zweifeln stehen, die die allgemeine Gültigkeit dieses Prinzipes bei der nervösen Aktivität betreffen. Trotzdem gelten anscheinend die logarithmischen Beziehungen, wie sie im *Weber—Fechner*schen Gesetz ausgedrückt werden, auch bei einigen Aktivitäten des olfaktorischen Systems und innerhalb von Mechanismen derartiger Komplexität dürften sich beide Prinzipien gegenseitig nicht ausschließen.

Viele Autoren haben sich zu der großen Vielfalt der wahrnehmbaren Gerüche geäußert. Verschiedenartige Versuche der Systematisierung waren nicht sehr erfolgreich und vereinfachte Diagramme, wie etwa „Geruchsprismen" verbergen eher die unbegreifliche Vielfältigkeit als sie zu enthüllen. Es wird allgemein vermutet, daß ein Hund imstande ist, den individuellen Geruch von Menschen zu unterscheiden.

Es muß eine große Mannigfaltigkeit molekularer chemischer Aktionsmuster (R-Ereignisse) auf die olfaktorischen Rezeptoren geben, der eine ähnliche Mannigfaltigkeit der kodierten Signale (N-Ereignisse) entspricht. Spezifisch kodierten zentralen N-Ereignissen sind wiederum parallele Bewußtseinsereignisse olfaktorischer Wahrnehmung korreliert, d. h. Gerüche im strengen Sinne. Man muß dabei bedenken, daß die chemischen, biochemischen und physiologischen Ereignisse in der Nasenhöhle ebenso wie die resultierenden N-Ereignisse nicht per se Gerüche sind.

Hainer, *Emslie* und *Jacobsen* (1954) haben eine Informationstheorie des Geruchs entwickelt und benutzten dabei hochgradig schematisierte Strukturkonzepte, wobei sie vorläufige zahlenmäßige Daten extrapolierten, die *Allison* und *Warwick* (1949) beim Kaninchen gewonnen hatten. Trotz ihres rein mutmaßlichen und etwas künstlichen Aspektes erscheint ihre Theorie von bleibendem Wert als ein Modell oder eine Übung in der neuronalen Kommunikationswissenschaft. Die Theorie gründet sich auf das Alles-oder-Nichts-Prinzip, d. h. ein Digitalprinzip und auf die Gültigkeit des *Weber—Fechner*schen Gesetzes, wobei die Intensitätswahrnehmung als logarithmische Funktion der äußeren chemischen Konzentration betrachtet wird.

Man nimmt in jeder Seite der Nasenhöhle 5×10^7 olfaktorische Rezeptoren und eine identische Zahl von Fila olfaktoria an[47]. Diese Fasern verteilen sich auf 1900 glomeruli in jedem Riechkolben; der Riechkolben

[47] Beim Menschen mag die Zahl der Rezeptoren bei etwa 10^7, beim Hunde bei $2{,}4 \times 10^8$ liegen.

soll annähernd 45 000 Mitralzellen enthalten, und jeder Glomerulus soll mit 24 Mitralzellen verbunden sein. Die Geruchsintensität, so meint man, wird zu den höheren olfaktorischen Zentren durch 1900 Sätze von 24 Neuriten übertragen und soll dem Grad der Aktivierung dieser 1900 identischen Sätze entsprechen. Das Kodierungsmuster eines bestimmten Geruches soll ein gegebenes Muster von „Vorgebäude" oder etwas sein, was man als ein „Schaltbrett von 24 Lampen" bezeichnen könnte.

Wenn mindestens 10 000 bekannte Gerüche existieren, dann müßte 2^N den 10 000 entsprechen, wobei N die Zahl der Neuronen ist, die für 10 000 verschiedene Muster parallel operieren müssen. Diese Zahl ist größer als 13 und kleiner als 14. Da nun 24 Mitralzellen für jeden Glomerulus angenommen werden, könnten mehr als 16×10^6 Geruchsmuster registriert werden, wenn die Rezeptoren äquivalentes chemisches Unterscheidungsvermögen haben. So können auf einem Schaltbrett von 24 Lampen mehr als 16×10^6 Muster realisiert werden.

Da das „Schaltbrett" dieser 24 Lichter weder flimmern noch zittern darf, sondern, um die zahlreichen verschiedenen Muster zu verwirklichen, „gleichzeitig leuchten" muß, wird eine zeiteinteilende oder phasierende Einrichtung erforderlich. Mittels dieser Einrichtung muß das System im Einklang funktionieren, so daß eine Simultanentladung der gestalteten Antwort durch alle mitwirkenden Neurone stattfindet. Daher bedarf es einer Kurzzeitgedächtnisleistung oder Haltefunktion des Bulbus olfaktorius, damit die Impulse, die zu einer gewissen Phase gleichzeitig entladen werden, als Gestaltinformation erhalten bleiben.

Die Verfasser, denen meine Deutung der Rückkopplungsmechanismen oder geschlossenen Erregungskreise des Bulbus olfaktorius (*Kuhlenbeck* 1927, 1928) unbekannt war, nehmen an, daß die Körnerzellen einen Impuls empfangen, ihn bis zum rechten Zeitpunkt verzögern und dann freigeben. Die Körnerzelle „dient als eine modifizierte Gedächtniszelle. Die interessante Tatsache ist, daß der Bulbus olfaktorius rasch entlädt oder mechanisch schnell fluktuiert". Seinerzeit stellte ich keine spezielle Theorie der Riechmechanismen auf und die Theorie von *Hainer* und seinen Mitarbeitern mag insgesamt nicht sehr wertvoll sein, weder im Ganzen noch im Einzelnen. Trotzdem ist es sehr wahrscheinlich, daß das wesentliche Muster der Körnerzellen-Kreisverbindungen das ich in meiner Fig. 181 (S. 249, 1927) gab, einer Kurzzeitgedächtnisfunktion und einer Art von Zeiteinteilung, Zyklisierungs- oder Sychronisierungsmechanismus, der von *Hainer* u. a. geforderten Art dient (Fig. 11).

Das Intensitätsmodell für die olfaktorische Antwort, das diese Verfasser konstruiert haben, ist weit willkürlicher als ihr Perzeptionsmodell. Es wird angenommen, daß 24 verschiedene Arten von Endorganen existieren, die zweimal 10^6 Einlaß- und 1900 Auslaßneuronen für jede Stelle der Gestalt ermöglichen. Die Wahrnehmungsintensität soll der Zahl dieser 1900 äquivalenten Neuronen, die zu einem bestimmten Augenblick entladen, proportional sein. Mit anderen Worten hängt die Stärke der Wahrnehmung von der Zahl der 1900 glomerulären Outputsysteme (die aus den Neuriten der Mitralzellen bestehen) ab, die durch eine gegebene Riechsubstanz aktiviert werden. Das Modell dieses Intensitätssystems verknüpft nicht die gleiche Zahl primärer Neurone mit jedem sekundären Neuron, sondern verbindet im Gegenteil eine so große Zahl wie 190 000 Primärneuronen zu nur einem einzigen Sekundärneuron und so wenig wie 1 Primär- zu einem Sekundärneuron. Aus der „Zahl der Primärneurone", der „Zahl der Sekundärneurone", dem Gesetz der statistischen Fluktuation und dem *Weber—Fechner*schen Gesetz werden drei Schlüsse gezogen:

a) Es gibt 30 Wahrnehmungsebenen der Intensität des Geruchs.

b) Die effektive Wirkungskonzentration für die Wahrnehmung ist 190 000 mal die Identifikationsschwelle und

c) 52 % Zunahme der Konzentration wird bei einem grade noch wahrnehmbaren Geruchsunterschied gefordert.

Verschiedene Einwände und Zweifel können gegenüber diesen Ansichten geltend gemacht werden. Jedoch ist jeder Versuch der Deutung oder Modellkonstruktion geeignet, zur Klärung des Problems beizutragen und zu einigen nützlichen Annäherungen zu führen. Bei der Diskussion des Geruchssinnes bemerkt *Adrian* (1948): „Wir wissen über den Geruchssinn so wenig, daß ich mich zunächst entschuldigen muß, einen so ungewöhnlichen Gegenstand für meine Vorlesung gewählt zu haben. Meine einzige Entschuldigung ist, daß er ungewöhnlich ist. Ich bedauere, daß ich dem wenigen, was bekannt ist, nicht viel hinzufügen kann."

Obwohl einige histologische wie auch physiologische Daten zur Verfügung stehen, so muß man doch zugeben, daß sie ungenügend sind und daß eine befriedigende Theorie der sensorischen und neuralen Geruchsprozesse und der Kodierung von Geruchssignalen zum gegenwärtigen Zeitpunkt nicht formuliert werden kann.

Noch weniger, fast garnichts, kann im Hinblick auf die neurale Kodierung von Emotionen gesagt werden. Jedoch kann vom Standpunkt der Kommunikationstheorie der affektive Tonus wie *Wiener* (1948) aufgezeigt hat, in einer Art von Skala angeordnet werden; Zunahme oder Abnahme des affektiven Tonus beeinflußt die nervösen Aktivitäten. So kann Zunahme z. B. alle Prozesse begünstigen, die zu jener Zeit im Gange sind und ihnen eine sekundäre Kraft geben, den affektiven Tonus zu steigern. Im Gegensatz dazu kann Abnahme solche Prozesse hemmen und ihnen eine sekundäre Fähigkeit geben, den affektiven Tonus herabzusetzen. *Wiener* betont, daß der Mechanismus des affektiven Tonus selbst ein Rückkopplungsmechanismus ist und ein Diagramm, ähnlich dem der Abb. 12, wurde von diesem Autor entworfen. Diese Ansicht stimmt vollständig mit dem Konzept der Kreiserregungsmechanismen in bezug auf die Emotion überein, wie ich es oben im Zusammenhang mit den Problemen der Lokalisation diskutierte.

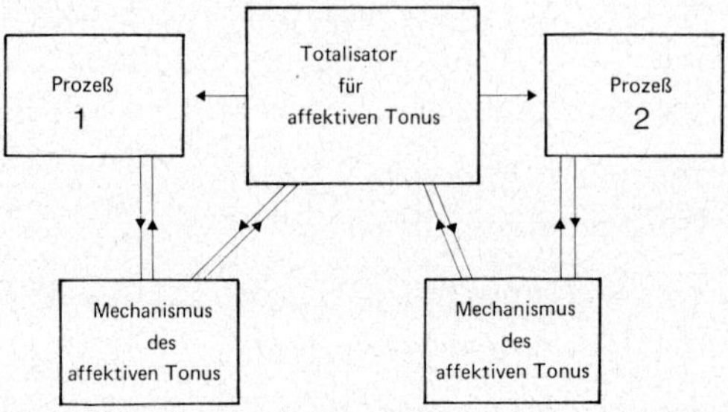

Abb. 12: Diagramm der Rückkopplungsmechanismen des affektiven Tonus (modifiziert nach *Wiener,* 1948). (Prozeß 1, affektiver Tonus-Totalisator, Prozeß 2, affektiver Tonusmechanismus).

Nach *Wiener* kann der Totalisator die verschiedenen affektiven Tonuskomponenten, die durch getrennte Tonusmechanismen gegeben sind, kombinieren. Der Totalisator brauchte sogar kein getrenntes Element vorzustellen, sondern könnte durch eine natürliche Kombinationswirkung der Signale dargestellt werden, die von dem einzelnen affektiven Tonusmechanismus herrühren. *Wiener* behauptet nicht, daß die affektiven Prozesse nach solchen Mechanismen arbeiten, er stellt nur fest, daß sie so arbeiten könnten. Man kann jedoch die wirksamen nervösen Verbindungen als in einer allgemeinen Art in Übereinstimmung mit diesen Annahmen deuten.

Man könnte daher in Ausdrücken der neurologischen Mechanismen Affektivität als einen Prozeß der „Selektion“ oder Klassifikation verstehen, wobei unterstützte zirkuläre Aktivitäten in gewissen Systemen von Fasertrakten und grauen Zentren eine abgestuft „qualifizierende“ Kennzeichnung (z. B. positiv, neutral oder negativ) zu einem gegebenen

Muster nervöser Ereignisse darstellen. Solche nervösen Kreisprozesse, die den „affektiven Tonus" ausdrücken, können zahlreiche andere nervöse Aktivitäten beeinflussen oder modulieren.

Mit einigen dieser Ansichten, die in *McCullochs* Arbeit „Eine Heterarchie von Werten bestimmt durch die Topologie von Nervennetzen" (1945) zum Ausdruck kommen, stimme ich nicht überein, hauptsächlich deshalb, weil nach meiner Ansicht der Verfasser es versäumt, klar zu unterscheiden, oder eine scharfe Grenze zu ziehen zwischen *physikalischen* und *psychischen* Phänomenen. Trotzdem erscheinen einige der Gedanken, die in dieser Mitteilung vorgetragen werden, bedeutsam und lassen sich auf die Kodierung von Emotionen ebenso wie auf die Deutung hierhingehöriger N-Ereignisse in Ausdrücken der Kommunikationstheorie anwenden. Der Verfasser stellt fest, daß „wegen des dromischen Charakters der zweckgerichteten Aktivitäten die geschlossenen Erregungskreise, die sie aufrechterhalten und ihre gegenseitige Wirkung topologisch behandelt werden können". Vollständige Kreisläufe und Drome mit hemmendem, heterodromischen gegenseitigen Einfluß werden angenommen. Dieses Schema kann für jede Zahl von Kreiserregungen ausgearbeitet werden, die in einer Ordnung der Dominanz von Dromen angeordnet sind. Unter Benutzung der Terminologie meiner Untersuchung läßt sich sagen, daß jede Hierarchie von Werten durch ein Nervennetz symbolisierbar oder kodierbar ist, das für theoretische Zwecke in einem Plan angeordnet werden kann. Im Konzept *McCullochs* hat der Ausdruck „Hierarchie" in diesem Zusammenhang zwei Bedeutungen; 1. jedes Drom bestimmt irgendein Ziel oder Ende und 2. genau das gleiche Ende wird nicht von 2 Dromen bestimmt.

Im Gegensatz zu *McCulloch* halte ich jedoch, wie oben im Zusammenhang mit *Wieners* Ansichten über den affektiven Tonus ausgeführt, sowohl erregende wie auch hemmende Einflüsse eines Dromes auf ein anderes für gegeben, zusätzlich zu zahlreichen wechselseitigen Einflüssen zwischen dromischen und extradromischen Aktivitäten.

Da anzunehmen ist, daß Emotionen durch N-Ereignisse kodiert oder dargestellt werden, so könnte man natürlich die wesentliche Frage stellen: Was sind Emotionen oder was ist Affektivität?

Eine der besten Definitionen wird in *Kretschmers* Standardwerk über medizinische Psychologie (1926) gegeben: „Die Affektivität — umfaßt alles, was die seelischen Vorgänge auf ihrem Wege vom einfachen Sinneseindruck und Bild über abstrakte Vorstellungen und Überlegungen bis zum Entschluß und zum motorischen Impuls an Gefühlstönen, d. h. an

Wertungen für das Ich mitbekommen und die Antriebe, die davon ausgehen.“ Die Affektivität schließt daher die Gefühle von Lust und Unlust, Reizung (Störung, Emotion im strengen Sinne einiger Psychologen) oder Indifferenz ein, darüber hinaus komplexe Gefühle wie Zorn, Angst, Furcht, Terror, Haß, Wunsch, Liebe u. a. Gefühle und Affekte im strengen Sinne werden als umschriebene Prozesse von gewöhnlich ziemlich beschränkter Dauer bezeichnet, Stimmungen als generalisierte Bedingungen von gewöhnlich längerer Dauer und Temperamente als die stabileren ständigen affektiven Muster, die für das Einzelwesen kennzeichnend sind.

Was die parallelen neuronalen Ereignisse, d. h. die N-Ereignisse betrifft, so haben wir eine Wechselwirkung zwischen Mustern aktivierter neuraler Netzwerke anzunehmen, von denen viele und in manchen Fällen fast alle mnestischer Natur sein dürften. Von besonderer Bedeutung ist das fluktuierende ziemlich schwankende neurale Muster, welches das nur wenig umschriebene und in vielfältiger Weise wechselnde Aggregat des „Selbst“ symbolisiert. Dementsprechend kann die Affektivität als ein Typ von N-Ereignissen gedeutet werden, der durch die Korrelation verschiedener „Nicht-Selbst-nervöser Muster“ mit den „Selbst-Mustern“ hervorgerufen wird.

Berger (1921) arbeitete eine Theorie der Affektivität aus, die auf gewissen Anschauungen von *Lehmann* und auf *Verworns* Konzept des Biotonus begründet ist. Letztgenannter Ausdruck bezieht sich auf das Verhältnis $\frac{A}{D}$ zwischen physiologischen Assimilations- und Dissimilationsprozessen. Nach *Bergers* Theorie, die als „dynamische Gefühlstheorie“ bezeichnet wird, ist das Gefühl des Mißvergnügens (die sog. P-U-Variable der Psychologen) mit einem verminderten Biotonus $\left(\frac{A}{D} < 1\right)$ der corticalen physiologischen Prozesse verbunden. Ich bin nicht der Ansicht, daß diese Deutung von *Berger* aufrechterhalten werden kann. Selbst, wenn man das Konzept des Biotonus für bedeutungsvoll hält, würde es sich nur auf R-Ereignisse anwenden lassen, jedoch nicht auf die bedeutsamen N-Ereignisse; jede mögliche Wirkung extremer negativer Fluktuationen des Biotonus auf N-Ereignisse könnte nur in der Weise einer pathologischen Störung oder, wenn weniger extrem, als *Gauss*sches Geräusch erfolgen.

Bevor wir die Probleme der Kodierung des Gedankens diskutieren, ist eine geeignete Definition des Denkens erforderlich. Ungeachtet verschiedener anderer Versionen, die weiter unten erörtert werden sollen, wird Gedanke hier in zweierlei Bedeutung gebraucht, in einem weiteren und in einem engeren Sinne. Im weiteren Sinne wird Gedanke als symbolisierendes Bewußtsein definiert, das heißt als der Prozeß von Muster-Generalisierung und -Korrelation. Im engeren Sinne wird der Gedanke bestimmt als eine Bewußtseinsaktivität, die mit der Operation abstrakter Symbole nach den Regeln der Logik (die die Mathematik einschließt) oder der Grammatik, die zur Logik in Beziehung steht, oder beider befaßt ist. Unter dem Einfluß der Emotion werden die logischen Regeln teilweise unwirksam und durch andere Prinzipien ersetzt, nach denen die Abstraktionen gehandhabt werden; daraus resultieren die hyponoischen Gedankenprozesse in der Terminologie von *Kretschmer*.

In seiner Abhandlung über die Gesetze des Denkens entwarf *George Boole* (1854) ein System der Algebra, das mit *nicht* zahlenmäßigen Beziehungen, Eigenschaften, Klassen, Feststellungen arbeitet und gewisse logische Regeln befolgt. Allgemeine Eigenschaften von Relationen und Feststellungen, wie z. B. Wahrheitswert und Urteilsgründe, können mittels einer geeigneten Nomenklatur formuliert werden. Viele spätere Autoren einschließlich *Jevons, Russell* und *Whitehead, Frege, Hilbert, Peano, Schröder, Tarski, Venn, Zermelo* u. a. haben dieses System zu einer Satzrechnung und zu der modernen symbolischen Logik ausgearbeitet.

Die *Boole*sche Algebra wurde von besonderer Bedeutung für die Kommunikationstheorie, nachdem *Cl. E. Shannon* 1938 zeigte, daß diese Algebra auf elektrische Schaltprobleme anwendbar ist. So wird in *Shannons* symbolischer Schaltanalyse jeder Stromkreis durch eine Gleichungsgruppe dargestellt. Die Ausdrücke der Gleichungen entsprechen den verschiedenen Relais und Schaltern in dem Stromkreis. Die Stromkreisdiagramme, die sich auf An-Aus-Schaltkreise beziehen, können ausgedrückt und bis zu einem gewissen Grade vollständig durch die Begriffe der *Boole*schen Algebra ersetzt werden und diese Anwendung der symbolischen Logik wird allgemein als „Kreisalgebra" oder „Calculus" bezeichnet.

Die *Boole*sche Algebra ist besonders geeignet für Operationen mit Variablen von nur 2 Werten, wie An-Aus, Ja-Nein, Wahr-Falsch mit den binären Zeichen 0 und 1 und mit Schrittfunktionen. Verschiedene Kombinationen von Eigenschaften und Regeln, die die Kombinationswahlen beherrschen, werden gegeben. Die Kombination, die durch eine bestimmte Regel festgelegt ist, kann leicht ausgedrückt werden.

Einige der fundamentalen Operationen, die durch Bezeichnungen und Operationsbegriffe ausgedrückt werden, sind: „und", „oder" (inklusive

Disjunktion), „oder" (oder sonst, oder, aber nicht beide, „exklusive Disjunktion"), „nicht", „wenn — — — dann", „wenn — — — und nur wenn — — — dann", „ausgenommen", „wofern nicht", und verschiedene andere. Mit anderen Worten formalisiert diese Algebra den Gebrauch logischer Konnektive. Die Bezeichnungen sind unglücklicherweise nicht völlig standardisiert und schwanken bei verschiedenen Verfassern. Jedoch sind einige der grundlegenden Bezeichnungen weitgehend angenommen. Einige elementare Beispiele *Boole*scher Algebra sollen im folgenden in einer vereinfachten Notierung erläutert werden, um einige wenige kritische Modelle neuraler Netzwerke vom Standpunkt der Kreisalgebra und der Kommunikationstheorie aus zu diskutieren.

Die Konjunktion „und" wird durch Nebeneinandersetzen oder durch einen Punkt ausgedrückt. So bedeutet z. B. ab oder $a \cdot b$ a und b. Das Zeichen v bedeutet inklusive Disjunktion: avb heißt a oder b oder beides. Das Zeichen + heißt exklusive Disjunktion: $a + b$ heißt daher a oder b, aber nicht beide. Das Zeichen ′ (Strich) oder besser ∼ heißt Negation. So bedeutet z. B. a' oder $\sim a$ „nicht a", z. B. $(a')' = a$ oder $\sim (\sim a)$ würde heißen „die Ableugnung der Ableugnung ist die Feststellung selbst". Das Zeichen $\supset$ wird benutzt, um die Bedingung auszudrücken, „wenn — — — dann", so bedeutet z. B. $a \supset b$: wenn a, dann b. Diese Bezeichnung wird auch gelegentlich gelesen als „a schließt b ein". In der algebraischen Gruppenlehre bedeutet diese Schreibweise „b ist eine Untergruppe von a" oder „a enthält b". Das Zeichen $\equiv$ drückt die Doppelbedingung aus „wenn — —, und nur wenn — —, dann" so bezeichnet $a \equiv b$: a wenn, und nur dann, wenn b.

Zahlreiche verschiedene Regeln können als Theoreme formuliert und ausgedrückt werden, z. B. als assoziatives, kommutatives und distributives Gesetz, als Absorption, Kombination, Ordnungsbeziehung, Widerspruch, Gesetze des Gegensätzlichen u. a. mehr.

Das Zeitelement ist nicht notwendigerweise bedeutsam. In Kreisaktivitäten jedoch wird es wesentlich, mit Ereignissen zu operieren, die sich als Zeitwechsel verändern. Die Ausdrucksweise „beginnen", „enden", „im Falle daß", „vor", „nach", „während", „wechseln", „sich ereignen" u. a. nehmen eine entscheidende Bedeutung an. Derartige Anwendungen der *Boole*schen Algebra werden manchmal als *Boole*scher Calkulus bezeichnet.

Eine interessante Anwendung der Kreisalgebra auf neurale Netzwerke gaben *McCulloch* und *Pitts* (1943). Während jedoch die Kreisalgebra direkt und ausdrücklich für Probleme elektrischer Relais- oder Schaltkreise einschließlich elektronischer Röhren nutzbar gemacht werden kann, läßt sich die Übertragung von Impulsen durch nervöse Netzwerke zum gegenwärtigen Zeitpunkt nicht in gleicher Weise mittels der *Boole*schen Algebra oder des *Boole*schen Calculus analysieren. Der Grund für diese Unmöglichkeit ergibt sich im wesentlichen aus der Kombination zweier Faktoren, nämlich der unzureichenden und unzuverlässigen Daten hinsichtlich der synaptischen Übertragung sowie anderer wichtiger nervöser Ereignisse und der außerordentlichen Komplexität, besonders was die verschiedenen Leitungsgeschwindigkeiten der Signalimpulse betrifft. Selbst die bekannten Einzelheiten sehr einfacher nervöser Verbindungen können kaum als angemessen für die Analyse in Ausdrücken der Kreisalgebra betrachtet werden.

McCulloch und *Pitts* waren daher gezwungen, eine Gruppe von Postulaten oder Annahmen zu formulieren, die auf einen hohen Grad willkürlicher Vereinfachung hinauslaufen. Trotzdem liefert ihr Vorgehen interessante theoretische Modelle.

Diese Postulate können in Anwendung auf die diagrammatischen Netzwerke der Fig. 13 mit geringfügigen Veränderungen der Originalfassung durch die Autoren in folgender Weise aufgezählt werden:

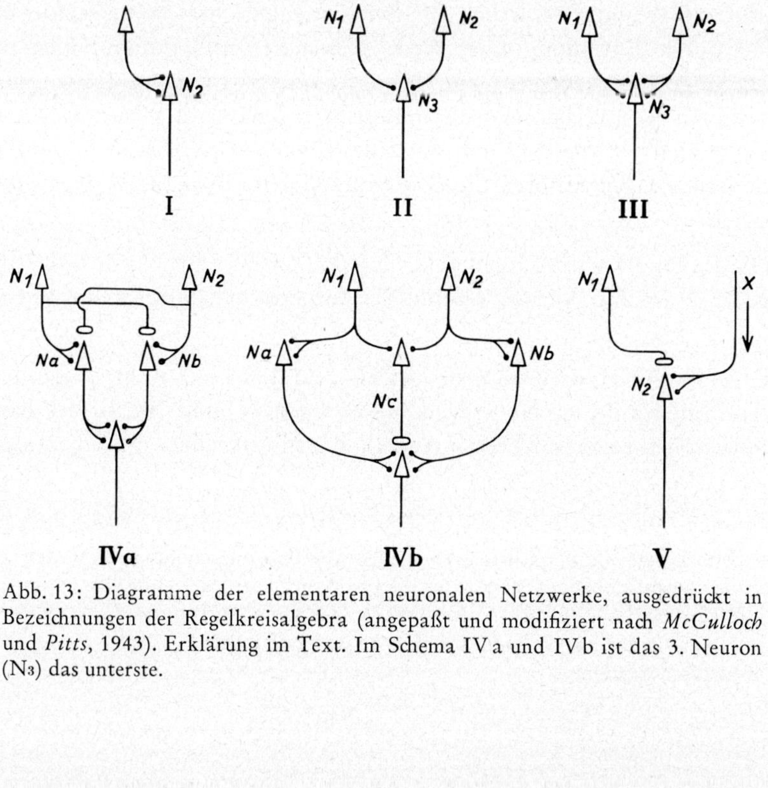

Abb. 13: Diagramme der elementaren neuronalen Netzwerke, ausgedrückt in Bezeichnungen der Regelkreisalgebra (angepaßt und modifiziert nach *McCulloch* und *Pitts*, 1943). Erklärung im Text. Im Schema IV a und IV b ist das 3. Neuron (N_3) das unterste.

1. Die Aktivität des Neurons folgt dem Alles-oder-Nichts-Prinzip.

2. Eine Minimalzahl synaptischer Knöpfe muß innerhalb der Periode der latenten Addition gereizt werden, um eine Antwort zu erhalten. Diese Minimalzahl wird im Diagramm als 2 angenommen und es wird vorausgesetzt, daß sie unabhängig von einer vorhergehenden Aktivität und der Lage des Neurons ist. In den Diagrammen wird ein einziger reizender synaptischer Knopf durch einen Punkt angezeigt.

3. Die einzige bedeutsame Verzögerung innerhalb des theoretischen Netzwerkes ist die *synaptische* Verzögerung, die als durchgehend uniform angenommen wird.

4. Die Aktivität jeder hemmenden Synapse verhindert die Reizung des Neurons jederzeit vollständig. In den Diagrammen wird die hemmende Synapse durch ein Oval angezeigt.

Unbeschadet der verwickelten und komplexen mathematischen Formulierungen einschließlich der verschiedenen Theoreme, die von *McCulloch* und *Pitts* vorgeschlagen wurden, sollen im folgenden einige wesentliche elementare Kreiserregungen, wie sie in der Fig. 13 dargestellt sind, diskutiert werden.

McCulloch und *Pitts* haben das Zeitelement in ihre Nomenklatur eingeführt. Die Entladung eines Neurons x zur Zeit t ist äquivalent der Entladung eines Neurons y zur Zeit $t-1$ oder zur Zeit $t-2$ usw., wenn die Zeit in Ausdrücken korrespondierender synaptischer Verzögerungen gezählt wird[48]. Gebraucht man statt des *Boole*schen Calculus in der Terminologie einiger Autoren die *Boole*sche Algebra, so kann t weggelassen werden.

Die Leitung I wird ausgedrückt als $N_2(t) \equiv N_1(t-1)$; in *Boole*scher Algebra $N_2 \equiv N_1$, oder N_2 (entlädt), wenn und nur dann, wenn N_1 (entlädt).

Die Leitung II wird ausgedrückt als $N_3(t) \equiv N_1(t-1) \cdot N_2(t-1)$; vereinfacht als $N_3 \equiv N_1 \cdot N_2$, d. h. N_3 wenn N_1 und N_2. In der Kommunikationstheorie wird diese Anordnung als ein „and gate“ bezeichnet mit der Gleichung: $r = p \cdot q$.

---

[48] Die Zeit t kann natürlich entweder auf den eingehenden oder den ausgehenden Impuls bezogen werden und kann daher entweder rückwärts oder vorwärts oder beides gezählt werden. Wenn der Eingangsimpuls der Zeit t entspricht, so würden die Zyklen auf der Ausgangsseite als $t+1$, $t+2$, — — — $t+x$ gezählt werden.

Leitung III wird ausgedrückt als: $N_3\ (t) \equiv N_1\ (t-1)\ v N_2\ (t-1)$, vereinfacht $N_3 \equiv N_1\ v N_2$, d. h. N_3, wenn N_1 oder N_2 oder beide. In der Informationstheorie ist diese Anordnung bekannt als ein „or gate", mit der Gleichung $r = p\ v\ q$.

Die Leitung IV kann ausgedrückt werden als: $N_3\,(t) \equiv N_1\,(t-2) + N_2\ (t-2)$, vereinfacht als $N_3 \equiv N_1 + N_2$, d. h. N_3 wenn N_1 oder N_2 aber nicht beide.

Leitung Nr. V ist ausgedrückt als: $N_2\,(t) \sim N_1\,(t-1)$, in der Annahme, daß N_2 dauernd von einer anderen Quelle (x) her erregt wird; vereinfacht $N_2 \sim N_1$. Diese Leitung und die vorhergehende Leitung haben gewisse gemeinsame Merkmale. In der Informationstheorie werden solche Merkmale in sog. „except gates" kombiniert mit der allgemeinen Gleichung $r = p \cdot q'$.

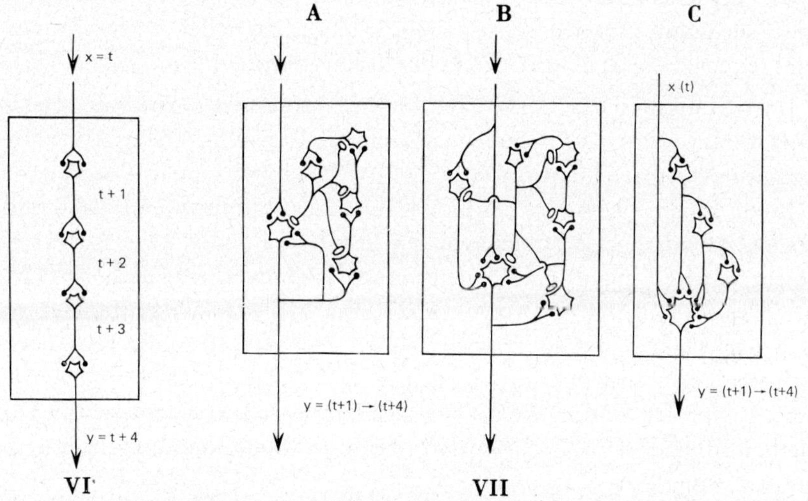

Abb. 14: Diagramme neuronaler Modelle von Verzögerungslinien.

In den Leitungen VI und VII habe ich unter Benutzung der Postulate von *McCulloch* und *Pitts* ein theoretisches neurales Modell (Abb. 14) von zwei Verzögerungslinien abgebildet[49]. Solche Konstruktionen sind

[49] Ich bin mir des Einwandes, der von *Rashevsky* und anderen vorgebracht wird, wohl bewußt, daß ein einzelnes Neuron nicht einen selbstrückerregenden Kreis bilden kann, weil die Erregung in ihre eigene Refraktärphase führen würde. Wenn ich 1927 das Konzept eines wahren selbstrückerregenden Kreises formulierte, so nahm ich an, daß solche Kreise aus mindestens zwei Neuronen bestehen. Trotzdem betrachte ich den Einwand von *Rashevsky* nicht als zwingend, da eine große Anzahl unbekannter Variabler im Spiele sind und ich sehe

in der Informationstheorie wichtige Kreiselemente, welche die Impulse verzögern, die in ihren Einlaß geschickt werden. Die Verzögerungen entsprechen einer Integralzahl der Impulszeiten. In Leitung Nr. VI ist die Verzögerung des Auslaßimpulses $y : x\ (t - 4)$. In Leitung VII, in der angenommen wird, daß die zeitliche Verteilung der Einlaßimpulse x größer als 5 ist, ergibt sich aus jedem Einlaßimpuls ein Auslaßimpuls von $y\ (t + 1)$, gefolgt von drei folgenden Impulsen $(t + 2)$, $(t + 3)$, $(t + 4)$. Mit andern Worten, $x\ (t) = y\ (t + 1), y\ (t + 2), y\ (t + 3), y\ (t + 4)$. Noch verschiedene andere theoretische nervöse Verzögerungsleitungen können konstruiert werden, die den verschiedenen Typen der Verzögerungslinien in der Informationstheorie entsprechen[50].

Mit zusätzlichen Modifikationen können weitere zahlreiche Möglichkeiten realisiert werden, z. B. einen intermittierenden Impuls innerhalb einer gegebenen Frequenz in einen kontinuierlichen zu transformieren; oder einen Impuls völlig abzuspalten, wenn er entweder einen bestimmten Frequenzbereich überschreitet oder nicht erreicht.

Im Leitungsbild Nr. VIII habe ich ein theoretisches nervöses Modell eines Netzwerkes angenommen, das einem Flip-Flop-Element der Informationstheorie entspricht (Abb. 15). Dieser Typ von Elementen besteht aus einer „black-box" mit zwei Eingängen p und q und zwei Ausgängen r_1 und r_2. Das Leitungselement meldet an seinen zwei Ausgangslinien, welche Eingangslinie zuletzt einen Impuls erhielt, nach der Formel $r_1 = S\ (p, q)$; $r_2 = S\ (q, p)$. Mit andern Worten übermittelt es gemäß der Algebra der Relationen zeitlich geordnete Impulse als ein geordnetes Paar. In der vorgeschlagenen (höchst theoretischen und künstlichen) neuralen Lösung sind zwei zusätzliche Postulate enthalten: Der Mechanismus darf nicht antworten, wenn die Einlaßimpulse gleichzeitig

---

keinen Grund, warum, für theoretische Zwecke, man nicht auch selbstrückerregende Leitungskreise eines einzelnen Neurons annehmen sollte. Solche Anordnungen könnten im Zentralnervensystem durchaus realisiert sein. Der Einwand ist weiterhin deshalb unwirksam, weil er leicht entkräftet werden kann durch die Annahme nur ein wenig mehr komplizierter Konstruktionen unter Einschluß von Schaltneuronen.

[50] Drei Versionen werden gegeben, eine mit einem einzelnen selbstrückerregenden Neuronenkreis, eine zweite mit selbstrückerregenden Kreisen mittels Schaltneuronen und eine dritte ohne selbstrückerregende Kreise. Wenn in der Version drei die Zeitfolge des Einlasses zwischen 2 und 5 Zyklen liegt, so resultiert ein kontinuierlicher Auslaßimpuls. In Ausdrücken der Neurophysiologie demonstrieren diese Modelle zwei verschiedene Typen von Nachentladung: a) mittels selbsterregender Rückkopplungskreise, b) mittels Kollateralwegen und synaptischer Verzögerung.

VIII A

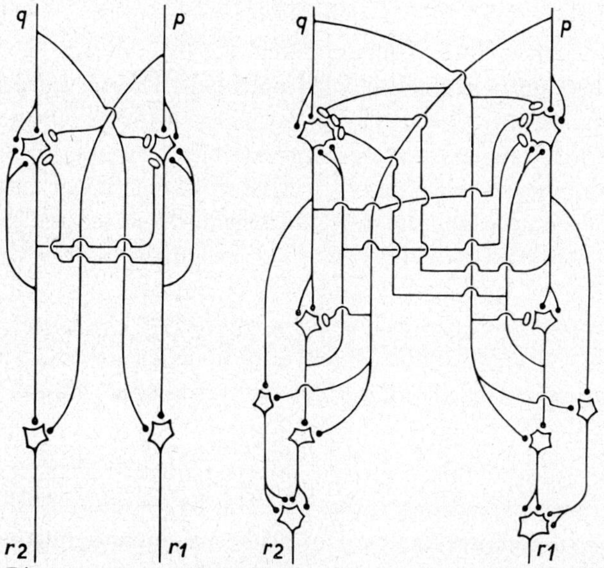

VIII B

Abb. 15: Diagramme neuronaler Modelle sogen. flip-flop-Elemente, wie sie in der Kommunikationstechnik gebraucht werden.

erfolgen, und er muß unterbrochen werden und für die nächste Operation bereitstehen, sobald die Signalfunktion beendet ist. Außerdem darf die Zeitdifferenz zwischen zwei Einlaßimpulsen nicht kleiner als ein Zyklus sein, d. h. t bis $t + 1$. Der erste Impuls muß durch einen Kurzzeitgedächtnismechanismus erinnert werden, bis der zweite Impuls zur Zeit $t + x$ des Zyklus ankommt und der zweite Impuls darf durch den Gedächtnismechanismus nicht registriert werden.

Landahl, McCulloch und *Pitts* (1943) haben mit abstrakter Schreibweise eine formale Methode abgeleitet, um logische Beziehungen zwischen den Aktionen von Neuronen in einem Netz in statistische Beziehungen zwischen den Frequenzen ihrer Impulse umzuwandeln. In einer weiteren Ausarbeitung schlägt *Landahl* (1945) einen theoretischen nervösen Mechanismus vor, der auf Unterschiede verschiedener Modalitäten eines Reizmusters reagiert. Ein anderer solcher Mechanismus reagiert auf Ähnlichkeit, die durch die Anzahl der den beiden Reizmustern gemeinsamen Neuronen gemessen wird.

Rashevsky (1945, 1946) hat eine Weiterentwicklung der *Landahl*schen Gleichungen bekanntgegeben und diskutiert die Mechanismen, die für die Abstraktion und für einige Formen des logischen Denkens bereitstehen. Ein Mechanismus für logische Schlüsse wird vorgeschlagen und es werden die Gleichungen abgeleitet, welche die Wahrscheinlichkeit des

Irrtums in einer Kette von Vernunftschlüssen ausdrücken, ebenso wie die Wahrscheinlichkeit einer Unmöglichkeit des Abschlusses der Vernunftschlüsse überhaupt. Zusätzlich wird noch eine Theorie solcher nervöser Leistungskreise entwickelt, die ein formales logisches Denken erklärt. Weiterhin wird ein nervöser Mechanismus aufgezeigt, der für den Begriff der gewöhnlichen Zahlen sorgt. In diese Ausarbeitungen eingeschlossen ist eine quantitative Theorie der Wahrscheinlichkeit irrtümlicher Schlußfolgerung und der Geschwindigkeit des vernünftigen Schließens in ihren Beziehungen zu anderen psychischen Phänomenen. Die Leitungskreise, die von *Rashevsky* gefordert werden, vollziehen Operationen, die den kategorialen Vernunftschlüssen der traditionellen aristotelischen Logik entsprechen, wie z. B. die Figur oder die Art „Darii", (alle A's sind B's, einige C's sind A's. Einige C's sind B's.), u. a.

Die oben diskutierten 8 Leitungskreise stellen Modelle von Partialprozessen oder Partialfunktionen dar. Die Kreise und Gleichungen, die *Rashevsky* ausarbeitete und die Durchführung einer kompletten logischen Operation sind zu komplex, um hier vorgeführt zu werden. Obwohl, per se nichts besonders Dunkles oder Tiefes in solchen Darlegungen liegt, die dem Uneingeweihten höchst rätselhaft erscheinen, erfordert der unvermeidliche Gebrauch vieler Abstraktionen und eines komplexen Begriffsystems ebenso wie komplexer Operationen Vertrautheit und ständige Praxis in diesem Sprachtyp. Ich würde es daher nicht wagen, solche verwickelten Einzelheiten ohne die Hilfe und den Rat eines spezialisierten maßgebenden Mathematikers zu kommentieren.

Trotzdem ist es möglich, einfachere theoretische Netzwerkmodelle zu ersinnen, die eine vollständige Operation demonstrieren. *E. C. Berkeley* (1949) hat in seiner ersten Version des „Simon" einen Miniatur-Modellcomputer dazu bestimmt, die Arbeitsprinzipien solcher Maschinen zu demonstrieren. Eine Gruppe von nur 4 binären Zahlen von 0 bis 3 (00, 01, 10, 11) wird behandelt, die sich auf die Rotation einer Linie durch vier rechte Winkel im Gegenzeigersinn bezieht. Mit diesen vier Zahlen können vier verschiedene Operationen durchgeführt werden, nämlich $c = a \cdot b$ (Addition), $c = -a$ (Negation), $p = T\ (a > b)$ oder Unterscheidung von „größer als" und $c = a \cdot p + b\ (1 - p)$ oder Auswahl. Eine zweite, etwas kompliziertere und fortgeschrittene Version des „Simon" ist vom gleichen Verfasser später entwickelt worden.

Unter Benutzung der Postulate von *McCulloch* und *Pitts* für ein vereinfachtes neuronales Netzwerk und einer elementaren Gruppe *E. C. Berkeley*s von vier Zahlen, wie sie im „Simon" behandelt wird, kann ein neuronales Leitungsmodell konstruiert werden, das dazu bestimmt ist, einen roh vereinfachten und diagrammatischen corticalen Mechanismus zur Darstellung zu bringen. Abb. 17 zeigt einen Leitungskreis, der die Operation der Negation vollzieht: „wenn und nur dann wenn". Die Operation ist eigens programmiert durch einen entsprechenden Programmkreis. Die Kodierung für das Programm oder der Routine-Einlauf wird gleichfalls in Binärzahlen gegeben, wobei man 00 für die Additon, 01 für die Negation, 10 für die Unterscheidung von „größer als" und 11 für die Auswahl annimmt. Nur die Negation ist im Modell ausgearbeitet; Negation im Hinblick auf das, was als Matrix der gegebenen Zahl (Abb. 16) betrachtet werden kann, hat eine spezifische Bedeutung und unterscheidet sich von der Negation in der *Boole*schen Algebra. Was den Problemkreis betrifft, so stellen p und q das digitale binäre Einlaßsignal dar und r_1 und r_2 den Auslaß, der die berechnete Information signalisiert. Das Modell erläutert so eine vollständige Operation, die von einem Problemkreis und von einen Programm- oder Routineleitungskreis abhängt. Diese beiden Kreistypen sind grundlegend für viele Aspekte der Kommunikationstheorie; ihre Bedeutung für theoretische Konzepte nervöser Mechanismen wird unten kurz diskutiert werden.

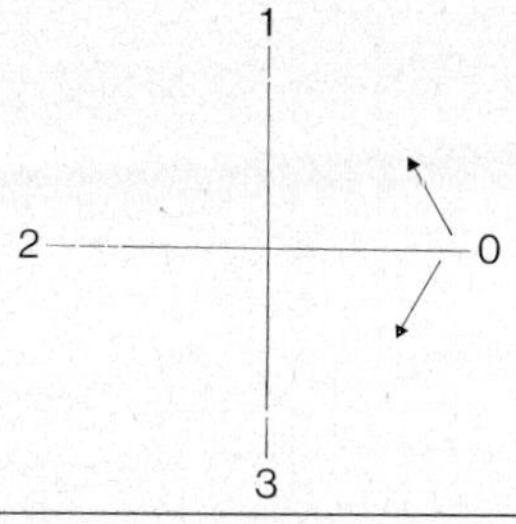

Übliches Verfahren Drehung im Gegenzeigersinn					Simonoide Negation Drehung im Zeigersinn	
keine	kein R	0	00 = 00	0	kein R	keine
eine	ein R	1	01 = 11	3	ein R	eine
zwei	zwei R	2	10 = 10	2	zwei R	zwei
drei	drei R	3	11 = 01	1	drei R	drei

Abb. 16: Binäre numerische Folge bei der Simonoiden Negation, zur Erklärung der Operation, die der Modellkreis der Fig. 17 ausführt (no, one two three 1—3, konventionelles Verfahren, Drehung im Gegenzeigersinn, Simonoide Negation, Drehung im Zeigersinn).

Die verschiedenen Muster theoretischer Netzwerke, wie sie oben betrachtet wurden, und ihre angenommenen Funktionen, stellen nur rohe Modelle dar, die auf willkürliche Postulate gegründet sind, die nicht vielen der wirklich beobachtbaren Tatsachen entsprechen. Obwohl es als sicher angesehen werden darf, daß einige wichtige nervöse Prozesse nach dem Digitalprinzip operieren, ist es keineswegs gewiß, daß alle wesentlichen N-Ereignisse diesem Prinzip folgen, und es könnten sich bis zu einem gewissen Grade durchaus Analogprozesse mit Digitalprozessen kombinieren. Es ist daher sehr einfach, das zu kritisieren, was man „Nervennetztheorien" genannt hat und es gehört wenig geistige Anstrengung dazu, diese Theorien zurückzuweisen. Ich glaube jedoch, daß diejenigen Gegner einer solchen Annäherung, die die zugrunde liegenden Ansichten grundsätzlich bestreiten, einige wichtige Punkte nicht beachten.

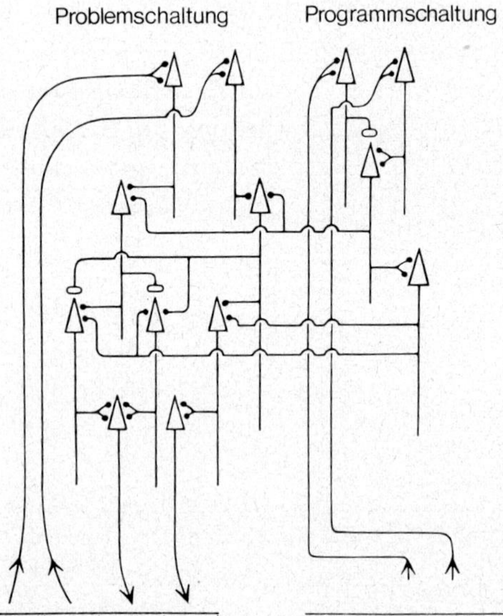

p	q	r_1	r_2
0	0	0	0
0	1	1	1
1	0	1	0
1	1	0	1

0	0	0	1	1	0	1	1

Programm (at t – 1)

← Problem

p, q, Eingang (at t)

r_1, r_2, Ausgang (at t + 4)

Abb. 17: Modell eines corticalen Netzwerks zur Illustration des Problems und Programms der Erregungskreise bei simonoider Negation (Erklärung im Text und Fig. 16).

Das Nervensystem muß auf der Grundlage eines gesunden Augenscheines als ein Kommunikationsnetzwerk angesehen werden, durch welches Signale (N-Ereignisse) übertragen werden, die mindestens bis zu einem gewissen Grade digital sind (Abb. 18—22). Theoretische Konstruktionen demonstrieren, wie solche Netzwerke arbeiten könnten und liefern Modelle der Beziehungen zwischen N-Ereignissen. Wegen der angenommenen Gleichförmigkeit der Natur ist es höchst wahrscheinlich, daß diese Modelle wichtige Beziehungsstrukturen darstellen und daher Prinzipien von allgemeiner Gültigkeit manifestieren, die wahrscheinlich

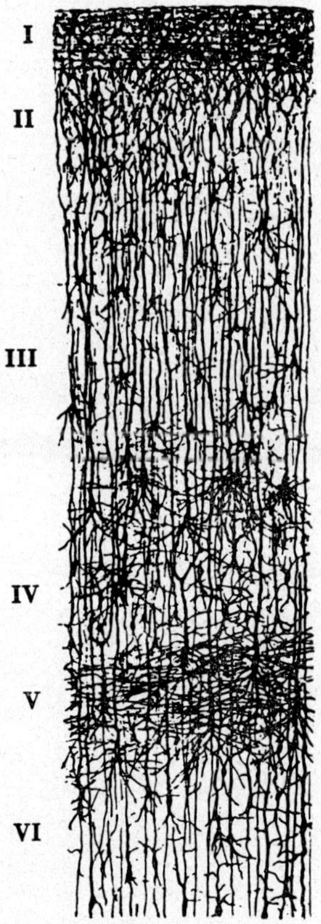

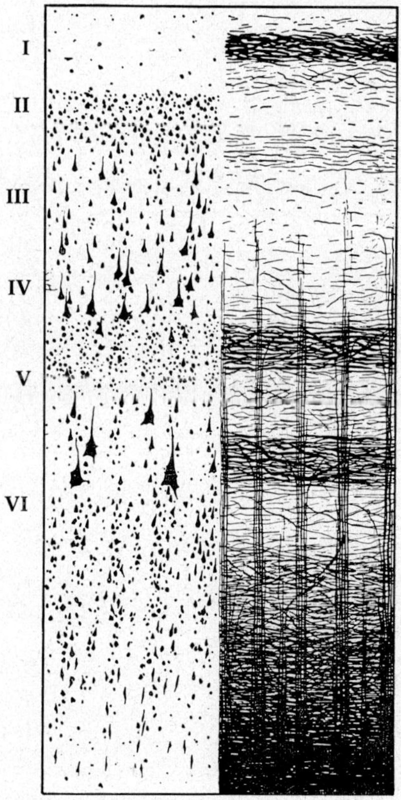

Abb. 18: Struktur der menschlichen Hirnrinde, wie sie bei der Golgi-Methode hervortritt (gyrus postzentralis des Neugeborenen, nach *Cajal*, Schichtenbezeichnung nach *Brodmann*).

Abb. 19: Cyto- und Myeloarchitektur des menschlichen Neocortex (nach *Brodmann* und C. u. O. *Vogt*). Die Schichtenanordnung, die die *Golgi*-Methode nicht zeigt, ist klar zu sehen (vgl. mit Abb. 18 und 17).

auch auf viel komplexere wirkliche neurale Strukturen und Funktionen anzuwenden sind. Verschiedene Verfasser haben betont, daß die Vergleiche nicht zwischen einer Maschine oder einem bestimmten theoretischen Netzwerk und dem Gehirn oder einem gegebenen Nervensystem, sondern eher zwischen den Operationen von Maschinen und oder Netz-

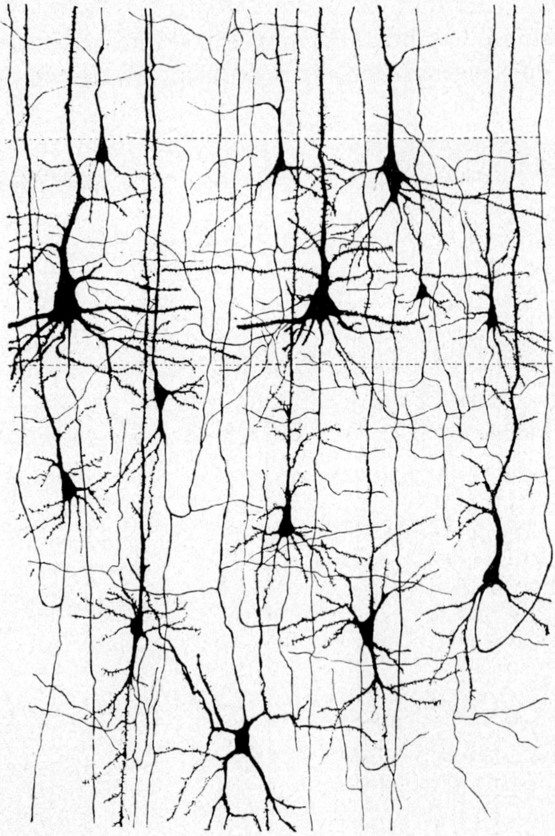

Abb. 20: Einzelheiten einer neocorticalen Struktur, wie sie in *Golgi*-Präparaten erscheint. Tiefe Schichten der Occipitalrinde der Katze, nach *Cajal*.

werken einerseits und dem Gehirn oder Nervensystem andererseits gelten. Wir haben hier eine Übung in der stochastischen Methode, durch welche Hypothesen geschaffen werden, die die wahrscheinliche Existenz gewisser Umstände oder Verbindungen von Umständen vorhersagen. Diese Hypothesen stellen Schlüsse aus nachweisbaren Ereignissen dar und können

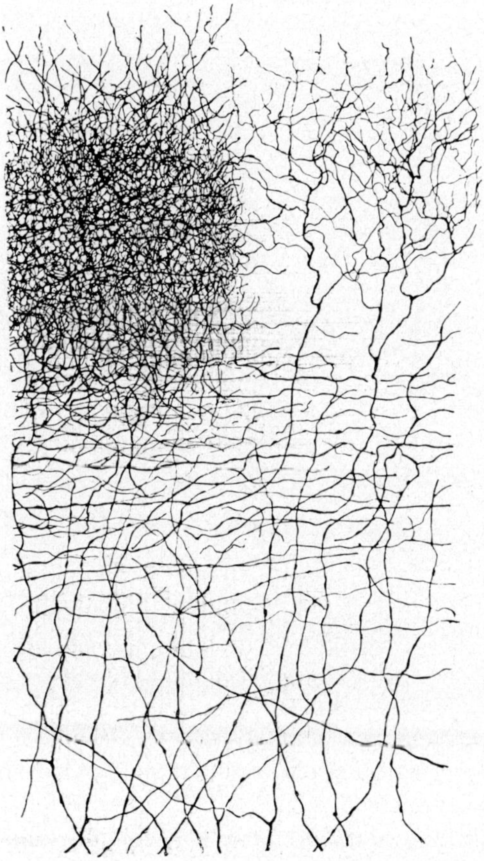

Abb. 21: Fasergeflechte im menschlichen Neocortex (Gyrus praezentralis) nach *Cajal* (*Golgi*-Technik). Die Fasern sind teilweise afferent, teilweise intracorticale Verbindungen.

einer weiteren Verifikation in Verbindung mit zusätzlichen Fortschritten in den neurologischen und anderen einschlägigen Wissenschaften unterworfen werden. Schließlich sollte noch der informative oder didaktische Wert solcher Hypothesen betrachtet werden.

Was das corticale Modell für die Operation der Simonoiden Negation betrifft, so ist das wichtigste didaktische Modellmerkmal vielleicht die Demonstration der Beziehung zwischen Programm- und Problemkreis. Die komplexen Fragen des Programmierens nehmen besondere Wichtigkeit an sowohl für angewandte wie für theoretische Aspekte der Kommunikationstheorie und für damit in Beziehung stehende Probleme, welche die nervösen N-Ereignisse betreffen. In dieser Hinsicht muß ein Mecha-

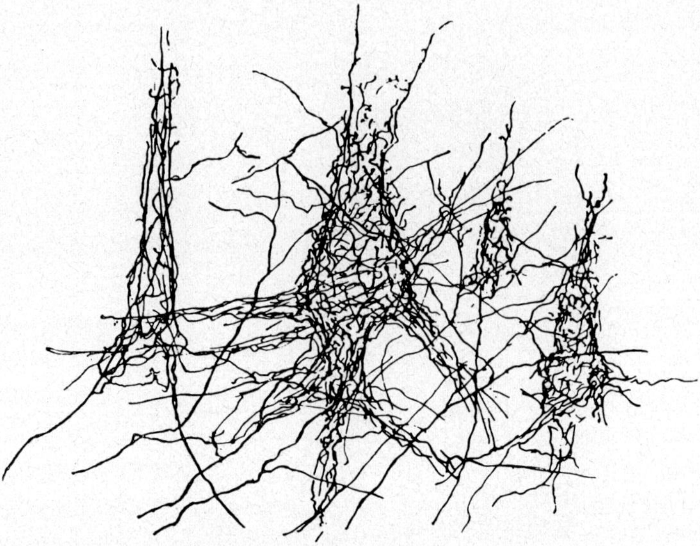

Abb. 22: Endverzweigungen und Synapsen an Pyramidenzellen des menschlichen Neocortex (Gyrus praezentralis), nach *Cajal* (*Golgi*-Methode).

nismus, der mit Prinzipien arbeitet, die mit denen der Gehirnfunktion identisch sind oder mit andern Worten, der die Gehirnfunktionen modelliert, selbstprogrammierend sein. Auf der Grundlage der gegenwärtigen Studien der Informationstheorie erscheint eine Maschine, die imstande ist, ihre eigenen Instruktionen zu berechnen, im Prinzip durchaus entwerfbar. In Verbindung mit dem Problem des mechanischen Schachspielers erwähnt *Shannon*, daß durch Modifizierung und Vervollkommnung ihres Programms eine Maschine aus ihren eigenen Fehlern lernen und ihre Operationen verbessern kann.

Betrachten wir die N-Ereignisse, so können wir Operationen von Problemkreisen und Operationen von Programmkreisen annehmen. Betrachten wir die parallelen geistigen oder Bewußtseinsphänomene, so würde das Programmieren dem Prozeß entsprechen, in dem psychisch die Aufmerksamkeit auf ein gewisses Muster von Wahrnehmungen gerichtet wird, ebenso wie der Absicht, d. h. der bestimmenden Tendenz, die aufeinanderfolgende logische oder andere geistige Operationen bestimmt (wie z. B. durch Assoziation). Emotionale Vorgänge spielen zweifellos eine wichtige Rolle in der Bestimmung des Programmierens.

In mancher Hinsicht jedoch bieten die theoretischen Netzwerke vermutlich ein irrtümliches Bild: Abgesehen davon, daß sie außerordentlich stark vereinfacht sind, erscheinen sie auch im einzelnen zu starr vorbestimmt. Eine solche spezialisierte Anordnung würde auch zu den ziemlich verständlichen Konzepten einer gewissen Gleichwertigkeit und eines ultrastabilen wie auch eines multistabilen Systems, wie es *Ashby* fordert, in Widerspruch stehen.

Es erscheint jedoch möglich, die beiden einander entgegenstehenden Konzepte zu vereinen, wenn man anstelle der streng vorherbestimmten Netzwerke ein statistisches oder probabilistisches System (in *McKays* Terminologie, 1954) mit einer beträchtlichen Anzahl zufälliger struktureller Zwischenverbindungen annimmt, das nach allgemeinen Funktionsregeln angeordnet ist.

Wir können z. B. die ganze Rinde als ein Kontinuum betrachten, das eine praktisch unbegrenzte Anzahl von Verbindungen zuläßt („alles kann mit allem verbunden werden"), die sämtlich potentiell aktiviert werden können. Dieses Kontinuum enthält eine Zahl von niedrigen und auch von steilen Gradienten, die verschiedene Aspekte wirksamer Funktionsregeln darstellen und zu den vorwiegenden funktionalen Verbindungen in Beziehung stehen, z. B. als sensibler Einlaß oder als Auslaß.

Diese Anordnung würde daher in ihrer Organisation einen gewissen Grad von Zufälligkeit mit einem gewissen Grad von bestimmter Ordnung verbinden.

In einem solchen Netzwerk und in Abhängigkeit von der gegebenen Kombination von Variablen könnten die verschiedenen Typen spezifischer Muster synaptischer Verbindungen im wesentlichen ähnlich den postulierten theoretischen Netzwerkdiagrammen verwirklicht werden, d. h. sie könnten selektiv aktiviert werden. Die Ereignisse könnten dann in Ausdrücken der Kreisalgebra formuliert werden. Ein Strukturmodell ist auf diese Weise anzunehmen, das die statistischen Forderungen von *McKay* erfüllt, nämlich ein Modell, dessen Elemente deterministisch funktionieren, dessen einzelne Zwischenverbindungen sich jedoch mehr oder weniger zufällig entwickelt oder angeordnet haben. Wiederum in Übereinstimmung mit *McKays* Ansichten ein Netzwerk, dessen Elemente indeterministisch bis zu einem gewissen kontrollierbaren Ausmaß funktionieren; nach dem Standpunkt, den ich in meiner Diskussion der Kausalität zum Ausdruck gebracht habe, würde „indeterministisch" noch immer eine kausale Determination einschließen, da das statistische Gesetz und die Wahrscheinlichkeit („geordnete Unbestimmtheit“) beide als eine andere Formulierung der Kausalität angesehen werden dürfen.

Das Grundmerkmal eines solchen abstrakten Rindenmodelles ist die Fähigkeit, die Regeln auf seine eigenen Aktivität anzuwenden, wie *McKay* feststellt, „nach dem Grade von Erfolg, den es erlangt“ oder statistisch „als ein Ergebnis seiner eigenen Versuche und Irrtümer“. In Ausdrücken der Kommunikationstheorie kann dies als die Fähigkeit ausgedrückt werden, die Sequenz zu wechseln, d. h. nach den Kriterien zu programmieren, die während des Ablaufes der Rechnung registriert werden.

Die Verbindungen zwischen den Elementen sollen nicht zu starr und schnell sein, sondern jede einzelne hat eine anpaßbare Wahrscheinlichkeit des Funktionierens, die im allgemeinen von der Lokalisation und der zeitlichen Folge der Nachbaraktivität abhängt. Ich stimme der Feststellung nicht ganz zu, daß die Verbindungen zwischen Elementen nicht „starr und schnell“ sind, aber dies mag nur eine verschiedene Betonung des Schwerpunktes sein.

Ich bin der Meinung, daß die strukturellen Verbindungen zwischen Elementen (die Synapsen) histologische Aktualitäten sind, die als hieb- und stichfest für alle praktischen Zwecke und, sieht man von pathologischen Ereignissen ab, als von der Geburt bis zum Tode andauernd gelten, daß aber jede einzelne ihre eigene regulierbare Wahrscheinlichkeit der Funktion besitzt. *McKay* betont, daß diese Anpassungen nicht durch das „Umlegen von Schaltern“ erreicht werden. Ich bin hier wiederum etwas anderer Meinung. Die Verbindungen des neuronalen Netzwerkes werden, wie man annimmt, durch Synapsen bewirkt, die in Ausdrücken der Kommunikationstheorie Schalter darstellen. Wenn die regulierbaren Funktionswahrscheinlichkeiten verwirklicht werden, dann geschieht dies durch Aktivation von Synapsen, d. h. durch „Schaltvorgänge“. Was sonst könnte ein solches Netzwerk tun?

Wenn wir annehmen, daß Netzwerkmuster, in ihrem Wesen ähnlich denen wie sie in den theoretischen Modellen gefordert werden, verwirklicht werden, so ist es höchst unwahrscheinlich, daß in irgendeinem neuralen N-Ereignis dieses Typs, gleichgültig ob das physikalische Ereignis mit einem geistigen Parallelvorgang korreliert ist oder nicht, nur *eine* einzige Reihe von Elementen aktiviert wird, die einem postulierten Muster entspricht. Für jede solche Operation muß eine Mehrzahl, eine ganze Linie oder Reihe von identischen aktivierten Mustern angenommen werden, die parallel operieren.

Die Folge, die durch eine Programmierung kontrolliert wird, stellt eine Auflösung der mathematischen Prozesse der Kreisalgebra in Fundamentalschritte dar. Was die Elektronengehirne betrifft, so hat *Cherry* (1952) die „überraschende Tatsache" betont, daß, wenn einmal die mathematischen Prozesse aufgelöst sind, nur verhältnismäßig wenige und im Prinzip elementare Fundamentalschritte und Aktionen nötig werden. Es sind so einfache Prozesse wie Addition, Subtraktion und Stellenübertragung, z. B. Zehnerübertragung bei der Addition $9 + 1 = 10$ usw.[51]. Hinzufügen müssen wir hier die Ausdrücke für die verschiedenen logischen Operationen der Kreisalgebra. Zeitliche Folgen können dabei in räumliche Verteilungen übersetzt werden und umgekehrt. Die enge Verwandtschaft zwischen der Operation des Programmierens und gewissen Aspekten der Assoziationsprozesse, besonders so weit sie den Fluß oder Strom von Assoziation betreffen, ist deutlich.

Die Kombination dieser Operationen, d. h. das Muster oder die Gestalteigenschaften solcher Kombinationen sind es, welche die praktisch unbegrenzte Vielfältigkeit der Möglichkeiten begründen, einschließlich der „Vorhersage von Ereignissen", wie sie durch *v. Bonin* (1950), als Funktion der Hirnrinde herausgestellt wurde.

Gelegentlich sind Zweifel daran zum Ausdruck gekommen, ob selbst eine Zahl von ungefähr 10^{10} Nervenzellen die Varietäten und Zahlen menschlicher Gedanken oder Erinnerungen erklären oder zum Ausdruck bringen könnten. In dieser Beziehung muß man sich dessen bewußt sein, daß die nervösen Parallelereignisse, die mit parallelen geistigen Ereignissen korreliert sind, mit anderen Worten, das physikalische Substrat der Gedanken und Erinnerungen, von Kombinationen individueller Elemente abhängen. Man hat diese Tatsache auch so ausgedrückt, daß das, „was im Zentralnervensystem erinnert", das Nervennetz und nicht das Neuron ist. Es sind keine ausreichenden Daten über die Anzahl der Neuronen, die für diese besonderen Funktionen zur Verfügung stehen, bekannt und auch keine Daten über die Prinzipien ihrer Verbindungen im einzelnen. Daher ist es unmöglich, zuverlässige zahlenmäßige Schätzungen zu geben. *C. I. Herrick*, der das Problem vereinfacht zu lösen

---

[51] In *Ashbys* Formulierung (1952) kann ein zusammengesetztes Ereignis, das unmöglich ist, wenn die Komponenten sich gleichzeitig ereignen müssen, leicht verwirklicht werden, wenn sie sich in einer Folge oder unabhängig voneinander abspielen. Solche Verbundereignisse werden durch wiederholte Systeme möglich gemacht, besonders durch die wiederholten ultrastabilen oder multistabilen Systeme in *Ashbys* Terminologie.

versuchte, erwähnte die Zahl $10^{2\,783\,000}$ möglicher Kombinationen (1926), d. h. eine Zahl von fantastischer Größe. Selbst wenn die wirkliche Zahl der Möglichkeiten weit unter dieser Größe bliebe, würde eine praktisch unbegrenzte Zahl von Möglichkeiten gegeben sein.

Was die histologische Struktur der Hirnrinde betrifft, haben wir innerhalb dieses Kontinuums Bündel afferenter und efferenter Fasern, die sog. Radii, die in die Rinde eintreten und sie verlassen. Die graue Substanz ist daher, besonders innerhalb der inneren Schichten, ungenau in Rindenzellsäulen unterteilt. In einer zwar leicht exzentrischen Abhandlung über das Nervensystem, die trotzdem einige interessante Beobachtungen und Gesichtspunkte enthält, betonte *E. Radl* (1912) die geometrische Gestalt gewisser grauer Kerngebiete im Zentralnervensystem der Wirbellosen und beschrieb solche Strukturen als „parallelepipedische Gebilde". In *Fultons* Physiologie des Nervensystems (1943, 1949) wird dieser Ausdruck bei Beschreibung der Area striata in ihrer Zusammensetzung „aus einer enormen Anzahl vertikaler Parallelepipeda" (sic) benutzt. Andere Verfasser haben später dieses Konzept aufgegriffen.

Obwohl die Area striata eine der neocorticalen Rindenzonen ist, die bei den höheren Säugern wie bei den Primaten und beim Menschen eine spezifische und hochcharakteristische Struktur zeigen, kann sie nicht als wesentlich verschieden von dem allgemeinen neocorticalen oder sogar corticalen Strukturmuster angesehen werden. Vertikale Zellsäulen können in den meisten Rindenfeldern beobachtet werden. Ich glaube nicht, daß der Ausdruck „Parallelepipedon" sehr geeignet ist, da sich diese Bezeichnung auf Körper mit parallelen Oberflächen oder noch genauer auf sechsseitige Prismen bezieht, deren Oberflächen Parallelogramme sind. Die corticalen Zellsäulen haben höchst unbestimmte Grenzlinien, die ineinander übergehen; sogar wenn die Oberflächen gut bestimmt sind, so sind sie ziemlich gekrümmt ohne wirkliche Zweiflächigkeit.

Die säulenförmigen grauen Gebiete, die durch ihre Beziehungen zu den Radii gekennzeichnet sind, könnten jedoch die unbestimmt begrenzten Struktureinheiten der Hirnrinde bilden, die von einem histologischen Standpunkt aus den Lobuli der Niere (Metanephros) vergleichbar sind. In der Architektur des genannten Organs wird der Markstrahl von einigen Verfassern als die Achse des Lobulus bezeichnet, während andere, z. B. *von Möllendorff* den Gefäßstrang als diese Achse ansehen. In der Rindenarchitektur könnten die Säulen Strukturen sein, die zwischen den Radii verteilt sind oder Einheiten mit einem Radius als Achse. Zu einer

Diskussion dieses Strukturproblems liegen nicht genügend bekannte Einzelheiten vor, die die Allgemeinprinzipien der synaptischen Verbindungen betreffen. Jede Zellsäule ihrerseits zeigt eine longitudinale strukturelle Differenzierung, die dem Architekturplan entspricht, wie er durch die Schichten der Rinde manifestiert wird, (Fig. 18 und 19)[52].

In Ausdrücken der Kommunikationstheorie könnte jede Zellsäule vielleicht eine „Bank" von Computern und Registern oder ein „Schaltbrett" mit Verbindungen darstellen, beide mittels intracorticaler Fasern und mittels der Radii, d. h. durch das medulläre Zentrum. Jede Säule könnte vielfache Funktionen haben, die von den aktivierten Verbindungen abhängen und könnte eine größere oder geringere Äquipotentialität manifestieren. Wie bei den Rechenmaschinen könnte eine solche Säule je nach den Umständen Teil eines Routine- oder eines Problemkreises oder beider sein, d. h. sie könnte entweder Programm- oder Problemaktivitäten entfalten, oder beide und darüber hinaus mit der Speicherung von Engrammen befaßt sein.

Ein solches allgemeines Konzept der Rindenstruktur könnte mit einem Funktionskonzept, das sich auf die Kreisalgebra und verwandte Ideen gründet, gut übereinstimmen. Es ist selbstverständlich, daß diese Hypothese der Rindenarchitektur in hohem Maße willkürlich ist und z. Z. nur als vorläufig angesehen werden sollte. Trotz dieser Einwände erscheint mir eine derartige Interpretation der Rindenstruktur der Betrachtung wert, da sie in klarer Weise durch die Anordnungen nahegelegt wird, die man bei der Konstruktion theoretischer Netzwerke erhält.

Die wenigen Schlußfolgerungen, die sich aus der vorangegangenen Diskussion der Problematik des Kodierens ergeben, können wir jetzt in der folgenden Feststellung als eine unbefriedigende Teilantwort (insofern, als sie zu stark verallgemeinert ist) auf die 4. Frage (wie werden R-Ereignisse in N-Ereignisse übertragen oder durch sie modelliert?) zusammenfassen.

Ereignisse in der „äußeren Welt", d. h. R-Ereignisse, werden in N-Ereignisse übertragen oder kodiert. Diese letzteren Ereignisse bestehen

---

[52] Es bleibt eine offene Frage, ob den verschiedenen Rindenschichten eine spezifische und differente funktionelle Bedeutung zugeschrieben werden soll, wie es durch manche Theorien der Tiefenlokalisation verlangt wird. Es ist nicht ausgeschlossen, daß gewisse Schichten hauptsächlich mit dem Auslaß und andere mit dem Einlaß in Verbindung stehen. 1927 (S. 316) habe ich einige dieser Hypothesen kurz erörtert, und ich habe diesen Feststellungen zur Zeit nichts hinzuzufügen.

wenigstens in gewissem Ausmaß aus digitalen Signalen, die mit verschiedenen Geschwindigkeiten geleitet werden und zusätzlich zu ihren zeitlichen Mustern durch zahlreiche räumliche Muster präsumptiver Code-Bedeutung gekennzeichnet sind. Eine große Zahl zusätzlicher Variabler und Parameter muß hinsichtlich der Codebedeutung angenommen werden; einige dieser Beziehungen könnten vielleicht auch einige Formen der analogen Operation einschließen. Alle R-Ereignisse ebenso wie alle N-Ereignisse sind physikalische Ereignisse innerhalb des postulierten (fiktiven) öffentlichen physikalischen Raum-Zeit-Systems. Einige, aber nicht alle N-Ereignisse sind parallele nervöse Prozesse, die mit parallelen geistigen Phänomenen korreliert sind, d. h. mit Bewußtsein oder mit anderen Worten mit Ereignissen in einem privaten perzeptuellen Raum-Zeit-System (P-Ereignisse).

So kann man in Übereinstimmung mit der Formulierung des postulierten psychophysischen Parallelismus, der als eine operationell wertvolle Fiktion im Sinne *Vaihingers* verstanden wird, vier verschiedene Ereignisgruppen unterscheiden, von denen die ersten drei physikalisch (in weiterem Sinne) sind und in dem postulierten öffentlichen vierdimensionalen Raum-Zeit-System vorkommen, das als *Minkowski*-Welt gedeutet wird. Die vierte Gruppe von Ereignissen geht in dem privaten perzeptuellen Raum-Zeit-System vor sich, das sich als diskrete individuelle Bewußtseinsmannigfaltigkeit darstellt. Keine Wechselwirkung kausaler Natur kann vorkommen zwischen a) dem öffentlichen physikalischen Raum-Zeit-System und irgendeinem privaten perzeptuellen Raum-Zeit-System, auch nicht b) zwischen verschiedenen individuellen privaten Raum-Zeit-Systemen (zwischen verschiedenen Bewußtseinsmannigfaltigkeiten). Die vier unterschiedlichen Ereignisgruppen sind

1. R-Ereignisse,
2. N-Ereignisse, die nicht zu Parallelereignissen in Beziehung stehen (nichtparallele N-Ereignisse), vgl. *Bergers* Formulierung, S. 97),
3. N-Ereignisse, die zu Parallelereignissen in Beziehung stehen (parallele N-Ereignisse), und
4. P-Ereignisse (Parallelereignisse, geistige, psychische oder bewußte Ereignisse).

Alle P-Ereignisse sind auf N-Ereignisse bezogen, aber wie wiederum betont werden sollte, nicht alle N-Ereignisse stehen in Verbindung mit P-Ereignissen oder schließen sie ein. Hier kann der Ausdruck Cerebration benutzt werden, um alle cerebralen N-Ereignisse zusammenzufassen; unbewußte Cerebration wird dann gleichbedeutend mit nichtparallelen cerebralen N-Ereignissen und bewußte Cerebration bezeichnet parallele N-Ereignisse. Diese letzteren sind ex hypothesi wahrscheinlich auf eine Untergruppe der cerebralen N-Ereignisse beschränkt im Gegensatz zu den nicht-cerebralen N-Ereignissen (z. B. im peripheren Nervensystem, das sensorische Elemente leitet und im Rückenmark). Schließlich ist verständlich, daß alle N-Ereignisse physikalisch (in weiterem Sinne) sind und deshalb nur eine Untergruppe von R-Ereignissen darstellen, nämlich jene R-Ereignisse, die in den impulsleitenden Kanälen des Nervensystems vorkommen und die als Signale oder kodierte Varietät betrachtet werden können. Kodieren bedeutet in dem hier betrachteten Aspekt, daß eine funktionelle Form gewisser extraneuronaler R-Ereignisse auf gewisse physiologische R-Ereignisse aufgeprägt wird, die hierdurch N-Ereignisse werden (vgl. S. 253, Probleme der Kodierung).

Zusätzlich zu den vorstehenden Schlußfolgerungen erscheinen einige weitere Bemerkungen angebracht: Perzeption, so weit sie auf Übertragung physikalischer R-Ereignisse in physikalische N-Ereignisse gegründet ist, schließt Kausalität ein. Mit anderen Worten, wenn und nur dann, wenn die kodierten Signale signifikant auf äußere Ereignisse bezogen werden, dann kann man die Existenz einer „äußeren Welt" vom materialistischen Standpunkt aus annehmen. In dieser Hinsicht kann die Ordnung der Kausalität als eine conditio sine qua non für die Wahrnehmung betrachtet werden und so stellt sie in der Tat eine Kategorie a priori dar, auf welche nervöse Mechanismen begründet sind. *Schopenhauer* (Welt als Wille und Vorstellung, I, § 14) drückt dies folgendermaßen aus: „So habe ich z. B. gezeigt, daß alle empirische Anschauung schon die Anwendung des Gesetzes der Kausalität enthält, dessen Erkenntnis daher die Bedingung aller Erfahrung ist und darum nicht erst durch diese gegeben und bedingt seyn kann, wie *Hume* behauptete."

Weiterhin anstatt festzustellen, daß Logik (und Mathematik) in Ausdrücken der Kreisalgebra dargestellt werden kann, können wir die Feststellung umkehren und sagen, daß Logik (und Mathematik) ein Ausdruck nervöser Kreisaktivitäten ist, die in den sekundären Kode der menschlichen Sprache transponiert sind. Logik und Mathematik können daher als ein neurologisches Phänomen begriffen werden. Da diese Aktivität des menschlichen Gehirns von vielen Umgebungs-, soziologischen und kulturellen Faktoren abhängt, haben die interessanten Erläuterungen von *Oswald Spengler* „vom Sinn der Zahl in seinem ‚Untergang des Abendlandes'" (1919, Band I, 77—131) trotz ihrer geheimnisvollen und absonderlichen Formulierung eine gewisse Berechtigung. In der Folgezeit haben die Anthropologen *Spenglers* Ideen simplifiziert und überspannt. So ist behauptet worden, daß die mathematischen Konzepte unabhängig vom individuellen Geist sind und völlig innerhalb des „Geistes der Art", d. h. in der Kulturtradition liegen. Ich kann diesem unangemessenen Begriff „eines Geistes der Art" ebensowenig zustimmen wie der darin enthaltenen Hypostatisierung von „Kultur" und „Kulturtradition".

Bewußte und unbewußte Cerebration

C. I. Herrick (1932) stellte im 3. Kapitel seiner Abhandlung „Die denkende Maschine" die Frage: „Kann eine Maschine denken?". Diese Frage, die auch von vielen anderen Autoren gestellt wurde, ist von großem Interesse. Erweitert man sie, so könnte man auch fragen: „Kann eine Maschine einen Geist oder eine Seele haben?"

Je nachdem wie man „denken" und „Geist" definiert, können beide Fragen mit ja oder mit nein beantwortet werden. Definieren wir das Denken im weiteren Sinne als symbolisierendes Bewußtsein[53], und in engerem Sinne als bewußte Operationen mit abstrakten Symbolen nach den Regeln der Logik in weitestem Sinne, dann, so glaube ich, denken Maschinen nicht. Diesen Glauben kann ich natürlich nicht beweisen. Aus allen wesentlichen Beobachtungen ist jedoch zu schließen, daß das Bewußtsein ein Phänomen ist, das mit gewissen Aktivitäten eines lebenden Nervensystems in Verbindung steht, das sich im Laufe von Naturereignissen entwickelt hat. Natur kann hierbei in allen drei Bedeutungen und Definitionen verstanden werden, die auf S. 132 gegeben wurden. Maschinen sind andererseits nicht-lebende Artefakte, die durch eine bewußte und in weitestem Sinne, wie oben in diesem Zusammenhang diskutiert, vielleicht auch „instinktive" Aktivität lebender Organismen entstanden sind. Natürliche Aktivitäten und mechanische Aktivitäten gehören, obwohl sie nach gleichartigen Prinzipien operieren, hierarchisch in zwei unterschiedliche Ordnungen. Natürliche Aktivitäten können als primär und mechanische Aktivitäten als sekundär bezeichnet werden; um einen etwas einfachen und nicht sehr treffenden Vergleich zu gebrauchen: Naturereignisse können mit den Himmelskörpern verglichen werden, die ihr eigenes Licht aussenden und mechanische Ereignisse mit

[53] Wenn Denken als (extrasensorisches) symbolisierendes Bewußtsein definiert wird, dann könnte man Affektivität als (extrasensorisches) axiologisches Bewußtsein bestimmen.

den Planeten oder Satelliten, die durch reflektiertes Licht in Erscheinung treten.

Auf der anderen Seite läßt sich das Denken als ein problemlösendes Verhalten bestimmen, das mit einem Schluß oder einer Entscheidung endet. Es kann ferner als eine Verallgemeinerung von verschiedenen spezifischen Informationen (Einlässen) definiert werden. Dies kann verzögerte Antworten zur Folge haben, da die Informationsdaten verglichen, ausgewählt und reorganisiert werden.

Wenn man diese zuletzt genannten Definitionen annimmt, dann können Maschinen in der Tat denken. Computer und andere ähnliche Apparate, die Information oder Signale erzeugen, können solche Operationen durchführen. In der Kommunikationstheorie können die meisten und im Prinzip wahrscheinlich alle (unbewußten) Funktionen eines Zentralnervensystems modelliert oder kopiert werden. Zudem finden im Zentralnervensystem viele, wenn nicht alle wesentlichen Prozesse ohne Parallelphänomene des Bewußtseins statt. Solche unbewußten Prozesse können als *„unbewußte Cerebration"* bezeichnet werden. Die nervösen Vorgänge, die mit geistigen Parallelerscheinungen verbunden sind, würden dann die bewußte Cerebration darstellen. Die unbewußte und die bewußte Cerebration umfassen alle cerebralen N-Ereignisse (als unterschieden von den weiter peripher gelegenen N-Ereignissen im Bereich der Rezeptoren, der peripheren Nerven, des Rückenmarkes und der Servomechanismen in Verbindung mit den Effektoren). Jede Cerebration, d. h. der Fluß cerebraler N-Ereignisse, operiert, so läßt sich annehmen, nach Prinzipien der Kommunikationstheorie, im wesentlichen identisch mit denen, die in Rechenmaschinen und anderen mechanischen oder elektronischen Apparaten wirksam sind. Diese letzteren bestehen natürlich aus leblosen festen Substanzen, und das Gehirn aus lebenden Geweben. Die biologischen Prozesse schließen ihrerseits eine beträchtliche Anzahl komplizierender Faktoren ein. Was die wesentlichen Funktionsprozesse betrifft, die sich auf Kommunikation von Information ebenso wie auf Rechenoperation und Kontrolle beziehen, so kann man diese Differenzen als sekundär ansehen. Schließlich sollte noch festgehalten werden, daß der Ausdruck „Cerebration" hier in einem weit umfangreicheren Sinne gebraucht wird als gewöhnlich die Bezeichnung des „reflektiven Denkens".

Die Definition von Seele soll als nächstes überprüft werden. In der vorliegenden Untersuchung wird die Bezeichnung „Seele" oder „Geist" im weiteren Sinne als Synonym mit „Bewußtsein" verwendet. Der Ausdruck „Geist" in engerem Sinne bezieht sich hier auf eine Gruppe ungenau lokalisierter Bewußtseinsaktivitäten wie Gedanken und Emotionen. Einige Autoren wie z. B. *Fessard* (1954) widersprechen der „Identifizierung von Bewußtsein mit Seele oder Geist". Demgegenüber wird die Bezeichnung Seele als ein Ausdruck gebraucht, um einen „allgemeineren Begriff zu kennzeichnen, der eine Klasse verwandter Aktivitäten betrifft, von denen wir vermuten, daß sie im Gehirn ablaufen, wo sie die kompliziertesten Formen des Verhaltens vorbereiten, entstehen lassen und kontrollieren, und zwar Verhaltensformen, die wir nicht in Ausdrücken von Reflexen oder Automatismen erklären können. Wir nennen sie geistig." Auf S. 89 habe ich mich kurz auf diese Definition bezogen, die ich als „doppelbödig" und unbestimmt gekennzeichnet habe. Sie ist doppelbödig, weil sie sowohl bewußte wie auch unbewußte Cerebration oder beide enthält. Soweit diese Definition von Geist sich auf Cerebration im allgemeinen, d. h. auf alle N-Ereignisse, qua physikalische Prozesse, unabhängig von ihrer Beziehung oder Nicht-Beziehung zu P-Ereignissen bezieht, entspricht sie den Operationen, die auch durch Mechanismen vollzogen werden können. *Fessard* behauptet, daß wir die kompliziertesten Formen des Verhaltens nicht in Ausdrücken von Reflexen oder Automatismen erklären können. Demgegenüber glaube ich, daß die kürzlichen Fortschritte der Kommunikationstheorie gezeigt haben, daß die meisten und im Prinzip wahrscheinlich alle Verhaltensformen in Ausdrücken dessen erklärt werden können, was der Verfasser „Automatismen" nennt. Nehmen wir *Fessards* Definition an, so können Maschinen in der Tat eine Seele (unbewußte Seele) haben. Wenn die Definition meiner Untersuchung angewendet wird, so können Maschinen wahrscheinlich keine Seele haben[54].

---

[54] *Shannon* betont, daß eine Maschine nur das tut, was ihr zu tun befohlen wird. Ihre Versuche, so heißt es, sind die Versuche, die „der Programmierer der Maschine auszuführen befahl". In dieser Beziehung jedoch sehe ich keinen Unterschied, wenn ich den menschlichen Organismus mit der Maschine vergleiche. Gebrauchen wir *Shannons* Phraseologie, so dürfen wir sagen, daß das menschliche Gehirn nur das tut, wozu es durch Natur, Erziehung und die äußeren Umstände veranlaßt wurde. *Turing* (1950) erörtert gleichfalls *Herricks* Frage: „Kann eine Maschine denken?". Meiner Ansicht nach betreffen die wesentlichen Unterschiede zwischen einer *Turing*-Maschine und dem menschlichen Gehirn die folgenden Punkte:

1. Es gibt keinen zwingenden Grund zu der Annahme, daß eine Maschine mit Bewußtsein begabt ist.

2. Eine Maschine ist in der Terminologie meiner Untersuchung eine nichtlebende Struktur.

Fessard bringt hierbei auch die Frage nach dem Ich oder Selbst ins Spiel. Er stellt fest, daß Bewußtsein oft vermengt wird mit einer seiner am meisten ausgearbeiteten Erscheinungsformen, dem Selbst, Ego oder Ich. *Fessard* behauptet, daß Bewußtsein nicht mit dem Selbst identifiziert werden kann, da dies eine besondere Organisation im Bewußtseinsfeld eines Erwachsenen „im Wachzustand" sei, mit anderen Worten, man kann bewußt sein, ohne seiner selbst bewußt zu sein. Der Verfasser bezieht sich mit Recht auf das erwachende Bewußtsein eines Kleinkindes, das noch nicht sein eigenes Selbst als von seiner Umgebung unterschieden entdeckt hat. In dieser Hinsicht bin ich mit *Fessard* einer Meinung mit Ausnahme der Bemerkung „im Wachzustand" und der notwendigen Implikation von Bewußtsein. In Übereinstimmung mit der Lehre des Anâtman, mit den Ansichten von *Hume*, *Mach*, besonders auch mit denen von *Kretschmer* und anderen erkenne ich irgendein wesentliches Ich, Ego oder Selbst nicht an. In der Vinaya Pitaka des südlichen oder Pâli-Buddhismus wird diese Ansicht klar ausgedrückt: „Dann sprach der Erhabene zur Gruppe der fünf Brüder also: ‚Der Leib, Brüder, ist ohne ein Selbst ..., Gefühle sind ohne ein Selbst ..., Wahrnehmung ist ohne ein Selbst ..., Aktivitäten sind ohne ein Selbst ..., Seele ist ohne ein Selbst ...'"

„Jedes Bewußtsein, welches auch immer es in Vergangenheit, Zukunft oder Gegenwart sei, grob oder fein, niedrig oder hoch, weit oder nah, jedes Bewußtsein sage ich, muß so betrachtet werden, wie es wirklich ist, durch rechte Einsicht: Dies bin nicht ich: Dies ist nicht mein Selbst." Ähnliche Feststellungen werden in anderen Schriften des Pâli-Canon getroffen, ebenso wie in verschiedenen Sûtras des nördlichen oder Mahâyâna-Buddhismus.

Trotzdem stellt das Selbst eine bedeutsame praktische Bezeichnung für fluktuierende Beziehungen dar, die sich in vielen Fällen, aber nicht ausschließlich oder notwendig, auf den individuellen Körper beziehen. Solche Beziehungen werden sowohl in der bewußten wie auch in der unbewußten Cerebration ausgedrückt. Soweit N-Ereignisse betroffen sind, sind diese Beziehungen zum großen Teil mnestische Muster. Die verschiedenen ziemlich verworrenen und übertriebenen Konstruktionen der Psychoanalytiker haben daher möglicherweise eine gewisse relative

3. Eine Maschine ist in der Terminologie meiner Untersuchung ein Artefakt, selbst dann, wenn sie in Übereinstimmung mit *J. v. Neumanns* allgemeiner und logischer Theorie der Automaten (1951) selbstreproduzierend sein könnte.

Rechtfertigung. Weitere Erläuterungen zu diesem Gegenstand werden weiter unten gegeben. Da derartige Selbstbeziehungen sowohl in der bewußten wie in der unbewußten Cerebration vorkommen, können wir meiner Ansicht nach nicht wie es *Fessard* anscheinend tut, den Komplex der Selbstbeziehungen auf den Wach- oder bewußten Zustand beschränken.

Hinsichtlich einer gegebenen Bewußtseinsmannigfaltigkeit kann man sagen, daß das „Selbst" eine große Zahl emotionell getragener Bewußtseinsmodalitäten gewisser relativer Permanenz darstellen und in gewisser Weise mit der Symbolisierung eines gegebenen individuellen lebenden Organismus verbunden sein könnte. In der Tat kann trotz der Einwände *Fessards* die ganze individuelle Bewußtseinsmannigfaltigkeit mit einigen Qualifikationen und Einschränkungen mit der weitesten Anwendung des Konzeptes des (flüchtigen) Selbst gleichgesetzt werden.

Wahrscheinlich werden mindestens einige höhere Säuger eines „Selbst" gewahr, wenn auch, da viele der höheren symbolisierenden Prozesse fehlen, in einer wesentlich mehr rudimentären Form als beim Menschen.

Fessard scheint bei der Darstellung seiner Ansichten über das Bewußtsein in unzulässiger Form durch das „Scheinproblem" des Gewahrwerdens seines Gewahrwerdens beeindruckt. Ich weise hier auf meine Diskussion über diesen Sophismus auf S. 121 oben hin.

Bei der Definition der Probleme des postulierten psychophysischen Parallelismus habe ich auf S. 100 den Ausdruck „doppelter Parallelismus" gebraucht, als ich die Beziehungen zwischen bewußten Ereignissen im privaten perzeptuellen Raum-Zeit-System eines Beobachters diskutierte. Ich habe angenommene physikalische Ereignisse in einem öffentlichen physikalischen Raum-Zeit-System und erschlossene bewußte Ereignisse im privaten perzeptuellen Raum-Zeit-System einer beobachteten Person erörtert. In Fortsetzung der Diskussion der Probleme des Kodierens können wir jetzt hinsichtlich der Ereignisse in dem öffentlichen physikalischen Raum-Zeit-System einen anderen Parallelismus unterscheiden, nämlich den zwischen R-Ereignissen und N-Ereignissen. Da jedoch dieser Parallelismus in ein und demselben Raum-Zeit-System vorkommt, sind R-Ereignisse und N-Ereignisse kausal miteinander verbunden. Dies wiederum schließt Wechselwirkung ein. Wie ich oben betont habe, hat der Parallelismus hier eine unterschiedliche Bedeutung. So bestimmt die Konfiguration der R-Ereignisse nicht nur kausal die Konfiguration der N-Ereignisse, die die R-Ereignisse modellieren (parallelisieren), sondern die verarbeiteten oder rekombinierten N-Ereignisse ihrerseits bestimmen durch ihre neuromuskulären Servomechanismen die R-Ereignisse kausal und determinieren sie. Man sagt manchmal, daß ein Gedanke oder Gedanken, d. h. Geist, die Materie beeinflussen kann. Die Absichten und Pläne eines Menschen, die in Aktion übertragen werden, bewirken substanzielle materielle Veränderungen. Dies kann irrtümlich als Wechselwirkung zwischen „Geist" und „Materie" oder umgekehrt gedeutet werden. Es gibt natürlich bei Berücksichtigung des psychophysischen Parallelismus, wie er in dieser Untersuchung betrachtet wird, keine psychophysikalische oder keine psychosomatische Wechselwirkung, d. h. keine Wirkung von Geist auf Materie. Was auf Materie oder R-Ereignisse einwirkt, sind die N-Ereignisse, die materiell sind; denn materielle Ereignisse, die auf den Geist einzuwirken scheinen, sind R-Ereignisse, die auf N-Ereignisse wirken. Diese letztgenannten sind dann, jedoch ohne Wechselwirkung, durch Bewußtseinsphänomene parallelisiert. Es ist von Interesse festzustellen, daß es in beiden Parallelprozessen, dem kausalen zwischen R-Ereignissen und N-Ereignissen in einem gewöhnlichen physikalischen Raum-Zeit-System und dem nicht-kausalen mathematisch funktionellen zwischen N-Ereignissen im physikalischen Raum-Zeit-System und Bewußtseinsphänomenen im perzeptuellen Raum-Zeit-System keine bildliche Gleichheit zwischen irgendwelchen der parallelisierten Ereignisse gibt. In dieser Hinsicht haben die N-Ereignisse keine Ähnlichkeit mit R-Ereignissen, die sie kodieren, ausgenommen vielleicht im Falle der visuellen und taktilen Sensibilität, und zwar in gewissen topologischen Merkmalen bis zu gewissen integrierenden Ebenen. Dabei haben wiederum die Parallelereignisse des Bewußtseins keine Ähnlichkeit mit ihren parallelen nervösen Ereignissen, d. h. mit den relevanten Gruppen von N-Ereignissen. Obwohl es sicher ist, daß der private perzeptuelle Raum und der öffentliche physikalische Raum verschiedene und gänzlich zusammenhanglose Systeme repräsentieren, kann man behaupten, daß die Zeit eine gemeinsame Dimension für beide, sowohl die perzeptuellen wie die physikalischen Systeme darstellt[55]. Ich glaube, daß eine solche Deutung irrtümlich sein würde. Zunächst, wenn wir als Materialisten die Wirklichkeit (im ersten Sinne) des physikalischen Raum-Zeit-Systems annehmen, ist es ganz augenscheinlich, daß die Zeit als eine

---

[55] So wird im vierdimensionalen Raum-Zeit-System (*Minkowski* — Welt der Relativitätsphysik) der Faktor $i = \sqrt{-1}$ (die imaginäre Einheit) für Operationen gebraucht, wenn sie die Zeitkoordinate einschließen. Der Faktor i ist auch so gedeutet worden, daß er eine Übertragung der erfahrenen (perzeptuellen) Zeit in die sogen. „wirkliche" Zeit der Physik vollzieht. Ich glaube nicht, daß diese Deutung gerechtfertigt ist (vgl. *Bachem*, Americ. Scient. 40, 497 [1952]).

Dimension nicht von den anderen Dimensionen getrennt werden kann, von denen sie abhängt, wie von der speziellen Relativitätstheorie gezeigt wird. Weiterhin bieten die physikalische und die perzeptuelle Zeit beträchtliche Unterschiede dar. So ist es selbst vom materialistischen Standpunkt aus höchst unwahrscheinlich, daß physikalische und perzeptuelle Zeit eine identische Dimension darstellen könnten. Zweitens können von einem idealistischen Standpunkt aus die physikalische und die perzeptuelle Zeit nicht identisch sein, weil die physikalische Zeit eine Fiktion vorstellt, während die perzeptuelle Zeit die einzige gegebene oder existierende Zeit ist. Oder, mit anderen Worten gesagt, das Konzept des öffentlichen physikalischen Raum-Zeit-Systems und das Konzept „materieller“ Ereignisse ist nur ein vereinbartes System logischer oder mathematischer Begriffsbildung, das für eine Beschreibung und Deutung (und bis zu einem gewissen Grade auch Kontrolle) gewisser Aspekte der Realität unerläßlich ist (Realität im zweiten Sinne, vgl. S. 84).

Als nächstes prüfen wir die dritte Frage, die sich auf unsere Formulierung des postulierten psychophysischen Parallelismus (S. 101) bezieht, nämlich: Ist es möglich, physiologische, d. h. physikalische Kriterien zu bestimmen, durch die sich nervöse Aktivitäten, die von geistigen Parallelprozessen begleitet werden, von Aktivitäten unterscheiden, die ohne geistige Parallelprozesse stattfinden? Nach unserer Diskussion über das Kodieren kann diese Frage jetzt auch kurz folgendermaßen formuliert werden: Wie unterscheiden sich bewußte und unbewußte N-Ereignisse voneinander?

Diese Frage darf nicht verwechselt werden mit der unbeantwortbaren ersten Frage, nämlich: Wie können materielle, d. h. physikalische Raum-Zeit-Ereignisse Bewußtsein aus sich hervorgehen lassen? (oder: Wie werden physikalische Ereignisse in Bewußtsein umgewandelt? oder: Wie läßt Materie Geist entstehen?). Selbst wenn der monistische Materialist die petitio principii nicht begreift oder nicht zulassen kann, die in seinem Standpunkt enthalten ist, kann er diese Frage[56] nicht beantworten und

---

[56] In diesem Zusammenhang sollte man sich an eine Bemerkung von *Bertrand Russell*, die *Jeans* (1943) zitiert, erinnern: „So lange wir an den konventionellen Vorstellungen von Geist und Materie hängen bleiben, sind wir zu einer Ansicht über die Perzeption verurteilt, die übernatürlich ist. Wir nehmen an, daß ein physikalischer Prozeß von einem sichtbaren Objekt ausgeht, zum Auge reist, dort sich in einen anderen physikalischen Prozeß umwandelt, weitere physikalische Prozesse im Nervus opticus verursacht und schließlich einen Effekt im

wird auf Ausflüchte[57] oder Vorwände zurückgedrängt, die auf einen „verdrängten" Dualismus (in einem halb-*Freud*schen Sinne) hinauslaufen. Der dualistische Materialist muß materielle Ereignisse in einem physikalischen Raum-Zeit-System und geistige Ereignisse in einem perzeptuellen Raum-Zeit-System annehmen. In vielen Fällen wünschen solche Dualisten, sich nicht selbst als Materialisten anzusehen. Jedoch, nach meiner Definition muß jede Ansicht, die die Realität eines physikalischen Raum-Zeit-Systems (Realität im ersten Sinne) annimmt, als materialistisch betrachtet werden. Solche Materialisten wollen entweder einen Parallelismus ohne Wechselwirkung voraussetzen, was logisch sein könnte, oder mit Wechselwirkung, was ich als unlogisch betrachte. Die Annahme von Wechselwirkung kann als Animismus bezeichnet werden. Eine ziemlich rohe und primitive Form des animistischen Dualismus kann sogar ein gleichzeitiges Vorkommen von Materie und Geist in einem gemeinsamen öffentlichen und dualistischen Raum-Zeit-System in Koexistenz annehmen. Diese Vorstellung jedoch ist selbstwidersprüchlich: Wenn Geist wie eine Flüssigkeit im physikalischen Raum-Zeit-System angenommen wird, bleibt er fein verteilt, wie z. B. der Äther der klassischen Physik oder die Astralflüssigkeit der Spiritisten, dennoch Materie und kann nicht als Geist betrachtet werden. Nach den verschiedenen dualistischen Ansichten, die eine Wechselwirkung annehmen, wird Geist als „etwas" (in der Bedeutung einer Art von Substanz) betrachtet, das unterschieden ist von Körper oder Gehirn, aber diese belebt.

Nach der idealistischen Ansicht ist das öffentliche physikalische Raum-Zeit-System eine Fiktion und das Problem der ersten Frage wird be-

---

Gehirn hervorbringt, mit dem wir gleichzeitig das Objekt sehen, von dem der Prozeß ausging, wobei das Sehen etwas irgendwie ‚Geistiges', im Charakter von den physikalischen Prozessen völlig unterschiedenes ist, die ihm vorhergehen und ihn begleiten. Diese Ansicht ist so kurios, daß die Metaphysiker alle möglichen Arten von Theorien erfunden haben, um sie durch etwas weniger Unglaubliches zu ersetzen ..."

[57] *Ernst Haeckel*, den ich als einen hervorragenden Morphologen hochschätze, zeigt eine beträchtliche Schwäche dieses Typs in seinem Buch „Welträthsel". Da dieser Autor ausgesprochen dazu geneigt war, die traditionellen Ansichten in prunkvoller Form und mit Spott verächtlich und lächerlich zu machen, wurde es umgekehrt und während des ersten Viertels des 20. Jahrhunderts ein fast unwiderstehlicher Versuch für viele Schreiber populärer philosophischer Abhandlungen, hinterhältige Angriffe gegen *Haeckels* Exzentrizitäten zu richten. Trotzdem bleibe ich dabei, daß die „Welträthsel" auch eine Anzahl interessanter, anregender und gut begründeter Argumente enthalten.

deutungslos, d. h. es wird „deproblematisiert“ und nimmt den Charakter eines wirklichen „Scheinproblems“ an.

Von diesem Standpunkt aus ist der postulierte psychophysische Parallelismus trotz seines künstlichen Aspektes eine völlig gerechtfertigte und nützliche Annäherung, da fiktive physikalische Ereignisse in einem fiktiven öffentlichen physikalischen Raum-Zeit-System, wie oben festgestellt, eine sehr bequeme und für alle praktischen Zwecke unerläßliche logische Vorstellung darstellen.

Kehren wir nach der vorangegangenen Klärung zur dritten Frage zurück, so erscheint es offenbar, daß wir uns streng an die logischen Regeln der angenommenen Ansicht halten müssen. Wir haben uns vorgestellt, daß R-Ereignisse durch N-Ereignisse kodiert werden, und daß diese N-Ereignisse als Signale, die eine Information enthalten, Symbole darstellen. Die Strukturelemente aus denen die Kodierungssignale aufgebaut sind, sind noch nicht vollständig gesichert, man kann aber behaupten, daß sie digitale Impulse, Frequenzen, Geschwindigkeiten der Übertragung, topologische Muster von Beziehungen und chemische Reaktionen von Überträgersubstanzen umfassen. Die Kodierungswerte von N-Ereignissen hängen auf diese Weise von numerischen Variablen, Mustervariablen und wahrscheinlich auch chemischen Variablen ab.

Nicht alle N-Ereignisse sind mit parallelen geistigen Ereignissen, d. h. mit Bewußtsein korreliert, während dies für einige zutrifft. Es muß einen Unterschied zwischen diesen beiden Typen von N-Ereignissen geben, und dieser Unterschied muß innerhalb des logischen Systems unserer Vorstellungen in Unterschieden maßgebender physikalischer Variabler ausgedrückt werden können. Da die räumlichen (topologischen) Kennzeichen in diesen Variablen enthalten sind, betrachten wir sie zuerst. Auf der Basis der vorhergehenden Diskussion, besonders über die Lokalisationsprobleme, können wir versuchsweise behaupten, daß N-Ereignisse, die mit Bewußtsein verbunden sind, im menschlichen Gehirn durch eine bestimmte Lokalisation gekennzeichnet sind, nämlich cortico-diencephale Lage der relevanten aktivierten nervösen Kreise. Diese Lokalisation würde dann per se eine der geforderten Variablen sein, die einen Teilkodewert vorstellt. Bei niederen Wirbeltieren, z. B. Reptilien oder Amphibien, würde diese Feststellung wahrscheinlich nicht zutreffen, da Bewußtsein, das bis zu einem gewissen Grade bei solchen Tieren angenommen werden kann, bei ihnen hauptsächlich mit mesencephalen Aktivitäten in Verbindung stehen dürfte.

Wir können mit der Analyse noch weitergehen und behaupten, daß beim Menschen die Lokalisation in der Calcarinagegend eine notwendige Variable für das optische Bewußtsein ist, diejenige in der Querwindung der oberen Schläfenwindung eine Variable für das akustische Bewußtsein und so weiter. Jedoch ist es fast sicher, daß beim Menschen nicht notwendig alle cortico-diencephalen N-Ereignisse mit Bewußtsein verbunden sind. So müssen zusätzlich zu den groben topologischen auch andere Variable hinzutreten. Diese könnten betreffen: die Topologie der aktivierten nervösen Netzwerke im einzelnen ebenso wie die Zahl der betroffenen Elemente, die Zahl der identischen Netzwerke, die parallel arbeiten, die Frequenzen der Entladungen, die chemischen Reaktionen der Transmittersubstanzen oder andere humorale Komponenten usw. Wir sind hier gegenwärtig auf die unbestimmtesten Vermutungen angewiesen.

Eine andere bedeutsame Beziehung des symbolischen Kodierungswertes ist die gestaltliche Integration verschiedener nervöser Aktivitätsmuster, die die verschiedenen Modalitäten verschlüsseln. So kann wahrscheinlich das optische Bewußtsein nicht unabhängig von wenigstens einigen anderen Modalitäten des Körperbewußtseins entstehen. Für die Entstehung von Bewußtsein ist es möglicherweise eine conditio sine qua non, daß aktivierte Netzwerke, die zum mindesten eine gewisse Minimalzahl von verschiedenen Modalitäten kodieren, sich zu einem Muster kombinieren[58]. Per se könnte dieses Muster ein Kodierungssymbol für Bewußtseinsphänomene darstellen. Vergleichen wir Gehirne mit Maschinen, so ließe sich sagen, daß wesentliche Symbole oder Kodierungswerte die auf Bewußtsein Bezug haben, vielleicht die Gestalteigenschaften umfassen, die zu biologischen Aktivitäten gehören und die nicht durch Aktivitäten unbelebter Materie wiederholbar sind. Man könnte hinzufügen, daß diese Annahme keinesfalls irgendeine vitalistische Andeutung enthält oder enthalten müßte.

Slater (1950) drückt die Ansicht aus, daß „wenn das Verhalten einen gewissen Grad von Komplexität erreicht, es einen bewußten oder einen

---

[58] Anscheinend jedoch kommen fast ausschließlich visuelle Träume vor, in denen offenbar nur visuelles Bewußtsein manifestiert wird. Jedoch in diesen sehr verschwommenen Bewußtseinszuständen kann man eine primäre Aktivation mnestischer und vielleicht auch affektiver nervöser Mechanismen annehmen, die mit einer sphärischen oder vielleicht ganz unbewußten Aktivierung anderer Muster cortico-thalamischer N-Ereignisse kombiniert ist.

geistigen Aspekt anzunehmen beginnt". Diese Festellung erscheint mir ziemlich unbestimmt und ihre Fassung scheint verschiedene Deutungen zuzulassen; es ist mir nicht klar, welche dieser Verfasser dabei im Sinne hat.

Wenn man sie im wörtlichen oder materialistischen Sinne nimmt, bedeutet dies, daß eine höchst komplexe Anordnung materieller Ereignisse durch irgendein Wunder plötzlich Geist erzeugen könnte. Aber materielle Ereignisse sind Veränderungen in einem physikalischen Raum-Zeit-System, die nur zu neuen Kombinationen in einem solchen Raum-Zeit-System führen können und das Prinzip der Erhaltung von Masse und Energie befolgen. Diese Deutung würde so eine μετάβασις εἰς ἄλλο γένος darstellen, die ich als ein irrtümliches, wenn auch häufiges Vorgehen betrachte. Um ein Gleichnis zu benutzen, könnte man dieses Vorgehen mit folgender Feststellung vergleichen: Wenn eine Kombination von Vibrationen einen bestimmten Grad von Komplexität erreicht, so fängt sie an, eine blaue Farbe anzunehmen.

Andererseits könnte *Slaters* Feststellung in folgender Weise gedeutet oder formuliert werden: Die fiktiven materiellen Ereignisse in einem fiktiven physikalischen Raum-Zeit-System stellen einen logischen Ausdruck für gewisse erfahrene Beziehungen dar. Unter diesen Ereignissen sind N-Ereignisse, die vermutlich gewisse spezifische Relationen mittels eines sehr komplexen Kodes verschlüsseln. Wenn diese Komplexität einen bestimmten Grad erreicht und durch bestimmte sehr verwickelte Konfigurationen gekennzeichnet wird, bekommt sie den Kode-Wert von Bewußtseinsparallelphänomenen, die sich auf ein angenommenes fühlendes Wesen beziehen. Mit einer Deutung in dieser Richtung würde ich übereinstimmen.

Zusammenfassend kann über die Einzelheiten wichtiger Variabler, die sich auf mit Bewußtsein verbundene N-Ereignisse beziehen, wenig ausgesagt werden. Hinsichtlich der registrierten elektrischen Phänomene ist es nicht möglich gewesen, irgendeine signifikante Beziehung zwischen dem Muster des Elektroencephalogramms und angenommenen Bewußtseinszuständen zu entdecken, obwohl tiefer, vermutlich traumloser Schlaf, der als unbewußter Zustand betrachtet werden kann, anscheinend durch langsame Wellen relativ hoher Spannung des Theta-Typs gekennzeichnet ist, der jedoch durch einige raschere Wellen niederer Spannung überlagert sein kann. Man hat behauptet, daß eine besondere Schlafform, die mit raschen Augenbewegungen (REM) verbunden ist, Traumperioden entspricht (sog. *dissoziierter* oder *paradoxer Schlaf*). Herabgesetzter oder aufgehobener Muskeltonus und angehobene Weckschwelle kombiniert mit einem EEG vom speziellen „Schlaftrunkenheits-Typ" werden als Kennzeichen dieses „dissoziierten Schlafes" angesehen (vgl. weiter unten, Fußnote 62, S. 345). Die zahlreichen Berichte über diesen Zustand haben jedoch bisher keine genügend überzeugenden Daten für eine engere Verbindung zwischen dem angenommenen Vorkommen von P-Ereignissen und dem begleitenden EEG ebenso wie den zusätzlichen Registrierarten ergeben. In den letzten Jahren ist die Bedeutung des sog. aufsteigenden reticulären aktivierenden Systems, wie es von *Magoun* (1952) demonstriert wurde, betont worden[59]. Die experimentellen Studien dieses Verfassers am Säugergehirn haben gezeigt, daß eine Weck- oder Arousal-Reaktion durch Reizung der reticulären Formation des Hirnstammes erhalten werden kann. Eine Katze mit mesencephaler Unterbrechung der afferenten Hauptfaserzüge bleibt wach, im Gegensatz dazu führt die Unterbrechung des aufsteigenden reticulären aktivierenden Systems in derselben Ebene zu tiefem Schlaf oder Anästhesie.

Man sollte sich daran erinnern, daß die retikuläre Formation, die bei den niederen Wirbeltieren, wie in den Experimenten von *Steiner* gezeigt wurde, das hauptsächliche motorische Zentrum darstellt, eine große Mannigfaltigkeit von Funktionen ausübt. Bei den höheren Formen, wie den Säugern und in Verbindung mit der Telencephalisation unterliegt die retikuläre Formation einem gewissen Grad von Spezialisierung, jedoch mit weiter ausgedehnter funktioneller Differenzierung. *Edingers* Begriff des Nucleus motorius tegmenti und besonders die experimentellen Arbeiten von *Bernis* und *Spiegel* (1925), wie auch die Studien von *Beccari* und *Castaldi* (1938) haben zur Ausarbeitung der Bedeutung dieser Struk-

---

[59] Wahrscheinlich wird die „Weck-Reaktion" durch diencephale und mesodiencephale graue Substanzen vermittelt, wie von *Economo, Spiegel* und *Inaba* sowie anderen Verfassern behauptet wurde; diese grauen Substanzen enthalten vielleicht auch „indirekte corticale Modulatoren" meiner Terminologie (*Kuhlenbeck,* 1954). Obgleich Aktivitäten, die von rostralen Anteilen der Formatio reticularis ausgehen oder sie passieren, unzweifelhaft von beträchtlicher funktioneller Bedeutung für die Aufrechterhaltung der corticothalamischen nervösen Aktivitäten sind, die mit dem Wachzustand in Verbindung stehen, glaube ich nicht, daß das Konzept eines „Weck-Centrums" in der reticulären Formation des Hirnstamms gerechtfertigt ist. Ich glaube, daß die Bedeutung der Weck-Reaktion und des geforderten Weck-Centrums von den Neurologen, die mit den früheren Arbeiten und Begriffen von *Beccari, Castaldi, Edinger, Flechsig, Spiegel* und nicht zuletzt von *J. Steiner,* nicht vertraut sind, weit übertrieben wurde.

tur und ihrer mannigfaltigen Aktivitäten, die sich auf extrapyramidalmotorische Vollzüge, vegetative Funktionen und sensorischen Einlauf beziehen, wesentlich beigetragen. Ein aufsteigendes Relais-System zwischengeschalteter Neurone, das seinen Verlauf durch die retikuläre Formation nimmt und sowohl den Thalamus wie auch den Hypothalamus erreicht, möglicherweise auch durch Vermittlung der praetektalen grauen Kerngebiete, wurde von vielen Autoren[60] postuliert und kurz in meiner Zusammenfassung über das Zwischenhirn (1954) diskutiert. Die Aufwachreaktion, die von *Bernhaut, Gellhorn* und *A. T. Rasmussen* (1953) studiert wurde, zeigte eine hypothalamische Aktivierung, die gleichzeitig mit generalisierten Rindenantworten auftrat; es ist daher wahrscheinlich, daß der Hypothalamus an generalisierten corticalen oder Weck-Reaktionen beteiligt ist. Es ist jedoch auf der Grundlage des erreichbaren Augenscheines höchst wahrscheinlich, daß zusätzlich diencephale (insbesondere thalamische) und Hirnstammgebiete grauer Substanz *(Spiegel; Bernis* und *Spiegel)* in diesem Mechanismus eine Rolle spielen. Auch *Penfields* sog. zentrencephales System gehört wohl in diese Gruppe von Strukturen. *Bremer* (1935) demonstrierte, daß das reduzierte Säugergehirn nach experimenteller Mittelhirndurchschneidung das in situ rostral von der Incision gelegen ist, sich in einem Zustande von Koma oder Schlaf befindet. Man meinte, daß dieser Zustand durch die Unterbrechung aufsteigender sensorischer Faserzüge oder besser gesagt durch vollständige Deafferentierung des Gehirns verursacht wird. Er kann mit der Bedingung des spinalen Schocks (der ursprünglich durch *von Monakow* als „Diaschisis" bezeichnet wurde) bei höheren Säugetieren verglichen werden. Trotzdem kann sogar dieses „Cerveau isolé" von *Bremer* durch Rindenreizung kurz aufgeweckt werden.

Offensichtlich arbeitet nicht nur das Gehirn, sondern der Organismus als ein Ganzes. Von diesem Gesichtspunkt aus ist Bewußtsein auf die Gesamtaktivität bezogen. Dazu ist die überaus große Bedeutung der Hirnrinde wiederum als Ganzes unleugbar. Schließlich kann die spezifische Bedeutung einzelner Rindengebiete, wie z. B. der Calcarina-Rinde für spezifische Modalitäten des Bewußtseins kaum in Frage gestellt werden.

Der „Holismus", die „Äquipotentialität" und die „Lokalisation von Zentren" können nicht als genau definierbare Begriffe angesehen werden,

---

[60] Ein solches aufsteigendes System war bereits *Flechsig* bekannt, der es 1881 und 1896 beschrieb. *Flechsig* schloß dieses System in seine „Haubenstrahlung" ein.

die sich gegenseitig ausschließen, sondern müssen als miteinander gegenseitig vereinbare Formulierungen verschiedener wertvoller Aspekte nervöser Aktivitäten gelten. *Jasper* bemerkte in der Diskussion eines Symposions (1954), daß *Magouns* Konzept die Bedeutung der reticulären Funktion allzu sehr zu vereinfachen scheint. Es ist sicher, daß die Aktivitäten vieler grauer Gebiete Weck-Effekte mit oder ohne progressive Wirkung hervorbringen, die die Neurophysiologen als Verstärkung („Recruitment") bezeichnet haben. Nervöse Ereignisse im Hirnstamm tragen zweifellos zu den diencephalo-corticalen Aktivitäten bei und gehören wahrscheinlich zu einer Gruppe von Variablen, von der zumindest einige Glieder einen gegebenen Wert haben müssen, derart daß nervöse Ereignisse in Verbindung mit geistigen Parallelereignissen vorkommen. Trotzdem bin ich nicht geneigt, die vorliegenden Daten so zu deuten, daß sie irgendeine Bewußtseinsmodalität und noch weniger „Bewußtsein" im allgemeinen anzeigen, das im menschlichen Hirnstamm lokalisiert ist.

Fassen wir die Antwort auf unsere dritte Frage nach dem postulierten psychophysischen Parallelismus zusammen, so muß zugegeben werden, daß nichts Sicheres über die physikalischen Kennzeichen, die jene N-Ereignisse haben müssen, die mit geistigen Parallelereignissen korreliert sind, ausgesagt werden kann, mit Ausnahme einiger allgemeiner Konzepte diencephalo-corticaler Lokalisation. Es wird außerordentlich schwierig sein, geeignete Daten zu einer Antwort auf diese Frage zu erlangen. Ein Fortschritt in dieser Hinsicht könnte bei besserem Verständnis der physiologischen Prozesse möglich sein, die der Übertragung der nervösen Impulse zugrunde liegen, kombiniert mit einer Einarbeitung aller wesentlichen Prinzipien der Kommunikationstheorie. Zusätzlich braucht man noch verbesserte Methoden zur Registrierung nervöser Aktivitäten. Da darüber hinaus Bewußtsein in einem beobachteten Individuum strittig ist, bleibt dieses Phänomen für den Beobachter eine Schlußfolgerung aus dem Verhalten. Eine solche Schlußfolgerung erscheint beim Menschen wertvoller als bei den Tieren, die man für Experimente benutzt, da sie auf verbaler Kommunikation und großer Ähnlichkeit beruht. Einige Grundlagen über hierfür maßgebliche menschliche Funktionen sind durch klinische Beobachtungen und neuropathologische Studien zu erhalten. Die ärztliche Ethik verhindert mit Recht, sogar trotz ausdrücklicher Zustimmung des Patienten, jedes Experiment, das möglicherweise zu einer Schädigung führen könnte, und beschränkt das Ziel erlaubter Versuche. Obwohl die dritte Frage prinzipiell nicht unlösbar erscheint, sind die Hindernisse für einen praktischen Lösungsversuch groß.

Wenn „Seele“ semantisch mit „Bewußtsein“ gleichgesetzt wird, dann wird der Ausdruck „unbewußte Seele“ eine Contradictio in adjecto. Jedoch die Beobachtungen, die durch die Psychoanalytiker in den Vordergrund traten, passen zum Konzept der N-Ereignisse und führen zu dem Schluß, daß komplexe nervöse Aktivitäten die sowohl emotionale wie auch Denkprozesse umfassen, ohne parallele geistige Phänomene vorkommen können. Das Unbewußte der Psychoanalytiker bedeutet daher eine unbewußte Cerebration und kann auch als unbewußte (höhere) symbolische Cerebration bezeichnet werden.

Vom Standpunkt des Parallelismus und in einer etwas vereinfachten Formulierung kann der wesentliche Unterschied zwischen einem bewußten und einem unbewußten Prozeß auf folgende Aussage zurückgeführt werden: Jeder bewußte Prozeß ist durch Ereignisse gekennzeichnet, die in einem privaten perzeptuellen Raum-Zeit-System stattfinden, während unbewußte Ereignisse ausschließlich im fiktionellen (öffentlichen) physikalischen Raum-Zeit-System sich ereignen. So weit wir beurteilen können, nehmen nur einige Prozesse, nämlich die N-Ereignisse einer bestimmten noch nicht genau verstandenen (physikalischen) Komplexität und von bestimmtem (physikalischem) Typ einen Parallelcharakter an. Sie finden im physikalischen Raum-Zeit-System statt und sind in geordneter Weise mit Bewußtseinsereignissen in einem privaten perzeptuellen Raum-Zeit-System verbunden. Umgekehrt kommen Bewußtseinsereignisse nur als Parallelphänomene vor, die mit einem bestimmten Typ physikalischer N-Ereignisse korreliert sind. Daher schließen Bewußtseinsereignisse parallele physikalische N-Ereignisse ein, und in dieser Hinsicht kann *Sherringtons* Behauptung, die auf S. 53 vom Standpunkt des Idealismus aus abgelehnt wurde, hier wertvoll sein: „Es sieht so aus, daß, obwohl es Materie gibt, die ohne Seele existiert“ (unbewußte Cerebration), „wir von keinem Beispiel wissen, in dem Seele ohne Materie existiert.“ Man sollte sich hier jedoch daran erinnern, daß in dem postulierten psychophysischen Parallelismus „Materie“ eine bloße Fiktion oder eine logische Bezeichnung darstellt.

Die unbewußte Cerebration einschließlich derjenigen des höheren oder symbolischen Types kann durch Maschinen nachgeahmt oder modelliert werden. Man sollte sich daran erinnern, wie *McKay* (1954) mit Recht betonte, daß Maschinen, die komplexe Operationen symbolischer Natur, z. B. mathematische oder logische Berechnungen durchführen, nicht dazu konstruiert werden, dem Gehirn zu gleichen; solche Maschinen werden entworfen mit dem ausdrücklichen Zweck, mit optimal spezialisierter

Arbeitsweise eine beschränkte Gruppe von Aufgaben zu lösen. In dieser Hinsicht, d. h. in der Durchführung einer großen Zahl mathematischer oder logischer Operationen, können solche Maschinen die Fähigkeit des menschlichen Gehirns bei weitem übertreffen und tun dies auch in der Tat.

Maschinen werden nicht dazu konstruiert und bestimmt, im Laufe ihrer Verrichtungen Emotionen zu manifestieren. Wir können hier noch die Frage stellen: Ist es für eine Maschine unmöglich, eine Emotion zu manifestieren? Die Antwort wird davon abhängen, wie wir den ziemlich weit gespannten Ausdruck „Emotion" definieren, der bewußte und unbewußte Phänomene überdeckt. In der Terminologie dieser Untersuchung wird Emotion im strengeren Sinne als ein Bewußtseinsphänomen definiert und kann daher den Maschinen nicht zugeschrieben werden. Im weiteren Sinne schließt Emotion auch ein emotionales Verhalten mit ein. Dies letztgenannte würde auch unter die Definition fallen, die einige Psysiologen geben, daß nämlich Emotion eine „gestörte" Bedingung während Perioden von Anpassungsschwierigkeiten darstellt; bei den lebenden Organismen kann sich dies in einer Vielzahl somatischer und visceraler Reaktionen äußern. Komplizierte Maschinen, bei denen es auf eine reibungslose Koordinierung aller Operationen ankommt, können unter den Bedingungen geringfügiger mechanischer Störungen ein unstetes Verhalten zeigen, das in mancher Hinsicht mit einer Emotion verwandt ist. Die Ingenieure sagen nicht selten, daß eine gewisse Maschine zu „temperamentvoll" sei. Dies ist natürlich nur als figürliche Sprachbezeichnung aufzufassen, die jedoch eine tiefere Bedeutung hat. Emotionen von Maschinen sind unerwünscht, und die Möglichkeit von Emotionen wird bei ihrer Konstruktion streng vermieden. Wenn es jedoch erwünscht wäre, das emotionale Verhalten zu modellieren, so wäre es kein allzu schwieriges Problem, emotionale Kreise in mechanische Apparate einzubauen. Wenn wir z. B. *Simon*, des kleine Modell des mechanischen Gehirns, nehmen, das von *E. C. Berkeley* entworfen wurde, und das vier Operationen mit einer Gruppe von 4 binären Zahlen durchführen kann, so würde dieser Apparat dadurch verärgert werden, daß er beim Einlauf zusätzliche Zahlen registrieren müßte, die *Simon* nicht behandeln kann. Ein solcher Einlauf könnte dann eine Reihe wiederholter zufälliger Antworten hervorrufen, die durch eine Anzahl von Kreisen laufen würden. Mit anderen Worten, *Simon* könnte jedesmal dann leicht verärgert werden und in schlechte Laune kommen, wenn die eingegebene Information in diesem Modellcomputer nicht behandelt werden kann.

Ein anderer Typ emotionaler Kreise könnte in einem komplizierteren Computer vorgestellt werden, der dann in emotionale Ausbrüche gerät, wenn die Information entweder nicht behandelt werden kann oder wenn verschiedene Typen mechanischer Störungen sich entwickeln oder wenn der ganze Mechanismus gereizt wird, z. B. durch erhöhte Temperatur, mechanisches Stoßen usw. Speicherkreise könnten bei gewissen Typen von Störung eingesetzt werden, die dann einen kumulativen Effekt hervorbringen.

Man könnte auch Regelkreise erfinden, die Äußerungen von Vergnügen oder Befriedigung geben können, wie Schnurren usw., wenn Operationen einer gewissen Größe glatt und mit einem gewissen optimalen Rhythmus durchgeführt werden, der gut an die Mechanismen der Maschine angepaßt ist. Auf solche mechanischen Emotionskreise könnten vielleicht einige der Prinzipien von *McCullochs* Begriff der „Drome“ angewendet werden. Man könnte sogar eine Gruppe von Regelkreisen erfinden, die eine Art Selbst- oder Ich-Aspekt der Maschine symbolisieren. Darüber hinaus könnten derartige Mechanismen so angelegt werden, daß die Maschine enweder entsprechend oder nicht entsprechend der *James-Lange-Theorie* funktioniert.

Ich stimme der Bemerkung von *McKay* (1954) vollständig bei, daß jede Aktivität, die wir genau oder auch nur statistisch in Ausdrücken des Verhaltens bestimmen können, das unter gegebenen Umständen zu erwarten ist, prinzipiell auch durch eine künstliche Konstruktion rein mechanistischer Art verwirklicht werden kann, die uns bereits jetzt zugänglich ist. Jedes auf diese Weise genau bestimmte Verhalten kann durch einen einfachen logischen Prozeß in die Beschreibung zumindest eines Mechanismus kodiert werden, der es modelliert: „Es mag dies ein außerordentlich umständlicher Mechanismus sein, aber wir werden seine Leistung nicht von dem Verhalten, das spezifiziert worden ist, unterscheiden können.“

Problemlösendes Verhalten und Verhaltensmodifikationen als Ergebnis von Erfahrung, die man im weiteren Sinne als Lernen bezeichnet, können durch zahlreiche Typen von Maschinen geleistet werden; dies schließt Lernen durch Versuch und Irrtum, durch Assoziation und Konditionierung ein. Es können verschiedene Maschinen konstruiert werden, die einen Irrgarten durchlaufen, auch solche hochentwickelten Typs (*Deutsch*, 1954).

Von Interesse ist es, daß bis zu einem gewissen Grade auch die Übersetzung von Sprachen mechanisiert werden kann und daß einige elementare Methoden mechanischer Übersetzung, die ein beschränktes Grundvokabular benutzen, ausgearbeitet wurden (*Bar—Hillel*, 1954 u. a.). Als nächstes können wir wie *McKay* ausführt (l. c.), fragen ob Artefakte, d. h. Roboter den Entwurf eines Romans gestalten oder Sonette schreiben könnten? Vielleicht ist es möglich, komplexe Computer zu erfinden, die Elementarentwürfe ausarbeiten, Knittelverse erfinden oder einige Symphonien komponieren könnten, die an gewisse Aspekte zeitgenössischer Musik erinnern.

Vom Gesichtspunkt der Kommunikationstechnik läßt sich behaupten, daß der hier relevante physikalische Aspekt der Cerebration (d. h. cerebrale N-Ereignisse) durch Maschinen nachgeahmt wird und daß solche Maschinen nach Prinzipien arbeiten, die nicht nur ähnlich, sondern in einigen der betrachteten Aspekte identisch mit denen sind, die für nervöse Vorgänge gelten. In mancher Hinsicht, z. B. was mathematische Berechnungen betrifft, übertreffen die Maschinen bei weitem das Gehirn. Trotzdem sollte solchen Ähnlichkeiten nicht eine übertriebene Bedeutung zugesprochen werden, da ja Maschinen nicht Gehirne und Gehirne nicht Maschinen sind. Es läßt sich von mechanischen Modellen viel lernen. Die meisten, wenn nicht alle nervösen Kreisprozesse, können wenigstens im Prinzip oder in vereinfachter Form von solchen Maschinen reproduziert werden. Ich bin jedoch davon überzeugt, daß die Möglichkeiten der Maschinen eine feste Grenze haben. Es gibt einschränkende Faktoren von Raum und Zeit, die von wesentlicher Bedeutung sind. Wollte man die Synapsen durch elektronische Röhren oder Transistoren modellieren, so würde eine auch nur rohe Nachahmung eines menschlichen Gehirns eine astronomische Anzahl solcher technischen Einzelteile erfordern, ein beträchtliches Vielfaches von 10^{10}, nämlich der Anzahl der Rindenneuronen. Zudem würde auch ein solches isoliertes menschliches Gehirnmodell funktionell wertlos sein ohne die erforderliche Umgebungssituation, d. h. die Kombination von Ereignissen, die dem Input, dem Output und anderen Operationen eines solchen nur in der Phantasie bestehenden Monstrums angemessen wären. Es ist in höchstem Maße zweifelhaft, ob man die erforderlichen Bedingungen überhaupt realisieren könnte.

Im Hinblick auf die verschiedenen hierarchischen Gestalteigenschaften ist es viel wahrscheinlicher, daß die höchsten nervösen Prozesse nur durch Kreisvorgänge ausgeführt werden können, die alle Eigenschaften der lebenden Substanz haben. Diese Substanz ihrerseits erfordert spezifische Zeit- und Umgebungsfaktoren für ihre Entwicklung und ist an spezifische Größenordnungen in Beziehung zu anderen Strukturen des Raumsystems gebunden. Die N-Ereignisse, die mit parallelen Bewußtseinsphänomenen korreliert sind, könnten wesentliche Gestalteigenschaften haben, die technische Modelle aus Hartsubstanzen nicht manifestieren können. Schließlich mag es sogar einen bedeutsamen hierarchischen Gestaltunterschied zwischen N-Ereignissen, die mit parallelen Bewußtseinsvorgängen korreliert sind, und solchen N-Ereignissen, die nicht mit diesen Phänomenen parallel laufen, geben.

Wir können z. B. Leistungen von hohem axiologischem Wert betrachten, wie die Komposition einer Symphonie von *Mozart*, die Schöpfung von *Cervantes'* Don Quijote, von *Shakespeares* Dramen oder Sonetten, *Goethes* Faust und andere. Obwohl die nervösen Prozesse, die diesen Schöpfungen zugrunde liegen, als streng determiniert zu betrachten sind und vollständig, d. h. erschöpfend in einer mechanistischen Terminologie beschrieben werden können, können sich solche Vorgänge nur unter den besonderen und mathematisch höchst unwahrscheinlichen Bedingungen ereignen, unter denen sie in Wirklichkeit stattfanden. In Hinblick auf alle bedeutsamen Variablen können diese Bedingungen unmöglich von Artefakten wiederholt werden. Dazu kann man annehmen, daß viele der erforderlichen nervösen Prozesse in notwendiger Weise N-Ereignisse einschließen, die mit parallelen Bewußtseinsphänomenen verbunden sind. Ich bin davon überzeugt, daß solche Ereignisse einen wesentlichen und gesamten Gestaltwert (symbolischer Art) haben, den künstliche Maschinen nicht wiederholen können.

Wir können hier kurz auf den Vergleich der schreibmaschineschreibenden Affen zurückkommen, der allgemein *Eddington* zugeschrieben wird, und der oben auf S. 106 diskutiert wurde. Während das System Affengehirn, Schreibmaschine und unendliche Zeit die geforderte Aufgabe nicht lösen könnte, wäre ein elektronischer Computer, der auf *Shannons* Prinzip der schachspielenden Maschine begründet ist, theoretisch imstande alle Permutationen mit Wiederholungen einer Zahl x der verschiedenen Buchstaben eines Alphabetes auszudrücken. Diese Permutationen würden auch Buchstabenanordnungen enthalten, die Sätzen entsprechen, die sich aus bedeutsamen Gedanken ergeben, aber der Computer würde den Prozeß des bedeutsamen Denkens nicht reproduzieren können. Darüber hinaus müßte eine große Anzahl der sich ergebenden Variationen durch einen anderen korrelierten und weit komplizierteren Mechanismus kritisch geprüft werden. Dieser müßte so konstruiert sein, daß er die Symbolfolgen entdecken könnte, die möglichen Ausdrücken wichtiger Gedankenvorgänge entsprechen. Die astronomischen Dimensionen, die hierzu nötig sind, zeigen klar die wesentlichen Grenzfaktoren von Raum, Zeit und materiellem Substrat, die oben bei der Diskussion der elektronischen Gehirnmodelle betont wurden. Dazu müßte die organisierende Ordnung diejenige des lebenden menschlichen Gehirns sein, da die Erfindung ein Artefakt darstellt. *Shannon* erwähnt die Tatsache, daß sogar die hohen Geschwindigkeiten, die man in elektronischen Computern erreicht, hoffnungslos außerstande sind, alle möglichen Variationen bis zum Ende eines durchschnittlichen Schachspiels zu berechnen. Nimmt man an, daß die Gesamtzahl der Variationen in einem solchen Spiel etwa 10^{120} beträgt, so würde ein Computer, der eine einzelne Variation im millionsten Bruchteil einer Sekunde berechnet, wie *Shannon* betont hat, mehr als 10^{95} Jahre brauchen, um über seinen ersten Schachzug zu entscheiden.

Nach dem Vergleich mit der Operation von Maschinen betrachten wir nunmehr einige andere Aspekte der unbewußten Cerebration. Vernünftigerweise darf man annehmen, daß Parallelphänomene von Bewußtsein während der frühen Fötalstadien nicht vorkommen. Wir können in der Tat kaum behaupten, daß es unbewußte Cerebration im strengen Sinne in den ersten Entwicklungsstadien gibt, in denen die Neuraxis nicht nur dem Wachstum, sondern auch formativen Prozessen unterliegt. Daher dürfen wir ein ontogenetisches Auftauchen und eine Entwicklung sowohl der unbewußten wie auch der bewußten Cerebration annehmen. Die frühesten Reflexe des Rückenmarks und des Hirnstammes treten beim Menschen wahrscheinlich etwa um die 8. Woche der intrauterinen Entwicklung ein. Einige wenige Studien über solche Phänomene bei Säugerembryonen wie auch beim Menschen sind von verschiedenen Verfassern veröffentlicht worden (*Minkowski*, 1928; *Windle*, 1940; *Hooker*, 1954). Unbewußte Cerebration im weitesten Sinne beginnt demnach zu einem ziemlich frühen Zeitpunkt nach den ersten Entwicklungsstadien. Jedoch fehlen, so weit man bisher weiß, elektrische Potentiale der Hirnrinde für die längste Zeit des pränatalen Lebens (*Windle*, 1940). Die Tätigkeiten des neugeborenen Kindes werden als eine Reflextätigkeit gedeutet, die von Rückenmark und Hirnstamm vermittelt wird. In verschiedenen Fällen fand man bei Kindern, die alle normalen Reaktionen einschließlich Schreien, Saugen und lebhaften Bewegungen zeigten, bei der Autopsie das völlige Fehlen funktionierender Großhirnhemisphären. Man nimmt an, daß die Rindenfunktion in der normalen Aktivität Neugeborener nur eine geringe oder gar keine Rolle spielt. Dieser Schluß wird durch die Tatsache gestützt, daß sogar schwere Hemiplegien oder

Diplegien, die durch Geburtsverletzungen oder Schäden während des Fötallebens verursacht wurden, gewöhnlich erst nach einigen Monaten erscheinen und meist nicht vor Ablauf des ersten Lebensjahres erkannt werden. Geistige Defekte zeigen sich erst zu einem viel späteren Zeitpunkt. Trotzdem deuten einige Beobachtungen darauf hin, daß ein gewisser Grad von Rindenaktivität ausgelöst werden kann, wie z. B. Muskelzuckungen möglicherweise corticalen Ursprungs, die durch supratentorielle Blutungen verursacht werden. Während unbewußte Cerebration beim neugeborenen Kind angenommen werden darf, ist es außerordentlich zweifelhaft, ob zu dieser Zeit schon eine bewußte Cerebration stattfindet. Daher könnten neugeborene Kinder schon ein emotionales Verhalten (Schreien usw.), aber noch keine Erfahrung von Emotionen oder Schmerz offenbaren. Ein allmähliches Auftauchen der bewußten Cerebration während des postnatalen Lebens ist anzunehmen. Diese Ansicht ist natürlich eine Schlußfolgerung oder Deutung, die nicht bewiesen werden kann, aber wenigstens nach Ansicht vieler Beobachter sehr wahrscheinlich ist, der ich ebenfalls zustimme. Im Hinblick auf das allmähliche Auftauchen auch der unbewußten Cerebration erscheint es weiterhin höchst unwahrscheinlich, daß wichtige Engramme in diesen frühen Perioden registriert werden; diese Ansicht ist durch den Mangel an frühen Erinnerungen gut begründet. Die Konzepte von Gebärmutterphantasien und Geburtstrauma, die von einigen Psychoanalytikern ausgearbeitet worden sind, erscheinen höchst künstlich und können durch den vernünftigen Augenschein nicht gestützt werden.

Die bewußte Cerebration, korreliert mit P-Ereignissen, ist in doppelter Hinsicht diskontinuierlich. Die Muster verschiedener Bewußtseinsmodalitäten, wie Wahrnehmungen, Gedanken und Gefühle, erscheinen und verschwinden in unregelmäßigen, wenn auch geordneten Folgen, d. h. sie haben „ein sprunghaftes Leben". Die ganze integrierte Bewußtseinsmannigfaltigkeit, d. h. „Bewußtsein" im allgemeinen, verschwindet und erscheint wieder, mit einem (mnestischen) Gewahrwerden ihrer Kontinuität. Diese Kontinuiät wird durch die angenommenen materiellen Ereignisse gewährleistet, die in dem postulierten physikalischen Raum-Zeit-System stattfinden und sowohl die nervösen R-Ereignisse wie die N-Ereignisse umfassen. Zu den letzteren gehören auch die Prozesse der Engraphie. Nicht parallele N-Ereignisse, d. h. unbewußte Cerebration, gehen auch in Perioden von Bewußtlosigkeit vor sich.

Perioden von Bewußtlosigkeit zeigen sich in der Ohnmacht, im Koma, in Stadien der Narkose und im tiefen traumlosen Schlaf. Das Problem des Schlafes ist komplex, da diese im wesentlichen zyklische Bedingung zahlreiche und verschiedenartige Merkmale darbietet. Schlaf ist nur in einigen seiner Aspekte und keineswegs notwendig oder jederzeit eine Auslöschung von Bewußtsein. Es ist völlig gerechtfertigt, den Schlaf als einen funktionellen Zustand eines lebenden Organismus mit einer Mannigfaltigkeit koordinierter Aktivitäten anzusehen[61]. Hinsichtlich der Hirnrinde jedoch sind die Aktivitäten ohne Zweifel insofern reduziert, als die afferenten Impulse von der Peripherie her einschließlich derjenigen von den Muskeln vermindert sind. Es kommt zu einer Erschlaffung oder Herabsetzung des Muskeltonus in den meisten Muskeln, obgleich der Tonus einiger Schließmuskeln aufrechterhalten oder sogar vermehrt wird. *Kleitman* (1939) sieht tatsächlich die Verminderung des Muskeltonus als einen der wichtigsten Faktoren beim Beginn des Schlafes an. *Pavlov* (1927) betont die „innere Hemmung", die als aktiver Prozeß angesehen werden kann. *Hess* (1929, 1954) sieht den Schlaf als eine Funktion an, die hypothalamische Aktivitäten einschließt, die als Antagonisten der Weckmechanismen betrachtet werden können. *Spiegel* und seine Mitarbeiter haben gezeigt, daß thalamische Aktivitäten ebenfalls mit der Schlaf-Wach-Regulation etwas zu tun haben. Eine Reihe vegetativer Erscheinungen sind eng mit dem Schlaf verbunden und brauchen in diesem Zusammenhang nicht diskutiert zu werden; einen kurzen Überblick über diese Phänomene und ihre Beziehungen zum Hypothalamus und Thalamus habe ich in meiner Zusammenfassung über das Zwischenhirn (1954) gegeben. Die Theorie der cerebralen Minderdurchblutung und die chemische Theorie des Schlafes, die in ihren übertriebenen Formulierungen keinen Wert haben, liefern anscheinend doch einige wichtige Daten, die die Phänomene der vegetativen Regulierung und der Impulsübertragungsmechanismen im weiteren Sinne betreffen.

Verfolgt man die zahlreichen und oft wunderlichen Ausarbeitungen, die von phantasiereichen Untersuchern des sog. „reticulären Aktivierungssystems" vorgebracht werden, das oben auf S. 333 erwähnt wurde, so haben verschiedene Verfasser den „Wachzustand" als in Abhängigkeit

[61] Obwohl wir annehmen dürfen, daß beim neugeborenen Kind noch kein Bewußtsein vorhanden ist, haben wir hier abwechselnde Zyklen, die als Wachheit und Schlaf bezeichnet werden können. Diese beiden Bezeichnungen können daher in einem rein behavioristischen Sinne als Ausdrücke für verschiedene Stadien äußerer und innerer nervöser Aktivitäten und ohne Bezug zu Anwesenheit oder Abwesenheit von Bewußtsein gebraucht werden.

von der Aktivität der mesencephalen reticulären (tegmentalen) Region verstanden, während sich tiefer oder „integrierter" Schlaf aus einer Hemmung dieser rostralen grauen Gebiete durch eine mehr caudal in der Medulla oblongata gelegene reticuläre Region ergeben soll. Dazu soll ein dritter, intermediärer „reticulärer" Komplex innerhalb der Brücke funktionell verantwortlich für das Vorkommen des besonderen Zustandes sein, den man als „dissoziierten" oder „paradoxen" Schlaf bezeichnet und der noch kurz weiter unten besprochen werden soll.

Es ist wichtig, festzuhalten, daß sowohl unbewußte wie bewußte Cerebration während des Schlafes stattfindet. Was die unbewußte Cerebration niederer Ordnung betrifft, wahrscheinlich auf der sogenannten Reflexebene, so gibt es gut angepaßte Bewegungen der Gliedmaßen, die Krampfstellungen vorbeugen oder sie ausschalten. In der Terminologie der vorliegenden Untersuchung setzen solche Bewegungen weder zielstrebige Aktion noch irgendeinen Grad von Bewußtsein voraus.

Die bewußte Cerebration während des Schlafes wird durch korrelierte Träume dargestellt, die verschwommen oder lebhaft, sinnvoll oder zusammenhanglos sind. Träume sind durch Bewußtseinsmodalitäten innerhalb des privaten perzeptuellen Raum-Zeit-Systems gekennzeichnet. Diese Modalitäten unterscheiden sich nach meiner Ansicht nicht grundsätzlich und wesentlich von denen im Wachzustand. Vom Standpunkt des postulierten psychophysischen Parallelismus aus ist die Außenwelt in einem lebhaften Traum, soweit sie eine Komponente des privaten perzeptuellen Raum-Zeit-Systems darstellt, mit der Außenwelt im Wachzustand identisch. Der entscheidende Unterschied ist nur einer der Beziehungen: Im Wachzustand erscheinen diese Bewußtseinsmodalitäten als geistige Parallelphänomene, die mit nervösen Parallelprozessen verbunden sind, die unmittelbar durch Außenereignisse verursacht werden und solche Ereignisse modellieren. In Träumen, so läßt sich annehmen, erscheinen die genannten Bewußtseinsmodalitäten als geistige Parallelerscheinungen, die mit parallelen nervösen Phänomenen verbunden sind, welche durch Aktivierung mnestischer und anderer nervöser Kreise verursacht werden. Diese Aktivierung muß nicht unmittelbar durch äußere Ereignisse bedingt sein, jedenfalls modellieren die wesentlichen N-Ereignisse, selbst wenn sie indirekt von außen verursacht werden, keine gegenwärtigen äußeren Ereignisse und kodieren sie auch nicht adäquat. Was diese äußeren Ereignisse betrifft, so können z. B. Alpträume mit N-Ereignissen verbunden sein, die durch äußeren Druck, verkrampfte

Stellungen oder Verdauungsstörungen verursacht werden (innere R-Ereignisse).

Verworn (1919) bringt einige instruktive Beispiele von Träumen und Alpträumen, die indirekt durch äußere Ereignisse verursacht werden. Während des Schlafes aktivieren solche äußeren Reize unter bestimmten Bedingungen anscheinend Rindenprozesse, die mit Bewußtsein korreliert sind und diese sensorischen Wahrnehmungen werden in einer hyponoischen oder katathymen asyntaktischen Verzerrung in die Traumereignisse eingefügt.

In solchen Fällen bilden die extraneuralen Reize gleichsam den Kern für eine Verdichtung und denkbare Agglutination der Traumerscheinungen. Da Träume, wie *Verworn* betont hat, einen Zustand teilweiser Wachheit vorstellen, ist es von Interesse zu bemerken, daß die verschiedenen corticalen Rindenfelder teilweise und ungleichmäßig beteiligt sind und daß die verschiedenen sensorischen Bewußtseinsmodalitäten nur schlecht integriert werden. Häufig haben Träume eine Tendenz vorwiegend visuell zu sein[62]. „Die eine Partie, die Sehsphäre, tritt im Traum ganz überwiegend in ihrer Tätigkeit hervor, die Hörsphäre ist viel seltener tätig. Noch seltener tätig ist die Gefühlsphäre, und ganz selten die Geruchssphäre. Geschmacksträume endlich sollen angeblich nicht vorkommen, doch wird das von anderen Seiten bestritten" (*Verworn*, 1919).

Elektroencephalographische Registrierungen (vgl. oben S. 155) offenbaren mehrere mehr oder weniger unterschiedliche Phasen im Übergang von einem erschlafften Wachzustand mit normalem Alpha-Rhythmus zum tiefen Schlaf mit langsamen Wellen vom Delta-Typ (1—2/c.p.s.). Nachdem durch eine rasch zunehmende Zahl von „Schlafforschungslaboratorien" zahlreiche Studien mit elektroencephalographischen und polygraphischen Registrierungen über die ganze Nacht hin getrieben worden sind, hat sich über diesen Gegenstand ein profuses Schrifttum angesammelt. Dem Wert der meisten dieser Veröffentlichungen gegenüber erscheint ein beträchtlicher Skeptizismus angebracht.

[62] Die Koordination der Augenbewegungen mit der Sehwahrnehmung, die kurz auf S. 284 erwähnt wurde, erscheint auch in Träumen wirksam. *Kleitman* und Mitarbeiter beschreiben regelmäßig wiederkehrende Perioden von Augenbewegungen und andere Begleiterscheinungen (Veränderungen im EEG, in der Atmungs- und Herzfrequenz) während des Schlafes. Diese Äußerungen können mit Perioden von Träumen verbunden sein (*Aserinsky* und *Kleitman*, Science *118*, 273 [1953]; *Dement* und *Kleitman*, Feder. Proc. *14*, 37 [1955]; *15*, 46 [1956]).

Trotzdem besteht wenig Zweifel darüber, daß der menschliche und bis zum gewissen Maße auch der tierische Schlaf wiederholt abwechselnde Folgen von Stadien zeigt. Solche Zyklen können durch „Auftauchen" vom tiefen Schlaf zu einer Phase ähnlich dem „leichten Schlaf"-Stadium des EEG gekennzeichnet werden, unterscheiden sich aber von diesem Stadium durch eine erhöhte Weck-Schwelle, durch rasche Augenbewegungen (REM), ebenso wie durch andere schlecht definierte Merkmale. Diese Phase hat man als „dissoziierten", „paradoxen" oder „REM"-Schlaf bezeichnet. Man meint, daß sie einen Zustand darstellt, der von Träumen begleitet wird. Obwohl Träume während solcher „REM-Perioden" durchaus nicht selten vorkommen können, wie in einer Mitteilung von *Aserinski* und *Kleitman* dargelegt wurde (vgl. Fußnote 62), gibt es keine annehmbare Wahrscheinlichkeit, die eine konstante oder notwendige Beziehung des „dissoziierten Schlafes" zu den Träumen zeigt. Dieses letztgenannte Bewußtseinsphänomen kommt anscheinend, aber vielleicht weniger häufig, auch in Begleitung von Perioden des „integrierten" tiefen Schlafes vor.

Nach meiner Ansicht sind die meisten Träume bedeutungslos und stellen zufällige Aktivierungen paralleler (physikalischer) nervöser Prozesse dar; in der Terminologie der Kommunikationstechnik könnte dies als Ausdruck des *Gauss*schen Geräusches betrachtet werden. Trotzdem ist es sehr wahrscheinlich, daß in einigen Fällen verschiedene emotionale nervöse Muster, die in der Terminologie der Psychoanalytiker Komplexe, Wünsche oder andere emotionale Situationen darstellen, im Falle ihrer Aktivierung den Fluß der N-Ereignisse in Träumen aktivieren könnten, woraus sich hyponoische symbolisierende Bewußtseinsphänomene ergeben. Solche Träume könnten wenigstens bis zu einem gewissen Grade in Übereinstimmung mit den wohlbekannten Ansichten von *Freud* gedeutet werden[63]. Ich bin jedoch sehr skeptisch gegenüber dem Wert von ad-hoc-Konzepten wie etwa „Zensor" und anderen. Auch ist die Deutung von Traumfolgen wegen verschiedener zufälliger Faktoren sehr schwierig. Daß eine gegebene Traumdeutung möglich oder sogar einleuchtend ist, bedeutet noch keineswegs, daß sie richtig ist und

---

[63] *Forel* (1922) bemerkt in diesem Zusammenhang: „Von der Psychoanalyse ausgehend ist Prof. *Freud* auf seine sexuelle Lehre der Traumdeutungen übergegangen. Obwohl einiges dabei zutrifft, kann ich seinen phantasievollen dogmatischen und spitzfindigen Behauptungen nicht folgen." Ich stimme mit *Forels* Feststellung überein.

die Psychoanalytiker vergessen anscheinend oft den wichtigen Grundsatz: a posse ad esse non valet consequentia.

Wenn das Selbst nicht als eine wesentliche gut definierte Ganzheit betrachtet wird, erscheint es zulässig, verschiedenen bewußten und unbewußten symbolisierenden nervösen Phänomenen Selbstwertigkeiten zuzuschreiben und für gewisse praktische Zwecke ein Ich, ein Über-Ich und ein Es zu unterscheiden. Solche Begriffe jedoch können, um einen Vergleich zu gebrauchen, leicht den Charakter einer Währung annehmen, die durch eine Inflation in hohem Maße entwertet wurde.

Was die Bedeutung des Sexuellen in der bewußten und der unbewußten Cerebration betrifft, so sollte man sich an die folgenden Bemerkungen von *Schopenhauer* im 42. Kapitel des 2. Bandes seiner „Welt als Wille und Vorstellung" (1842) erinnern: „Aus diesen Betrachtungen erklärt es sich, warum die Begierde des Geschlechtes einen von jeder andern sehr verschiedenen Charakter trägt: Sie ist nicht nur die stärkste, sondern sogar spezifisch von mächtigerer Art als alle andern. Sie wird überall stillschweigend vorausgesetzt, als nothwendig und unausbleiblich, und ist nicht, wie andere wünschen, Sache des Geschmacks und der Laune. Denn sie ist der Wunsch, welcher selbst das Wesen des Menschen ausmacht. Im Konflikt mit ihr ist kein Motiv so stark, daß es des Sieges gewiß wäre." Weitere Bemerkungen von *Schopenhauer*, die mit einem Zitat von *Lucretius* eingeleitet werden, erscheinen gleichfalls wichtig:

„Aeneadum genetrix, hominum divumque voluptas, Alma Venus ..."

„Dem Allen entspricht die wichtige Rolle, welche das Geschlechtsverhältnis in der Menschheit spielt, als wo es eigentlich der unsichtbare Mittelpunkt alles Thuns und Treibens ist und trotz allen ihm übergeworfenen Schleiern überall hervorguckt. Es ist ... die Grundlage des Ernstes und das Ziel des Scherzes, die unerschöpfliche Quelle des Witzes, der Schlüssel zu allen Anspielungen und der Sinn aller geheimen Winke, aller unausgesprochenen Anträge und aller verstohlenen Blicke, das tägliche Dichten und Trachten der Jungen und auch oft der Alten, der stündliche Gedanke des Unkeuschen und die gegen seinen Willen stets wiederkehrende Träumerei des Keuschen, der allezeit bereite Stoff zum Scherz, eben nur weil ihm der tiefste Ernst zum Grunde liegt. Das aber ist das Pikante und der Spaass der Welt, daß die Hauptangelegenheit aller Menschen heimlich betrieben und ostensibel möglichst ignorirt wird. In der Tat aber sieht man dieselbe jeden Augenblick sich als den eigentlichen und erblichen Herrn der Welt, aus eigener Machtvollkommenheit, auf den angestammten Thron setzen ..."

Bei der Diskussion seiner Theorie von Witz und Späßen stellt *Schopenhauer* fest:

„Daß die Geschlechtsverhältnisse den leichtesten, jederzeit bereitliegenden und auch dem schwächsten Witz erreichbaren Stoff zum Scherze abgeben, wie die Häufigkeit der Zoten beweist, könnte nicht seyn, wenn nicht der tiefste Ernst grade ihnen zum Grunde läge."

Was die unbewußte „Geistestätigkeit" oder besser die unbewußte Cerebration betrifft, so wurde sowohl ihre Bedeutung wie auch ihr Einfluß auf das, was wir heute Verhalten nennen, gleichfalls klar und eindeutig von *Schopenhauer* ausgesprochen. Wichtige Bemerkungen sind durch seine Schriften verstreut, aber das Problem wird knapp zusammengefaßt im 14. Kapitel des 2. Bandes seiner „Welt als Wille und Vorstellung" (1844) und in § 40 seiner Abhandlung „Den Intellekt überhaupt und in jeder Beziehung betreffende Gedanken" (1851). In diesem Aufsatz bemerkt der Verfasser: „Fast möchte man glauben, daß die Hälfte alles unseres Denkens ohne Bewußtseyn vor sich gehe ... Dies ist schon daraus abzunehmen, daß bisweilen eine Begebenheit, deren Folgen wir keineswegs absehn, noch weniger ihren etwanigen Einfluß auf unsere eigenen Angelegenheiten deutlich ermessen können, dennoch auf unsere ganze Stimmung einen unverkennbaren Einfluß ausübt, indem sie solche ins Heitere oder auch ins Traurige, verändert: Das kann nur die Folge einer unbewußten Rumination seyn." „... wobei die Operation, durch die es zustande kommt, mir so verdeckt bleibt, wie die einer Rechenmaschine: Es ist eben unbewußte Rumination gewesen." *Schopenhauer* gebraucht hier im Jahre 1851 den Vergleich mit der Computermaschine. Solche Erfindungen, die auf elementaren mechanischen Prinzipien gegründet sind, wurden schon von *Pascal* etwa 1642 und *Leibnitz* um 1694 konstruiert. *Babbage*, ein Mathematiker in Cambridge, bemühte sich ungefähr um 1830, digitale Computermaschinen zu konstruieren von grundsätzlich modernem Konzept (*Cherry*, 1952; *Morrison, Ph.*, und *Morrison, E.* 1961). *Schopenhauer* fügt am Ende weiterer Diskussionen zu diesem Gegenstand die folgende Bemerkung an, die, obwohl durch die späteren Fortschritte in der Neurophysiologie nicht bestätigt, trotzdem zu seiner Zeit eine interessante Formulierung darstellt und eine z. T. richtige Feststellung enthält: „Beinahe möchte man es wagen, die physiologische Hypothese aufzustellen, daß das bewußte Denken an der Oberfläche des Gehirns, das unbewußte im Inneren seiner Marksubstanz vor sich gehe."

Es wird damit deutlich, daß *Freuds* Theorien im wesentlichen eine Ausarbeitung und Systematisierung von *Schopenhauers* Ansichten sind. In der zweiten Hälfte des 19. Jahrhunderts waren *Schopenhauers* Abhandlungen weithin bekannt, gelesen und in akademischen Kreisen aller Deutsch sprechenden Länder diskutiert. Man kann nicht behaupten, daß *Freud*, der mit *Schopenhauers* Schriften vertraut war, die Bedeutung des Unbewußten[64] und des Geschlechtlichen im menschlichen Verhalten „entdeckte". Eine Reihe von Faktoren vermindern oder vermehren die Bedeutung des Sexuellen sowohl in der bewußten wie auch in der unbewußten nervösen Aktivität. Solche Faktoren sind konstitutionell und umgebungsbedingt. Infolge von Differenzen im endokrinen Gleichgewicht und anderen biologischen Variablen ist der Geschlechtstrieb bei einigen Individuen wesentlich schwächer als bei anderen und spielt bei der Determinierung der Cerebration eine relativ geringe Rolle, während selbstverständlich bei anderen Individuen das Umgekehrte der Fall sein kann. Ceteris paribus variieren solche neuralen Prozese nach konstitutionellen Faktoren sehr erheblich von Individuum zu Individuum und können nicht in der rohen schematischen Art, wie sie für viele standardisierte psychoanalytische Näherungen kennzeichnend ist, ausgewertet werden, was auch immer an den zugrunde gelegten Konzepten bewußter Unterdrückung, unbewußter Verdrängung, Übertragung, Sublimierung und so weiter von Wert sein mag.

Was die Umgebungsfaktoren betrifft, so haben die Konzeptionen und Sitten der Gesellschaften wie der Nationen, der Gemeinden sowohl großer wie kleiner sozialer Gruppen sicherlich einen erheblichen Einfluß auf diese Abläufe im Nervensystem. Wenn die vorwiegende Haltung gegenüber dem Sexuellen beschränkt und scheinheilig ist und zur Heuchelei neigt, so muß dieser Einfluß als ungesund angesehen werden und erleichtert Verdrängung ebenso wie Schuldkomplexe. Im Gegensatz dazu wird eine vorwiegend verständige, der Sache angemessene Haltung gegenüber dem Geschlechtswillen dazu führen können, den Einfluß dieses biologischen Triebes als Faktor für Neurosen oder neurotisches Verhalten herabzusetzen. Ob und bis zu welchem Ausmaß das Individuum

[64] Teilweise auf dem Boden von *Schopenhauers* Konzepten arbeitete *Eduard von Hartmann* (1842—1906) ein eklektisches philosophisches System aus, das er als „Philosophie des Unbewußten" (1869) bezeichnete. Es war zu der Zeit von *Freuds* akademischen Studien weithin bekannt und viel diskutiert.

durch kollektive Haltungen beeinflußt oder standardisiert wird, hängt von vielen schwer bestimmbaren Veränderlichen ab.

Nach *Bertrand Russell* (1952) ist die Geschlechtsmoral, die vom Aberglauben befreit ist, eine einfache Angelegenheit: Während Betrug und Täuschung, Vergewaltigung und Verführung von Kindern durch gesetzliche Regelung verhindert werden müssen, sollten die Beziehungen zwischen Erwachsenen, die in ihren Handlungen frei sind, als Privatangelegenheit betrachtet werden. *F. G. Slaughter* (1947) äußert die Meinung, daß eine Person, die ihren Geschlechtstrieb in einer Weise befriedigt, die die konventionelle Gesellschaft als unmoralisch betrachtet, die jedoch durch sie nicht ungünstig beeinflußt wird, besser daran sei, als eine gequälte Person, die sich nach der Konvention moralisch verhält. Quälende Gedanken von Moral zur Kompensation von sexuellen Trieben, welche solche Personen nicht erkennen wollen, enden „in Invalidität und sogar in Geisteskrankheit". Zusätzlich zu diesem Schaden, den der zitierte Verfasser betont, führen solche übertriebenen moralischen Haltungen nicht selten zu einer verschrobenen und (unter dem Mäntelchen von Tugend) sadistischen Verhaltensform gegen die andern Menschen. In dieser Haltung liegt viel unterdrückter Neid gegen diejenigen, die Sünden begehen können, während sich die tugendhafte Person wegen innerer oder äußerer Abschreckung zu enthalten gezwungen ist. Man kann daher der Ansicht zustimmen, daß zu viel Moral, wenn nicht wahrscheinlich psychologisch schlechter, wie *Slaughter* denkt, so doch wenigstens ebenso schlecht ist wie zu viel Unmoral.

Die Faktoren der Umgebung und der Konstitution können so gemeinsam jenen besonderen Typ einer künstlichen und etwas beängstigenden Welt hervorrufen, in der die radikaleren Psychoanalytiker wohnen. Über den Einfluß des Geschlechts hinaus und außerdem müssen noch *Adlers* Wille zur Macht, Minderwertigkeitskomplexe, Kompensationen und Überkorrektionen in Betracht gezogen werden, ebenso wie *Jungs* Konzepte[65] der seelischen Energie und Bedeutung des gegenwärtigen Kon-

---

[65] *Adler* und *Jung* können mit Recht als Psychoanalytiker angesehen werden. Wegen der halb religiösen Tendenzen gegenüber der Orthodoxie der strengen *Freud*schen Psychoanalyse sind *Adler* und *Jung* als Häretiker betrachtet worden. *Adlers* Lehren werden als „Individualpsychologie" und „Gemeinschaftspsychologie" bezeichnet, während *Jungs* System als „kollektive Psychologie" bekannt ist. *I. H. Schultz* (1952) hat eine interessante und, soweit dies bei solchem Gegenstand möglich ist, bemerkenswert objektive Stellungnahme zu diesen Entwicklungen der Psychoanalyse gegeben.

fliktes. Das Machtstreben dürfte in Wirklichkeit vom *Freud*schen Geschlechtstrieb gänzlich unbeeinflußt sein.

Ohne irgendeine Beziehung zur Sexualität sind zweifellos Frustration und Ressentiments wesentliche Faktoren bei der Entstehung unbewußter Komplexe und Psychoneurosen. Experimentelle Neurosen, verursacht durch Frustration und dazu in Beziehung stehende Situationseigenheiten hat man bei Säugetieren erzeugen können. Im menschlichen Leben ergeben sich oft in komplettem Widerspruch zu den Erwartungen, zu den Haltungen und zu dem Ergeiz, die durch die Erziehung eingeimpft wurden, schwere Enttäuschungen, Widerlegungen, Unrecht und Frustrationen. Wegen der Wettbewerbsnatur der Gesellschaft können nur wenige ehrgeizige Ziele erreicht werden und, da die erwünschten Gelegenheiten meist sehr beschränkt sind, muß eine große Zahl sonst sehr verdienstvoller Individuen enttäuscht werden. Dazu kommt in allen technisch fortgeschrittenen menschlichen Gesellschaften ein hoher Grad von Komplexität, Organisation und Kontrolle, der zu Hast, Spannungen und Konflikten führt. Diese Bedingungen spannen die angeborene Stabilität der bewußten oder unbewußten neuralen Mechanismen der Affektivität oft bis an die Grenze an.

Unter den wie ich meine starken Übertreibungen der *Freud*schen Psychoanalyse befinden sich die weither geholten Deutungen von „Fehlleistungen", d. h. von irrtümlich ausgeführten Handlungen wie Paraphasien und anderen Irrtümern, Vergessen von Namen oder Worten und ähnlichen Fehlleistungen. In vielen Fällen sind solche Irrtümer rein zufällig bestimmt, d. h. in Ausdrücken der Kommunikationstheorie stehen sie zu dem *Gauss*schen Geräusch des Nervensystems in Beziehung. Mechanisch können solche „Fehlleistungen" mit dem Kreischen abgenutzter Zahnräder verglichen werden; Irrtümer mit derartigen Komplexen in Verbindung zu bringen, erscheint ebenso gerechtfertigt als einer Maschine Komplexe zuzuschreiben. In einigen Fällen jedoch, auch einigen der wohlbekannten von *Freud* ausgearbeiteten Beispielen können Komplexe trotzdem eine Rolle spielen.

In seiner medizinischen Psychologie (1926) betont *Kretschmer* die Tatsache, daß eine verzögerte Reaktionszeit bei Worttesten keineswegs immer die Wirkung eines Emotionsprozesses anzeigt, sondern auch durch eine Kombination zufälliger Faktoren verursacht sein kann. Was die Gesamtbewertung der Psychoanalyse betrifft, so stimme ich im wesentlichen mit den wohlausgewogenen Ansichten von *Kretschmer* überein, der die grundsätzliche Bedeutung vieler Phänomene, die die Psychoanalytiker betonen, anerkennt, jedoch ihre mannigfaltigen Übertreibungen zurückweist.

Es ist wahrscheinlich, daß gelegentlich nervöse Phänomene vorkommen, die Bedingungen wie einem Ödipus-Komplex, Anal- oder Urethral Erotik, Penis-Neid, oder anderen solchen Stücken des psychoanalytischen Arsenals entsprechen. Trotzdem sind diese vielleicht ziemlich seltenen Phänomene zusammen mit anderen Konzepten wie Zensor, Es, Ich, Über-Ich von den Psychoanalytikern in unbedachter Weise überbewertet oder hypostatisiert worden. Darüber hinaus haben die Behauptungen vieler Verfasser auf diesem Gebiete eine starke Neigung zum Dogmatismus und ein nicht unbeträchtlicher Teil der psychoanalytischen Literatur erscheint mir von wenig mehr Bedeutung als eine Sammlung von Ammenmärchen.

Wesentliche Aspekte des Bewußtseins
Modifizierte und krankhafte Bewußtseinszustände

In der versuchsweisen Formulierung des transzendentalen Neutralismus (S. 92) wurde betont, daß alle Bewußtseinsmodalitäten innerhalb eines gegebenen privaten perzeptuellen Raum-Zeit-Systems geordnete Beziehungen im Hinblick auf räumlich konfigurierte öffentliche Daten zeigen, die sich in einem korrelierten Nervensystem manifestieren. Es wurde dann die Forderung aufgestellt, daß, so weit diese öffentlichen Daten in Ausdrücken von Materie und physikalischen Ereignissen definierbar sind, alle Bewußtseinsmodalitäten jeder Art *im Hinblick auf ihre Beziehungen zum Nervensystem* in Ausdrücken der Physik definiert werden konnten, d. h. als physiologische neurale Ereignisse oder in entsprechenden Ausdrücken der Kreisalgebra. Bei der Diskussion der verschiedenen Aspekte der nervösen Aktivitäten habe ich zu zeigen versucht, daß dieses Postulat durch den gegebenen Augenschein unterstützt werden kann und daß grundsätzlich alle seelischen Ereignisse auf eine rein mechanistische Auslegung zurückgeführt werden können. Diese Feststellung stimmt in ihrer verallgemeinerten Form völlig mit *Herricks* Schlußfolgerung (1932) überein, der sie als „kühne und eindeutige Erklärung“ ausdrückte, „daß unser Bewußtsein eine Funktion des physikalischen Körpers in gewöhnlichem biologischen Sinn ist“. Vom Standpunkt des postulierten psychophysischen Parallelismus, den ich in meiner Untersuchung angenommen habe, gibt es eine strenge Determinierung sowohl bei den physikalischen wie bei den in weiterem Sinne geistigen, d. h. bewußten Ereignissen[66].

Man muß jedoch begreifen, daß Bewußtseinsphänomene in mechanistischen oder physikalischen Ausdrücken erklärt, d. h. definiert werden können, nur so weit ihre funktionelle Beziehung zu neuralen Prozessen betroffen ist, nämlich dadurch, daß man die N-Ereignisse (parallelen N-Ereignisse) beschreibt, die vermutlich mit Bewußtsein verbunden sind. Dies könnte bestenfalls eine erschöpfende, jedoch keine ausschließliche oder vollständige Erklärung liefern. Die Definition in mechanistischen oder physikalischen Ausdrücken schließt alle axiologischen Werte aus. Trotzdem kommen solche Werte nicht nur in der phänomenalen Welt des menschlichen Bewußtseins vor, sondern spielen dort auch die Hauptrolle. Sie können jedoch wie alle Bewußtseinsmodalitäten nur in Ausdrücken von Bewußtsein beschrieben oder erfahren werden, obwohl sie auch in Ausdrücken der Physik dargestellt oder symbolisiert werden. Um dies an einem elementaren Beispiel einer Bewußtseinsmodalität zu illustrieren, kann die Empfindung „rot" nur in Ausdrücken von Bewußtsein beschrieben oder erfahren werden. Eine angeboren völlig farbenblinde Person kann niemals die wirkliche Bedeutung von „rot" verstehen, obwohl eine solche Person mit monochromatischem Sehen, wenn sie in geeigneter Weise erzogen wird, die physikalischen Eigenschaften (z. B. die Wellenlänge oder Frequenz) und die Bedeutung von rotem Licht verstehen kann und auch die Bedeutung und Erfahrung von Licht verstehen kann, weil optische Erfahrungen gemacht werden. Es gibt trotz alledem keinen Weg, eine derartige Person zu einer vollständigen Erklärung dessen zu bringen, was rotes Licht für eine andere Person ist, die normale Farbenempfindungen erfährt. In der komplexen Welt des menschlichen Bewußtseins gibt es über die elementaren Modalitäten der Wahrnehmung hinaus geistige (im strengen Sinne) Ereignisse, die die (geistige) Ordnung axiologischer Werte einschließlich ethischer und ästhetischer Werte, manifestieren und die sowohl ein Prinzip der Freiheit wie auch der Verantwortlichkeit umfassen. Freiheit der Entscheidung und der Handlung ist in diesem Sinne vollkommen in Über-

---

[66] Menschliches oder tierisches Verhalten, das für einen Beobachter unvorhersagbar ist, kann nicht als ein Argument gegen den Determinismus angeführt werden. Ein solcher Schluß würde in Ausdrücken der altmodischen formalen Logik eine Täuschung der Belanglosigkeit oder Ignoratio elenchi darstellen, da sich die Vorhersagbarkeit nur auf solche Aspekte des Determinismus bezieht, in denen alle wesentlichen Variablen bekannt sind.

einstimmung mit dem strengsten Determinismus, wie von *Schopenhauer* und anderen deterministischen Philosophen (z. B. *Wundt*) schon gut erläutert wurde. Was die moralischen Werte betrifft, so werden diese natürlich von den Beziehungen des Individuums zu anderen innerhalb einer gegebenen Lebensform und Gesellschaft abhängen. Solche Werte können nicht absolut sein, obwohl man vielleicht einige allgemeine Prinzipien universaler Gültigkeit vermuten kann, wie viele Philosophen zu zeigen versucht haben. *Schopenhauer* hat in seiner „Preisschrift über die Grundlage der Moral" (1840) eine tiefgehende Analyse dieses Problems gegeben und hat das folgende allgemeine Prinzip der Moral formuliert: „Neminem laede; imo (sic) omnes, quantum potes, juva." *Confucius* (551—479 v. d. Zeitrechnung) hat in seiner Doktrin des Weges (Chung-Yung), die Maxime, als „Goldene Regel" bekannt, ausgesprochen: „Der Meister sagte, „der Pfad ist nicht weit vom Menschen. Wenn Menschen versuchen, einen Weg zu verfolgen, der weit von den gewöhnlichen Zeichen des Bewußtseins ist, kann dieser Weg nicht als der Pfad bezeichnet werden."

„Wenn einer die Prinzipien seiner Natur bis zum äußersten pflegt und übt sie an den Prinzipien der Gegenseitigkeit, so ist er nicht weit vom Pfad entfernt. Was Du nicht willst, was man Dir tu, das füge auch keinem andern zu." (XIII, 1; XIII, 3). Ein ähnlicher Gedanke wird in der Abhandlung des *Confucius* ausgedrückt, die als das „Große Lernen" bekannt ist (Ta-Hsiao; X, 2). Weiter erläutert *Confucius* diesen Grundsatz in Buch 5 (Kung, Yay Chang) Teil 11 der Analekten (Lun-Yü): „Tze-Kung sagte: ‚Was ich nicht wünsche, das Menschen mir zufügen, das will auch ich ihnen nicht zufügen.' Der Meister sagte: ‚Tze, Du hast dies nicht erreicht.'"

Ein fast identischer Ausspruch wird auch dem *Cleobulus* von *Lindos*, einem der sieben Weisen Griechenlands, zugeschrieben: „Ὃ σὺ μισεῖς ἑτέρῳ μὴ ποιήσῃς" oder lateinisch: „Quae tibi fieri nolis, alteri ne feceris." *Rabbi Hillel*, der zu Zeiten von *Herodes* in Jerusalem lebte und ungefähr 10 Jahre v. Chr. Geburt starb, soll ebenfalls die goldene Regel verkündet haben[67].

In einer etwas späteren, umgekehrten (oder aktiven) Formulierung findet man diese Maxime auch in den Evangelien von Matthaeus (VII,

---

[67] Die Passage in *Leviticus* XIX, 18: „Du sollst Deinen Nachbarn lieben wie Dich selbst", die später in den Evangelien des Hl. *Markus* (XII, 31), *Matthaeus* (XXII, 39) und anderen Schriften des Neuen Testamentes wiederholt wird, wird ebenfalls als eine Wendung der goldenen Regel ausgelegt.

12) und Lukas (VI, 31). In der religiösen Philosophie des Buddhismus werden ethische Regeln gegeben, die auf die drei fundamentalen Konzepte des Nicht-Ich, der Unbeständigkeit und des Leidens gegründet sind. Die ethischen Konzepte des Buddhismus können mit kleinen Modifikationen als die Basis von *Schopenhauers* Annäherung an das Grundproblem der Moral angesehen werden. Obwohl in der buddhistischen Philosophie ein wesentliches Selbst geleugnet wird, wird auf die praktische Bedeutung der Persönlichkeit und die Beziehungen der persönlichen Erleuchtung zur Ethik großer Wert gelegt. *Buddha* nimmt auf sich selbst als Person Bezug und gebraucht hier oft den Ausdruck „Tathâgata“ (Sanskrit; chinesisch: Jûlai; sino-japanisch: Nyorai; „der, der gekommen ist“), gedeutet als „einer, der in Übereinstimmung mit dem Dharma oder kosmischen Gesetz gelangt ist“. Trotz ihrer Lehre vom Nicht-Selbst ist die buddhistische Philosophie in hohem Maße individualistisch. Als fühlendes Wesen wird der Mensch als nicht wesentlich unterschieden von Tieren angesehen, überwiegend elend, unwissend und lasterhaft. Trotzdem legt diese Philosophie, besonders in ihrer außerordentlich symbolischen und umfassenden nördlichen oder Mahâyâna-Tradition dem potentiell erleuchteten Menschenwesen eine fast kosmische Würde bei, die wohl in keinem anderen religiösen System erreicht wird.

Was die Erleuchtung und das moralische Gesetz betrifft, so findet sich eine entsprechende Passage in der Diamond-Sûtra der Prajñâ Pâramitâ Reihe: „Der Herr Buddha wandte sich an Subhûti und sagte: „Dieses Gesetz ist festgefügt und unteilbar, es ist weder ‚oben‘ noch ‚unten‘. Dieses Gesetz verwirklichen heißt das höchste vollkommene Wissen. Dies schließt so willkürliche Ideen wie Ganzheit, lebendes Wesen, oder ein Selbst aus, aber schließt jedes Gesetz ein, das zur Pflege des Guten führt. Aber, Subhûti, was wir hier Gesetze genannt haben, die zum Guten führen, sind in Wirklichkeit nicht Gesetze zum Guten, sie sind nur Gesetze genannt, die zum Guten führen als eine Ausdrucksweise der Sprache.“

Das Anguttara Nikâya des Hinayâna Buddhismus enthält eine sehr wichtige Belehrung, die der Buddha den Kâlâmas von Kesaputta gegeben hat. Diese Menschen kamen zu Buddha und erzählten ihm ihre Zweifel, ihre Unsicherheit und ihre Verwirrung: „Herr, hier sind einige heilige Männer und Brahmanen, die nach Kesaputta kommen. Sie rühmen und verherrlichen ihre eigenen Ansichten, aber die Ansichten von anderen verleumden sie in boshafter Weise, setzen sie herab und reißen sie in Stücke. Dann, Herr, kommen andere Heilige Männer und Brahmanen nach Kesaputta und tun dasselbe. Als wir ihnen zuhörten, stieg Zweifel, Schwanken und Verwirrung in uns auf; wir sind verstört und wissen nicht, wer die Wahrheit erzählt und wer die Lüge erzählt." Der Buddha soll folgende Antwort gegeben haben: „Ihr mögt wohl zweifeln, Kâlâmas, Ihr mögt wohl verstört sein, Eure Verwirrung entsteht über Dinge, die wirklich zu Zweifel und Verwirrung führen.

Nun, Kâlâmas, verlaßt Euch nicht auf Hörensagen noch auf die übliche Tradition noch auf bloße Annahmen, noch auf die Autorität der Heiligen Schriften. Verlaßt Euch nicht auf das abstrakte Denken und seine Schlüsse, noch auf oberflächliche Erscheinungen, noch auf Nachbrüten über die Bedeutung von Meinungen. Denkt nicht: Der heilige Mann ist unser Lehrer und deshalb müssen wir ihm glauben. Aber, Kâlâmas, wenn Ihr selbst unterscheiden könnt, daß die und die Lehren schlecht und tadelnswert sind, daß sie von verständigen Menschen mißbilligt werden müßten und daß solche Lehren, wenn man ihnen folgte und sie in die Wirklichkeit umsetzte, zu Betrübnis, Unglück und Leiden führen müßten, dann weist sie zurück.

Ein erleuchteter Schüler, dessen Seele frei ist von Haß und Niedertracht, wird des Trostes sicher sein. Er kann folgendermaßen denken: Wenn es ein Nachher und eine Vergeltung gibt, dann brauche ich nicht besorgt zu sein; und wenn es kein Nachher und keine Vergeltung gibt, dann will ich wenigstens den Seelenfrieden in dieser Welt erlangt haben."

Es gibt nichts Absolutes in solchen Prinzipien, die einen gewissen Grad von Reife voraussetzen, bei dessen Fehlen eine geeignete Deutung nicht erwartet werden kann[68]. Das indische Prinzip des Ahimsâ oder Nicht-Wehtuns, das wahrscheinlich älter als der Buddhismus ist, kann ebenfalls empfohlen werden. Es kann jedoch auch über praktische und verständige Grenzen hinaus übertrieben werden, z. B. um eine rechtmäßige Selbstverteidigung mit allen Mitteln, die eine gegebene Situation erfor-

---

[68] Es ist klar, daß auch ein gutes Maß von Urteilsfähigkeit erforderlich ist, um die negative und die positive Wendung der goldenen Regel zu deuten, die in Wirklichkeit nur bedeutet: „Neminem laede, immo omnes, quantum potes, juva." Was eine Person wünscht und nicht wünscht und was sie sich zugefügt sehen will oder nicht zugefügt sehen will, ist keineswegs das gleiche was eine andere Person schätzt oder nicht schätzt. Es ist auch viel Urteilskraft nötig, um *Bertrand Russells* oberste Moralregel auszulegen: „Handle so, daß Du eher harmonische als widersprechende Wünsche hervorrufst." *Russells* Formulierung stimmt mit den Begriffen des *Confucius* überein.

dert, auszuschließen. Aber dann, obwohl man hier gewisse Standardregeln festsetzen kann, ist es nicht möglich, eine absolut wertvolle Definition von „gesetzmäßig“ zu geben.

Ästhetische Werte sind noch schwieriger zu beurteilen, zu standardisieren und zu generalisieren als ethische Werte. Die objektive und logische Annäherung steht oft in einem offenbaren Widerspruch zur subjektiven Erfahrung und gut definierte normierende Begriffe wurden bisher nicht begründet. Da das Muster eine feste Beziehung zur ästhetischen Erfahrung hat, haben einige Autoren eine mathematische Annäherung versucht; *Fechner* inaugurierte eine experimentelle Methode; *Schopenhauer*, der sein Konzept der platonischen Ideen einführte, hat eine bemerkenswerte, metaphysische Theorie der Ästhetik ausgearbeitet.

Bei der Diskussion der Ethik und der Ästhetik, die beide enge Beziehungen zur Affektivität haben, lag es lediglich in meiner Absicht zu betonen, daß, obwohl die zugrunde liegenden neuralen Prozesse als streng determiniert und in rein mechanistischen Ausdrücken definierbar angesehen werden können, wir es hier mit wesentlichen Aspekten von Bewußtsein zu tun haben, grade wie wir bei der Erfahrung der Farbe eines roten Objektes mit dem qualitativen Aspekt einer Bewußtseinsmodalität befaßt sind. Andererseits kann rotes Licht in rein physikalischen Ausdrücken definiert werden oder könnte vermutlich auch in Ausdrücken einer spezifischen Form von N-Ereignissen in der occipitalen Hirnrinde zu bestimmen sein. Ebenso sind auch gewisse andere nervöse Prozesse die streng determiniert und mechanistisch sind, im Parallelphänomen des Bewußtseins korreliert mit seelischen Ereignissen, welche die Konzepte von Freiheit, Verantwortlichkeit und axiologische Werte höherer hierarchischer Ordnung enthalten.

Da die etwas unterschiedlichen orientalischen Annäherungen an viele wichtige philosophische Probleme, die sich auf das Bewußtsein beziehen, mich durch ihren allgemeinen heuristischen und auch zusätzlich anderen Wert beeindrucken, habe ich mich wiederholt auf einige dieser Lehren bezogen[69].

---

[69] Eine philologisch einwandfreie und auch lesbare Einführung in diese philosophischen Systeme wurde durch einen bedeutenden Orientalisten gegeben: *F. E. A. Krause*: JU-TAO-FO. Die religiösen und philosophischen Systeme Ostasiens, München (E. Reinhardt) 1924. Während meiner Reisen in den Fernen Osten diente mir dieser Text als zuverlässiger Führer für Studien über diesen Gegenstand.

Innerhalb der Absicht meiner Darstellung halte ich einige zusätzliche Bemerkungen für angebracht, die eine Reihe von modifizierten und krankhaften Bewußtseinszuständen betreffen. In dieser Hinsicht ist besonders das Phänomen der Hypnose von Interesse. Der Ausdruck „Hypnose“, der etwa um 1843 von *Braid*[70] eingeführt wurde, weist auf eine enge Beziehung jener Bedingung zum Schlaf hin, jedoch kann diese Deutung nicht ganz aufrechterhalten werden. Zahlreiche medizinische Verfasser einschließlich *Charcot, Bernheim, Forel, O. Vogt, Hirschlaff, Kretschmer, Schilder* und *Kauders* sowie auch andere haben die verschiedenen Manifestationen der hypnotischen Erscheinungen geklärt, die mit einer erhöhten Suggestibilität verbunden sind und gewisse Aspekte von Schlaf und von neurophysiologischen Mechanismen umfassen, die auch bei der Hysterie vorkommen, ohne jedoch mit Schlaf oder Hysterie ganz vergleichbar zu sein. Die Hypnose ist daher ein komplexes Phänomen mit mehreren Komponenten.

Da eines der wesentlichen Merkmale anscheinend die erhöhte Suggestibilität ist, wollen wir versuchen, diesen Begriff zuerst zu klären. Eine Suggestion könnte definiert werden als ein Gedankenmuster oder eine seelische Erscheinung, die seelische Prozesse steuert, z. B. durch Assoziation, oder beeinflußt. In der Terminologie der Kommunikationstheorie entspricht diese operative Wirkung einer Form des Programmierens. Zusätzlich gibt es in der Hypnose wie im Schlafbeginn eine Einengung des Bewußtseinsfeldes. Eine Erschlaffung der Muskelaktivität, eine Reduktion, Unterdrückung oder Hemmung von Rindenaktivitäten, die nicht auf das Programmuster bezogen sind, trägt zu dieser Einengung des Bewußtseinsfeldes bei. Zwei verschiedene Typen einnes solchen Programmierens kann man unterscheiden, nämlich einen, der ausschließlich durch das betroffene Individuum in Autohypnose und Autosuggestion vorgenommen wird und einen durch Vermittlung eines Hypnotiseurs, der die Programmierung durchführt oder besser gesagt leitet. Verschiedene Hilfsprozeduren, wie das Anstarren eines glänzenden Gegenstandes oder monotone Wiederholungen und symbolische Gesten durch den Hypnotiseur usw. zielen ebenfalls darauf ab, das Bewußtseinsfeld einzuengen oder zu modifizieren und unterstützen den besonderen Typ von Aktivität, der für die Hypnose kennzeichnend ist. Mit andern Worten, ein be-

[70] Es sei daran erinnert, daß *Franz Anton Mesmer* (1733—1815) schon vorher den Hypnotismus in die Medizin in der Gestalt des tierischen Magnetismus einführte.

stimmter Typ des Input fördert ein Muster corticothalamischer Aktivitäten, welche das Programmieren erleichtern.

Durch weitere Einengung des Bewußtseinsfeldes kann eine Bedingung induziert werden, die dem Schlaf sehr ähnlich ist, die sog. hypnotische „Trance". Weiterhin kann der Hypnotiseur Verhältnisse zustande bringen, die Träumen gleichen, d. h. Empfindungen und Visionen. Man darf annehmen, daß die nervösen Mechanismen, die den normalen lebhaften Träumen, pathologischen Halluzinationen und Sensationen oder Visionen zugrunde liegen, im wesentlichen mit den bei der Hypnose erzeugten identisch sind, obwohl unter diesen verschiedenen Umständen unterschiedlich ausgelöst.

Für die Suggestibilität gibt es selbstverständlich eine Anzahl verschiedener Definitionsversuche. So ist sie nach einem psychologischen Konzept „ein Zustand oder ein Merkmal, das eine Person veranlaßt, gewisse Handlungen durchzuführen, ohne dafür irgendeine eigene Motivation zu haben oder sogar trotz eines gewissen Grades einer gegenteiligen Motivation". In etwas anderen Ausdrücken bestimmt ein Wörterbuch der Psychologie (Philosophical Library, New York 1947) Suggestion als „Beeinflussung der Meinungen oder Handlungen einer anderen Person ohne direkte Befehle (*McDougall*, 1923)". Diese Definition läßt sich augenscheinlich nicht besonders gut auf Autosuggestionen oder auf hypnotische Suggestionen anwenden, von denen viele tatsächlich „direkte Befehle" des Hypnotiseurs sind. Das zitierte Wörterbuch fährt dann mit einer nützlicheren allgemeinen Formulierung fort: „Das Verfahren der Suggestion ist wesentlich das, Reize darzubieten, die Haltungen aufbauen, sie freizusetzen oder die Freisetzung beginnender Antworten zu verstärken, mit einem Minimum an reflektierendem Denken seitens des Individuums (*F. Allport*, 1923)." Da einige Autoren den „Schlaf-Trance-Zustand" als den wesentlichen Teil der „Hypnose" ansehen, hat man behauptet, daß *Mesmers* Originalmethode (Übertragung eines angenommenen animalischen magnetischen Stroms, d. h. „Mesmerisation" ohne notwendigerweise wirkliche Trancezustände herbeizuführen) nicht wirkliche Hypnose war und daß der „Vater der Hypnose" tatsächlich niemals irgendjemanden hypnotisiert hat". Ich bin nicht der Ansicht, daß diese Deutung gerechtfertigt ist und die *„Mesmerisation"* wird hier dem Oberbegriff der hypnotischen Phänomene untergeordnet.

Eine erhebliche Anzahl und Varietät von Maßnahmen in der Hypnose unterscheidet sich in keiner Weise von Maßnahmen, die im gewöhnlichen Bewußtseinszustand ausgeführt werden können und zwischen Hypnose und einem sog. „Normal"zustand des Bewußtseins kann nach meiner Meinung nur willkürlich eine scharfe Grenze gezogen werden. Die Ausführung einer posthypnotischen Suggestion unterscheidet sich nicht wesentlich von der Erfüllung eines gegebenen Versprechens, obwohl einige der nervösen Prozesse im Zustand unbewußter Cerebration bleiben könnten. Viele übertriebene Feststellungen hat man hinsichtlich einer Altersregression oder -progression ebenso wie einer Zeitregression und -progression gemacht. In jedem Falle erfährt das Subjekt in der Gegenwart ein Muster von Bewußtseinsmodalitäten, das entweder auf der Basis mnestischer Kombinationen eine angenommene Vergangenheit darstellt oder auf eine vorhersagende Überlegung gegründet ist, die eine angenommene Zukunft vorausnimmt. Dies kann mit oder ohne Hypnose erreicht werden, in der Hypnose jedoch haben hyponoische und katathyme Einflüsse ähnlich denen, wie sie in den Träumen vorkommen, eine mehr ausgesprochene Wirkung. Viele der Persönlichkeitsveränderungen in der Hypnose unterscheiden sich in keiner Weise von einer Schauspieleraktion unter nichthypnotischen Bedingungen. Ebenso können viele motorische Erscheinungen, die man als für die Hypnose charakteristisch ansieht, im nichthypnotischen Zustand genau nachgeahmt werden.

Weiterhin ist von Interesse, daß das Elektroencephalogramm sich in der Hypnose nicht wesentlich von dem im gewöhnlichen Wachzustand des Bewußtseins unterscheidet, aber von dem im normalen Schlaf ganz verschieden ist. Als ich mich in meiner Studentenzeit mit einigen Erscheinungen der Hypnose vertraut machte, war ich mir oft darüber im Zweifel, ob das Subjekt wirklich in einem wesentlich veränderten Bewußtseinszustand war oder ob es simulierte, oder um einen mundartlichen Ausdruck zu gebrauchen, „schwindelte". Als Zeuge der Demonstrationen der Hypnose für psychotherapeutische Zwecke, die in Jena zu dieser Zeit durch *I. H. Schultz*, vor allem in langwierigen Fällen hysterischer sog. Kriegsneurosen nach dem 1. Weltkrieg gegeben wurden, stellte ich ein schauspielerisches Verhalten fest, das nach meiner Ansicht erhebliche Simulation oder Aggravation nahelegte. Auch in einem kürzlichen Symposion (*Brenman*, 1951) wurde in der Diskussion betont, daß es schwierig sei, zu unterscheiden, ob eine Person tatsächlich in Hypnose ist oder nur „schwindelt".

Prima facie möchte man annehmen, daß das Vorliegen eines „genuinen" hypnotischen Zustandes durch Testung mit Schmerzreizen leicht entdeckt werden könnte. Die wirkliche Situation im Bereich der „hypnotischen Phänomene" ist jedoch viel komplexer. Es unterliegt daher dem Zweifel, ob Reaktion oder Nicht-Reaktion auf Schmerzreiz ein fraglos zuverlässiges und sicheres Kriterium von genügendem allgemeinem Wert ist oder nicht. Für gewisse Spezialfälle kann dieses Kriterium natürlich hochbedeutsam sein.

Es gibt jedoch eine Gruppe von Erscheinungen, die man gelegentlich in der Hypnose antrifft, die anscheinend die normalen „freiwilligen" Fähigkeiten überschreiten. Diese Erscheinungen sind eng verwandt mit bedingten Reflexen, die man bei der Hysterie, bei psychosomatischen Störungen, beim Yoga und verwandten Praktiken ebenso wie in der Methode des autogenen Trainings erhält, das durch *I. H. Schultz* (1950) eingeführt und auf eine wissenschaftliche Basis gestellt wurde. Positive und negative Halluzinationen einschließlich Anästhesie, Amnesie, vasomotorischer und anderer vegetativer nervöser Phänomene, die gewöhnlich nicht unter unmittelbarer Rindenkontrolle stehen (z. B. Hautblutungen und wie von einigen Autoren behauptet wird, auch Blasen) und möglicherweise exzessive Zustände von Katalepsie oder Immobilisierung von Muskeln gehören zu dieser Kategorie hypnotischer Manifestationen[71]. Ihr mutmaßlicher oder möglicher nervöser Mechanismus wird weiter unten erörtert werden.

Es ist außerordentlich unwahrscheinlich, daß ein Subjekt „gegen seinen Willen" hypnotisiert werden kann oder mit anderen Worten, eine bewußte oder unbewußte Zusammenarbeit mit dem Hypnotiseur erscheint erforderlich. Es gibt also auch eine offensichtliche Grenze, in Suggestionen einzuwilligen; diese Grenze muß fließend sein, da auch im normalen Bewußtseinszustand eine Person so beeinflußt werden kann, daß sie in einer Weise handelt, die nicht mit vorher erworbenen Gewohnheiten oder Überzeugungen übereinstimmt. Unter gewöhnlichen Bedingungen dürfte es sehr schwer sein, eine Person unbemerkt zu hypnotisieren, obwohl gewisse Situationen herbeigeführt werden könnten, in denen auf diese Weise bei einem sehr zugänglichen Individuum ein hypnotischer Zustand erreicht werden kann.

---

[71] Man hat behauptet, daß während der hypnotischen Altersregression die bis in ganz frühe Kindheitsperioden, wie z. B. zum 5. Lebensmonat zurückgehen soll, ein vorübergehendes Babinskisches Zeichen ausgelöst werden kann, „das von Veränderungen in der peripheren Chronaxie begleitet ist" (*Gidro—Frank* und *M. K. Bowersbuch*, J. of nerv. and ment. Dis. 107, 1948). Wenn diese Behauptungen zutreffend sind, dann könnte die erhaltene Antwort dem vorübergehenden Babinskischen Zeichen entsprechen, das man in verschiedenen Coma-Bedingungen und nach einem Krampfanfall beobachtet; es könnte unter die neurologischen Phänomene der „Irradiation" und „Inhibition" gerechnet werden.

Es ist auch möglich, einen veränderten Bewußtseinszustand oder Trancezustand durch rhythmische Bewegungen rasender Tänze oder ähnliche andere Aktivitäten herbeizuführen, wie sie in einigen Stammesriten vorkommen. Diese Trancezustände höchster Aktivität oder Wahnsinnszustände muß man als in enger Beziehung zu einer speziellen Form der Hypnose oder als eine solche Form ansehen[72]. Die Massenaktivität hat hierbei eine höchst suggestive Wirkung. Religiöse Erweckungsversammlungen oder manche Formen politischer Versammlungen, in denen die emotionale Sprache in der Terminologie von *Hughlings Jackson* eine bedeutende hypnotische Kraft erlangt, d. h. eine Sprache ohne Informationsübermittlung[73], können zu dieser Kategorie gerechnet werden, zu der auch der Ausnahmezustand halbreligiöser Ekstase gehört, der von den Hindus als „darshan" bezeichnet wird.

Weiterhin wird ein veränderter Bewußtseinszustand durch die Flicker-Experimente von *Grey Walter* (1951, 1954) induziert, die in Verbindung mit elektroencephalographischen Studien vorgenommen wurden. Ein beleuchtetes Stroboskop liefert Flimmerlicht verschiedener Frequenz und ein Toposkop zeigt dem Beobachter in bequemer Form die Verteilung verschiedener Muster elektrischer Aktivität über den verschiedenen Hirngebieten. Die Untersuchungen befaßten sich mit der Synchronisation und mit der Epilepsiediagnostik. Einige der Untersuchten zeigten ungewöhnliche Sensationen und verschiedene Typen von Halluzinationen[74]. Solche Zustände veränderten Bewußtseins könnten in Beziehung zu dem Aspekt der Hypnose stehen, der häufig als *Braidismus* bezeichnet wird.

Das Problem der tierischen Hypnose ist von Interesse. Da beim Menschen die erhöhte Suggestibilität ein wesentliches Merkmal der Hypnose ist und da diese Bedingung höhere Formen der symbolisierenden Cerebration verlangt, die es bei Tieren nicht gibt, muß die Hypnose, wenn sie überhaupt bei Tieren manifestiert wird, von einem unterschiedlichen Typ sein. Es gibt gewisse Phänomene, die durch Muster von Muskelkontraktionen ausgelöst werden, welche die Tiere unbeweglich machen

---

[72] Auch hier nehmen wir eine „Einengung des Bewußtseins" an, wenn auch auf andere Weise hervorgerufen.

[73] „... ein Märchen, das von einem Idioten erzählt wird, voll von Klang und Wut und ohne Bedeutung" (*Shakespeare*, Macbeth, V, 5).

[74] Es ist wichtig, daß die wirksamsten Flimmerfrequenzen in dieser Hinsicht zwischen 10 und 20 Reizen pro Sekunde gefunden wurden, und damit ungefähr der Frequenz des α- und β-Rhythmus entsprechen.

und in einen Zustand tonischer Starre von einiger Dauer bringen, wie sie *Verworn* (1922) u. a. studiert haben, der auch als „Kataplexie" bekannt ist. Das experimentum mirabile, wobei ein Huhn gelähmt wird, das durch den Gelehrten Jesuiten *Athanasius Kircher* (1602—1680) beschrieben wurde, fällt unter diese Kategorie. Bei Schlangen, z. B. bei Arten der Kobra, kann ein Druck in die Nackenregion einen Zustand modifizierter Muskelhemmung herbeiführen, welcher der Katalepsie oder der Flexibilitas cerea vergleichbar ist. Die Schlange kann passiv zu einer Rute ausgestreckt werden, wie von *Verworn* (1922) gezeigt wurde, der die biblischen Worte in Moses II, Kap. 7, 9—12 auf ein solches Experiment bezieht. Nach *Verworn* handelt es sich bei diesen verschiedenen Bedingungen um eine excitatorische oder in manchen Fällen, wie bei der Kobraschlange, um eine inhibitorische Ausbreitung und Verstärkung von Haltungsreflexen. Solche muskulären Rückkopplungsmuster verschiedener Typen und Wirkungen bilden wahrscheinlich auch die Basis von *Jacobsons* System der progressiven Erschlaffung (1929) und spielen auch in der menschlichen Hypnose, den Yogapraktiken und dem autogenen Training von *I. H. Schultz*, kataleptischen Zuständen und in einer Anzahl anderer klinischer Bedingungen eine Rolle. Daher ist es Ansichtssache, ob man die Kataplexie als tierische Hypnose betrachten will oder nicht; sicher jedoch steht dieses Phänomen zu einigen Aspekten der menschlichen Hypnose in Beziehung. Was die Suggestion einschließlich einer symbolisierenden Cerebration betrifft, so hat man mit Recht festgestellt, daß eine künstliche Maus oder Ratte einer Katze oder einem Hund das wirkliche Tier suggerieren kann. Bis zu einem gewissen Grade mag die tierische Hypnose auch Beziehung zu dem sog. „Totstellreflex" haben, wie von *Kretschmer* betont wird. Dieser Verfasser hält diesen Reflex für eine phylogenetisch alte, „instinktive" biologische Reaktion.

Neurologische Erscheinungen und korrelierte Parallelphänomene des Bewußtseins, die eng mit gewissen Aspekten der Hypnose verbunden sind, werden in der Praxis einiger Yoga-Systeme erzeugt. Das Sanskritwort „Yoga" ist sprachlich und semantisch identisch mit dem lateinischen, englischen, deutschen und französischen Wort „jugum", „yoke", „Joch" und „joug". Es hat die weiteren Bedeutungen von anspannen, kontrollieren, beschränken, regieren, disziplinieren (deutsch: „Anspannung"). Die indische philosophische Spekulation, die eine stark symbolische und verschwommene Terminologie mit weiten Bedeutungsschwankungen benutzt, ist eng mit der religiösen Haltung und Praxis verbunden, die man zusammenfassend als sâdhanâ bezeichnet, die ihrerseits verschiedene

Formen der Disziplin einschließt, die man „Yoga" nennt. Diese religiöse Disziplin geht vermutlich auf die vedische, d. h. auf die vorbuddhistische Zeit und in eine spätere Periode vielleicht ungefähr auf das 2. Jahrhundert vor Christi Geburt zurück. Sie fand ihren Ausdruck in der Bhagavad Gîtâ, die buddhistischen Einfluß verraten soll und umgekehrt manche späteren Entwicklungen des Buddhismus beeinflußt haben könnte. Zwei Formen von Yoga, d. h. der religiösen Disziplin, werden in dieser Schrift besonders gepriesen, das Karma-Yoga, die Disziplin der Handlung, und das Bhakti-Yoga, die Disziplin der inbrünstigen Ergebenheit. Was das Karma-Yoga betrifft, so hat jede Menschenklasse ein bestimmtes Lebensmuster mit einer Prägung von Werten oder Pflichten[75]. Durch Erfüllung aller obliegenden Pflichten ohne Rücksicht auf unmittelbare oder mittelbare Ergebnisse oder Belohnungen kann die Befreiung der Seele erlangt werden. Da *Arjunas* Kastenpflicht die eines kämpfenden Menschen ist, muß er ohne Befürchtungen, aber auch ohne Haß und in einem Geist vollkommener Selbstlosigkeit kämpfen. Bhakti-Yoga andererseits verlangt liebende Treue in Anbetung und Hingabe an ein personalisiertes höchstes Prinzip. Noch eine andere Form der Disziplin, die schon in den Lehren des Gîtâ enthalten ist, heißt Iñâna-Yoga, d. h. der Pfad der Disziplin des Wissens, der seine Vollendung in der Verwirklichung der wahren Natur des behaupteten Âtman findet, das mit dem angenommenen Brahman identisch sein soll. Alle diese Formen von Yoga im weiteren Sinne haben jedoch keine wesentliche Verbindung mit den hier behandelten neurologischen Phänomenen und stehen nur ganz indirekt zu dem wesentlichen System des Yoga in engem Sinne in Verbindung, auf das sich gewöhnlich die westlichen Verfasser beziehen, wenn sie Yoga-Praxis zitieren. Das Yoga im engeren Sinne stellt eine der 6 orthodoxen oder anerkannten Systeme der indischen Philosophie dar (Vedânta, Mimâmsa, Vaisesika, Nyâya, Sânkya und Yoga). Dieses Yoga-System gründet sich auf Vorschriften hohen Alters, die möglicherweise bis zu den vedischen Zeiten zurückgehen und wurde zu einer unbekannten Zeit, jedoch nicht vor dem 2. Jahrhundert vor Christi Geburt in der Yoga-Sûtra von *Patañjali* standardisiert. Es steht nicht sicher fest, ob dieser Verfasser mit dem berühmten Grammatiker desselben Namens

[75] Das Karma-Yoga ist im wesentlichen identisch mit *Kants* Konzept des kategorischen Imperativs, der seinerseits als Wesen des Preußentums (in dem nicht abträglichen Sinne) betrachtet wird. Diese Haltung kam in den beiden geistigen Hauptregeln des Generalstabs zum Ausdruck: „Mehr sein als scheinen. Viel leisten und wenig hervortreten."

identisch ist, der zu jener Zeit lebte und diese Sûtra ist vielleicht viel später durch einen anderen *Patañjali* im 5. Jahrhundert unserer Zeitrechnung zusammengestellt worden. Der Sanskrit-Ausdruck „Sûtra" bedeutet in Wirklichkeit „Reihe" oder „Faden" mit der Nebenbedeutung eines Regelfadens (in deutsch: Leitfaden) und wird auch übersetzt als Sammlung von Aphorismen; in der buddhistischen Terminologie bezieht er sich meist auf Gespräche oder Dialoge des Buddha. *Patañjali* begründete es als ein im wesentlichen praktisches System, das dazu bestimmt ist, gewisse seelische Kräfte und Zustände des Bewußtseins zu erreichen, auf einigen der geheiligten Konzepte der Sânkya-Schule der Philosophie; diese Konzepte sind in Hinblick auf die hier diskutierten Phänomene nicht von großer Bedeutung und brauchen in unserem Zusammenhange nicht betrachtet zu werden. Die Yoga-Praktiken, die kombinierte spezifische körperliche und seelische Trainingsmethoden enthalten, wurden schon vor *Patañjali* grob in zwei Zweige unterteilt, das Hatha-Yoga und das Râja-Yoga. Das erstere betont die körperlichen Prozesse einschließlich eines extremen Asketentums, während das letztere die geistigen Prozesse der Konzentration und der Meditation hervorhebt, einschließlich der geistigen Bedeutung der sich ergebenden Trance-Zustände. Indische Heilige und Fakire, wie sie nicht selten in den Berichten westlicher Reisender geschildert werden, sind Beispiele der Hatha-Yoga-Praxis[76]. *Patañjalis* System betont besonders den geistigen Aspekt, obwohl es beide Formen der Übung umfaßt, und wird deshalb als Raja-Yoga (d. h. „königliches" Yoga) bezeichnet. In dieser Übung sind 8 Schritte vorgesehen und in der Sanskrit-Terminologie genannt: Yama, Niyama, Âsana, Prânâyâma, Pratyâhâra, Dhâranâ, Dhyâna, und Samâdhi. Yama, als „Enthaltung" oder „Kontrolle" übersetzt, und Niyama, als „Innehaltung und Strenge" übersetzt, überschneiden sich weitgehend und stellen die sittliche Vorbereitung dar. Âsana, als „Haltung" übersetzt, schließt alle muskulären Anpassungen ein. Prânâyâma, als „Atmungskontrolle und Atmungsregulierung" übersetzt, liefert einen wichtigen Angriffspunkt für die Kontrolle der vegetativen Funktionen

[76] Viele dieser „Heiligen Männer" oder Sâdhus, folgen jedoch kaum dem Hatha-Yoga, sondern können nur als Äquivalent der westlichen Landstreicher angesehen werden. In ihrer Umgebung bilden solche Sâdhus eine spezifische Form oder einen religiösen Parasitismus. Der arabische Ausdruck *„Fakir"* (armer Mann) bezieht sich im strengen Sinne nur auf die frommen Bettler des Islam, obwohl er verallgemeinernd für allerlei Typen asiatischer oder ostindischer Asketen und Bettler benutzt wird.

durch Regulierung. Pratyâhâra, übersetzt als „Zurückziehen", bezieht sich auf eine Unterdrückung aller afferenten sensorischen Impulse, d. h. ein Zurückziehen der Aufmerksamkeit von der Umwelt. Daraus folgt eine Einengung des Bewußtseinsfeldes. Dieser Prozeß, der das einschließt, was auch eine „Vertiefung des Bewußtseinsfeldes" genannt wird, ähnelt in manchen Hinsichten vergleichbaren Ereignissen in der Hypnose und im beginnenden Schlaf. Dhâranâ wird allgemein als „Konzentration" übersetzt, d. h. die Sicherung eines Zustandes fixierter Aufmerksamkeit Dhyâna bedeutet Meditation, d. h. Richtung der Aufmerksamkeit auf einen spezifischen Punkt oder ein Subjekt. Samâdhi wird als „Betrachtung" übersetzt, d. h. die Sicherung eines Zustandes fixierter Aufmerksamkeit. klar. Verschiedene Autoren äußern unterschiedliche Ansichten. Es handelt sich offenbar um einen Trance-Zustand, der mit einigen der modifizierten erhöhten und ekstatischen Bewußtseinszustände vergleichbar ist, wie sie in den Experimenten mit *Meskalin* beschrieben wurden[77]. Dieser Zustand

[77] Ähnliche Zustände werden auch in der experimentellen L-S-D-25-Vergiftung manifestiert. Das Subjekt wird „in einer verrückten Erfahrung makellosen Glückes depersonalisiert, in welcher . . . optische Halluzinationen amorpher Farbwirbel und auch grüner Wälder" erscheinen, begleitet von beinahe „ungesprochener Stimme, die in der Antwort auf den überwältigenden Überfluß der Sensation entsteht" (*Fabing*, 1955). Zen-Anhänger benutzen oft den Ausdruck „donnernde Stille".

Seit 1957, nach dem Erscheinen der Originalausgabe dieser Monographie, wurde die Bezeichnung „psychodelisch" (δηλόω, δη, δηλοῦν: manifestieren, enthüllen, vorbringen, beweisen) mit der Bedeutung von „Geist manifestierend" und „Bewußtsein ausdehnend" eingeführt, um die Wirksamkeit von Drogen zu kennzeichnen, die modifizierte Zustände von Bewußtsein in dem hier betrachteten Aspekt hervorrufen. In Verbindung mit einer offenbar beschleunigten Desintegration der modernen technischen westlichen Zivilisation hat sich der Gebrauch solcher Drogen oder Substanzen einschließlich auch des Marihuana (Cannabis, Haschisch) weit ausgebreitet, vor allem unter der jugendlichen Bevölkerung. Dies ist leicht verständlich und nur eines der zahlreichen Symptome des allgemeinen Verfalls, der als ein kumulativer kombinierter „multifaktorieller" Effekt zu verstehen ist. Seine hauptsächlichen Ursachenkomponenten können in der folgenden Reihe aufgezählt werden: Übervölkerung, korrupte Sozialstrukturen und Regierungssysteme („demokratisch", „liberal", „autoritär-faschistisch", „kapitalistisch" ebenso wie „sozialistisch" oder „kommunistisch"), das Abbröckeln traditioneller ethischer und ästhetischer Konzepte, „egoistische akademische Establishments" oder „Macht-Eliten", Verschlechterung der Erziehungsmaßnahmen, Zunahme der Irrationalität, Mangel an geistiger Kraft, Realisierung einer hoffnungslosen Situation und die nicht unwahrscheinliche schizophrene Degeneration des menschlichen Gehirns. Eine ziemlich ausgedehnte

ist unbestimmt und geheimnisvoll als ein Überbewußtsein oder eine Wonne, im Deutschen als „Versenkung“ definiert worden: „Das Denken wird eins mit dem Objekt.“ In einer anderen Terminologie könnte es auch als ein Äquivalent der „unio mystica“ bezeichnet werden.

Zahlreiche angeblich wunderbare Kräfte sollen durch diese Praxis erlangt werden. Bei näherer Prüfung wird augenscheinlich, daß diese „Kräfte“ einen gewissen Grad willkürlicher Kontrolle vegetativer Funktionen, motorischer und sensorischer Reaktionen einschließlich der Unterdrückung von Schmerz und erhöhter Kontrolle der Affektivität umfassen[78]. Zudem können Dhyâna und Samâdhi auch kontrollierte mannigfaltige Halluzinationen, Einbildung und Visionen von großer Plastik, Brillanz und starker emotionaler Wucht ermöglichen.

Vor der Behandlung des neurologischen oder „biopsychologischen“ Aspektes dieser Manifestationen im Hinblick auf die Methode des autogenen Trainings von *Schultz* sollen zwei eng miteinander verbundene Systeme der Meditation erörtert werden. Der Hînayâna-Buddhismus nahm die traditionellen Praktiken des Yoga im strengen Sinne an, jedoch mit weniger Betonung der physiologischen Techniken. Dhyâna (jhâna in Pâli) und samâdhi (das gleiche Wort in Pâli) werden in derselben Weise unterschieden. Die Gegenstände der Meditation und Betrachtung werden mit einer komplizierten Systematisierung und Terminologie in allen Einzelheiten ausgearbeitet; es ist von besonderem Interesse, daß diese

---

Literatur zum Gegenstand der „psychodelischen Drogen“ könnte zitiert werden, aber es mag hier genug sein hinzuweisen auf *Huxley, A.*: Die Türen der Perzeption (Harper, New York 1954), und *Solomon, D.*, Hrsg.: LSD: Die bewußtseinsausdehnende Droge. Mit einer Einführung von *T. Leary* (Putnam, New York 1966). Es ist augenscheinlich, daß vorbeugende, einschränkende oder strafende Maßnahmen von skrupellosen, dummen und unwissenden „Gesetzesmachern“ und schlechte Polizeiaktionen die entstandene Situation eher verschlimmern als verbessern werden. Obwohl allgemein gesprochen die „militante“ jüngere Generation „intelligent“ genug ist, zu wissen, daß sie in einer verfallenden Zivilisation aufwächst, die sie gern bekämpfen und zerstören möchte, mangelt es offensichtlich an der erforderlichen Eignung, adäquate positive oder konstruktive Konzepte hervorzubringen und an einem geeigneten Verhalten, um mit der gegebenen Situation fertig zu werden.

[78] Eine maßgebende Abhandlung über Yoga, die die verschiedenen wesentlichen Aspekte dieser Praktik betrachtet, ist durch einen Inder mit westlicher akademischer Bildung veröffentlicht worden (*Behanan, K. T.*: Yoga. Eine wissenschaftliche Bewertung. Dover, New York 1937).

thematische Annäherung ein fast identisches Gegenstück in dem System des autogenen Trainings von *Schultz* hat[79].

Im Mahâyâna-Buddhismus sind modifizierte Yoga-Praktiken das wesentliche Merkmal der meditativen oder Dhyâna-Schule geworden. Dieser Zweig wurde ungefähr um 526 v. Chr. in China durch *Bodhidharma,* einen indischen Buddhisten, begründet, der in der Mahâyâna-Tradition als der 28. Patriarch angesehen wird, der Indien verlassen hatte und sich dem chinesischen Kaiserhof in Lo-Yang anschloß. Im Chinesischen wird Dhyâna als ch'an wiedergegeben, im Sino-Japanischen als Zen. Nach dem 8. Jahrhundert wurden verschiedene Formen des Ch-an-Buddhismus nach Japan gebracht und unterlagen besonders seit dem Ende des 12. Jahrhunderts einer weiteren Entwicklung in diesem Lande, wo die Zen-Schule gut eingeführt wurde. Noch heute bildet diese Schule eine Sekte von beträchtlicher Regsamkeit und großem Einfluß mit einer Anzahl verschiedener Zweige. Zen-Praktiken werden von Mönchen ebenso wie von Laienanhängern befolgt. Die Sitzhaltung in der Meditation wird Zazen genannt (Sino-Japanisch Za: Sitzen) und wird von den Mönchen gemeinsam in der Zendô- oder Meditationshalle geübt.

Zen betont die persönliche Erfahrung ohne Abhängigkeit von Worten oder von den Buchstaben der Schriften. Man läßt alle dogmatischen und religiösen Hindernisse hinter sich und sucht ein unmittelbares persönliches Verständnis der letzten Wahrheit in einer besonderen Erleuchtung der Kontemplation, die als „Satori“ bezeichnet wird (Japanisch: Verständnis, Einsicht). Im regulären Training unter einem Zen-Meister wird gewöhnlich ein Gegenstand oder ein Thema für die Meditation gegeben und als Kôan bezeichnet (Sino-Japanisch: Öffentliches Dokument, hier mit der Bedeutung eines autoritativen Statutes). Das Kôan muß durchaus keinen vernünftigen Sinn haben und kann sogar die paradoxe Feststellung eines ausgemachten Unsinns sein. Der Student darf nicht darüber nachdenken, sondern muß es in seinem Bewußtsein festhalten und versuchen, sich selbst mit ihm zu identifizieren. Er muß, in der Terminologie des Zen, über die Erklärung hinausgehen und „in sein innerstes Herz blicken, über alle Gedanken hinweg“. In diesem Zustande der Betrachtung wird das Kôan plötzlich gelöst und der Student, der das

---

[79] Eine solche thematische Annäherung wird in gleicher Weise in den „Exercitia spiritualia“ (oder „Ejercicios espirituales“) des Heiligen *Ignatius von Loyola* (1491—1556) betont und ausgearbeitet. Diese Übungen folgen einer Methode der Meditation, die vom neurologischen Standpunkt als ein System von Yoga klassifiziert werden kann.

Satori erlangt, versteht das Geheimnis des Universums; alle Zweifel schwinden und alle Fragen sind beantwortet[80].

Auch Haltung und Atmung, ebenso allgemeine ethische Vorschriften spielen wie im Yoga eine Rolle, die jedoch der Erreichung von Satori untergeordnet ist. Es ist von Interesse zu bemerken, daß es nicht allen Studenten gelingt, das Kôan zu lösen und Satori zu erlangen. Andere erfahren während der Meditation Zustände erhöhten Bewußtseins, bleiben aber im Zweifel, ob dies wirklich das wahre Satori war oder nicht. Auch wenn Satori nicht erreicht werden kann, soll die Zen-Praxis einen günstigen Einfluß auf die weitere moralische und intellektuelle Entwicklung des Individuums haben.

Die Methoden und Konzepte des Zen werden von verschiedenen, im ganzen vielleicht gleich zuständigen westlichen Beobachtern ebenso scharf kritisiert wie hochgepriesen. Viele alte japanische Krieger waren Anhänger des Zen, was die etwas widersprüchlichen Vorschriften des Bushidô-Kodes (Sino-Japanisch: Weg des Kriegers) stark beeinflußte. Auch in modernen Zeiten waren viele Armeeangehörige Zen-Anhänger. Obwohl die Zen-Vertreter behaupten, daß in ihrer Praxis die Macht einer alles erleuchtenden Einsicht Hand in Hand mit einem tiefen Sinn für Erniedrigung und Sanftmut des Herzens geht, läßt sich nicht abstreiten, daß Zen eine besondere und übertrieben geringschätzige Haltung mit beträchtlicher Härte und außerordentlicher Strenge verbunden begünstigt. Andererseits muß zugegeben werden, daß Zen wesentliche geistige Werte enthält. Ich mißbillige jedoch viele der dunklen und paradoxen Feststellungen und Deutungen von *D. T. Suzuki* (1949, mit einem Vorwort durch den bekannten Psychoanalytiker *C. G. Jung* und viele andere Veröffentlichungen). *Suzuki*, zeitweilig Professor der buddhistischen Philosophie an der Ôtani-Universität in Kyôto kann als der bedeutendste Exponent der Zen-Gedanken angesehen werden. Aufgrund der Unklarheit der benutzten Konzepte kann Jedes Alles bedeuten und wegen der Technik der Benutzung von Paradoxen erscheint eine vernünftige Auseinandersetzung hier nutzlos. Der Zen-Philosoph kann stets antworten, daß das, was sein Kritiker vorbringt, nicht Zen sei und daß

---

[80] *Sankara*, der um das Jahr 800 v. Chr. Geburt die spätere Formulierung der Vedânta-Philosophie entwickelte, beschreibt in seinem Kommentar einen ähnlichen Seelenzustand. Die wesentliche Passage wird von *Schopenhauer* in einer lateinischen Übersetzung zitiert: „Finditur nodus cordis, dissolvuntur omnes dubitationes, ejusque opera evanescunt."

der Außenstehende nicht verstehen kann, was Zen ist[81]. Einige Schriften der Zenvertreter folgen anscheinend einer Methode, die dem französischen Ausdruck: „Épater le bourgeois" entspricht. In dieser Beziehung kann man auch Goethe zitieren: „Denn ein vollkommener Widerspruch bleibt gleich geheimnisvoll für Kluge wie für Toren." (Faust, I).

Nach meiner Ansicht ist eine rationelle „psychobiologische" Erklärung der neurologischen Erscheinungen, die hierhergehören, durch die systematischen und erfolgreichen Bemühungen von *J. H. Schultz* (1950), die Methode des autogenen Trainings, zu begründen, gegeben worden. Dieser Autor, ein führender Psychotherapeut, einst Professor an der Universität Jena, begründete ein System überwachter Übungen, das als eine konzentrative Seelengymnastik auf streng psychophysiologischer Basis definiert werden kann und das Manifestationen bewirken kann, die im wesentlichen mit den sog. transzendenten Erscheinungen in der Hypnose oder verwandten Zuständen, einschließlich Yoga und Zen identisch sind.

Die Methode von *Schultz* umfaßt eine Grundtechnik und eine vorgeschrittene Technik. Die Grundtechnik beginnt mit völliger Muskelentspannung in geeigneten Grundhaltungen und mit geschlossenen Augen. Im Gegensatz zu den orientalischen Techniken sind diese Haltungen bequem und der westlichen Lebensweise völlig angepaßt, ebenso wie grundsätzlich in Übereinstimmung mit *Jacobsons* Begriffen der progressiven Erschlaffung (1929). Danach konzentriert sich das Subjekt auf seelische Ruhe und Gelassenheit; ein Gefühl von Schwere in den Armen und später im ganzen Körper wird hervorgerufen. Ihm folgt eine Erzeugung von Wärmegefühl. In einem folgenden Schritt konzentriert sich der Schüler auf die Herztätigkeit und versucht die Herzschläge wahrzunehmen und eine ruhige Herztätigkeit zu erlangen. Konzentration auf die Atmung folgt als nächstes und der Schüler identifiziert sich selbst mit einer ruhigen Atemtätigkeit. Ein strömendes Wärmegefühl im Bauch wird als nächster Schritt angestrebt und schließlich eine kühle Empfindung auf der Stirn.

Diese Übungen, zunächst von ziemlich kurzer Dauer, sind in 6 Schritten angeordnet, von denen jeder erst nach dem Gelingen des vorigen eingeleitet wird und jeder Schritt umfaßt alle vorher schon erworbenen

---

[81] Die Psychoanalytiker verfolgen nicht selten eine ähnliche Argumentationslinie.

Fähigkeiten. Auch folgt jeder Schritt auf den vorigen nach einer ausreichenden Zwischenzeit von ungefähr 14 Tagen. Am Schluß dieser Grundübungen kann der Studierende fast augenblicklich einen Zustand völliger Ruhe erreichen, in dem ein kühler Kopf über einem völlig entspannten schweren und warmen Körper zu schweben scheint[82] und der eine vollständige Kontrolle der Atmung und Herztätigkeit umfaßt. Die meisten Schüler können in diesem Stadium willkürlich die Herztätigkeit innerhalb eines verschiedenen, aber oft beträchtlichen Maßes verzögern oder beschleunigen.

Mittels dieser Grundtechnik wird eine Dämpfung und Kontrolle der Affektivität in Übereinstimmung mit der *James-Lange*-Theorie ermöglicht. Auch können Zustände von Katalepsie hervorgerufen werden. Meistens ist eine erwähnenswerte Hypästhesie und in manchen Fällen eine komplette Anästhesie erreichbar. Auch soll eine Verbesserung der vasomotorischen Regulation, des Gedächtnisses und anderer normaler psychologischer Manifestationen bemerkenswert sein. Bei einigen der Subjekte oder Studenten kommen schon während der Übung in der Grundtechnik eidetische Bilder von großer Lebhaftigkeit oder wahrnehmungsartige Modalitäten des Hörens vor (*Schultz* benutzt den Ausdruck „Versuchsperson“ oder Vp).

Beherrscht der Student die Technik der Grundübungen vollständig, so beginnt er mit der vorgeschrittenen Technik. Sie wird gewöhnlich durch Herbeiführung einer optischen Erfahrung in tiefer Meditation eingeleitet, in der eine Farbe gesehen wird. Die Farbwahl hängt vom Individuum ab. *Schultz* spricht von der Erfahrung einer sog. „Eigenfarbe“. Oft erscheint diese Farbe nicht unmittelbar diffus, sondern nimmt buntgestaltete Muster großer Lebhaftigkeit an[83].

---

[82] Ähnliche Gefühle, in denen die Seele ein Wolleknäuel zu sein scheint, das über dem Körper schwebt oder in dem der Kopf als vom Körper abgelöst empfunden wird, werden von *Hepp* (1954) zitiert. Sie sollen in Experimenten vorkommen, die weiter unten auf S. 378 zitiert werden. Auch in manchen Fällen von Migräne wird über verwandte Zustände berichtet, die auch durch *Lewis Carroll* in „Alice im Wunderland“ beschrieben wurden, wie gleichfalls *Hepp* (l. c.) darlegt.

[83] Diese Visionen von buntgefärbten Lichtern und lebhaft buntem Muster sind anscheinend den optischen Sensationen etwas ähnlich, die man durch elektrische Reizung der occipitalen Hirnrinde und auch durch Halluzinogene hervorrufen kann (vgl. Fußnote 77). Der zugrundeliegende Rindenmechanismus mag im wesentlichen der gleiche sein, obwohl er durch ganz verschiedene Prozeduren aktiviert wird.

In der fortgeschrittenen Technik kann die Tiefe der Meditation durch eine starke Konvergenz der Augäpfel in Kombination mit einer Hebung beträchtlich gesteigert werden, d. h. dadurch, daß man „mit geschlossenen Augen gegen die Mitte der Stirn blickt“. Dieser Typ von Innervation soll bei manchen Schülern einen plötzlichen vertiefenden Effekt bewirken, der einer Schrittfunktion vergleichbar ist[84]. Wenn die willkürliche Farbwahrnehmung beherrscht wird, besteht der nächste Schritt in der Sichtbarmachung konkreter Objekte. Nachdem eine solche Bildersprache zuverlässig erreicht worden ist, wird die thematische Annäherung auf abstrakte Gegenstände gewendet, wie z. B. „Recht“, „Gerechtigkeit“, „Wohlbefinden“, „Glück“ u. a. Eine sehr komplexe Symbolisierung wird erreicht und kann auf ganze Situationsmuster erweitert werden; in einer tiefen, tranceartigen Betrachtung können verschiedene Lösungen einschließlich einer Selbstreinigung und einer Selbstanalyse vollzogen werden. Die Bildersprache ist innerhalb eines sehr weiten Bereiches individuell variabel, das sich von ekstatischen religiösen Visionen großer Lebhaftigkeit und Intensität bis zu höchst abstrakten Mustern visionärer Schönheit und zu Landschaften und sogar zu sinnlichen Visionen erstreckt. Wenn der Student fromm ist, kann er durch die Visionen, die seiner Haltung entsprechen, emotional tief beeinflußt werden. Auf der Grundlage seiner Übungen weiß er trotzdem, daß der erfahrene Symbolismus seiner eigenen Seele angehört.

Auch in diesen Zuständen von Trance wie in der Zen-Ideologie kann Jedes Alles bedeuten oder Alles ist in Alles eingeschlossen. Das einfache triviale Ereignis wird emotional verherrlicht und über jedes Maß bedeutsam, grade wie und auch in Übereinstimmung mit dem Ausdruck „Suchness“ oder „Bhûtatathâtâ“, der so häufig von *Suzuki* gebraucht wird.

Das autogene Training von *Schultz*, das vor mehr als 25 Jahren gut begründet wurde, ist vollständig standardisiert (1950, 6. Auflage). Einige tausend Personen sind geübt worden, und ausführliche Protokolle oder Fallberichte von beträchtlichem Interesse wurden gegeben. Einige dieser Protokolle, welche die Erfahrungen im vorgeschrittenen Training betreffen, können unmittelbar mit den im Yoga berichteten Er-

---

[84] Dies ist möglicherweise ein umgekehrter und propriozeptiver Effekt einer Operationsanpassung, der der engen Verbindung zwischen Mechanismen der Sehrinde und der Augenbewegungen zuzuschreiben ist. Sie werden durch mesencephale und praetectale Zentren vermittelt, vielleicht auch noch durch graue Kerngebiete in der Nachbarschaft des Aquäduktes (vgl. S. 345 Fußnote 62).

fahrungen verglichen werden, wie sie z. B. *Brunton* (1935) u. a. Anhänger dieses Systems veröffentlicht haben. Wenn die Yoga-Berichte von ihrer geheimnisvollen Terminologie und occulten Deutung befreit werden, dann können die neurologischen und psychobiologischen Erscheinungen im autogenen Training, im Yoga und verwandten halbreligiösen oder religiösen Praktiken als vollkommen miteinander identisch angesehen werden. *Schultz* hat seine Einstellung folgendermaßen zusammengefaßt: „Wir werden als Biologen nicht geneigt sein, der Übung wundersame Möglichkeiten jenseits der Grundgesetzmäßigkeiten zuzuschreiben, aber um so nachdrücklicher verlangen, daß im Bereich des Möglichen die Bedeutung des Übungsfaktors nicht unterschätzt werde."

Schultz warnt aufgrund seiner langen klinischen Erfahrungen davor, ein solches Training ohne sachverständige ärztliche Überwachung und Unterweisung zu unternehmen, da sich sonst unerfreuliche emotionale oder neurologische Reaktionen ergeben könnten. Er rät sogar seinen psychiatrischen und neurologischen Kollegen, die an dieser Methode interessiert sind, sich zunächst von anderen Kollegen anleiten zu lassen, die mit der Technik bereits vertraut sind.

Was nun die neurologischen Mechanismen betrifft, die der ganzen hier behandelten Klasse seelischer Erscheinungen zugrunde liegen, so läßt sich natürlich unmöglich eine Beschreibung im einzelnen geben, besonders da die entscheidenden Mechanismen der ordentlichen oder normalen Bewußtseinserscheinungen nicht geklärt sind[85]. Man darf jedoch einige allgemeine Betrachtungen über Erklärungsversuche wagen. Zunächst behandeln wir kurz den neuromuskulären Faktor und den proprioceptiven Einlauf als einen sehr wichtigen und oft unterschätzten Faktor, der den Strom oder besser den Zustand von Bewußtsein[86] berührt. Diese Beziehung wurde in den Studien von *E. Jacobson* (1929) gut analysiert.

---

[85] Viele Verfasser haben die Neigung, verschiedene „Lager" oder „Schichten" der „Seele" anzunehmen. Als Sprachfigur können solche Konzepte bis zu einem gewissen Grade nützlich sein. Eine Hypostatisation dieser Schichtenkonzepte könnte jedoch auch ein Hindernis des Fortschritts durch verschiedenartige Annäherungen werden. Es ist noch nicht gewiß, ob derartige Konzepte mit denjenigen vereinbart werden können, die auf der Kreisalgebra oder Kommunikationstheorie aufbauen.

[86] Umgekehrt hat bewußte Cerebration, die corticale Mechanismen wie z. B. „Denken" umfaßt, zweifellos eine Wirkung auf neuromuskuläre Prozesse mit ihren zentralen Rückkopplungsmechanismen. Das ziemlich exzentrische, kulthafte „System", das *F. M. Alexander* ausgearbeitet und als „Auferstehung des

Sie würde dem Yogakonzept von Asana kombiniert mit einem gewissen Anteil von Pratyâhâra entsprechen.

Weiterhin betrachten wir die Folgerungen aus der *James-Lange*-Theorie, die zumindest teilweise angenommen werden kann und bis zu einem gewissen Grade bedeutsam und wertvoll ist. Zentrale nervöse Prozesse, die zur Affektivität in Beziehung stehen und Hirnrindentätigkeit einschließen, beeinflussen vermutlich das vegetative Nervensystem und daher periphere viscerale ebenso wie vasomotorische und verwandte Abläufe. Diese umgekehrt beeinflussen durch einen Rückkopplungseffekt die Hirnrindentätigkeiten, die mit den Parallelerscheinungen von Bewußtsein verbunden sind (und nicht nur die Emotionen, sondern auch andere Modalitäten betreffen). Wenn dies der Fall ist, so erscheint es plausibel, anzunehmen, daß einige Typen von Rindenprozessen z. B. solche, die die Denkmodalität des Bewußtseins betreffen, nach geeigneter Regelung unmittelbar vegetative nervöse Prozesse beeinflussen und kontrollieren, welche die peripheren Leistungen regulieren. *Schultz* benutzt den Ausdruck „Corticalisation", der berechtigt sein mag, obwohl ich die Bezeichnung „Konditionierung" für besser geeignet halte. Vom Standpunkt der Kommunikationstheorie aus haben wir eine Kupplung von Kreisen vor uns („Einschaltung" oder, wie *Schultz* es ausdrückt, „Umschaltung durch Somatisierung").

Die hergebrachte Unterscheidung zwischen willkürlicher und unwillkürlicher Muskulatur ist meiner Ansicht nach von gesundem praktischen Wert und auch gut durch die histologischen Tatsachen gestützt („quergestreiftes Muskelgewebe", „glattes Muskelgewebe", „Herzmuskelgewebe"); man sollte diese nützlichen Konzepte nicht verwerfen. Andererseits und besonders von einem funktionellen Gesichtspunkt aus muß man daran festhalten, wie *Spiegel* (1928) betont, „daß es unmöglich ist, überhaupt eine scharfe Grenze zwischen willkürlicher und unwillkürlicher Muskulatur aufzustellen". *Spiegel* bezieht sich auf ähnliche Anschauungen von *Lewandowsky* und führt aus, daß Impulse, die der Absicht von Bewegungskombinationen entsprechen, in der Hirnrinde entstehen, daß aber, sofern nicht ein besonderes Training vorangegangen ist, die Kon-

---

Leibes" bezeichnet hat, gehört anscheinend zu den Phänomenen dieser Art (*Maisel*, 1969). Ohne die extravaganten Feststellungen, die von unkritischen Anhängern dieses Kultes vorgebracht werden, zu berücksichtigen, geben die Erläuterungen von *C. G. Coghill* und von *F. P. Jones*, die als „Anhang" der zitierten Veröffentlichung beigefügt sind, einen Sinn, können aber nicht als besonders überzeugend angesehen werden.

traktion eines einzelnen „willkürlichen" Muskels kaum mehr unter corticaler Willkürkontrolle steht als die Pupillenverengung.

Kontrolle und Übung individueller „motorischer Einheiten" und ähnliche Gegenstände, wie Muskelfunktionen, die durch Elektromyographie aufgedeckt werden, sind kürzlich durch *Basmajian* untersucht worden (1962, 1963).

Die Atmungsmechanismen sind von besonderer Wichtigkeit, als ein weites Gebiet für die Einwirkungskraft der Konditionierung, der Verbindung willkürlicher corticaler und unwillkürlicher vegetativer Wirkungskreise. Unter gewöhnlichen Bedingungen haben wir einen vegetativen rhythmischen Automatismus, der durch das Atem„zentrum" der reticulären Formation des verlängerten Markes und vielleicht der Brücke vermittelt wird mit Rückkopplungsmechanismen von höheren Zentren her. Diese Prozesse finden entweder unbewußt oder halbbewußt innerhalb der *Kretschmer*schen „Sphäre" statt. Sie können sehr leicht unter vollständige Hirnrindenkontrolle gebracht werden, und die Atmung kann beschleunigt, verzögert oder für eine wechselnde Zeitlänge unterdrückt werden. Es ist nicht sicher, ob diese wahrscheinlich pyramidale Hemmung ausschließlich auf die primären Motoneuronen einwirkt. Selbst wenn sie dies tut, gibt es zahlreiche kollaterale Ausstrahlungen von Impulsen in vegetative Mechanismen mit wechselseitigen Wirkungen, da Alles funktionell mit Allem sonst verbunden ist. Dieser Mechanismus liefert also einen idealen Angriffspunkt für die Konditionierung und Verbindung somatischer und visceraler nervöser Aktivitäten durch ein systematisches Training; die operative Wichtigkeit des Atmungsmechanismus wurde schon in den alten Praktiken Indiens verwirklicht und im Konzept des Prânâyâma formuliert.

Was den Schmerz und die Sinneswahrnehmungen betrifft, so dürfen wir vermuten, daß diese Bewußtseinsmodalitäten cortico-thalamischen nervösen Parallelphänomenen von Reiznatur entsprechen mit beträchtlicher weiter aufsteigender „Rindenausstrahlung". Man kann plausiblerweise annehmen, daß unter geeigneter Konditionierung und mit angemessenen Formen der Programmierung (in der technischen Sprache) umgekehrte oder „absteigende" Rindenimpulse andere cortico-thalamische nervöse Aktivitäten hemmen können, die Schmerz oder Wahrnehmungen entsprechen, ebenso wie die Atmung durch absteigende Rindenimpulse gehemmt werden kann. Wir hätten so einen Erklärungsversuch für eine „psychogene" Schmerzunempfindlichkeit und „negative Halluzinationen". In der Norm ist dies deshalb nicht möglich, weil die

Mechanismen unseres Zentralnervensystems solche funktionellen Anpassungen nicht begünstigen oder, wenn bildlich gesprochen, teleologische Ausdrücke benutzt werden, weil unser Nervensystem nicht für solche Zwecke konstruiert ist.

Visionen und Bilder sind räumlich konfigurierte, optische, seltener taktile, gelegentlich auch akustische oder andere sensorische Bewußtseinsmodalitäten. Diese Modalitäten kann man ihrerseits als Parallelphänomene deuten, die gewissen Typen von N-Ereignissen entsprechen. Im Wachzustand werden solche N-Ereignisse kausal durch extraneurale R-Ereignisse determiniert. Während des Schlafes werden ähnliche N-Ereignisse, die Träume darstellen, wesentlich, obwohl vielleicht nicht ausschließlich, durch mnestische N-Ereignisse ausgelöst und kontrolliert. Es erscheint nun plausibel anzunehmen, daß unter geeigneten Umständen der Konditionierung und der Programmierung, verbunden mit veränderten Bewußtseinszuständen, solche N-Ereignisse durch verschiedene andere Hirnrindenaktivitäten in Gang gesetzt werden könnten. Einbegriffen sind hierin willkürliche oder halbwillkürliche Gedankenprozesse, wie bei den systematischen Übungen des autogenen Trainings. Eine komplexe Beziehung solcher Phänomene zu den emotionalen nervösen Kreisprozessen darf man annehmen.

Im Hinblick auf die bedingenden Faktoren ist zuzugeben, daß die Konzepte, die in dem alten System des Yoga enthalten sind, nämlich Pratyâhâra, Dhâranâ, Dhyâna, die schließlich in Samâdhi ihr Ergebnis finden, einen praktischen Wert haben. Träume, Visionen und Halluzinationen, einschließlich der durch die Halluzinogene hervorgerufenen, gehören in eine gemeinsame biologische Kategorie und gründen sich vermutlich auf sehr ähnliche, wenn nicht fast identische nervöse Mechanismen. Eine Vertiefung der pharmakologischen Studien der Halluzinogene und ihrer Beziehung zu den neurohumoralen Überträgersubstanzen ist von größter Bedeutung für das Verständnis nicht nur dieser Phänomene, sondern auch gestörter nervöser Mechanismen in den Psychosen. Kann die Wirkung der Halluzinogene einer Wirkungsweise zugeschrieben werden, die ähnlich derjenigen normaler Überträgersubstanzen ist oder einem modifizierenden Einfluß auf die Wirkung dieser Substanzen, so daß sich ein abnormes Erregungsmuster ausbreitet oder einer chemischen Affinität zwischen Halluzinogenen und den chemischen Eigenarten gewisser neuronaler Kreisprozesse? Diese und zahlreiche ähnliche Fragen können z. Z. nicht beantwortet werden, jedoch lassen sich vielversprechende Hinweise geben.

Experimente, die an der McGill-Universität durch *Heron, Bexton* und *Scott* durchgeführt und von *Hepp* (1954) diskutiert wurden, „zeigen, daß die Normalfunktion des menschlichen Gehirns von einem veränderten sensorischen Input in höherem Maße abhängt als wir in der Vergangenheit angenommen haben". In diesem Satz sollte das „wir" qualifiziert werden, da die Analyse des Hypnotismus durch maßgebende medizinische Autoren, die Studien von *Schultz* und das alte indische Konzept des Pratyâhâra die zitierte Feststellung als einen Gemeinplatz erweisen. Die angeführten Experimente betrafen freiwillige College-Studenten, die 24 Stunden auf einem bequemen Bett in einer ruhigen Zelle zubringen mußten. Schutzbrillen verhinderten ein deutliches Sehen, ließen aber Licht zu und Pappen unter den Fingerspitzen erlaubten zwar freie Gelenkbewegungen, aber wenig Berührungsempfindung. Die Subjekte wurden angehalten, die Langeweile, die durch diese Bedingungen für Zeiten von 2—6 Tagen entstand, durchzuhalten. Psychologische Tests wurden in verschiedenen Stadien der Prozedur durchgeführt. Die Testergebnisse zeigten einen gewissen Grad von Schwächung verschiedener normaler geistiger Tätigkeiten, brauchen aber in unserem Zusammenhang nicht weiter diskutiert zu werden. Das Ergebnis, das die Experimentatoren am meisten überraschte, war jedoch das Auftreten von Halluzinationen hauptsächlich visueller, jedoch auch auditorischer und somatosensibler Art. Es wird erwähnt, daß diese Erscheinungen denen bei der Meskalin-Vergiftung glichen. Die Beschreibung der Bildsymbolik, wie sie von *Hepp* gegeben wird, zeigt an, daß die fraglichen Phänomene parallel verlaufen wie die, die in den Arbeiten von *Schultz* festgestellt und studiert wurden. Im Gegensatz zu diesen letzteren Phänomenen jedoch waren die Aufeinanderfolgen, die in dem Verfahren der McGill-Experimentatoren illustriert wurden, offensichtlich wahllos, unsystematisch und unkontrolliert, obwohl einige Subjekte teilweise erfolgreiche Kontrollversuche unternahmen. Die Urheber des Experimentes waren wahrscheinlich ebenso wie *Hepp*, der über die Ergebnisse berichtet, nicht mit den dahingehörenden Studien und dem Schrifttum, das solche Erscheinungen betrifft, vertraut[87].

---

[87] Da solche Halluzinationen wie Träume private Erscheinungen des Bewußtseins eines beobachteten Subjekts sind, die nicht durch einen Beobachter unmittelbar beobachtet werden können und da „die Existenz von etwas, was Bewußtsein genannt wird, eine verehrungswürdige Hypothese ist" und keine Gegebenheit (vgl. S. 119) wundert man sich, warum *Hepp* durch diese „auffallenden Ergebnisse" beeindruckt ist.

Nach Zeitungsberichten wurden ähnliche Experimente durch *J. Lilly* am klinischen Zentrum des National Institute of Health in Bethesda, Maryland, unternommen; die Versuchsperson wurde mit dem Kopf nach unten aufgehängt und mit einer Atemmaske in einen Behälter mit langsam fließendem Wasser von Körpertemperatur eingetaucht. So wurden die meisten afferenten Reize abgeschnitten und in einer Yoga-Terminologie ein hoher Grad von Pratyâhâra erreicht. Nach einem anfangs angenehmen Seelenzustand wird über Angst, Halluzinationen und vollständige Desorientierung berichtet. Beachtet man die Ansicht von *Schultz*, der eindringlich vor schon am Anfang langen, unsystematischen und massiven Annäherungen an solche veränderten Bewußtseinszustände warnte, so ist klar, daß Experimente dieses Typs das menschliche Zentralnervensystem in hohem Grade abnormen Situationen gegenüberstellen und nicht ganz ohne Gefahr sind[88].

Die enge Beziehung dieser Prozeduren zu verwerflichen Methoden forcierter Konditionierung, die als moderne Formen des Marterns von Polizeibehörden im allgemeinen und besonders in der Anwendung von Repressionen unter verschiedenen, aber im wesentlichen gleichartigen totalitären und tyrannischen Regierungssystemen durchgeführt werden, ist deutlich und wurde auch in den Berichten erwähnt. Der meist benutzte Ausdruck „Gehirnwäsche“ erscheint angemessen. Böse Aspekte dieses Gegenstandes werden durch die Feststellung offenbar, daß „einige der wichtigen Ergebnisse der kanadischen Experimente noch durch das kanadische Verteidigungsministerium geheimgehalten werden“.

Den Grenzbedingungen eines solchen Types stehen die Polarexpeditionen gegenüber, die während der langen Polarnacht überwintern. Sogar in verhältnismäßig weniger isolierten ähnlichen Situationen in der Arktis oder Subarktis wie in Gemeinden von Alaska, ist das „Kabinenfieber“ eine wohlbekannte geistige Störung.

In einigen Stadien der Meskalin-Vergiftung, in Alpträumen und unter manchen halluzinatorischen und verwandten Bedingungen werden gelegentlich Zustände von überwältigender Angst und von Terror er-

[88] Einige Angaben zu Fragen, welche den „Sinnesverlust“ betreffen, sind in den folgenden Veröffentlichungen enthalten: *Heron, W.*, *Doane, B. K.*, und *Scott, T. H.*: Sehstörungen nach verlängerter Sinnesisolierung. Canad. J. Psychol. *10*, 13—18 (1956); *Lilly, J. C.*: Seelische Wirkungen der Verminderung ordentlicher physikalischer Reizebenen bei intakten gesunden Personen. Psychiat. Res. Rep. *5*, 1—28 (1956); *Shurley, J. T.*: Tiefe experimentelle Sinnesisolierung. Am. J. Psychiat. *117*, 539—45 (1960).

fahren. Ein solcher Terror kann von erschreckenden Bildsymbolen begleitet oder ohne jede Beziehung zu einem Situationsmuster sein. Die Auslösung dieser Gefühle von Angst und Schrecken hängt anscheinend von zahlreichen Variablen ab, wie z. B. der individuellen seelischen Konstitution und Prädisposition. Auch bei ein und derselben Person und im gleichen Experiment kann eine durch Meskalin induzierte Euphorie sich in Schrecken umwandeln. Man darf die Vermutung wagen, daß diese Schreckens- und Angstzustände spezifischen Mustern nervöser Entladung entsprechen, die durch einen der emotionalen Funktionskreise, wie z. B. des Hippocampus vermittelt werden.

Bei der Beurteilung des *Wertes* eines systematischen Trainings in modifizierten Bewußtseinsstadien, wie z. B. bei der Methode von *Schultz*, ist der therapeutische Wert, der normale Übungswert und der geistige oder höhere axiologische Wert zu unterscheiden. Für den therapeutischen Wert habe ich den wohl ausgewogenen und einwandfreien Auswertungen von *Schultz*, die sich auf beträchtliche klinische Erfahrungen gründen, nichts hinzuzufügen. Dieser Autor hat das Verdienst, eine gesunde biologische Annäherung an eine komplexe Problemgruppe eingeführt zu haben, die bis dahin meist in einer geheimnisvollen und abstrusen Ideologie verschleiert war. Der normale Übungswert seiner Methode wird von *Schulz*, der seine Ansichten sorgfältig begründet, günstig beurteilt. Dies wird jedoch persönlicher Entscheidung überlassen bleiben. Wahrscheinlich kann ein Dummkopf das gesamte Training erfolgreich durchfuhren und trotzdem ein Dummkopf bleiben, während eine wertvolle Person das Leben mit Erfolg bestehen und auch hochwertige Leistungen vollbringen kann, ohne sich mit einer derartigen Disziplin zu beschäftigen.

Von Interesse ist es, daß *Schultz* keine spezifische ethische Vorbereitung für nötig hält, wie sie als Yama und Niyama wesentlich ist. Er hält tatsächlich die maßgebenden hinduistischen Vorschriften für den Ausdruck einer gigantischen, ja geradezu kosmischen Hypochondrie. In diesem Zusammenhang durchsetzt offenbar eine Art Sexbesessenheit einige Aspekte der indischen Gedanken. Aus ihr ergeben sich dabei zwei entgegengesetzte Extreme, auf der einen Seite ein exzessiver und ausschweifender Asketismus, auf der anderen Seite ein ausgesprochener sexueller Symbolismus und sogar orgiastische Praktiken in gewissen Formen der religiösen Aktivität (wie z. B. in einigen der Tantra-Systeme).

Eine Bewertung der geistigen, d. h. der höheren axiologischen Werte des autogenen Trainings und verwandter Systeme bleibt ganz eine Angelegenheit der Meinung des Einzelnen, da wir hier das Reich der Mystik und der Religion betreten.

Mit der Mystik haben wir uns bereits oben auf S. 112 in einer Kritik der Parapsychologie beschäftigt. Im weitesten Sinne wurde Mystik in Übereinstimmung mit den Ansichten von *Bertrand Russell* als eine emotionale Haltung gegenüber dem Leben definiert, nicht als ein Glaubensbekenntnis, da die wirkliche Mystik nicht in einer Behauptung von Tatsachen, sondern in einer emotionalen Erfahrung von Tatsachen oder der Deutung von Tatsachen besteht. In dieser Beziehung, wiederum in Übereinstimmung mit *Bertrand Russells* Ansichten, seien einige Aspekte der Mystik behandelt. Die emotionale Erfahrung von Tatsachen, von jeder Tatsache gleichsam als „Solchheit" („Suchness"), kann als wesentlicher Inhalt des mystischen Aspektes von Zen angesehen werden[89]. Man hat gesagt, daß die Mystik sich mit der übernatürlichen Bedeutung jeder Existenz und besonders mit der Stelle des Individuums darin befaßt. Vermeidet man den unklaren Ausdruck „übernatürlich", so ließe sich sagen, daß die Mystik eine spezifische emotionale Haltung des Individuums gegenüber der Wirklichkeit darstellt (im ersten und weitesten Sinne wie auf S. 84 definiert). Die Ordnung, die durch die Wirklichkeit in diesem Sinne offenbart wird, nimmt in vielen Religionen einen anthropomorphen Aspekt an, aber keineswegs in allen; so werden anthropomorphische Konzepte in der Philosophie des Buddhismus vollständig ausgeschaltet, trotzdem ein anthropomorpher Symbolismus in den verschiedenen exoterischen Aspekten von Mahâyâna und Hînayâna weithin angenommen und geduldet wird. Obwohl die Mystik in ihrer reinen Form nichts erklärt, so bringt sie doch Erkenntnisse, da sie oft untrennbar von der Religion ist. Es ist außerordentlich schwierig und vielleicht unmöglich, *Religion* zu definieren. Nach *Bertrand Russell* (1952) kann Religion eine Gruppe von Glaubenssätzen darstellen, die für Dogmen gehalten werden, die die Lebensführung beherrschen und über den Augenschein hinausgehen sowie ihm widersprechen. Eingeprägt wird sie durch Metho-

[89] *Schopenhauer* formuliert folgende Definition: „Mystik, im weitesten Sinne, ist jede Anleitung zum unmittelbaren Innewerden Dessen, wohin weder Anschauung noch Begriff, also überhaupt keine Erkenntnis reicht." *Suzuki* (1907) betont von seinem etwas gegenteiligen Standpunkt als Zen-Philosoph, die „Solchheit" und schließt in die vier Grundprinzipien seiner Philosophie den Satz ein: „Alles ist wie es ist." Dieser Satz erinnert an einen Ausspruch den *Fichte*, nach *Schopenhauer* einer der „drei Sophisten" (*Schelling* und *Hegel* waren die beiden anderen), angeblich in seinen Vorlesungen benutzte, um die Studenten zu verwirren: „Die Welt ist, weil sie ist; und ist, wie sie ist, weil sie so ist."

den, die emotionaler oder autoritärer und nicht intellektueller Art sind. Die Maxime des Hl. *Anselm von Canterbury* „Credo ut intelligam" und *Tertullians* Erläuterung „Prorsus credibile est quia ineptum est ... certum est, quia impossibile" könnten zitiert werden, um diesen Aspekt der Religion zu erläutern. Die noch mehr benutzten Sprüche: „Credo quia impossibile est, credo quia absurdum est", könnten ebenfalls diesen Bewußtseinszustand beispielhaft erläutern, obwohl sie vielleicht nur aus den Apokryphen stammen.

Bertrand Russell betrachtet mit Recht und sehr entschieden die militanten Formen der marxistischen Ideologie, wie z. B. das Bolschewistische Manifest, als eine Religion und ich stimme auf der Grundlage meiner eigenen Beobachtungen und ganz unabhängig dieser Ansicht völlig bei. Ich betrachtete auch stets den Nazismus und verwandte militaristische Glaubensbekenntnisse als Religionen, unter den betrachteten Aspekten sehr verwandt mit dem Bolschewismus und in ihrem Wesen nicht ganz verschieden von anderen Formen militaristischer und autoritärer organisierter Religionen im engeren Sinne des Wortes. Bestimmte Rituale können leicht in den zitierten Religionen im weiteren Sinne erkannt werden. Es läßt sich vielleicht noch eine umfassendere Definition von Religion geben, die man als eine Gruppe emotionaler Glaubenssätze zusammenfassen kann, welche die Lebensführung beherrschen und, obwohl sie unvermeidlich über den Augenschein hinausgehen, dem Augenschein nicht widersprechen. Eine solche religiöse Haltung, in Mystik übergehend, ist nicht notwendig unvereinbar mit einer vorwiegend intellektuellen Orientierung. Man sollte sich hier an *Craiks* Bemerkung erinnern, daß es unberechtigt ist, die Gedanken vollständig von den Gefühlen zu trennen. Selbst eine rein wissenschaftliche Annäherung an das Leben setzt unvermeidlich die glaubensmäßige Annahme vieler Daten, Theorien und Feststellungen voraus, deren Verifikation nicht in der Macht des Individuums liegt. Das „credo ut intelligam" des Hl. *Anselm* kann so, unterschiedlich gedeutet (z. B. als bezogen auf stochastische oder nur geforderte Methoden), und mit festen Vorbehalten und Einschränkungen einen gewissen allgemeinen Wert haben. Dies jedoch gilt unter der Voraussetzung eines vernünftigen Glaubens, und es gibt gleichsam eine ungeschriebene Spielregel, daß jedes dieser Daten, Theorien und Feststellungen auf Grundlagen logischer oder faktischer Evidenz des Gegenteils ohne weiteres und mit Recht bestritten werden darf. Die beiden wesentlichen Ansichten von *Goethe* und *Schiller* zur Religion verdienen Betonung und sollen in diesem Zusammenhang zitiert werden:

„Wer Wissenschaft und Kunst besitzt, hat auch Religion; wer jene beiden nicht besitzt, der habe Religion.“ (*Goethe*, Sprüche 136.) „Welche Religion ich bekenne? Keine von allen, die Du mir nennst! — Und, warum keine? — Aus Religion.“ (*Schiller*, Votivtafeln 33, Mein Glaube.)

Ein mystischer Weg des Gefühls, der mit der behandelten Haltung verbunden ist und im weiteren Sinne als religiös betrachtet, jedoch von den Anhängern der organisierten Religionen nicht als religiös angesehen wird, ist nicht selten in den Werken bedeutender und inspirierter schöpferischer Künstler ausgedrückt. Obwohl wahrscheinlich auf rein physiologische nervöse Prozesse begründet, zeigt sich eine Lebhaftigkeit und Intensität der Gefühle, die unmittelbar mit jener vergleichbar ist, die im Experiment mit Meskalin künstlich erzeugt wird. Weiter gibt es interessante Beziehungen zu *Schopenhauers* Konzept der *Platon*ischen Ideen; diese Beziehungen betreffen jedoch axiologische Betrachtungen, die ganz außerhalb des Zieles der vorliegenden Untersuchung liegen. *Spinozas* Betrachtung „sub specie aeternitatis“ kann in diesem Zusammenhang gleichfalls erwähnt werden: „quicquid mens sub specie aeternitatis intelligit, id ex eo non intelligit quod corporis praesentem, actualem existentiam concipit; sed ex eo, quod corporis essentiam concipit sub specie aeternitatis“ (Ethik, T. V. Propos 29). Besondere Mischungen von Mystik und Religion, die teilweise eine Verschmelzung erstreben und einige Aspekte der *Platon*ischen Philosophie umfassen, wurden durch *Philo Judaeus* zu Beginn des christlichen Zeitalters und später durch *Ammonius Saccas* und *Plotinus*, der den Neuplatonismus begründete, vorgeschlagen. Die verschiedenen Systeme der Gnosis, wie sie z. B. in der verschrobenen Abhandlung „Pistis sophia“ enthalten sind, sind in gleicher Weise der Ausdruck synkretistischer, höchst geheimnisvoller, hyponoischer und hypobulischer Bestrebungen in den ersten Jahrhunderten des christlichen Zeitalters.

Die meisten der wohlbekannten Mystiker sind im Bereich ihrer organisierten Religionen im strengen Sinne geblieben, wenn sie auch manchmal die Grenzen, die durch die entsprechenden Konventionen gegeben werden, fast überschritten haben und im Falle weniger toleranter Religionen die Mißbilligung der kirchlichen Autoritäten herausforderten.

Trotz ihrer unterschiedlichen dogmatischen und doktrinären Grundlage haben diese christlichen, jüdischen, islamischen, hinduistischen und buddhistischen Formen der Mystik ebenso wie jene, die man als nichtreligiös bezeichnen kann, d. h. religiös nur in weiterem Sinne, sehr viel Gemeinsames. Sieht man von den unterschiedlichen Symbolismen ab, so drücken sie oft nahezu identische emotionale Gedankengänge aus.

Unter den christlichen Mystikern dieser Art seien der unbekannte Autor des 5. Jahrhunderts genannt, der den Namen *Dionysius Areopagita*, nach der Bekehrung St. *Paul*, benutzt, ferner der Hl. *Bernhard von Clairvaux*, Meister *Eckhart*, *Johannes Tauler*, *Heinrich Suso*, der unbekannte Verfasser der Theologia Germanica (die zuerst von *Martin Luther* veröffentlicht wurde), *Jan von Ruysbroek*, *San Juan de la Cruz*, *Jakob Böhme*, *Angelus Silesius* mit seinem „Cherubinischen Wandersmann“, den Prostestanten und Katholiken gleicherweise für sich in Anspruch nehmen, Madame *Guyon* und eine Anzahl anderer. Die jüdische Mystik wird in den Lehren der Kabbalah (wörtlich: Überlieferung) ausgedrückt und in der Abhandlung Zohar verkörpert, die dem *Moses ben Shemtob de Leon* (1250—1305), der in Spanien lebte, zugeschrieben wird. Unter den islamischen Mystikern befinden sich die Vertreter des Sûfismus, wie z. B. *Al Ghazali*, *Jalâl-ud-din Rumi*, *Ansâri* u. a. Sogar *Omar Khayyam*, der durch die vorzügliche Übersetzung *Fitzgeralds* weithin bekannt wurde, hat ein entschiedenes Element von religiösem Mystizismus im weiteren Sinne, obwohl er ein klarer Gegner des Sûfismus und ein kaum getarnter Freidenker war. Die hinduistischen Mystiker sind zu zahlreich, um einzeln aufgezählt zu werden, da hier der Mystizismus eine beinahe allgemeine Haltung im Bereiche von Sâdhanâ ist. Unter den buddhistischen Mystikern ist *Asvagosha* wegen seines großen Einflusses auf das Denken im Mahâyâna-Buddhismus in der Folge von besonderer Bedeutung. Er lebte zu einer unbestimmten Zeit zwischen 100 vor und 100 nach Christi Geburt. Er ist einer der am meisten gelesenen Verfasser weitverbreiteter Abhandlungen der religiösen Literatur des Fernen Ostens, zusammengefaßt als „das Erwachen des Glaubens im Mahâyâna“ (Sanskrit: Mahâyâna sraddhotpâda sâstra). Der Original-Sanskrit-Text ist verlorengegangen und es existieren nur zwei chinesische Übersetzungen aus der Zeit zwischen 554 und 700 n. Chr. Geburt (chinesisch: Tacheng-chi-hsin-lun; sino-japanisch: Daijô kishin ron). Wegen der wechselnden und zweifelhaften Bedeutung der Terminologie, die hier gebraucht wird, deutet der Übersetzer *T. Richard* (1907) in seiner sonst im wesentlichen kompetenten Übersetzung diese Abhandlung als in voller Übereinstimmung mit christlichen Gedanken, während Prof. *D. T. Suzuki* (1900) die Schriften in Übereinstimmung mit der allgemein angenommenen buddhistischen Philosophie übersetzt und auslegt.

Kehren wir zu phylogenetischen Überlegungen zurück, so ist es klar, daß Mystik, Religion und Ethik wesentliche Kennzeichen des menschlichen Bewußtseins sind. Trotzdem sind manche geordneten Verhaltensmuster, die die Beziehung des Individuums zur Gesellschaft, zu Gruppen und zur Familie betreffen, auch bei vielen Formen tierischen Lebens augenscheinlich. Obwohl die hierarchischen Werte, die von höheren Graden der Symbolisierung abhängen, fehlen, können keine ganz scharfen Grenzen gezogen werden. Es wird sich kaum leugnen lassen, daß sich sogar eine individuelle Beziehung zwischen Mensch und Hund entwickeln kann, die eng mit Freundschaft verwandt ist.

Hochorganisierte Tiergesellschaften sind von besonderer Bedeutung, vor allem viele der Insektengesellschaften. So ist es ganz verständlich, daß ein Neurobiologe vom Format *August Forels*, dessen weitgespannte Interessen von der Neuronentheorie, zu deren Begründern er gehört, zur Hypnose und zum Gehirn-Bewußtsein-Problem reichen, sich eingehend mit der sozialen Welt der Ameisen beschäftigte. Die primitiven menschlichen Gesellschaften und Staaten wurden vermutlich nicht rationell geschaffen oder geplant, wie es etwa in *Rousseaus* „Contrat social" (1762) erläutert wird, sondern entstanden und entwickelten sich im Verlauf natürlicher Ereignisse, die die Tendenzen stabilisierten und regulierten, die *Thomas Hobbes* als „Krieg aller gegen alle" und „Homo homini lupus" formuliert hat. Verfassungen und Planwirtschaft können als nachfolgende Entwicklung während historischer Zeiten angesehen werden.

Kollektivistische Tendenzen, die bereits in *Platos* „Staat" klar zum Ausdruck kommen (der mir in hohem Grad zuwider ist), sind in vielen der späteren Utopien enthalten und durch die Ideologien von *Hegel*, *Marx* und *Engels* weiterentwickelt worden.

Während eine Erörterung der soziologischen Probleme außerhalb einer Diskussion der Beziehung von Gehirn und Bewußtsein bleiben muß, sollen zwei allgemeine und entgegengesetzte soziale Bewußtseinsmuster kurz erwähnt werden, nämlich der Kollektivismus und der Individualismus. Der Gegensatz dieser beiden Prinzipien liegt ein wenig in der Natur einer Antinomie, die einer verstandesgemäßen Lösung trotzt und eine Frage eines vielleicht angeborenen Gefühls bleibt. Er ist also ein emotionales Problem, auf das der Ausspruch von *Duns Scotus* zutrifft: „Voluntas est superior intellectu". Bis zu einem bestimmten Maß jedoch, wenn möglicherweise nicht gänzlich, können solche Haltungen durch Konditionierung stark beeinflußt werden.

Man muß zugeben, daß der Staat eine notwendige Einrichtung und Organisation der Gesellschaft ist; vom Standpunkt der Vernunft aus kann ein Anarchismus nicht ernsthafter angesehen werden als ein dogmatischer Solipsismus oder ein dogmatischer Behaviorismus. Das sog. „Schwinden des Staates“ in der marxistischen Ideologie ist eine Täuschung oder ein Wortspiel. Die organisierte Gesellschaft oder die „klassenlose Klasse“, d. h. der Staat, bleibt nämlich zurück, so weit mächtige Autoritäten, die die Last der Gesetzgebung, der Verwaltung, der Durchführung und Schlichtung tragen, nicht davon befreit werden können. Zudem wird in marxistischen Staaten nach der Liquidierung der alten Klassen eine entschiedene Tendenz zu einer neuen Gliederung der Gesellschaft, d. h. zum Auftreten neuer „Klassen“ bemerkenswert. Von einem unvoreingenommenen Standpunkt aus erscheint es im Hinblick auf das allgemeine Verhaltensmuster ziemlich unbedeutend, ob die fraglichen organisierten kollektivistischen Gesellschaften sich auf ein kapitalistisches, ein teilweise sozialistisches oder ein kommunistisches System gründen.

Nach der einen Ansicht jedoch, der ich zustimme, sollte der Staat für den Menschen existieren (d. h. um der Individuen willen), während nach der anderen kollektivistischen Ansicht der Mensch (oder das Individuum) für den Staat existiert (im weitesten Sinne einschließlich z. B. der Klasse, wie im Marxismus, oder der Rasse, wie im Nazismus usw). Natürlich gibt es auch einen Mittelweg, aber eine der beiden Ansichten bestimmt als leitendes Prinzip im wesentlichen die Politik. Da in organisierten Aktivitäten viele Individuen zusammenarbeiten müssen, begrenzen Pflichten und unvermeidliche Einschränkungen notwendigerweise die Handlungsfreiheit des Individuums. Die fundamentale Frage, die viele Verfasser einschließlich *Kant* in Betracht gezogen haben, bleibt, ob der *Mensch* im Hinblick auf den Staat ein Mittel zu einem Zweck ist oder ob der *Staat* oder die Gesellschaft ein Mittel zu einem Zweck, nämlich der menschlichen Tätigkeit, ist. Im System *Kants* ist das vernünftige menschliche Individuum ein Zweck in sich selbst, niemals ein bloßes Mittel.

Schopenhauer steht als ausgesprochener Individualist in scharfem Streit mit *Hegels* Ansichten, nach denen der Staat der „absolut vollendete ethische Organismus“ ist. Er geißelt die „empörende Lehre“ von *Hegel*, „daß die Bestimmung des Menschen im Staat aufgehe, — etwa wie die Biene im Bienenstock; wodurch das hohe Ziel unseres Daseyns dem Auge ganz entrückt wird" (Parerga und Paralipomena, I, Über die Universitäts-Philosophie). In einer anderen Abhandlung schimpft er über „die Bornirtheit und Plattheit der Philosophaster, welche, in pompösen Redensarten, den Staat als den höchsten Zweck und die Blüthe des menschlichen Daseyns darstellen und damit eine Apotheose der Philisterei liefern" (Par. u. Parl. II, Zur Rechtslehre und Politik). In einer weiteren Passage (P. u. P. I, l. c.) ruft er aus: „Gaudeamus igitur! Und die *Hegel*sche Apotheose des Staates wird bis zum Kommunismus weitergeführt."

So weit es unsere phänomenale Welt des Bewußtseins betrifft, erscheint es klar, daß nur die Individuen (d. h. die Bewußtseinsmannigfaltigkeiten) existieren und daß der Staat eine Abstraktion von Beziehungen ist. Sicher ist er die Abstraktion einer sehr bedeutsamen Beziehung, aber wie Abstraktionen aller Beziehungen kann er unrechtmäßig hypostatisiert oder reifiziert werden. Wegen seiner Unschärfe als Gruppenkonzept kann dieser Begriff leicht mit Klassen- oder Rassenvorstellungen oder anderen Gemeinschaftsabstraktionen vermischt werden.

Solche Hypostatisationen können rasch einen religiösen Wert annehmen, wie im Kommunismus, im Nazismus und in vielleicht geringerem, aber unterschiedlichem und oft beträchtlichem Grad in den verschiedenen Formen des Nationalismus. *Schopenhauer* bemerkt mit Recht: „Ob man sich ein Idol macht aus Holz, Stein, Metall, oder es zusammensetzt aus abstrakten Begriffen, ist einerlei: es bleibt Idololatrie" (P. u. P. II, Über Religion, § 178).

Die äußerste Vielfalt der hochentwickelten technischen, industriellen und kommerziellen Zivilisation erfordert mit immer wachsender Zahl Regulationen, die ihrerseits durch zahlreiche gesetzgebende, rechtliche, ausführende und verwaltende Autoritäten mit großer Macht verfügt und erzwungen werden müssen. Die unvermeidlich dabei entstehende Bürokratie führt zu einer Standardisierung und nicht selten sieht sie ihre Tätigkeit als Selbstzweck und nicht als Mittel an. Im Streben nach wünschenswerten, einflußreichen und mächtigen Stellungen innerhalb solcher herrschenden Gruppen haben skrupellose und brutale oder in anderer Weise zu verurteilende Individuen oft einen beträchtlichen Vorteil. Auf diesen negativen Aspekt der Selektion in einer organisierten Gesellschaft werde ich weiter unten bei der Erörterung der psychopathischen Persönlichkeit kurz zurückkommen.

Die heutigen Tendenzen zur Errichtung eines erstrebten Paradieses standardisierter und gründlich reglementierter Mittelmäßigkeit sind ziemlich stark, sogar unter den weniger autoritären Regierungsformen.

In Verbindung mit den weit vorgeschrittenen und zunehmend wirksameren Methoden der Konditionierung des Individuums und der Massen nehmen diese Tendenzen vom Standpunkt des Individualisten aus einen etwas ominösen Aspekt an. Es läßt sich kaum vorhersagen, ob ein selbstregulierender Mechanismus von der Art einer negativen Rückkopplung gegen solche Tendenzen wirksam werden wird oder ob bei einem Prozeß in Richtung auf eine positive Rückkopplung die menschliche Gesellschaft sich unvermeidlich in diese Richtung weiter entwickeln wird. Auch läßt sich vorher nicht bestimmen, ob die höchst gefährlichen Entwicklungen der Gegenwart zu einer Katastrophe führen werden oder ob die Menschheit auf einem gleichsam rasch schrumpfenden Planeten irgendwie planen wird, „sich durchzuwurschteln". Diese verschiedenen Fragen liegen nicht im Rahmen der vorliegenden Untersuchung; soweit aber komplexe Muster symbolisierenden und emotionalen Bewußtseins betroffen sind, erscheint eine kurze Behandlung der Probleme angemessen.

Als nächstes betrachten wir zwei gegensätzliche Aspekte emotionalen Bewußtseins, die man durch die allgemeinen Ausdrücke „Masochismus" und „Sadismus" kennzeichnen kann. Es läßt sich darüber streiten, ob die Bezeichnungen, die von ziemlich dunklen Novellisten stammen, gut gewählt sind. Noch mehr zweifelhaft und meiner Ansicht nach unberechtigt ist es, diese Bedingungen ausschließlich oder notwendig mit sexueller Emotion und mit Geschlechtstrieb zu identifizieren.

Die Bezeichnung „Masochismus" wurde durch den Psychiater *R. Krafft-Ebing* (1840—1902) eingeführt, den Verfasser der wohlbekannten „Psychopathia sexualis", und leitet sich her von dem österreichischen Geschichtsprofessor *Leopold von Sacher-Masoch* (1836—1895), der auch zahlreiche Novellen verfaßt hat (z. B. „Falscher Hermelin", 1873), in denen die geschlechtliche Befriedigung durch physische Schmerzerfahrung eine Rolle spielt. Andere Psychiater, z. B. *von Schrenck-Notzing* schlugen die Bezeichnung (passive) „Algolagnie" vor. *Freud* arbeitete eine weit hergeholte Theorie des „Todesinstinktes" als Grundlage des Masochismus aus. Es ist augenscheinlich, daß Masochismus in seiner ursprünglichen Definition eine Abart der geschlechtlichen Affektivität darstellt. Im weiteren Sinne jedoch erscheint Masochismus als ein besonderer Typ emotionaler Reaktivität und die Sexualform ist nur einer seiner Einzelaspekte. Die Psychoanalytiker haben dies erkannt, die den Ausdruck „moralischer

Masochismus" einführten, der auch einen sozialen und religiösen Masochismus umfassen kann. Das Hauptkennzeichen des Masochismus im weiteren Sinne scheint eine excessive Unterwürfigkeit[90] zu sein, die schon per se zur individuellen Hingabe neigt. Diese Unterwürfigkeit kann in Selbsterniedrigung, Selbstherabsetzung und Selbstverleumdung übergehen, die dem kriechenden Individuum emotional wünschenswert, wenn nicht lustbringend erscheinen. Während in manchen Fällen unterbewußte und unbewußte Schuldkomplexe vorliegen, sind zahlreiche andere Variable beteiligt und Schuldgefühle sind vermutlich keineswegs ein wesentliches Merkmal. Der Masochismus erscheint in vielen Varitäten; er kann nur eine geringe, kaum krankhafte Bedeutung haben oder auch zu schweren Persönlichkeitsstörungen führen. Zur Zeit kennt man die neurologische Grundlage des Masochismus nur ungenügend[91]. Nach meiner Ansicht entbehren viele Theorien, die die Psychoanalytiker entwickelt haben, einer gesunden biologischen Basis.

Die totalitären, kollektivistischen und autoritären Regierungssysteme begünstigen im allgemeinen durch Massenkonditionierung einen standardisierten Zustand von sozialem Masochismus; im Gegensatz zur großen Masse der betroffenen Individuen gelten etwas unterschiedliche Regeln für die Machtelite, die die Politik lenkt.

Religiöser Masochismus ist nicht ungewöhnlich und kann auch in einigen Aspekten der Mystik erscheinen. Im Gegensatz zur im wesentlichen freudigen und manchmal sogar stolzen Haltung des *Angelus Silesius* in seinem „Cherubinischen Wandersmann" finden wir den äußersten Trübsinn des *Thomas von Kempen*, der betet, mit dem Brot der Tränen ernährt zu werden: „und gib mir viele Tränen zu trinken" (De Imitatione I, 21); „ich bin ... ein verworfener Wurm, viel ärmer und verwerflicher als ich zu sagen wagen darf" (l. c. III, 4); „... wenn ich an meine große Unflätigkeit denke" (l. c. IV, 6).

Der Sadismus ist ein seelischer Zustand oder eine Neigung, die nach *Donatien Alphonse Francois, Marquis de Sade* (1740 bis 1814) benannt ist, der in der Irrenanstalt Charenton bei Paris starb und eine Reihe

---

[90] Unterwürfigkeit kann natürlich durch Furcht erzwungen werden. Beim nicht masochistischen Individuum löst sie Zorn oder Unwillen aus. Die Beziehungen zwischen Furcht, Ängstlichkeit und Masochismus sind vielfältig und nur sehr wenig klar. Furchtsame Individuen neigen nicht notwendig zum Masochismus.

[91] Eine indirekte Beziehung zu einigen Phasen thalamischer Überreaktion (vgl. S. 225) bildet möglicherweise eine der vielen Komponenten.

höchst unheimlicher Novellen geschrieben hat (z. B. „Justine", 1791; „Juliette", 1798), in denen sexuelle Befriedigung durch grausame und scheußliche Handlungen erreicht wird. Der Sadismus wird auch im Hinblick auf die erwähnten Perversionen „aktive Algolagnie" genannt und ist offenbar eine Form entstellter sexueller Aktivität. Im weiteren Sinne schließt der Ausdruck „Sadismus" alle Arten von Grausamkeit und Brutalität physischer oder seelischer Art ein, die für den Täter einen befriedigenden emotionalen Aspekt haben und kann ohne jede Beziehung zum Sexuellen sein. Der Sadismus geht so ohne klar erkennbare Grenzen in gewöhnliche Brutalität und Angriffslust über[92]. Ein konstitutioneller Faktor und eine verborgene Anlage zum Sadismus im weiteren Sinne wird leicht manifest, wenn Autorität und Macht erlangt werden. Ein wohlbekannter Ausspruch, der Lord *Acton* zugeschrieben wird, kann unter anderem auf diesen besonderen Aspekt bezogen werden: „Die Macht neigt, verwerflich zu machen und absolute Macht führt absolut zu Verwerflichkeit."

Einwandfreie und stärkste Äußerungen von Sadismus im weiteren Sinne in der alten und auch der neuen Geschichte durch eine endlose Reihe mächtiger Individuen oder Gruppen einschließlich der im strengen Sinne religiösen sind allgemein bekannt und brauchen nicht zitiert zu werden.

Eine besondere Form der Algolagnie, die zum Sadismus im weiteren Sinne Beziehung hat, findet Befriedigung nicht in der Durchführung, sondern in der Beobachtung oder der bloßen Vorstellung grausamer Handlungen. Anmerkenswertes Beispiel ist *Dante* im ersten Teil seiner „Göttlichen Komödie". Um eine Bemerkung von *Bertrand Russell* über *Platons* Staat zu verwenden, betrachte ich es als eines der erstaunlichsten Beispiele des literarischen Snobismus, daß *Dantes* Inferno von anständigen Menschen bewundert worden ist. Nach *Ruskin*: „Ist der zentrale Mensch der ganzen Welt, der in vollkommenem Gleichgewicht die schöpferischen, moralischen und intellektuellen Fähigkeiten in ihrer höchsten Form darstellt, *Dante*". Darauf erwidere ich: „si omnes patres sic at ego non sic!" In seiner Abhandlung „Zur Metaphysik des Schönen und der Äthetik" geißelt *Schopenhauer* jedoch streng *Dantes* Werk, zu dem er eine Reihe wesentlicher Erläuterungen bringt einschließlich der folgenden Feststellung: „Das ganze Inferno des *Dante* ist recht eigentlich eine

---

[92] Eine indirekte Beziehung zu gewissen Kindheitsphasen von aggressivem Spiel und von Zerstörungslust mag ebenfalls eine Rolle spielen.

Apotheose der Grausamkeit und hier, im vorletzten Gesange, wird besagterweise noch die Ehr- und Gewissenlosigkeit dazu verherrlicht"[93]. Eine solche Form des Sadismus ist auch in die buddhistischen Schriften eingedrungen. In der Anguttara Nikâya (III, 35) kann man ziemlich abstoßende *Dante*-ähnliche Passagen finden, die möglicherweise nicht auf den Original-Buddhismus zurückgehen. Der *Buddhaghosa*-Kommentar (ungefähr im Jahre 500 n. Chr.) artet ganz unnötig und offensichtlich mit Vergnügen in abstoßende Quälereien aus, die in einer anderen Passage des Anguttara Nikâya (II, 1) geschildert werden.

Sadismus kann ebenso wie Masochismus durch Konditionierung beeinflußt werden; seine neurologische Basis bleibt jedoch dunkel. Wie bei anderen Erscheinungen, welche die Affektivität betreffen, spielen möglicherweise beim Masochismus und Sadismus nervöse Mechanismen eine Rolle, die in Kreisprozessen praefrontal und im Hippokampus ablaufen. Durch wiederholte Beobachtungen ist wohl begründet, daß operative Beeinträchtigung dieser Kreisprozesse eine Wirkung auf verschiedene emotionale Erscheinungen hat, die zu den behandelten komplexeren krankhaften Zuständen in Beziehung stehen oder zu ihnen gehören. Es sollte schließlich betont werden, daß sowohl der Masochismus wie der Sadismus sich nicht gegenseitig ausschließen, sondern emotionale Haltungen sind, die von der gleichen Person dargeboten werden können. In dieser Hinsicht sind *St. Augustin* und *Dante Alighieri* gute Beispiele.

Obwohl viele Ansichten über die Homosexualität geäußert wurden, bleiben die nervösen Mechanismen dieser abwegigen sexuellen Affektivität unbekannt. Einige Faktoren spielen möglicherweise eine Rolle; eine noch ungenügend bekannte endokrine Gleichgewichtsstörung, die die Aktivitäten der wesentlichen nervösen Kreisprozesse modifiziert, kann vielleicht angenommen werden. Eine solche biologische Hypothese erscheint plausibler als die Spekulationen von *Freud*. Unter den Umweltfaktoren sind die Bedingungen zu erwähnen, die in Schulinternaten usw. vorliegen, in denen homosexuelle Praktiken weit verbreitet sind. Beson-

---

[93] *Schopenhauer* zitiert hier einen Vers von Goethe: „Was eben wahr ist aller Orten, das sag' ich mit ungescheuten Worten." Die folgende Stanze ist hier ebenfalls anzuführen:

"Nay, but for terror of a wrathful Face
I swear I will not call Injustice Grace;
Not one Good Fellow of the Tavern but
Would kick so poor a Coward from the place."

(So nach *Fitzgeralds* Omar, 1868, LXXXVI.)

dere soziologische Bedingungen begünstigten die Päderastie im alten Griechenland, in Rom und verschiedenen anderen derartigen Reichen.

Die psychosomatische Medizin betont den Einfluß des emotionalen Zustandes auf die allgemeine körperliche Gesundheit und betrachtet viele organische krankhafte Zustände als Auswirkung emotionaler Störungen. Peptische Magengeschwüre, verschiedene Formen der Dickdarmentzündung, Bluthochdruck, Herzkrankheiten, Zuckerkrankheiten, Asthma, Migräne, einige Formen der Allergie, der Nesselsucht und gewisse andere Hautkrankheiten gehören in diese Kategorie. Während der grundlegende Wert dieser Ansichten, der in der psychosomatischen Medizin verkörpert wird, gut begründet erscheint, ist es oft unmöglich, mit Sicherheit festzustellen, ob die emotionale Störung in einem gegebenen Falle der hauptpathogene Faktor ist, oder nur ein zusätzlicher. Wenn sichere organische krankhafte Veränderungen eingetreten sind, werden neben der Psychotherapie andere Behandlungsmethoden notwendig, obwohl die Krankheit psychosomatischen Ursprung hat. Eine geeignete Form der Psychotherapie wird immer hilfreich sein und sollte selbstverständlich einen Teil jeder ärztlichen Behandlung bilden, obwohl sie es unglücklicherweise oft nicht ist.

Es muß nochmals betont werden, daß psychosomatische Störungen nicht, wie es manchmal angenommen wird, eine Wirkung der „Seele“ oder des „Geistes“ auf die „Materie“ beweisen. Vom Standpunkt des psycho-physischen Parallelismus aus haben wir hier eine Wirkung physikalischer nervöser Prozesse (N-Ereignisse), die in dieser Hinsicht „zufällig“ mit geistigen Phänomenen verbunden sind, auf andere physikalische Prozesse (somatische und viszerale R-Ereignisse) vor uns.

Von einem materialistischen und mechanistischen oder auch behavioristischen Standpunkt aus betrachtet verursachen schlecht angepaßte N-Ereignisse als Reaktionen auf gewisse ungünstige Situationen (R-Ereignisse) vorübergehende oder bleibende physikalische viscerale oder somatische Veränderungen in Übereinstimmung mit einer erweiterten Anwendung der *James-Lange*-Theorie, wie sie in meiner Untersuchung gedeutet wird. Vom mechanistischen Gesichtspunkt aus gibt es keinen grundsätzlichen Unterschied zwischen einer schweren psychosomatischen Krankheit und dem Schaden, der einer komplizierten Maschinerie zugefügt wird, dadurch, daß man von ihr Leistungen verlangt, die über die normalen Grenzen hinausgehen, die gesunde technische Prinzipien vorschreiben. So wird z. B. eine Verbrennungsmaschine bald versagen, wenn ein Schmieröl ungeeigneter Beschaffenheit verwendet oder die zulässige

Belastung überschritten wird; wenn die Spannung, die Stromstärke und die zeitlichen Belastungen einer Röntgenröhre nicht eingehalten werden, wird sie durchbrennen; auch ein Überschreiten der vorgeschriebenen Höchstgeschwindigkeit bei einem Flugzeug läßt strukturelles Versagen erwarten. Aus dieser Sicht betrachtet ist es bedeutungslos, ob der Schaden, — der in lebenden Organismen bis zu gewissem Grade durch ultrastabile regenerative biologische Prozesse automatisch wiedergutgemacht wird — sich anfangs (wie bei den psychosomatischen Bedingungen) in höheren Ebenen des zentralen Nervensystems oder in anderen Fällen unmittelbar in überlasteten peripheren somatischen oder visceralen Systemen ereignet.

Eine interessante Frage in diesem Zusammenhang ist das Auftreten und die Heilung von Warzen (Verrucae), einer Art gutartiger epithelialer Geschwülste in Form von kleinen Papillomen. Verschiedene Beobachtungen legen die Ansteckungsfähigkeit von Warzen nahe, die auf der einen Seite als Beispiel für die Übertragung biochemischer reizender Substanzen, auf der anderen Seite als die Wirksamkeit von Virus- oder anderen infektiösen Organismen, z. B. Pilzen erklärt wird. Man hat auch behauptet, daß Warzen die Ergebnisse von Emotionen sind, d. h. psychosomatischen Ursprungs; sie sollen sogar wie die Blasen durch hypnotische Suggestion erzeugt werden können. Verschiedene „magische", mit anderen Worten psychotherapeutische Heilmittel wie auch hypnotische Suggestionen sollen in der Behandlung wirksam sein. Die Frage erscheint mir gegenwärtig noch ungenügend geklärt. Trotzdem sei eine interessante Experimentalstudie von *Berta Scharrer* (1949) an Insekten erwähnt, die möglicherweise zu dem Problem eine entfernte Verwandtschaft zeigt. *B. Scharrer* konnte bei der tropischen Schabe Leukophaea maderae mittels Durchtrennung des sog. N. recurrens, der den Magen innerviert, bösartige Magengeschwülste, die dem Carcinom vergleichbar sind, erzeugen. Der Tumorbefall nach der Nervendurchtrennung war hoch (ungefähr 75—80 %) und die Geschwülste konnten weiter überpflanzt werden. Diese Studien haben über jeden vernünftigen Zweifel dargetan, daß ein nervöser Faktor für das pathologische Wachstum eine Rolle spielen kann. Obwohl es höchst unwahrscheinlich ist, daß die große Mehrzahl von Geschwulstkrankheiten des Menschen psychosomatischen Ursprunges sein könnte, erscheint es nicht ganz ausgeschlossen, daß psychosomatische Faktoren für das Wachstum von Warzen eine Rolle spielen und möglicherweise auch noch für die Entstehung anderer Geschwülste von Bedeutung sind. Es könnte sich mit oder ohne weitere psychosomatische Faktoren ein Magenkrebs auf der Grundlage eines alten psychosomatischen Geschwürs entwickeln und würde ohne die vorhergehende Entstehung dieses Geschwürs nicht entstanden sein.

Die Hysterie[94] ist eine geistige und emotionale Störung, die schwer definierbar ist. Sie steht zu gewissen nervösen Mechanismen in der Hypnose und zu psychosomatischen Störungen in Beziehung. *Kretschmer* (1923, 1926), einer der maßgeblichen Erforscher, betrachtet die Hysterie als eine psychobiologische Reaktionsform, durch die irgendein affektiver Vorteil gewonnen wird. Daher ist es mitunter schwierig, Hysterie von der Simulation zu unterscheiden, in der reinen Hysterie bleiben die emotionalen Mechanismen unbewußt und vermutlich dem Patienten gänzlich unbekannt. Klinisch ist die Hysterie durch zahlreiche Symptome und massive funktionelle neurologische Störungen beim Fehlen organischer Erkrankungen des Nervensystems gekennzeichnet. Zuckungen (Chorea major), Lähmungen, Aphonie, Anästhesie, Taubheit, Blindheit und verschiedene andere sensorische Symptome ebenso wie auch Erbrechen gehören in diese Kategorie. Zusätzlich zeigen sich noch Amnesie, Somnambulismus (eng verwandt mit gewissen hypnotischen Phänomenen), hysterische Dämmerzustände und Persönlichkeitsspaltung.

Da das „Ich“ oder „Selbst“ als eine rein praktische und konventionelle Bezeichnung für verschiedene Muster von Bewußtseinsmodalitäten und auch von unbewußter symbolischer Cerebration angesehen werden kann, läßt sich eine Dissoziation in eine halb unabhängige Aktivität solcher verschiedener Muster leicht verstehen. Hysterische Patienten können eine integrierte bewußte Persönlichkeit bewahren, der nicht nur der zweckhafte Aspekt ihrer Krankheit entgeht, sondern die wirklich geheilt zu werden wünscht, während das unbewußte „Selbst“ die Störung hervorbringt. Der zweckhafte Charakter der hysterischen Symptome ist oft sehr deutlich und stellt gleichsam die unbewußte, jedoch irrationale Lösung eines seelischen Konfliktes dar (*Kretschmer*, *R. Brain*, u. a.). Hypobulische und hyponoische Mechanismen spielen eine hervorragende Rolle. Strenggenommen sollte der ganze Erscheinungskomplex, der zu affektivem Vorteil führt und ausschließlich durch unbewußte Cerebration kontrolliert wird, als gerichtet bezeichnet werden. Er darf nicht ein „zweckmäßiges“, sondern nur ein „als ob zweckmäßiges“ Verhalten genannt werden, da nach meiner Ansicht der Ausdruck „Zweck“ im strengen Sinne auf bewußte Aktivitäten beschränkt werden sollte.

---

[94] Die Bezeichnung Hysterie, die von dem griechischen Wort ἡ ὑστερα (Uterus, Gebärmutter) stammt, ist natürlich, obwohl fest eingeführt, eine grobe Fehlbezeichnung.

Die Lähmungen bei der Hysterie entsprechen den Vorstellungen der Patienten über die Körperregionen und stimmen nicht mit segmentalen oder peripheren Innervationsmustern, wie bei den organischen Läsionen, überein. Bei einem dramatischen Krampfanfall wird Sorge getragen, daß keine Verletzungen entstehen. Dies kann natürlich nicht ganz unbewußt wie im Schlaf geschehen. Die hysterische Amnesie hat deutliche Beziehung zur hypnotischen. Im Gegensatz zu den psychosomatischen Störungen sind die Erscheinungen der Hysterie im wesentlichen auf das Nervensystem oder den neuromuskulären Apparat beschränkt und ziehen keine organischen krankhaften Veränderungen nach sich. Auch hier ist die Beziehung vieler hysterischer Phänomene zu nervösen Mechanismen deutlich, wie sie aus einer vernünftigen Deutung der *James-Lange*-Theorie gefolgert werden kann, jedoch weniger ausgesprochen als bei psychosomatischen Erkrankungen oder einigen Aspekten der Hypnose[95].

Weitere funktionelle neurologische Störungen, die von krankhaften Bewußtseinszuständen minderer Schwere begleitet werden, sind die Neurasthenie, Angstzustände, Zwangs- und Verfolgungsneurosen und vielleicht Beschäftigungsneurosen. Wahrscheinlich gibt es keine Berechtigung

---

[95] Die seltenen Fälle von Stigmatisierung, auf die ich kurz in meiner Zusammenfassung über das Zwischenhirn (1954) zu sprechen kam, lassen sich vielleicht als hysterieähnliche Zustände mit psychosomatischen Komponenten deuten, in denen *Schilders* Körperschema eine entscheidende Rolle spielt.

St. Augustin (Über den Gottesstaat, XIV, 24) berichtet über einen besonderen Fall, der wahrscheinlich auf die „Hysterie" übergreift und offensichtlich Autosuggestion und Selbsthypnose berührt, wobei ein Zustand, der einem großen hysterischen Anfall mit vollständiger Anästhesie sehr ähnlich sieht, willkürlich auf Aufforderung hervorgerufen werden konnte. Dieser Fall betraf einen der Kollegen des Heiligen, nämlich den Presbyter *Restitutus* im Kirchenspiel von Calama, nahe Hippo. Besagter Fall und ähnliche Beispiele wie willkürliche Kontrolle gewöhnlich unwillkürlicher oder nicht direkt dem Willen unterworfener körperlicher Tätigkeiten (Schwitzen auf Wunsch, Tränenvergießen auf Wunsch, mit einem Ohr oder mit beiden Wackeln, Blähungen in melodischen rhythmischen Melodien zu produzieren) werden hier von dem Heiligen angeführt, um seine seltsame Hypothese zu unterstützen, daß vor Adams Fall die Mechanismen des menschlichen Geschlechtsverkehrs als rein willkürliche Muskelaktionen ausgeübt wurden und von „Lust" weder begleitet noch gesteuert waren („Sine ulla libidine"), vergleichbar der willkürlichen Bewegung eines Gliedes und deshalb nicht sündhaft. Sie sollten nur zu dem spezifischen Zweck vernünftig durchgeführter Vermehrung in Übereinstimmung mit dem göttlichen Befehl unternommen werden: „Wachst und vermehret Euch und füllet die Erde." Nach Adams Fall wurde der Geschlechtsakt vergnüglich und lustvoll und daher auch schamhaft, ebenso wie sündig („post peccatum quippe orta est haex libido").

für einen Begriff der Neurasthenie als einer Krankheitseinheit; ursprünglich wurde sie von *Beard* als reizbare Schwäche definiert, die durch geistige Ermüdbarkeit, Gedächtnisstörungen, Kopfschmerzen, Depression, Schlaflosigkeit und situationsunangepaßte emotionale Ausbrüche gekennzeichnet sei. Auch Tremor kann vorkommen. Derartige Symptome können mit Hysterie oder verschiedenen Zuständen geistiger oder physischer Erschöpfung in Zusammenhang mit emotionalen Spannungen verbunden sein. In einigen Fällen spielen auch Sexualkonflikte eine Rolle, und die Theorien der *Freud*schen Psychoanalytiker haben mindestens einen teilweisen Wert. In andern Fällen können verschiedene äußere Umstände die emotionalen Spannungen verursachen, in wieder anderen Fällen bilden funktionelle Ermüdung des Nervensystems, Vergiftungen oder biochemische Störungen den Hauptfaktor. Bei Kindern und seltener bei Erwachsenen zeigt sich manchmal auch ein ausgesprochener Negativismus oder Eigensinn. Was die emotionalen Ausbrüche betrifft, so können „phylogenetisch alte" Grundreaktionen, die nach *Kretschmers* Terminologie als „Bewegungssturm" oder „Panikreaktion" auftreten, eine gewisse Rolle spielen. Auch dieser Mechanismus zeigt sich bei einigen Hysterieformen.

Ebenso zweifelhaft ist es, ob Angstzustände als nosologische Einheit angesehen werden dürfen. Angst kann mit Symptomen kombiniert sein, die unter die Neurasthenie eingeordnet werden oder auch mit Hysterie und anderen Syndromen. Vom mechanistischen neurologischen Standpunkt aus läßt sich sagen, daß alle diese Zustände einem gewissen Typ der Aktivität emotionaler nervöser Funktionskreise entsprechen, die durch eine große Zahl variabler verschiedener Bedingungen ausgelöst wird.

Verfolgungs- und Zwangsneurosen werden häufig und vielleicht mit Recht unter der Bezeichnung: Psychasthenie, die mehr oder weniger der Neurasthenie entspricht, zusammengefaßt. Phobien oder gewisse Aktivitätsmuster von Gedanken oder Emotionen können eine höchst suggestive, programmierende Wirkung annehmen, die mit einer hypnotischen Suggestion verwandt ist. Dies kann auch als dauernde Nötigung emotionaler Gedanken oder Impulse auf das Bewußtsein zum Handeln beschrieben werden, trotz der Erkenntnis ihres irrationalen Charakters durch den Patienten (*R. Brain* u. a.). Schuldgefühle oder die Neigung zum Masochismus und Sadismus und Komplexe im Sinne der Psychoanalytiker können in manchen Fällen eine Rolle spielen, während konstitutionelle Faktoren, organische Störungen und Ermüdung, die in Ausdrücken der

Kommunikationstheorien zum *Gauß*schen Geräusch im Zentralnervensystem disponieren, wahrscheinlich in zahlreichen anderen Fällen verantwortlich sind, in denen eine psychoanalytische Erklärung gänzlich irrig sein würde. Viele erfahrene Neurologen stimmen darin überein, daß die Verfolgungs- und Zwangsneurosen (heute meist Psychoneurosen genannt) nicht als einzelne nosologische Einheiten zu klassifizieren sind, sondern verschiedene Symptome oder Syndrome darstellen, die unter unterschiedlichen Bedingungen auftreten. Unter dieselbe Kategorie wie die eben beschriebenen Neurosen fallen vielleicht Beschäftigungsneurosen, die durch Krämpfe, Schmerz und Muskelzittern bei feinkoordinierten Bewegungen gekennzeichnet sind.

Viele Psychiater und Neurologen betrachten „Neurosen“ oder „Psychoneurosen“ mit Recht als wesensverschieden von den echten oder großen Psychosen (major psychoses), die weiter unten behandelt werden. In einer stark vereinfachten, jedoch annähernd gültigen Formulierung sind Neurosen Reaktionen, deren Symptome entweder Ersatzbefriedigungen in der Form unbewußter Kompromisse darstellen, sog. „Komplexe“, die nicht die Bewußtseinsebene erreichen, oder „Abwehrreaktionen“ gegen solche Bedingungen. Allgemeine Kennzeichen, die in vielfachen Mustern kombiniert sein können, jedoch *nicht* grundsätzlich die gesamte „Persönlichkeit“ desorganisieren, sind emotionale Labilität, impulsive Verhaltensstörungen, Angstzustände mit Erregung oder Depression, Zwangsvorstellungen oder Zwangshandlungen, deren Unverständlichkeit oft von den Kranken wahrgenommen wird. Obwohl ähnliche Symptome auch bei den großen oder wirklichen Psychosen angetroffen werden, sind sie hier gewöhnlich auf schwere spezifische Störungen verschiedener fundamentaler psychischer Prozesse aufgepfropft, deren wirkliche nervöse Mechanismen bisher nur sehr unvollkommen verstanden werden. Die orthodoxen und häretischen Systeme der Psychoanalyse beschäftigen sich, soweit sie trotz ihrer mannigfaltigen Übertreibungen und Absurditäten ein Körnchen berechtigter oder annehmbarer Konzepte enthalten, im wesentlichen mit den „Neurosen“ und haben kaum oder bestenfalls nur eine sehr geringe Bedeutung für die wirklichen „psychotischen“ Zustände.

Hypnagogische Halluzinationen, einige Formen von Narkolepsie, Somnambulismus und menschliche Kataplexie stehen gleichfalls zu den erörterten psychoneurotischen Bedingungen wie auch zu einigen Aspekten der Hypnose und verwandter veränderter Bewußtseinszustände in Beziehung. Narkolepsie kann jedoch auch durch organischen Schaden des

Hypothalamus und korrelierter Zentren verursacht sein und hypnagogische Halluzinationen können durch periphere viszerale Störungen ausgelöst werden. Die menschliche Kataplexie, die im Gegensatz zur tierischen Kataplexie („tierische Hypnose") durch Hypotonie der Muskeln gekennzeichnet ist, darf man als mit der Narkolepsie verwandt ansehen. Eine spezielle Form der Kataplexie, die zu Beginn des Schlafes oder beim Erwachen auftritt, wird auch „Schlaflähmung" genannt und ist oft von starken Angstgefühlen begleitet.

Die besondere Form von Beängstigung, die sich auf die Gesundheit im allgemeinen oder spezielle Organe im besonderen richtet und „Hypochondrie" genannt wird, ist eine psychopathologische Reaktion, die unter vielen verschiedenen Bedingungen festgestellt wird, einschließlich Hysterie, Psychasthenie und einigen großen Psychosen.

Die „genuine" Epilepsie, wie sie als ein spezieller Typ unkontrollierter nervöser Entladungen gedeutet wird, hat wahrscheinlich keine oder nur ganz lockere Beziehung zu psychosomatischen Störungen und Psychoneurosen. Erbliche Veranlagung und zahlreiche andere unbekannte Faktoren spielen anscheinend eine Rolle. Geistiger, intellektueller und moralischer Verfall ist nur gelegentlich mit Epilepsie verbunden. Absencen und Petit mal können manchmal der Narkolepsie oder Kataplexie gleichen, jedoch kann die Diagnose durch die Elektroencephalographie gewöhnlich gesichert werden, wenn auch einige Epileptiker ein normales EEG zeigen.

Betrachtet man die krankhaften Bewußtseinszustände bei den echten Psychosen, so begegnet man einer Anzahl von Symptomen, die auch in modifizierten Normalzuständen und bei den Psychoneurosen vorkommen, in einer mehr ausgesprochenen Form. Es gibt Störungen der Perzeption, wie die Halluzinationen und Illusionen, Gedächtnisstörungen, Störungen der Stimmung (Affektivität), der Aufmerksamkeit und des Denkens. Selbsttäuschungen, Konfusionen, Delirium ebenso wie irrationales Verhalten ergeben sich aus einer Kombination dieser verschiedenen Störungen und die Demenz weist auf einen allgemeinen und schlecht definierbaren Verfall einer Anzahl geistiger Funktionen hin.

Das Gedächtnis hat in dieser Beziehung eine weit größere Bedeutung als allgemein angenommen wird. Es wird definiert als die Fähigkeit, vergangene Erfahrungen zu speichern und ins Bewußtsein zurückzurufen, schließt aber, wie verschiedene Verfasser (*Gillespie*, 1937; *R. Brain*, 1951) dargelegt haben, zahlreiche Faktoren ein, wie Registrierung, Retention, Zeitsinn, Vergangenheitsbeurteilung, wichtige Assoziationen, Symbolik und Bewußtsein der persönlichen Identität. Vom Standpunkt der mechanistischen Neurologie aus sind zahlreiche verschiedene Typen oder Klassen von Engrammen anzunehmen; die emotionale Kennzeichnung eines Engramm-Musters oder die emotionale Kupplung solcher Engramm-Muster erscheint von besonderer Bedeutung, wenn auch die Engramme per se keinen wesentlichen emotionalen Kode-Wert besitzen.

Die genannten Faktoren werden, in Kombination oder einzeln bei den verschiedenen psychopathologischen und psychotischen Bedingungen unterschiedlich betroffen. Nimmt man die weitere Auffassung der Gedächtnisfunktionen an, so hat anscheinend *Schopenhauers* These eine gewisse Berechtigung, in der angenommen wird, daß viele geistige Störungen im Grunde Gedächtnisstörungen sind. *Schopenhauer* bezieht sich auf Formen von Geistesstörungen, die zu seiner Zeit als „Wahnsinn" klassifiziert wurden, „welcher ... im wesentlichen auf eine gewisse Zerrüttung des Erinnerungsvermögens zurückzuführen ist" (*Parerg.* u. *Paral.* I, Versuch über Geistersehen; auch W. a. W. u. V. I, § 36, II Kap. 32). Es ist interessant, daß dieses Konzept auch vom Standpunkt der Kommunikationstheorie aus wertvoll erscheint und kürzlich ohne *Schopenhauers* fast identische Gedanken zu erwähnen, von *Wiener* (1948) zum Ausdruck gebracht wurde. Nach dem letztgenannten Autor gibt es „nichts Überraschendes an der Auffassung, die funktionellen geistigen Störungen als grundsätzliche Störungen des Gedächtnisses, der zirkulierenden Information anzusehen, die durch das Gehirn im aktiven Zustand erhalten wird, ebenso wie als eine Durchlässigkeit der Synapsen über lange Zeit". Natürlich spielen noch zusätzlich zu den Gedächtnisstörungen im weiteren Sinne, d. h. zu Störungen, die eine bestimmte Kategorie synaptischer Funktionen betreffen, zahlreiche andere kombinierte Faktoren bei der Entstehung der „kleinen" und der „großen" geistigen Störungen eine Rolle.

Wiederholt werden konstitutionelle Faktoren genannt. Im anatomischen Sinne bedeutet Konstitution die physikalische Aufmachung und die funktionelle Verfassung des Körpers. Die Konstitution wird in großem Maße durch Erblichkeit einschließlich vielleicht von Rassenfaktoren, d. h. genotypisch bestimmt. Sekundär wird die Bildung eines Körpers durch Umgebungsfaktoren beeinflußt, und der erwachsene Organismus, wie er in der Kombination seiner sichtbaren Kennzeichen erscheint, ist der Phänotyp, der sich durch Zusammenwirken von Genotyp und Umgebung oder als Ergebnis von Natur und Erziehung entwickelt hat. Eine hervorragende Rolle spielen dabei das endokrine

Gleichgewicht und die Biochemie des Organismus im allgemeinen. Die tägliche kasuistische Beobachtung enthüllt die große Mannigfaltigkeit der Konstitutionstypen, und man hat eine Reihe von Versuchen zur Klassifikation vorgenommen. So kann man einen Typus digestorius, respiratorius, muscularis und cerebralis unterscheiden. Die modernen Kliniker beziehen sich besonders auf Grundlage der Röntgenuntersuchung auf hypersthenische, sthenische, hyposthenische und asthenische Typen. *Kretschmer* (1922) hat ein nützliches Schema eingeführt, in dem die folgenden Typen unterschieden werden: a) der pyknische mit rundem Kopf, plumpem und untersetztem Körper, b) der athletische mit starker Muskulatur, schweren Knochen und breiten Schultern und c) der leptosome (asthenische) schmal, schlank, mit abgeflachter Brust, schmalen Schultern und langen Gliedmaßen. Außerdem gibt es noch Abweichungen, die auch die dysplastischen Typen umfassen.

Der Begriff des Temperamentes unterscheidet sich von dem der Stimmung in soweit, als er eine dauernde Disposition für bestimmte Stimmungen darstellt, die mehr vorübergehende Zustände der Affektivität sind. Wohlbekannt ist das alte, vielleicht hippokratische Konzept der sanguinischen, phlegmatischen, cholerischen und melancholischen Temperamente. *Kretschmers* Klassifikation der Temperamente umfaßt den cyclothymen und den schizothymen Typ. Der cyclothyme Typ wechselt zwischen Heiterkeit (gehobener Stimmung) und Traurigkeit (Depression), der schizothyme zwischen Empfindlichkeit und zurückhaltender Gleichgültigkeit. Mischtypen sind sehr häufig. Die Stimmungen des Cyclothymen erscheinen harmonischer oder gleichsam isobolisch. Die Stimmungen des Schizothymen sind in weniger harmonischer Beziehung zu Umgebungsfaktoren und ändern sich gleichsam in Übereinstimmung mit Schrittfunktionen. Eine gewisse Starrheit der Haltung ist deutlich. Die Schizothymen können übergenau oder allzu bedenksam ohne Berücksichtigung der Erfordernisse der Wirklichkeit sein.

Nach *Kretschmer* ist der cyclothyme Typ meist mit einer pyknischen Körperkonstitution, der schizothyme Typ mit leptosomen, athletischen oder dysplastischen Konstitutionen verbunden. Diese Theorie ist vielleicht der erste systematische und wissenschaftliche Versuch, eine Verbindung zwischen der körperlichen Konstitution und dem Temperament herzustellen, wenn auch solche Beziehungen in allgemeiner Art schon vorher postuliert wurden. Es ist höchst wahrscheinlich, daß die verschiedenen biologischen Faktoren, von denen der Körperbau abhängt, einen großen Einfluß auf die Musterbildung nervöser Prozesse einschließlich derjenigen, die mit den Parallelerscheinungen des Bewußtseins verbunden sind, ausüben. Sie bestimmen nämlich die Struktur und Biochemie des Gehirns. Darüber hinaus ist es ganz plausibel, wie *Kretschmer* annimmt und mit wertvoller Augenscheinlichkeit dokumentiert, daß Körperkonstitution und Temperament zu gewissen Typen der Psychosen disponieren, wenn hierfür pathologische Bedingungen entstehen. Bei diesen Psychosen kann eine Übertreibung und Verzerrung präpsychotischer geistiger oder persönlicher Kennzeichen vorkommen; andererseits kann die Minderung oder der Ausfall gewisser geistiger Funktionen die vorherrschende Wirkung psychotischer Veränderungen sein. Bei Personen der pyknischen Konstitution und des cyclothymen Temperamentes kommt anscheinend das manisch-depressive Irresein relativ häufiger vor als bei anderen, während bei leptosomen und athletischen Typen mit schizothymem Temperament die Schizophrenie von relativ größerer Häufigkeit ist.

Die Cyclothymen sind im wesentlichen extrovertiert, die Schizoiden introvertiert. Es gibt zwei wesentlich unterschiedene Typen der Schizoiden, den „Eremiten-Typ", zurückgezogen und abgeschlossen, und den Menschen der Handlung, durch kühle Berechnung und abstrakte Prinzipien beherrscht. Der aktive schizoide Typ, der seinen Höhepunkt in der Gestalt eines fanatischen Despoten findet, bleibt trotz seiner Aktivität streng introvertiert.

Bei den mehr extrovertierten Cyclothymen kann ein mehr aktiver und ein mehr passiver Typ unterschieden werden. Man trifft tatsächlich bei der Mehrheit der Individuen gemischte Formen des Temperamentes an, in denen man cyclothyme und schizothyme Merkmale erkennt. Trotzdem hat *Kretschmers* Analyse großen Wert. *Kretschmer* hat zusätzlich verschiedene degenerative Temperamentstypen aufgezeigt, die man nicht in adäquater Weise klassifizieren kann, und die wie viele der anderen Typen meist gemischt sind.

Der Ausdruck: „Psychopathische Persönlichkeit" vermittelt keine spezifische Bedeutung; er kann auf Individuen angewendet werden, die weder psychotisch noch geistesschwach sind, sondern nur verschiedene Abweichungen des emotionalen Denkens und Verhaltens darbieten. Solche Persönlichkeiten können bloß mit einigen der oben diskutierten psychoneurotischen Merkmalen behaftet sein oder ausgesprochene cycloide oder schizoide Kennzeichen erkennen lassen. Exzentriker und Käuze, pathologische Lügner und Schwindler (wie z. B. bei der Pseudologia phantastica), pathologisch-streitsüchtige und antisoziale Individuen und Personen mit verzerrten sexuellen Haltungen gehören in diese Kategorie.

Viele hochbegabte und sogar geniale Persönlichkeiten, die literarische, künstlerische oder wissenschaftliche Werke von hervorragendem axiologischem Wert produziert haben, ebenso zahlreiche prominente Männer der Tat und Staatsmänner waren Psychopathen verschiedenen Grades und einige dieser Individuen erkrankten in der Folge an sicheren Geisteskrankheiten[96].

Zu diesem Gegenstand liegt ein ausgedehntes Schrifttum vor und zahlreiche sog. Pathographien, individuelle Psychologien und ähnliche Abhandlungen wurden veröffentlicht einschließlich derer von *Lombroso* (Genie und Wahnsinn, 1864), *Möbius, Birnbaum* u. a. Viele übertriebene, unkritische und verschrobene Ansichten wurden zu diesem Gegenstand geäußert, besonders von Biographen, die, angepaßt an ihre vorgefaßten Lieblingstheorien, den fadenscheinigsten Augenschein oder sogar boshaften Klatsch deuteten.

Eine gesunde und nüchterne Bewertung der verschiedenen Probleme der Beziehung zwischen Genialität und neurotischen oder psychopathischen Zügen findet man in *Kretschmers* Buch „Geniale Menschen" (1931). Psychopathen sind bei weitem häufiger als Genies und einige Genies hatten im ganzen gesehen ein recht gesundes Temperament, obwohl ein Genie schon als solches als abnorm angesehen werden kann. Es ist möglich, daß in einigen Fällen eine krankhafte emotionale Haltung mit anderen wichtigen Faktoren verbunden, einen auslösenden Effekt auf die

---

[96] Der Fall von *J. Robert Mayer* ist für die Geschichte der Medizin und Wissenschaft von besonderem Interesse. *Mayer,* der zu seiner Zeit ein unbekannter praktischer Arzt in Heilbronn war, arbeitete als hervorragendes Werk das brillante Konzept des Gesetzes der Erhaltung der Energie aus. In *Liebigs* Annalen von 1842, einer weitverbreiteten wissenschaftlichen Zeitschrift, die von allen maßgeblichen Forschern, vermutlich einschließlich *Helmholtz,* gelesen wurde, berechnete er, offensichtlich zum ersten Mal, einen Zahlenwert des mechanischen Wärmeaequivalentes. Weniger deutliche Vorstellungen von der Beziehung der Wärme zur Arbeit, wurden, *Mayer* unbekannt, schon vorher durch *Graf Rumford* und *Sadi Carnot* vorgebracht. *Joule* und *Helmholtz* (1847) kamen später zu ähnlichen Schlüssen; eine genauere Fassung des Aequivalentes erhielt *Joule.* Unzweifelhaft hatte *Mayer* jedoch die Priorität und *Helmholtz,* dem die Entdeckung auch heute noch irrtümlicherweise zugeschrieben wird, spielte eine schimpfliche Rolle in dem nachfolgenden Streit. Die schweren manisch-depressiven und etwas paranoischen psychotischen Anfälle, unter denen *Mayer* später litt, wurden wahrscheinlich durch die Ungerechtigkeiten, Zurücksetzungen und Spannungen verschlimmert, die sich aus dieser Lage ergaben. Dank den Anstrengungen von *J. Tyndall* und anderen sah *Mayer* schließlich seinen Beitrag anerkannt, blieb jedoch weiterhin wissenschaftlich unproduktiv.

Geistestätigkeit hat und für ein schöpferisches oder anderes Werk hohen axiologischen Wertes förderlich ist.

Es ist fast unmöglich, einen normalen Geist zu definieren, der ein komplexes Gemisch vieler geistiger Merkmale ist; zwischen dem unbestimmt verstandenen Normalen und dem Krankhaften gibt es eine sehr breite Übergangszone. Der mundartliche Ausdruck „lunatic fringe" erscheint daher nicht unzutreffend. Es gibt weiterhin viele schlecht bestimmbare geistige Kennzeichen, die besonders betrachtet werden müssen. Im Alltagsleben kommen intellektuell mittelmäßige oder sogar in mancher intellektuellen oder emotionalen Beziehung mangelhafte Personen zu Ansehen, Ruhm und wichtigen Stellungen, weil ihre Aggressionsmuster oder ihre Anpassung an die maßgebende Situation sehr gut sind[97].

In diesem Zusammenhang ist die nachfolgende Erläuterung von *Kretschmer* (1931) sehr bedeutsam: „Die Psychopathen sind immer da. Aber in den kühlen Zeiten begutachten wir sie, und in den heißen — beherrschen sie uns." Ich bin überzeugt, daß diese Bemerkung meines ausgezeichneten Kollegen eher eine Untertreibung ist. Ein ebenfalls sehr wichtiger Beitrag zum gleichen Problem wird dem Grafen *Axel Oxenstierna* (1583—1654), Kanzler von Schweden, zugeschrieben, der bei der Unterweisung seines Sohnes ausgerufen haben soll: „An nescis, mi fili, quantilla prudentia mundus regator?".

Bevor ich meine Abhandlung mit einigen kurzen Bemerkungen über die echten Psychosen abschließe, ist vielleicht eine kritische Bemerkung über die Modifikationen von *Kretschmers* Theorien angebracht, die *Sheldon* und seine Mitarbeiter (1940, 1942) ausgearbeitet haben. *Sheldon* unterscheidet drei Typen physischer Konstitution, die im wesentlichen mit denen *Kretschmers* identisch sind, gebraucht aber die Bezeichnungen „Endomorphie", „Mesomorphie" und „Ectomorphie". Der endomorphe Körperbau soll überwiegend das Ergebnis der Entoderm-Entwicklung sein, der mesomorphe des Mesoderms und der ectomorphe des Ectoderms. Aus histobiologischer Sicht hat diese Terminologie, die ziemlich inkongruent erscheint, wenig Berechtigung. Pyknische („endomorphe") Individuen zeigen vielleicht, wie ich mich häufig selbst im Sektionsraum überzeugte, einen schwach entwickelten Darmtrakt, der an einem reichlich verfetteten Mesenterium befestigt ist. Das Fettgewebe, das bei solchen

---

[97] Bei der Diskussion der Selektionsprozesse macht *Wolff* (1933) eine bemerkenswerte Unterscheidung zwischen „Situationsvorteil" und „Organisationsvorteil".

Individuen in der Subcutanschicht und anderen Körperregionen stark entwickelt ist, ist mesodermal. Zudem besteht sogar der Darm selbst nur zu einem geringen Maße aus entodermalem Gewebe, das nur die epitheliale Grenze darstellt. *Sheldons* endomorpher Typ ist daher eine Fehlbezeichnung und nicht weniger mesomorph als sein mesomorpher, d. h. *Kretschmers* athletischer Typ. Es gibt auch keine histobiologische Rechtfertigung, den leptosomen Typ als ektomorph zu bezeichnen; es gibt keine Hinweise darauf, daß Ektoderm-Derivate hier vorwiegen. Obwohl das Gehirn aus ektodermalem Nervengewebe besteht, enthält es einen großen Anteil funktionell bedeutsamen Mesodermalgewebes (Gefäßapparat) und ist keineswegs notwendigerweise größer als bei einigen Pyknikern oder Athletikern[98].

Was die Temperamente betrifft, so unterscheidet *Sheldon* die Viscerotonie, die ähnliche Züge wie die Cyclothymie hat und vorgeblich mit der Endomorphie zusammenhängt, die Somatotonie ähnlich der aktiven gleichgültigen Form der Schizothymie und vermeintlich gekoppelt an die Mesomorphie, schließlich die Cerebrotonie, angeblich mit der Ektomorphie verbunden, und vergleichbar mit der passiven Form der Schizothymie. Ich betrachte die Terminologie von *Sheldon* als künstlich und irreführend.

Man muß zugeben, daß diese verschiedenen Formulierungen Probleme großer Komplexität betreffen, die bisher allen Versuchen einer erschöpfenden Erkärung widerstanden haben. Trotzdem bin ich überzeugt, daß *Kretschmers* brillant entwickelte Konzepte auf der Grundlage weitreichender klinischer Erfahrung und gründlicher Analyse der menschlichen Natur der Adaptierung und den Modifikationen seiner Ansichten durch *Sheldon* bei weitem überlegen sind.

Die vernünftige Klassifizierung der Psychosen ist ein schwieriges Problem geblieben, da viele verschiedene symptomatische Bewußtseinszustände, welche nosologische Muster bilden, beachtet werden müssen.

---

[98] Es ist nur zufällig, daß bei leptosomen Individuen die Haut in bezug auf das Körpervolumen größer ist als bei Athletikern oder Pyknikern. Auch ist die Haut überwiegend mesodermal (Corium). Die Behauptung, daß bei Leptosomen das Nervensystem relativ „ungeschützt" sei, erscheint nicht sehr wertvoll; sie weitet den Begriff der „Protektion" über vernünftige Grenzen aus und kann als beträchtliche Übertreibung angesehen werden. Viele Leptosome haben ein biologisch weit „zäheres" Nervensystem als viele Athletiker oder Pykniker. Ich bin der Ansicht, daß *Sheldon* unbedeutende oder zufällige, aber leicht dargelegte Merkmale überbewertet.

Zudem sind semantische Begriffe und Bezeichnungen, die sich auf Bewußtseinszustände beziehen, keineswegs einander ganz adäquat. Früher unterschied man vorwiegend affektive Psychosen, Psychosen mit abnormen Wahrnehmungen und abnormem Gedankenablauf und Demenz, nämlich Psychosen, die vorwiegend durch Mängel gekennzeichnet waren. Das nosologische Schema, das *Emil Kraepelin* (1856—1927) eingeführt hat, bedeutet einen beträchtlichen Fortschritt und scheint mit nur geringen Variationen auch noch das gegenwärtig allgemein angenommene Grundsystem der Klassifikation zu sein. Die biologische Begründung dieses Schemas ist gleichsam durch das Werk von *Kretschmer* gestützt worden.

Man kann drei größere nosologische Krankheitsgruppen unterscheiden: a) die Schizophrenie-Gruppe (Dementia praecox, Hebephrenie, Katatonie, paranoide Demenz), b) die manisch-depressiven Psychosen, weniger häufig als die Schizophrenien und c) die seltene echte sog. *Kraepelin*sche Paranoia. Die Schizophrenen, die eine Persönlichkeitsspaltung entwickeln, neigen dazu, sich aus der Umwelt zurückzuziehen und in ihrer eigenen Welt von Sinnestäuschungen und Symbolen zu leben mit bildlich gesprochen holobolischen Reaktionen positiver oder negativer Art auf die Umgebung, d. h. mit Aggression oder Abschließung und Negativismus. Die Manisch-Depressiven bewahren gewöhnlich eine besser angepaßte Umgebungsbeziehung, und die Paranoiker können höchst logische und in sich konsistente Systeme von Wahnvorstellungen aufbauen, die nicht selten durch verständliche, wenn auch irrtümliche Schlußfolgerungen aus ihrer wirklichen persönlichen Erfahrung begründet sind.

Zusätzlich gibt es noch viele andere Typen von Psychosen, die als nosologische Einheiten betrachtet werden können. Es ist nicht ganz sicher, ob eine Involutionsmelancholie in eine solche eigene Kategorie fällt. Auch die Psychosen, die sich aus Psychoneurosen, wie oben diskutiert, entwickeln, gehören hierher. Die Kategorie gemischter Psychosen schließt weiterhin solche durch endogene oder exogene Gifte und verwandte Substanzen (Alkohol-Psychosen, Delirium bei Infektionskrankheiten, Psychosen bei endokrinen Krankheiten usw. sowie die Psychosen bei *Huntingtons* Chorea) ein. Eine weitere Untergruppe umfaßt Psychosen, die mit erheblichen grob-morphologischen oder feineren histopathologischen Strukturveränderungen des Nervensystems verbunden sind, wie die Psychosen bei Hirngeschwülsten, die traumatischen, praesenilen und senilen Psychosen, die Psychosen bei der cerebralen Arteriosklerose oder anderen hirngefäß-abhängigen Störungen, die Dementia paralytica ebenso wie auch die Psychosen bei der Lues cerebri, bei Meningitis, bei der multiplen Sklerose, der Paralysis agitans, der Chorea, verschiedenen Encephalitiden und noch anderen Erkrankungen dieses Typs.

Geistige Defekte (Oligophrenie) sind Zustände, in denen alle höheren Bewußtseinsaktivitäten betroffen werden. Der bemerkenswerteste Defekt betrifft gewöhnlich die schlecht definierte Gruppe der Fähigkeiten, die man zusammenfassend als Intelligenz bezeichnet. Das Lernen und das Verstehen sind besonders geschädigt. Solche Störungen können angeboren oder erworben, z. B. als Ergebnis einiger der akuten Entmarkungskrankheiten (Encephalomyelitiden) und anderer Krankheiten sein, die die Hirnrinde und die Rindenverbindungen diffus betreffen. Auch biochemische Störungen können solche Krankheiten verursachen, wie sie in der Diskussion der Parameter, z. B. beim Kretinismus, bei der Idiotie auf Grundlage der Phenylketonurie oder bei der familiären *Tay-Sachs*schen Idiotie erwähnt wurden. Vorgeburtliche, Geburtsschäden und Entwicklungsanomalien, wie sie entweder durch erbliche oder sekundärschädigende Faktoren verursacht werden, können in gleicher Weise zu geistigen Defekten führen. In extremen Fällen, wie bei der Anencephalie, ist der abnorme Organismus nicht lebensfähig. In den Fällen, die *Edinger* und *Fischer*, *Gamper*, ebenso wie wir selbst (*K.* u. a. 1957, 1959) beschrieben haben, ist es zweifelhaft, ob Bewußtseinsphänomene überhaupt vorkamen. Die geistigen Defekte können mit Mikroencephalie, Mikrogyrie und anderen grob-anatomischen Defekten verbunden sein, auch mit dem sog. Mongolismus und mit der tuberösen Sklerose. In anderen Fällen kann man keine deutlichen anatomischen oder histologischen Defekte entdecken.

Unabhängig von der Ätiologie hat man die geistig-defekten Individuen als Idioten, Imbecille und Debile (Trottel) klassifiziert. Die Letztgenannten gehen ohne scharfe Grenze in die Gruppe der Dummköpfe über. Die Idiotie und die Imbecillität, manchmal auch noch zusammen mit der „Morosis“ hat man auch als „Oligophrenien“ klassifiziert. Der Ausdruck „Geisteschwäche“ bezeichnet etwas unbestimmt verschiedene Grade geistiger Defekte. Die ganze nosologische Gruppe kann man von den Psychosen im engeren Sinne abtrennen.

Was diese Psychosen betrifft, so besetzen Geisteskranke mehr als 700 000 Krankenhausbetten in den Vereinigten Staaten, d. h. etwas mehr als die Hälfte aller Krankenhausbetten, die in diesem Lande zur Verfügung stehen. Man schätzt, daß noch eine ungefähr gleiche Anzahl solcher Geisteskranker eigentlich hospitalisiert werden müßten, wenn es möglich wäre. Die Überfüllung der Irrenhäuser ist bereits ein sehr ernsthaftes Problem, und die Zustände in einer Anzahl derartiger Einrichtungen reichen von beklagenswert bis schmachvoll.

Man schätzt dazu noch eine Anzahl von möglicherweise 7,5 Millionen Personen, die an Psychosen leiden, die schwer genug sind, um sie für die Beschäftigung oder auch für eine Ausführung einfacher Routineaufgaben ungeeignet zu machen. Schließlich kommt dazu noch eine unbestimmte, aber vielleicht sehr beträchtliche Anzahl von Grenzfällen von Psychosen und Psychoneurosen, die es irgendwie fertigbringen, vorwärtszukommen und sich in den verschiedenen Lebenstätigkeiten manchmal sehr erfolgreich, manchmal weniger zu behaupten. So ist es nicht unwahrscheinlich, daß etwa eine Person auf 10 innerhalb oder an den Rand der Geisteskrankheit gehört. Darin sind noch nicht die angeborenen geistigen Mängel enthalten, die die Bevölkerung in einer Häufigkeit von 9—10 auf Tausend befallen sollen. Von dieser Gesamtzahl sind nur ungefähr 6—9 % schätzungsweise Idioten, 16—20 % fallen unter Imbecillität. Viele Schwachsinnige oder Individuen an der Grenze des geistigen Defektes können eine angemessene oder sogar einseitig gute Entwicklung einiger Geisteskräfte zeigen und können, wie die Psychoneurotiker oder die Grenzfälle der Psychosen je nach den Umständen Erfolg haben oder im Leben scheitern[99].

Von den hospitalisierten Geisteskranken sind etwa die Hälfte oder mehr, d. h. roh geschätzt in USA 350 000 Schizophrene. An der zweiten Stelle der zahlenmäßigen Häufigkeit stehen die Psychosen auf dem Boden von Hirnarteriosklerose (9—10 % der Hospitalisierten) und die senilen oder praesenilen Psychosen (5—6 %). Die Involutionsmelancholie folgt sodann (ungefähr 5 %), darauf vielleicht die Alkoholpsychosen (ungefähr 4 %) und manisch-depressive Psychosen (etwa 4 %). Diese Zahlen, die auf der Grundlage verschiedener Statistiken und offizieller Feststellungen roh geschätzt wurden, mögen in den verschiedenen Staaten der Union

[99] Der Ausdruck „Idiot savant“ ist für geistig Defekte mit ungewöhnlicher Begabung in irgendeinem mechanischen Handwerk oder in schnellen langen und komplizierten numerischen Rechnungen oft mit sehr großen Zahlen geprägt worden. Das Schrifttum über diesen Gegenstand ist umfangreich — und das Konzept des „Idiot savant“ hat einen größeren Umfang als man gewöhnlich annimmt. Solche Fälle stellen möglicherweise nur die Extreme eines häufig angetroffenen Musters dar, das eine Mittelmäßigkeit nach allgemeinem Urteil, d. h. einen relativen Mangel in sekunda Petri, mit hervorragender Geschicklichkeit oder Fähigkeit in einem mehr oder weniger beschränkten Spezialgebiet verbindet. Was die sog. Rechenwunder betrifft, so findet man eine interessante Diskussion in *W. W. Rouse Balls* „Mathematical Recreations and Essays“ (1939).

etwas unterschiedlich sein und von Jahr zu Jahr wechseln, entsprechen aber ziemlich genau den Größenordnungen, die man in den letzten Jahren festgestellt hat, insbesondere in den staatlichen Krankenhäusern.

Betrachtet man die Gründe für die erste Einweisung in Irrenanstalten, so liegen die prozentualen Zahlenverhältnisse etwas unterschiedlich, z. B. für den Staat New York im Jahre 1953/54: Schizophrenie ungefähr 28 %, Psychosen mit cerebraler Arteriosklerose ungefähr 24 %, senile oder praesenile Psychosen ungefähr 16 %, Alkohol-Psychosen ungefähr 8 %, Involutionspsychosen ungefähr 4 %, manisch-depressives Irresein ungefähr 2 %.

Diese Zahlen zeigen das Überwiegen der Schizophrenie, aber liefern keine vollständige Information, da viele Randschizophrenien, manisch-depressive oder andere Psychosen nicht inbegriffen sind. Auch ist die sehr große Zahl der Psychoneurotiker, die selten ins Krankenhaus aufgenommen werden, nicht berücksichtigt. Hinsichtlich der großen Zahl der Schizophrenen in den staatlichen Hospitälern hat man darauf hingewiesen, daß diese Psychose chronisch ist und gewöhnlich das Leben nicht abkürzt.

Vom Standpunkt des psychophysischen Parallelismus und einer mechanistischen Neurologie aus sind alle diese Psychosen als durch Fehlfunktion cortico-thalamischer nervöser Kreisprozesse verursacht zu verstehen[100]. Das kann sich aus einem organischen Schaden der Verbindungswege oder der Nervenzellen und Synapsen ergeben. Der Schaden muß jedoch genügend massiv und diffus sein, um die Äquipotentialität und die Ultrastabilität des nervösen Mechanismus zu überwinden. Diffuse arteriosklerotische oder senile Veränderungen, diffuse Rückbildung der ganzen Hirnrinde bei der paralytischen Demenz, massive Zerstörung der Hirnrinde und der Faserzüge beider Stirnhirne durch Geschwülste oder ähnliche massive Zerstörung, die die gesamten emotionalen Neuronenkreise betrifft, könnte man als Beispiele anführen. Der Schaden kann auch rein funktionell sein, einschließlich der synaptischen Aktivitäten und ist dann durch histologische Methoden meist nicht demonstrabel.

Kürzliche Fortschritte im Studium der neurohumoralen Transmittersubstanzen, der Halluzinogene, der Tranquilizer und von Stoffwechselprozessen einschließlich des Sauerstoffverbrauches weisen in Richtung auf

---

[100] Die mögliche Bedeutung der Parameter, die die Hirnstammaktivitäten betreffen, z. B. solcher der sog. reticulären Formation (vgl. S. 333 und Fußnote 59) wird hierbei nicht ausgeschlossen.

biochemische Störungen als unmittelbare Ursache der Schizophrenie. Obwohl bisher noch kein genügend schlüssiger Beweis vorliegt, erscheint diese Forschungsrichtung gegenwärtig vielversprechend. Sollten sich die Vermutungen als richtig erweisen, so ließe sich fragen, warum derartige Störungen bei einigen Individuen vorkommen und bei anderen nicht. Beziehungen zu Konstitution und Temperament, vor allem zu Erblichkeit und zu anderen möglichen oder kausalen Faktoren bleiben noch zu erforschen.

Andere Psychosen, in denen ein Strukturschaden an den neuronalen Kreisprozessen nicht gezeigt werden kann, könnten in gleicher Weise biochemischen Änderungen der synaptischen Systeme zugeschrieben werden, wobei eine weite Varietät der wirksamen Variablen möglich ist. Die Psychoneurosen und verwandte „psychogene" Zustände fallen vermutlich ebenfalls in diese Kategorie.

Im Hinblick auf die *therapeutischen Verfahren* ist die Psychotherapie anwendbar, wenn der Schaden durch selbstregulierende Prozesse biologischer Heilungsvorgänge leicht gutzumachen ist, d. h. durch die natürlichen regenerativen Fähigkeiten des Körpers, auf denen letzten Endes jede ärztliche Behandlung fußt, wie z. B. die Chirurgie von der natürlichen Wundheilung abhängt. Derartige Prozesse erscheinen eng verbunden mit den Eigenschaften stabiler und ultrastabiler Systeme, die von *Ashby* studiert und erklärt worden sind. Die Psychotherapie setzt nicht notwendig die Psychoanalyse voraus, die wegen ihrer teilweise intriganten und extravaganten Aspekte einer Anzahl von kompetenten Neurologen zuwider sein mag, obwohl der relative Wert verschiedener psychoanalytischer Konzepte und eine günstige Wirkung dieser Behandlung in manchen Fällen vielleicht eingeräumt werden darf. Vom Standpunkt des psychophysischen Parallelismus aus betrachtet ist anzunehmen, daß die Psychotherapie synaptische Beziehungen in nervösen Kreisprozessen modifizieren kann. Sie würde dann eine milde und feine Form einer kombinierten Physio- und Chemotherapie darstellen.

Bedauerlicherweise werden die psychotischen und verwandte Zustände häufig irreversibel im Hinblick auf die selbstregulierenden biologischen Mechanismen und massivere Therapieversuche, die die Psychotherapie ergänzen, aber nicht ausschalten, werden unvermeidlich.

Die Beziehung zwischen Gehirn und Bewußtsein, die ich unter verschiedenen Aspekten zu erörtern versucht habe, bleibt nur ungenügend verstanden. Ich bin jedoch der Meinung, daß einige *allgemeine Konzepte* aufgezeigt werden können, die in Richtung auf eine Klärung der wichtigen Probleme weiterführen.

Die physikalischen und chemischen therapeutischen Annäherungsversuche sind im Erfolg zufällig geblieben, weil das verfügbare Wissen über die Möglichkeiten der Hirn-Bewußtseins-Beziehung unangemessen ist. Die Lobotomie und verwandte operative Maßnahmen, die schon im Zusammenhang mit den Problemen der Lokalisation diskutiert wurden, brauchen hier nicht erneut dargestellt zu werden. Die stereotaktischen Operationsmethoden, die durch *Spiegel* und *Wycis* eingeführt wurden und sich auf eine verfeinerte Technik und eine sachliche neurologische Beurteilung gründen, bedeuten einen beträchtlichen Fortschritt gegenüber früheren Maßnahmen der Psychochirurgie.

Obwohl die Pharmakotherapie mit Tranquilizern eine sehr nützliche und künftig vielversprechende Methode ist, so versteht man doch noch ungenügend ihren Wirkungsmechanismus und -grad. Möglicherweise wirken diese Drogen durch Blockierung einiger Regelkreise oder Reizung anderer, jedoch kann man im einzelnen keine Erklärungen geben.

Die Schocktherapie ist eine andere ungezielte, jedoch manchmal hilfreiche, aber etwas gefährliche Methode. Sie kann mit dem Verfahren verglichen werden, bei dem eine mit der Arbeitsweise des Mechanismus unvertraute Person auf eine launische Uhr, einen Radioapparat oder ein Präzisionsgerät einschlägt; man weiß, daß diese übliche Prozedur gelegentlich wirkt. Jedoch könnte sie launische Ergebnisse haben.

Die Schockbehandlung, die zu Krämpfen oder Koma oder beidem führt, benutzt den elektrischen Strom, das Insulin oder Metrazol. Man nimmt an, daß der therapeutische Effekt durch eine Unterbrechung krankhafter geistiger Assoziationen bewirkt wird, mit anderen Worten, durch Unterbrechung emotionaler Neuronenkreisaktivitäten oder Unterbrechung eines seelischen Circulus vitiosus. Auch hier kann man eine Wirkung auf synaptische Mechanismen annehmen, die jedoch hinsichtlich der wesentlichen therapeutischen Aspekte bisher weder verständlich noch kontrollierbar ist. Für die allgemeinen physiologischen Aspekte dieser Maßnahme haben eine große Zahl von Untersuchungen wertvolle Daten geliefert (*Spiegel* und *Spiegel-Adolf* 1953 und viele andere Autoren). So bewirkt die Elektrostimulation vermutlich eine Zunahme der Permeabilität der oberflächlichen Zellschichten; daraus ergeben sich Veränderungen in der Elektrolytverteilung. Man hat sich langsam ausbreitende Wellen verminderter Rindenaktivität gezeigt. Die noch umstrittene Wirkung der elektrokonvulsiven Behandlung wird durch die Tatsache beleuchtet, daß einige Versicherungsgesellschaften sich geweigert haben, Haftpflichtansprüche an die Ärzte zu decken. Die Insulinkomabehandlung ist durch solide Gegner (*Bourne*, 1953) auch als „Insulinmythos" gekennzeichnet worden.

Trotz alledem gibt es manche Anzeichen dafür, daß verbesserte Behandlungsmethoden der krankhaften Bewußtseinszustände künftig noch entwickelt werden. Derartige Fortschritte, die sich auf empirische Verfahren gründen, hängen nicht notwendig von einem besseren Verständnis der Beziehungen zwischen Hirn und Bewußtsein ab. Eine weitere Klärung dieser Probleme wird aber sicherlich nicht schädlich sein und könnte zweifellos die Psychiatrie beeinflussen, die zeitweise vielleicht das Gehirn als Organ vernachlässigt. Die Psychiatrie beschäftigt sich selbstverständlich mit Bewußtseinszuständen ebenso wie mit Verhalten. Während viele Bewußtseinsaspekte nicht mit ausschließlich mechanistischen Ausdrücken behandelt werden können, stellen dennoch physikalische Hirnmechanismen, wie sie durch den psychophysischen Parallelismus gedeutet werden, das fundamentale biologische Korrelat aller normalen und pathologischen Bewußtseinsphänomene dar.

V. Schrifttum

Abramson, H. A., ed. Problems of consciousness. Transactions. (Five conferences sponsored by Josiah *Macy,* Jr. Foundation.) New York 1951, 1952, 1953, 1954, 1955.

Adler, A.: Der nervöse Charakter. Wiesbaden 1922.

Adrian, E. D.: The physical background of perception. Oxford 1947.
— The sense of smell. Advanc. of Science *4,* 287—292, 1948.
— The electrical activity of the mammalian olfactory bulb. EEG Clin. Neurophysiol. *2,* 377—388, 1950.
— What happens when we think. See *Laslett,* P., 1950.
— The mechanism of olfactory stimulation in the mammal. Advanc. of Science *9,* 417—420, 1953.

Allison, A. C., and *Warwick,* R. T. T.: Quantitative observations on the olfactory system of the rabbit. Brain *72,* 186—197, 1949.

Anton, A.: Über die Selbstwahrnehmung der Herderkrankungen des Gehirns durch die Kranken bei Rindenblindheit und Rindentaubheit. Arch. f. Psychiat. *32,* 86—127, 1899.

Aserinsky, E., and *Kleitman,* N.: Regularly occurring periods of eye motility and concomitant phenomena during sleep. Science *118,* 273—274, 1953.

Ashby, W. *Ross:* Design for a brain. New York 1952.

Augustine, St.: Confessions. Latin text with the Engl. transl. by Wm. *Watts,* 1631; 2 vols. Loeb Classical Library, Harvard U. Press, Cambridge 1912.
— The City of God Against the Pagans. Latin text with Engl. transl. by Ph. *Levine* et al. 6 vols. Loeb Classical Library, Harvard U. Press, Cambridge 1957—1968.

Avenarius, R.: Kritik der reinen Erfahrung. Leipzig 1888.

Ayer, A. J.: The physical basis of mind: a philosopher's symposium. See *Laslett,* P., 1950.

Bachem, A.: Brain astigmatism: a discussion of space and time. Am. Scientist *40,* 497—499, 1952.

Ball, W. W. *Rouse:* Mathematical recreations and essays. New York (MacMillan) 1939.

Bargmann, W.: Weitere Untersuchungen am neurosekretorischen Zwischenhirn-Hypophysensystem. Z. f. Zellforsch. *42,* 247—272, 1955.
— and *Scharrer,* E.: The site of origin of the hormones of the posterior pituitary. Amer. Scientist *39,* 255—259, 1951.

Bar-Hillel, Y.: Can translation be mechanized? Am. Scientist *42,* 248—260, 1954.

Basmajian, J. V.: Control and training of individual motor units. Science *141,* 440—441, 1963.

— Muscles alive: their functions revealed by electromyography. (Williams & Wilkins, Baltimore 1962).

Bauer, K. F.: Organisation des Nervengewebes und Neurencytiumtheorie. München—Berlin (Urban & Schwarzenberg) 1952.

Beadle, G. W.: Biochemical genetics. Chem. Rev. *37,* 15—96, 1945.

— Chemical genetics. In: Genetics in the 20th century, pp. 221—239. New York (MacMillan) 1951.

Beccari, N.: Neurologia comparata anatomo-funzionale dei vertebrati compreso l'uomo. Firenze 1943.

Behanan, K. T.: Yoga. A scientific evaluation. (Dover, New York 1937).

Berger, H.: Psychophysiologie in 12 Vorlesungen. Jena 1921.

— Über das Elektrenkephalogramm des Menschen. Arch. f. Psychiat. u. Nervenkr. *87,* 527—570, 1929.

Berkeley, E. C.: Giant brains or machines that think. New York (Wiley & Sons) 1949.

— The construction of living robots. New York (E. C. Berkeley and Associates) 1952.

— A summary of symbolic logic and its practical applications. New York (E. C. Berkeley and Associates) 1952.

— Circuit Algebra — Introduction. New York (E. C. Berkeley and Associates) 1953.

— and *Jensen,* R. A.: Contructing electric brains. New York (E. C. Berkeley and Associates) 1952.

Berkeley, G.: A treatise concerning the principles of human knowledge (1710). Three dialogues between Hylas and Philonous (1713, 1725). Ed. Everyman's Library, New York (Dutton).

Bernhaut, M., *Gellhorn,* E., and *Rasmussen,* A. T.: Experimental contributions to problems of consciousness. J. Neurophysiol. *16,* 21—35, 1953.

Bernis, W. J., and *Spiegel,* E. A.: Zentren der statischen Innervation und ihre Beeinflussung durch Groß- und Kleinhirn. Arb. a. d. Neurol. Inst. a. d. Univ. Wien *27,* 197—224, 1925.

Bishop, G. H., and *O'Leary,* J.: Components of the electrical response of the optic cortex in the rabbit. Am. J. Physiol. *117,* 292—308, 1936.

Black, P., and *Myers,* R. E.: Visual function of the forebrain commissures in the chimpanzee. Science *146,* 799—800, 1964.

Bonin, G. von: Types and similitudes. Philos. of Science *13*, 196—202, 1946.

— Essay on the cerebral cortex. Springfield, Ill. 1950.

Boole, G.: An investigation of the laws of thought, on which are founded the mathematical theories of logic and probabilities. 1854 (ed. Dover, New York).

Bourne, H.: The insulin myth. Lancet 2, 964—968, 1953.

Boyd, D. A., and *Nie*, L. W.: Congenital universal indifference to pain. Arch. Neurol. Psychiat. *61*, 402—412, 1949.

Brahma, N. K.: Philosophy of Hindu Sâdhanâ. London (Kegan Paul, Trench, Trubner) no date (about 1932).

Brain, W. R.: Diseases of the nervous system. London (Oxford U. Press), ed. 2, 1940, ed. 4, 1950.

— Speech and thought. See *Laslett*, P., 1950.

— Mind, perception and science. Oxford (Blackwell) 1951.

Brazier, M. A. B.: The electrical activity of the nervous system. New York (Mac Millan) 1953.

— The actions of anaesthetics on the nervous system with special reference to the brain stem reticular system. See *Delafresnaye*, 1954, pp. 163—199.

Bremer, F.: Cerveau „isolé" et physiologie du sommeil. C. R. Soc. Biol. *118*, 1235—1242, 1935.

— The neurophysiological problem of sleep. See *Delafresnaye*, 1954, pp. 137—162.

Brenman, M.: The phenomena of hypnosis. Problems of consciousness. First Conference 1950, Jos. Macy Jr. Foundation, ed. by H. A. Abramson. New York 1951.

Breuer, J.: Die Selbststeuerung der Athmung durch den Nervus vagus. Sitz. Ber. K. Akad. Wiss. Wien, math.-naturwiss. Cl. 58, *11*, 909—937, 1868.

Brock, L. G., *Coombs*, J. S., and *Eccles*, J. C.: Action potentials of motoneurons with intracellular electrode. Proc. Univ. Otago Med. Sch. *29*, 14—15, 1951.

Brodal, A.: The hippocampus and the sense of smell. A review. Brain *70*, 179—222, 1947.

Brunton, P.: A search in secret India. New York (Dutton) 1935.

Burnett, T. C.: Some observations on decerebrate frogs, with special reference to the formation of associations. Am. J. Physiol. *30*, 80—87, 1912.

Buscaino, V. M.: Basi neurologiche dei fenomeni di coscienza. Acta Neurologica *6*, 1—4, 1951.

Cajal, S. R.: Histologie du système nerveux de l'homme et des vertébrés. Paris (Maloine), 2 vols., 1909—1911.

Camus, J.: La régulation des fonctions psychiques. Troubles mentaux par lésions extra-corticales. Paris Médical (octobre) 1922, p. 363.

Carey, E. J., *Massopust,* L. C., *Zeit,* W., *Haushalter,* E., and *Schmitz,* J.: Studies of ameboid motion and secretion of motor and plates: V, Experimental pathologic effects of traumatic shock on motor end plates in skeletal muscle. J. Neuropathol. Exp. Neurol. *4,* 134,—145, 1945.

Carlsson, A., *Falck,* B., *Fux,* K., and *Hillarp,* N. Å.: Cellular localisation of monoamines in the spinal cord. Acta physiol. scand. *60,* 112—119, 1964.

Castaldi, L.: Il sistema nervoso motore dei centri e delle vie extrapiramidali. Monitore Zool. Ital. *48,* Suppl. 11—58, 1938.

Chapman, W. P., *Schroeder,* H. R., *Geyer,* G., *Brazier,* M. A. B., *Fager,* Ch., *Poppen,* J. L., *Solomon,* H. C., and *Yakovlev,* P. I.: Physiologic evidence concerning importance of the amygdaloid nuclear region in the integration of circulatory function and emotion in man. Science *120,* 949—950, 1954.

Cherry, E. C.: The communication of information. Am. Scientist *40,* 640—664, 1952.

Child, C. M.: Patterns and Problems of Development. Chicago (The Univ. of Chicago Press) 1941.

Clark, W. E. *Le Gros*: Observation on the association system of the visual cortex and the central representation of the retina. J. Anat. *75,* 225—235, 1941.

— Anatomical pattern as the essential basis of sensory discrimination. Oxford (Blackwell) 1947.

— Immediate problems of the anatomy of the thalamus. Rapport présenté au IVe congrès Neurol. Internat. 1949, pp. 49—52.

— Projection of the olfactory epithelium on the olfactory bulb: a correction. Nature *165,* 452—453, 1950.

— The structure of the brain and the process of thinking. See *Laslett,* P., 1950.

— and *Warwick,* R. T. T.: Pattern of olfactory innervation. J. Neurol., Neurosurg., Psychiat. *9,* 101—111, 1946.

Coghill, G. E.: Anatomy and the problem of behaviour. Cambridge (Univers. Press) 1929.

Conel, F. L.: The postnatal development of the human cerebral cortex. Vols. I, II, III. Cambridge, Harv. U. P., 1939, 1941, 1947.

Craik, K. J. W.: The nature of explanation. Cambridge (Cambridge Univ. Press.) 1943.

Crile, G.: The Phenomena of Life. New York (W. W. Norton & Co.) 1936.

Dale, H. H.: Transmission of nervous effects by acetylcholine. Harvey Lect. *32,* 229—245, 1937.

Dearborn, Van Ness, G.: A case of congenital general pure analgesia. J. Nerv. and Mental Dis. *75,* 612—615, 1932.

Delafresnaye, J. F., ed.: Brain mechanisms and consciousness. A symposium organized by the Council for International Organizations of Medical sciences. Oxford (Blackwell) 1954.

Descartes, R.: Discours sur la méthode (1637). Meditationes de prima philosophia (1641). Paris (ed. Cousin) 1824—1826.

Deutsch, J. A.: A machine with insight. Quart. J. Exper. Psychol. *6*, 6—11, 1954.

Driesch, H.: Philosophie des Organischen. Leipzig 1921.
— Ordnungslehre. Leipzig 1922.
— Metaphysik. Breslau 1924.

Du Bois-Reymond, E.: Untersuchungen über thierische Electricität. Berlin 1848.

Dusser de Barenne, J. G.: Recherches experimentales sur les fonctions du système nerveux central, faites en particulier sur deux chats dont le néopallium avait été enlevé. Arch. Néerl. Physiol. *4*, 31—123, 1919—1920.

Duval, M.: Hypothèses sur la physiologie des centres nerveux; théorie histologique du sommeil. C. R. Soc. de biol. 1895 (Ser. 10, vol. 2), p. 74—84.

Eccles, J. C.: The neurophysiological basis of mind. Oxford 1953.

Economo, C. von: Sleep as a problem of localization. J. Nerv. Ment. Dis. *71*, 249—259, 1930.

Eddington, A. S.: The nature of the physical world. Cambridge 1928.
— The philosophy of physical science. Cambridge 1939.

Edinger, L.: Einführung in die Lehre vom Bau und den Verrichtungen des Nervensystems. Leipzig 1912.
— und *Fischer*, B.: Ein Mensch ohne Großhirn. Arch. f. d. ges. Physiol. *152*, 1—27, 1913.

Einstein, A.: The World as I see it. New York 1934.
— The meaning of relativity. Princeton, N. J. 1945.
— Out of my later years. New York 1950.
— and L. *Infeld*: The evolution of physics. New York 1938.

Elliot, T. R.: Action of adrenaline. J. Physiol. *32*, 401—467, 1905.

Engelmann, T. W.: Über den Einfluß der Systole auf die motorische Leitung in der Herzkammer, mit Bemerkungen zur Theorie allorhythmischer Herzstörungen. Pflügers Arch. *62*, 543—566, 1896.

Euler, U. S. von: A specific sympathicomimetic ergone in adrenergic nerve fibers (sympathin) and its relation to adrenaline and nor-adrenaline. Acta physiol. scand. *12*, 73—97, 1946.

Fabing, H. D.: New blocking agent against the development of LSD-25 psychoses. Science *121*, 208—210, 1955.

Farqhar, H. C., and *Sutton*, T.: Congenital indifference to pain. The Lancet 1951, *1*, 827—828.

Fechner, G. T.: Elemente der Psychophysik (Breitkopf u. Härtel, Leipzig 1862).

Feldberg, W.: The role of acetylcholine in the central nervous system. Brit. Med. Bull. *6*, 312—321, 1950.

Fessard, A. E.: Mechanisms of nervous integration and conscious experience. See *Delafresnaye*, 200—248, 1954.

Feuchtwanger, E.: Die Funktionen des Stirnhirns. Berlin (Springer) 1923.

Fisher, R. A.: The design of experiments. Edinburgh and London 1942.

Flechsig, P.: Gehirn und Seele. Leipzig 1896.
— Anatomie des menschlichen Gehirns und Rückenmarks auf myelogenetischer Grundlage. I. Leipzig 1920.
— Meine myelogenetische Hirnlehre. Berlin 1927.

Florey, E.: Vorkommen und Funktion sensibler Erregungssubstanzen und sie abbauender Fermente im Tierreich. Z. f. vergl. Physiol. *33*, 327—377, 1951.

Ford, J.: Social deviation, New York (MacMillan) 1939.

Forel, A.: Einige hirnanatomische Betrachtungen und Ergebnisse. Arch. f. Psychiat. *18*, 162—198, 1887.
— Die sexuelle Frage. München (Reinhardt) 1916.
— Der Hypnotismus und die suggestive Psychotherapie. Stuttgart 1921.
— Le monde social des fourmis. Genève 1921.
— Gehirn und Seele. Leipzig 1922.

Franzisket, L.: Gewohnheitsbildung und bedingte Reflexe bei Rückenmarksfröschen. Z. f. vergl. Physiol. *33*, 142—178, 1951.

Freud, S.: Vorlesungen zur Einführung in die Psychoanalyse. Wien 1930.

Frisch, K. von: Bees, their vision, chemical senses and language. Ithaca N. Y. (Cornell U. Press) 1950.

Gabor, D.: Theory of communication. Journ. I.E.E. 93 (P. III); 429, 1946. (Quoted from *Cherry*, 1952).

Galambos, R.: Neural mechanisms of audition. Physiol. Rev. *34*, 497—528, 1954.

Gamow, G.: The creation of the universe. New York 1952.

Gamper, E.: Bau und Leistungen eines menschlichen Mittelhirnwesens (Arhinencephalie mit Encephalocele). Zugleich ein Beitrag zur Teratologie und Fasersystematik. Z. f. d. ges. Neurol. n. Psychiat. *102*, 154—235; *104*, 49—120, 1926.

Gasser, H. S.: Conduction in nerves in relation to fiber types. Res. Publ. Ass. nerv. ment. dis. *15*, 35—59, 1935.

Gastaut, H.: The brain stem and cerebral electrogenesis in relation to consciousness. See *Delafresnaye*, 1954, pp. 249—283.

Gegenbaur, C.: Vergleichende Anatomie der Wirbeltiere. 2 Vols. Leipzig (Engelmann) 1898.
— Lehrbuch der Anatomie des Menschen. 2 Vols. Leipzig (Engelmann) 1903.

Gehuchten, A. van: Anatomie du système nerveux de l'homme. Louvain 1906.

Gerstmann, J.: Fingeragnosie und isolierte Agraphie — ein neues Syndrom. Z. f. d. ges. Neurol. u. Psychiat. *108*, 152—177, 1927.

Gesell, R., *Brassfield*, Ch. R., and *Lillie*, R. H.: Implementation of electrical energy by paired half-centers as revealed by structure and function. J. Comp. Neur. *101*, 331—406, 1954.

Gidro-Frank, L., and *Bowersbuch*, M. K.: A study of the plantar response in hypnotic age regression. J. Nerv. Ment. Dis. *107*, 443—458, 1948.

Gillespie, R. D.: Amnesia. Arch. Neurol. Psychiat. *37*, 748—764, 1937.

Glees, P., and *Clark*, W. E. *Le Gros*: The termination of optic fibers in the lateral geniculate body of the monkey. J. Anat. *75*, 295—308, 1941.

— and *Griffith*, H. B.: Bilateral destruction of hippocampus (cornu ammonis) in a case of dementia. Monthl. Rev. Psychiat. Neurol. *123*, 193—204, 1952.

Goethe, W. v.: Zur Farbenlehre. Didaktischer Teil. (1808.) Ed. Cotta, Stuttgart, vol. 34, no date.

— Morphologie. (1817.) Ed. Cotta, Stuttgart, vol. 32, no date.

Goldschmidt, R.: Das Nervensystem von Ascaris lumbricoides und megalocephala. Ein Versuch, in den Aufbau eines einfachen Nervensystems einzudringen. I. Z. f. wiss. Zool. *90*, 73—136, 1908: II. Ibid. *92*, 306—357, 1909.

Goltz, Fr.: Der Hund ohne Großhirn. Arch. f. d. ges. Physiol. *51*, 570—614, 1892.

Green, E. E.: Correspondence between *Stevens*' terminal brightness function and the discriminability law. Science *138*, 1274—1275, 1962.

Grünbaum, A.: Causality and the science of human behavior. Am. Scientist *40*, 665 676, 1952.

Gurwitsch, A.: Die mitogenetische Strahlung. Berlin (Springer) 1923.

— Die histologischen Grundlagen der Biologie. Jena (Fischer) 1930.

Haeckel, E.: Generelle Morphologie der Organismen. 2 Vols. Berlin (Reimer) 1866.

— Natürliche Schöpfungsgeschichte. Berlin 1898.

— Die Welträthsel. Gemeinverständliche Studien über monistische Philosophie. Stuttgart 1903.

Hainer, R. M., *Emslie*, A. G., and *Jacobson*, A.: An information theory of olfaction. Ann. New York Acad. Sci. *58* (Art. 2), 158—174, 1954.

Haldane, J. B. S.: The Marxist philosophy and the sciences. London 1938.

Hall, T. H.: The Spiritualists. The story of Florence *Cook* and William *Crookes*. Helix Press, Garret Publications, New York 1963.

Halstead, W. C.: Specialization of behavioral functions and the frontal lobes. Res. Publ. Ass. nerv. ment. dis. *27*, 59—66, 1948.

— Brain and intelligence. Chicago (U. of Chicago Press) 1947.

Hamburger, V.: Development of the nervous system. Ann. New York Acad. of Sciences *55*, 117—132, 1952.

Hamby, W. B., *Krauss*, R. F., and *Beswick*, W. F.: Hydranencephaly: clinical diagnosis. Pediatrics *6*, 371—383, 1950.

Handler, Ph., ed.: Biology and the future of man (Oxford Univers. Press, New York 1970).

Hanström, B.: Vergleichende Anatomie des Nervensystems der wirbellosen Tiere unter Berücksichtigung seiner Funktion. Berlin 1928.

— Transportation of colloid from the neurosecretory hypothalamic centers of the brain into the blood vessels of the neural lobe of the hypophysis. Kungl. Fysiogr. Sällk. i Lund, Förhandl. *22*, Nr. 6, 1952.

Harman, P. J.: Cytoarchitecture of infant and adult human lateral geniculate nucleus. Anat. Rec. *103*, 541, 1949.

Harriman, Ph. L.: The new dictionary of psychology. Philosophical Library, New York 1947.

Hartree, D. R.: Calculating instruments and machines. Chicago (U. of Ill. Press) 1949.

Haskovec, L.: Nouvelles contributions au psychisme sous-cortical. L'encéphale *24*, 846—855, 1929.

Hebb, D. O.: The problem of consciousness and introspection. See *Delafresnaye*, 1954, pp. 402—421.

Hechst, B.: Über einen Fall von Mikroencephalie ohne geistigen Defekt. Arch. f. Psychiat. u. Nervenkrankh. *97*, 64—76, 1932.

Held, H.: Die Entwicklung des Nervengewebes bei den Wirbeltieren. Leipzig 1909.

Helmholtz, H. L. F.: Vorläufiger Bericht über die Fortpflanzungsgeschwindigkeit der Nervenreizung. Arch. f. Anat., Physiol. u. wiss. Med. 1850, pp. 71—73.

Henschen, S. E.: Die Vertretung der beiden Augen in der Sehbahn und in der Sehrinde. Arch. f. Ophth. *117*, 419—459, 1926.

Heron, E., *Doane*, B. K., and *Scott*, T. H.: Visual disturbances after prolonged perceptual isolation. Canad. J. Psychol. *10*, 13—18, 1956.

Herrick, C. J.: A sketch of the origin of the cerebral hemispheres. J. Comp. Neur. *32*, 429—454, 1921.

— Neurological foundations of animal behavior. New York (H. Holt & Co.) 1924.

— Brains of rats and men. Chicago (U. of Chicago Press) 1926.

— The thinking machine. Chicago (U. of Chicago Press) 1932.

— The brain of the Tiger Salamander. Chicago (U. of Chicago Press) 1948.

Herrick, C. J., and *Coghill*, G. E.: The development of reflex mechanisms in Amblystoma. J. Comp. Neur. *25*, 65—85, 1915.

Hess, W. R.: Lokalisatorische Ergebnisse der Hirnreizungsversuche mit Schlafeffekt. Arch. f. Psychiat. *88*, 813—816, 1929.

— The diencephalic sleep center. See *Delafresnaye*, 1954, pp. 117—136.

Hippocrates: The sacred disease. The Loeb Classical Libr., Hippocr., Vol. II, London 1942.

Hirsch, H. V. B., and *Spinelli*, D. N.: Visual experience modified distribution of horizontally and vertically oriented fields in cats. Science *168*, 869—871, 1970.

His, W.: Zur Geschichte des menschlichen Rückenmarks und der Nervenwurzeln. Abh. kgl. sächs. ges. d. Wiss. *13*, 477—514, 1886.

Hoagland, H.: The Weber-Fechner law and the all-or-none theory. J. Gen. Psychol. *3*, 351—373, 1930.

— Consciousness and the chemistry of time. Problems of consciousness, First Conf. 1950, Jos. Macy Jr. Found., ed by H. A. Abramson. New York 1951.

Holmes, S. J.: A tentative classification of the forms of animal behavior. J. Compar. Psychol. *2*, 173—186, 1922.

Hooker, D.: Early human fetal behavior, with a preliminary note on double simultaneous fetal stimulation. Proc. Assn. Res. Nerv. Ment. Dis. Vol. *33*, 98—113, 1954.

Hume, D.: A treatise of human nature (1739—1740). An inquiry concerning human understanding (1748). London 1854.

Huxley, A.: The doors of perception (Harper, New York 1954).

Jacobshagen, E.: Allgemeine vergleichende Formenlehre der Tiere. Leipzig (Klinkhardt) 1925.

Jacobson, E.: Progressive relaxation. Chicago (U. of Chicago Press) 1929.

James, W.: The principles of psychology. New York 1890.

Jasper, H. H.: Functional properties of the thalamic reticular system. See *Delafresnaye*, 1954, pp. 374—401.

Jeans, Sir James: Physics and Philosophy. Cambridge (Univ. Press) 1943.

Jung, C. G.: Die Psychologie der unbewußten Prozesse. Zürich 1917.

Kahle, W.: Studien über die Matrixphasen und die örtlichen Reifungsunterschiede im embryonalen menschlichen Gehirn. I. Mitteilung. Die Matrixphasen im allgemeinen. D. Z. f. Nervenheilk. *166*, 273—302, 1951.

Kant, I.: Kritik der reinen Vernunft (1781, 1787). Kritik der Urtheilskraft. Grundlegung zur Metaphysik der Sitten. Prolegomena zu einer jeden künftigen Metaphysik (1783). Leipzig (Reclam).

Kapp, E.: Grundlinien einer Philosophie der Technik. Zur Entstehungsgeschichte der Cultur aus neuen Gesichtspunkten. Braunschweig (G. Westermann) 1877.

Kappers, C. U. Ariëns: Weitere Mitteilungen über Neurobiotaxis. Folia Neurobiol. *1,* 507, 1908.
— Die vergleichende Anatomie des Nervensystems der Wirbeltiere und des Menschen (Chapter II). Vol. I., Haarlem 1920.

Katz, J. J., and *Halstead,* W. C.: Protein organization and mental function. In: Brain and Behavior, a symposium. Comp. Psychol. Monogr. (U. of Calif. Press) *20,* 1—38, 1950.

Kershner, R. B., and *Wilcox,* L. R.: The anatomy of mathematics. New York 1950.

Kleist, K.: Gehirnpathologie. Leipzig 1934.

Kleitman, N.: Sleep and wakefulness as alternating phases in the cycle of existence. Chicago 1929.

Klüver, H.: Functional significance of the geniculo-striate system. Biol. Sympos. *7,* 253—299, 1942.
— Brain mechanisms and behavior with special reference to the rhinencephalon. The Journal-Lancet *72,* 567—577, 1952.
— and *Bucy,* P. C.: „Psychic blindness" and other symptoms following bilateral temporal lobectomy in rhesus monkeys. Am. J. Physiol. *119,* 352—353, 1937.
— — Preliminary analysis of functions of the temporal lobe in monkeys. Arch. Neurol. Psychiat. *42,* 979—1000, 1939.

Koehler, O.: Vom Erlernen unbenannter Anzahlen bei Vögeln. Naturwiss. *29,* 201—218, 1941.

Köhler, W.: Die physischen Gestalten in Ruhe und im stationären Zustand. Eine naturphilosophische Untersuchung. Braunschweig (Vieweg) 1920.

Korschelt, E.: Lebensdauer, Altern und Tod. Jena (Fischer) 1924.

Krause, Fedor: Chirurgie des Gehirns und Rückenmarks. 2 Vols. Berlin und Wien 1908, 1911.

Krause, F. E. A.: Ju-Tao-Fo. Die religiösen und philosophischen Systeme Ostasiens. München 1924.

Kretschmer, E.: Körperbau und Charakter. Berlin 1922 (6. ed. 1926, 19. ed. 1948).
— Über Hysterie. Leipzig 1923.
— Medizinische Psychologie. Leipzig 1926 (1st ed. 1922).
— Geniale Menschen. Berlin 1931.

Kroeber, A. L., ed., et al.: Anthropology today. An encyclopedic inventory. Chicago (U. of Chicago Press) 1953.

Kuhlenbeck, H.: Das Positive in der *Schopenhauer*schen Philosophie. Inaug. Diss., Philos. Fak. d. Univ. Jena 1920.

— Zur Morphologie des Urodelenvorderhirns. Jen. Z. f. Naturwiss. *57*, 463 bis 490, 1921.

— Vorlesungen über das Zentralnervensystem der Wirbeltiere. Jena (G. Fischer) 1927.

— Über die anatomischen Grundlagen nervöser Mechanismen. Psychiatr. Neurol. Wochenschr. *30*, 536—538, 1928.

— Die Grundbestandteile des Endhirns im Lichte der Bauplanlehre. Anat. Anz. *67*, 1—50, 1929.

— The biologic classification of tissues and its significance for the study of senescence and neoplastic growth. J. Am. Med. Women's Assn. *2*, 456—458, 1947.

— The transitory superficial granular layer of the cerebellar cortex. Its relationship to certain cerebellar neoplasms. J. Am. Med. Women's Assn. *5*, 347—351, 1950.

— The derivatives of thalamus dorsalis and epithalamus in the human brain: their relation to cortical and other centers. The Milit. Surg. *108*, 205—256, 1951.

— The human diencephalon. A summary of development, structure, function, and pathology. Confinia Neurologica, Suppl. ad vol. 14, 1954a.

— Some histologic age changes in the rat's brain and their relationship to comparable changes in the human brain. Confinia Neurologica *14*, 329—342, 1954b.

— Die Formbestandteile der Regio praetectalis des Anamnier-Gehirns und ihre Beziehungen zum Hirnbauplan. Folia Anat. Japon. *28* (*Nishi*-Festschrift): 23—44, 1956.

— The central nervous system of vertebrates. A general survey of its comparative anatomy with an introduction to the pertinent fundamental biologic and logical concepts. Vol. 1. Propaedeutics to comparative neurology. Vol. 2. Invertebrates and origin of vertebrates (Karger, Basel 1967).

— and *Globus*, J. H.: Arhinencephaly with extreme eversion of the end-brain; an anatomic study. Arch. Neurol. and Psychiat. *36*, 58—74, 1936.

— *Hafkesbring*, R., and *Ross*, M.: Further observations on a living „decorticate" (hydranencephalic) child. J. Am. Women's Assn. *14*, 216—225, 1959.

— and *Haymaker*, W.: The derivatives of the hypothalamus in the human brain; their relation to the extrapyramidal and autonomic systems. The Milit. Surg. *105*, 26—52, 1949.

— *Maher*, I., *Ross*, M., and *Eastwood*, R.: Hydranencephaly with univentricular telencephalic malformation. General comments and clinical observations on three cases. Confinia Neurologica *17*, 100—118, 1957.

Kunkle, E. C., and *Chapman*, W. P.: Insensivity to pain in man. Res. Publ. Ass. nerv. ment. dis. *23*, 100—109, 1943.

Landahl, H. D., *McCulloch*, W. S., and *Pitts*, W.: A statistical consequence of the logical calculus of nervous nets. Bull. Math. Biophys. *5*, 135—137, 1943.

Landahl, H. D.: Neural mechanisms for the concepts of difference and similarity. Bull. Math. Biophys. *7*, 83—88, 1945.

Lashley, K. S.: Brain mechanisms and intelligence. Chicago (U. of Chicago Press) 1929.

— In search of the engram. Symposia of Soc. of Exp. Biol. IV, Physiol. mechanism in animal behaviour. Cambridge (Univ. Press) 1950: 454—482.

— Dynamic processes in perception. See *Delafresnaye* 1954, pp. 422—443.

Laslett, P., edit.: The physical basis of mind. Oxford (Blackwell) 1950.

Lecomte du Noüy, P.: Biological time. New York (MacMillan) 1937.

Levi, G.: Wachstum und Körpergröße. Erg. Anat. Entw. Gesch. *26*, 87—342, 1925.

— Trattato di istologia. Torino 1946.

Lewey, F. H.: Die pathologische Anatomie und Physiologie der Trigeminusneuralgie. Arch. f. Psychiat. M. Z. Neurol. *187*, 627—639, 1950.

— and *Kobrak*, H.: Theu neural projection of the cochlear spirals on the primary acoustic centers. Arch. Neurol. and Psychiat. *35*, 839—852, 1936.

Lhermitte, J.: Les fondements biologiques de la psychologie. Paris (Gauthier-Villars & Cie) n. d. (about 1924).

Lillie, R. S.: Protoplasmic action and nervous action. Chicago 1923.

Lilly, J. C.: Mental effects of reduction of ordinary levels of physical stimuli in intact, healthy persons. Psychiat. Res. Rep. *5*, 1—28, 1956.

Livingston, W. K.: Pain mechanisms. A physiologic interpretation of causalgia and its related states. New York (MacMillan) 1943.

Locke, J.: An essay concerning human understanding (1689). London (1854).

Loewi, O.: Über humorale Übertragbarkeit der Herzwirkung. Pflügers Arch. *189*, 239—242, 1921.

— Chemical transmission of nerve impulses. Am. Scientist *33*, 159—174, 1945.

Lombroso, C.: Genio e follia. Roma e Torino, 4th ed. 1882.

MacColl, L. A.: Fundamental theory of servomechanisms. New York (Van Nostrand) 1945.

Mach, E.: Die Analyse der Empfindungen und das Verhältnis des Physischen zum Psychischen. (9th ed.) Jena (Fischer) 1922.

MacKay, D. M.: Comparing the brain with machines. Am. Scientist *42*, 261 to 268, 1954.

— Psychophysics of perceived intensity: A theoretical basis for *Fechner's* and *Steven's* laws. Science *139*, 1213—1216, 1963.

MacLean, P. D.: Psychosomatic disease and the „visceral brain“: recent developments bearing on the Papez theory of emotion. Psychosomat. Med. *11,* 338, 1950.

Magoun, H. W.: The ascending reticular activating system in the brain stem. Arch. Neurol. Psychiat. *67,* 145—154, 1952.
— The ascending reticular system and wakefulness. See *Delafresnaye,* 1954, pp. 1—20.

Maisel, E.: The Alexander technique. The resurrection of the body (University Books, New York 1969).

Marina, A.: Die Relationen des Palaeencephalons (*Edinger*) sind nicht fix. Neurol. Centralbl. *34,* 338, 1915.

Marrazzi, A. S., and *Hart,* E. R.: Relationship of hallucinogens to adrenergic cerebral neurohumors. Science *121,* 365—367, 1955.

Mauthner, L.: Zur Pathologie und Physiologie des Schlafes, nebst Bemerkungen über die „Nona“. Wien. med. Wochenschr. *40,* 961, 1890.

McCulloch, W. S.: A heterarchy of values determined by the topology of nerve nets. Bull. Math. Biophys. *7,* 89—93, 1945.
— and *Pitts,* W.: A logical calculus of the ideas immanent in nervous activity. Bull. Math. Biophys. *5,* 115—133, 1943.

McLardy, T.: Thalamic projection to frontal cortex in man. J. Neurol., Neurosurg., Psychiat. *13,* 198—202, 1950.
— Diffuse thalamic projection to cortex: an anatomical critique. EEG Clin. Neurophysiol. *3,* 183—188, 1951.

Meyer, A., *Beck,* E., and *McLardy,* T.: Prefrontal leucotomy: a neuroanatomical report. Brain *70,* 18—49, 1947.

Michelson, J. J.: Subjective disturbances of the sense of pain from lesions of the cerebral cortex. Proc. Assn. Res. Nerv. and Ment. Dis. *23,* 86—99, 1943.

Minkowski, M.: Neurobiologische Studien am menschlichen Fötus. Abderhaldens Handb. d. biol. Arbeitsmeth. V ,T. 5B, H. 5: 511—618, 1928.

Mitchell, S. W.: Phantom limbs. Lipincott's Mag. *8,* 563—569, 1871.

Moniz, E.: Tentatives opératoires dans le traitement de certaines spychoses. Paris (Masson) 1936.

Moore, G. E.: Philosophical studies. London 1922.

Morrison, Ph., and *Morrison,* E.: Charles *Babbage* and his calculating engines. Selected writings by Charles *Babbage* and others. Dover, New York 1961.

Mowrer, O. H.: An experimental analogue of „regression“ with incidental observations on „reaction formation“. J. Abnormal and Social Psychol. *35,* 56, 1940.

Muller, H. J.: Life. Science *121,* 1—9, 1955.

Münsterberg, H.: Grundzüge der Psychologie. Leipzig (Barth) 1900.

Nathan, P. W., and *Smith,* M. C.: Normal mentality associated with a maldeveloped „rhinencephalon". J. Neurol. Neurosurg. Psychiat. *13,* 191—197, 1950.

Neumann, J. von: The general and logical theory of automata. Cerebral mechanisms in behavior, Hixon Foundation, Lloyd A. Jeffress ed., New York (Wiley) 1951, pp. 1—41.
— The computer and the brain (Yale U. Press, New Haven 1958).

Nielsen, J. M.: Agnosias, apraxias, speech, and aphasia. Clinical Neurology, A. B. Baker ed., Vol. I, pp. 352—378. New York (Hoeber-Harper) 1955.

Nissl, F.: Die Neuronenlehre und ihre Anhänger. Jena 1903.

Noble, G. K., and *Borne,* R.: The effect of forebrain lesions on the sexual and fighting behavior of Betta splendens. Anat. Rec. 79, Suppl., p. 49, 1941.

Nolte, A.: Die Abhängigkeit der Proportionierung der Cytoarchitektonik des Gehirns von der Körpergröße bei Urodelen. Zool. Jahrb. Abt. allg. Zool. *64,* 538—597, 1953.

Olds, J.: Self-stimulation of the brain. Science *127,* 315—324, 1958.

Oppenheimer, J.: Problems, concepts and their history (Sect. I). Analysis of development, ed. by *Willier,* H., *Weiss,* P., and *Hamburger,* V., Philadelphia (Saunders) 1955.

Ostertag, B.: Grundzüge der Entwicklung und Fehlentwicklung. Die formbestimmenden Faktoren. Die Einzelformen der Verbildungen (einschließlich Syringomyelie). Handb. d. spez. path. Anat. u. Histol., *Lubarsch* et al., ed., Bd. 13, T. IV. pp. 283—601, 1956.

Papez, J. W.: A proposed mechanism of emotion. Arch. Neurol. and Psychiat. *38,* 725—743, 1937.

Paré, Ambroise: The apologie and treatise of (about 1585). Ed. by G. Keynes. Chicago (U. of Chicago Press) 1952.

Pavlov, I. P.: Conditioned reflexes. Oxford 1927.

Pendell, N., ed., et al.: Society under analysis. An introduction to sociology. Lancaster, Pa. (Cattell) 1942.

Penfield, W.: The cerebral cortex and the mind of man. See *Laslett,* P., 1950.
— Memory mechanisms. Arch. Neurol. Psychiat. *67,* 178—198, 1952.
— Studies of the cerebral cortex of man — a review and interpretation. See *Delafresnaye,* 1954, pp. 284—309.
— and *Evans,* J.: The frontal lobe in man: a clinical study of maximal removals. Brain *58,* 115—133, 1935.
— and *Faulk,* M. E. Jr.: The insula. Further observations on its function. Brain *78,* 446—470, 1955.
— and *Jasper,* H. H.: Epilepsy und cerebral localization. Boston 1954.

Penfield, W., and *Rasmussen*, Th.: The cerebral cortex of man. A clinical study of localization and function. New York (MacMillan) 1950.

Pfeifer, R. A.: Die Lokalisation der Tonskala innerhalb der kortikalen Hörsphäre des Menschen. Monatschr. f. Psychiat. u. Neurol. *50*, 7—48, 99—108, 1921.

Pitts, W., and *McCulloch*, W. S.: How we know universals: the perception of auditory and visual forms. Bull. Math. Biophys. *9*, 127—147, 1947.

Planck, M.: Positivismus und reale Außenwelt. Leipzig 1931.

Platt, J. R.: Amplification aspects of biological response and mental activity. Am. Scientist *44*, 180—197, 1956.

Podolsky, E. ed.: Encyclopedia of aberrations. A psychiatric handbook. New York (Philos. Libr.) 1953.

Pollen, D. A., *Lee*, J. R., and *Taylor*, J. H.: How does the striate cortex begin the reconstruction of the visual world? Science *173*, 74—77, 1971.

Rádl, E.: Neue Lehre vom zentralen Nervensystem. Leipzig 1912.

Ramey, E. R., and *O'Doherty*, D. S., eds.: Electrical studies on the unanesthetized brain. Hoeber, New York 1960.

Ranson, S. W.: The anatomy of the nervous system from the standpoint of development and function. 7th ed. Phila. and London (W. B. Saunders Co.) 1943.

Rashevsky, N.: Some remarks on the Boolean algebra of nervous nets in mathematical biophysics. Bull. Math. Biophys. *7*, 203—211, 1945.
— The neural mathematics of logical thinking. Bull. Math. Biophys. *8*, 29—40, 1946.

Rensch, B.: Increase of learning capability with increase of brain size. Am. Naturalist *90*, 81—95, 1956.

Reynolds, M.: A scientific basis of mental telepathy. The Carnegie Technical *3*, 15—19, 1939.

Rhine, J. B.: The reach of the mind. London (Faber and Faber) 1948.

Riddoch, G.: Visual disorientation as the sole defect in homonymous half fields. Abst. Proc. Second Int. Neur. Congr. London 1935.
— Visual disorientation in homonymous half-fields. Brain *58*, 376—382, 1935.

Rinaldi, F., and *Himwich*, H. E.: Alerting reactions and cholinergie mechanisms. EEG Clin. Neurophysiol. *6*, 689—690, 1954.

Robertson, B. T.: Further studies in the chemical dynamics of the central nervous system. 1. The time-relations of simple voluntary movements. Folia Neurobiol. *6*, 553—578, 1912.
— Further studies in the chemical dynamics of the central nervous system.

2. On the physiological conditions underlying phenomena of heightened suggestibility, hypnosis, multiple personality, sleep etc. Folia Neurobiol. *7*, 309—337, 1913.

— Further studies in the chemical dynamics of the central nervous system. 3. On the nature of the process of forgetting. Folia Neurobiol. *8*, 485—506, 1914.

Rogers, F. T.: Contribution to the physiology of the stomach. XXXIX. The hunger mechanism of the pigeon and its relation to the central nervous system. Am. J. Physiol. *41*, 555—570, 1916.

— Studies on the brain stem. VI. An Experimental study of the corpus striatum of the pigeon as related to various instinctive types of behavior. J. Comp. Neur. *35*, 21—60, 1922.

Rosenblueth, A., *Wiener*, N., and *Bigelow*, J.: Behavior, purpose and teleology. Philos. of Science *10*, 18—24, 1943.

Rosten, L., ed.: A guide to the religions of America. New York (Simon & Schuster) 1955.

Rothmann, H.: Zusammenfassender Bericht über den Rothmannschen großhirnlosen Hund nach klinischer und anatomischer Untersuchung. Z. f. d. ges. Neurol. u. Psychiat. *87*, 247—313, 1923.

Rubins, J. L., and *Friedman*, E. D.: Asymbolia for pain. Arch. Neurol. Psychiat. *60*, 554—573, 1948.

Russell, Bertrand: The analysis of matter. London 1927.

— Human knowledge. Its scope and limits. New York (Simon & Schuster) 1948.

— Dictionary of mind, matter and morals. (L. E. Dennon ed.) New York 1952.

Rylander, G.: Personality analysis before and after frontal lobotomy. Res. Publ. Ass. nerv. ment. dis. *27*, 691—705, 1948.

Ryle, G.: The physical basis of mind: a philosopher's symposium. See *Laslett*, P., 1950.

Samuel, Viscount: The physical basis of mind: a philosopher's symposium. See *Laslett*, P., 1950.

Scharrer, B.: Experimental tumors after nerve section in an insect. Proc. Soc. Exp. Biol. and Med. *60*, 184—189, 1945.

— Gastric cancer experimentally induced in insects by nerve severance. J. of Nat. Cancer Inst. *10*, 375—376, 1949.

Scharrer, E.: Die Erklärung der scheinbar pathologischen Zellbilder im Nucleus supraopticus and Nucleus paraventricularis. Ztschr. f. d. ges. Neurol. u. Psychiat. *145*, 462—470, 1933.

Schilder, P.: Das Körperschema. Berlin (Springer) 1923.

— The image and the appearance of the human body; studies in constructive energies of the psyche. London 1935.

Schilder, P., and *Stengel,* E.: Asymbolia for pain. Arch. Neurol. Psychiat. *25,* 598—600, 1931.

Schopenhauer, A.: Sämmtliche Werke (1813—1851), 6 vols. Handschriftlicher Nachlaß, 4 vols. Ed. *Grisebach.* Leipzig (Reclam) no date.

Schrödinger, E.: What is life? Cambridge (Un. Press) 1946.

Schultz, J. H.: Die seelische Krankenbehandlung (Psychotherapie). Jena (Fischer) 1922.

— Das autogene Training (konzentrative Selbstentspannung). Versuch einer klinisch-praktischen Darstellung. Stuttgart (Thieme) 1950.

— Psychotherapie. Leben und Werk großer Ärzte. Stuttgart (Hippokrates-Verlag) 1952.

Schwarz, H., *Goolker,* P., and *Globus,* J. H.: The normal histology of infant's brain with particular reference to anatomic changes in the brain in intestinal intoxication of infants. Am. J. Dis. of Children *43,* 889—913, 1932.

Sem-Jacobsen, C., *Bickford,* R. G., *Dodge,* H. W., and *Peterson,* M. C.: Human olfactory responses recorded by depth electrography. Proc. Mayo Clinic *28,* 166—170, 1953.

Semon, R.: Die Mneme als erhaltendes Prinzip im Wechsel des organischen Geschehens. Leipzig 1904.

— Die mnemischen Empfindungen in ihren Beziehungen zu den Originalempfindungen. Leipzig (Engelmann) 1909.

— Bewußtseinsvorgang und Gehirnprozeß. Wiesbaden 1920.

Sewertzoff, A. N.: Morphologische Gesetzmäßigkeiten der Evolution. Jena 1931.

Shannon, C. E.: A symbolic analysis of relay and switching circuits. Trans. Am. Inst. of Electrical Engineers *57,* 713—723, 1938.

— A mathematical theory of communication. Bell System Techn. J. *27,* 379 to 423; 623—656, 1948.

— Communication in the presence of noise. Proc. Inst. Radio Engineers *37,* 10—21, 1949.

— Programming a computer for playing chess. Philos. Mag. *41,* 256—275, 1950.

— and *Weaver,* W.: The mathematical theory of communication. Chicago (U. of Ill. Press) 1949.

Sharpey-Schäfer, E. A.: Observation on the nervous system of Aurelia aurita. Phil. trans. R. S. London *169,* 563—578, 1878.

Sheer, D. E., ed.: Electrical stimulation of the brain. University of Texas Press, Austin 1961.

Sheldon, W. H., *Stevens,* S. S., and *Tucker,* W. B.: The varieties of human physique. New York (Harper) 1940.

— and *Stevens,* S. S.: The varieties of temperament. New York (Harper) 1942.

Sherrington, C. S.: The integrative action of the nervous system. London 1906.

— 1950, see *Laslett,* P.: 1950.

Sherrington, C. S.: Man on his nature. Cambridge (Univ. Press) 1951.

Shurley, J. T.: Profound experimental sensory isolation. Am. J. Psychiat. *117,* 539—545, 1960.

Sinclair, D. C.: Cutaneous sensation and the doctrine of specific energy. Brain *78,* 584—614, 1955.

Slater, E. T. O.: Consciousness. See *Laslett,* P., 1950.

Slaughter, F. G.: The new way to mental and physical health. The story of psychosomatic medicine. New York 1947.

Sluckin, W.: Minds and machines. Penguin Books, London 1954.

Smith, G. Elliot: Some problems relating to the evolution of the brain. The Arris and Gale Lectures. The Lancet, Jan. 1910, pp. 1—6; 147—153, 221—227.
— A preliminary note on the morphology of the corpus striatum and the origin of the neopallium. Journ. Anat. *53,* 271—291, 1919.

Soal, S. G., and *Bateman,* F.: Modern experiments in telepathy. New Haven (Yale U. Press) 1954.

Solomon, D., ed.: LSD: The consciousness-expanding drug. With. an introduction by T. *Leary* (Putnam, New York 1966).

Spatz, H.: Über Gegensätzlichkeit und Verknüpfung bei der Entwicklung von Zwischenhirn und „Basaler Rinde". Allg. Z. f. Psychiat. *125,* 166—177, 1949.
— Die Evolution des Menschenhirns und ihre Bedeutung für die Sonderstellung des Menschen. Nachr. d. Giessener Hochschulgesellsch. *24,* 52—74, 1955.

Sperry, R. W.: Reestablishment of visuomotor coordination by optic nerve regeneration. Anat. Rec. *84,* 470, 1942.
— Optic nerve regeneration with return of vision in anurans. J. Neurophysiol. *7,* 57—69, 1944.
— Restoration of vision after crossing of optics nerves and after contralateral transplantation of eye. J. Neurophysiol. *8,* 15—28, 1945.
— Effect of crossing nerves to antagonistic limb muscles in the monkey. Arch. Neurol. Psychiat. *58,* 452—473, 1947.
— Neuronal specificity. Genetic Neurology, P. Weiss ed., p. 232—239, U. of Chicago Press 1950.
— Neurology and the mind-brain problem. Am. Scientist *40,* 291—312, 1952.

Spiegel, E. A.: Die Zentren des autonomen Nervensystems. Berlin (J. Springer) 1928.
— Labyrinth and cortex. The electroencephalogram of the cortex in the stimulation of the labyrinth. Arch. Neurol. and Psychiat. *31,* 469—482, 1934.
— Comparative studies of the thalamic, cerebral and cerebellar potentials. Am. J. Physiol. *118,* 569—579, 1937.

Spiegel, E. A., and *Inaba,* C.: Experimentalstudien am Nervensystem. Zur zentralen Lokalisation von Störungen des Wachzustandes. Ztschr. f. d. ges. exper. Med. *55,* 164—182, 1927.
— and *Kletzkin,* M.: Thalamohypothalamic relationships. Effect of acute thalamic lesions upon the hypothalamus. Am. J. Physiol. *171* (Am. Physiol. Soc. Proc.) 769, 1952.
— and *Miller,* H. R., and *Oppenheimer,* M. J.: Forebrain and rage reactions. J. Neurophysiol. *3,* 538—548, 1940.
— and *Spiegel-Adolf,* M.: Physiological and physicochemical mechanisms in electroshock treatment. Confinia Neurol. *13,* 38—63, 1953.
— and *Szekely,* E. G.: Pain reactions on stimulation of the quadrigeminal region. Fed. Proc. *12,* 136, 1953.

Spiegel, E. A., and *Szekely,* E. G.: Supersensitivity of the sensory cortex following partial deafferentiation. EEG Clin. Neurophysiol. *7,* 375—381, 1955.
— and *Wycis,* H. T.: Physiological and psychological results of thalamotomy. Proc. Roy. Soc. Med. Suppl. *42,* 84—92, 1949.
— — Stereoencephalotomy (thalamotomy and related procedures). Part I. Methods and stereotaxic atlas of the human brain. New York (Grune & Stratton) 1952.
— — and *Freed,* H.: Thalamotomy: neuropsychiatric aspects. New York State J. Med. *49,* 2273—2274, 1949.
— — — and *Orchinik,* C.: Thalamotomy and hypothalamotomy for the treatment of psychoses. Proc. Assn. Res. Nerv. and Ment. Dis. *31,* 379—391, 1953.
— — and *Goode,* R.: Studies in stereoencephalotomy V. A universal stereoencephalotome (Model V) for use in man and experimental animals. J. Neurosurg. *13,* 305—309, 1956.
— — *Marks,* M., and *Lee,* A. J.: Stereotaxic appratus for operation on the human brain. Science *106,* 349—350, 1947.
— — *Orchinik,* C. W., and *Freed,* H.: The thalamus and temporal orientation. Science *121,* 771—772, 1955.
— — — — Thalamic chronotaraxis. Am. J. Psychiat. *113,* 97—105, 1956.
— — *Shay,* H. T., *Conger,* K. B., and *Fischer,* H. K.: Effects of lesions of human thalamus in region of dorsomedial nuclei. Federation Proc. *9,* 119 to 120, 1950.

Spinoza, B.: Ethica ordine geometrico demonstrata (1677). Die Ethik des Spinoza im Urtexte. Leipzig 1875.

Stein, H.: Untersuchungen über den Zeitsinn bei Vögeln. Z. f. vergl. Physiol. *33,* 387—403, 1951.

Steiner, J.: Die Functionen des Centralnervensystems und ihre Phylogenese. Abt. I, II, III, IV. Braunschweig (Vieweg) 1885, 1888, 1898, 1900.

Stevens, S. S.: Measurement and man. Science *127,* 383—389, 1958.

Stevens, S. S.: The psychophysics of sensory function. Am. Scientist *48,* 226—253, 1960.
— To honor *Fechner* and repeal his law. A power function, not a log function describes the operating characteristics of a sensory system. Science *133,* 80—86, 1961.

Stone, L. S.: Heteroplastic transplantation of eyes between the larvae of 2 species of Amblystoma. J. Exper. Zool. *55,* 193—261, 1930.
— Return of vision and functional polarization in the retinae of transplanted eyes. Trans. Ophth. Soc. U. Kingd. *67,* 349—367, 1947.
— Normal and reversed vision in transplanted eyes. Arch. of Ophthalm. *49,* 28—35, 1953.

Stone, Th. T.: Phantom limb pain and central plain. Arch. Neurol. Psychiat. *63,* 739—748, 1950.

Störring, G. E.: Zur Psychopathologie des Zwischenhirns (Thalamus und Hypothalamus). Arch. f. Psychiat. u. Nervenkr. *107,* 786—847, 1938.

Ströer, W. F. H.: Zur vergleichenden Anatomie des primären optischen Systems bei Wirbeltieren. Z. f. Anat. u. Entw. Gesch. *110,* 301—321, 1939.

Suzuki, D. T.: Outlines of Mahâyâna Buddhism. London 1907.
— An introduction to Zen Buddhism. With a foreword by C. G. *Jung.* New York 1949.

Swedenborg, E.: The brain considered anatomically, physiologically and philosophically. (About 1741—44) Ed. and Transl. by *Tafel,* R. L.; London (Spiers) Vol. I, 1882, Vol. II, 1887.

Tarchanoff, J.: Über die galvanischen Erscheinungen in der Haut des Menschen bei Reizungen der Sinnesorgane und bei verschiedenen Formen der psychischen Tätigkeit. Pflügers Arch. *46,* 46—56, 1890.

Terzian, H., and *Dalle Ore,* G.: Syndrome of Klüver and Bucy reproduced in man by bilateral removal of the temporal lobes. Neurology *5,* 373—380, 1955.

Thompson, D'Arcy, W.: On growth and form. Cambridge (Un. Press) 1942.

Turing, A. M.: Can a machine think? Mind *59,* 433—460, 1950.

Umrath, K.: Über die Erregung freier sensibler Nervenendigungen durch die Erregungssubstanz sensibler Nerven. Z. f. vergl. Physiol. *33,* 457—461, 1951.
— and *Hellauer,* H. T.: Das Vorkommen der sensiblen Substanz und von Aktionssubstanzen abbauenden Fermenten. Pflügers Arch. *250,* 737, 1948.

Vaihinger, H.: Die Philosophie des Als-Ob. System der theoretischen, praktischen und religiösen Fiktionen der Menschheit. Berlin 1911.

Veraguth, O.: Das psychogalvanische Reflexphänomen. Monatsschr. f. Psychol. u. Neurol. *31,* 387—424, 1907; *33,* 204—220, 1908.

Verworn, M.: Die Mechanik des Geisteslebens. Leipzig u. Berlin 1919.
— Allgemeine Physiologie. Jena (Fischer) 1922.

Vitruvius: De architectura. Latin text with English translation by F. *Granger*, 2 vols. (The Loeb Classical Library, Heinemann, London 1934).

Vogt, C., and O.: Allgemeinere Ergebnisse unserer Hirnforschung. J. f. Psychol. u. Neurol. *25*, 279—462, 1919.

Waldeyer, W. v.: Über einige neuere Forschungen im Gebiete der Anatomie des Zentralnervensystems. D. med. Wochenschr. *17*, 1213—1218, 1891.

Walter, W. *Grey*: Theoretical properties of diffuse projection system in relation to behaviour and consciousness. See *Delafresnaye*, 1954, pp. 345—373.
— and *Shipton*, H. W.: A new toposcopic display system. EEG Clin. Neurophysiol. *3*, 281—292, 1951.

Weaver, W., in *Rosten*, L.: A guide to the religions of America. New York 1955.

Weddell, G., *Sinclair*, D. C., and *Feindel*, E. H.: An anatomical basis for alterations in quality of pain sensibility. J. Neurophysiol. *11*, 99—109, 1948.

Weiss, P.: Die Funktion transplantierter Amphibienextremitäten. Aufstellung einer Resonanztheorie der motorischen Nerventätigkeit auf Grund abgestimmter Endorgane. Arch. f. Entwicklungsmech. d. Organ. *102*, 635—672, 1924.
— Selectivity controlling the central-peripheral relations in the nervous system. Biol. Rev. *11*, 494—531, 1936.
— Further experimental investigations on the phenomenon of homologous response in transplanted amphibian limbs. J. Comp. Neur. *67*, 269—315, 1937.
— Principles of Development. New York (H. Holt) 1939.
— editor: Genetic neurology, Problems of the development, growth, and regeneration of the nervous system and of its functions. U. of Chicago Press 1950.
— Nervous System (Neurogenesis), pp. 346—401, Sect. VII, Special vertebrate organogenesis. Analysis of development, ed. by *Willier*, H., *Weiss*, P., and *Hamburger*, V.: Philadelphia (Saunders) 1955.

Wenner, A. M., *Wells*, P. H., and *Johnson*, D. L.: Honey bee recruitment to food sources: olfaction or language? Science *164*, 84—86, 1969.

Westlake, E. K.: Congenital indifference to pain. Brit. Med. J. 1952, *1*, 144.

Wever, E. G., and *Bray*, C. W.: Present possibilities for auditory theory. Psychol. Rev. *37*, 365—380, 1930.
— — Action currents in the auditory nerve in response to acoustical stimulation. Proc. Nat. Acad. Sci. U.S.A. *16*, 344—350, 1930.
— — The nature of acoustic response; the relation between sound frequency and frequency of impulses in the auditory nerve. J. Exper. Psychol. *13*, 373—387, 1930.

Wiener, N.: Cybernetics or control and communication in the animal and the machine. New York (J. Wiley & Sons) 1948.

Williams, G. M.: Priestess of the Occult: *Madame Blavatsky.* New York (Knopf) 1946.

Windle, W. F.: Physiology of the fetus. Philadelphia (Saunders) 1940.

— Reflexes of mammalian embryos and fetuses. Genetic Neurology, P. *Weiss* ed., pp. 214—222. Chicago (U. of Chicago Press) 1950.

Witt, P. N., *Reed,* Ch. F., and *Peakall,* D. B.: A spider's web. Problems in regulatory biology. (Springer, New York 1968).

Wolff, G.: Leben und Erkennen, Vorarbeiten zu einer biologischen Philosophie. München 1933.

Wundt, W. M.: Grundzüge der physiologischen Psychologie. 6. ed., Leipzig 1908.

— Vorlesungen über die Menschen- und Tierseele. Hamburg 1908.

Wycis, H. T., *Lett,* A. J., and *Spiegel,* E. A.: Simultaneous records of thalamic and cortical (scalp) potentials in schizophrenics and epileptics. Confinia Neurol. *9,* 264—272, 1949.

Zawarzin, A.: Der Parallelismus der Structuren als ein Grundprinzip der Morphologie. Z. f. wiss. Zool. *124,* 118—212, 1925.

Ziehen, Th.: Erkenntnistheorie auf psychophysiologischer und physikalischer Grundlage. Jena (Fischer) 1913.

— Leitfaden der physiologischen Psychologie in 16 Vorlesungen. Jena (Fischer) 1920.

— Grundlagen der Naturphilosophie. Leipzig 1922.

— Das Leib-Seele-Problem. D. med. Wochenschr. *50,* 1267—1269, 1924.

Zuckerman, S.: The mechanism of thought: the mind and the calculating machine. See *Laslett,* P., 1950.

VI. Anhang

Synopsis des fundamentalen erkenntniskritischen Argumentes

Es wird unterstellt, daß das Bewußtsein eine Funktion des Gehirns ist, das seinerseits als ein materieller Körper angesehen werden kann, d. h. eine relativ dauerhafte Struktur in einem angenommenen öffentlichen physikalischen vierdimensionalen Raum-Zeit-System. Auf der anderen Seite ist Bewußtsein ein viel mehr vorübergehendes und vergängliches Phänomen, das durch ein privates vierdimensionales perzeptuelles Raum-Zeit-System gekennzeichnet ist. Die perzeptuellen vier Dimensionen des Bewußtseins sind die einzigen erfahrenen Raum-Zeit-Dimensionen; man kann nicht die geäußerte Ansicht aufrechterhalten, daß das Bewußtsein eine „fünfte Dimension“ dastellt. Die sogenannte „Externalisation“ der Sehwahrnehmung und anderer Wahrnehmungen legt überzeugend nahe, daß die erfahrenen perzeptuellen Dimensionen nicht zum Bereich des hypothetischen physikalischen Raum-Zeit-Systems gehören; erfahrene perzeptuelle Dimensionen und angenommene physikalische Dimensionen sind daher nicht identisch, sondern getrennt oder unterschieden. Bei der Erörterung der Raum-Zeit-Systeme und ihrer Dimensionen sollten die im Wesen der Abstraktion und der verbalen Präzision liegenden Täuschungsmöglichkeiten im Sinne behalten werden. Dimensionen sind im hier betrachteten Aspekt Abstraktionen, die sich auf Gestalteigenschaften von Ereignissen innerhalb eines gemeinsamen Bereiches eher als auf einen sog. „leeren Raum“ als solchen beziehen. In Raumsystemen mit negativer, Null- oder positiver Kurvatur, d. h. in der *Gauß*schen (hyperbolischen), der *Euklid*schen (parabolischen), oder der *Riemann*schen (elliptischen) Geometrie ist es in dieser Hinsicht ebenfalls vermutlich nicht der „Raum“, der solche Kurvaturen offenbart. Die besondere Kurvatur kann vielmehr als Kennzeichen spezifischer Kategorien konfigurierter Ereignisse mit „geodäsischen“ Eigenschaften angesehen werden. Ereignisse einer gewissen Dauer, Gleichförmigkeit und Stabilität können natürlich als Zustände bezeichnet werden.

Unser vierdimensionales perzeptuelles Raum-Zeit-System baut eine individuelle Bewußtseinsmannigfaltigkeit auf, die auf ein einzelnes fühlendes Wesen beschränkt ist, das Bewußtsein erfährt und die das einzige jedem Beobachter gegebene Datum (oder die Datengruppe) darstellt. Das Bewußtsein, das sich auf ein anderes Individuum bezieht, kann niemals direkt erfahren werden, sondern bleibt für den Beobachter ein Schluß aus dem Verhalten des beobachteten Wesens oder aus anderen beobachteten Tatsachen. In dieser Hinsicht stellt das Bewußtsein kein Kontinuum dar, aber eine Vielzahl diskreter und indirekt miteinander verbundener Mannigfaltigkeiten. Daraus folgt, daß wir eine sehr große Zahl verschiedener perzeptueller Dimensionen annehmen müssen, die als Gruppen, nämlich verschiedene perzeptuelle Raum-Zeit-Systeme zu verschiedenen bewußten wahrnehmenden Individuen gehören.

Nehmen wir die Existenz einer physikalischen Welt an, so stehen wir dem Problem gegenüber, gewisse Muster von Ereignissen in diesem angenommenen öffentlichen physikalischen Raum-Zeit-System in Beziehung zu bringen zu entsprechenden Ereignismustern in unserem erfahrenen privaten perzeptuellen Raum-Zeit-System. Viele Autoren weichen dieser Frage aus, indem sie über die Hauptschwierigkeit mit einigen vagen Allgemeinplätzen hinweggleiten, die den Kern des Problems verbergen. Einige mit dem Gegenstand vertraute Verfasser haben aber die elementare, jedoch oft übersehene Tatsache klar erkannt, daß der erfahrene private perzeptuelle Raum nicht mit dem angenommenen öffentlichen physikalischen Raum identisch ist.

Der Materialismus ist vom Standpunkt der vorliegenden Untersuchung aus jede Hypothese, in der innerhalb einer öffentlichen, physikalischen Raum-Zeit-Struktur das Vorkommen konfigurierter Ereignisse, d. h. die Existenz von Materie, angenommen wird, oder mit andern Worten, die Existenz einer objektiven materiellen Welt unabhängig von jeder Bewußtseinswahrnehmung. Eine solche Annahme kann als bloße Fiktion betrachtet werden. Die wissenschaftliche Fiktion einer abstrakten physikalischen Welt mit Raum-Zeit-Struktur, in Ausdrücken der Mathematik verstanden, ist ein offensichtlich notwendiges praktisches Postulat. Sie muß als Arbeitshypothese angesehen werden, die mächtige Schlüssel zur Erklärung und Kontrolle der Ereignisse liefert. Trotzdem erscheint es logisch unmöglich, das Bewußtsein kausal oder in anderer Weise aus physikalischen Ereignissen abzuleiten, weil das, was wir in Ausdrücken physikalischer Ereignisse beschreiben, mit Notwendigkeit schon im Symbolismus von Bewußtsein verborgen ist. Anders ausgedrückt, „Materie" ist schon in dem Bereich des Bewußtseins einbegriffen. Die angesprochenen Versuche müssen daher verworfen werden, ebenso wie die, mit Lineal und Zirkel die Quadratur des Kreises durchzuführen, den Würfel zu verdoppeln und einen Winkel in drei Teile zu teilen oder auch ein leistungsfähiges Perpetuum mobile zu konstruieren. Was die grade erwähnten geometrischen Probleme „Lineal und Zirkel" betrifft, so läßt sich bei diesem Vergleich sagen, daß er die wesentlichen Einschränkungen unserer Denkprozesse aufzeigt, die auf die erreichbaren Symbolismen des menschlichen Bewußtseins beschränkt sind.

Der Idealismus in seiner erkenntniskritischen Bedeutung kann als jede Hypothese definiert werden, die annimmt, daß Bewußtsein die einzige Substanz in der phänomenalen Welt ist: Alle Erscheinungen stellen Modalitäten von Bewußtsein in Übereinstimmung mit dem Ausspruch „esse est percipi" auf der Grundlage von *Berkeleys* Ansicht dar. Der Idealismus kann als die logische Deutung der Welt angesehen werden, wie sie tatsächlich für ein fühlendes Wesen wie den Menschen existiert. Der transzendentale Neutralismus versteht die phänomenale Welt als Manifestation einer unabhängig existierenden Ordnung, die weder physikalisch noch geistig ist. Diese unabhängige Realität kann nicht in adäquater Weise im raum-zeitlichen Symbolismus von Bewußtsein ausgedrückt werden und bleibt daher unwißbar.

Das Konzept der öffentlichen physikalischen Raum-Zeit-Ordnung und der physikalischen Ereignisse muß als ein bequemes System logischer und mathematischer Begriffsbildung für eine Beschreibung und Deutung postulierter Ereignisse angesehen werden, die unabhängig von Bewußtsein ablaufen, jedoch in dem Symbolismus des Bewußtseins ausgedrückt werden können. Der postulierte psycho-physische Parallelismus kann demgemäß eine nützliche Arbeitshypothese darstellen. Sie bringt nicht durch kausale, sondern durch logische Übertragung die Ordnung, die in der angenommenen physikalischen Welt herrscht, zu der geordneten Folge von Ereignissen im Bewußtseinsbereich in Beziehung. Die neurologischen Möglichkeiten dieser Annäherung sind in der vorliegenden Untersuchung sorgfältig geprüft worden.

Nachwort des Übersetzers zum Schrifttum

Der sachkundige Leser wird im Schrifttumsverzeichnis vielleicht manche für Einzelheiten der Hirn-Bewußtseinsproblematik wichtige Veröffentlichungen vermissen. Vollständigkeit und erschöpfende kritische Auseinandersetzung waren nicht das Anliegen des Verfassers. Er wollte vielmehr, soweit dies überhaupt möglich ist, eine logisch einwandfreie und praktisch brauchbare, möglichst umfassende Grundlage zur Klärung der Probleme geben. Sie soll auch dem Biologen und Mediziner, der mit Erkenntniskritik nicht vertraut ist, und dem Philosophen, der unzureichende Kenntnis der Neurobiologie besitzt, helfen, sich in den zahlreichen Widersprüchen im gesamten Schrifttum zurechtzufinden und ein eigenes Urteil zu gewinnen. Erkenntnisgrenzen und Irrwege werden deutlich. Auf den Untertitel „Prolegomena" sei daher besonders hingewiesen. Ergänzt und weitergeführt hat Kuhlenbeck seine Gedankengänge in der umfangreicheren, eingangs erwähnten Monographie „Mind and Matter" (S. Karger, Basel—New York 1961).

Aus dem *deutschen* biologisch-medizinischen Schrifttum der letzten Jahrzehnte zum Thema seien die Einzelarbeiten von *R. Hassler* und *R. Jung* zur experimentellen und klinischen Neurophysiologie und des Physiologen *W.-D. Keidel* zur Sinnes- und Nervenphysiologie auf kybernetischer Basis erwähnt, z. B.

Hassler, R.: Funktionelle Neuroanatomie und Psychiatrie.
In: Psychiatrie der Gegenwart. Forschung und Praxis, S. 52—285. Springer, Berlin—Heidelberg—New York 1967.

Jung, R.: Neurovegetative Regelsysteme und ihre Funktionsordnung.
In: Handbuch der Allgemeinen Pathologie, herausgegeben von F. Büchner, L. Letterer und E. Roulet, Bd. 8, Teil 2 ff., S. 1—17.

Keidel, W.-D.: Sinnesphysiologie, Teil I: Allgemeine Sinnesphysiologie. Visuelles System.
Springer, Berlin—Heidelberg—New York 1966.

Heidelberger Taschenbücher, Bd. 97. Springer, Berlin—Heidelberg—New York 1971.